"十三五"国家重点出版物出版规划项目

名校名家基础学科系列
Textbooks of Base Disciplines from Top Universities and Experts

化学：中心科学——物质结构篇

（翻译版·原书第 14 版）

[美]

西奥多·L. 布朗（Theodore L.Brown）

H. 尤金·勒梅（H.Eugene LeMay，Jr.）

布鲁斯·E. 巴斯滕（Bruce E.Bursten）

凯瑟琳·J. 墨菲（Catherine J.Murphy）　著

帕特里克·M. 伍德沃德（Patrick M.Woodward）

马修·W. 斯托尔茨福斯（Matthew W.Stoltzfus）

迈克尔·W. 露法斯（Michael W.Lufaso）

于　湛　刘丽艳　周丽景　译

机 械 工 业 出 版 社

本书入选"十三五"国家重点出版物出版规划项目，属于"化学：中心科学"套书（共三册）中的第一册，主要介绍物质结构方面的内容。其他两册为《化学：中心科学——化学平衡篇》和《化学：中心科学——化学应用篇》。本书英文版原书于1977年首次出版，在国外畅销多年，目前的第14版为原书最新版。

本书内容包括第1章导论：物质、能量和测量、第2章原子、分子和离子、第3章化学反应和反应计量学、第4章水溶液反应、第5章热化学、第6章原子的电子结构、第7章元素的周期性、第8章化学键的基本概念、第9章分子构型与成键理论，共9章。本书架构新颖，结构完整，按照原子、分子、离子、化学反应和化学计量学、水溶液反应、热化学、原子的电子结构、元素周期表、化学键和分子构型与成键理论等顺序安排章节，向读者介绍了化学在整个自然科学与人类社会生活中的中心地位。

本书可作为高校化学通识教育的教材，也可作为相关研究人员的参考书。

Authorized translation from the English language edition, entitled Chemistry : The Central Science, 14th Edition, 9780134414232 by Theodore L. Brown, H. Eugene LeMay, Bruce E. Bursten, Catherine J. Murphy, Patrick M. Woodward, Matthew W. Stoltzfus, Michael W. Lufaso published by Pearson Education, Inc, publishing as Prentice Hall, Copyright©2018 by any information storage retrieval system, without permission from Pearson Education, Inc.

Chinese simplified language edition published by China Machine Press, Copyright © 2023.

本书中文简体字版由 Pearson Education Limited（培生教育出版集团）授权机械工业出版社在中国大陆地区（不包括香港、澳门特别行政区及台湾地区）独家出版发行。未经出版者书面许可，不得以任何方式抄袭、复制或节录本书中的任何部分。

本书封底贴有 Pearson Education（培生教育出版集团）激光防伪标签。无标签者不得销售。

北京市版权局著作权合同登记号：图字 01-2018-4061

图书在版编目（CIP）数据

化学：中心科学. 物质结构篇：翻译版：原书第14版 /（美）西奥多·L. 布朗（Theodore L. Brown）等著；于湛，刘丽艳，周丽景译. —北京：机械工业出版社，2021.12（2024.10 重印）

（名校名家基础学科系列）

书名原文：Chemistry: The Central Science,14th Edition

"十三五"国家重点出版物出版规划项目

ISBN 978-7-111-71338-8

Ⅰ.①化… Ⅱ.①西… ②于… ③刘… ④周… Ⅲ.①化学—高等学校—教材 Ⅳ.① O6

中国版本图书馆 CIP 数据核字（2022）第 138733 号

机械工业出版社（北京市百万庄大街22号 邮政编码100037）
策划编辑：汤 嘉　　　　　　责任编辑：汤 嘉
责任校对：樊钟英 贾立萍　　封面设计：鞠 杨
责任印制：常天培
北京机工印刷厂有限公司印刷
2024 年 10 月第 1 版第 3 次印刷
184mm×260mm·27.75 印张·846 千字
标准书号：ISBN 978-7-111-71338-8
定价：148.00 元

电话服务　　　　　　　　网络服务
客服电话：010-88361066　机 工 官 网：www.cmpbook.com
　　　　　010-88379833　机 工 官 博：weibo.com/cmp1952
　　　　　010-68326294　金 书 网：www.golden-book.com
封底无防伪标均为盗版　机工教育服务网：www.cmpedu.com

译者的话

本套书根据美国伊利诺伊大学西奥多·L.布朗、内华达大学 H.尤金·勒梅、伍斯特理工学院布鲁斯·E.巴斯滕等人合著的 *Chemistry*：*The Central Science*，*14th Edition* 的英文版翻译而来。该英文版于 1977 年首次出版，在国外畅销多年，第 14 版是最新版。

机械工业出版社曾经出版过这本书英文版原书第 10 版与第 13 版的影印版，为我国读者带来过原汁原味的阅读体验。为了更好地服务读者，特组织团队翻译第 14 版，相信翻译版的问世必将给我国化学通识教育带来新的思路和素材。

本套书是将 *Chemistry*：*The Central Science* 第 14 版按照物质结构、化学平衡以及化学应用三个方面拆分成了三本书进行翻译的，书名分别为：《化学：中心科学——物质结构篇（翻译版·原书第 14 版）》《化学：中心科学——化学平衡篇（翻译版·原书第 14 版）》《化学：中心科学——化学应用篇（翻译版·原书第 14 版）》。

100 多年前，德国大化学家李比希（Justus von Liebig）就曾经说过"化学是一门基础或中心的科学"，并提出"一切都是化学"（Allesist Chemie），让人们相信化学与自然界的每一种现象都息息相关。进入 20 世纪以来，化学得到了极大的发展，与物理学、生命科学、材料科学、能源科学、环境科学等学科的交叉与融合进一步加强。埃林汉姆（H. J. T. Ellingham）曾经制作了一张自然科学分支关系图，在此图上化学位于物理学、地质学、动物学等学科的正中间。诺贝尔奖得主科恩伯格（Arthur Kornberg）也将化学定义为"医学与生物学的通用语言"。

目前，科学界普遍认为，正是 *Chemistry*：*The Central Science* 1977 年的首次出版和其后的不断修订，促进了人们对化学在自然科学中地位的认同以及"中心科学"这个词的流行。1993 年在北京召开的国际纯粹与应用化学联合会第 34 届学术大会 (34th IUPAC Congress) 的主题便是"化学——21 世纪的中心科学"。美国化学会（ACS）也在 2015 年推出了一本新的期刊（*ACS Central Science*）《ACS 中心科学》，主要刊发化学在其他领域中发挥关键作用的论文。

Chemistry：*The Central Science*，*14th Edition* 于 2017 年出版，是最新版，这个版本对第 13 版内容进行了一定程度的调整，改进了美术设计风格与插图，并根据学生与教师的意见反馈修改了部分练习题。第 14 版最大的特点就是建有基于云和互联网的在线内容，与纸版内容无缝衔接，实现教材的立体化。

本套书架构新颖，结构完整，按照对化学的宏观认识、原子分子结构、物质状态、化学在不同领域中作用的顺序安排章节，向读者讲述了化学的基本概念和基本理论，介绍了化学在整个自然科学与人类社会生产生活中的中心地位，强调了化学的重要性。与前版相比，第 14 版在保留了内容准确、科学性强的同时增加了许多联系实际的内容，增强了各章节内容之间的关联性与一致性，并将高质量的图像与照片贯穿全文，具有极高的可读性。本套书在每章后都留有数量大、质量高的习题，非常适合各专业学生练习。另外，本套书在一些内容的呈现上与国内惯用方式不同，请读者注意。例如：原版提供了大量基于生产生活实际的例子与练习题，但是这些大都是基于美国社会现状与传统的，文中的一些地名与物品名称也大都来自于美国，请读者注意甄别；原版中大量出现英里（mi）、盎司（oz）、英尺（foot）等英制或美制单位，本套书进行了直译，未作修改。

本书为《化学:中心科学——物质结构篇(翻译版·原书第14版)》,内容包括第1章导论:物质、能量和测量、第2章原子、分子和离子、第3章化学反应和反应计量学、第4章水溶液反应、第5章热化学、第6章原子的电子结构、第7章元素的周期性、第8章化学键的基本概念、第9章分子构型与成键理论,共9章。

经过两年的努力,本套书终于得以面世。在此,我们衷心感谢机械工业出版社在出版过程中所给予的信任、合作与支持,这是本书得以顺利出版的保证。

参与本套书翻译工作的人员有:周丽景(第1章~第3章)、于湛(第4章~第6章)、刘丽艳(第7章~第9章)、孙秋菊(第10章~第12章)、田冬梅(第13章、第14章)、王莹(第15章~第17章)、赵震(第18章)、于学华(第19章)、肖霞(第20章、第21章)、孔莲(第22章、第23章)和范晓强(第24章及章末练习题答案)。全书的统稿校对工作由王莹、于湛和赵震完成。感谢刘珂帆、魏艳梅、谷笑雨、张微等在文字录入检查方面的支持与帮助。

他山之石,可以攻玉!我们希望本套书对国内普通化学教材国际化进程的加快有所帮助,并促进更多的国外优秀化学教材引入国内课堂。由于时间仓促、译者水平有限,书中可能会有不当甚至错误之处,望读者批评指正。

译　者

前　言

致教师

本书的理念

我们是《化学：中心科学》的作者。对于您选择本书作为您的普通化学课的教学伙伴，我们感到非常高兴和荣幸。我们已经为多届学生教授过普通化学课程，因此我们了解为如此多的学生上课所面临的挑战和机遇。同时，我们也是活跃的科学研究人员，对于化学科学的学习和发现都富有兴趣。作为共同作者，我们各自所独有的、广泛的经验构成了密切协作的基础。在编写本书时，我们的重点是面向学生。我们努力确保全书内容不仅是准确的、最新的，而且是清晰的、可读的，并且努力传播化学的广泛应用以及科学家在做出有助于我们理解真实世界的新发现时所经历的兴奋的过程。我们希望学生明白，化学不是一个独立于现代生活诸多方面的专业知识体系，而是可再生能源、环境可持续性和人类健康提升等一系列社会问题解决方案的核心。

本书第 14 版的出版可以看作是一个教科书保持长期更新的成功案例。我们感谢广大读者多年以来对本书的信任与支持，并努力使每一个新版本更加具有新颖性。在每一个新版本的编写过程中，我们都会再次进行深入地思考，问自己一些深刻的问题，而这些问题是我们在进行写作前必须回答的。进行新版本写作的必要性是什么？不仅在化学教育方面，而且在整个科学教育领域和我们所教授的学生的素质方面有了哪些新的变化？我们如何帮助您的学生不仅学习化学原理，而且乐意成为更像化学家的批判性思考者？上述问题的答案只有部分源自不断变化的化学本身。许多新技术的引入已经改变了各个层次科学教育的面貌。互联网在获取信息和展示学习内容方面的应用，深刻地改变了作为学生学习工具之一的教科书的作用。作为作者，我们面临的挑战是如何保持书籍作为化学知识和实践的主要来源，同时将其与新技术带来的新的学习方式相结合。这个版本中融入了许多新的计算机技术，包括使用一个基于云的主动学习分析和评估系统 Learning Catalytics™，以及基于网络的工具如 MasteringChemistry™。经过不断完善与发展，MasteringChemistry™ 目前可以更有效地测试和评估学生的表现，同时给予学生即时和有益的反馈。

MasteringChemistry™ 不仅提供基于问题的反馈，而且使用 Knewton 增强的自适应后续作业和动态学习模块，现在可以不断地适应每个学生，提供个性化的学习体验。

作为作者，我们希望本书能够成为学生重要的、不可缺少的学习工具。无论是以纸质书还是以电子书形式，它都可以随身携带并随时使用。本书是学生在课堂之外获取知识、发展技能、学习参考和准备考试等信息的最佳载体，比其他任何工具书都能更有效地为具有化学兴趣的学生提供现代化学的知识脉络和应用领域，并为更高级的化学课程做准备。

如果一本书可以有效地支持身为教师的您，那么它必须是针对学生而写作的。在本书中，我们已经尽最大努力确保写作风格清晰并有趣，确保本书具有足够的吸引力而且更加图文并茂。本书为学生提供了大量的学习辅助内容，包括精心安排的解题思路与过程。我们希望广大读者可以从内容安排、例题的选择以及所采用的学习辅助和激励内容中看出我们作为教师所积累的经验。我们相信，当学生看到化学对他们自己的学习目标和兴趣的重要性时，他们会更加热爱学习化学，因此我们在本书中强化了化学在日常生活中的许多重要应用的介绍。我们希望您能充分利用这些材料。

作为作者，我们的理念是书中的文字内容和支持其使用的补充资料必须与身为教师的您一道协同工作。一本教材只有在得到教师认可的情况下才会对学生有用。本书具有帮助学生学习的功能，可以指导他们理解概念和提高解题技能。本书内容极为丰富，学生很难在一年的课程时间内学习掌握全部内容。您的指导将是本书的最佳使用指南。只有在您的积极帮助下，学生们才能最有效地利用本书及其补充材料。诚然，学生们关心成绩，但是如果在学习中得到鼓励，他们也会对化学这门科学感兴趣并关注所学到的知识。建议您在教学中强调本书的特色内容，以提高学生对化学的兴趣，如章节中的"化学应用"和"化学与生活"这两部分内容，展示了化学如何影响现代生活及其与健康和生命过程的关系。此外，建议您在教学中强化概念理解并降低简单操作和计算解题等内容的教学重要性，鼓励学生使用丰富的在线资源。

本书的架构与内容

本书前五章主要对化学进行了宏观的、现象层面的概述，所介绍的基本概念如命名法、化学计量法和热化学等，都是在进行普通化学实验前所必须掌握的背景知识。我们认为在普通化学课程的早期介绍热化学是可行的，因为我们对化学过程的理解很多是基于能量变化的。本书在热化学一章中加入键焓，旨在强调物质的宏观特性与原子和化学键层面的亚微观世界之间的联系。我们相信本书已经为普通化学课程中的热力学教学提供了一个有效的、平衡的方法，同时也向学生介绍了一些涉及能源生产和消费等全球性问题的内容。在非常高的水平上向学生教授非常多的内容，同时还要求这个过程越简单越好，行走在这两者之间的狭窄道路上并非一件易事。本书从头至尾都贯彻如下的理念：重点在于传授对概念的理解，而不是让学生只学会如何把数字代进方程里。

接下来的四章（第6章~第9章）是关于电子结构和化学键的。第6章和第9章的"深入探究"栏目为一些学有余力学生提供了径向概率函数和轨道相位内容。我们将后一个讨论放在第9章"深入探究"栏目中，主要针对那些对此内容感兴趣的学生。在第7章和第9章中处理这部分内容及其他内容时，我们对插图进行了重大改进，使其能够更有效地传递其核心信息。

在第10章~第13章中，本书的重点转向物质组成的下一个层次——物质的状态。第10章和第11章讲述气体、液体和分子间作用力，而第12章则专门讨论固体，讲述关于固体状态的现代观点以及学生们可以接触到的一些现代材料。本章提供了一个例子，展示了抽象的化学键概念如何影响现实世界中的事物。这一部分的模块化结构风格使您具有良好的内容选择自主权，您可以将时间与精力集中于您和您的学生最感兴趣的内容，如半导体、聚合物、纳米材料等。本书的这一部分以第13章为结尾，这一章的内容包括溶液的形成和性质。

后续几个章节主要研究了决定化学反应速度和程度的因素，包括动力学（第14章）、化学平衡（第15章~第17章）、热力学（第19章）和电化学（第20章）。这一部分还有一章是关于环境化学（第18章）。第18章将前面章节中所介绍的概念应用于对大气和水圈的讨论，并强调了绿色化学以及人类活动对地球上水和大气的影响。

第21章核化学之后是3个内容介绍性的章节。第22章讨论了非金属，第23章讨论了过渡金属化学包括配位化合物等，第24章涉及有机化学和初步的生物化学内容。最后这四章都是以独立的、模块化的方式展开的，在讲授时可以按任何顺序进行。

本书的各个章节是按照一个被广为接受的顺序安排的，但是我们也意识到，不是每位教师都会按照本书的章节顺序来讲授所有的内容。因此，我们认为教师们可以在不影响学生理解力的情况下对教学顺序进行调整。特别是许多教师喜欢在化学计量法（第3章）之后讲授气体（第10章），而不是将其与物质状态一起讲授。为此，我们编写了气体这一章，方便教师进行教学顺序调整而不影响教材的使用。教师们也可以在第4.4节氧化还原反应之后，提前讲授氧化还原方程及配平问题（第20.1节和第20.2节）。最后，有些教师喜欢在讲授第8章和第9章之后立即讲授有机化学内容（第24章），这几章内容在很大程度上是可以实现无缝衔接的。

我们通过在全书中设置实例，让学生可以更多地接触到有机化学和无机化学的细节。您会发现在所有章节中都有相关的"真实"化学实例来说明化学的原理和应用。当然，有些章节更直接地涉及元素及其化合物的细节性质，特别是第4、7、11、18章和第22章~第24章。我们还在章末练习中加入了有机化学和无机化学练习题。

本版的新内容

与每一个新版本的《化学：中心科学》一样，本版经历了许多变化。身为作者，我们努力保持本书内容的时效性，并使文字、插图和练习题更加清晰和有针对性。在书中诸多变化中，有一些是我们重点用来组织和指导修订过程的。我们主要围绕以下几点开展第 14 版的修订工作：

- 我们对涉及能量和热化学的内容进行了重大修订。能量的概念在当前版本的第 1 章就出现了，而此前的版本中直到第 5 章才会出现。这个变化会使得教师在讲授课程内容次序上面拥有更大的自由度。例如，能量概念的引入有利于在第 2 章之后立即讲授第 6 章和第 7 章，这样的教学次序符合原子理论优先的普通化学教学方法。我们认为更重要的是第 5 章中加入了键焓的概念，用来强调宏观物理量（如反应焓）与原子和化学键为代表的亚微观世界之间的联系。我们相信这个变化会使热化学概念与其他章节更好地结合起来。学生在对化学键有了更深刻的认识后，可以在学习第 8 章时重新讨论键焓。

- 在本版中，我们做出了非常大的努力，只为了给学生们提供更清晰的讨论、更好的练习题，以及更好的实时反馈，使我们能够知道他们对书中内容的理解程度。作者团队使用一个具有互动功能的电子书平台，查看学生们阅读本书时遇到不理解的地方时所做标记的段落以及注释和问题。为此，我们将书中许多段落的内容修改得更加清晰。

- 第 14 版《化学：中心科学》还提供了具有许多新功能的内容增强的在线 eText 版本。这个版本不仅仅是纸质书籍的电子拷贝，它的新的智能图例从书中提取关键插图，并通过动画和语音使它们变得生动。同样新的智能实例解析将书中关键实例通过解析制成动画，为学生提供比印刷文字更深入和详细的讨论。互动功能还包括可在 MasteringChemistry™ 中分配的后续问题。

- 我们利用 MasteringChemistry™ 提供的元数据为本版修订工作提供有用的信息。本版在第 13 版基础上，每个实例解析部分后面都增加了实践练习单元。几乎所有的实践练习都是选择题，并明确给出错误答案的干扰因素，帮助学生明确错误的概念和一些常见错误。在 MasteringChemistry™ 中，每个错误答案都可以提供反馈，用来帮助学生认识到他们的错误观念。在本版中，我们仔细检查了 MasteringChemistry™ 的元数据，以确定那些对学生来说是没有挑战性或很少被使用的练习题。这些练习题要么被修改，要么被替换。对于书中"想一想"和"图例解析"栏目，我们也做了类似的修改工作以使它们更有效并更适合在 MasteringChemistry™ 中使用。最后，我们大大增加了 MasteringChemistry™ 中带有错误答案反馈的章末练习题的数量，一些过时的或很少使用的章末练习（每章约 10 题）也被替换了。

- 最后，我们做了一些细微但却非常重要的改动，可以帮助学生快速参考重要的概念并评估他们学习的知识。这些关键点使用斜体字标示，并在上面和下面留有空格，以便于突出显示。新增加的技能提升模块"如何……"为解决特定类型的问题提供了循序渐进的指导，如绘制路易斯结构、氧化还原方程式配平以及给酸命名等。这些模块包括一系列带有数字标号的操作步骤，在书中很容易找到。最后，每个学习目标都与具体的章末练习题相关联，可以帮助学生准备小测验和正式的考试，测试他们对每个学习目标的掌握情况。

本版的变化之处

　　前面的"本版的新内容"部分详细介绍了本版中的一些变化之处，然而，除了上述内容之外，我们在编纂这一新版本时提出的总体目标也需要额外向读者阐述。《化学：中心科学》历来以其清晰的文字、内容的科学准确性和时效性、数量庞大的章末练习题以及可满足不同层面读者需求而受到好评。在进行第 14 版修改时，我们在坚持这些特点的基础上，将全书布局继续采用开放、简洁的设计。

　　第 14 版的美术设计方案延续了前两版的设计，更多、更有效地利用图像作为学习工具，将读者更直接地吸引到图像中来。我们修订了全书的美术设计风格，提高了图像的清晰度并采用更简洁的现代式外观。这包括采用新的白色背景注解框，清晰、简洁的指向符，更丰富、更饱和的颜色，增加了 3D 渲染图像的比例。为了提高图像的简洁性，本版对书中每张图都进行了编辑审查，对图像及图内文字标记都进行了许多小的修改。本版对"图例解析"进行了仔细的审查，并使用 MasteringChemistry™ 中的统计数据，修改或替换了许多内容，吸引并激发学生对每个图中蕴含的概念进行批判性思考。本版对"想一想"栏目进行了类似的修订，激发学生对书中内容进行更深层次的阅读，培养其批判性思维。

每1章第1页的"导读"栏目提供了对每一章内容的概述。概念链接（∞）继续提供易于察觉的交叉引用，便于查阅书中已经介绍了的相关内容。为学生提供了解决实际问题建议的"化学策略"和"像化学家一样思考"栏目现已更名为"成功策略"更好地体现了对学生学习的帮助。

本版继续强化章末练习题中的概念性练习。在每一章的章末练习题都是以广受好评的"图例解析"开始的。这些练习题在每一章常规的章末练习题之前，并都标有相关章节的编号。这些练习题旨在通过使用模型、图表、插图和其他可视化的素材来帮助学生对概念的理解。每一章的末尾都附有数量较多的"综合练习"，让学生有机会解决本章的概念与前几章的概念相结合的一些问题。从第4章开始的每一章末尾都有"综合实例解析"，这突出了解决综合问题的重要性。总体来看，本版在章末练习题中加入了更多的概念性习题，并确保其中一部分具有一定难度，同时实现了习题内容和难度的平衡。在 MasteringChemistry™ 中，许多习题被重新调整以方便使用。我们广泛利用学生们使用 MasteringChemistry™ 的元数据来分析章末练习题，并对部分练习题进行适当的修改，本版也为每章总结了"学习成果"。

本版继续在书中加入广受好评的"化学应用"和"化学与生活"系列栏目，栏目中的新文章强化了与每一章主题相关的世界事件、科学发现和医学突破等内容。本书在保持对化学的积极方面关注的同时，也没有忽视在日益科技化的世界中可能出现的各种各样的问题。本书的目标是帮助学生熟悉化学世界，并了解化学如何影响我们的生活方式。

化学教材页码随着版本的增加而增加，这也许是一种理所当然的趋势，但是作为作者的我们并不认可这种趋势。本版中新增的大部分内容都是替换以前版本中关联度不强的内容。下面列出了本版内容上的几个重大变化：

第1章，及其后的每一章都以一个新的章节起始照片和对应的背景故事开始，为后续内容提供一个现实世界的背景。第1章增加了一个关于能源本质的新节（第1.4节）。本版将能源纳入第1章，为后面各章的学习顺序提供了更大的灵活性。第1章"新闻中的化学"的"化学应用"栏目已经完全重写，其中的内容描述了化学与现代社会事务交织的各种方式。

在第2章中，我们改进了用于描述发现原子结构的关键实验——密立根油滴实验和卢瑟福金箔实验的插图。在第2章中第一次出现的元素周期表已更新，增加了113号元素（𬬻，Nihonium）、115号元素（镆，Moscovium）、117号元素（𫟷，Tennessine）和118号元素（𫟷，Oganesson）等元素。

第5章是全书中修订最多的章节。我们修订了第5章的开始部分，用于与第1章中介绍的能源基本概念相呼应。本章新增了两个插图，图5.3给出了静电势能与离子固体的成键变化之间的联系，图5.16提供了一个现实世界的类比，帮助学生理解自发反应和反应焓之间的关系。用于说明放热反应和吸热反应的图5.8修改为显示反应前后变化的情况。新增加了第5.8节键焓，给出如何从原子层面理解反应焓。

第6章增加了一个新的"实例解析"，分析了玻尔模型中主量子数是如何决定氢原子的轨道半径的，以及当发射或吸收光子时，电子会发生哪些变化。

第8章中关于键焓的内容已移至第5章，并在第5章得到了充分讨论。在第11章中，我们对各种分子间作用力的内容进行了集中修改，用来明确化学家通常以能量单位而不是力的单位来考虑这些作用力。与前版不同，第14版中图11.14采用表格形式，清楚地表明分子间相互作用的能量是可以叠加的。

第12章加入了一个新的标题为"汽车中的现代材料"的"化学应用"栏目，讨论了混合动力汽车中使用的各种材料，包括半导体、离子固体、合金、聚合物等。以及新增加一个标题为"微孔和介孔材料"的"化学应用"栏目，探讨了不同孔径材料及其在离子交换和催化转化中的应用。

第15章新加入一个关于温度变化和勒夏特列原理的"深入探究"栏目，解释了放热反应和吸热反应中温度变化影响平衡常数规律的基础理论。

第16章新加入一个"深入探究"栏目，表明多元酸各型体与 pH 值的关系。

第 17 章新加入一个标题为"饮用水中的铅污染"的"深入探究"栏目，探讨了美国密歇根州弗林特市的水质危机背后的化学问题。

本版对第 18 章部分内容进行修订，给出了大气中二氧化碳含量和臭氧层空洞的最新数据。图 18.4 显示了臭氧的紫外吸收光谱图，使学生能够了解这种物质在过滤来自太阳的有害紫外辐射方面的作用。新加入的一个实例解析（18.3）可以帮助学生掌握计算碳氢化合物燃烧产生的二氧化碳量时所需的步骤。

我们对第 19 章的前一部分内容进行了大幅度的改写，帮助学生更好地理解自发、非自发、可逆和不可逆过程的概念及其关系。这些改进使得熵的定义更加清晰。

致学生

《化学：中心科学》第 14 版是为了向你介绍现代化学而编写的。实际上，身为作者的我们是受你的化学老师委托来帮助你学习化学的。根据学生和教师在使用本书前几版后所给出的反馈意见，我们认为自己已经很好地完成了这项工作。当然，我们希望本书在未来的版本中能够继续得到发展，因此我们邀请你写信告诉我们你喜欢本书的哪些方面，这样我们就会知道这个版本在哪些方面对你的帮助最大。同时，我们也希望了解本书的任何不足之处，以便于在后续版本中进一步改进这些方面。我们的地址与联系方式在本前言的最后处。

对学习和研究化学的建议

学习化学既需要掌握许多概念，又需要具备分析能力。本书为你提供了许多工具来帮助你在这两点上取得成功。如果你想要在化学课程中取得成功，那么你就必须养成良好的学习习惯。科学课程特别是化学课程是不同于其他类型课程的，对你的学习方法也有不同的要求。为此，本书提供以下提示，帮助你在化学学习中取得成功：

不要掉队！ 随着课程的进展，新的内容将建立在已经学过的内容基础上。如果你的学习进度和解题能力落后于其他同学，你会发现很难跟上正在学习的内容以及对当前内容的课堂

讨论。有经验的教师知道，如果学生在上课前预习课本中相关章节，就能从课堂上学到更多东西，同时记忆也更加深刻。你知道吗，考试前"填鸭式"的学习方式已被证明是学习包括化学在内所有学科的无效方法。在这个竞争激烈的世界里，好的化学成绩对任何人来说都是十分重要的。

集中精力学习。 尽管你需要学习的内容看起来令人难以承受，但是掌握那些特别重要的概念和技能才是至关重要的，因此请注意你的老师所强调的那些内容。当你完成"实例解析"和家庭作业时，请回顾一下解答这些内容涉及哪些原理和解题技巧。请充分利用每一章开头的"导读"栏目，它能够帮助你了解每一章的重要内容。通常情况下，依靠仅仅阅读一章是不足以成功地学习本章的概念和掌握解决问题的能力的，你往往需要多次阅读书中一些特定内容。请不要忽略"想一想""图例解析""实例解析""实践练习"栏目，这些都是你了解自己是否掌握知识的指南，掌握这些内容也是对考试的良好准备。章末的"学习成果"和"主要公式"也会帮助你集中精力学习。

课上做好笔记。 你的课堂笔记可以为你提供一个清晰而简明的记录，指明你的老师认为什么是最重要的学习内容。将你的课堂笔记与教材结合起来，是确定需要学习哪些内容的最好方法。

课前做好预习。 在上课前预习会使你更容易做好笔记。首先阅读前面的"导读"和章末的"总结"，然后快速阅读本次课的内容，并跳过"实例解析"和补充内容。你需要注意节标题和分节标题，这可以让你快速了解本次课的授课内容。千万不要认为在课前预习中你需要立刻学习和掌握所有内容。

做好准备来上课。 现在，教师们比以往任何时候都会更充分地利用课堂时间，而不是将其简单地作为师生之间的单向交流渠道。相反，他们希望学生们上课时就已经做好了在课堂上解决问题和进行批判性思维的准备。在任何授课环境中，如果你想在课程中取得好成绩但是没有准备好就来上课，这一定不是一个好主意，这样的课堂当然也不是主动学习课堂。

课后做好复习。 课后当你复习时，你需要注意概念以及这些概念如何在"实例解析"中应用。一旦你觉得自己理解了"实例解析"中

的内容，就可以通过相应的"实践练习"模块来检验你的学习效果。

学习化学语言。学习化学的过程中你会遇到许多新的术语。注意这些术语并了解其含义或其所代表的事物是非常重要的。掌握如何根据化合物的名称来鉴别它们是一项重要的技能，可以帮助你在考试中避免错误，例如，氯元素和氯化物的含义差别极大。

需要做作业。你的老师会为你布置一些作业题，做这些作业题为你回忆和掌握书中的基本观点提供必要的练习。你不能仅仅通过用眼睛看来学习，你还需要动笔做题来参与。当你真心地努力解题之前，请尽量不要查看"答案手册"（如果你有的话）。如果在练习中你卡在某道题上，请向你的老师、助教或其他学生求助。在一道练习题上花费超过20min的时间是很少有效果的，除非你知道这道题具有特别的挑战性。

学习像科学家一样思考。本书是由热爱化学的科学家撰写的。我们鼓励你利用本书中的一些特点来提升你的批判性思维能力，如偏重概念学习的练习题和"设计实验"练习题。

利用在线资源。有些事物很容易通过观察来学习，而另外一些事物以三维方式展现才能获得最佳的学习效果。如果你的老师将MasteringChemistry™与你的教科书相关联，请利用这个在线平台所提供的独特工具，它可让你在化学学习中取得更多的收获。

说一千道一万，最根本的还是要努力学习、有效学习，并充分利用包括本书在内的所有工具。我们希望帮助你更多地了解化学世界，以及为什么化学是中心科学。如果你真的学好了化学，你就能成为聚会的主角，给你的朋友和父母留下深刻印象，并且也能以优异的成绩通过课程考试。

致谢

一本教材的出版发行是一个团队的成功。除了作者之外，许多人也参与其中并贡献了他们辛勤的劳动和才能，以保证这个版本呈现在读者面前。虽然他们的名字没有出现在本书的封面上，但他们的创造力、时间和支持在本书的编写和制作的各个阶段都发挥了作用。

每位作者都从与同事的讨论以及同国内外教师和学生的通信中获益良多。作者的同事们也提供了巨大的帮助，他们审阅了我们的书稿，分享他们的见解并提供改进建议。在第14版中，还有一些审阅人帮助我们，他们通读书稿，寻找书稿中存在的技术上的不准确之处和印刷错误。我们为拥有这些出色的审阅人而由衷地感到幸运。

第 14 版审阅人

Carribeth Bliem，北卡罗来纳大学教堂山分校
Stephen Block，威斯康星大学麦迪逊分校
William Butler，罗切斯特理工大学
Rachel Campbell，佛罗里达湾岸大学
Ted Clark，俄亥俄州立大学

Michelle Dean，肯尼索州立大学
John Gorden，奥本大学
Tom Greenbowe，俄勒冈大学
Nathan Grove，北卡罗来纳大学威尔明顿分校
Brian Gute，明尼苏达大学德卢斯分校
Amanda Howell，阿巴拉契亚州立大学
Angela King，维克森林大学
Russ Larsen，爱荷华大学

Joe Lazafame，罗切斯特理工大学
Rosemary Loza，俄亥俄州立大学
Kresimir Rupnik，路易斯安那州立大学
Stacy Sendler，亚利桑那州立大学
Jerry Suits，北科罗拉多大学
Troy Wood，纽约州立大学水牛城分校
Bob Zelmer，俄亥俄州立大学

第 14 版准确性审阅人

Ted Clark，俄亥俄州立大学
Jordan Fantini，丹尼森大学

Amanda Howell，阿巴拉契亚州立大学

第 14 版焦点小组参与人

Christine Barnes，田纳西大学诺克斯维尔分校
Marian DeWane，加利福尼亚大学尔湾分校

Emmanue Ewane，休斯顿社区大学
Tom Greenbowe，俄勒冈大学
Jeffrey Rahn，东华盛顿大学

Bhavna Rawal，休斯顿社区大学
Jerry Suits，北科罗拉多大学

MasteringChemistry™ 峰会参与人

Phil Bennett，圣达菲社区学院
Jo Blackburn，里奇兰德学院
John Bookstaver，圣查尔斯社区学院
David Carter，安吉洛州立大学
Doug Cody，那桑社区学院
Tom Dowd，哈珀学院
Palmer Graves，佛罗里达国际大学
Margie Haak，俄勒冈州立大学

Brad Herrick，科罗拉多矿业学院
Jeff Jenson，芬利大学
Jeff McVey，德克萨斯州立大学圣马科斯分校
Gary Michels，克瑞顿大学
Bob Pribush，巴特勒大学
Al Rives，维克森林大学
Joel Russell，奥克兰大学
Greg Szulczewski，阿拉巴马大学塔斯卡卢萨分校

Matt Tarr，新奥尔良大学
Dennis Taylor，克莱姆森大学
Harold Trimm，布鲁姆社区学院
Emanuel Waddell，阿拉巴马大学亨茨维尔分校
Kurt Winklemann，佛罗里达理工大学
Klaus Woelk，密苏里大学罗拉分校
Steve Wood，杨百翰大学

《化学：中心科学》历次版本审阅人

S.K. Airee，田纳西大学
John J. Alexander，辛辛那提大学
Robert Allendoerfer，纽约州立大学布法罗分校
Patricia Amateis，弗吉尼亚理工大学
Sandra Anderson，威斯康星大学
John Arnold，加州大学
Socorro Arteaga，埃尔帕索社区大学
Margaret Asirvatham，科罗拉多大学
Todd L. Austell，北卡罗来纳大学教堂山分校
Yiyan Bai，休斯顿社区大学
Melita Balch，伊利诺伊大学芝加哥分校
Rebecca Barlag，俄亥俄大学
Rosemary Bartoszek-Loza，俄亥俄州立大学
Hafed Bascal，芬利大学
Boyd Beck，斯诺学院
Kelly Beefus，阿诺卡拉姆齐社区学院
Amy Beilstein，中心学院
Donald Bellew，新墨西哥大学

Victor Berner，新墨西哥初级学院
Narayan Bhat，德克萨斯大学泛美分校
Merrill Blackman，西点军校
Salah M. Blaih，肯特州立大学
James A. Boiani，纽约州立大学杰纳苏分校
Leon Borowski，戴波罗谷社区大学
Simon Bott，休斯顿大学
Kevin L. Bray，华盛顿州立大学
Daeg Scott Brenner，克拉克大学
Gregory Alan Brewer，美国天主教大学
Karen Brewer，弗吉尼亚理工大学
Ron Briggs，亚利桑那州立大学
Edward Brown，田纳西州李大学
Gary Buckley，卡梅隆大学
Scott Bunge，肯特州立大学
Carmela Byrnes，德州农工大学
B. Edward Cain，罗切斯特理工学院
Kim Calvo，阿克伦大学

Donald L. Campbell，威斯康辛大学
Gene O. Carlisle，德州农工大学
Elaine Carter，洛杉矶城市学院
Robert Carter，马萨诸塞大学波士顿港分校
Ann Cartwright，圣哈辛托中央学院
David L. Cedeño，伊利诺伊州立大学
Dana Chatellier，特拉华大学
Stanton Ching，康涅狄格学院
Paul Chirik，康奈尔大学
Ted Clark，俄亥俄州立大学
Tom Clayton，诺克斯学院
William Cleaver，佛蒙特大学
Beverly Clement，博林学院
Robert D. Cloney，福特汉姆大学
John Collins，布劳沃德社区大学
Edward Werner Cook，通克西斯社区学院
Elzbieta Cook，路易斯安那州立大学
Enriqueta Cortez，南德克萨斯大学
Jason Coym，南阿拉巴马大学
Thomas Edgar Crumm，宾州印第安纳大学

Dwaine Davis，佛塞斯社区学院

Ramón López de la Vega，佛罗里达国际大学

Nancy De Luca，马萨诸塞大学洛厄尔北校区

Angel de Dios，乔治城大学

John M. DeKorte，格兰德勒社区学院

Michael Denniston，乔治亚大学

Daniel Domin，田纳西州立大学

James Donaldson，多伦多大学

Patrick Donoghue，阿帕拉契州立大学

Bill Donovan，阿克伦大学

Stephen Drucker，威斯康星大学欧克莱尔分校

Ronald Duchovic，印第安纳大学 - 普渡大学韦恩堡分校

Robert Dunn，堪萨斯大学

David Easter，西南德州州立大学

Joseph Ellison，西点军校

George O. Evans II，东卡罗来纳州立大学

James M. Farrar，罗切斯特大学

Debra Feakes，德克萨斯州立大学圣马科斯分校

Gregory M. Ferrence，伊利诺伊州立大学

Clark L. Fields，北科罗拉多大学

Jennifer Firestine，林登沃德大学

Jan M. Fleischner，新泽西学院

Paul A. Flowers，北卡罗来纳州彭布鲁克分校

Michelle Fossum，莱尼学院

Roger Frampton，潮水社区学院

Joe Franek，明尼苏达大学大卫分校

Frank，加州州立大学

Cheryl B. Frech，中央俄克拉荷马大学

Ewa Fredette，冰碛谷学院

Kenneth A. French，布林学院

Karen Frindell，圣罗莎初级学院

John I. Gelder，俄克拉荷马州立大学

Robert Gellert，格兰德勒社区学院

Luther Giddings，盐湖社区学院

Paul Gilletti，梅萨社区学院

Peter Gold，宾州州立大学

Eric Goll，布鲁克代尔社区学院

James Gordon，中央卫理公会大学

John Gorden，奥本大学

Thomas J. Greenbowe，俄勒冈大学

Michael Greenlief，密苏里大学

Eric P. Grimsrud，蒙大拿州立大学

John Hagadorn，科罗拉多大学

Randy Hall，路易斯安那州立大学

John M. Halpin，纽约大学

Marie Hankins，南印第安纳大学

Robert M. Hanson，圣奥拉夫学院

Daniel Haworth，马凯特大学

Michael Hay，宾夕法尼亚州立大学

Inna Hefley，布林学院

David Henderson，三一学院

Paul Higgs，贝瑞大学

Carl A. Hoeger，加州大学圣地亚哥分校

Gary G. Hoffman，佛罗里达国际大学

Deborah Hokien，玛丽伍德大学

Robin Horner，费耶特维尔社区技术学院

Roger K. House，莫瑞谷社区学院

Michael O. Hurst，乔治亚南方大学

William Jensen，南达科他州立大学

Janet Johannessen，莫里斯郡学院

Milton D. Johnston，Jr.，南佛罗里达大学

Andrew Jones，南阿尔伯塔理工学院

Booker Juma，费耶特维尔州立大学

Ismail Kady，东田纳西州立大学

Siam Kahmis，匹兹堡大学

Steven Keller，密苏里大学

John W. Kenney，东部新墨西哥州立大学

Neil Kestner，路易斯安那州立大学

Carl Hoeger，加州大学圣地亚哥分校

Leslie Kinsland，路易斯安那州立大学

Jesudoss Kingston，爱荷华州立大学

Louis J. Kirschenbaum，罗德岛大学

Donald Kleinfelter，田纳西大学诺克斯维尔分校

Daniela Kohen，卡尔顿大学

David Kort，乔治梅森大学

Jeffrey Kovac，田纳西大学

George P. Kreishman，辛辛那提大学

Paul Kreiss，安妮阿伦德尔社区学院

Manickham Krishnamurthy，霍华德大学

Sergiy Kryatov，塔夫斯大学

Brian D. Kybett，里贾纳大学

William R. Lammela，拿撒勒学院

John T. Landrum，佛罗里达国际大学

Richard Langley，奥斯汀州立大学

N. Dale Ledford，南阿拉巴马大学

Ernestine Lee，犹他州立大学

David Lehmpuhl，南科罗拉多大学

Robley J. Light，佛罗里达州立大学

Donald E. Linn，Jr.，印第安纳大学 - 普渡大学印第安纳波利斯分校

David Lippmann，德克萨斯理工大学

Patrick Lloyd，布碌仑社区学院

Encarnacion Lopez，迈阿密戴德学院沃尔夫森分校

Michael Lufaso，北佛罗里达大学

Charity Lovett，西雅图大学

Arthur Low，塔尔顿州立大学

Gary L. Lyon，路易斯安那州立大学

Preston J. MacDougall，中田纳西州立大学

Jeffrey Madura，杜肯大学

Larry Manno，特里顿学院

Asoka Marasinghe，莫海德州立大学

Earl L. Mark，艾梯理工学院

Pamela Marks，亚利桑那州立大学

Albert H. Martin，摩拉维亚学院

Przemyslaw Maslak，宾州州立大学

Hilary L. Maybaum，ThinkQuest 公司

Armin Mayr，埃尔帕索社区学院

Marcus T. McEllistrem，威斯康星大学

Craig McLauchlan，伊利诺斯州立大学

Jeff McVey，德克萨斯州立大学圣马科斯分校

William A. Meena，山谷社区学院

Joseph Merola，弗吉尼亚理工学院

Stephen Mezyk，加州州立大学

Diane Miller，马凯特大学

Eric Miller，圣胡安学院

Gordon Miller，爱荷华州立大学

Shelley Minteer，圣路易斯大学

Massoud (Matt) Miri，罗彻斯特理工大学

Mohammad Moharerrzadeh，鲍伊州立大学

Tracy Morkin，埃默里大学

Barbara Mowery，纽约大学

Kathleen E. Murphy，德门大学

Kathy Nabona，奥斯汀社区学院

Robert Nelson，乔治亚南方大学

Al Nichols，杰克逊维尔州立大学

Ross Nord，东密歇根大学

Jessica Orvis，乔治亚南方大学

Mark Ott，杰克逊社区学院

Jason Overby，查尔斯顿学院

Robert H. Paine，罗彻斯特理工学院

Robert T. Paine，新墨西哥大学
Sandra Patrick，马拉斯比纳大学学院
Mary Jane Patterson，布拉斯波特学院
Tammi Pavelec，林登沃德大学
Albert Payton，布劳沃德社区学院
Lee Pedersen，北卡罗来纳大学
Christopher J. Peeples，塔尔萨大学
Kim Percell，费尔角社区学院
Gita Perkins，埃斯特雷拉山社区学院
Richard Perkins，路易斯安那州大学
Nancy Peterson，中北学院
Robert C. Pfaff，圣约瑟夫大学
John Pfeffer，海莱社区学院
Lou Pignolet，明尼苏达大学
Bernard Powell，德克萨斯大学
Jeffrey A. Rahn，东华盛顿大学
Steve Rathbone，布林学院
Scott Reeve，阿肯色州立大学
John Reissner, Helen Richter, Thomas Ridgway,
北卡罗来纳大学，阿克伦大学，辛辛那提大学
Gregory Robinson，乔治亚大学
Mark G. Rockley，俄克拉荷马州立大学
Lenore Rodicio，迈阿密戴德学院
Amy L. Rogers，查尔斯顿学院
Jimmy R. Rogers，德克萨斯大学阿灵顿分校
Kathryn Rowberg，普渡大学盖莱默分校
Steven Rowley，米德尔塞克斯社区学院
James E. Russo，惠特曼大学

Theodore Sakano，罗克兰社区学院
Michael J. Sanger，北爱荷华大学
Jerry L. Sarquis，迈阿密大学
James P. Schneider，波特兰社区学院
Mark Schraf，西弗吉尼亚大学
Melissa Schultz，伍斯特学院
Gray Scrimgeour，多伦多大学
Paula Secondo，西康涅狄格州立大学
Michael Seymour，霍普学院
Kathy Thrush Shaginaw，维拉诺瓦大学
Susan M. Shih，杜佩奇学院
David Shinn，夏威夷州立大学希罗分校
Lewis Silverman，密苏里大学哥伦比亚分校
Vince Sollimo，伯灵顿社区学院
Richard Spinney，俄亥俄州立大学
David Soriano，匹兹堡大学布拉德福德分校
Eugene Stevens，宾汉姆顿大学
Matthew Stoltzfus，俄亥俄州立大学
James Symes，科森尼斯河学院
Iwao Teraoka，纽约科技大学
Domenic J. Tiani，北卡罗来纳大学教堂山分校
Edmund Tisko，内布拉斯加州大学奥马哈分校
Richard S. Treptow，芝加哥州立大学
Michael Tubergen，肯特州立大学
Claudia Turro，俄亥俄州立大学

James Tyrell，南伊利诺伊大学
Michael J. Van Stipdonk，卫奇塔州立大学
Philip Verhalen，帕诺拉学院
Ann Verner，多伦多大学斯卡伯勒分校
Edward Vickner，格洛斯特郡社区学院
John Vincent，阿拉巴马大学
Maria Vogt，布卢姆菲尔德学院
Tony Wallner，贝瑞大学
Lichang Wang，南伊利诺伊大学
Thomas R. Webb，奥本大学
Clyde Webster，加州大学河滨分校
Karen Weichelman，路易斯安那大学拉菲特分校
Paul G. Wenthold，普渡大学
Laurence Werbelow，新墨西哥矿业与技术学院
Wayne Wesolowski，亚利桑那大学
Sarah West，圣母大学
Linda M. Wilkes，南科罗拉多大学
Charles A. Wilkie，马凯特大学
Darren L. Williams，西德克萨斯农工大学
Troy Wood，纽约州立大学水牛城分校
Kimberly Woznack，加州宾夕法尼亚大学
Thao Yang，威斯康星大学
David Zax，康奈尔大学
Dr. Susan M. Zirpoli，宾州滑石大学
Edward Zovinka，圣弗朗西斯大学

　　我们还想对培生出版集团的许多团队成员表示感谢，他们的辛勤工作、想象力和合作精神为这个版本的最终出版做出了巨大贡献。化学编辑 Chris Hess 为我们提供了许多新的想法以及持续的热情和对我们的鼓励和支持；开发部主任 Jennifer Har 用她的经验和洞察力来负责整个项目；开发部编辑 Matt Walker，他丰富的经验、良好的判断力和对细节的仔细关注程度对本版修订是非常宝贵的，特别是在保持我们写作的一致性和帮助学生理解方面。培生公司团队在这方面是一流的。

　　我们还特别感谢以下人员：制作编辑 Mary Tindle，她巧妙地保证了整个出版过程的进展，使我们保持在正确的写作方向上；伊利诺伊大学的 Roxy Wilson，她很好地完成了制作章末练习题答案这项困难的工作。最后，我们要感谢我们的家人和朋友，感谢他们的爱、支持、鼓励和耐心，帮助我们完成了本书第 14 版的写作与出版。

西奥多·L.布朗
化学系
伊利诺伊大学厄巴纳-
香槟分校
Urbana，IL 61801
tlbrown@illinois.edu or
tlbrown1@earthlink.net

H.尤金·勒梅
化学系
内华达大学
Reno，NV 89557
lemay@unr.edu

布鲁斯·E.巴斯滕
化学与生物化学系
伍斯特理工学院
Worcester，MA 01609
bbursten@wpi.edu

凯瑟琳·J.墨菲
化学系
伊利诺伊大学厄巴纳-
香槟分校
Urbana，IL 61801
murphycj@illinois.edu

帕特里克·M.伍德沃德
化学与生物化学系
俄亥俄州立大学
Columbus，OH 43210
woodward.55@osu.edu

马修·W.斯托尔茨福斯
化学与生物化学系
俄亥俄州立大学
Columbus，OH 43210
stoltzfus.5@osu.edu

目 录

第 **1** 章

导论：
物质、能量和测量

本书的书名——化学：中心科学，反映了一个事实：环顾周围，几乎每件事物都与化学息息相关。在日常生活中，如树叶在秋天会产生的绚烂的颜色变化、我们所吃的食物在身体中转化的方式，以及手机充电的过程等都涉及化学变化。

化学是一门研究物质及其性质和物质变化规律的科学。随着学习的深入，你将会了解到化学原理是如何应用在我们生活中的方方面面的，从烹饪食物这些简单的日常活动到环境中物质运动这些更复杂的过程。我们也将学习如何通过调整物质的组成及结构来实现物质性质的特定应用。例如19世纪化学家发展起来的合成颜料被梵高、莫奈这样的印象派画家广泛运用于创作中。

第1章概括了什么是化学，以及化学家可以做些什么。"导读"中概述了本章的章节组织结构及我们对此的一些解释。

◀ 合成颜料的发明 是工业化学中最古老的例子之一。随着新型颜料的问世，印象派画家在色彩的使用上也更加大胆（如梵高的油画《星空下有丝柏的道路》）。

1.1 | 学习化学

我们环顾四周，看到许多变化过程的核心问题是化学问题，化学也可以解释我们看到物质的不同属性。要了解变化和特性产生的原因，我们就需要更深层次地认识这些表面现象。

化学的原子学和分子学视角

化学是一门研究物质的性质及其变化的科学。**物质**是任何具有质量并占据空间的东西，是宇宙中的实物。物质的**性质**是识别某种类型物质的特征，利用这种特征可以对不同类型的物质进行区分。这本书、你的身体、正在呼吸的空气以及我们穿的衣服都是物质。虽然我们观察到世界上物质的种类繁多，但无数实验表明所有物质仅由约 100 种称为**元素**的物质组成。我们的主要目标之一是将物质的性质与其组成联系起来，也就是说，与物质所包含的特定元素联系起来。

化学也提供了在原子层面理解物质性质的基础，而**原子**是物质的极小组成部分。每种元素都是由一种特定的原子构成。我们可以发现物质的性质不仅与构成物质的原子种类（组成）有关，还与这些原子的排列方式（结构）有关。

两个或多个原子以特定的方式连接形成**分子**。本节中，分子的比例模型可以呈现出原子连接成分子的方式（见图 1.1），其中不同颜色的球体代表不同元素的原子。如图 1.1 所示，乙醇和乙二醇分子具有不同的组成和结构。在比例模型图中红色球体代表 O 原子，乙醇含有一个 O 原子，乙二醇含有两个 O 原子。

▽ **图例解析**　下列分子中，哪种分子含有的 C 原子最多？含有几个 C 原子？

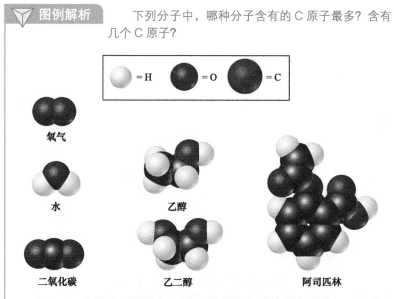

○ = H　● = O　● = C

氧气

水

乙醇

阿司匹林

二氧化碳

乙二醇

▲ 图 1.1　分子比例模型图　白、黑及红色球体分别代表 H、C 及 O 原子

分子在组成或结构上的微小差异会导致物质性质上的巨大差异。例如图 1.1 中的乙醇和乙二醇结构非常相似，但它们的性质完全不同。乙醇是啤酒和葡萄酒中最重要的醇类化合物，而乙二醇是一种粘性液体，可以作为汽车的防冻剂。这两种物质的性质在很多方面都是不同的，如生物活性不同。乙醇可以食用，但乙二醇由于具有剧毒，不能食用。化学家面临的挑战之一是通过可控的方式改变分子的组成或结构，从而产生具有不同特性的新物质。如图 1.1 所示的阿司匹林是从柳树皮中提取的一种天然产物的衍生物，于 1897 年首次合成出来，它是一种常见的解热镇痛药物。

不管是水沸腾现象，还是我们身体对抗入侵病毒时发生的变化，以及世界上可观测的所有变化都有其原子和分子作为基础。因此，在接下来的学习中，我们应该从两个方面思考问题：普通尺寸层面的宏观方面和原子及分子层面的亚微观方面。虽然我们在宏观世界观察物质性质及其物质变化，但是我们需要在亚微观水平上了解原子和分子的运动规律。化学是一门试图通过研究原子和分子的性质及运动规律来理解物质的性质及变化规律的科学。

想一想

（a）人类至今发现的元素大约有多少种？
（b）构成物质的亚微观粒子是什么？

为什么要学习化学？

化学与许多公众关心的问题密切相关，如改善医疗卫生、节约自然资源、保护环境、以及供应维持社会运转所需的能源等。

我们利用化学方法可以不断地合成或开发药物、肥料、农药、塑料、太阳能板、发光二极管（LEDs）、建筑材料等。我们还发现一些化学物质对身体健康或环境有害，这就需要确保我们接触到的物质是安全的。作为公民和消费者，需要了解化学品可能产生的正面和负面的影响，以便对它们的用途有一个公正客观的看法。

不管你的专业是化学、生物还是工程、药学、农业、地质或其他专业，你可能都在学习化学，因为它是你课程的重要组成部分。化学应用在许多与科学相关的领域中，学生对于化学基本原理的理解至关重要。例如在我们与物质世界的互动中产生对周围物质的思考。如图 1.2 所示，列举了化学在社会生活不同领域中的核心作用。

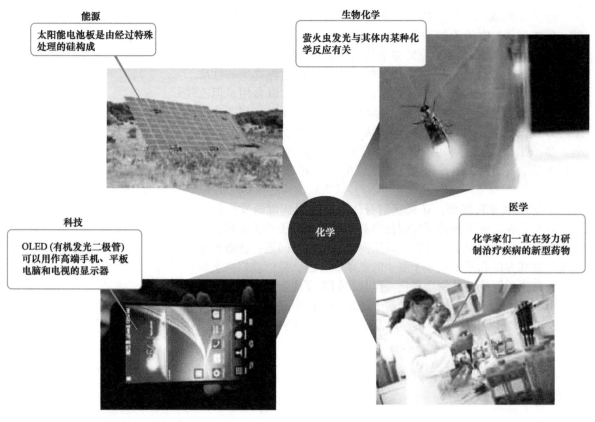

▲ 图1.2   化学在社会生活不同领域中的核心作用

化学应用 | **化学与化学工业**

化学在生活中无处不在。我们对日用化学品都非常熟悉，尤其是像图1.3列出的清洁类常用化学品。然而，很少有人意识到化学工业的规模和重要性。化学工业在美国是一个价值8000亿美元的行业，占美国出口总额的14%，从业人数达80多万人。

化学家是谁？他们可以做些什么？拥有化学学位的人可以胜任工业、政府和学术界的各种职位。工业界的化学家可以从事新产品的开发（研发），进行物质分析（质量控制），或者协助客户使用产品（销售与服务）。具备丰富经验或培训较多的人可以担任公司经理或董事。化学家是政府部门（如美国国立卫生研究院、美国能源局、美国国家环境保护局等政府部门都会雇佣化学家）和高校的重要科技工作者。不仅如此，化学学位还可以为其他职业做准备，诸如教学、医学、生物医学研究、情报学、环保工作、技术销售、政府监管代理和专利代理等。

从根本上说，化学家可以做三件事情：(1)开发新型物质：具有理想性质的材料、物质或混合物质；(2)测量物质的性质；(3)建立模型并解释或预测物

质的性质。例如化学家可以在实验室进行新药物的开发，也可以集中研发新仪器用于在原子水平上研究物质的性质。还有一些化学家利用现有物质或方法解释环境中污染物的迁移方式或药物在人体内的治疗过程。当然，另外一些化学家将会发展新理论，编写计算机代码，并利用计算机模拟技术了解分子运动和反应的过程。综合性化工企业是所有这些活动的丰富组合。

▲ 图1.3   清洁类常用化学品

1.2 │ 物质的分类

我们从物质常用的分类方法开始化学的学习。物质的典型特征包括（1）物理状态（气态、液态和固态）；（2）组成（单质、化合物和混合物）。

物质的状态

物质一般以气体、固体或液体形式存在。这三种形式称为**物质状态**，物质的状态不同时，性质有可能不同。

- **气体**（也称为蒸汽）没有固定的体积和形状，可以均匀地充满整个容器。因此气体可以被压缩使得体积变小，或者膨胀占据更大的空间。
- **液体**有固定的体积，没有固定的形状，形状会随容器而变化，并且在一定程度上不可压缩。
- **固体**有一定的形状和体积，并且在一定程度上不可压缩。

我们可以从分子水平上理解物质的状态（见图 1.4）。气体中，分子间距离较大，快速运动的分子不断地碰撞其他分子或容器的器壁。压缩气体会降低分子间的距离，增大分子间的碰撞频率，但不会改变分子的大小和形状。液体中，分子聚集在一起，但仍会在一定限度内快速运动，因此液体具有流动性。固体中，分子通常以一定的方式紧密排列在一起，在固定位置上轻微振动。液体和固体状态时分子间的距离相似，但是固体中的分子大部分都有固定的位置，而液体中的分子没有固定的位置，运动比较自由。温度或压力变化会导致物质状态的转化，例如我们熟悉的冰融化成水或水蒸气凝结成水等过程。

纯净物

我们接触到的大多数物质——我们呼吸的空气（气体）、汽车中燃烧的汽油（液体）以及行走的人行道（固体）——从化学角度看都不是纯净物。但是我们可以将这些物质分离成纯净物。**纯净物**（通常被简单地称为一种物质）具有独特的性质和确定的组成，这个组成不会随样本的不同而改变。例如水和食盐（氯化钠）是纯净物。

所有的纯净物不是单质就是化合物。

- **单质**不能分解成更简单的物质。在分子水平上，单质只由一种原子组成（见图 1.5a 和图 1.5b）。
- **化合物**是由两种或两种以上元素组成的物质，它包含两种或多种原子（见图 1.5c）。例如水是由氢和氧两种元素组成。

图 1.5d 是一种混合物，**混合物**由两种或多种物质混合而成，每种物质都保留着自身的化学特性。

▼ 图例解析　下列各种状态的水，分子间距离最远的是什么状态？

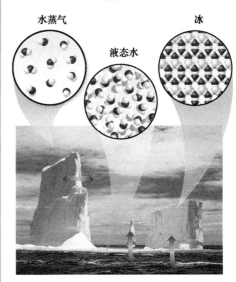

水蒸气　液态水　冰

▲ 图 1.4 水的三种物理状态 ——水蒸气、液态水和冰　我们可以观察到水的液体和固体状态，但不能观察到气体（蒸汽）状态。箭头表示物质的三种状态间可以相互转化

化合物的分子和单质的分子有什么不同？

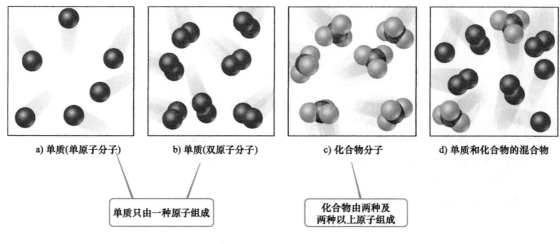

a) 单质(单原子分子)　　b) 单质(双原子分子)　　c) 化合物分子　　d) 单质和化合物的混合物

单质只由一种原子组成

化合物由两种及
两种以上原子组成

▲ 图 1.5　单质、化合物和混合物分子的区别

下列饼状图中百分数为各元素的质量分数，如果换成原子个数百分比，那饼状图中的氢元素所占的扇形区域将变大还是变小？

地壳中元素含量比

人体中元素含量比

▲ 图 1.6　元素的相对丰度[⊖]
在地壳（包括海洋和大气）和人体中各元素的质量分布图

元素

目前，人类已发现 118 种元素，各种元素在地壳中的含量差别很大。氢元素占宇宙物质总质量的 74%，氦元素占 24%。仅有 5 种元素—氧、硅、铝、铁和钙元素—占地壳中（包括海洋和大气）总质量的 90% 以上，仅有 3 种元素—氧、碳和氢元素占人体总质量的 90%（见图 1.6）。

表 1.1 列出了一些常见的元素及其相应的元素符号。每种元素符号由一种或两种字母构成，且第一个字母需大写。这些元素符号大多来自元素的英文名称，也有些是由外来名称衍生而来（见表 1.1 中的最后一列）。我们需要掌握表 1.1 中的元素及本书涉及的其他元素。

所有已知元素及其元素符号都列在本书最后一页的元素周期表中。在元素周期表中，化学性质相似的元素放在一个纵列中。我们将在第 2.5 节详细讨论元素周期表，在第 7 章探讨元素的周期重复性。

表 1.1　一些常见元素及其相应元素符号

碳	C	铝	Al	铜	Cu（来自 *cuprum*）
氟	F	溴	Br	铁	Fe（来自 *ferrum*）
氢	H	钙	Ca	铅	Pb（来自 *plumbum*）
碘	I	氯	Cl	汞	Hg（来自 *hydrargyrum*）
氮	N	氦	He	钾	K（来自 *kalium*）
氧	O	锂	Li	银	Ag（来自 *argentum*）
磷	P	镁	Mg	钠	Na（来自 *natrium*）
硫	S	硅	Si	锡	Sn（来自 *stannum*）

⊖ 美国地质调查局第 285 号通告，美国内政部。

化合物

大多数单质可以与其他单质反应生成化合物。例如，当氢气在氧气中燃烧时，氢元素与氧元素结合生成化合物水。相反地，水也能通过电解分解成氢气和氧气（见图 1.7）。

图例解析

下列哪个原因造成电解水产生的 H_2 体积比 O_2 体积大？（a）氢原子比氧原子轻；（b）氢原子比氧原子大；（c）每个水分子含有一个氧原子和两个氢原子。

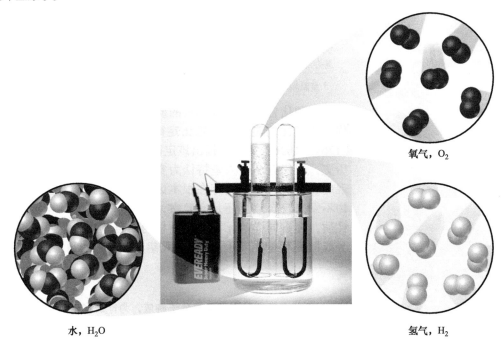

氧气，O_2

水，H_2O

氢气，H_2

▲ 图 1.7　水的电解　当电流通过时，水分解成氢气和氧气。右边试管收集的氢气体积是氧气体积的两倍

水分解成氢气和氧气，按质量百分数计算生成的氢气和氧气比例分别为 11% 和 89%。无论水的来源如何，这个比例是恒定不变的，因为任何一个水分子都由相同数量的氢原子和氧原子构成。虽然从质量百分数看水的主要成分好像是氧，但事实上每个水分子含有两个氢原子和一个氧原子。这种明显差异的原因在于氢原子重量比氧原子更轻。宏观组成对应于分子组成，水分子由两个氢原子和一个氧原子构成：

氢原子
(记作H)

氧原子
(记作O)

水分子
(记作H₂O)

氢和氧在自然界中主要以双原子（两个原子）分子的形式存在：

氧分子　　记作O_2

氢分子　　记作H_2

如表 1.2 所示，水的性质与氢气、氧气的性质没有相似之处。由于氢分子、氧分子和水分子组成不同，因此它们是三种不同的物质。

表 1.2　水、氢气和氧气的比较

	水	氢气	氧气
状态[a]	液态	气态	气态
标准沸点	100℃	−253℃	−183℃
密度[a]	1000 g/L	0.084 g/L	1.33 g/L
易燃品	否	是	否

[a] 室温和常压。

　　一种化合物的组成元素的质量有恒定的比例关系，这一规律**称为确定比例定律（或定比定律）**。1800 年法国化学家普罗斯特（1754—1826）第一次提出该定律。尽管这一定律已有 200 余年的历史，但仍有一些人坚持认为实验室制备的化合物与自然界中发现的相应化合物之间存在根本区别，这是完全不正确的。纯化合物不管来自自然界还是实验室，在相同条件下具有相同的组成和性质，拥有同样的元素，遵循相同的自然规律。当两种物质的成分或性质不同时，可能是化合物组成不同，也可能是纯度不同。

想一想

　　氢气、氧气和水都是由分子构成，为什么水是一种化合物，而氢气和氧气是单质？

混合物

　　我们接触的大多数物质都是由不同物质组成的混合物，混合物中的每种物质都保留其原有的化学性质。根据定义，纯净物的组成是恒定的，而混合物的组成可以发生变化。例如一杯加糖的咖啡可以含有少量的糖也可以含有大量的糖。组成混合物的物质称为混合物的组分。

　　有些混合物的组分、性质和外观不尽相同，例如不同的岩石或木材有不同的质地和外观。这种成分不均匀混合的混合物称为异相混合物（见图 1.8a），而成分均匀混合的混合物称为均相混合物。空气是由氮气、氧气和少量其他气体组成的均相混合物。空气中的氮气具有纯氮气的所有性质，因为混合物和纯净物中含有相同的氮分子。盐、糖或其他一些物质溶解于水中形成均相混合物（见图 1.8b），这种均相混合物称为**溶液**。虽然"溶液"一词使人联想到液体，但"溶液"可以是固体、液体或气体。

　　图 1.9 将物质分为单质、化合物和混合物三种类型。

a)   b)

◀ 图 1.8 混合物 a）很多常见的物质是异相混合物，如岩石。如图花岗岩照片显示它是一种由二氧化硅及其他金属氧化物组成的混合物。b）均相混合物称为溶液。很多物质，如图所示的蓝色固体（五水合硫酸铜（Ⅱ））溶于水形成蓝色溶液

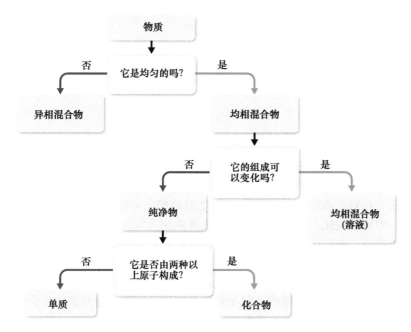

◀ 图 1.9 物质的分类 所有纯净物都可归类为单质或化合物

▶ 实例解析 1.1

区分单质、化合物和混合物

"白金"含有金及另一种"白色"金属钯。两种白金样品组成均匀，只是金和钯的相对含量不同。利用图 1.9 对白金进行分类。

解析

因为白金物质组成均匀，因此是均相物质。两个样品组成不同，因此是一种均相混合物，不是化合物。

（d）它是一种由单质和化合物组成的异相混合物；

（e）它是一种由不同状态的同种化合物组成的化合物。

▶ 实践练习 1

下列关于西柚果肉的描述正确的有哪些？

（a）它是一种纯化合物；

（b）它是一种由化合物组成的均相混合物；

（c）它是一种由化合物组成的异相混合物；

▶ 实践练习 2

不管来源如何，阿司匹林都是由质量分数 60.0% 的碳、4.5% 的氢和 35.5% 的氧构成。利用图 1.9 对其进行分类。

1.3 │ 物质的性质

每种物质都有其独特的性质。如表 1.2 中列出的性质可以帮助我们区分氢气、氧气和水。物质的性质分为物理性质和化学物质。**物理性质**指物质不需要经过化学变化就表现出来的性质，主要包括颜色、气味、密度、熔点、沸点和硬度等。**化学性质**则指物质在化学变化中表现出来的性质，常见的化学性质有物质的可燃性，即一种物质在氧气存在条件下燃烧的能力。

强度性质指不随检测样品的量而改变的性质，如温度和熔点。这种性质在化学中有极其重要的应用，因为许多强度性质可以用来鉴别物质。**广度性质**则指取决于样品量的性质，如质量和体积。广度性质与物质存在的量有关。

想一想

当我们提到铅的密度比铝的大时，是在讨论广度性质还是强度性质？

物理变化和化学变化

一般来说，把物质发生的变化分为物理变化和化学变化。在**物理变化**中，物质的状态发生了变化，但物质本身的组成成分没有改变（也就是说，变化之前和变化之后是相同的物质）。水的蒸发是一种物理变化。当水蒸发时，水由液体变为气体，但它仍然由水分子构成，如图 1.4 所示。所有的**状态变化**（如从液体到气体，或者从液体到固体）都是物理变化。

在**化学变化**（也称为**化学反应**）中，一种物质转化成另一种化学性质完全不同的物质。例如氢气在空气中燃烧时会与氧气结合形成水，发生化学变化（见图 1.10）。

化学变化是很神奇的。如图 1.11 所示，这是一个非常有名的化学家伊拉·莱姆森在他 1901 年发表的一文中描述了他关于化学反应的第一个实验。

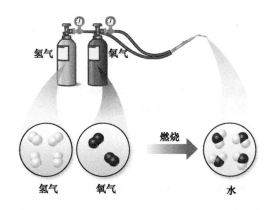

氢气   氧气

燃烧

氢气   氧气   水

▲ 图 1.10 化学反应

我在阅读一本化学教材时，偶然发现"硝酸可以与铜反应"的描述，于是决定做个实验来了解这里"反应"这个词到底意味着什么。找到一些硝酸后，我只需知道"反应"是什么意思就可以了。虽然我只有几个铜币，但为了追求知识，我愿意拿出一个铜币完成这个实验。我把一个铜币放在桌子上，并打开一瓶硝酸，把一些液体倒在铜板上，准备观察可能发生的变化。接下来我看到了奇妙的现象，铜板发生了巨大的变化。铜板和桌子上生成一种蓝绿色液体，并不断冒泡，周围空气也变成了暗红色。怎么阻止这一现象呢？我试着捡起那个铜板扔出窗外，却发现了另一个事实：硝酸可以与手指反应。这个反应导致我手指疼痛，并且引发了另一个没有预料的实验。我把手指上的硝酸抹在裤子上，发现硝酸竟然与裤子也发生了反应，这是我做过印象最深刻的实验。直到现在，我还饶有兴趣地讲述着这件事。这就启示我们想要了解这种奇妙现象的唯一方法是在实验室做实验，并且观察结果。[一]

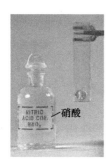

▲ 图 1.11　铜板和硝酸之间的化学反应　铜板溶解产生蓝绿色溶液和红棕色气体二氧化氮

> **想一想**
>
> 下列变化哪些是物理变化？哪些是化学变化？请解释说明。
> （a）植物将二氧化碳和水变成糖类；
> （b）水蒸气在空气中凝结成霜；
> （c）匠人把铁块熔化拉成铁丝。

混合物的分离

利用混合物中各组分某些性质的不同，可以将混合物进行分离。例如，我们可以利用颜色不同将含有铁屑和金屑的异相混合物分成铁屑和金屑。还有一个有趣的方法：利用一块磁铁将铁屑吸走，留下金屑。铁可以溶于多种酸，而金一般不溶于酸，我们可以利用这一差异将两种金属分离。因此将混合物放入合适的酸中，铁屑会溶于酸中，金屑则留在液体中，然后通过过滤将二者分离（见图 1.12），最后我们利用今后将学习到的其他化学反应将溶解的铁转化成铁金属。

分离均相混合物最重要的方法是**蒸馏**，这一过程取决于不同物质的沸点差异。例如将食盐水溶液加热至沸腾，水蒸发形成水蒸气，食盐则会留在容器中。水蒸气经过冷凝管又会凝结成液态水，如图 1.13 所示。

〔一〕雷森，《理论化学原理》，1887 年。

▲ 图 1.12 过滤分离过程 将固体和液体混合物倾倒在滤纸上，液体通过滤纸，而固体留在滤纸上

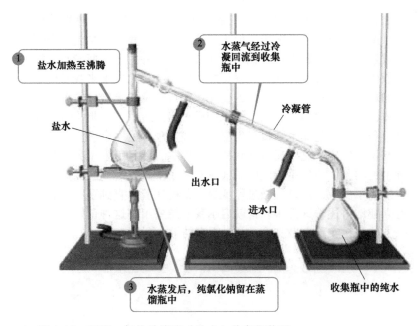

① 盐水加热至沸腾

② 水蒸气经过冷凝回流到收集瓶中

冷凝管

盐水

出水口

进水口

③ 水蒸发后，纯氯化钠留在蒸馏瓶中

收集瓶中的纯水

▲ 图 1.13 蒸馏 氯化钠溶液（盐水）分离的装置

根据物质在固体表面吸附能力的差异也可以实现对混合物的分离，这就是色谱技术的理论基础，如图 1.14 所示。

▽ 图例解析 下图显示的混合物分离过程是物理过程还是化学过程？

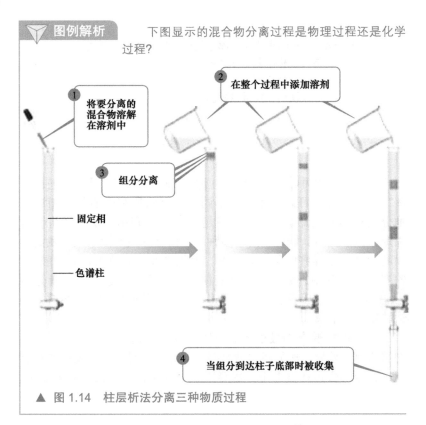

① 将要分离的混合物溶解在溶剂中

② 在整个过程中添加溶剂

③ 组分分离

固定相

色谱柱

④ 当组分到达柱子底部时被收集

▲ 图 1.14 柱层析法分离三种物质过程

1.4 | 能量的本质

宇宙中所有的物体都是由物质构成，但是物质本身不足以描述周围世界的种种现象。例如高山湖泊的水和一壶沸腾的水由同一种物质构成，但如果把手分别放到这两种水中，会有两种完全不同的感觉。这两者的区别在于它们的能量不同，沸水比冷水含有更多的能量。因此想要深入理解化学，我们必须了解能量及化学过程中伴随的能量变化。

与物质不同，能量没有质量，也不能被握在手中。但我们可以观察和测量能的作用。**能量**定义为做功或转移热量的能力。**功**是施加在物体上的力引起物体发生位移时传递的能量，**热量**是引起物体温度上升的能量（见图 1.15）。对于大多数人，对物体的温度有直观的感受，但对功的概念较为模糊。功（w）等于物体所受的力（F）与物体移动距离（d）的乘积：

$$w = F \times d \qquad (1.1)$$

在这个公式中，**力 F** 定义为施加在物体上任意的推力或拉力[⊖]。常见的力有重力及条形磁铁两极之间的吸引力。将一个物体从地板上提起来，或者将两块磁极相反的磁铁分开都需要做功。

动能与势能

为了理解能量，我们需要掌握它的两种基本形式，动能和势能。不管汽车、足球或微粒，任何物体都可以拥有**动能**，即运动的能量。物体动能（E_K）的大小取决于它的质量（m）和速度（v）：

$$E_K = \frac{1}{2}mv^2 \qquad (1.2)$$

因此物体的动能随其速度或速率[⊖] 的增大而增加。例如一辆以 65mi/h 速度行驶的汽车具有的动能比以 25mi/h 速度行驶时具有的动能大得多。当行驶速度相同时，动能随质量的增加而增加。当一辆大卡车和一辆摩托车以相同速度 65mi/h 行驶时，由于大卡车质量较大，因此具有更大的动能。

在化学的学习中，我们比较感兴趣的是原子和分子的动能。尽管这些粒子很小，肉眼不可见，但它们有质量，并且在运动，因此具有动能。不管是加热火炉上的一壶水，还是放置铝块于太阳下，物体中的原子和分子都将获得动能，运动的平均速度也会增加。因此我们看到的热量传递是分子水平上的动能转移。

> **想一想**
>
> 根据动能公式，质量加倍和速度加倍哪个对物体动能的变化影响更大？

⊖ 使用这个公式时，力表示与移动距离平行的分力，在这章中我们经常会遇到这种问题。

⊖ 严格地讲，速度是一个有方向的矢量。这就是说，它会告诉我们物体运动的快慢和方向。速率是一个标量，只告诉我们物体运动的快慢，但没有运动方向。除非另作说明，否则我们将不关注运动的方向。因此，本书中的速度和速率是可以互换的。

球员踢球时，对球做功，球才会移动

a)

在火炉上加热水，水温会上升

b)

▲ 图 1.15 功和热量，能量的两种形式 a）功是用来对抗物体相反力的能量。b）热量是用来增加物体温度的能量

诸如储存在拉伸弹簧中的能量，重力产生的能量或化学键（形成／断裂）过程（释放／吸收）的能量都可以归类为势能。一个物体由于其相对于其他物体的位置而具有**势能**。从本质上说，势能是由于物体在与其他物体相互吸引或排斥中产生的"储存"能量。

在日常生活中，势能转化为动能的例子有很多。例如一个在山顶上骑自行车的人（见图 1.16），由于重力作用，自行车在山顶的势能比在山底的势能高。当自行车从山顶下来，而且速度会越来越快，这时候势能转化为动能。当自行车从山顶到山底时，势能降低，同时动能随着速度的增大而增加（见式（1.2））。该例子说明动能和势能之间可以相互转化。

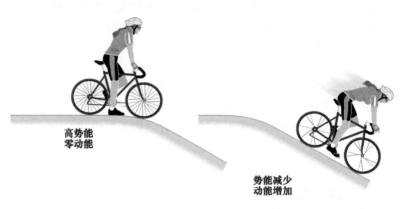

高势能
零动能

势能减少
动能增加

▲ 图 1.16 势能和动能 山顶上静止的自行车和骑手的势能随着自行车向下移动而减少，转化为动能

在处理原子和分子问题时，原子或分子间相互吸引的作用力微乎其微，但电荷作用力不能忽略。静电势能是由带电粒子间的静电作用产生的，是化学中最重要的势能形式之一。异性电荷相互吸引，同性电荷相互排斥，这是我们非常熟悉的现象。这种相互作用力的大小随电荷量的增加而增大，随电荷间距离的增加而减小。我们会在本书中多次提到静电势能。

学习化学的目标之一是将宏观世界中看到的能量变化与分子水平上物质的动能或势能联系起来。许多物质，如燃料，发生反应会释放能量。燃料的化学能来源于储存在排列原子中的势能。正如我们将在后面的章节中学习到的，原子间化学键形成会释放化学能，原子间化学键断裂则会吸收化学能。当燃料燃烧时，一些化学键断裂，一些化学键形成，最终结果是将化学势能转化为与温度有关的热能。分子运动加剧，热能增加，因此在分子水平上增加了动能。

◢ 想一想

当锂离子电池为笔记本电脑供电时，它的化学能会发生什么变化？增加、减少还是不变？

1.5 | 计量单位

物质的很多性质是定量的，即与数字有关。当一个数字表示某个测定值时，必须注明该数字的单位。例如我们说铅笔的长度是17.5是没有意义的，应该在该数字后加上单位，即17.5厘米（cm），才能正确表示铅笔的长度。**公制**是一种科学度量衡制度。

公制是18世纪后期在法国发展起来的单位制度，是世界上最普遍采用的标准度量衡单位制度。虽然大多数国家都采用公制系统，但美国一般使用英制系统（见图1.17）。

国际单位制单位

在1960年法国第十一届国际计量大会上确定了公制系统的具体单位，这些单位称为**国际单位制单位**。国际单位共有七个基本单位，其他所有的单位都是由这七个基本单位衍生出来的（见表1.3）。本章中，我们将接触到长度、质量和温度三种物理量的基本单位。

▲ 图 1.17 公制单位 在美国公制单位的使用越来越普遍，例如在这罐汽水中，体积单位可以用英制单位（液体盎司，fl oz）表示，也可以用公制单位（毫升，mL）表示

表 1.3 国际单位制基本单位

物理量	单位名称	缩写
长度	米	m
质量	千克	kg
温度	开尔文	K
时间	秒	s 或 sec
物质的量	摩尔	mol
电流	安培	A 或 amp
发光强度	坎德拉	cd

▲ 想一想

台灯的荧光灯泡包装上光通量的单位为流明（lm）。你认为光通量的单位流明是由哪个基本国际单位衍生而来？

深入探究 科学方法

科学知识从何而来？如何获得？如何确定其可靠性？科学家如何发现或完善科学知识？

科学家如何工作并不神秘。首先要牢记的是，科学知识是通过对自然界的观察获得的。科学家的一个主要目的是通过识别模式和规律性来组织这些观察、进行测量，并将一组观察结果与另一组观察结果联系起来进行归纳与总结。下一个需要考虑的是自然界为什么会呈现出我们观察到的现象？为了回答这个问题，科学家们构建模型，也就是提出**假设**，来解释观察到的现象。最初的假设很可能是试探性假设，也可能有不止一个合理的假设。如果一个假设合理，那么某些实验结果和观察结果就应该是因它产生的。这样，假设可以激发更好的实验设计，帮助对实验体系进行更深入地研究。科学创造力在提出假设的过程中发挥着重要作用，而这些假设又可以激发创造性实验的设计，这将为探索研究系统的本质提供新线索。

随着获取的信息越来越多，我们会对最初的几个假设进行逐步筛选。最终只有一个假设与获取的大量信息相匹配，这个假设称为**理论**，是一个具有预测性的模型，能够解释所有类似的观察结果。一个新理论通常应该与已知的一般理论具有一致性。例如，一个关于火山内部活动的理论必须符合导热、高温化学等更多一般的理论。

在这本书的学习过程中，我们会接触到很多理论。一些已经被反复证实与观察结果一致，但任何理论都不是绝对正确的。我们可以认为某一理论是正确的，但也需要意识到它有可能在某些方面是不适用的。一个著名的例子是艾萨克·牛顿（Isaac Newton）的力学理论，它对物质的力学行为给出了非常精确的运动规律，以至于在 20 世纪以前没有发现任何例外的结果。但阿尔伯特·爱因斯坦（Albert Einstein）证明牛顿关于空间和时间本质的理论是有缺陷的。爱因斯坦提出的相对论推翻了我们以前对空间和时间的认识，他预测了牛顿理论以外可能发生的例外现象。尽管预测的现象偏离牛顿理论很小，但还是可以观察到的。爱因斯坦的相对论是相对合理的理论，但牛顿的运动定律也适用于大多数物质的运动情况。

我们以上的整个思考过程，如图 1.18 所示，通常称为**科学方法**。但没有一成不变的科学方法。很多因素可以促进科学知识的发展，唯一要求是我们的解释必须与观察的结果相一致，该结果只能依赖于自然现象。

如果自然界的事物或现象在各种不同的条件下以一种特定方式反复出现，我们将该规律总结为**科学定律**。例如在化学反应中，人们反复观察到参加反应的各物质的质量总和等于反应后生成各物质的质量总和，这个规律称为质量守恒定律。区分理论和科学定律是很重要的。一方面，科学定律是对经常发生现象规律的认识。另一方面，理论是对所发生现象的解释。如果我们发现某些定律不成立，那么基于此定律得出的理论在某种程度上也是错误的。

相应练习：1.66，1.88

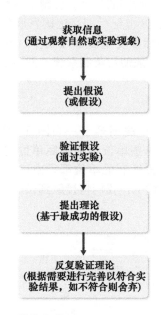

▲ 图 1.18　科学方法

国际单位制单位前缀表示单位的十进制倍数或分数。例如前缀 milli- 表示一个单位的 10^{-3} 分数，千分之一：毫克（mg）是 10^{-3} 克（g），毫米（mm）是 10^{-3} 米（m）等。表 1.4 列举了化学中常见的前缀。本书中利用国际单位处理问题时，必须习惯使用指数符号。如果发现不熟悉的指数符号或想查看某个指数符号，请参考附录 A.1。

表 1.4　在公制和国际单位制单位中使用的前缀

前缀	缩写	含义	例子	
Peta	P	10^{15}	1 petawatt（PW）	$= 1 \times 10^{15}$watt[a]
Tera	T	10^{12}	1 terawatt（TW）	$= 1 \times 10^{12}$watt
Giga	G	10^{9}	1 gigawatt（GW）	$= 1 \times 10^{9}$watt
Mega	M	10^{6}	1 megawatt（MW）	$= 1 \times 10^{6}$watt
Kilo	k	10^{3}	1 kilowatt（kW）	$= 1 \times 10^{3}$watt
Deci	d	10^{-1}	1 deciwatt（dW）	$= 1 \times 10^{-1}$watt
Centi	c	10^{-2}	1 centiwatt（cW）	$= 1 \times 10^{-2}$watt
Milli	m	10^{-3}	1 milliwatt（mW）	$= 1 \times 10^{-3}$watt
Micro	μ[b]	10^{-6}	1 microwatt（μW）	$= 1 \times 10^{-6}$watt
Nano	n	10^{-9}	1 nanowatt（nW）	$= 1 \times 10^{-9}$watt
Pico	p	10^{-12}	1 picowatt（pW）	$= 1 \times 10^{-12}$watt
Femto	f	10^{-15}	1 femtowatt（fW）	$= 1 \times 10^{-15}$watt
Atto	a	10^{-18}	1 attowatt（aW）	$= 1 \times 10^{-18}$watt
Zepto	z	10^{-21}	1 zeptowatt（zW）	$= 1 \times 10^{-21}$watt

[a] 瓦特（W）是功率的国际单位，表示能量产生或消耗的速率。
焦耳（J）是能量的国际单位制单位；$1J = 1kg \cdot m^2/s^2$，$1W=1J/s$。
[b] 希腊语字母 mu，发音为 "mew"。

尽管一些非国际单位制单位正在被淘汰，但有一些仍在使用。在本书中第一次出现非国际单位制单位时，也会列出相应的国际单位。本书中使用最频繁的非国际单位制单位和国际单位制单位的关系会列于附录中。我们也将在第 1.7 节讨论非国际单位和国际单位制单位之间的转换。

 想一想

1mg 中有多少 μg？

长度和质量

在国际单位中，长度的基本单位是米，一米比一码略微长一些。质量$\ominus$是物体所具有的一种物理属性，是物质量的量度。在国际单位制中，质量的基本单位是千克（kg），一千克与 2.2 磅（lb）相差不大。这个基本单位与其他基本单位不同，有一个前缀 kilo，不是一个单独的 gram 字。同样，我们可以在单词 gram 中添加前缀得到质量的其他单位。

 实例解析 1.2
利用国际单位制前缀

与下列单位相同的单位名称是什么？（a）10^{-9}g（b）10^{-6}s（c）10^{-3}m

解析

我们可以从表 1.4 中找到与 10 次幂有关的前缀：（a）纳克（ng）（b）微秒（μs）（c）毫米（mm）

（d）4×10^6cg　（e）5.5×10^8dg

▶ 实践练习 2
（a）1 米中含有多少皮米？
（b）利用 10 次幂前缀单位表示 6.0×10^3m；
（c）利用 g 的指数计数法表示 4.22mg；
（d）利用 g 的十进制计数法表示 4.22mg。

▶ 实践练习 1

下列质量表示中，一个普通体重秤适合哪个质量？

（a）2.0×10^7mg　（b）2500μg　（c）5×10^{-4}kg

温度

温度是衡量物体冷热程度的物理量，它决定了热流的方向。热量总是自发地从温度较高的物体流向温度较低的物体。因此当我们接触一个热的物体时，会感觉到有热量传入，这就说明该物体的温度比我们手的温度高。

科学领域的研究中，常用的温标为摄氏温标和开尔文温标。**摄氏温标**中水的结冰点是 0℃，1 标准大气压下水的沸点是 100℃（见图 1.19）。

开尔文温标是国际单位制温标。在国际单位制中，温度的单位为开尔文（K）。开尔文温标的零点是所有热运动停止的温度，该温度称为**绝对零度**。在摄氏温标中，绝对零度是 −273.15℃。1 开尔文的大小与一摄氏度的大小相等，因此开尔文温标和摄氏温标有如下的关系式：

$$K = ℃ + 273.15 \qquad (1.3)$$

水的冰点 0℃ 相当于 273.15K（见图 1.19）。注意在开尔文温标中没有使用度数单位（°）。

$\ominus$ 质量和重量不同。质量是物体的量的度量；重量是作用于这个质量上的重力引力。例如宇航员在月球上的重量比在地球上的小，因为月球上的重力引力小于地球上的重力引力。但是宇航员的质量在月球和地球上是一样的。

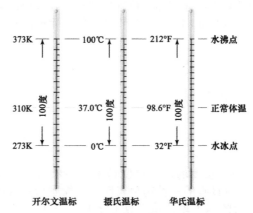

判断对错：摄氏温标上 1 摄氏度的"大小"与开尔文温标上 1 开尔文的"大小"相同。

▲ 图 1.19　开尔文温标、摄氏温标和华氏温标的比较

美国目前使用的温标是华氏温标，人们在科学中一般不使用这种温标。华氏温标中水的结冰点是 32 ℉，沸点是 212 ℉。华氏温标和摄氏温标有如下关系：

$$℃ = \frac{9}{5}(℉-32) \quad \text{或} \quad ℉ = \frac{9}{5}(℃)+32 \qquad (1.4)$$

国际单位制的导出单位

国际单位制基本单位可以用来制定导出单位。**导出单位**一般通过一个或多个基本单位的乘除法获得，我们可以将基本单位代入某个物理量的定义式中从而获得导出单位。例如速度的定义式为行驶路程与行驶时间之比，因此速度的国际单位制导出单位是距离（长度）的国际单位制基本单位 m 除以时间的国际单位制基本单位 s，即 m/s，读作"米每秒"。化学中常见的两个导出单位是体积和密度。

体积

立方体的体积等于边长的立方，即边长的三次幂。因此体积的国际单位制导出单位是长度的国际制基本单位 m 的三次幂。1 立方米是边长为 1 米的立方体的体积（见图 1.20）。化学中常用较小的体积单位，如立方厘米 cm^3（有时写为 cc）。另一个常用的体积单位是升（L），1 升与 1 立方分米（dm^3）相同，比一夸脱稍微大一点。（升是我们接触的第一个非国际单位制单位的公制单位）。1 升中含有 1000 毫升（mL），1 毫升等于 1 立方厘米，即 $1mL = cm^3$。

$1m^3$ 的液体装在 1L 的瓶子里，可以装多少瓶?

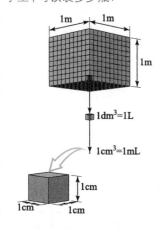

▲ 图 1.20　**体积的关系** 边长为 1m 的立方体体积为 $1m^3$。每立方米包含 1000 立方分米，$1m^3=1000dm^3$。1 升与 1 立方分米体积相同，$1L=1dm^3$。每立方分米包含 1000 立方厘米，$1dm^3=1000cm^3$、1 立方厘米与 1 毫升体积相同，$1cm^3=1mL$。

▶ 实例解析 1.3

温度的单位转换

天气预报预测未来气温将会达到 31℃，用（a）K，（b）℉表示该温度分别是多少?

解析

（a）利用式（1.3），$K = 31 + 273 = 304K$

（b）利用式（1.4），$℉ = \frac{9}{5}(31) + 32 = 56 + 32 = 88 ℉$

下列哪些元素在 525K 下是液体? （假设样本是隔绝空气的）。
（a）铋 Bi（b）铂 Pt（c）硒 Se（d）钙 Ca（e）铜 Cu

▶ 实践练习 1

利用 Wolfram Alpha 互联网搜索引擎（http://www.wolframalpha.com）或其他参考信息源回答，

▶ 实践练习 2

防冻剂的主要成分乙二醇的冰点是 −11.5℃，用（a）K，（b）℉表示该冰点是多少?

　　在实验室中，你可能会用到图 1.21 中的容器来测量或转移液体。注射器、滴定管和移液管量取液体体积时比量筒更精确。容量瓶可以用来配制一定体积和浓度的溶液。

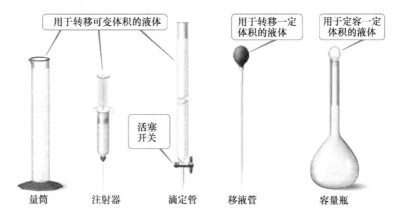

用于转移可变体积的液体

用于转移一定体积的液体

用于定容一定体积的液体

活塞开关

量筒　　　　注射器　　　　滴定管　　　移液管　　　　容量瓶

▲ 图 1.21　常见的玻璃容器

想一想

下面数据中哪个数据代表体积的测量值？

$15m^2$、$2.5 \times 10^2 m^3$、$5.77L/s$

密度

　　密度定义为单位体积内物质的质量：

$$密度 = \frac{质量}{体积} \tag{1.5}$$

　　固体和液体的体积通常表示为克每立方厘米（g/cm^3）或克每毫升（g/mL）。一些常见物质的密度列在表 1.5 中。水的密度是 $1.00g/mL$，这并非偶然。这个单位最初定义就是 1 毫升水在特定温度时的质量。大多数物质加热或冷却时体积会发生变化，因此密度会随温度变化而变化。所以当提到密度时必须指明温度，如果没有提及温度，即为室温 25℃。

　　人们有时会混淆密度和重量。一般提到铁比空气重，意思是铁的密度比空气的大，即 1kg 空气和 1kg 铁质量相同，但是铁的体积更小，因此它具有更大的密度。如果两种不相溶的液体混合在一起，密度小的液体会浮在密度大的液体上面。

能量单位

　　焦耳是能量的国际单位，是为了纪念研究功和热的英国科学家焦耳（James Joule，1818—1889）。根据动能的定义式（1.2），我们会发现焦耳其实是一个导出单位，$1J = 1kg \cdot m^2/s^2$。从数值看，一个以 1m/s 速度运动的 2kg 物体，该物体动能为 1J：

$$E_K = \frac{1}{2}mv^2 = \frac{1}{2}(2kg)(1m/s)^2 = 1kg \cdot m^2/s^2 = 1J$$

表 1.5　一些常见物质在 25℃下的密度

物质	密度 / (g/cm^3)
空气	0.001
轻木	0.16
乙醇	0.79
水	1.00
乙二醇	1.09
蔗糖	1.59
食盐	2.16
铁	7.9
金	19.32

实例解析 1.4

计算物体的密度或通过密度计算体积或质量

（a）已知 1.00×10^2 g 汞的体积是 $7.36cm^3$，计算汞的密度；

（b）已知甲醇的密度是 $0.791g/mL$，计算 $65.0g$ 液体甲醇（木醇）的体积；

（c）已知金的密度是 $19.32g/cm^3$，计算边长为 $2.00cm$ 的金立方体的质量。

解析

（a）已知质量和体积，利用式（1.3），密度 =

$$\frac{质量}{体积} = \frac{1.00 \times 10^2 \text{g}}{7.36cm^3} \approx 13.6g/cm^3$$

（b）已知质量和密度，利用式（1.3），体积 =

$$\frac{质量}{密度} = \frac{65.0g}{0.791g/mL} \approx 82.2mL$$

（c）通过立方体的体积和密度计算质量。立方体的体积通过边长求得：

体积 = $(2.00cm)^3 = (2.00)^3 cm^3 = 8.00cm^3$

利用式（1.3）可以推导质量等于体积和密度的乘积，质量 = 体积 × 密度 = $(8.00cm^3)$ $(19.32g/cm^3) = 155g$

▶ **实践练习 1**

铂（Pt）是一种贵金属，世界范围内年产量只有约 130t，铂的密度是 $21.4g/cm^3$。如果小偷用一辆最大载货能力为 900lb 的小卡车从银行偷铂，能偷多少根 1L 的金属铂棒？

（a）19 根（b）2 根（c）42 根（d）1 根（e）47 根

▶ **实践练习 2**

（a）计算体积为 $41.8cm^3$，质量为 $374.5g$ 铜的密度；（b）一名学生做某个实验需要 $15.0g$ 乙醇。已知乙醇的密度是 $0.789g/mL$，需要多少毫升乙醇？（c）已知汞的密度是 $13.6g/mL$，计算体积为 $25.0mL$ 汞的质量，质量用 g 表示。

1 焦耳的能量很小，因此一般我们在讨论与化学反应相关的能量时经常使用千焦耳（kJ）。例如氢气与氧气反应生成 1g 水释放出的热量是 16kJ。

在化学、生物学或生物化学中，涉及化学反应能量变化时常用的单位是非国际单位制单位卡路里。**1 卡路里**（cal）最初定义为 1g 水从 14.5℃升高到 15.5℃所需要的能量。它与焦耳之间的关系为：

1cal = 4.184J（精确计算）

食品营养标签中的能量单位一般是卡路里（注意大写 C），它是小写卡路里的 1000 倍，1Cal = 1000cal = 1kcal

实例解析 1.5

确定或计算能量变化

用于户外烧烤的丙烷（C_3H_8）标准罐大约可以装 9.0kg 丙烷。烧烤时，丙烷和氧气反应形成二氧化碳和水。假设每克丙烷与氧气反应都能释放出 46kJ 的能量。（a）如果丙烷罐中全部的丙烷都与氧气发生反应，那么会释放多少能量？（b）随着丙烷的燃烧，储存在化学键中的势能是增加还是减少？（c）如果用水泵将水抽到高于地面 75m 的地方来获得等量的势能，需要水的质量是多少？（注意：物体受到的重力大小跟物体的质量成正比，即 $F = m \times g$，m 为物质的质量，g 为重力常数，$g = 9.8m/s^2$）。

解析

（a）通过把丙烷的质量 kg 转化为 g，利用每克丙烷燃烧可以释放 46kJ 热量计算出整罐丙烷燃烧释放出的热量：

$$E = 9.0kg \times \frac{1000g}{1kg} \times \frac{46kJ}{1g} = 4.1 \times 10^5 kJ = 4.1 \times 10^8 J$$

（b）当丙烷和氧气反应时，储存在化学键中的势能转化成另一种形式的能量，即热能。因此作为化学能储存的势能一定会较少。

（c）水泵将水抽到 75m 高处所做的功的计算可以根据式（1.1）：

$$w = F \times d = (m \times g) \times d$$

整理可以得到水的质量：

$$m = \frac{w}{g \times d} = \frac{4.1 \times 10^8 \, J}{(9.8 \, m/s^2)(75m)} = \frac{4.1 \times 10^8 \, kg \cdot m^2/s^2}{(9.8 \, m/s^2)(75m)}$$
$$= 5.6 \times 10^5 \, kg$$

在 25℃时，这些水的体积是 56 万升，大约 15 万加仑。由此可见，大量势能可以作为化学能储存在化学键中。

▶ 实践练习 1

下列哪个物体的动能最大？

（a）以 100km/h 行驶的 500kg 的摩托车（b）以 50km/h 行驶的 1000kg 的小汽车（c）以 30km/h 行驶的 1500kg 的小汽车（d）以 10km/h 行驶的 5000kg 的卡车（e）以 5km/h 行驶的 10000kg 的卡车。

▶ 实践练习 2

一家快餐店的 12 盎司香草奶昔中含有 547 卡路里（cal），将该能量转换成焦耳是多少？

化学的作用　化学新闻

快速发展的太阳能。为了应对全球气候变化的挑战，人类对于清洁能源的需求从未像现在这样大。地球上的能量很大一部分来自太阳能。作为一种新兴的可再生能源，太阳能将在未来能源版图中占据重要位置。但几十年来人类面临的最大问题是：与化石燃料相比，利用太阳能的成本相对较高。但是近些年来利用太阳能的成本下降速度惊人，远高于人们的想象，在过去的五年中约下降 50%（见图 1.22）。

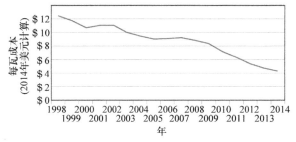

▲ 图 1.22　太阳能光伏组件产生的能源成本　自 1998 年以来，每瓦特电力的平均价格下降了三分之二。这里的成本数据包括安装住宅太阳能电池板的成本

毋庸置疑，在过去的六年中，世界范围内太阳能电池板安装的数量增加了六倍。与此同时，美国的燃煤电厂数量减少了 38%，从 523 座下降到 323 座。中国有望在 2015 年建成发电量超过 180 亿瓦的太阳能发电站，几乎与美国全部的太阳能发电量相当。此外，随着太阳能价格的迅速下降，我们有理由相信发展中国家可能会放弃建造化石燃料发电厂，直接转向绿色能源技术，比如太阳能和风能。

最近，化学家发现一类金属卤化物钙钛矿的新型材料，它有可能进一步降低太阳能的成本。由金属卤化物钙钛矿制成的太阳能电池表现出与单晶硅太阳能电池近乎相同的高性能，但是与单晶硅太阳能电池的高成本和高耗能相比，金属卤化物钙钛矿太阳能电池制作成本低。在金属卤化物钙钛矿太阳能电池具有商业可行性之前，仍有许多挑战需要克服，但是未来还是很有希望的。

延缓疾病的进展。蛋白质是一类非常重要的生物大分子，在生物学和生物体中起着关键作用。在众多不同类型的蛋白质中，科学家发现了一类称为朊病毒的蛋白质，它在某些神经系统疾病中起着重要作用。人类大脑中都含有朊病毒蛋白，对绝大多数人来说，它不会对我们的身体造成危害。但是对于小部分人来说，某些因素会导致朊病毒改变形状，造成蛋白质分子的错误折叠。这个过程一旦开始，就会在大脑中不断累积、扩散，并且在某种程度上这些错误折叠的蛋白质会诱导其他正常朊蛋白中发生类似的错误折叠。最后这些错误折叠的蛋白质会聚集成簇，破坏神经细胞，产生类似阿茨海默病和帕金森疾病的症状。

目前还没有有效治疗朊病毒疾病的方法。然而，令人鼓舞的是某些小分子可以阻断病毒的传播。这些小分子可能通过防止正常朊蛋白与错误折叠的朊蛋白之间的相互作用来阻止传播。目前，临床上将一种称为 Anle-138b 的分子应用于已感染朊病毒的小鼠上，患病小鼠的寿命延长了一倍以上，如图 1.23 所示。

尽管这种化合物对治疗人类的朊病毒疾病效果不佳，但这些研究为将来治疗人类疾病指明了方向。这项工作说明，科学家从希望的起点到理想的终点需要经过复杂和曲折的道路。

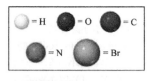

▲ 图 1.23　Anle-138b，一种潜在的治疗大脑退行性疾病的化合物分子

艺术品修复中的化学方法。 制成艺术品的材料经过长时间的洗礼会发生化学反应，从而改变艺术品的表面或破坏艺术品的机械稳定性。随着时间的推移，一层层的污垢和污染物会在雕像、壁画和油画表面堆积，使雕像、壁画和油画褪色。而且用作壁画基底的石膏会与大气中的气体发生反应。一个艺术品修复的方法是利用特定的化学反应消除或逆转随着时间推移所发生的有害反应的影响。

其中一个例子就是墨西哥尤卡坦半岛古玛雅遗址的壁画。20 世纪 60 年代，人们将一些聚合物材料涂在壁画表面，试图保护这些壁画。但十年后，这些聚合物涂层对壁画的影响明显弊大于利。糟糕的是，多年的氧化和交联反应使聚合物涂层不溶于任何一种有机溶剂。2008 年，一个意大利化学家团队找到了一种在不破坏壁画的情况下去除聚合物涂层的方法。他们用一种微乳液处理壁画，这种微乳液是一种特殊的混合物，其中表面活性剂分子将纳米大小的有机溶剂液滴通过水溶液包裹并携带到壁画表面。一旦有机溶剂液滴到达表面，它们就可以溶解并带走多余的聚合物涂层。

1.6 │ 测量误差

在科学工作中，我们会接触到两种数字：准确数字（这些数字是精确的）和可疑数字（这些数字具有某种不确定性）。本书中的大多数准确数字有明确的数值，例如一打鸡蛋是 12 个鸡蛋，1kg 是 1000g，1 英寸是 2.54cm。任何转换因子中的数字 1 是一个准确数字，如 1m = 100cm，1kg= 2.2046lb。准确数字也可以由统计对象数量得出，例如我们可以统计一个罐子中玻璃球的确切数量或教室里的确切人数。

通过测量得到的数字通常是不精确的。测量仪器本身会有一些固有的误差（仪器误差），不同的人进行同一测量也会产生不同的结果（人为误差）。假设 10 个学生用 10 台不同的天平测量同一枚硬币的质量，这 10 个测量值可能会略有不同。可能因为 10 台校准的天平略有差异，或各个学生从天平上读数不同。请记住：测量得到的数据总是存在不确定性。

> ▲ **想一想**
>
> 下列哪个是不确定的量？
> （a）化学课上学生的数量
> （b）1 美分的质量
> （c）1 千克中克的数量

精密度和准确度

精密度和准确度经常用来表示测量值的不确定性。精密度是各个测量值之间相互接近的程度。准确度是单个测量值与准确值或真值相互接近的程度。图 1.24 中的飞镖图则说明了这两个概念间的区别。

在实验探究中，一般采取多次测量取平均值的方法。测量的精密度通常用标准偏差来表示（见附录 A.5），它反映了单个测量值与

▲ 电子天平具有很高的精密度、准确度可以达到 0.1mg

平均值相差的程度。如果每次测量值都相差不大，即标准差很小时，这组测量值就是可用的。图 1.24 告诉我们，精密度好，准确度不一定高。例如一台非常灵敏的天平如果没有进行很好地校准，我们测量的质量就会偏高或偏低。即使测量值精密度好，但准确度也不高。

有效数字

假设使用一台可以精确到 0.0001g 的天平测量一枚硬币的质量，最终的质量报告应该为 2.2405 ± 0.0001g。这个 ±（读作"正负号"）表示测量不确定性的大小。在很多科学研究中，任何测定值最后一位数字总有一些不确定性，因此我们一般使用 ± 符号。

图 1.25 是一个温度计，温度计内液柱处在两刻度线之间，我们可以从刻度上读出准确数字，并估计可疑数字。由于液面在 25℃ 和 30℃ 之间，我们估计这一温度为 27℃，其中第二位数字 7 是不确定的。这里的不确定是指温度是 27℃，而肯定不是 28℃ 或 26℃，但我们不能说它恰好是 27℃。

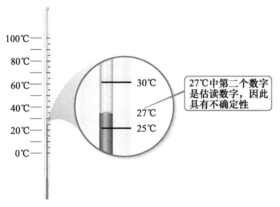

▲ 图 1.25　测量中的不确定性及有效数字

测量结果中的准确数字，加上最后一位可疑数字，统称为测量结果的**有效数字**。一份质量测量报告为 2.2g，该数据有两位有效数字。如果报告为 2.2405g，那么有五位有效数字。有效数字位数越多，表明测量的准确度越高。

⚠ 想一想

一个质量约为 25g 的样品用一个可以精确到 0.001g 的天平称量，这个测量报告中应该有几位有效数字？

为了确定一份测量报告中有效数字的位数，需从左至右第一个非零数字开始计数。在任何一份正确的测量报告中，所有非零数字都是有效数字。零可以作为测量数据中的一部分，也可以仅仅起到定位小数点的作用，因此零可能是有效数字也可能不是有效数字。

- 非零数字之间的零都是有效数字——1005kg（四位有效数字）；7.03cm（三位有效数字）。
- 一个非零数字之前的所有零都不是有效数字，只是表明小数点的位置——0.02g（一位有效数字）；0.0026cm（两位有效数字）。
- 如果数字包含小数点，数字末尾的所有零都是有效数字——0.0200g（三位有效数字），3.0cm（两位有效数字）。

当一个数字以零结尾，但不包含小数点时，就会出现一个问题，即零是不是有效数字？在这种情况下，有效数字位数不明确。只有使用指数形式（见附录 A.1）才能说明末端零是否为有效数字。例如，质量 10300g 可以有三位、四位或五位有效数字，取决于这个数字以什么指数形式呈现：

1.03×10^4g	（三位有效数字）
1.030×10^4g	（四位有效数字）
1.0300×10^4g	（五位有效数字）

在这些数字中，小数点右边的所有零都是有效数字（见规则 1 和规则 3）（指数项 10^4 并没有增加有效数字的位数）。

实例解析 1.6
确定合理的有效数字位数

在一份道路地图册上显示科罗拉多州人口为 5546574 人，面积为 104091 平方英里。这两个数据有效数字位数是否合理？如果不合理，为什么？

解析

美国科罗拉多州的人口迁入/迁出或出生/死亡，人口数量每天都在变化，因此地图册上的人数比实际人数的准确度要高很多。另外，在特定时间内不可能统计这个州的所有居民，因此地图册上的人数比实际人数的精确度要高很多。地图册上用 5500000 更能反映实际人口数量。

美国科罗拉多州的面积通常不会随着时间变化而变化，因此测量的数据有六位有效数字是合理的。利用卫星技术可以得到这种精确度的数据，这样就可以提供准确的国家边界。

▶ 实践练习 1
在日常生活中，下列哪些数字是准确数字？
（a）你的电话号码（b）你的体重（c）你的 IQ
（d）你的驾照号码（e）你昨天的步行距离

▶ 实践练习 2
书的附录中，1 英里等于 5280 英尺，1 英里是一个精确距离吗？

实例解析 1.7
确定测量值的有效数字位数

下列数值分别有几位有效数字（假设每个数值都是测量值）？
（a）4.003（b）6.023×10^{23}（c）5000

解析

（a）四位，两个零是有效数字（b）四位，指数不增加有效数字的位数（c）一位，我们假设当数值没有小数点时，这些零不是有效数字。如果该数值使用小数点或指数形式表示，那么该数值有效数字位数增多。因此，5000 有四位有效数字，5.00×10^3 有三位有效数字。

▶ 实践练习 1
一个物体的质量为 0.01080g，这个测量值有几位有效数字？
（a）2（b）3（c）4（d）5（e）6

▶ 实践练习 2
下列测量值分别有几位有效数字？
（a）3.549g（b）2.3×10^4cm（c）0.00134m³

有效数字的运算规则

有效数字的运算应该遵循以下规则：

误差最大的测量值决定了分析结果的不确定性，从而决定了最终计算结果中有效数字的位数。

计算得到的最终答案中应该只有一位不确定数字。为了确定运算中有效数字的位数，我们要遵循两个原则，一个用于加减法，一个用于乘除法。

1. 对于加减法，计算结果的有效数字位数与小数点后位数最少的数据一致。当这个结果包含更多的有效数字时，必须四舍五入。在下列例子中，红色颜色数字表示不确定的数字：

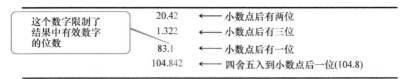

这个数字限制了结果中有效数字的位数	20.42 ← 小数点后有两位
	1.322 ← 小数点后有三位
	83.1 ← 小数点后有一位
	104.842 ← 四舍五入到小数点后一位(104.8)

83.1 小数点后有一位，因此最终的结果是 104.8。

2. 对于乘除法，计算结果的有效数字位数与有效数字位数最少的数据一致。当结果包含更多的有效数字时，应该四舍五入。例如一个矩形的长宽分别为 6.221cm 和 5.2cm，即使计算器计算的结果有效数字位数很多，最终该矩形面积应该只有两位有效数字即 32cm^2：

面积 =(6.221cm)(5.2cm)=32.3492cm^2 ⇒四舍五入 32cm^2

因为 5.2 有两位有效数字。

在确定一个运算的最终答案时，一般假设精确数值的有效数字位数是无限的。当我们提到"1 英尺含有 12 英寸"时，因为 12 这个数字是精确的，因此无需考虑 12 这个数值有效数字位数。

有效数字的修约也需要遵循一定的规则。

• 如果被修约的数字小于 5，那么数字舍去，前面数字保留不变。因此 7.248 四舍五入到两位有效数字为 7.2。
• 如果被修约的数字是 5 或大于 5，那么前边数字要进一位。4.735 四舍五入到三位有效数字为 4.74$^{\ominus}$，2.376 四舍五入到两位有效数字为 2.4。

想一想

一个玻璃烧杯的质量为 25.1g，将大约 5mL 水加入到烧杯中，使用分析天平称量烧杯和水的总质量为 30.625g。请问水的质量值应该保留几位有效数字？

实例解析 1.8
确定测量值的有效数字位数

一个小盒子的宽、长、高分别为 15.5cm、27.3cm 和 5.4cm，计算盒子的体积（注意答案有效数字的保留）。

解析

我们给出体积的最终答案的有效数字位数与长、宽、高中有效数字位数最少的一项一致，即与高（两位有效数字）的有效数字位数一致。

体积 = 宽 × 长 × 高 = (15.5cm)(27.3cm)(5.4cm)
= 2285.01cm^3 ⇒ 2.3 × 10^{3}cm^3

计算器显示计算结果为 2285.01，我们必须四舍五入到两位有效数字。为了更准确地表示计算结果，数据 2300 应用指数形式表示，即 2.3 × 10^3。

▶ **实践练习 1**

艾伦最近买了一辆新型混合动力汽车，想要计算一下汽车的汽车里程（mi/gal，英里／加仑）。他在 651.1mi 处加满油箱，而在 1314.4mi 处需要 16.1gal 油加满油箱，假设油箱两次被加到相同的高度，以下哪种表示方式表示汽油里程数最合理？

（a）40mi/gal（b）41mi/gal（c）41.2mi/gal（d）41.20mi/gal

▶ **实践练习 2**

一位短跑选手跑 100m 需要 10.5s，以 m/s 为单位计算他的平均速度，并用正确的有限数字形式表述结果。

$^{\ominus}$注意数字修约时有一种情况，在规则使用上需要特殊注意。当被修约的数字恰好是 5，而且右面没有数字或者只有 0 时，一般 5 前面数字是奇数则进位，若是偶数则将 5 舍掉。因此，4.7350 四舍五入到三位有效数字为 4.74，4.7450 四舍五入到三位有效数字也为 4.74。

实例解析 1.9

确定测量值的有效数字位数

25℃时，首先称量充满气体容器的质量，然后将其抽成真空后再次称量容器的质量，如图 1.26 所示。由提供的数据计算该种气体在 25℃的密度。

解析

想要计算密度，必须知道气体的质量和体积。气体的质量等于充满气体容器的质量减去真空容器的质量，

$$837.63g - 836.25g = 1.38g$$

该减法式中，用小数点后位数最少的数值确定最终结果的有效数字位数。

式中每个测量值小数点后都有两位。因此气体的质量为 1.38g，有两位有效数字。

已知体积为 $1.05 \times 10^3 cm^3$，根据密度定义式可得，

$$密度 = \frac{质量}{体积} = \frac{1.38g}{1.05 \times 10^3 cm^3} = 1.31 \times 10^3 g/cm^3$$

$$= 0.00131 g/cm^3$$

该除法式中，用有效数字位数最少的数值确定最终结果的有效数字位数。该式中两个数值有效数字位数均为三位，因此答案中也需有三位有效数字。在本例中需要注意，即使测量的质量为五位有效数字，计算密度时需遵守有效数字的运算规则，因此最终答案的有效数字只有三位。

▶ **实践练习 1**

已知铜的密度为 8.96g/mL，利用一个 150mL 的量筒计算一块铜的质量。首先在量筒中加入 105mL 水，然后将这块铜置于量筒中，水的刻度达到 137mL。这块铜的质量是多少？注意结果有效数字的保留。（a）287g（b）3.5×10^{-3} g/mL（c）286.72g/mL（d）3.48×10^{-3} g/mL（e）2.9×10^2 g/mL

▶ **实践练习 2**

如果实例解析 1.9（见图 1.26）中，在抽取气体之前和之后容器质量的测量值小数点后有三位，那么气体的密度结果是否可以保留四位有效数字？

抽取气体

体积：$1.05 \times 10^3 cm^3$
质量：837.63g

质量：836.25g

▲ 图 1.26 测量的不确定性及有效数字

当计算涉及两个或多个步骤时，中间步骤的答案至少要多保留一位有效数字，这样才可以确保每个步骤中舍弃的数据不会影响最终结果。而当用计算器计算时，我们可能会连续输入所有数字进行计算，只有最终的结果四舍五入到合理的有效数字。用计算器计算四舍五入得到的答案可能与用手算计算四舍五入得到答案之间有微小的差异。

1.7 | 量纲分析

测定值一般都有与之对应的单位，因此在计算中使用这些测定值时需要同时记录数值和单位。本书中我们利用量纲分析来解决问题。在**量纲分析**中，单位与数值一样可以相乘或相除，等价单位可以相互抵消。使用量纲分析可以确保计算结果有合适的单位。另外量纲分析还提供了一种解决许多数值问题和检查可能出现错误的系统方法。

换算因数

使用量纲分析的关键是正确利用换算因数来实现单位的相互

转换。**换算因数**是彼此相等而单位不同的两个物理量之比。例如，2.54 厘米和 1 英寸是相同的长度，2.54cm = 1in。这个关系可以写成两个换算因数：$\dfrac{2.54cm}{1in}$ 和 $\dfrac{1in}{2.54cm}$。

我们利用第一个换算因数可以将英寸转换成厘米。例如一个长度为 8.50 英寸的物体转换成厘米，公式为：

$$厘米数 = (8.50\text{in.})\overbrace{\dfrac{2.54cm}{1\text{in.}}}^{\text{换算单位}} = 21.6cm$$

换算因数中分母的单位英寸可以和已知数值（8.50 英寸）中的单位英寸相抵消，因此换算因数中分子的单位厘米就成为最终结果的单位。换算因数中的分子和分母是平行对等的，所以任何数值乘以一个换算因子就等于乘以数字 1，因此不会改变该数值的含义。长度 8.50 英寸与长度 21.6 厘米是相同的。

通常我们利用已知数值的单位进行转换就可以得到换算的单位。转换之前需要确定使用哪些换算因数可以从已知单位转换到我们想要的单位。当测定值乘以一个换算因数时，数值的单位换算如下：

$$已知单位 \times \dfrac{换算单位}{已知单位} = 换算单位$$

如果计算后没有得到换算单位，肯定出现了某个错误。仔细检查计算中单位的消除过程一般就会发现错误的来源。

实例解析 1.10

单位转换

如果一个女人的体重为 115 磅（lb），该体重用克表示是多少？（使用本书附录中单位之间的关系换算）

解析

如果将磅转换为克，需要找到与质量相关单位之间的关系。本书附录换算因数表中 1lb = 453.6g。为了抵消磅单位，保留克单位，换算因数中克应该在分子上，磅在分母上。

$$质量 = (115\,\text{lb})\left(\dfrac{453.6g}{1\,\text{lb}}\right) = 5.22 \times 10^4 g$$

最终的答案中有三位有效数字，与已知 115lb 的有效数字位数一致。我们进行计算的过程如下图所示。

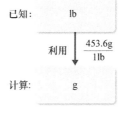

▶ **实践练习 1**

在某一特定时刻，地球到太阳的距离为 92955000 英里。将该距离用千米表示，并且保留四位有效数字是什么？（参考附录中的换算因数表）

（a）5763×10^4km（b）1.496×10^8km

（c）1.49596×10^8km（d）1.483×10^4km

（e）57759000km

▶ **实践练习 2**

利用附录中的换算因数表，以千米为单位表示一场 500.0 英里汽车比赛的长度。

计算过程中，计算器可以帮助我们快速发现答案中错误之处。当然，这并不是我们想要的目的。需要采取一些有效的措施避免在作业或考试中出现错误。方法一：在计算过程中随时记录单位，采用正确的换算因数。方法二：快速检查以确保你的答案是合理的，即可以尝试进行一个"粗略的"估计。

一个粗略估计的方法是利用四舍五入的数值进行粗略估算，而不用计算器计算。尽管这种方法不会给出精确的答案，但却可以得到与精确答案相差不大的答案。通过量纲分析和预估答案两个方法，可以很容易判断计算的合理性。

日常生活中，可以对事物进行预估。比如从你的宿舍到化学课教室有多远？父母每年支付的汽油钱是多少？校园里有多少辆自行车？如果对于这些问题，若回答"我不知道"，你就太容易放弃了。试着估计一下这些熟悉的事物，那你可能在科学或生活的其他方面也能更好地判断预估，避免走一些弯路。

> **想一想**
>
> 下面换算因数（ⅰ）1000m = 1km，（ⅱ）1mL = 1cm^3，（ⅲ）1lb = 453.59g 中，哪个换算因数在计算中可能改变有效数字的位数。

利用多个换算因数

通常在解决问题时需要利用多个换算因数。例如将一个长度为 8.00 米的木棒转换成英寸表示。本书换算因数表中没有直接列出米和英寸之间的关系，但是列出了厘米与英寸之间的关系（1in. = 2.54cm）。根据我们学过的国际单位前缀可以知道 1cm = 10^{-2}m。因此我们可以逐步进行转换，先从米转换成厘米，再从厘米转换成英寸：

结合已知量（8.00m）和两个换算因数，我们可以得出

$$英寸数 = (8.00m)\left(\frac{1cm}{10^{-2}\,m}\right)\left(\frac{1in.}{2.54cm}\right) = 315in.$$

第一个换算因数用来抵消单位米，将长度单位米转换为厘米。因此单位米写在分母上，厘米写在分子上。第二个换算因数用来抵消单位厘米，将长度单位厘米转换为英寸。因此单位厘米写在分母上，英寸写在分子上。

这里需要注意：第二个括号中也可以使用 100cm=1m 这个换算因数。只要随时记录已知单位，并适当抵消已知单位以获得所需的单位，就可能得到正确的计算结果。

体积的转换

前面提到的换算因数是从一个物理量的已知单位转换到该物理量的另一个单位，例如从长度转换到长度。也有一些换算因数是从一个物理量单位转换到另一个物理量单位。例如物质的密度可以看作质量和体积之间的换算因数。假设我们需要计算密度为 19.3g/cm^3，体积为 2 立方英寸（2.00in.^{3}）金的质量，可以利用密度这个换算因数：

实例解析 1.11

利用多个换算因数进行单位转换

25℃时，氮气分子在空气中的平均速率是 515m/s，将该速度转换为英里每小时。

解析

从已知单位 m/s 到所需单位 mi/hr，需将单位米转换为英里，秒转换为小时。根据我们学过的国际单位前缀可以知道 $1km=10^3m$，而从本书附录中我们知道 $1mi=1.6093km$。因此可以将米转换为千米，千米转换为英里。众所周知 60s=1min，60min=1hr。因此可以将秒转换为分，再将分转换为小时，整个过程如下：

已知：　　　利用　　　　利用　　　　利用　　　　利用　　　计算：

$$\frac{m/s}{}\xrightarrow{\frac{1km}{10^3m}}km/s\xrightarrow{\frac{1mi}{1.6093km}}mi/s\xrightarrow{\frac{60s}{1min}}mi/min\xrightarrow{\frac{60min}{1hr}}mi/hr$$

首先进行距离的转换，然后进行时间的转换。我们可以建立一个较长的式子，本式中我们将不需要的单位抵消。

$$速度（英里/小时）=\left(515\frac{m}{s}\right)\left(\frac{1km}{10^3m}\right)\left(\frac{1mi}{1.6093km}\right)\left(\frac{60s}{1min}\right)\left(\frac{60min}{1hr}\right)$$

$$=1.15\times10^3mi/hr$$

答案中的单位可以用"成功的策略"中描述的预估答案过程来检验换算过程。已知速度约为

500m/s，除以 1000，把 m 转换成 km，为 0.5km/s。因为 1mi 大约等于 1.6km，这个速度对应于 0.5/1.6=0.3mi/s，乘以 60 得到 0.3×60=20 mi/min。再乘以 60 得到 20×60=1200 mi/hr。估算答案（大约 1200 mi/hr）和精确答案（1150 mi/hr）是相当接近的。精确答案有三位有效数字，与已知速度 m/s 的有效数字位数一致。

▶　**实践练习 1**

家住墨西哥的法比奥拉在 40.0L 的汽车油箱里加满油，共付了 357 比索。假设 1 比索 =0.0759 美元，那么该燃油价格以美元每加仑表示是多少？

(a) $1.18/gal (b) $3.03/gal (c) $1.47/gal

(d) $9.68/gal (e) $2.56/gal

▶　**实践练习 2**

一辆汽车每加仑汽油可以行驶 28mi，以公里每升表示它的汽油里程是多少？

$$\frac{19.3g}{1cm^3}和\frac{1cm^3}{19.3g}$$

因为我们想得到以克为单位的质量，需要利用质量单位克在分子上的换算因数。如若我们利用这个换算因数，首先需将单位立方英寸转换成立方厘米。本书附录中没有 $in.^3$ 和 cm^3 之间的关系，但是列出了英寸和厘米之间的关系，1in. = 2.54cm（精确地），等式两边同时进行立方 $(1in.)^3=(2.54cm)^3$，就可以得到我们所需的转换因子。

$$\frac{(2.54cm)^3}{(1in.)^3}=\frac{(2.54)^3cm^3}{(1)^3in.^3}=\frac{16.39cm^3}{1in.^3}$$

注意数值和单位都要进行立方计算。因为 2.54 是一个精确的数字，立方计算后结果 $(2.54)^3$ 可以根据需要多保留一位有效数字，即四位有效数字，比密度（19.3 g/cm³）的位数多一位。利用计算得到的换算因子，就可以解决下面问题：

$$质量=(2.00in.^3)\left(\frac{16.39cm^3}{1in.^3}\right)\left(\frac{19.3g}{1cm^3}\right)=633g$$

这个过程如下图所示，最终答案保留三位有效数字，与 $2.00in.^3$ 和 19.3g 有效数字位数一致。

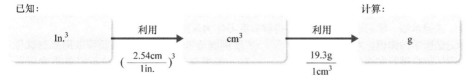

实例解析 1.12

体积单位间的转换

地球上的海水的体积为 $1.36 \times 10^9 km^3$，该体积以升为单位表示是多少。

解析

本书附录中我们可以查到 $1L = 10^{-3}m^3$，但是没有涉及与 km^3 的关系。从国际单位前缀可知 $1km = 10^3 m$，我们利用长度之间的关系，可以写出体积之间的换算因数：

$$\left(\frac{10^3 m}{1km}\right)^3 = \frac{10^9 m^3}{1km^3}$$

将单位 km^3 转换到 m^3 再到 L，我们可以得出

$$体积升数 = (1.36 \times 10^9 km^3)\left(\frac{10^9 m^3}{1km^3}\right)\left(\frac{1L}{10^{-3}m^3}\right)$$

$$= 1.36 \times 10^{21}L$$

地球上的海洋含有多少公升的水？

▶ **实践练习 1**

石油市场中 1 桶石油容积等于 1.333 美制桶容积。1 美制桶容积等于 31.5 加仑。如果市场上的油价是每桶 94.0 美元，那么以美元计算每加仑的价格是多少？（a）$2.24/gal （b）$3.98/gal （c）$2.98/gal

（d）$1.05/gal （e）$8.42/gal

▶ **实践练习 2**

地球的表面积为 $510 \times 10^6 km^2$，其中海洋面积占 71%。利用实践练习 1 中的数据，计算以英尺为单位的海洋的平均深度。

成功的策略 | **练习的重要性**

如果你曾经参加过乐器演奏或体育运动，应该知道成功的关键是练习和训练。仅通过听音乐就想学会弹钢琴，或仅通过观看电视上的比赛来学习如何打篮球都是不太现实的。同样，学习化学也不能仅通过老师的授课来完成。当临近考试时，只是学习本书内容，或听听讲座，或复习要点通常是不够的。你的任务是掌握化学知识，并能加以运用以便解决问题或回答问题。合理解决问题需要练习——实际上需要很多练习。如果你接受这样的观点，即你需要掌握所提供的材料，然后学习如何应用它们来解决问题，那么你在化学课上会做得很好。即使你是一个聪明的学生，这也需要时间，这就是作为一个学生的全部意义。几乎没有一个人能在第一次阅读时就能完全吸收新知识，尤其当出现新概念的时候。需要通过至少两遍的阅读，才能更全面地掌握章节的内容。对于那些难以理解的段落，需要更多的阅读才能掌握其意。

本书中列出了一些练习题，并且提供了详细的解析过程。而对于实践练习，我们仅在书的后面给出了答案。读者可以利用这些练习检验你的学习效果。

这本书中的实践练习和老师布置的课后作业提供了确保你能成功完成化学课程的最低限度练习。只有通过完成所有指定的练习，你才能掌握考试中的所有难度和范围的问题。只要有自己解决问题的决心和长期的努力才能成功。如果你对一个问题百思不得其解，那就向你的老师、助教、家庭教师或同学寻求帮助。除非这个问题特别具有挑战性，而且需要大量的思考和努力，否则不要在一道练习题上花费过多的时间。

成功的策略 | **本书的特点**

如果你像大多数学生一样，还没有读这本书**致学生**的序言部分，现在应该去读一读。在不到两页的文字中你将会得到一些关于如何阅读本书，如何学习这门课程的有价值的建议。我们是非常认真的，这条建议对你的学习会很有帮助。

在**致学生**中的导读、关键术语、学习成果和主要公式等内容可以帮助你记忆所学的知识。本书还介绍了如何利用书中提供的网站信息进行在线学习。如果已经注册了 Mastering Chemistry® ，你将可以得到很多

有用的动画、教程及每章中特定主题的附加练习。网上还有互动性电子书可供参考。

如前所述，努力做练习是非常重要的，而且是必不可少的。每章结尾处大量的练习题可以检验你在化学方面解决问题的能力。老师也可能会布置一些章节练习作为家庭作业。

- "图例解析"中的少量练习题可以用来测试你对一个概念的理解程度，并不需要将大量数值代入到公式中进行计算。

- 常规练习后面是附加练习，附加练习没有相应的章节。
- 从第 3 章开始出现的综合练习需要用到前几章学到的知识才能完成。
- 同样在第 3 章首次出现的是设计实验练习，通过设置问题所在场景，检验你通过设计实验验证假设的能力。网络上一些有用的化学资料数据库可以利用。
- 《CRC 化学与物理手册》是收录了多种类型数据的标准参考书数据，可以在许多图书馆中找到。
- 《默克索引》是许多有机化合物性质的标准参考书，特别是与生物相关的化合物。
- WebElements（http://www.webelements.com/）是一个很好的用于查找元素属性的网站。
- Wolfram Alpha（http://www.wolframalpha.com/）也是一个关于物质、数值和其他数据等有用信息的网站。

　实例解析 1.13

密度转换

1.00 加仑水以克表示时质量是多少？已知水的密度是 1.00g/mL。

解析

在解答这道题之前，需要注意以下两点：

（1）已知的是 1.00 加仑水（已知量），计算的是以克为单位的质量（未知量）。

（2）相应的换算因数如下，通常是已知条件或可以参考附录：

$$\frac{1.00\text{g水}}{1\text{mL水}} \quad \frac{1\text{L}}{1000\text{mL}} \quad \frac{1\text{L}}{1.057\text{qt}} \quad \frac{1\text{gal}}{4\text{qt}}$$

第一个换算因数中单位克在分子上，才能够得到我们想要的单位，最后一个换算因数必须倒转才能抵消单位加仑：

$$\text{质量} = (1.00\text{gal})\left(\frac{4\text{qt}}{1\text{gal}}\right)\left(\frac{1\text{L}}{1.057\text{qt}}\right)\left(\frac{1000\text{mL}}{1\text{L}}\right)\left(\frac{1.00\text{g}}{1\text{mL}}\right)$$

$$= 3.78 \times 10^3\,\text{g水}$$

考虑了有效数字最终结果的单位是合理的。我们需要通过估算进一步检查计算结果。将 1.057 四舍五入到 1，可以得到 $4 \times 1000 = 4000$g，与精确计算结果相吻合。

你也可以用常识来判断答案的合理性。我们知道大多数人可以用一只手举起一加仑牛奶，尽管如果整天举着也会很累。牛奶含水量很高，与水的密度相差不大。因此我们估计 1 加仑水的质量应该大于 5 磅，小于 50 磅，我们计算的质量 3.78kg × 2.2lb/kg=8.3lb，因此结果是合理的。

▶ **实践练习 1**

复合甲板是一种人造木材，一般由回收塑料和木材混合而成，它通常用于户外甲板。一种特殊复合甲板的密度是 60.0 lb/ft³，该密度转换成 kg/L 是多少？

（a）138kg/L（b）0.961kg/L（c）259kg/L
（d）15.8kg/L（e）11.5kg/L

▶ **实践练习 2**

有机化合物苯的密度是 0.879g/mL，计算 1.00qt 苯的质量是多少克？

本章小结和关键术语

学习化学（见 1.1 节）

化学是研究**物质**组成、结构、性质和变化的科学。物质的组成与其所含的**元素**种类有关。物质的结构与这些元素的**原子**排列方式有关。**性质**是物质区别于其他物质的特性。**分子**是由两个或两个以上原子以特定方式连接的实体物质。

科学方法是一个用来回答物质世界问题的动态过程。观察和实验可以进一步解释或提出**假设**。当一个假设经过检验并不断完善后，就可以发展成一种可以预测未来现象和实验结果的**理论**。当理论经过反复验证时，我们称之为**科学规律**，它概括了自然界行为方式的一般规律。

物质的分类（见 1.2 节）

物质有三种物理状态：**气态、液态和固态**。物质一般分为两种纯净物：**单质和化合物**。每种单质都是由一种类型的原子构成，而原子由一个或两个字母组成的化学符号表示，且第一个字母需要大写。化合物是由两种或两种以上的元素以化学方式组合而成。**确定比例定律**，也称为**定比定律**，即每一种化合物都有固定的组成。大多数物质是由多种化合物混合而成。**混合物**的组成是可以变化的，可以是均相的，也可以是异相的；均相混合物一般称为**溶液**。

物质的性质（见 1.3 节）

每种物质都有区别于其他物质独特的**物理性质**和**化学性质**。在**物理变化**中，物质组成不会改变。物质**状态变化**是物理变化。在**化学变化（化学反应）**中，一种物质转变成一种化学性质完全不同的物质。**强度性质**与被检测物质的量无关，可以用来鉴别物质。**广延性质**与物质存在的量有关。物理性质与化学性质可以用于区分不同的物质。

能量的本质（见 1.4 节）

能量定义为做功或热量转移的能力。**功**是一种能量转移，即当施加在物体上的力造成物体位移时就会做功；**热量**是一种引起物体温度升高的能量。一个物体拥有两种形式的能量：动能和势能。**动能**是与物体运动有关的能量；**势能**是物质相对于其他物质位置不同所拥有的能量。势能主要包括引力势能和静电势能。

计量单位（见 1.5 节）

化学测量一般使用**公制系统**。特别强调的是**国际单位制**，在国际单位制中长度、**质量**和时间的基本单位分别是米、千克、秒。国际单位的前缀表示基本单位的分数或倍数。**国际单位制温标**是**开尔文温标**，有时也经常使用**摄氏温标**。**绝对零度**是可达到的最低温度。它的值是 0 K。导出单位可以由基本单位相乘或相除得到，一般是通过一些定义式得到的，如速度或体积。**密度单位**是一类重要的导出单位，由质量单位除以体积单位得到。

测量误差（见 1.6 节）

所有测量值在某种程度上都是不精确的。测量的**精密度**表示不同测量值之间相互接近的程度。测量的**准确度**表示一个测量值与标准值或真值之间相互接近的程度。一个测定量的**有效数字**中包含一位可疑数字，即测量的最后一位数字。有效数字表示测量的某种不确定性。在记录测量值及测量值的计算中，有效数字的位数必须遵循一定的规则。

量纲分析（见 1.7 节）

在利用**量纲分析**方法解决问题时，要在测量中随时记录单位，而且这些单位相乘、相除或者像代数量一样可以被抵消。正确的结果单位是检验计算过程的重要手段。当转换单位或在处理其他几种类型的问题时，可以使用**换算因数**。它是等量有效关系之间的比值。

学习成果 学习本章后，应该掌握：

- 能够区分单质、化合物和混合物。（见 1.2 节）
  相关练习：1.13, 1.14, 1.17
- 掌握常见元素符号。（见 1.2 节）
  相关练习：1.15, 1.16
- 区分化学变化和物理变化。（见 1.3 节）
  相关练习：1.19, 1.20, 1.21, 1.22
- 区分动能和势能。（见 1.4 节）
  相关练习：1.27, 1.28
- 计算一个物体的动能。（见 1.4 节）

- *相关练习：1.25, 1.26, 1.29, 1.30*
- 认识常见公制单位前缀。（见 1.5 节）
  相关练习：1.31, 1.32
- 在计算中，有效数字、科学计数法和国际单位的应用。（见 1.6 节）
  相关练习：1.45, 1.46, 1.49, 1.50
- 在计算中合理运用国际单位和量纲分析。（见 1.5 节和 1.7 节）
  相关练习：1.55, 1.56, 1.59, 1.60

主要公式

- $w = F \times d$ （1.1）   力导致物体位移所做的功

- $E_K = \dfrac{1}{2}mv^2$ （1.2）   动能

- $K = ℃ + 273.15$ （1.3）   摄氏温标和开尔文温标之间的转换

- $℃ = \dfrac{9}{5}(℉ - 32)$ 或 $℉ = \dfrac{9}{5}(℃) + 32$ （1.4）   摄氏度和华氏温度之间的转换

- $密度 = \dfrac{质量}{体积}$ （1.5）   密度的定义

本章练习

图例解析

1.1 下列哪张图片表示（a）一种纯单质（b）两种单质的混合物（c）一种纯化合物（d）一种单质和一种化合物的混合物（每个选项可能会有不止一张图片）。（见 1.2 节）

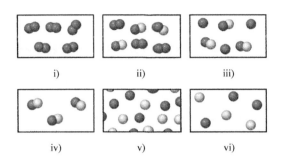

i)   ii)   iii)

iv)   v)   vi)

1.2 下列哪张图片表示一种化学变化？（见 1.3 节）

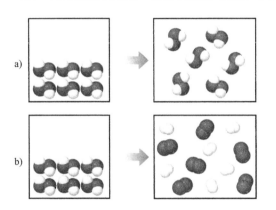

a)

b)

1.3 小号和长号这两种乐器一般由黄铜制成。黄铜是由铜和锌所组成的合金，在光学显微镜下两种金属分布是均匀的。大多数黄铜中铜原子与锌原子比值近似为 2:1，但确切的比例因黄铜的不同而有所不同。（a）你认为黄铜是一种单质、化合物、均相混合物还是异相混合物？（b）黄铜是一种溶液，这种说法正确吗？（见 1.2 节）

1.4 下列显示的两个球体，一个由银制成，另

一个由铝制成。（a）计算两个球体的质量是多少千克？（b）物体的重力 F，$F = mg$，m 是物体的质量，g 是重力加速度（$9.8m/s^2$）。如果你把球体举到高于地面 2.2m 的地方，需要对每个球体做功是多少？（c）将两个球体举到相同的位置，铝球增加的势能与银球增加的势能相比，是更大、更小还是相同呢？（d）如果同时释放这两个球体，假设两个球体撞到地面的速度相同。那么它们具有的动能是否相同？如果不同，哪个球体具有更大的动能？（见 1.4 节）。

组成=铝
密度=2.70g/cm³
体积=196cm³

组成=银
密度=10.49g/cm³
体积=196cm³

1.5 煮咖啡时，使用的分离方法是蒸馏、过滤还是色谱法？（见 1.3 节）

1.6 将下列测量结果与长度、面积、体积、质量、密度、时间或温度分别对应：（a）25ps（b）374.2mg（c）77K（d）100000km²（e）1.06μm（f）16nm²（g）−78℃（h）2.56g/cm³（i）28cm³（见 1.5 节）

1.7 （a）三个半径大小相等的球体，分别由铝（密度 = 2.70g/cm³），银（密度 = 10.49g/cm³），镍（密度 = 8.90g/cm³）组成。将三个球体按重量从小到大的顺序排列；（b）三个质量相等的立方体，分别由金（密度 = 19.32g/cm³），铂（密度 = 21.45g/cm³），铅（密度 = 11.35g/cm³）组成。将三个立方体按从体积小到大顺序排列。（见 1.5 节）

1.8 下面展示的三个步枪靶由以下三个人射击（A）使用新步枪打靶的教官（B）使用自己步枪打靶的教官（C）只使用过几次的步枪打靶的学生。（a）评价这三组结果的准确性和精密度；（b）如果

A 和 C 的打靶结果和 B 的结果一样，如何评价？（见 1.6 节）

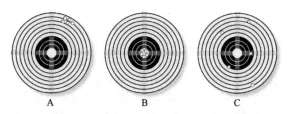

1.9 （a）如下图所示，如果尺子的单位是厘米，图中铅笔的长度是多少？测量值应保留几位有效数字？（b）下图为汽车仪表盘的圆形车速表，汽车时速一般用英里每小时或公里每小时表示。汽车时速分别用这两种单位表示为多少？时速应保留几位有效数字？（见 1.6 节）

1.10 （a）下图显示的金属棒的体积应该保留几位有效数字？（b）假设金属棒的质量是 104.72g，利用（a）中的体积计算密度应该保留几位有效数字？（见 1.6 节）

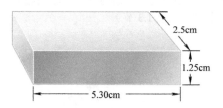

1.11 下图是装果冻豆的罐子。为了估计罐子中果冻豆的数量，你可以先称量六个果冻豆的质量，分别为 3.15g、3.12g、2.98g、3.14g、3.02g 和 3.09g。然后称量装满果冻豆的罐子质量，为 2082g。空罐子的质量为 653g。基于这些数据，估计罐子里果冻豆的数量。注意结果中有效数字的位数。（见 1.6 节）

1.12 下面展示了一张玛瑙石的图片。这块玛瑙石是杰克在苏必利尔湖（北美洲的一个湖泊）湖岸捡到的，并对其进行了抛光。杰克认为玛瑙石是一种化合物，而艾伦认为它不是一种化合物。请对这两种观点进行讨论。（见 1.2 节）

物质的分类和性质（见 1.2 节和 1.3 节）

1.13 将下列物质按纯净物、混合物进行分类，如果是混合物，是均相混合物还是异相混合物？（a）大米布丁（b）海水（c）镁（d）碎冰。

1.14 将下列物质按纯净物、混合物进行分类，如果是混合物，是均相混合物还是异相混合物？（a）空气（b）番茄汁（c）碘晶体（d）沙子

1.15 写出下列元素的化学符号或名称，（a）硫（b）金（c）钾（d）氯（e）铜（f）U（g）Ni（h）Na（i）Al（j）Si

1.16 写出下列元素的化学符号或名称。（a）碳（b）氮（c）钛（d）锌（e）铁（f）P（g）Ca（h）He（i）Pb（j）Ag

1.17 白色固体 A 在没有空气的条件下高温加热分解成新的白色物质 B 和气体 C。这种气体的性质与碳在过量氧气中燃烧所得到的产物性质完全相同。基于这些现象，我们能否确定固体 A、B 和气体 C 是单质还是化合物？

1.18 在山里徒步旅行的途中，你发现了一块有光泽的金块，可能是单质金，也可能是俗称"愚人金"的黄铁矿 FeS_2。你认为下列哪种物理性质可以帮助我们确定金块是否是真金——外观、熔点、密度或物理状态？

1.19 在试图描述一种物质的过程中，化学家给出了下列现象：一种银白色有光泽的金属；熔点为 649℃，沸点为 1105℃；20℃下，密度为 1.738g/cm³；在空气中燃烧产生耀眼的白光；与氯反应生成一种易碎的白色固体；物质可以被压成薄片或拉成细线；具有良好的导电性。这些性质中哪些是物理性质，哪些是化学性质？

1.20 （a）下列对锌单质的描述中，哪些是物理性质，哪些是化学性质。

金属锌熔点为 420℃；锌颗粒加入到稀硫酸中，有氢气放出，同时锌颗粒溶解；25℃下，锌的莫氏硬度为 2.5，密度为 7.13g/cm³；高温下与氧气缓慢反应

生成氧化锌 ZnO。

（b）你能从上图中描述锌的哪些性质？这些是物理性质还是化学性质？

1.21 下列变化是物理变化还是化学变化：（a）金属罐生锈（b）煮沸一杯水（c）磨碎一片阿司匹林，（d）消化一根棒棒糖（e）硝化甘油爆炸。

1.22 在一块冰冷的金属下面点燃一根火柴，可以观察到下列现象（a）火柴燃烧（b）金属变热（c）水在金属上凝结（d）烟尘（碳）在金属上沉积。这些现象中哪些是由物理变化引起的，哪些是由化学变化引起的？

1.23 如何将糖水中的糖和水分离，使用过滤还是蒸馏方法？

1.24 两个烧杯中分别装有两种无色透明的液体。两个烧杯的液体混合后生成一种白色固体。（a）这是一种化学变化还是物理变化？（b）将新生成的白色固体从液体混合物中分离最方便的方法是什么——过滤、蒸馏还是色谱法？

能量的本质（见 1.4 节）

1.25 （a）一辆 1200kg 汽车以 18m/s 的速度行驶的动能是多少焦耳？（b）将该动能单位转化为卡路里是多少？（c）当汽车刹车停止时，"失去"的动能主要转化为热能还是某种形式的势能？

1.26 （a）一个职业棒球手将一个质量为 5.13 盎司（oz）的棒球以 95.0mi/h 的速度投掷时，棒球的动能是多少焦耳？（b）如果将棒球的速度降为 55.0mi/h，动能变化的原因是什么？（c）当棒球被接球手接住时动能会发生什么变化？动能主要转化为热量还是某种形式的势能？

1.27 两个带正电的粒子首先被靠近再释放。一旦释放，粒子之间的排斥力会使彼此越来越远。（a）本例中势能转化成哪种能量形式？（b）两个粒子随着粒子间距离的增加，势能是增加还是减少。

1.28 下列过程，物体的势能是增加或减少？（a）两个带相反电荷粒子间的距离增加；（b）水泵将水从地面抽到地面上方 30m 处的水塔上；（c）氯分子 Cl_2 中的键断裂成两个氯原子。

1.29 问题 1.4 中的铝球撞击到地面时，动能和速度分别是多少？（假设能量在降落过程中是守恒的，球体的初始势能随着时间的推移 100% 转化为动能。）

1.30 问题 1.4 中的银球撞击到地面时，动能和速度分别是多少？（假设这种能量在降落过程中是守恒的，球体的初始势能随着时间的推移 100% 转化为动能。）

计量单位（见 1.5 节）

1.31 下列缩写符号分别代表哪种指数符号？

（a）d（b）c（c）f（d）u（e）M（f）k（g）n（h）m（i）p

1.32 将下列测定量用合适的公制前缀表示，且不使用指数形式。（a）2.3×10^{-10}L（b）4.7×10^{-6}g

（c）1.85×10^{-12}m（d）16.7×10^6s（e）15.7×10^3g（f）1.34×10^{-3}m（g）1.84×10^2cm。

1.33 将下列温度进行转换：（a）72 ℉ 到 ℃（b）216.7 ℃ 到 ℉（c）233 ℃ 到 K（d）315K 到 ℉（e）2500 ℉ 到 K（f）0K 到 ℉。

1.34 （a）一个温暖夏日的气温是 87 ℉。该温度用摄氏温标表示是多少？（b）很多标准数据的条件温度是 25℃，该温度用开尔文温度和华氏温度分别表示是多少？（c）假设一道美食需要 400 ℉ 的烤箱温度，该温度用摄氏度和开尔文温度分别表示是多少？（d）液氮的沸点是 77K。该温度用华氏温度和摄氏度分别表示是多少？

1.35 （a）四氯乙烯是一种可用于干洗的液体，因其可能致癌而被淘汰。在 25℃ 下，质量为 40.55g，体积为 25.0mL 的四氯乙烯样品密度是多少？四氯乙烯会漂浮在水面上吗？（比水密度小的物质会浮在水面上。）（b）室温常压下，二氧化碳（CO_2）是一种气体。二氧化碳可以压缩成一种"超临界流体"，是一种比四氯乙烯安全的干洗剂。在一定压强下，超临界 CO_2 的密度是 $0.469g/cm^3$。在该压力下，25.0mL 超临界 CO_2 样品的质量是多少？

1.36 （a）25℃ 下，边长为 1.500cm，质量为 76.31g 的金属铱立方体的密度是多少？（b）25℃ 时金属钛的密度为 $4.51g/cm^3$，此温度下，多少质量钛的体积与 125.0mL 的水相等？（c）15℃ 时苯的密度为 0.8787g/mL。此温度下，0.1500L 苯的质量是多少？

1.37 （a）为了鉴别一种不明液体物质，一名学生测定其密度。首先用量筒取 45mL 这种物质，然后称量该 45mL 液体的质量为 38.5g。他能确定这种不明物质可能是异丙醇（密度 0.785g/mL）或者是甲苯（密度 0.866g/mL）吗？计算该液体物质密度是多少？该物质可能是什么？（b）已知乙二醇密度为 1.114g/mL，某实验需要 45.0g 乙二醇。化学家不用天平，而用量筒量取该乙二醇，量取的体积是多少？（c）如图 1.21 所示的量筒可以提供测量需要的精度吗？（d）已知镍的密度为 $8.90g/cm^3$，一边长为 5cm 的镍金属立方体的质量是多少？

1.38 （a）一个装有透明液体的瓶子因没有标签，不能确定是不是苯。化学家决定测量液体的密度。25.0mL 液体的质量为 21.95g。化学手册上苯在 15℃ 的密度为 0.8787g/mL。计算的该液体物质密度与化学手册中的密度一致吗？（b）某实验需要 15.0g 环己烷，已知 25℃ 环己烷密度为 0.7781g/mL，需要环己烷的体积是多少？（c）一个铅球直径为 5.0cm。已知铅密度为 $11.34g/cm^3$，铅球质量是多少？（球的体积公式为 $\frac{4}{3}\pi r^3$，r 是球的半径）

1.39 2013 年，全球化石燃料燃烧和水泥生产产生的二氧化碳排放量达 360 亿公吨（1 公吨 = 1000kg）。将该 CO_2 质量用克表示，且使用合适的公制前缀，不用指数形式。

1.40　如下图所示，用于制作电脑芯片的硅一般被制成一个称为"boules"的圆柱体，圆柱体直径为300mm，长度为2m。已知硅的密度为2.33g/cm³。集成电路的硅晶片是从长度为2m硅圆柱体中切下来的厚0.75mm，直径300mm的圆片。（a）一个硅圆柱体可以切下多少个硅晶片？（b）硅晶片的质量是多少？（圆柱体的体积通过$\pi r^2 h$计算，r是半径，h是高度。）

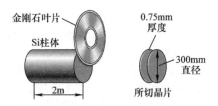

1.41　在某些工程类工作中会使用英制热量单位（Btu）。1Btu是将1磅水的温度升高1℉所需要的热量。计算1Btu等于多少焦耳？

1.42　瓦特是功率（能量变化速率）单位，1瓦特等于1J/s。（a）计算$1kW \cdot h$的焦耳数；（b）一个成年人向周围环境辐射热量的速度与一个100W的白炽灯泡差不多。一个成年人在24h内向环境中辐射的总能量以千卡表示是多少？

测量误差（见1.6节）

1.43　指出下列哪些是精确的数值：（a）一个3×5英寸索引卡的质量（b）与一磅相当的盎司数（c）一杯西雅图超佳咖啡的体积（d）与一英里相当的英寸数（e）一周的微秒数（f）一本书的页数。

1.44　指出下列哪些是精确的数值：（a）一杯32盎司咖啡的质量（b）化学课上学生的数量（c）太阳表面的温度（d）一枚邮票的质量（e）1立方米水的毫升数（f）NBA篮球运动员的平均身高。

1.45　下列测量值各有几位有效数字？（a）601kg（b）0.054s（c）6.3050cm（d）0.0105L（e）$7.0500 \times 10^{-3}m^3$（f）400g

1.46　下列测量值各有几位有效数字？（a）3.774km（b）205m²（c）1.700cm（d）350.00K（e）307.080g（f）$1.3 \times 10^3 m/s$

1.47　将下列数字修约为四位有效数字，用标准指数形式表示其结果：（a）102.53070（b）656.980（c）0.008543210（d）0.000257870（e）−0.0357202。

1.48　（a）地球赤道直径为7926.381英里。将该数字修约为三位有效数字，并用标准指数形式表示其结果；
（b）经过两极的地球周长为40008km。将该数字修约为三位有效数字，并用标准指数形式表示其结果。

1.49　进行下列运算，并保留合适位数的有效数字。
（a）14.3505 + 2.65（b）952.7 − 140.7389

（c）$(3.29 \times 10^4)(0.2501)$（d）0.0588/0.677

1.50　进行下列运算，并保留合适位数的有效数字。
（a）320.5−（6104.5/2.3）
（b）$[(285.3 \times 10^5)−(1.200 \times 10^3)] \times 2.8954$
（c）$(0.0045 \times 20000.0)+(2813 \times 12)$
（d）$863 \times [1255−(3.45 \times 10^8)]$

1.51　下列图片显示天平称量物体的质量，该测量值有几位有效数字？

1.52　下图是一个装有液体的量筒。以毫升为单位表示液体的体积是多少？（结果保留合适位数的有效数字）。

量纲分析（见1.7节）

1.53　根据公制单位、英制单位及本书附录提供的信息，写出下列单位转换的换算因数（a）mm到nm（b）mg到kg（c）km到ft（d）in.³到cm³。

1.54　根据公制单位、英制单位及本书附录提供的信息，写出下列单位转换的换算因数（a）μm到mm（b）ms到ns（c）mi到km（d）ft³到L。

1.55　（a）大黄蜂以15.2m/s的速度飞行。该速度以km/h表示是多少？（b）蓝鲸的肺活量是$5.0 \times 10^3 L$。该体积以加仑表示是多少？（c）自由女神像高度是151英尺，该高度以米表示是多少？（d）竹子以60.0cm/天的速度生长，该速率以英尺每小时表示是多少？

1.56　（a）真空中光速为$2.998 \times 10^8 m/s$。该速度以m/h表示是多少？（b）芝加哥的西尔斯大厦高度为1454英尺。该高度用米表示是多少；（c）佛罗里达州肯尼迪航天中心的飞行器装配大楼体积为3666500m³。该体积以升表示是多少，并用标准的指数形式；（d）患有高胆固醇的人每100mL血液中含有242mg胆固醇。如果一个人的总血量为5.2L，血液中总胆固醇含量是多少克？

1.57　将下列测定值进行单位转换：（a）5.00days到s（b）0.0550mi至m（c）$1.89/gal到$/L（d）0.510in./ms到km/hr（e）22.50gal/min到L/s（f）0.02500ft³至cm³。

1.58　将下列测定值进行单位转换：（a）0.105in.

到 mm（b）0.650qt 至 mL（c）8.75μm/s 至 km/hr（d）1.955m³ 到 yd³（e）3.99 美元 / 磅到美元 / 千克（f）8.75lb/ft³ 到 g/mL。

1.59　（a）容积为 31 加仑的葡萄酒桶中可以存放多少升葡萄酒？（b）用于治疗哮喘的 Elixophyllin 药物的成人剂量是 6mg/kg。计算一个 185 磅的人药物剂量是多少毫克？（c）如果一辆汽车行驶 400km 需要 47.3L 汽油，那么汽车行驶 1m 需要多少加仑汽油？（d）咖啡机显示一磅咖啡豆能煮出 50 杯咖啡（4 杯 = 1qt）。生产 200 杯咖啡需要多少公斤咖啡豆？

1.60　（a）如果一辆电动汽车充电一次可以行使 225km，从华盛顿西雅图出到加州圣地亚哥需要充电多少次？两地距离 1257 英里，假设旅行开始时汽车是充满电的。（b）如果一只迁徙潜鸟以平均 14m/s 的速度飞行，该平均速度转换为 mi/hr 是多少？（c）发动机排水量为 450 立方英寸，该排水量转换为升是多少？（d）1989 年 3 月，埃克森·瓦尔迪兹号在阿拉斯加海岸搁浅，24 万桶原油泄漏。一桶石油为 42 加仑，请问一共泄露多少升原油？

1.61　常温（25℃）常压下，空气密度为 1.19g/L。一个 14.5ft×16.5ft×8.0ft 的房间内空气的质量是多少克？

1.62　一座城市公寓中一氧化碳的浓度是 48μg/m³。一个 10.6ft×14.8ft×20.5ft 的房间内一氧化碳的质量有多少克？

1.63　黄金可以被做成极薄的金箔。一位建筑师想用五百万分之一英寸厚度的金叶子覆盖 100ft×82ft 的天花板。金的密度为 19.32g/cm³，价格为每金衡盎司 1654 美元（1 金衡盎司 = 31.1034768g）。这位工程师需要花多少钱购买所需的黄金？

1.64　一家铜精炼厂生产的铜锭重 150lb。如果将铜拉成直径为 7.50mm 的导线，这些铜锭可以得到多少英尺的铜线？已知铜的密度为 8.94g/cm³。（假设导线是圆柱体，体积 $V = \pi r^2 h$，其中，r 为其半径和 h 高度或长度）。

附加练习

1.65　下列物质按纯净物、溶液和异相混合物进行分类：

（a）金锭（b）一杯咖啡（c）一个木板

1.66　（a）假设和理论哪个更有可能被证明是错误的？（b）_____能准确预测物质的行为，而_____则提供对这种行为的解释。

1.67　实验室中合成的抗坏血酸（维生素 C）的样品含有 1.50g 碳和 2.00g 氧。另一份从柑橘类水果中提取的抗坏血酸样品含有 6.35g 碳。根据定比定律，该样品应该含有多少克氧。

1.68　一定压力下，氯乙烷是一种可以用于麻醉局部皮肤的液体（见下图）。氯乙烷的沸点为 12℃。氯乙烷液体喷到局部皮肤上，使皮肤快速冷却，在一段时间内失去疼痛感。（a）在这个过程中，氯乙烷的状态发生了什么变化？（b）以华氏度表示氯乙烷的沸点是多少？（c）已知 25℃时氯乙烷的密度为 0.765g/cm³，103.5mL 的氯乙烷瓶中氯乙烷的质量是多少？

1.69　实验室中的两个学生要练习测量某样本中含铅量。标准含铅量为 22.52%。两个学生的三次测量结果如下：

（1）22.52，22.48，22.54

（2）22.64，22.58，22.62

（a）计算每组数据的平均值。根据计算的平均值，哪组数据准确度更高；

（b）由每组数据的平均值计算平均偏差，从而计算精密度。哪组数据的精密度更高？

1.70　下列描述中熟知的有效数字是否合理？

（a）2005 年《国家地理》发行量是 7812564 份；（b）2005 年 7 月 1 日，伊利诺斯州库克县的人口为 5,303,683 人；（c）美国 0.621% 的人口姓布朗；（d）你的平均绩点为 3.87562。

1.71　将下列单位对应正确的物理量（例如长度、体积、密度）（a）mL（b）cm²（c）mm³（d）mg/L（e）ps（f）nm（g）K

1.72　根据国际单位制基本单位，写出下列物理量的导出单位。

（a）加速度 = 速度 / 时间²

（b）力 = 质量 × 加速度

（c）功 = 力 × 距离

（d）压力 = 作用力 / 面积

（e）功率 = 功 / 工作时间

（f）速度 = 距离 / 时间

（g）能量 = 质量 × 速度²

1.73　地球到月球的距离约为 240000mi。（a）这个距离以单位米表示是多少？（b）游隼的速度高达 350km/h。如果一只游隼以这样的速度飞向月球，需要多少秒？（c）光速为 3.00×10^8m/s，光从地球到月球再返回地球需要多长时间？（d）地球围绕太阳运转的平均速度为 29.783km/s。该速度转换为英里每小时是多少。

1.74　下列哪些物质是纯净物，哪些物质接近纯净物？（a）泡打粉（b）柠檬汁（c）户外烧烤使用的丙烷气体（d）铝箔（e）布洛芬（f）波本威士忌（g）氦气（h）深层泵抽出的清水

1.75　美国 25 美分硬币的质量为 5.67g，厚度约为 1.55mm。（a）如果堆到华盛顿纪念碑的高度 575ft，需要多少硬币？（b）这堆硬币质量是多少？（c）这堆硬币共多少钱？（d）2012 年 10 月 28 日美国未偿还的公共债务为 16,213,166,914,811 美元，偿还这个债务需要多少枚 25 美分硬币？

1.76　在美国，灌溉水量通常用单位英亩 - 英尺表示。1 英亩 - 英尺的水可以灌溉深度为 1 英尺的一英亩地。一英亩是 4840yd²。一英亩 - 英尺的水足够两户人家生活一年。（a）如果淡化水的价格是每英亩 - 英尺 1950 美元，每升淡化水的成本是多少？（b）如果作为仅有的水源，那么一户家庭每年需要花费多少钱？

1.77　通过使用估算方法，下列物质哪个最重，哪个最轻：5 磅一袋的土豆，5kg 的糖，1 加仑的水（密度 = 1.0g/mL）。

1.78　橄榄油的主要成分油酸的冰点为 13℃，沸点为 360℃。假设重新建立一套温标系统，该温标系统将油酸冰点规定为 0℃，油酸沸点规定为 100℃。如果用这个温标系统表示水的冰点应该是多少？

1.79　液态汞（密度 = 13.6g/mL）、水（1.00g/mL）和环己烷（0.778g/mL）三种物质混合时，不会形成一种均匀溶液，而是分层存在。请画出三种溶液在试管中的位置。

1.80　两个体积相等的球体放在天平两端，如下图所示。哪个球体的密度更大？

1.81　水在 25 ℃时密度为 0.997g/cm³；冰在 -10 ℃时密度为 0.917g/cm³。（a）如果一个容量为 1.50L 的饮料瓶完全装满水，然后在 -10℃冷冻成冰，冰的体积是多少？（b）冰还可以完全装在瓶子里吗？

1.82　将不溶于甲苯的 32.65g 固体样品放于烧瓶中，加入一定量的甲苯。甲苯和固体物质的总体积为 50.00mL，固体和甲苯的总质量为 58.58g。已知实验温度下甲苯的密度为 0.864g/mL。请问该固体样品的密度是多少？

1.83　小偷计划从某博物馆偷走半径为 28.9cm 的黄金球。如果黄金的密度是 19.3g/cm³，球的质量是多少磅？[球的体积为 $V = \left(\dfrac{4}{3}\right)\pi r^3$]。该小偷在没有帮助的情况下有可能偷走这个金球吗？

1.84　汽车蓄电池的硫酸一般称为"电池酸"。计算 1.00 加仑电池酸的质量是多少克？已知溶液的密度为 1.28g/mL，硫酸质量分数为 38.1%。

1.85　一袋 40 磅泥煤苔体积为 $14 \times 20 \times 30$in.³，一袋 40 磅表层土体积为 1.9 加仑。（a）计算泥煤苔和表层土的平均密度，以 g/cm³ 表示。泥煤苔比表层土更轻，这种说法正确吗？（b）填满面积为 15.0ft × 20.0ft，厚度为 3.0in 的体积需要多少袋泥煤苔。

1.86　一包铝箔纸中含有 50ft² 的铝片，重量约为 8.0 盎司，铝的密度为 2.70g/cm³。铝箔的厚度大约是多少毫米？

1.87　全世界人类使用电力的总功率约为 15TW（太瓦）。太阳辐射到地球半球的辐射强度为 680W/m²（假设没有云层）。从太阳看去，地球像一个圆盘，面积是 1.28×10^{14}m²。地球的表面积大约是 197000000 平方英里。我们需要用太阳能收集器覆盖多少地球表面，才能提供全人类使用的电力？假设太阳能收集器只能将 10% 的太阳光转化为电力。

1.88　2005 年，诺贝尔生理学或医学奖授予了澳大利亚学者巴里·马歇尔和罗宾·沃伦，以表彰他们发现了幽门螺杆菌，并验证了这种细菌感染胃部会导致胃炎和消化性溃疡疾病。这个故事起因于病理学家沃伦注意到幽门螺杆菌与从患有溃疡的患者身上提取的组织有关。翻看这段历史，描述一下沃伦的第一个假设。需要什么样的证据来建立一个可信的理论呢？

1.89　将长为 25cm 的一端密封的圆柱形玻璃管装满乙醇，需要乙醇的质量为 45.23g。已知乙醇的密度为 0.789g/mL。计算管的内径是多少厘米。

1.90　黄金与其他金属混合后可以增加珠宝的硬度。（a）质量为 9.85g，体积为 0.675cm³ 的黄金首饰中只含有金和银，金和银的密度分别为 19.3g/cm³ 和 10.5g/cm³。假设该珠宝总体积是所含金和银体积的总和。计算珠宝内金的质量百分比；（b）通常合金中黄金的相对量（合金中所含黄金的百分）以克拉单位表示，纯金是 24 克拉。50% 金的合金是 12 克拉。用单位克拉表示该黄金首饰的纯度。

1.91　纸色谱法是一种简单可靠分离混合物的方法。具有两种植物染料的混合物，一种为红色，一种为蓝色，你试图用两种不同的色层分离法将两种染料

分开，如图所示。哪种分离过程更好？如何量化分离效果的好坏呢？

1.92　判断下列说法是否正确。如果不正确，请写出正确的说法。

（a）空气和水都是单质；

（b）混合物至少包含一种单质和一种化合物；

（c）化合物可分成两种或两种以上的物质，而单质则不能；

（d）单质能够以物质的任意一种状态存在；

（e）厨房洗涤槽中的黄色污迹被漂白水处理时，污渍消失是一个物理变化；

（f）一个假设比一个理论更缺乏实验证据的支持；

（g）0.0033 有效数字位数比 0.033 多；

（h）转换单位时使用的换算因数的数值总是为1；

（i）化合物至少含有两种不同的元素。

1.93　现需要从一个密度为 2.04g/cm³ 的颗粒材料中分离一种密度为 3.62g/cm³ 的颗粒材料。一种方法是：将混合物置于一种溶液中，摇晃溶液，重的物质会下沉到溶液底部，轻的物质会漂浮在溶液上面。固体会漂浮在密度更大的液体上面。根据互联网上的资料或化学手册，查出下列物质的密度：四氯化碳、正己烷、苯、二碘甲烷。哪种液体可以满足要求，假设液体和固体物质之间没有化学反应。

1.94　2009 年，一个来自美国西北大学和西华盛顿大学的团队报道了一种新型"海绵状"材料的制备方法，这种材料由镍、钼和硫构成，该材料可以除去水中的汞。这种新型材料的密度为 0.20g/cm³，每克材料表面积为 1242m²。（a）计算 10.0mg 材料的体积；（b）计算 10mg 材料的表面积；（c）10mL 污染水中含有 7.748mg 的汞，使用 10.0mg 该新型海绵状材料处理后，污染水中汞的含量降为 0.001mg。水中汞的去除量是百分之多少？（d）吸附汞后海绵状材料的质量是多少？

第 **2** 章

原子、分子和离子

请多花些时间欣赏一下周围材料中颜色、质地及其他特征，如图中所示花园中各种花朵的绚丽色彩，或衣服的织物质地，或一杯咖啡中糖的溶解过程等。我们该如何解释构成世界上的物质的各种各样的特性呢？例如碳和氯化钠都可以形成透明的无色晶体，但食盐（NaCl）在水中很容易溶解，而钻石（C）则不能。铝可以导电，但氧化铝不能。纸片可以在氧气条件下燃烧，在氮气条件下则不能。如何解释这些不同呢？所有这些问题的答案都存在于原子的结构中，原子结构决定了物质的物理性质和化学性质。

虽然不同物质的性质差异很大，但所有物质都是由一百多种不同的原子构成的。从某种意义上说，这些不同的原子就像英文字母表中的 26 个字母一样，以不同的排列组合构成了英语中数量庞大的单词。那原子的组合方式需要遵循什么规则呢？构成物质的原子如何影响物质的性质？原子究竟是什么样子的，不同元素的原子到底有什么不同呢？

在这一章中，我们将介绍原子的基本结构，讨论分子和离子的形成。这些知识为后续章节的内容提供了基础。

◀ 一个花园。尽管在生物体中发现的绝大多数分子中只含有约六种元素，但是动植物外貌与功能惊人的多样性皆因于此

2.1 | 物质的原子理论

早期的哲学家们对世界本源进行了猜想和推测。德谟克利特（Democritus，公元前460—370）和其他早期希腊哲学家认为世界万物是由微小的不可分割的粒子构成，这种粒子称为原子，意思为"不可分割的"或"不可切割的"。但是后来柏拉图（Plato）和亚里士多德（Aristotle）提出了另外一种观点，认为根本不存在不可分割的粒子，亚里士多德的哲学观点主导了西方文化几个世纪，在此期间物质的"原子"观点逐渐淡去。

17世纪欧洲重新出现了**原子**的概念。化学家们学会了测量新物质中不同元素的数量，这就为将元素概念与原子概念关联起来的原子理论奠定了基础。该理论是由约翰·道尔顿在1803年至1807年提出的。道尔顿的原子理论基于四个假设（见图2.1）。

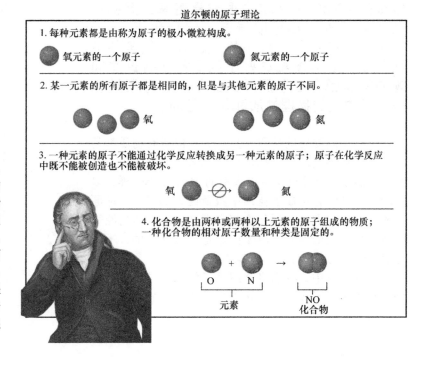

▶ 图2.1 道尔顿的原子理论⊖
约翰·道尔顿（John Dalton，1766—1844）出生于一个贫苦的英国纺织工家庭，他12岁开始教书。他一生大部分时间都在曼彻斯特的文法学校和大学任教。道尔顿最先做了很多气象学方面的研究，不过进入19世纪后，他的兴趣转向了化学，并最终提出原子理论。尽管道尔顿的出身卑微，但他在有生之年获得了很高的科学声誉

合理的理论可以解释已知的事实，道尔顿的理论解释了当时已知的几种化学组合定律。
- 定比定律∝（见1.2节），基于假设4：
  一种化合物中原子的相对数目和种类是固定的。
- 质量守恒定律，基于假设3：
  化学反应前后物质的总质量不变。

合理的理论也能给出新的预测，道尔顿利用原子理论进行了如下推断

⊖ 道尔顿，"原子理论" 1844年。

- **倍比定律**：当A、B两种元素相互化合生成不止一种化合物时，在这些化合物中，与一定量A元素相化合的B元素的质量必互成简单的整数比。

我们可以通过一个例子来阐述这个定律，例如水和过氧化氢都是由氢和氧元素构成。8.0g氧气与1.0g氢气化合生成水，而16.0g氧气与1.0g氢气化合生成过氧化氢。因此这两种化合物中每克氢气所对应氧气的质量比值是2:1。根据道尔顿的原子理论，我们可以得出结论：过氧化氢中一个氢原子对应氧原子的个数是水的二倍。

> ⚠ **想一想**
>
> 碳和氧在不同反应条件下可以生成两种不同的化合物。化合物A中每克碳对应1.333g氧，而化合物B中每克碳对应2.666g氧。
> （a）这一现象符合质量守恒定律还是倍比定律？
> （b）如果化合物A有等量数量的氧原子和碳原子，那么能不能判断化合物B的组成？

2.2 | 原子结构的发现

道尔顿根据实验中观察到的现象得出了一些关于原子的结论。如果原子是真实存在的，那么就可以理解定比定律和倍比定律。但道尔顿及其追随者在他的理论研究发表后的一个世纪中，并没有发现任何直接证明原子存在的证据。但是今天，我们可以测量单个原子的性质，甚至可以提供它们的图像（见图2.2）。

随着科学家们不断开发出探索物质本质的不同方法，人们发现所谓不可分割的原子具有更复杂的结构。直到现在，我们知道原子是由**亚原子粒子**构成。在总结目前的原子模型前，我们简要回忆一些具有里程碑意义的发现。比如原子是由带电粒子构成，有些带正电荷，有些带负电荷。当我们讨论目前原子模型的发展时，应注意电荷间相互作用的规律：同种电荷粒子间相互排斥，异种电荷粒子间相互吸引。

▲ 图2.2 硅表面的原子图像
该图像通过扫描隧道显微镜获得，再通过计算机添加颜色以便区分。每个金色球代表一个硅原子

阴极射线和电子

19世纪中期，科学家们开始研究真空玻璃管放电的现象（见图2.3）。当高压作用于玻璃管中的电极时，电极之间产生辐射，这种辐射被称为**阴极射线**。阴极射线从负极发出，经高压极板加速运动到正极。尽管肉眼看不见这些射线，但它们确实是存在的，因为这种射线会使某些材料发出荧光或发光。

实验表明阴极射线在电场或磁场中会发生偏转，这是由于阴极射线是由带负电荷的粒子流组成。英国科学家汤姆生（J.J.Thomson 1856—1940）发现无论阴极材料是什么物质，发射出来的阴极射线都是一样的，他在1897年发表的一篇论文中提到阴极射线是带负电的粒子流。现在我们将这些带电粒子称为**电子**。

图例解析　如果将荧光屏从玻璃管中移出，阴极射线还会产生吗？我们还能看到阴极射线吗？

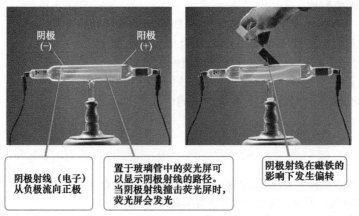

阴极射线（电子）从负极流向正极

置于玻璃管中的荧光屏可以显示阴极射线的路径。当阴极射线撞击荧光屏时，荧光屏会发光

阴极射线在磁铁的影响下发生偏转

▲ 图2.3　阴极射线管

汤姆生设计了一个阴极射线管，管两端分别装上阴极和阳极，并在阳极上有一条阴极射线可以穿过的细缝。两个带电极板和磁铁放置于垂直光束的地方，荧光屏放置于另一端。当阴极射线撞击时，荧光屏会发光（见图2.4）。由于电子是带负电的粒子，因此阴极射线在电场中会发生偏转，而在磁场中则向相反的方向偏转。汤姆生调节了电场和磁场的强度可以使它们对阴极射线的作用正好相互抵消，结果阴极射线不发生偏转，沿着直线运动到荧光屏上。假设电场和磁场的强度是已知的，那么可以计算出电子的电荷量与电子质量的比值为 $1.76 \times 10^8\,C/g$。[注]

图例解析　下图阴极射线管中没有施加磁场时，电子束在电场中会向上偏转还是向下偏转？

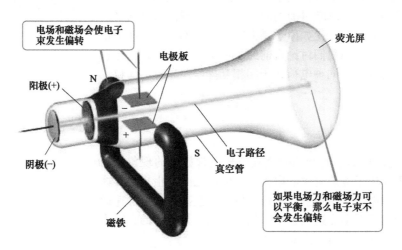

电场和磁场会使电子束发生偏转

电极板

荧光屏

阳极(+)

N

阴极(−)

−

+

S

电子路径

真空管

磁铁

如果电场力和磁场力可以平衡，那么电子束不会发生偏转

▲ 图2.4　电场方向与磁场方向和上垂直的阴极射线管　阴极射线（电子）从阴极发出，并向阳极加速运动。一束窄的阴极射线会穿过阳极的细缝，到达到荧光屏上，荧光屏被阴极射线撞击时会发光

[注]库仑（C）是电荷的国际单位制单位。

◢ **想一想**

汤姆生发现阴极板放电与阴极的金属种类没有关系，下列陈述中哪个是对这个现象的解释？（a）阴极射线不是由阴极产生。（b）构成阴极射线的粒子存在于所有金属中。

◥ **图例解析**   当电子积聚在油滴上时，油滴的质量是否发生了显著的变化？

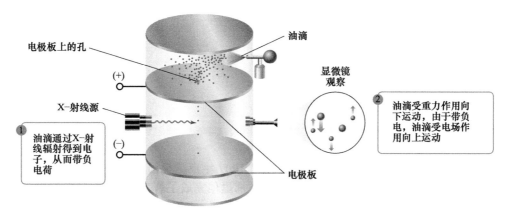

电极板上的孔

油滴

显微镜观察

(+)

X-射线源

① 油滴通过X-射线辐射得到电子，从而带负电荷

(−)

② 油滴受重力作用向下运动，由于带负电，油滴受电场作用向上运动

电极板

▲ 图2.5 用于测量电子电荷量的密立根油滴实验   小油滴可以落在电极板之间。密立根测量了电极板之间电压的变化及其对下降率的影响，根据这些数据，他计算出了液滴上的负电荷。由于任何下降的电荷总是 1.602×10^{-19} C 的倍数，他推测这个值是单个电子的电荷数

如果电子的荷质比已知，科学家可以测量其中某个量而计算另一个量。1909 年，芝加哥大学的罗伯特·密立根（Robert Miuikan，1868—1953）通过图 2.5 所示的实验成功测量了一个电子的电荷量。然后利用电子的电荷量 1.602×10^{-19} C 和汤姆生的荷质比 1.76×10^{8} C/g，计算出电子的质量：

$$电子质量 = \frac{1.602 \times 10^{-19} \, C}{1.76 \times 10^{8} \, C/g} = 9.10 \times 10^{-28} \, g$$

这个结果与目前公认的电子质量 9.10938×10^{-28} g 非常相近，电子的质量比最轻的氢原子质量小约 2000 倍。

放射性

1896 年，法国科学家安东尼·亨利·贝克勒尔（Antoine Henri Becquerel，1852—1908）发现一种铀化合物会自发释放高能辐射。这种自发辐射现象称为**放射性**。在贝克勒尔的启发下，玛丽·居里（Marie Curie，见图 2.6）和她的丈夫皮埃尔（Pierre Curie）开始进行实验来验证和分离这种化合物中放射性的来源，最终发现放射性的来源是铀原子。

英国科学家欧内斯特·卢瑟福（Ernest Rutherford，1871—1937）对放射性现象进行了进一步的研究，主要揭示了三种类型的辐射，阿尔法（α）、贝塔（β）和伽玛（γ）。卢瑟福在原子科学领域是一个非常重要的人物。从剑桥大学毕业后，卢瑟福到蒙特利尔的麦吉尔大学任教，继续从事放射性的研究，并由此获得 1908

▲ 图2.6 玛丽·斯卡洛多斯卡·居里（1867—1934） 1903年，玛丽·斯卡洛多斯卡和她的丈夫皮埃尔共同获得诺贝尔物理学奖，以表彰他们在放射性（她提出的一个术语）方面的开创性工作。1911 年，玛丽·居里夫人第二次获得诺贝尔化学奖以表彰她对元素钋和镭的发现

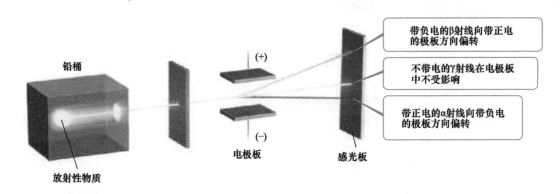

在质子、中子和电子三个亚原子粒子中，哪个亚原子粒子与 β 射线的电性相同？ β 射线比 α 射线偏转角度更大，原因是（a）β 射线更轻（b）β 射线的带电量更高。

带负电的β射线向带正电的极板方向偏转

不带电的γ射线在电极板中不受影响

带正电的α射线向带负电的极板方向偏转

铅桶

(+)

(−)

电极板　　　　感光板

放射性物质

▲ 图 2.7　阿尔法（α），贝塔（β）和伽玛（γ）射线在电场中的偏转现象

年诺贝尔化学奖。1907 年卢瑟福回到英国在曼彻斯特的维多利亚大学担任教授，在那里他完成了著名的 α-粒子散射实验，具体内容将在后面介绍。

卢瑟福在实验中证实 α 和 β 射线在电场中发生偏转，偏转方向正好相反；而 γ 辐射不受电场影响（见图 2.7）。根据这一发现，他得出一个结论：α 和 β 射线是由快速运动的带电粒子构成。事实上 β 粒子是高速运动的电子流，可以认为是阴极射线的放射性等价物。β 粒子带负电，因此能被带正电的极板吸引。α 粒子带正电，因此能被带负电的极板吸引。β 粒子的电荷是 1−，而 α 粒子的电荷是 2+。一个 α 粒子的质量大约是电子质量的 7400 倍。γ 射线是一种类似于 X 射线的高能电磁辐射，它不由粒子组成，也不携带电荷。

原子的原子核模型

负电子

遍布整个球体的正电荷

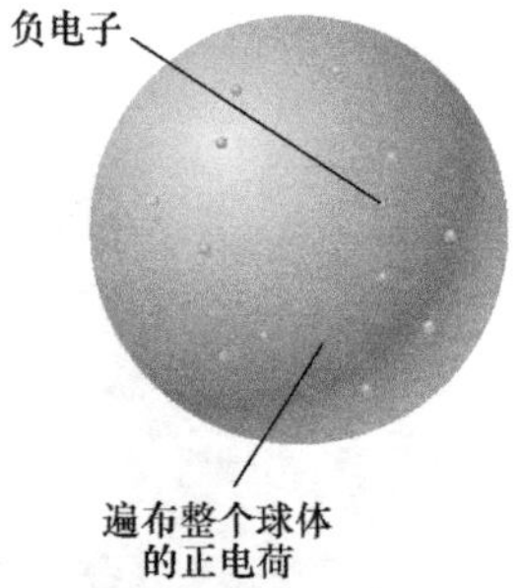

▲ 图 2.8　汤姆生的梅子布丁模型　欧内斯特·卢瑟福和欧内斯特·马斯登证明了这个模型是错误的

随着越来越多的证据表明原子是由更小的粒子构成，科学家们开始关注这些构成粒子的组合方式。20 世纪早期，汤姆生推断由于电子只贡献了原子质量的很小一部分，因此电子对原子大小的贡献可能也很小。他认为原子是一个质量均匀分布的球体，电子像蛋糕中的葡萄干或西瓜的种子一样嵌在其中（见图 2.8）。这种以传统英国甜点命名的葡萄干蛋糕模型只短暂存在了一段时间。

1910 年，卢瑟福开展了 α 粒子穿过极薄金箔片发生偏转或散射的实验（见图 2.9）。他发现几乎所有的粒子都是直线穿过箔片，没有发生偏转，只有少数粒子发生了约 1° 的偏转，这与汤姆生的葡萄干蛋糕模型一致。为了实验的完整性，本科生欧内斯特·马斯登（1889—1970）在卢瑟福的指导下，继续寻找大角度散射的 α 粒子。令人难以置信的是，他观察到少量散射的粒子偏转角度很大，还有一些粒子被金箔弹回。当时现有的理论并不能解释该结果，而且这些结果显然与汤姆生的葡萄干蛋糕模型不一致。

卢瑟福为了解释实验结果，提出了原子的**原子核模型**。在这个模型中，每个金原子的大部分质量和所有的正电荷都集中在一个直径很小、密度很大的区域，该区域称为**原子核**。他进一步提出原子

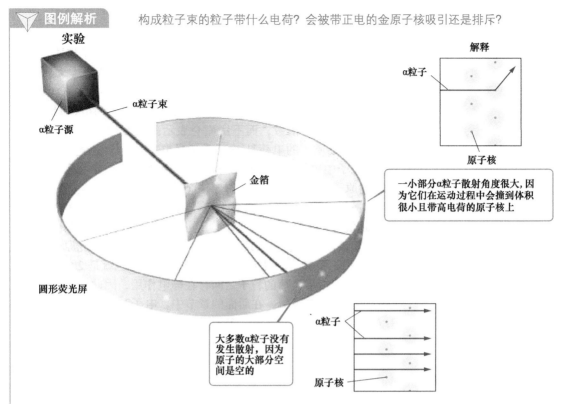

▲ 图 2.9 **卢瑟福的 α-散射实验** 当 α 粒子穿过金箔时，大多数粒子都是直接穿过金箔不发生偏转，少量粒子发生偏转，而且偏转角度很大。根据葡萄干蛋糕模型，粒子只会发生非常微小的偏转。而原子的原子核模型解释了这些 α 粒子偏转角度很大的原因。虽然本图中原子被描绘成一个黄色的球体，但要认识到，原子核周围的大部分空间只包含低质量的电子

内部的大部分空间是空的，电子在该空间内围绕原子核运动。在 α 散射实验中，大多数粒子通过箔片没有发生散射，是因为大多数粒子不会撞到任何一个金原子的微小原子核。但是偶尔也会有极少量 α 粒子碰撞到金原子核，带正电的 α 粒子会受到带正电的金原子核很强的排斥力从而发生大角度偏转，如图 2.9 所示。

随后的实验证实原子核中也存在正粒子（质子）和中性粒子（中子）。1919 年卢瑟福发现了质子，1932 年英国科学家詹姆斯·查德威克（James Chadwick，1891—1972）发现了中子。因此原子是由电子、质子和中子构成。

想一想

在卢瑟福实验中，随着金箔厚度的增加，散射角度较大的 α 粒子数会增加、减少还是保持不变？

2.3 | 原子结构的现代观点

自卢瑟福时代以后，物理学家对原子核的了解越来越多，人们发现构成原子核的粒子也越来越多，而且在不断增加。你可能已经

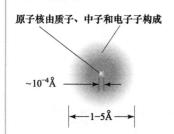

原子核由质子、中子和电子子构成

~10⁻⁴Å

1-5Å

▲ 图 2.10　原子结构图
快速运动的电子云占据了原子的大部分体积。原子核位于原子中心一个很小的区域，由质子和中子构成。原子核几乎集中了原子的全部质量

看到过一些亚原子粒子，比如夸克、轻子和玻色子。 然而，作为化学家，我们可以简单地认为原子由三种亚原子粒子——质子、中子和电子构成，因为只有这三种亚原子粒子会影响化学性质。

如前所述，电子带负电，电荷量为 -1.602×10^{-19} C。质子带正电，电荷量大小与电子的相等：$+1.602 \times 10^{-19}$ C。1.602×10^{-19} C 称为**电子电荷**。为了方便起见，原子和亚原子粒子的电荷量通常表示为电子电荷的倍数，而不用库仑表示。因此一个电子⊖ 的电荷是 1−，一个质子的电荷是 1+。中子是电中性的（这是其名字的来源）。原子中电子和质子的数量相等，因此原子不带电荷。原子中微小的原子核由质子和中子构成，而原子的绝大部分空间是电子运动的空间（见图 2.10）。大多数原子直径在 1×10^{-10} m（100pm）与 5×10^{-10} m（500pm）之间。为了方便，一般使用非国际单位制单位埃（Å）表示原子直径，$1Å = 1 \times 10^{-10}$ m = 100pm。因此原子的直径约为 1-5Å，例如一个氯原子的直径是 200pm，也就是 2.0Å。

因为带相反电荷的粒子之间存在静电作用，因此电子与原子核中的质子会相互吸引。在后面的章节中，电子和原子核之间的静电引力的大小可以用来解释许多不同元素之间的差异。

想一想
（a）如果一个原子中含有 15 个质子，那么含有多少个电子？
（b）质子存在于原子的哪个部分？

原子的质量极小，已知最重原子的质量约为 4×10^{-22} g。因此以克为单位表示这么小的质量较为麻烦，一般用**原子质量单位**（amu）⊖ 表示，1amu = 1.66054×10^{-24} g。一个质子的质量为 1.0073amu，一个中子的质量为 1.0087amu，一个电子的质量为 5.486×10^{-4} amu（见表 2.1）。从质量看，1836 个电子的质量等于 1 个质子的质量，1839 个电子的质量等于 1 个中子的质量，原子的质量几乎全部集中在原子核上。

表 2.1　质子、中子和电子的比较

粒子	电荷	质量（amu）
质子	正电荷（1+）	1.0073
中子	无（中性）	1.0087
电子	负电荷（1−）	5.486×10^{-4}

原子核的直径约为 10^{-4} Å，只占整个原子直径的一小部分。我们可以想象一下原子与原子核的相对大小。如果氢原子有一个足球场那么大，那么原子核就是放在其中一个小弹珠。因为原子的质量几乎全部集中在体积极小的原子核上，因此密度很大，约为 $10^{13} \sim 10^{14}$ g/cm³。一个装满这种密度物质的火柴盒将重达 25 亿吨！

图 2.10 是刚刚讨论过的原子结构。原子中的电子在化学反应中起主要作用。考虑到电子的能量和空间排布，我们将在后面的章

⊖电子是一种基本粒子，它不能被分割成更小的粒子，而质子和中子是由夸克这样的更小粒子构成。
⊖原子质量单位的国际单位缩写是 u，一般使用更常见的缩写形式 amu。

节中利用电子云表示电子运动的区域。但是就目前而言，已有足够的信息来讨论我们日常生活中关于化学的许多话题。

原子序数、质量数和同位素

一种元素的原子与另一种元素的原子的本质区别是什么？每种元素的原子都有其特定的质子数。元素原子中的质子数称为元素的**原子序数**。因为原子呈中性，原子核中的质子数一定等于核外的电子数。比如所有的碳原子都有 6 个质子和 6 个电子，而所有的氧原子都有 8 个质子和 8 个电子。因此碳原子的原子序数为 6，氧原子的原子序数为 8。各种元素的名称、符号及其原子序数都附在本书的附录中。

同一元素的原子可以含有不同数量的中子，因此原子质量也会有所不同。例如大多数碳原子有 6 个中子，也有一些不是 6 个中子。符号 $^{12}_{6}C$（读"碳 12"，碳 -12）表示碳原子中有 6 个质子和 6 个中子，而 $^{14}_{6}C$（碳 -14）表示碳原子中含有 6 个质子和 8 个中子。

实例解析 2.1

原子大小

美国一枚一角硬币的直径是 17.9mm，银原子的直径是 2.88Å。如果银原子并排占据在一角硬币的直径上，需要多少个？

解析

本例中需要计算的是银（Ag）原子的数量。将原子数量与距离联系起来的换算因数为 1Ag 原子 = 2.88Å，首先将一角硬币的直径 mm 转换成 Å，然后把 Ag 原子直径转换成 Ag 原子数量：

$$Ag原子 = (17.9mm)\left(\frac{10^{-3}m}{1mm}\right)\left(\frac{1Å}{10^{-10}m}\right)\left(\frac{1Ag原子}{2.88Å}\right)$$
$$= 6.22\times10^{7}$$

也就是说，需要 6220 万个银原子并排占据在一角硬币的直径上！

▶ **实践练习 1**

下列哪个因素可以决定原子的大小？
（a）原子核的体积（b）原子中电子所占空间的体积（c）单个电子的体积乘以原子中的电子数（d）总核电荷数（e）围绕原子核运动的电子总质量

▶ **实践练习 2**

碳原子的直径是 1.54Å。（a）该直径用皮米表示是多少。（b）如果碳原子并排占据在宽 0.20mm 的铅笔上，需要多少个碳原子？

深入探究 | 基本力

自然界中有四种基本力：（1）引力（2）电磁力（3）强核力（4）弱核力。引力是所有物体之间相互存在的吸引力，与物体质量成正比关系。而原子间或亚原子粒子间的引力非常小，因此没有化学意义。

电磁力是带电物体或磁性物体之间相互吸引或排斥的力。两个带电粒子间的电场力大小可以由库仑定律计算：$F = kQ_1Q_2/d^2$，Q_1 和 Q_2 分别是两个粒子的电荷量，d 是两个粒子中心点之间的距离，k 是由 Q 和 d 的单位确定的常数（见 1.4 节）。负值表示吸引，正值表示排斥。电磁力是决定元素化学性质的重要因素。

除了氢原子以外，所有原子的原子核都含有两个或两个以上的质子。虽然同种电荷相互排斥，但在原子核内的质子并没有因排斥力飞出原子核，而因为强核力束缚在一起。顾名思义，强核力在粒子非常接近时会很强大。原子核中的质子和中子间距离很近，强核力会很强。原子核内强核吸引力比正电荷间的排斥力更强，因此才能把原子核束缚在一起。

弱核力比电磁力弱，强核力比引力强。我们之所以知道弱核力的存在，是因为它以某种放射性的形式出现。

相应练习：2.114

元素符号的书写：原子序数写在元素符号的左下角，**质量数**为原子中的质子数和中子数之和，写在元素符号的左上角：

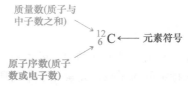

元素的原子都有相同的原子序数，因此左下角的原子序数可以省略。因此碳 -12 一般简单地表示为 ^{12}C。

原子序数相同但质量数不同（也就是质子数相同，中子数不同）的原子互称为**同位素**。表 2.2 中列出了碳的几种同位素。我们通常只在提到元素的特定同位素时才使用带左上标的元素符号。需要注意的是任何元素的同位素都具有相似的化学性质。含有 ^{13}C 的二氧化碳分子与含有 ^{12}C 的二氧化碳分子在所有实际用途上是一样的。

表 2.2　C^a 的几种同位素

符号	质子数	电子数	中子数
^{11}C	6	6	5
^{12}C	6	6	6
^{13}C	6	6	7
^{14}C	6	6	8

a 自然界中 99% 的碳是 ^{12}C。

实例解析 2.2

原子中亚原子粒子数量的确定

下列原子中质子、中子及电子分别是多少（a）^{197}Au（b）锶 –90

解析

（a）左上角 197 是质量数（质子 + 中子）。附录中的元素列表中金的原子序数是 79。因此 ^{197}Au 原子有 79 个质子，79 个电子，197–79=118 个中子。（b）锶的原子序数是 38，因此该元素的所有原子都有 38 个质子和 38 个电子。锶 -90 同位素 90–38 = 52 个中子。

▶ **实践练习 1**

下列原子中，哪个原子的中子数最大？

（a）^{148}Eu（b）^{157}Dy（c）^{149}Nd（d）^{162}Ho（e）^{159}Gd

▶ **实践练习 2**

下列原子中质子、中子及电子分别是多少？

（a）^{138}Ba（b）P-31？

实例解析 2.3

确定下列元素符号

镁有三种同位素，质量数分别为 24、25 和 26。（a）写出每种同位素完整的元素符号（含有左上标和左下标）。（b）每种同位素原子中的中子数分别是多少？

解析

（a）镁的原子序数是 12，因此所有的镁原子含有 12 个质子和 12 个电子。这三种同位素分别表示为 $^{24}_{12}Mg$，$^{25}_{12}Mg$，$^{26}_{12}Mg$。（b）同位素的中子数等于质量数减去质子数。因此三种同位素中的中子数分别为 12、13 和 14。

▶ **实践练习 1**

下列元素符号中，哪个元素符号是不正确的？

（a）$^{6}_{3}Li$（b）$^{13}_{6}C$（c）$^{63}_{30}Cu$（d）$^{30}_{15}P$（e）$^{108}_{47}Ag$

▶ **实践练习 2**

一个原子含有 82 个质子、82 个电子和 126 个中子，请给出完整的元素符号。

2.4 │ 原子量

原子是一种很小的物质，同样具有质量。在这节中我们将讨论原子的质量大小，并引入原子量的概念。

原子质量大小

19 世纪科学家们意识到不同元素的原子可能具有不同的质量。他们发现每 100.0g 水含有 11.1g 氢和 88.9g 氧，因此水中含有氧的质量是氢的 88.9/11.1 = 8 倍。科学家已证实一个水分子中含有两个氢原子和一个氧原子，因此一个氧原子的质量一定是一个氢原子的 $2 \times 8 = 16$ 倍。氢原子作为最轻的原子，相对质量定义为 1（没有单位），其他元素的原子相对质量均由该值确定。因此氧的原子相对质量为 16。

现在我们可以确定单个原子的精确质量。例如 ^1H 原子的质量是 $1.6735 \times 10^{-24}g$，^{16}O 原子的质量是 $2.6560 \times 10^{-23}g$。正如我们在第 2.3 节中提到的，**原子质量单位**处理这些极小的质量非常方便：

$$1amu = 1.66054 \times 10^{-24}g \text{ 和 } 1g = 6.02214 \times 10^{23}amu$$

原子质量单位定义：^{12}C 元素原子质量的 1/12 为一个原子质量单位，即 1amu。因此当以原子质量单位表示时，^1H 原子的质量为 1.0078amu，^{16}O 原子的质量是 15.9949amu。

> ⚠ **想一想**
>
> 当以原子质量单位为原子的质量单位时，需要几位有效数字才能表示 ^{16}O 原子得到一个电子前后发生的质量变化？

原子量

自然界中大多数元素都是若干种同位素的混合物。确定一种元素的平均原子质量，即**原子量**，可以通过各同位素质量与其相对丰度的乘积之和（由希腊符号 $\sum$ 表示）得到：

$$原子量 = \sum_{\substack{元素的所\\有同位素}} (同位素质量) \times (同位素相对丰度) \quad (2.1)$$

例如自然界中碳由 98.93% 的 ^{12}C 和 1.07% 的 ^{13}C 组成。这两种同位素的质量分别为 12amu 和 13.00335amu，碳的原子量：

$$(0.9893)(12amu) + (0.0107)(13.00335amu) = 12.01amu$$

元素的原子量列在本书的元素周期表和**附录的元素表**中。

> ⚠ **想一想**
>
> 自然界中发现硼有两种同位素：^{10}B 的质量为 10.01amu，^{11}B 的质量为 11.01amu。利用元素周期表中 B 的原子量确定哪种同位素在自然界中丰度更高，^{10}B 还是 ^{11}B？

实例解析 2.4

通过同位素的丰度计算元素的原子量

天然形成的氯由 75.78% 的 ^{35}Cl（原子质量为 34.969amu）和 24.22% 的 ^{37}Cl（原子质量为 36.966amu）组成，计算氯的原子量。

解析

通过计算各同位素丰度与相应质量值乘积之和计算出原子量。根据 75.78% = 0.7578，24.22%=0.2422，我们得出：

原子量 = (0.7578)(34.969amu)+(0.2422)(36.966amu)
= 26.50amu + 8.953amu
= 35.45amu

该答案是合理的：原子量实际上是平均原子质量，数值应该位于两种同位素的原子质量之间，并且更接近于丰度较高的 ^{35}Cl 的值。

▶ **实践练习 1**

自然界中存在两种稳定的铜同位素，^{63}Cu 和 ^{65}Cu。如果铜的原子量是 63.546amu，下列表述中哪种是正确的？

（a）^{65}Cu 比 ^{63}Cu 多两个质子。

（b）^{63}Cu 一定比 ^{65}Cu 丰度高。

（c）所有铜原子的质量均为 63.546amu。

▶ **实践练习 2**

自然界中的三种硅同位素：^{28}Si（92.23%），原子质量为 27.97693amu；^{29}Si（4.68%），原子质量为 28.97649amu；^{30}Si（3.09%），原子质量为 29.97377amu，计算硅的原子量。

深入探究 **质谱仪**

质谱法是确定原子量最精确的方法，所使用的仪器为**质谱仪**（见图 2.11）。虽然质谱仪有多种仪器类型，但其工作原理是相似的。第一步是将原子或分子气化，有时需要分析的样品已经是气体，而其他情况下可能需要通过加热、应用电场或激光将样品转化为气相原子或分子。第二步，气相分子必须电离成带电的离子。制造离子的方法有很多，如高能电子束轰击或与其他气相分子发生化学反应。气相离子一旦生成，就会向带负电的栅格加速运动。当离子穿过栅格后，会通过两个狭缝，该狭缝只允许一束窄的离子束通过。该离子束通过磁铁的两极，路径会发生偏转。对于具有相同电荷的离子，偏转的程度取决于质量——离子质量越大，偏转越小。因此离子由于质量不同而分离。通过改变磁场强度或栅格上的加速电压，可以选择不同质量的离子到达检测器。

探测器信号强度与离子质荷比的图谱称为质谱图（见图 2.12）。通过质谱图上的信号强度可以得出到达检测器离子的质量及其相对丰度。如果已知原子的质量及各种同位素的丰度，那么我们就可以计算该元素的原子量，如实例解析 2.4。

今天质谱仪已经广泛用于鉴定化合物和分析混合物。任何分子失去电子都会裂解，形成一系列带正电的碎片。质谱仪测量这些碎片的质量，产生分子的化学"指纹"，并给出原子在原始分子中连接的方式。因此化学家可以利用该技术确定一种新合成化合物的分子结构，分析人类基因组中的蛋白质，或环境中的污染物。

相关练习:2.37、2.38、2.40、2.88、2.98、2.99

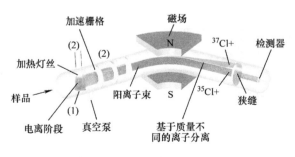

▲ 图 2.11 **质谱仪** Cl 原子首先被电离成 Cl$^+$ 离子，Cl$^+$ 离子在电场中加速运动，最后运动路径由磁场决定。在通过磁场后两个 Cl 同位素离子的路径会发生分离

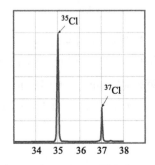

▲ 图 2.12 **氯原子的质谱图** 离子束到达质谱仪检测器的相对信号强度表示同位素 ^{35}Cl 和 ^{37}Cl 的相对丰度

2.5 | 元素周期表

19 世纪初，随着元素数量的不断增加，人们试图寻找这些元素的化学规律。这些努力最终促成了 1869 年元素周期表的诞生。元素周期表对学习化学非常重要，你现在就应该熟悉它。我们从这节开始初步学习元素周期表，你很快就会了解到，元素周期表是化学家用来组织和记忆化学事实的最重要工具。而关于元素周期表的更多内容将在后面的章节中呈现。元素周期表是化学家学习和研究化学的重要工具。

很多元素彼此间有很强的相似性。例如元素锂（Li）、钠（Na）和钾（K）都是质地软、性质活泼的金属。元素氦（He）、氖（Ne）和氩（Ar）都是稀有气体。将这些元素按原子序数递增的顺序排列，它们的化学性质和物理性质就会出现重复或周期性的规律。例

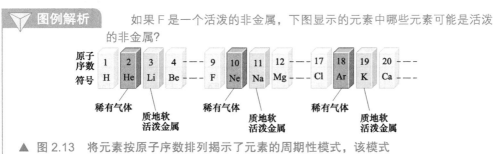

▲ 图 2.13 将元素按原子序数排列揭示了元素的周期性模式，该模式是元素周期表的基础

如锂、钠和钾这三种质地软的活泼金属紧随氦、氖和氩这三种非活泼金属之后，如图 2.13 所示。

元素按原子序数增加的顺序排列，将性质相似的元素排列在垂直的列中，这就是**元素周期表**（见图 2.14）。元素周期表中列出了每种元素的原子序数和原子符号，通常也会列出原子量，如钾元素：

你可能会注意到，不同书或不同课堂上的元素周期表会有细微的变化。这只是形式上的问题，或者人们只关注了其中某些特定信息，它们并没有本质上的区别。

元素周期表的水平横行称为**周期**。第一周期中只包含两种元素，氢（H）和氦（He）。第二周期和第三周期各包含 8 种元素。第四周期和第五周期各包含 18 种元素。第六周期和第七周期各包含 32 种元素，其中第六周期中原子序数为 57-70 的元素和第七周期中原子序数为 89-102 的元素置于周期表的底部。

元素周期表垂直竖列称为**族**。族的标注方式有些复杂。常用的标注方式有三种，图 2.14 中列出了其中两种。

- 每一列上面以 A 和 B 命名，这种方法在北美元素周期表中较为广泛。A 和 B 前通常加阿拉伯数字或罗马数字。例如，7A 族也可以记为 VIIA。
- 欧洲人使用一种类似的惯例，只是在符号 A 和 B 的使用上

是不同的。

- 为了避免混淆，国际纯粹与应用化学联合会（IUPAC）做出一个约定，将族从1排到18，没有A或B的区别，如图2.14所示。

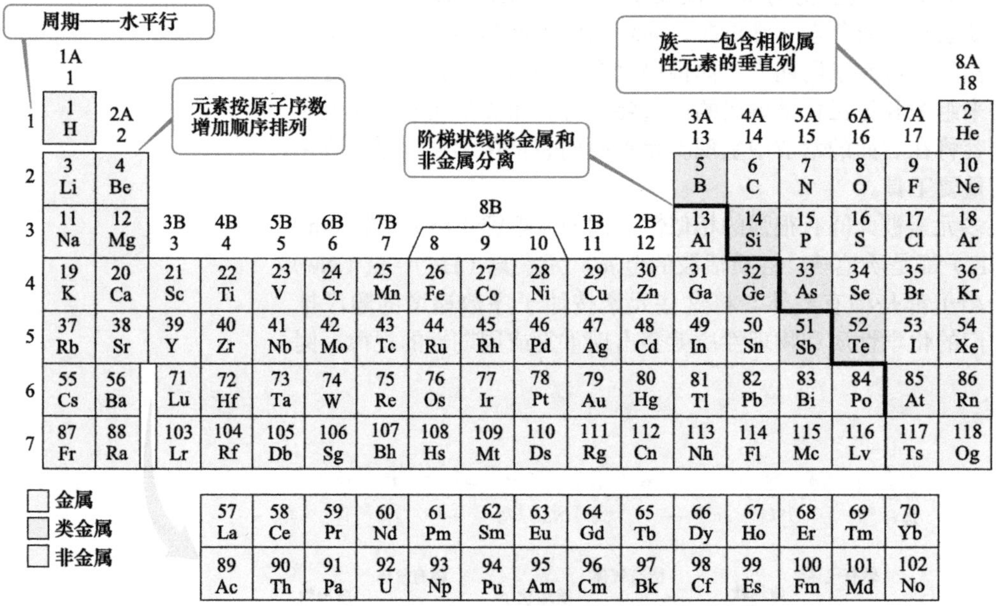

▲ 图 2.14　元素周期表

本书中一般使用传统的北美惯例，即阿拉伯数字加字母 A 或 B。

同族中的元素经常表现出相似的物理性质和化学性质。例如"造币金属"——铜（Cu）、银（Ag）和金（Au）——属于 1B 族。这些元素的活泼性不如大多数金属，这就是全世界一般都用它们来制造硬币的原因。在元素周期表中其他一些族也有特定的名称，已在表 2.3 中列出。

在第 6 章和第 7 章中，我们将学习到同族中元素具有相似性质的原因在于原子外围的电子排布相同。然而我们需要在本章中开始充分利用元素周期表，毕竟当时发明元素周期表的化学家对电子一无所知！我们可以利用元素周期表将许多元素的性质联系起来，并帮助我们记住很多化学现象。

在图 2.14 中有颜色的位置，除了氢外，元素周期表的左侧和中间所有元素都是**金属元素**或叫作**金属**。所有金属元素具有相似的性质，如具有光泽、高导电率和导热性，除汞（Hg）外在室温下都是固态。[⊖]

表 2.3　元素周期表中一些族的命名

族	命名	元素
1A	碱金属	Li, Na, K, Rb, Cs, Fr
2A	碱土金属	Be, Mg, Ca, Sr, Ba, Ra
6A	硫族元素	O, S, Se, Te, Po
7A	卤素	F, Cl, Br, I, At
8A	稀有气体（惰性气体）	He, Ne, Ar, Kr, Xe, Rn

⊖ 如果充分加热，所有金属都会转化为液体。金属元素中 Hg 的熔点最低。钠（Na）、钾（K）、铷（Rb）、铯（Cs）和镓（Ga）在室温下是固体，但熔点都低于 100℃。

深入探究 硬币由什么构成？

传统上铜、银和金都可以用来制造硬币，但是现代硬币通常是由其他金属制成的（见图 2.15）。制造硬币的金属或金属组合（称为合金）必须耐腐蚀，还必须足够坚硬，才能够承受长期的流通。同时还能用机器在表面上准确地刻出图案。有些金属如锰（Mn）本可以制成很好的硬币，但由于硬度太高不能被刻蚀，现已被弃用。第三个标准是制造硬币的金属价值不应该超过硬币的面值。

在过去的一个世纪中，这一标准导致了美国的硬币成分发生了几次变化。在 1933 年的大萧条时期，美国铸币厂停止生产金币；1964 年一场银危机导致 25 美分和 10 美分硬币的银被其他金属代替；1982 年硬币的成分从纯铜到铜镀锌。如果现在的硬币由纯铜制造，那么金属的价值将超过 1 美分，这样就会导致人们为了获取利益而熔化硬币冶炼金属。

制造硬币的传统合金之一是铜和镍的混合物。

今天只有 5 美分的硬币是由这种合金制成的，该合金称为白铜，由 75% 铜和 25% 镍组成。1 美元硬币，通常称为银元，但它不包含任何银金属，该硬币由铜（88.5%）、锌（6.0%）、锰（3.5%）和镍（2.0%）组成。

▲ 图 2.15 25 美分由 91.67%Cu 和 8.33%Ni 的合金制造而成

从硼（B）到砹（At）的一条阶梯状分界线将金属元素与**非金属元素**分开。（注意：虽然氢在周期表的左侧，但氢是非金属）。在常温常压下，有些非金属是气体，有些是固体，还有一种是液体。非金属与金属在外观（见图 2.16）和其他一些物理性质上通常是不同的。处于金属与非金属分界线的很多元素性质介于金属与非金属之间，这类元素通常称为**类金属**。

▽ 图例解析 下图的金属与非金属通常具有不同的外观。

▲ 图 2.16 一些金属和非金属

△ 想一想

氯是一种卤素（见表 2.3），在元素周期表中找到这种元素。
（a）它的元素符号是什么？
（b）该元素位于周期表的哪个族，哪个周期？
（c）该元素原子序数是多少？
（d）它是金属还是非金属？

实例解析 2.5

利用元素周期表

下列元素中，哪两个元素的化学性质和物理性质相似，B、Ca、F、He、Mg、P？

解析

元素周期表中同族元素最有可能表现出相似的性质。因为 Ca 和 Mg 处于同族中（2A，碱土金属）中，因此我们估计 Ca 和 Mg 的性质最相似。

▶ **实践练习 1**

一名生物化学家正在研究身体内某些含硫（S）物质的性质，那么是否有另一种微量非金属会产生类

似的性质。他应该把注意力转移到下列哪种元素上？

（a）F（b）As（c）Se（d）Cr（e）P

▶ **实践练习 2**

在元素周期表中找到 Na（钠）和 Br（溴）元素，这两种元素的原子序号分别是多少？并将它们分别按金属、类金属或非金属进行归类。

2.6 │ 分子和分子化合物

尽管原子是元素最小的代表性粒子，但是只有稀有气体元素在自然界中通常以孤立的原子形式存在。而大多数物质是由分子或离子构成的。本节中我们讨论分子，在 2.7 节中讨论离子。

分子及其化学式

自然界中一些元素以分子形式存在——也就是两个或两个以上同种原子结合在一起的形式。例如空气中的大部分氧气都是由两个氧原子构成的分子。正如第 1.2 节，我们用**化学式** O_2 表示这种分子形式的氧元素。下标表示每个分子中含有两个氧原子。由两个原子构成的分子称为**双原子分子**。

氧元素也以另一种分子形式臭氧存在。臭氧分子由三个氧原子构成，其化学式为 O_3。尽管常见的氧气（O_2）和臭氧（O_3）都是由氧原子构成，但它们却具有完全不同的化学性质和物理性质。例如 O_2 是人类生命必不可少的气体，而 O_3 具有毒性；O_2 没有气味，而 O_3 具有强烈刺激性气味。

以双原子分子形式存在的元素有氢、氧、氮和卤素（H_2、O_2、N_2、F_2、Cl_2、Br_2 和 I_2）。除了氢元素，这些双原子分子的元素都位于元素周期表的右侧。

由两种或两种以上原子构成分子的物质称为**分子化合物**。例如，化合物甲烷分子由一个碳原子和四个氢原子构成，用化学式 CH_4 表示。C 没有下标表示每个甲烷分子含有一个 C 原子。图 2.17 是一些常见的双原子分子和化合物。每种物质的组成都可由化学式得到，而且这些物质只由非金属元素构成。

我们将讨论到的大多数分子物质都只由非金属元素构成。

氢气（H_2）

氧气（O_2）

水（H_2O）

过氧化氢（H_2O_2）

一氧化碳（CO）

二氧化碳（CO_2）

甲烷（CH_4）

乙烯（C_2H_4）

▲ 图 2.17 **分子模型** 注意这些简单分子的化学式是如何与其组成相对应的

分子及其经验式

表示分子中原子实际数量的化学式称为**分子式**（图 2.17 中的式子是分子式）。如果化学式中只给出分子中每种原子的相对数量，这种化学式称为**经验式**。经验式中的下标表示不同种原子的最小整数比。例如过氧化氢的分子式是 H_2O_2，其经验式是 HO。乙烯的分

子式是 C_2H_4，其经验式是 CH_2。很多物质的分子式和经验式是相同的，如水 H_2O。

 想一想

下列四个化学式：SO_2、B_2H_6、CO、$C_4H_2O_2$。哪个化学式（a）仅是经验式（b）仅是分子式（c）既是分子式也是经验式?

我们只要知道化合物的分子式，就可以确定其经验式。但是反过来却不成立。如果只知道物质的经验式，除非有更多的信息，否则我们不能确定其分子式。那为什么化学家们还要研究经验式呢？正如将在第 3 章中看到的，一些常用的分析物质的方法只能得到经验式。假设将过氧化氢分解成元素，并进行称重，可以确定过氧化氢含有相等数量的氢原子和氧原子，但是不能确定分子式是 HO、H_2O_2、H_3O_3 还是类似的化学式。经验式确定后，我们需要额外的实验信息才能将经验式转换为分子式。另外还有很多物质不以孤立的分子形式存在，我们将在本章后续讨论的离子化合物就是这样一个例子。对于这些物质，我们必须依靠经验式。

实例解析 2.6
经验式和分子式的关系

写出下列物质的经验式（a）葡萄糖，一种称为血糖或右旋糖的物质，其分子为 $C_6H_{12}O_6$（b）一氧化二氮，一种用作麻醉剂的物质，通常称为笑气，其分子式 N_2O。

解析

（a）经验式的下标是最小的整数比。每个下标除以最大公因数就可以得到最小整数比，本题中最大公因数为 6。因此葡萄糖的经验式是 CH_2O。

（b）因为 N_2O 中的下标已经是最小整数比，因此一氧化二氮的经验式与其分子式相同，N_2O。

▶ **实践练习 1**

二氧化四碳是一种碳的不稳定氧化物，分子结构如下：

该物质的分子式和经验式分别是什么？
（a）C_2O_2，CO_2（b）C_4O，CO（c）CO_2，CO_2
（d）C_4O_2，C_2O（e）C_2O，CO_2

▶ **实践练习 2**

写出分子式为 $B_{10}H_{14}$ 癸硼烷的经验式。

分子的图形化表示

物质的分子式并不能显示其组成原子的结合方式。而**结构式**可以表示出这一信息，例如：

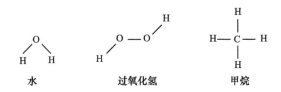

化学符号表示原子，线段表示把原子连接在一起的键。

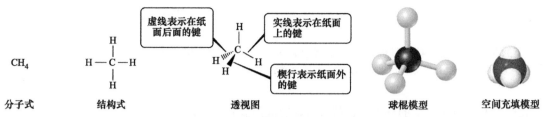

球棍模型和空间充填模型中，哪种模型更能清晰地表示出中心原子和键之间的夹角？

▲ 图 2.18 甲烷（CH₄）分子的不同表示方法 结构式、透视图、球棍模型和空间充填模型

结构式一般不会表示出分子的实际几何形状，也就是原子之间连接的实际角度，我们需要更形象的表示方法（见图 2.18）。

- **透视图**中楔形和虚线表示不在纸面上的化学键，是一种空间立体结构。
- **球棍模型**中球体表示原子，棍表示键。这种模型的优点是可以准确表示分子中相互连接原子间的角度（见图 2.18）。有时在球上表示出元素的化学符号，但通常用不同颜色的球体代表不同的原子。
- **空间充填模型**表示分子的原子按比例放大后的形状（见图 2.18）。这些模型显示了原子的相对大小，有助于定义分子的几何构型，但通常不容易看到原子间连接的角度。空间充填模型能很好地表示一个分子的真实大小，因此对于描述两个分子如何在固态下结合或聚集是很有用的。与球棍模型相同，通常不同颜色的球体代表不同的原子。

想一想

乙烷的结构式如下：

（a）乙烷的分子式是什么？
（b）乙烷的经验式是什么？
（c）是否可以从结构式中推断出 H—C—H 的键角是 90°？

2.7 | 离子和离子化合物

原子得到电子或失去电子生成的带电粒子，一般称为**离子**。带正电荷的离子称为**阳离子**（cation，发音为 CAT-ion），带负电荷的离子称为**阴离子**（anion，发音为 AN-ion）。

为了解离子的形成过程，以含有 11 个质子和 11 个电子的钠原子为例。钠原子很容易失去一个电子，生成的阳离子有 11 个质子（p⁺）和 10 个电子（e⁻），这就意味着它的净电荷是 1+。

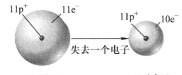

Na原子　　　　　　　Na⁺离子

离子的净电荷一般用上标表示。净电荷上标 +、2+ 和 3+ 表示原子分别失去一个、两个或三个电子。净电荷上标 −、2− 和 3− 表示原子分别得到一个、两个或三个电子。例如氯原子有 17 个质子和 17 个电子，在化学反应中得到一个电子，形成 Cl^- 离子：

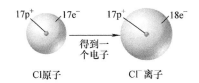

Cl原子　　　　　　　Cl⁻离子

一般来说，金属原子容易失去电子形成阳离子，非金属原子容易得到电子形成阴离子。因此离子化合物通常是由金属阳离子和非金属阴离子构成，如 NaCl。

实例解析 2.7

写出下列离子的化学符号

写出下列离子的化学符号，需要含有质量数的上标，（a）含有 22 个质子，26 个中子和 19 个电子的离子；（b）含有 16 个中子和 18 个电子的硫离子。

解析

（a）质子数是元素的原子序数。元素周期表或元素列表中原子序数为 22 的元素是钛（Ti）。钛同位素的质量数（质子 + 中子）为 22 + 26 = 48。因为该离子的质子数比电子数多 3 个，因此净电荷是 3+，该离子表示为 $^{48}Ti^{3+}$。

（b）元素周期表中硫（S）原子序数为 16。因此硫的原子或离子都包含 16 个质子。已知该离子有 16 个中子，也就是质量数为 16 + 16 = 32。因为该离子含有 16 个质子和 18 个电子，其净电荷是 2−，因此离子符号是 $^{32}S^{2-}$。

一般来说，本书将重点关注离子的净电荷，而忽略它们的质量数，除非特殊需要考虑一个元素的某种特定同位素。

▶ **实践练习 1**

下列哪一个物质的质子数和电子数之差最大？（a）Ti^{2+}（b）P^{3-}（c）Mn（d）Se^{2-}（e）Ce^{4+}

▶ **实践练习 2**

$^{79}Se^{2-}$ 离子中质子数、中子数和电子数分别是多少？

除了 Na^+ 和 Cl^- 这样的简单离子外，还有**多原子离子**，例如 NH_4^+（铵离子）和 SO_4^{2-}（硫酸根离子），这类离子以原子团形式存在，多原子离子可以带正电荷，也可以带负电荷。关于多原子离子将在 2.8 节中详细讨论。

离子的化学性质不同于相应原子的化学性质。原子得到或失去一个或多个电子生成带电的物质，其表现的性质与相应原子或原子团的性质不同。例如钠金属与水发生剧烈反应，但含有钠离子的离子化合物则不能，如 NaCl。

预测离子电荷数

如表 2.3 所述，8A 族的元素称为稀有气体元素。稀有气体元素是性质最不活泼的元素，可以构成的化合物非常少。大多数原子可以得到或失去电子，所形成离子的电子数与该元素所在元素周期表中距离最近的稀有气体元素电子数相同。据此可以推测，由于稀有气体元素的电子排布很稳定，同周期的原子倾向于获得稀有气体的电子排布。稀有气体临近元素可以通过失去或得到电子来获得与稀有气体稳定电子排布。例如一个钠原子失去一个电子后，得到与氖原子相同的电子数（10）。同样当氯原子得到一个电子后，可以得到与氩原子相同的电子数（18）。上述情况对于解释离子的形成是很有帮助的。我们将在第 8 章学习化学键时对此进行更深入的探讨。

实例解析 2.8
预测离子的电荷

预测最稳定的钡离子和氧离子的电荷。

解析

假设钡和氧形成离子后，电子数与最邻近的稀有气体元素的电子数相等。元素周期表中钡的原子序数为 56。最邻近的稀有气体元素为氙，原子序数为 54。因此钡失去两个电子形成 Ba^{2+} 离子，其电子数达到 54 电子的稳定排布。

氧的原子序数为 8。最邻近的稀有气体是氖，原子序数为 10。氧得到两个电子形成 O^{2-} 离子，形成与氖相同的稳定电子排布。

▶ **实践练习 1**
尽管很多离子的电子排布与邻近稀有气体元素的相同，但对于部分元素，尤其是金属元素，形成离子后并没有惰性气体元素的电子排布。根据图 2.14 的元素周期表，下列离子中，哪些离子有稀有气体元素的电子排布？哪些没有？对于有稀有气体元素电子排布的，说明与它们匹配的稀有气体元素的电子排布（a）Ti^{4+}（b）Mn^{2+}（c）Pb^{2+}（d）Te^{2-}（e）Zn^{2+}。

▶ **实践练习 2**
预测下列元素最稳定的离子的电荷数。
（a）铝（b）氟

元素周期表对于记忆离子的电荷数是非常有帮助的，尤其是周期表左右两侧的元素。如图 2.19 所示，离子的电荷数与其位于表格中的位置有一定的关系：1A 族元素（碱金属）形成 1+ 离子，2A 族元素（碱土）形成 2+ 离子，7A 族元素（卤素）形成 1- 离子，6A 族元素形成 2- 离子。正如实例解析 2.8 的实践练习 1 中所指出的，其他族并不适用这种规则。

▼ **图例解析**

银、锌和钪最常见的离子是 Ag^+、Zn^{2+} 和 Sc^{3+}。请将这些离子放到周期表的相应位置。哪个离子的电子排布与稀有气体的相同？

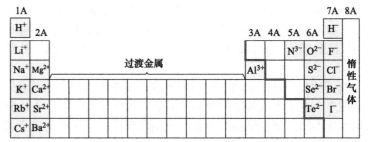

▲ 图 2.19 预测一些常见离子的电荷数 注意红色阶梯线将金属和非金属分开，也将阳离子与阴离子分开。氢既可以形成 1+，也可以形成 1- 离子

离子化合物

大量化学活动涉及电子从一种物质到另一种物质的转移。如

图 2.20 所示，钠与氯反应时，钠原子的一个电子转移到氯原子上，分别形成 Na^+ 离子和 Cl^- 离子。带相反电荷的物体相互吸引，因此 Na^+ 离子和 Cl^- 离子结合形成化合物氯化钠（NaCl）。氯化钠是由阳离子和阴离子构成的一种**离子化合物**，也是我们熟悉的食盐。

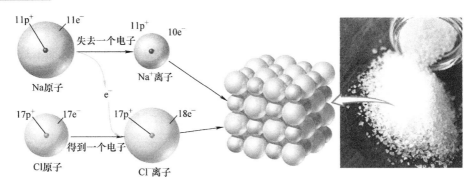

图例解析　是否有可能找出一个单独的原子簇，将其认为是氯化钠分子？

▲ 图 2.20　离子化合物的形成　钠原子的一个电子转移到氯原子上，形成 Na^+ 离子和 Cl^- 离子。固体氯化钠晶体中 Na^+ 离子和 Cl^- 离子按照一定的方向排列

通常可以根据化合物的组成判断该化合物是离子化合物（由离子组成）还是分子化合物（由分子组成）。一般来说，阳离子大都是金属离子，阴离子大都是非金属离子。因此离子化合物通常由金属和非金属构成，如 NaCl。

实例解析 2.9

鉴别离子化合物和分子化合物的区分

下列化合物中，哪些是离子化合物：N_2O、Na_2O、$CaCl_2$、SF_4？

解析

因为 Na_2O 和 $CaCl_2$ 由一种金属和非金属构成，因此是离子化合物。N_2O 和 SF_4 完全由非金属构成，因此是分子化合物。

▶ **实践练习 1**

下列化合物中，哪些化合物是分子化合物？CBr_4，FeS，P_4O_6，PbF_2.

▶ **实践练习 2**

请列出下列各项陈述是正确的原因：

（a）Rb 和非金属构成的所有化合物在特征上都是离子化合物；

（b）氮和卤素构成的所有化合物都是分子化合物；

（c）化合物 $MgKr_2$ 是不存在的；

（d）Na 和 K 与非金属构成的化合物非常相似；

（e）在离子化合物中，钙（Ca）带两个正电荷，形成 Ca^{2+}

图 2.20 显示了离子化合物 NaCl 中离子的三维排列情况。因为 NaCl 中没有独立的"分子"，只能写出该物质的经验式。这种方法适用于大多数离子化合物。

如果已知离子的电荷，就能够写出离子化合物的经验式。化合物是电中性的，离子化合物中离子的总正电荷数一定等于总负电荷数。因此在 NaCl 中有一个 Na^+ 和一个 Cl^-，在 $BaCl_2$ 中有一个 Ba^{2+} 和两个 Cl^-。

仔细观察这些离子化合物会发现一个现象，如果阴阳离子的电荷相等，那么阴阳离子的下标为 1。如果阴阳离子的电荷不相等，一种离子（不带正负号）的电荷是另一种离子的下标。例如由 Mg（形成 Mg^{2+} 离子）和 N（形式 N^{3-} 离子）形成的离子化合物是 Mg_3N_2：

运用该方法时需谨记：经验式中应该是两种元素的最小整数比。因此 Ti^{4+} 和 O^{2-} 形成离子化合物的经验式是 TiO_2 而不是 Ti_2O_4。

W^{6+} 和 O^{2-} 形成的化合物经验式是什么？

化学与生活 生命体内所需的元素

图 2.21 中用颜色标记的元素是生命中必不可少的元素。大部分生命体超过 97% 的质量仅由 6 种元素组成——氧、碳、氢、氮、磷和硫。水是生物体中最常见的化合物，占大多数细胞质量 70% 或更多。细胞固体成分中，如按质量计算，碳是含量最高的元素。碳原子存在于各种有机分子中，它们与其他碳原子或其他元素原子结合。例如，几乎所有的蛋白质分子都具有碳基基团，并且该基团在蛋白质分子中重复出现。

此外，各种各样的生命体中还发现了其他 23 种元素。其中 5 种元素的离子是所有生物体所需的：

Ca^{2+}、Cl^-、Mg^{2+}、K^+ 和 Na^+。例如钙离子对骨骼的形成和神经系统信号的传输是必要的。由于其他元素只需要极小的量，因此被称为微量元素。例如人类饮食中微量的铜元素可以辅助血红蛋白的合成。

相关练习：2.102

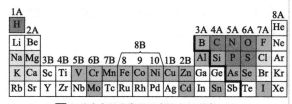

■ 六种生命内含量最高的必需元素
□ 五种生命内含量最高的必需元素
■ 生命体内微量元素

▲ 图 2.21 生命体中的必需元素

实例解析 2.10

利用离子电荷写出离子化合物的经验式

写出由下列离子组成化合物的经验式（a）Al^{3+} 和 Cl^-（b）Al^{3+} 和 O^{2-}（c）Mg^{2+} 和 NO_3^-。

解析

（a）三个 Cl^- 离子来平衡一个 Al^{3+} 离子的电荷，因此经验式为 $AlCl_3$。

（b）两个 Al^{3+} 离子来平衡三个 O^{2-} 离子的电荷。因此正电荷总数为 6+，负电荷总数为 6−，比例为 2:3。经验式为 Al_2O_3。

（c）两个 NO_3^- 离子平衡一个 Mg^{2+} 的电荷，形成 $Mg(NO_3)_2$。注意多原子离子 NO_3^- 必须用括号括起来，因为下标 2 应用于该离子中的所有原子。

▶ **实践练习 1**

下列非金属元素中，哪种元素可以和 Sc^{3+} 形成阴阳离子比为 1:1 的离子化合物？

（a）Ne（b）F（c）O（d）N

▶ **实践练习 2**

写出由下列离子组成化合物的经验式

（a）Na^+ 和 PO_4^{3-}（b）Zn^{2+} 和 SO_4^{2-}（c）Fe^{3+} 和 CO_3^{2-}

2.8 │ 无机化合物的命名

化学中物质的化学名称和化学式是基本词汇。用来命名物质的系统称为**化学命名法**（chemical nomenclature），来源于拉丁词 nomen（名称）和 calare（命名）。

目前已有超过 5000 万种的化学物质，如果物质的化学名称之间没有关联，那么命名这些物质将是一项极其复杂的任务。很多重要的常见物质都有传统的名称（称为常用名），比如水（H_2O）和氨（NH_3）。但是对于大多数物质，其命名需要依赖一些基本规则，这些规则可以给物质进行一个独一无二的命名，并且命名的名称可以告诉我们物质的具体组成。

化学命名法规则是以物质分类为基础的，可以将物质分成有机化合物和无机化合物。有机化合物一般含有碳和氢，通常与氧、氮或其他元素的原子连接。其他的为无机化合物。早期化学家把从生物体（植物或动物）中获得的物质定义为有机化合物，从非生物体或矿物中得到的物质称为无机化合物。虽然这种区分方式不再准确，但有机化合物和无机化合物之间的分类仍然是有用的。在本节中，我们将讨论三类无机化合物命名的基本规则：离子化合物、酸和分子化合物。

离子化合物的名称和化学式

我们从 2.7 节可以知道，离子化合物通常由金属离子和非金属离子构成。金属形成阳离子，非金属形成阴离子。

1. 阳离子

a. 由金属原子生成的阳离子名称与金属的名称相同：

Na^+ 钠离子	Zn^{2+} 锌离子	Al^{3+} 铝离子

b. 如果一种金属可以形成不同电荷数的阳离子，那么金属名称后需加一个括号，括号内以罗马数字表示正电荷数：

Fe^{2+} 铁（Ⅱ）离子	Cu^+ 铜（Ⅰ）离子
Fe^{3+} 铁（Ⅲ）离子	Cu^{2+} 铜（Ⅱ）离子

同一元素不同电荷数的离子有不同的物理性质和化学性质，比如颜色不同（见图 2.22）。

大多数过渡金属元素可以形成不同电荷数的阳离子，这种元素位于元素周期表的中间，从 3B 族到 2B 族（见本书附录中的元素周期表）。只能形成一种阳离子的金属元素（只有一种可能的电荷数）位于 1A 族和 2A 族，以及 Al^{3+}（3A 族）和两种过渡金属离子 Ag^+（1B族）和 Zn^{2+}（2B 族）。在命名这些离子时不用涉及电荷，但是如果不清楚金属元素是否可以形成多种阳离子时，用罗马数字表示电荷永远不会错，虽然有时候可能没有必要。

还有一种古老的方法仍然被广泛用于区分不同电荷数的金属离子，即在该元素的拉丁名称使用后缀 -ous 和 -ic：

Fe^{2+}	ferrous ion	Cu^+	cuprous ion
Fe^{3+}	ferric ion	Cu^{2+}	cupric ion

在本书中很少使用这些古老的名称，但你可能会在其他地方接触到。

▲ 图 2.22 同一元素不同电荷数的离子具有不同的性质 本图的两种物质都是铁的化合物。左边的灰色物质是 Fe_3O_4，含有 Fe^{2+} 和 Fe^{3+} 离子。右边的红色物质是 Fe_2O_3，只含有 Fe^{3+} 离子

c. 由非金属原子团形成的阳离子名称以 -ium 为后缀命名：

NH_4^+	铵离子（ammonium ion）	H_3O^+	水合氢离子（hydronium ion）

这两种离子是我们在这本书中接触到的少数的多原子离子。

一些常见阳离子的名称与化学式汇总于表 2.4 和本书的附录中。表 2.4 中左侧的离子为单原子离子，这些离子只有一种电荷数。右侧的离子有的是多原子阳离子，有的是有多种电荷数的阳离子。Hg_2^{2+}离子是一种金属离子，但不是单原子，这与其他金属离子不同。一般认为是两个 Hg^+ 离子键合在一起，称为汞（I）离子。在表 2.4 中，经常接触到的阳离子用黑体表示，应该先学习这些阳离子。

表 2.4 常见阳离子 [a]

电荷	化学式	名称	化学式	名称
1+	**H^+**	**氢离子**	**NH_4^+**	**铵离子**
	Li^+	锂离子	Cu^+	铜（I）离子或亚铜离子
	Na^+	**钠离子**		
	K^+	**钾离子**		
	Cs^+	铯离子		
	Ag^+	**银离子**		
2+	**Mg^{2+}**	**镁离子**	Co^{2+}	钴（II）离子或亚钴离子
	Ca^{2+}	**钙离子**	**Cu^{2+}**	**铜（II）或铜离子**
	Sr^{2+}	锶离子	**Fe^{2+}**	**铁（II）离子或亚铁离子**
	Ba^{2+}	钡离子	Mn^{2+}	锰离子
	Zn^{2+}	**锌离子**	Hg_2^{2+}	汞（I）离子或亚汞离子
	Cd^{2+}	镉离子	Hg^{2+}	汞离子
			Ni^{2+}	镍离子
			Pb^{2+}	**铅离子**
			Sn^{2+}	锡离子
3+	**Al^{3+}**	**铝离子**	Cr^{3+}	铬离子
			Fe^{3+}	**Fe（III）离子或铁离子**

[a] 本书中最常用的离子以黑体字表示，请先学习这些离子。

 想一想

锰（II）氧化物的经验式是什么？—Mn_2O、MnO 或 MnO_2

2. 阴离子

a. 单原子阴离子名称在元素名称的第一部分加后缀 -ide 来命名：

H^-	氢阴离子 （hydride ion）	O^{2-}	氧离子 （oxide ion）	N^{3-}	氮离子 （nitride ion）

一些多原子阴离子名称也以 -ide 为后缀命名：

OH^-	氢氧根离子 （hydroxide ion）	CN^-	氰根离子 （cyanide ion）	O_2^{2-}	过氧离子 （peroxide ion）

b. 含氧多原子阴离子称为**含氧阴离子**，以 -ate 或 -ite 为后缀命名。一种元素最常见或最具代表性的含氧阴离子以 -ate 命名，而具有相等电荷，少一个氧原子的含氧阴离子以 -ite 命名：

NO$_3^-$	硝酸根离子（nitrate ion）	SO$_4^{2-}$	硫酸根离子（sulfate ion）
NO$_2^-$	亚硝酸根离子（nitrite ion）	SO$_3^{2-}$	亚硫酸根离子（sulfite ion）

当一种元素含有四种含氧阴离子时，命名需要使用前缀，如卤素。其中前缀 per- 表示比以 -ate 为后缀的含氧阴离子多一个氧原子；hypo- 表示比以 -ite 为后缀的含氧阴离子少一个氧原子：

ClO$_4^-$	高氯酸根离子（perchlorate ion）（比氯酸根多一个氧原子）
ClO$_3^-$	氯酸根离子（chlorate ion）
ClO$_2^-$	亚氯酸根离子（chlorite ion）（比氯酸根少一个氧原子）
ClO$^-$	次氯酸根离子（hypochlorite ion）（比亚氯酸根少一个氧原子）

这些规则在图 2.23 中进行了总结。

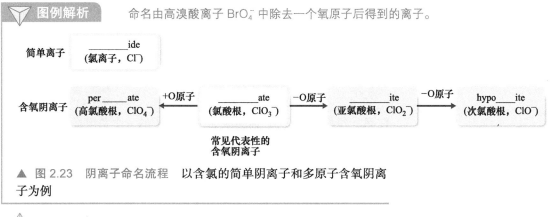

图例解析 命名由高溴酸离子 BrO$_4^-$ 中除去一个氧原子后得到的离子。

▲ 图 2.23 阴离子命名流程 以含氯的简单阴离子和多原子含氧阴离子为例

想一想

阴离子命名中 –ide、–ate 和 –ite 分别代表什么意义？

图 2.24 可以帮助你记住不同含氧阴离子的电荷及氧原子数。注意：C 和 N 都是第二周期的元素，这两种元素的含氧阴离子都有 3 个氧原子，而第三周期元素 P、S 和 Cl 的含氧阴离子都有 4 个氧原子。从图 2.24 的右下方开始，离子电荷从右到左依次增加，从 ClO$_4^-$ 的 1– 到 PO$_4^{3-}$ 的 3–。在第二周期中，离子电荷从右向左依次增加，从 NO$_3^-$ 的 1– 到 CO$_3^{2-}$ 的 2–。还需注意的是图 2.24 中的阴离子都以 -ate 为后缀，但 ClO$_4^-$ 离子也有一个 per- 前缀。

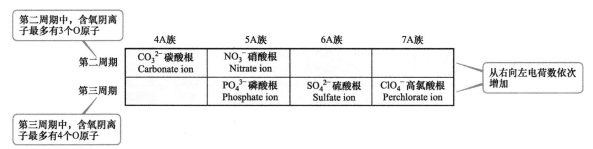

▲ 图 2.24 常见的含氧阴离子 常见含氧阴离子的组成及电荷与在元素周期表中的位置有关

c. 将 H$^+$ 加在含氧阴离子前得到阴离子的名称是在含氧阴离子名称前加上单词 hydrogen 或 dihydrogen，具体视情况而定。

▶ 实例解析 2.11

由名称确定下列含氧阴离子的化学式

　　根据硫酸根离子的化学式，预测（a）硒酸根离子和（b）亚硒酸根离子的化学式。（硫和硒都在 6A 族中，会形成类似的含氧阴离子。）

解析

　　（a）硫酸根离子为 SO_4^{2-}。因此类似的硒酸根离子为 SeO_4^{2-}。

　　（b）含有四个氧原子的含氧阴离子名称以 -ate 为后缀，而含有三个氧原子的含氧阴离子以 -ite 为后缀。因此亚硒酸盐离子的式子为 SeO_3^{2-}

▶ 实践练习 1

　　下列含氧阴离子名称中，哪个是错误的？

　　（a）ClO_2^-，氯酸根（chlorate）

　　（b）IO_4^-，高碘酸根（periodate）
　　（c）SO_3^{2-}，亚硫酸根（sulfite）
　　（d）IO_3^-，碘酸根（iodate）
　　（e）NO_2^-，亚硝酸根（nitrite）

▶ 实践练习 2

　　溴酸根离子的化学式与氯酸根离子相似。请写出次溴酸根和亚溴酸根离子的化学式。

CO_3^{2-}	碳酸根离子（carbonate ion）	PO_4^{3-}	磷酸根离子（phosphate ion）
HCO_3^-	碳酸氢根离子（hydrogen **carbonate** ion）	$H_2PO_4^-$	磷酸二氢根离子（dihydrogen **phosphate** ion）

　　注意：每增加一个 H^+ 需减少含氧阴离子的一个负电荷。这些离子的一种较为古老的命名方法是使用前缀 bi-。因此 HCO_3^- 离子通常称为 bicarbonate 离子（碳酸氢根离子），HSO_4^- 有时称为 bisulfate 离子（硫酸氢根离子）。

　　一些常见阴离子的名称和化学式汇总于表 2.5 和本书的附录中。表 2.5 左侧为名称以 -ide 为后缀的离子，而右侧为名称以 -ate 为后缀的离子。最常见的阴离子以黑体表示，你应该先学习这些阴离子的名称和化学式。以 -ite 为后缀命名的离子化学式可以由以 -ate 为后缀命名的离子化学式中去掉一个氧原子得到。注意单原子离子在周期表中的位置，位于 7A 族的离子总有 1– 电荷（F^-、Cl^-、Br^- 和 I^-），位于 6A 族的离子总有 2– 电荷（O^{2-} 和 S^{2-}）。

表 2.5　常见阴离子 [a]

电荷	化学式	名称	化学式	名称
	H^-	氢离子（hydride ion）	CH_3COO^-	醋酸根离子（acetate ion）
	F^-	氟离子（fluoride ion）	ClO_3^-	氯酸根离子（chlorate ion）
	Cl^-	氯离子（chloride ion）	ClO_4^-	高氯酸根离子（perchlorate ion）
1–	Br^-	溴离子（bromide ion）	NO_3^-	硝酸根离子（nitrate ion）
	I^-	碘离子（iodide ion）	MnO_4^-	高锰酸根离子（permanganate ion）
	CN^-	氰根离子（cyanide ion）		
	OH^-	氢氧根离子（hydroxide ion）		
	O^{2-}	氧离子（oxide ion）	CO_3^{2-}	碳酸根离子（carbonate ion）
	O_2^{2-}	过氧离子（peroxide ion）	CrO_4^{2-}	铬酸根离子（chromate ion）
2–	S^{2-}	硫离子（sulfide ion）	$Cr_2O_7^{2-}$	重铬酸根离子（dichromate ion）
			SO_4^{2-}	硫酸根离子（sulfate ion）
3–	N^{3-}	氮离子（nitride ion）	PO_4^{3-}	磷酸根离子（phosphate ion）

[a] 本书中最常用的离子以黑体字表示，请先学习这些离子。

3. 离子化合物

离子化合物的名称由阳离子名称和阴离子名称构成：

$CaCl_2$	氯化钙（calcium chloride）
$Al(NO_3)_2$	硝酸铝（aluminum nitrate）
$Cu(ClO_4)_2$	铜（Ⅱ）的高氯酸盐（或高氯酸铜）（copper（Ⅱ）perchlorate（or cupric perchlorate））

硝酸铝和高氯酸铜的化学式中，由于化合物含有两个或两个以上的多原子离子，所以需要使用括号，然后加上适当的下标。

 实例解析 2.12

由化学式确定离子化合物的名称

命名下列离子化合物。（a）K_2SO_4（b）$Ba(OH)_2$（c）$FeCl_3$

解析

离子化合物的命名需要注意多原子离子和带有可变电荷数的阳离子。

（a）阳离子是 K^+，the potassium ion，阴离子是 SO_4^{2-}，the sulfate ion，离子化合物名称为硫酸钾（potassium sulfate）。（如果你认为该化合物含有 S^{2-} 和 O^{2-} 离子，那么你还没有了解硫酸根离子是多原子离子）。

（b）阳离子是 Ba^{2+}，the barium ion，阴离子是 OH^-，the hydroxide ion，离子化合物名称为氢氧化钡 barium hydroxide。

（c）确定该化合物中 Fe 的电荷，因为铁原子可以形成多种阳离子。

由于该化合物中含有三个氯离子 Cl^-，阳离子一定是 Fe^{3+}，the iron(III) 或 ferric ion。离子化合物名称为氯化铁 iron(III) chloride 或 ferric chloride。

▶ **实践练习 1**

下列离子化合物名称中，哪些不正确？
（a）$Zn(NO_3)_2$，硝酸锌（b）$TeCl_4$，氯化碲
（c）Fe_2O_3，三氧化二铁（d）BaO，氧化钡
（e）$Mn_3(PO_4)_2$，磷酸锰

▶ **实践练习 2**

命名下列离子化合物。（a）NH_4Br（b）Cr_2O_3（c）$Co(NO_3)_2$

⚠ **想一想**

重碳酸钙也称为碳酸氢钙。（a）写出该化合物的化学式（b）推测硫酸氢钾和磷酸二氢锂的化学式。

酸的名称和化学式

酸是一类重要的含氢化合物，这类化合物命名较为特殊。在目前阶段，认为酸是一种溶解于水能产生氢离子（H^+）的物质。本书中我们接触到酸的化学式都以 H 为第一个元素，如 HCl 和 H_2SO_4。

酸是由一种阴离子和可中和（或平衡）阴离子电荷数的足够多的 H^+ 离子组成。因此 SO_4^{2-} 离子需要两个 H^+ 离子，形成 H_2SO_4。酸的名称与其阴离子的名称有关，如图 2.25 所示。

酸如何命名呢？

1. 含有 -ide 为后缀阴离子的酸的命名方法：把后缀 -ide 改为 -ic，加上前缀 hydro-，然后在该单词后边加上单词 acid：

阴离子	相应的酸
氯离子（Cl^- (chloride)）	氢氯酸（盐酸）（HCl (hydrochloric acid)）
硫离子（S^{2-} (sulfide)）	氢硫酸（H_2S (hydrosulfuric acid)）

2. 含有 -ate 或 -ite 为后缀阴离子的酸的命名方法：把后缀 -ate 改为 -ic，-ite 改为 -ous，然后在该单词后边加上单词 acid。阴离子名称中的前缀继续保留在酸的名称中：

阴离子	相应的酸
高氯酸根离子（ClO_4^- (perchlorate)）	高氯酸（$HClO_4$ (perchloric acid)）
氯酸根离子（ClO_3^- (chlorate)）	氯酸（$HClO_3$ (chloric acid)）
亚氯酸根离子（ClO_2^- (chlorite)）	亚氯酸（$HClO_2$ (chlorous acid)）
次氯酸根离子（ClO^- (hypochlorite)）	次氯酸（HClO (hypochlorous acid)）

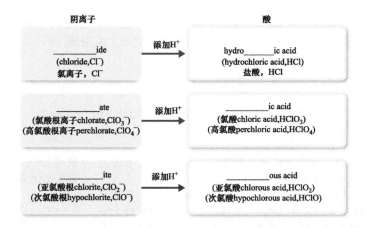

▲ 图 2.25 以含氯酸为例介绍酸命名的过程 含氧阴离子中的前缀，如 -per 和 -hypo 都保留在相应阴离子酸的名称中

想一想

命名 HIO_3。

实例解析 2.13

将酸的名称及其化学式关联起来

命名下列酸。（a）HCN（b）HNO_3（c）H_2SO_4（d）H_2SO_3

解析

（a）该酸的阴离子为 CN^-，cyanide 氰根离子。该离子以 -ide 为后缀，因此酸的名称以 hydro- 为前缀，-ide 改为 -ic：hydrocyanic acid。HCN 的水溶液称为氢氰酸。纯化合物 HCN 在标准状态下为气体，称为氰化氢。氢氰酸和氰化氢都是剧毒物质。

（b）NO_3^- 为 nitrate（硝酸根）离子，HNO_3 称为 nitric acid（硝酸，酸的名称中将阴离子后缀 -ate 改为 -ic）。

（c）SO_4^{2-} 是 sulfate（硫酸根）离子，H_2SO_4 称为 sulfuric acid（硫酸）。

（d）SO_3^{2-} 是 sulfite（亚硫酸根）离子，H_2SO_3 称为 sulfurous acid（亚硫酸，酸的名称中将阴离子后

缀 -ite 改为 -ous）。

▶ **实践练习 1**

下列酸的命名中，哪些是错误的？请给出正确的名称或化学式。

（a）氢氟酸，HF（b）亚硝酸，HNO_3
（c）高溴酸，$HBrO_4$（d）碘酸，HI
（e）硒酸，H_2SeO_4

▶ **实践练习 2**

写出下列酸的化学式。（a）氢溴酸（b）碳酸

二元分子化合物的名称和化学式

二元（双元素）分子化合物的命名过程与离子化合物的命名过程相似：

如何命名二元分子化合物

1. 元素周期表中左侧元素的名称（临近金属的元素）通常先写在前面。但化合物含有氧和氯、溴或碘（除氟的任何卤素）时，氧是写在后面的。

2. 如果两种元素位于同族时，临近元素周期表底部的元素先命名。

3. 第二个元素的名称以 -ide 为后缀。

4. 希腊前缀（见表 2.6）表示元素原子的数量（例外情况：前缀 mono- 不与第一种元素合用）。当前缀以 a 或 o 结尾或第二种元素名称以元音开头时，前缀的 a 或 o 经常去掉。

以下列例子来阐明这些规则：

Cl_2O	一氧化二氯 （dichlorine monoxide）	NF_3	三氟化氮 （nitrogen trifluoride）
N_2O_4	四氧化二氮 （dinitrogen tetroxide）	P_4S_{10}	十硫化四磷 （tetraphosphorus decasulfide）

表 2.6　命名非金属二元化合物的前缀

前缀	含义
mono-	1
di-	2
tri-	3
tetra-	4
penta-	5
hexa-	6
hepta-	7
octa-	8
nona-	9
deca-	10

我们不可能像预测离子化合物那样预测大多数分子化合物的分子式，因此规则 4 是必要的。但当分子化合物中只有氢及另一种元素时是一个例外情况。这类化合物可以视为 H^+ 离子和阴离子的中性物质，因此氯化氢的化学式为 HCl，HCl 中含有一个 H^+ 和平衡氢电荷的一个 Cl^-（氯化氢为纯化合物，盐酸为氯化氢水溶液。这个重要的区别将在第 4.1 节中进行讨论）。同样，硫化氢的化学式为 H_2S，两个 H^+ 离子用来平衡 S^{2-} 的电荷数。

想一想

$SOCl_2$ 是一种二元化合物吗？

实例解析 2.14

将二元分子化合物的名称及其化学式关联起来

命名下列化合物。（a）SO_2（b）PCl_5（c）Cl_2O_3

解析

这些化合物完全由非金属元素构成，因此它们是分子化合物，而不是离子化合物。利用表 2.6 中的前缀，我们可以命名它们为（a）二氧化硫（b）五氯化磷（c）三氧化二氯

▶ **实践练习 1**

写出下列含碳二元化合物的名称。

（a）CS_2（b）CO（c）C_3O_2（d）CBr_4（e）CF

▶ **实践练习 2**

写出下列化合物的分子式。（a）四溴化硅（b）二氯化二硫（c）六氧化二磷

2.9 | 一些简单的有机化合物

研究含碳化合物的科学称为**有机化学**。如前面所讲，有机化合物是指含有碳和氢的化合物，通常还可能含有氧、氮或其他元素。有机化合物是化学非常重要的组成部分，数量远远超过所有其他类型的化学物质。虽然我们将在第 24 章中系统地研究有机化合物，但在整本书中你会接触到许多有机化合物。这里简要介绍一些简单的有机化合物及其命名方法。

烷烃

只含有碳和氢的化合物称为**碳氢化合物**。**烷烃**是最简单的碳氢化合物，每个碳原子与其他 4 个原子相连。三种最简单的烷烃是甲烷（CH_4）、乙烷（C_2H_6）和丙烷（C_3H_8）。这三种烷烃的结构式如下：

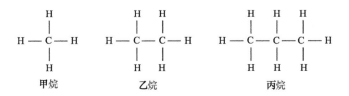

甲烷　　　乙烷　　　丙烷

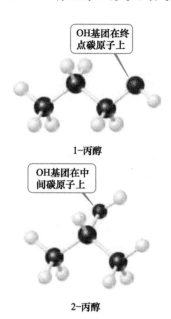

OH基团在终点碳原子上

1-丙醇

OH基团在中间碳原子上

2-丙醇

▲ 图 2.26 丙醇的两种形式（异构体）

虽然碳氢化合物是二元分子化合物，但它们的命名方式与 2.8 节讨论的二元无机化合物的命名方式不同。烷烃的名称以 -ane 为后缀。含有 4 个碳的烷烃称为丁烷（butane）。对于 5 个或更多碳的烷烃，名称前缀如表 2.6 所示。例如含有 8 个碳原子的烷烃，辛烷（octane，C_8H_{18}），是 8 的 octa- 前缀与烷烃的后缀 -ane 相结合。

烷烃衍生物

烷烃中一个或多个氢原子被官能团取代时，会得到其他种类的有机化合物。官能团是特定的原子团。例如一个羟基基团取代烷烃的一个氢原子后为**醇**。醇名称由烷烃名称衍生而来，以 -ol 为后缀：

$$
\begin{array}{ccc}
\text{甲醇} & \text{乙醇} & \text{1-丙醇}
\end{array}
$$

醇类的性质与相应烷烃的性质有很大的不同。例如甲烷、乙烷和丙烷在标准状况下是无色气体，而甲醇、乙醇和丙醇是无色液体。我们将在第 11 章中讨论这些差异的原因。

1- 丙醇名称中的前缀"1"表示取代 H 的 OH 基团连接在"最外边的"碳上，而不是"中间的"碳上。2- 丙醇（异丙醇）则是不同的化合物，OH 基团连接在中间碳原子上（见图 2.26）。

异构体是一种有相同分子式而有不同原子排列方式的化合物。例如 1- 丙醇和 2- 丙醇互为结构异构体，这两种化合物的分子式相同，结构式不同。异构体包括很多种类，我们将在后续介绍。

> ▲ **想一想**
>
> 写出丁烷（C_4H_{10}）两种同分异构体的结构式。

如前所述，很多官能团都可以取代烷烃上的一个或多个氢，如卤素、羧酸基团—COOH 等。这里列出一些将在后面章节中接触到的官能团（官能团用蓝色表示）：

2-溴丁烷　　　　**丁酸**

甲氧基丁烷

有机化学的丰富性的一个原因是有机化合物可以形成碳 - 碳键长链。始于甲烷、乙烷或丙烷的烷烃化合物和始于甲醇、乙醇或丙醇的醇类化合物，原则上都可以按照人们的需求而实现碳链的任意延长。烷烃和醇的性质会随着碳链的增长而改变。含有 8 个碳原子的烷烃称为辛烷，在标准状况下是液体。如果烷烃中的碳原子数扩展到成千上万个，那么就会得到聚乙烯。聚乙烯主要用以制造塑料制品，如塑料袋、食品容器和实验室设备。

实例解析 2.15

写出下列烃类的结构式和分子式

假设戊烷中的碳原子都处于线性链上，写出该烷烃的（a）结构式（b）分子式。

解析

（a）烷烃中只含有碳和氢，每个碳与其他 4 个原子相连。戊烷（pentane）名称中前缀 penta- 表示 5 的含义（见表 2.6），而且所有碳在一个直线链上。加入足够的氢原子使每个碳形成 4 个键可以得到该烷烃的结构式

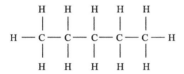

这种形式的戊烷通常称为正戊烷（n-pentane），n 代表"正"，表示结构式中 5 个碳原子都在一条直线上。

（b）根据结构式，我们可以通过计算原子数确定分子式，因此正戊烷分子式为 C_5H_{12}。

▶ **实践练习 1**

（a）6 个碳的烷烃为己烷，其分子式是什么？

（b）从己烷衍生的醇的名称和分子式是什么？

▶ **实践练习 2**

下列两种化合物的名称中都有"丁烷"。它们是同分异构体吗？

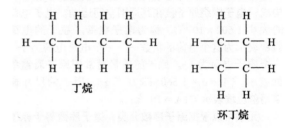

丁烷　　　　　　环丁烷

成功的策略 　**如何通过考试**

学习化学到这个阶段，你可能会面临第一次考试。准备考试的最好方法就是复习，努力做作业，不清楚或困惑的地方要从老师那里寻求帮助。（参见本书序言中涉及的关于学习化学的建议）。在这里我们提出一些参加考试的一般准则。

根据你课程的性质，考试会包括各种各样不同类型的问题。

1. **选择题**　在招生人数较多的课程中，最常见的试题类型是选择题。本书中的许多练习题都是多项选择题，目的是让你熟悉这种题型。在这类题型中老师已经给出了问题，乍一看似乎所有答案都是正确的。但是不应该得出这样的结论：一个选项看起来是正确的，所以它一定是正确的。

如果一道选择题涉及到计算内容，那你应该先做计算，再检查计算结果，最后比较你的答案与选项的答案。不过请记住，老师已经预料到计算过程中可能会犯的最常见的错误，而且也许已经在选项中列出了由这些错误导致的错误的答案。一定要反复检查，利用量纲分析得到正确的数值和单位。

不涉及计算的选择题中，如果你不能确定正确的答案，那就先排除所有你认为一定不正确的答案。

在排除过程中可能会让你明白哪个答案是正确的。

2. **计算题**　在这类题型中，即使最终你没有得到正确答案，也可能会得到部分分数，这取决于老师是否能认同你的推理过程。因此计算过程中保持卷面整洁和条理性是很重要的。需要特别注意哪些是已知信息，哪些是未知信息。思考如何从已知信息获得未知信息。

你可以在试卷上用几个字或一个图表来说明你的方法。尽可能整洁地写出你的计算结果。你写的每个数值一定要有单位，尽可能多地利用量纲分析，并显示出单位是如何抵消的。

3. **画图题**　虽然这类题型将在后续的课程中出现，但在这里讨论也是很有必要的。你应该在每次考试前复习一下这里的内容来提醒自己保持良好的应试习惯。你要确保尽可能在图下写出图注。

最后，如果你发现根本不清楚一个问题的正确答案，不要停留在这个问题上。在旁边做一个记号，然后继续进行下一个问题。如果时间允许，你还可以回到那些没有回答的问题上。当你没有头绪时，不要在一个问题上浪费太多时间。

本章小结和关键术语

物质的原子理论；原子结构的发现（见 2.1 节和 2.2 节）

原子是物质基本的构筑单元，是元素之间相互结合的最小单位。原子由称为**亚原子粒子**的更小粒子构成。一些亚原子粒子带有电荷，并遵循带电粒子的一般规律：具有相同电荷的粒子相互排斥，具有相反电荷的粒子相互吸引。

我们介绍了一些亚原子粒子的发现和特征的重要实验。汤姆生通过阴极射线在电场和磁场中的偏转实验，发现了电子，并测量了电子的荷质比；密立根油滴实验确定了电子的电荷；贝克勒尔发现了**放射性**，即原子自发的辐射现象，进一步证明了原子并非不可分割；卢瑟福通过 α 粒子散射实验提出了原子的**原子模型**，他认为原子中心有一个带正电的**原子核**。

原子结构的现代观点（见 2.3 节）

原子由原子核与电子构成，原子核由**质子**和**中子**构成；**电子**围绕原子核在其周围空间运动。电子电荷的大小 1.602×10^{-19}C，称为**电子电荷**。粒子的电荷通常表示为这个电荷的倍数——一个电子电荷为 1-，一个质子电荷为 1+。原子的质量通常用**原子质量单位**表示，（1amu = 1.66054×10^{-24} g）。原子的尺寸通常用单位**埃**表示（1Å = 10^{-10}m）。

元素可以根据**原子序数**分类，原子序数等于原子核中的质子数。一种元素的所有原子都有相同的原子序数。原子的**质量数**是质子和中子的加和。质子数相同，中子数不同的同一元素的原子互为**同位素**。

原子量（见 2.4 节）

原子质量大小定义为 ^{12}C 元素原子质量的 1/12 为一个原子质量单位。元素的**原子量**（平均原子量）可以根据该元素各同位素的相对丰度及其质量计算得到。质谱仪提供了最直接和最精确的测量原子（和分子）量的实验方法。

元素周期表（见 2.5 节）

元素周期表是元素按原子序数增加的顺序排列的表。具有相似性质的元素置于同一垂直的列中。同一列中的元素称为一**族**。同一行中的元素称为一**周期**。大部分**金属元素（金属）**位于元素周期表的左侧和中间部分。**非金属元素（非金属）**位于元素周期表右上侧。一些位于金属与非金属阶梯线的元素称为**类金属**。

分子和分子化合物（见 2.6 节）

原子可以结合形成**分子**。由分子构成的化合物（**分子化合物**）通常只含有非金属元素。含有两个原子的分子称为**双原子分子**。物质的化学式可以表示物质的组成。分子物质可以用**经验式**表示，经验式可以给出每种原子的相对数量，但分子物质通常用**分子式**表示，分子式可以给出分子中每种原子的真实数量。**结构式**可以显示分子中原子的排列顺序。**球棍模型**和**空间充填模型**可以展现出关于分子形状的更多信息。

离子和离子化合物（见 2.7 节）

原子得到或失去电子形成的带电粒子，称为**离子**。金属通常失去电子，形成带正电的离子（**阳离子**）。非金属通常得到电子，形成带负电的离子（**阴离子**）。由于**离子化合物**是电中性的，同时含有阳离子和阴离子，所以通常同时含有金属和非金属元素。带净电荷的原子团称为**多原子离子**。离子化合物的化学式是经验式，如果已知离子的电荷，那么就很容易地写出经验式。离子化合物中阳离子的总正电荷数一定等于阴离子的总负电荷数。

无机化合物的命名（见 2.8 节）

化合物命名的一套规则称为**化学命名法**。我们学习了三种无机物质命名的系统命名规则：离子化合物、酸和二元分子化合物。离子化合物命名时，首先命名阳离子，然后是阴离子。金属原子得到的阳离子名称与金属名称相同。如果金属能形成不同电荷的阳离子，电荷用罗马数字表示。单原子阴离子名称以 -ide 为后缀。含有氧及另一种元素的多原子阴离子（**含氧酸**）名称以 -ate 和 -ite 为后缀。命名二元分子化合物时，希腊前缀用来表示分子式中元素的数量，元素周期表中距离左侧最远的元素（最邻近金属的元素）通常先写出来。

一些简单的有机化合物（见 2.9 节）

研究含碳化合物的科学为**有机化学**。最简单的一类有机分子是**碳氢化合物**，只含有碳和氢。每个碳原子与其他 4 个原子相连的碳氢化合物称为**烷烃**。烷烃名称以 -ane 为后缀，如甲烷和乙烷。碳氢化合物中的 H 原子被其他官能团取代时，就会形成其他类型的有机化合物。例如乙醇是 -OH 功能基团取代碳氢化合物上的 H 原子得到的。醇类名称以 -ol 为后缀，如甲醇（methanol）和乙醇（ethanol）。**同分异构体**是一种有相同分子式而有不同的原子排列的化合物。

学习成果　学习本章后，应该掌握：

- 列出道尔顿原子理论的基本假设。（见 2.1 节）
  相关练习：2.11–2.14
- 描述发现电子和原子核模型的关键实验。（见 2.2 节）
  相关练习：2.15–2.18
- 依据质子、中子和电子来描述原子的结构，并表示出这些亚原子粒子的相对电荷和质量。（见 2.3 节）
  相关练习：2.21，2.22
- 利用含有原子序数和质量数的化学符号来表示

同位素的亚原子组成。（见 2.3 节）

相关练习：2.23、2.25、2.29、2.55

- 根据元素原子的质量及其自然界中的丰度计算元素的原子量。（见 2.4 节）

相关练习：2.34–2.36, 2.39

- 描述元素是如何根据原子序数和相似的化学性质在元素周期表中按周期和族排列的。（见 2.5 节）

相关练习：2.43、2.44

- 在元素周期表中可以识别金属和非金属的位置。（见 2.5 节）

相关练习：2.41、2.42

- 依据化合物的组成区分分子化合物和离子化合物。（见 2.6 和 2.7 节）

相关练习：2.61、2.63、2.65、2.66

- 区分经验式和分子式。（见 2.6 节）

相关练习：2.45–2.47, 2.49

- 描述分子式和结构式如何来表示分子的组成。（见 2.6 节）

相关练习：2.53、2.54

- 解释离子由电子得失形成的过程，利用元素周期表预测常见离子的电荷数。（见 2.7 节）

相关练习：2.56–2.58

- 根据构成离子化合物离子的电荷数写出离子化合物的经验式。（见 2.7 节）

相关练习：2.59、2.61

- 根据离子化合物的化学式写出离子化合物的名称，或者由离子化合物的名称写出离子化合物的化学式。（见 2.8 节）

相关练习：2.71–2.74

- 命名并写出二元无机化合物和酸的化学式。（见 2.8 节）

相关练习：2.75–2.78

- 认识有机化合物，并学会简单的烷烃和醇类的命名。（见 2.9 节）

相关练习：2.81、2.83–2.85

主要公式

$$原子量 = \sum_{\text{元素的所有同位素}} (同位素质量) \times (同位素相对丰度)$$

（2.1）

依照同位素质量的加权平均值计算原子量。

本章练习

图例解析

这些练习题旨在考察你对关键概念的理解，而不是利用公式进行计算的能力。

2.1　带电粒子在两个平行带电极板间运动，如下所示。

（a）该粒子带什么电荷？

（b）当带电极板上的电荷增加时，你认为粒子的偏转角度增加、减少还是保持不变？

（c）当粒子质量增加，速度保持不变时，你认为粒子的偏转角度增加、减少还是保持不变？（见 2.2 节）

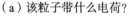

2.2　下图表示一个虚构元素的 20 个原子，我们将它命名为 nevadium（Nv）。红色球体表示 ^{293}Nv，蓝色球体表示 ^{295}Nv。（a）假设该样本是元素的统计学数据，计算每种元素的丰度是多少；（b）如果 ^{293}Nv 的质量是 293.15amu，^{295}Nv 的质量是 295.15amu，那么 Nv 的原子量是多少？（见 2.4 节）

2.3　在下列元素周期表中，有 4 个彩色方块的位置。指出哪个位置是金属，哪个位置是非金属？哪个位置是碱土金属？哪个位置是稀有气体？（见 2.5 节）

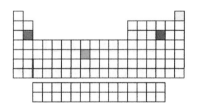

2.4　下图表示的粒子是一种中性原子还是一种离子？写出完整的化学符号，包括质量数、原子序数和净电荷数（如果有的话）。（见 2.3 节和 2.7 节）

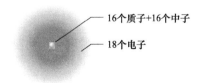

16个质子+16个中子

18个电子

2.5　下列哪幅图最有可能代表离子化合物，哪幅图代表分子化合物？并解释。（见 2.6 节和 2.7 节）

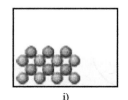

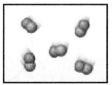

i)　　　　　　ii)

2.6　写出下列化合物的化学式。该化合物是离子化合物还是分子化合物？命名该化合物。（见 2.6 节和 2.8 节）

2.7　在下列元素周期表中，有 5 个彩色方块的位置。预测与这些位置元素相关离子的电荷数。（见 2.7 节）

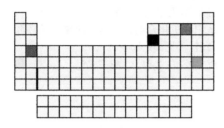

2.8　下图表示一种离子化合物，红色球代表阳离子，蓝色球体代表阴离子。下列化学式中，哪个可以表示图中的化合物？KBr、K_2SO_4、$Ca(NO_3)_2$、$Fe_2(SO_4)_3$。命名该化合物。（见 2.7 节和 2.8 节）

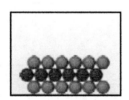

2.9　下列两种化合物是同分异构体吗？为什么？（见 2.9 节）

2.10　在密立根油滴实验中（见图 2.5），通过镜头可以观察到油滴的上升、静止或下降，如下图所示。（a）在没有电场的情况下，导致油滴下降速度不同的原因是什么？（b）为什么有的油滴向上运动？（见 2.2 节）

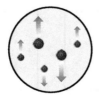

下面的练习题分为几个部分，各部分针对特定知识点的练习题。这些练习都是分组成对出现的，书的后面给出了由红色标记的奇数编号练习题的答案。带括号的练习题比不带括号的练习题更具挑战性。

物质的原子理论和原子结构的发现（见 2.1 节和 2.2 节）

2.11　1.0g 的二氧化碳（CO_2）样品完全分解产生 0.273g 碳和 0.727g 氧。（a）O 和 C 的质量比是多少？（b）如果另一种不同化合物样品分解产生 0.429g 碳和 0.571g 氧，O 和 C 的质量比是多少？（c）根据道尔顿的原子理论，第二种化合物的经验式是什么？

2.12　硫化氢由氢和硫两种元素构成。在一实验中，6.500g 硫化氢完全分解产生氢和硫。（a）本实验中如果产生 0.384g 氢，那么产生的硫是多少克？（b）该实验证明了哪个基本定律？

2.13　化学家发现 30.82g 氮分别与 17.60、35.20、70.40 和 88.00g 氧反应生成四种不同的化合物。（a）计算每种化合物中每克氮对应氧的质量；（b）（a）中数据是否支持道尔顿的原子理论？

2.14　化学家用一系列实验制备了三种仅含碘和氟的化合物，并确定了每种化合物中两种元素的质量：

化合物	碘的质量 /g	氟的质量 /g
1	4.75	3.56
2	7.64	3.43
3	9.41	9.86

（a）计算每种化合物中每克碘对应氟的质量。
（b）（a）中数据是否支持道尔顿的原子理论？

2.15　质子、中子和电子中，哪种亚原子粒子是首先被发现的？哪种是最后被发现的？

2.16　一个未知粒子在两个电极板间运动，如图 2.7 所示。假设该粒子是质子。（a）如果假设是对的，该粒子的偏转方向与 β 射线粒子的偏转方向相同还是相反？（b）该粒子的偏转角度比 β 射线的更小还是更大？

2.17　在卢瑟福的金箔实验中，大角度散射的 α 粒子比例是多少？假设金箔有两个原子层厚，如图 2.9 所示，一个金原子及其原子核的直径分别约为 2.7Å 和 1.0×10^{-4}Å。提示：计算原子核的横截面面积，假定金箔中各原子核前后互不遮蔽（$1Å = 10^{-10}$m）。

2.18　密立根通过研究电场中油滴的静电荷确定了电子的电荷数（见图 2.5）。一名学生用几滴油进行了实验，并计算了油滴上的电荷，得到了以下数据：

油滴	计算的电荷 /C
A	1.60×10^{-19}
B	3.15×10^{-19}
C	4.81×10^{-19}
D	6.31×10^{-19}

（a）不同油滴具有不同电荷事实的意义是什么？（b）学生能从这些电子电荷的数据中得出什么结论？（c）最终报告中电子电荷的数值（和有效数字）是多少？

原子结构的现代观点；原子量（见 2.3 节和 2.4 节）

2.19 金原子（Au）的半径约为 1.35Å。（a）该半径用纳米（nm）和皮米（pm）表示分别是多少。（b）如果将金原子并排放在 1.0mm 的直线上，共需要多少个金原子？（c）假设金原子是一个球体，一个金原子的体积是多少立方厘米？

2.20 铑（Rh）原子的直径约为 2.7×10^{-8} cm。（a）铑原子的半径用埃（Å）和米（m）表示分别是多少？（b）如果将铑原子并排放在 6.0m 的直线上，共需要多少个铑原子？（c）假设铑原子是一个球体，一个铑原子的体积是多少立方厘米？

2.21 在不参考表格 2.1 情况下，回答下列问题：（a）组成原子的主要亚原子粒子是什么？（b）每种粒子的相对电荷是多少（电子电荷的整数倍）？（c）哪种粒子质量最大？（d）哪种粒子质量最小？

2.22 下列表述是否正确。如果不正确，请给出正确的表述：（a）原子核在整个原子当中占得体积很大，并集中了原子的大部分质量；（b）一种元素原子的质子数都相同；（c）原子的电子数等于原子的中子数；（d）氦原子核中的质子通过强核力结合在一起。

2.23 根据 ^{10}B 原子，回答下列问题。（a）该原子含有多少个质子、中子和电子？（b）^{10}B 原子增加一个质子得到的原子符号是什么？（c）^{10}B 原子增加一个中子得到的原子符号是什么？（d）（b）和（c）得到的原子都是 ^{10}B 的同位素吗？

2.24 根据 ^{63}Cu 原子，回答下列问题。（a）该原子含有多少质子、中子和电子？（b）^{63}Cu 原子减少两个电子得到的原子符号是什么？（c）含有 36 个中子的 ^{63}Cu 同位素符号是什么？

2.25 （a）原子序数和质量数的定义是什么。（b）原子序数和质量数中，哪个不会改变元素的种类？

2.26 （a）下列哪两种是同一元素的同位素：$^{31}_{16}X$，$^{31}_{15}X$，$^{32}_{16}X$？（b）互为同位素元素的特性是什么？

2.27 下列原子分别有多少个质子、中子和电子？（a）^{40}Ar（b）^{65}Zn（c）^{70}Ga（d）^{80}Br（e）^{184}W（f）^{243}Am

2.28 下列同位素都可用于医学中。确定下列同位素的质子数和中子数：（a）磷 -32（b）铬 -51（c）钴 -60（d）氚 -99（e）碘 -131（f）铊 -201。

2.29 填写下列表格中的空格，假设每列代表一个中性原子。

符号	^{79}Br			
质子数		25		82
中子数		30	64	
电子数			48	86
质量数				222	207

2.30 填写下面表格中的空格，假设每列代表一个中性原子。

符号	^{112}Cd			
质子数		38		92
中子数		58	49	
电子数			38	36
质量数				81	235

2.31 根据下列表述，写出正确的带有上、下标的化学符号，可以参考前面的元素列表：（a）中子为 118 的铂同位素；（b）质量数为 84 的氪同位素；（c）质量数为 75 的砷同位素；（d）含有相同数量质子和中子的镁同位素。

2.32 我们可以通过测量岩石中某些同位素的含量了解地球作为一颗行星的演化过程。最近科学家测量了某些矿物中 ^{129}Xe 与 ^{130}Xe 的比值。这两种同位素有什么不同？它们相似的方面是什么？

2.33 （a）确定原子质量大小标准的同位素是什么？（b）硼的原子量据报道为 10.81，但没有一个硼原子的质量是 10.81amu。解释为什么。

2.34 （a）碳 -12 原子的质量是多少 amu？（b）为什么在本书前面的元素列表和元素周期表中碳的原子量为 12.011？

2.35 自然界中存在的铜有两种同位素：^{63}Cu（原子质量 =62.9296amu，丰度 69.17%）和 ^{65}Cu（原子质量 = 64.9278amu，丰度 30.83%）。计算铜的原子量（平均原子量）。

2.36 自然界中存在的铷有两种同位素，铷 -85（原子质量 = 84.9118amu，丰度 72.15%），铷 -87（原子质量 =86.9092amu，丰度 =27.85%），计算铷的原子量。

2.37 （a）汤姆生的阴极射线管（见图 2.4）和质谱仪（见图 2.11）都会使用电场和磁场使带电粒子发生偏转。这些实验中的带电粒子是什么？（b）质谱图中横纵坐标分别表示什么？（c）要测量一种原子的质谱图，原子必须先失去一个或多个电子。电场和磁场相同时，下列哪种离子偏转角度更大，Cl^+ 还是 Cl^{2+} 离子？

2.38 请参考图 2.11 中所示的质谱仪。说明下列表述是否正确，如果不正确，请给出正确的表述：（a）中性（未带电）原子的路径不受磁场的影响；（b）在质谱图中，每个质谱峰的高度与同位素的质量成反比；（c）对于一种给定的元素，质谱图中峰的数量与该元素自然存在的同位素的数量相等。

2.39 自然界中，镁的同位素丰度如下：

同位素	丰度（%）	原子量 /amu
^{24}Mg	78.99	23.98504
^{25}Mg	10.00	24.98584
^{26}Mg	11.01	25.98259

（a）Mg 的平均原子量是多少？（b）画出 Mg 的质谱图。

2.40 质谱法一般常用于分子而不是原子的检测。在第 3 章中，我们会讲到一种分子的分子量等于该分子中原子的原子量之和。在避免氢分子分解成氢原子的情况下得到了氢气的质谱。自然界中，氢的两种同位素分别为 ^1H（原子质量 = 1.00783amu；丰度 99.9885%）和 ^2H（原子质量 = 2.01410amu；丰度 0.0115%）。（a）质谱图中应有多少个峰？（b）给出这些峰的相对原子量。（c）哪个峰强度最大，哪个峰强度最小？

元素周期表，分子和分子化合物，离子和离子化合物（见 2.5～2.7 节）

2.41 写出下列元素的化学符号及其原子序数；将各元素放在元素周期表的合适位置中，并指出它们是金属、类金属还是非金属：（a）铬（b）氦（c）磷（d）锌（e）镁（f）溴（g）砷

2.42 在元素周期表中找到下列元素；写出各元素的名称和原子序数，并指出它们是金属、类金属还是非金属：（a）Li（b）Sc（c）Ge（d）Yb（e）Mn（f）Sb（g）Xe

2.43 写出下列元素的化学符号，确定各元素所属族的名称（见表 2.3），并指出它们是金属、类金属还是非金属：（a）钾（b）碘（c）镁（d）氩（e）硫

2.44 4A 族的元素从上至下展现了一个有趣的性质变化趋势。写出该族中每种元素的化学符号和名称，并指出它们是非金属、类金属还是金属。

2.45 n-丁烷和异丁烷化合物的结构式如下所示。（a）确定两种化合物的分子式；（b）确定两种化合物的经验式；（c）经验式、分子式和结构式，哪种化学式可以确定这两种化合物是不同的化合物？

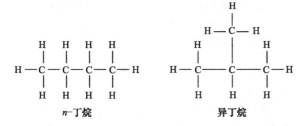

n-丁烷　　　　　异丁烷

2.46 苯是一种无色液体，常用于有机化学反应；乙炔是一种气体，作为燃料用于高温焊接。两种化合物的球棍模型如下所示。（a）确定两种化合物的分子式；（b）确定两种化合物的经验式。

苯　　　　　乙炔

2.47 下列三种化合物的分子式和经验式各是什么？

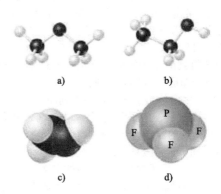

2.48 两种物质具有相同的分子式和经验式，是否意味着它们一定是相同的化合物？

2.49 写出下列分子式对应的经验式：
（a）Al_2Br_6（b）C_8H_{10}（c）$C_4H_8O_2$（d）P_4O_{10}
（e）$C_6H_4Cl_2$（f）$B_3N_3H_6$

2.50 确定下列化合物的分子式和经验式：（a）含有 6 个碳原子和 6 个氢原子的有机溶剂苯；（b）用于制造计算机芯片的化合物四氯化硅，该物质含有 1 个硅原子和 4 个氯原子；（c）含有 2 个硼原子和 6 个氢原子的活性物质二硼烷；（d）含有 6 个碳原子、12 个氢原子和 6 个氧原子的葡萄糖。

2.51 下列化合物各含有多少个氢原子：
（a）C_2H_5OH（b）$Ca(C_2H_5COO)_2$（c）$(NH_4)_3PO_4$

2.52 下列化学式中有多少个特定的原子：
（a）$C_4H_9COOCH_3$ 中的碳原子（b）$Ca(ClO_3)_2$ 中的氧原子（c）$(NH_4)_2HPO_4$ 中的氢原子

2.53 通过下列分子模型，写出化合物的分子式和结构式：

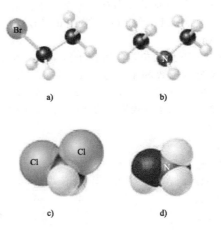

2.54 通过下列分子模型，写出化合物的分子式和结构式：

2.55　填写下列表格中的空格：

符号	$^{59}Co^{3+}$			
质子数		34	76	80
中子数		46	116	120
电子数		36		78
净电荷				2+

2.56　填写下列表格中的空格：

符号	$^{31}P^{3-}$			
质子数		34	50	
中子数		45	69	118
电子数			46	76
净电荷		2-		3+

2.57　下列元素在化学反应中都能形成离子。通过元素周期表，预测每种元素最稳定离子的电荷数：（a）Mg（b）Al（c）K（d）S（e）F

2.58　通过元素周期表，预测下列元素离子的电荷数。（a）Ga（b）Sr（c）As（d）Br（e）Se

2.59　通过参考元素周期表，预测下列元素组成的化合物的化学式和名称：（a）Ga 和 F（b）Li 和 H（c）Al 和 I（d）K 和 S

2.60　钪的化合物中，钪常见的电荷为 3+。写出钪与下列元素形成化合物的分子式。（a）碘（b）硫（c）氮

2.61　写出下列离子形成的离子化合物的化学式。（a）Ca^{2+} 和 Br^-（b）K^+ 和 CO_3^{2-}（c）Al^{3+} 和 CH_3COO^-（d）NH_4^+ 和 SO_4^{2-}（e）Mg^{2+} 和 PO_4^{3-}

2.62　写出下列离子形成的离子化合物的化学式。（a）Cr^{3+} 和 Br^-（b）Fe^{3+} 和 O^{2-}（c）Hg_2^{2+} 和 CO_3^{2-}（d）Ca^{2+} 和 ClO_3^-（e）NH_4^+ 和 PO_4^{3-}。

2.63　填写表中的阴离子和阳离子组成的化合物的化学式，如下表中第一对。

离子	K^+	NH_4^+	Mg^{2+}	Fe^{3+}
Cl^-	KCl			
OH^-				
CO_3^{2-}				
PO_4^{3-}				

2.64　填写表中的阴离子和阳离子组成的化合物的化学式，如下表中第一对。

离子	Na^+	Ca^{2+}	Fe^{2+}	Al^{3+}
O^{2-}	Na_2O			
NO_3^-				
SO_4^{2-}				
AsO_4^{3-}				

2.65　判断下列化合物是分子化合物还是离子化合物。（a）B_2H_6（b）CH_3OH（c）$LiNO_3$（d）Sc_2O_3（e）CsBr（f）NOCl（g）NF_3（h）Ag_2SO_4

2.66　下列化合物哪些是离子化合物，哪些是分子化合物？（a）PF_5（b）NaI（c）SCl_2（d）$Ca(NO_3)_2$（e）$FeCl_3$（f）LaP（g）$CoCO_3$（h）N_2O_4

命名无机化合物；一些简单的有机化合物（见 2.8 节和 2.9 节）

2.67　写出下列离子的化学式（a）亚氯酸根离子，（b）氯离子，（c）氯酸根离子，（d）高氯酸根离子，（e）次氯酸根离子。

2.68　硒是人体必需的微量元素，可以形成与硫化合物类似的化合物。命名下列离子：（a）SeO_4^{2-}（b）Se^{2-}（c）HSe^-（d）$HSeO_3^-$

2.69　写出下列化合物中阳离子和阴离子的名称和电荷数。（a）CaO（b）Na_2SO_4（c）$KClO_4$（d）$Fe(NO_3)_2$（e）$Cr(OH)_3$

2.70　写出下列化合物中阳离子和阴离子的名称和电荷数。（a）CuS（b）Ag_2SO_4（c）$Al(ClO_3)_3$（d）$Co(OH)_2$（e）$PbCO_3$

2.71　命名下列离子化合物：（a）Li_2O（b）$FeCl_3$（c）NaClO（d）$CaSO_3$（e）$Cu(OH)_2$（f）$Fe(NO_3)_2$（g）$Ca(CH_3COO)_2$（h）$Cr_2(CO_3)_3$（i）K_2CrO_4（j）$(NH_4)_2SO_4$

2.72　命名下列离子化合物：（a）KCN（b）$NaBrO_2$（c）$Sr(OH)_2$（d）CoTe（e）$Fe_2(CO_3)_3$（f）$Cr(NO_3)_3$（g）$(NH_4)_2SO_3$（h）NaH_2PO_4（i）$KMnO_4$（j）$Ag_2Cr_2O_7$

2.73　写出下列化合物的化学式：（a）氢氧化铝（b）硫酸钾（c）铜（Ⅰ）氧化物（d）硝酸锌（e）溴化汞（Ⅱ）（f）碳酸铁（Ⅲ）（g）次溴酸钠。

2.74　写出下列离子化合物的化学式：（a）磷酸钠（b）硝酸锌（c）钡溴酸盐（d）铁（Ⅱ）高氯酸盐（e）钴（Ⅱ）碳酸氢盐（f）铬（Ⅲ）醋酸盐（g）重铬酸钾。

2.75　写出下列酸的名称或分子式：（a）$HBrO_3$（b）HBr（c）H_3PO_4（d）次氯酸（e）碘酸（f）亚硫酸。

2.76　写出下列酸的名称或分子式：（a）氢碘酸（b）氯酸（c）亚硝酸（d）H_2CO_3（e）$HClO_4$（f）CH_3COOH。

2.77　写出下列二元分子化合物的名称或分子式：（a）SF_6（b）IF_5（c）XeO_3（d）四氧化二氮（e）氰化氢（f）六硫化四磷。

2.78　氮的氧化物是城市大气污染物非常重要的来源之一。命名下列化合物：（a）N_2O（b）NO（c）NO_2（d）N_2O_5（e）N_2O_4。

2.79　写出下列描述中提到的所有物质的化学式（可以参考使用本书所附元素符号表找到那些你不认识的元素符号）。（a）碳酸锌加热生成氧化锌和二氧化碳；（b）四氟化硅与水反应生成氢氟酸和二氧化硅；（c）二氧化硫与水发生反应生成亚硫酸；（d）三氢化磷，通常称为磷化氢，是一种有毒气体；（e）高氯酸与镉反应生成高氯酸（Ⅱ）镉；（f）三溴化钒（Ⅲ）是无色固体。

2.80　写出下列描述中提到的所有化合物的化学式。（a）碳酸氢钠可以用作除臭剂；（b）次氯酸钙用于某些漂白溶液中；（c）氰化氢是一种剧毒气体；

（d）氢氧化镁是一种泻药；（e）氟化锡（Ⅱ）用作牙膏中的含氟添加剂；（f）当用硫酸处理硫化镉时，释放出硫化氢气体。

2.81   （a）什么是碳氢化合物？（b）戊烷是一种由 5 个碳原子构成的烷烃，写出该化合物的结构式、分子式和经验式。

2.82   （a）什么是同分异构体？（b）乙烷、丙烷、丁烷和戊烷 4 种烷烃中，哪种烷烃有同分异构体？

2.83   （a）什么是官能团？（b）乙醇中的官能团是什么？（c）1- 戊醇是戊烷分子中的 1 个氢原子被羟基取代的产物，写出该醇的结构式。

2.84   下列有机物质：乙醇、丙烷、己烷和丙醇。（a）哪种物质分子中含有 OH 基团？（b）哪种物质含有 3 个碳原子？

2.85   氯丙烷是丙烷分子中 1 个碳原子上的氢被氯取代的产物。（a）画出氯丙烷两种异构体的结构式；（b）命名这两种化合物。

2.86   画出戊烷 C_5H_{12} 三种同分异构体的结构式。

附加练习

这些练习是按照本章的内容顺序列出的，没有按类别划分，且不成对出现。

2.87   一名科学家重复了密立根油滴实验，但是用了一种不常见的（或假想的）称为 warmomb（wa）的单位表示油滴的电荷。该科学家取得的 4 个油滴数据如下：

油滴	计算的电荷 /wa
A	3.84×10^{-8}
B	4.80×10^{-8}
C	2.88×10^{-8}
D	8.64×10^{-8}

（a）假设所有的油滴大小相同，通过实验装置时，哪个油滴下降的速度最慢？（b）根据上述数据，哪个数值是用 wa 表示电子电荷的最佳选择？（c）根据（b）的答案，每个油滴上有多少电子？（d）wa 和库仑之间的换算因数是什么？

2.88 ^{3}He 的自然丰度是 0.000137%。（a）^{3}He 原子中质子、中子和电子数量分别是多少？（b）根据 ^{3}He 原子和 ^{3}H（也称为氚）原子中亚原子粒子的质量总和，哪种原子的质量更大？（c）根据（b）的答案，质谱仪的精度需要达到什么程度才能区分 ^{3}He$^+$ 和 ^{3}H$^+$？

2.89   边长为 1.00cm 的金立方体质量为 19.3 g。1 个金原子的质量是 197.0amu。（a）该金立方体中有多少个金原子？（b）根据已有的信息，估计 1 个金原子的直径是多少 Å？（c）为了完成（b）部分计算，你做了什么假设？

2.90   一个铷原子的直径是 4.95Å。我们将铷原子用两种不同的方法排放在一个平面上。A 排列中所有原子相互对齐，形成一个方形网格。B 排列中下排原子处于上排原子的空隙中，这种排列方式称为密堆积型排列：

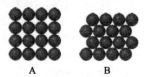

（a）以 A 方法排列，一个边长为 1.0cm 的正方形平面上可以放置多少个 Rb 原子？（b）以 B 方法排列，一个边长为 1.0cm 的正方形平面上可以放置多少个 Rb 原子？（c）A 排列的平面原子数比 B 排列的平面原子数多的原因是什么？假设扩展到三维空间，哪种排列会导致金属 Rb 的密度更大？

2.91   （a）假设原子核和原子的相对大小如图 2.10 所示，原子核占原子体积的比例是多少？（b）假设质子直径为 1.0×10^{-15}m，根据表 2.1 中质子的质量，计算质子的密度是多少？用 g/cm^3 表示。

2.92   鉴别下列元素符号中的元素，并指出质子数和中子数分别是多少：（a）$^{74}_{33}$X（b）$^{127}_{53}$X（c）$^{152}_{63}$X（d）$^{209}_{83}$X。

2.93 ^{6}Li 的原子核是一个强大的中子吸收体，其自然丰度为 7.5%。在核威慑时代，大量的 ^{6}Li 用于生产氢弹，不包括这种同位素的金属锂才可以在市场上进行销售。（a）^{6}Li 和 ^{7}Li 原子核的组成是什么样的？（b）^{6}Li 和 ^{7}Li 的原子质量分别为 6.015122 和 7.016004amu。一份金属锂样品中，较轻同位素 ^{6}Li 含量为 1.442%，该金属的平均原子量是多少？

2.94   自然界中的氧元素有三种同位素，原子核中分别有 8、9 和 10 个中子。（a）写出三种同位素的化学符号；（b）描述三种氧原子的相似性和差异性。

2.95   自然界中的铅（Pb）有四种同位素，原子质量分别为 203.97302、205.97444、206.97587 和 207.97663amu，相对丰度分别为 1.4%、24.1%、22.1% 和 52.4%。根据这些数据，计算铅的相对原子量。

2.96   自然界中的镓（Ga）有两种同位素，原子质量分别为 68.926amu 和 70.925amu。（a）两种同位素的原子核中质子和中子分别是多少？写出每种原子完整的原子符号，其中包括原子序数和质量数。（b）镓的平均原子质量为 69.72amu。计算每种同位素的丰度。

2.97   根据《CRC 化学与物理手册》或 http://www.webelements.com 等参考资料，查阅镍的相关信息：（a）已知同位素的数量；（b）原子质量（以 amu 表示）；（c）五种最丰富同位素的自然丰度。

2.98   溴有两种同位素。标准状况下溴由 Br$_2$ 分子构成，而 Br$_2$ 的分子质量等于分子中两个 Br 原子质量的总和。Br$_2$ 的质谱图中有三个峰：

质量 /amu	相对强度
157.836	0.2569
159.834	0.4999
161.832	0.2431

（a）每个质谱峰的来源是什么（即每个质谱峰包括什么样的同位素来组合）？（b）每种同位素的质量是多少？（c）计算 Br_2 分子的平均分子量；（d）计算溴原子的平均原子量；（e）计算两种同位素的丰度。

2.99　在质谱分析中，通常认为阳离子的质量与其母原子质量相同。（a）根据表 2.1 中的数据，能够区分 ^1H 和 $^1H^+$ 质量明显不同的有效数字的位数是多少？（b）^1H 质量中电子质量所占的百分比是多少？

2.100　从下列描述中选择与之最符合的元素—Ar、H、Ga、Al、Ca、Br、Ge、K，且每种元素只对应一个描述：（a）碱金属（b）碱土金属（c）稀有气体（d）卤素（e）类金属（f）1A 族非金属（g）形成 3+ 离子的金属（h）形成 2- 离子的非金属（i）类似铝的元素。

2.101　𬭳（Sg）是 1977 年人工合成的放射性化学元素。𬭳最稳定同位素的质量数是 266。（a）^{266}Sg 原子中质子、电子和中子数量分别是多少？（b）Sg 原子非常不稳定，因此很难研究这种元素的性质。基于 Sg 在元素周期表中的位置，与其化学性质最相似的元素是什么？

2.102　原子弹爆炸会释放出多种放射性物质，其中一种为锶 -90。基于锶在元素周期表中的位置，说明该同位素对人类健康非常危险的原因是什么。

2.103　1 美分硬币的直径为 19mm，厚度为 1.5mm。假设硬币由纯铜制成，密度和市场价格分别为 8.9g/cm^3 和 2.40 美元 / 磅。假设硬币中铜的厚度均匀，计算一枚硬币中铜的价值。

2.104　美国造币厂生产的称为美国鹰扬银币的美元硬币，几乎由纯银制成。这枚硬币直径为 41mm，厚度为 2.5mm。白银密度和市场价格分别为 10.5g/cm^3 和约 0.51 美元 / 克。假设硬币中银的厚度均匀，计算一枚硬币中银的价值。

2.105　下列分子结构分别对应下列哪种物质：（a）氯气（b）丙烷（c）硝酸根离子（d）三氧化硫（e）一氯甲烷，CH_3Cl。

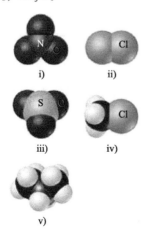

2.106　命名下列氧化物。假设这些化合物都是离子化合物，说明下列化合物中金属元素的电荷数。

（a）NiO（b）MnO_2（c）Cr_2O_3（d）MoO_3。

2.107　填写下列表格中的空格：

阳离子	阴离子	化学式	名称
			氧化锂
Fe^{2+}	PO_4^{3-}		
		$Al_2(SO_4)_3$	
			硝酸铜（II）
Cr^{3+}	I^-		
		$MnClO_2$	
			碳酸铵
			高氯酸锌

2.108　环丙烷是一种有趣的碳氢化合物。三个碳原子不在一条直线上，而是形成一个环，如下列透视图所示（图 2.18 已给出一个透视图例子）：

环丙烷曾一度用作麻醉剂，但因其高度易燃性，目前已经停止使用。（a）环丙烷的经验式是什么？它和丙烷有什么不同？（b）分子中三个碳原子一定在一个平面上，不同的楔形表示什么？（c）如果使用此图表示一氯代环丙烷，将如何修改？一氯代环丙烷有同分异构体吗？

2.109　元素周期表中同族的元素通常可以生成同一通式的含氧阴离子，其命名也类似。基于这些信息，写出下列离子的化学式或名称：（a）BrO_4^-（b）SeO_3^{2-}（c）砷酸根离子（d）氢碲酸根离子。

2.110　碳酸饮料中一般含有碳酸。碳酸与氢氧化锂反应时生成碳酸锂。碳酸锂可以用来治疗抑郁症和躁郁症。写出碳酸、氢氧化锂和碳酸锂的化学式。

2.111　写出下列常见化合物的化学名称：（a）NaCl（食盐）（b）$NaHCO_3$（发酵粉）（c）NaOCl（漂白剂）（d）NaOH（苛性钠）（e）$(NH_4)_2CO_3$（嗅盐）（f）$CaSO_4$（熟石膏）。

2.112　许多常见的物质都有俗名，写出下列物质正确的系统化学名称：（a）硝石，KNO_3（b）纯碱，Na_2CO_3（c）石灰，CaO（d）盐酸，HCl（e）泻盐，$MgSO_4$（f）镁乳，$Mg(OH)_2$。

2.113　很多离子和化合物具有非常相似的名称，很有可能混淆。写出下列物质的化学式（a）硫化钙和硫氢化钙（b）氢溴酸和溴酸（c）氮化铝和亚硝酸铝（d）铁（II）氧化物和铁（III）氧化物（e）氨和铵离子（f）亚硫酸钾和亚硫酸氢钾（g）氯化亚汞和氯化汞（h）氯酸和高氯酸。

2.114　原子中存在强核力的部分是哪里？

第 **3** 章

化学反应和反应计量学

你有过将醋和小苏打混合在一起的经历吗？如果有，那你一定知道这两种物质混合后，立刻会产生大量气泡。这些气体是由小苏打中的碳酸氢钠和醋中的醋酸发生化学反应产生的二氧化碳气体。

小苏打与酸反应生成的气泡在烘焙中有着重要的作用，二氧化碳气体会使制作饼干的面团或煎饼的面糊膨胀。烹饪过程中产生二氧化碳的另一种方法是使用酵母，酵母依靠化学反应将糖转化为二氧化碳、乙醇和其他有机化合物。这些化学反应已经在面包烘焙和啤酒及葡萄酒等酒精饮料生产中使用了数千年。产生二氧化碳的化学反应不仅可以应用于烹饪中，也发生在我们身体中的各种细胞中以及汽车的引擎或其他方面。

本章中我们开始讨论化学反应，共有两个学习重点：一是利用化学式表示化学反应，二是获得化学反应中涉及的物质数量的定量信息。**化学计量学**（stoichiometry，发音 stoy-key-OM-uh-tree）是研究化学反应中消耗和产生物质数量的科学。化学计量学提供了一套广泛应用于化学领域的基本工具。

◀ 这些不锈钢反应器正是利用化学反应生产啤酒这样的酒精饮料的容器

导读

3.1 ▶ **化学方程式** 根据化学式写出化学反应的方程式。

3.2 ▶ **化学反应基本类型** 学习一些基本的化学反应类型：化合反应、分解反应和燃烧反应。

3.3 ▶ **分子量** 通过分子量从化学式获得定量信息。

3.4 ▶ **阿伏伽德罗常数和物质的量** 利用化学式将物质的质量与物质中的原子、分子或离子的数量联系起来，这就引出了物质的量的概念，每物质的量任何物质（原子、分子、离子等）含有 6.022×10^{23} 个微粒。

3.5 ▶ **经验式的分析** 应用物质的量概念，根据已知元素质量的化合物，确定化学式。

3.6 ▶ **平衡方程中的定量信息** 利用化学式和方程式中已有的定量信息和物质的量概念来预测化学反应中消耗或生成物质的数量。

3.7 ▶ **限制反应物** 在化学反应中一种反应物在其他反应物消耗完之前有可能被完全消耗掉，这种反应物称为限制反应物。限制反应物一旦消耗完，反应就停止了，其他的反应物质就会有剩余。

▲ 图 3.1 安托万·洛朗·拉瓦锡（1734—1794） 拉瓦锡对燃烧反应进行了许多重要的研究，但法国大革命断送了他的科学生涯。拉瓦锡于 1794 年法国大革命时期被送上断头台。拉瓦锡通过定量测量开展了很多精细实验，因此被认为是现代化学之父

化学计量学建立在原子质量（见 2.4 节）、化学式以及**质量守恒定律**（见 2.1 节）的基础上。法国贵族科学家安托万·拉瓦锡（Antoine Lavoisier，见图 3.1）在 18 世纪末发现了质量守恒定律这一重要的化学定律。拉瓦锡使用通俗易懂的语言描述了该定律："我们可以把它当作一个无可争辩的公理，即在所有艺术和自然的运作中，任何东西都不能被创造出来；参加反应的各物质的质量总和等于反应后生成的各物质的质量总和。整个化学实验过程都遵循这一定律。"[─] 随着道尔顿原子理论的提出，化学家们逐渐理解这一定律的基础：原子既不能被创造，也不会在化学反应中被破坏。任何反应中变化的仅是原子间的排列顺序，反应前后的原子数量是相同的。

3.1 | 化学方程式

一般用**化学方程式**表示化学反应。例如氢气（H_2）在空气中燃烧时，与氧气（O_2）反应生成水（H_2O）。反应的化学方程式可以表示成

$$2H_2 + O_2 \longrightarrow 2H_2O \tag{3.1}$$

+ 号读成"和"，箭头读成"生成"。箭头左边的化学式代表起始物质，称为**反应物**。箭头右边的化学式表示反应中生成的物质，称为**产物**。化学式前面的数字称为系数，表示参与反应的每种分子的相对数量。（这里与代数方程相似，系数 1 通常不写。）

因为原子在任何反应中都不能被创造或破坏，因此一个平衡的化学方程式中箭头两侧每种元素的原子数是相同的。例如式（3.1）的右边有两个水分子，每个水分子都包含两个氢原子和一个氧原子（见图 3.2）。因此，$2H_2O$（读为"两个水分子"）包含 $2 \times 2 = 4$ 个 H 原子和 $2 \times 1 = 2$ 个 O 原子。原子数量可以由化学式中各元素的下标乘以化学式的系数获得。化学方程式两边都有 4 个 H 原子和 2 个 O 原子，因此方程式是平衡的。

◢ **想一想**

$3Mg(OH)_2$ 中有多少个 Mg、O 和 H 原子？

方程式的配平

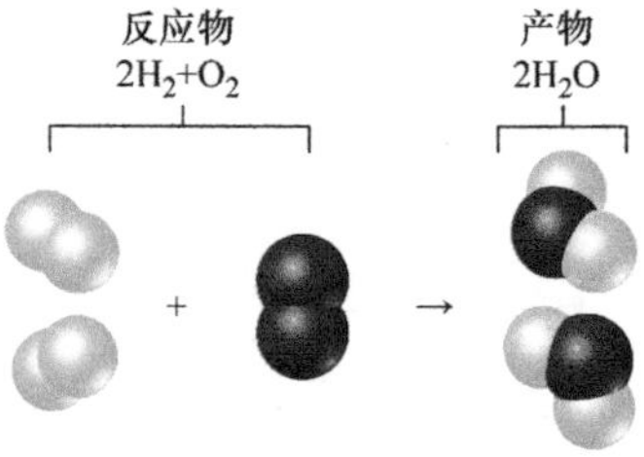

化学家可以通过不平衡的方程式确定一个化学反应中的反应物和产物。但是如果要确定反应生成的产物的量，或者加入的反应物的量，需要将化学方程式进行配平。

为了配平化学方程式，首先要写出箭头左边反应物和右边产物的化学式，然后确定使方程式两边每种元素的原子个数相等，配平方程式。大多数情况下，配平后方程式的系数应该满足最简整数比。

配平方程式时，需要理解系数和下标之间的区别。如图 3.3 所示，化学式中改变下标就意味着改变了物质组成，如 H_2O 和 H_2O_2。H_2O

反应物
$2H_2 + O_2$

产物
$2H_2O$

▲ 图 3.2 一个平衡的化学方程式

───────────────
[─] 安托万·拉瓦锡，《化学的元素》，1790。

改变系数
改变了量

H_2O

$2H_2O$　2个水分子(含有
4个氢原子和2个
氧原子)

改变下标改变
了组成和性质

H_2O_2

1个过氧化氢分子
(含有2个氢原子
和2个氧原子)

为过氧化氢，是与水性质完全不同的物质。在配平方程式时不要改变
化学式下标。而在化学式前加上系数，只改变物质数量而不改变物质
组成。因此，$2H_2O$ 表示 2 个水分子，$3H_2O$ 表示 3 个水分子等。

举例说明逐步配平化学方程式的过程

为了说明方程式配平的过程，以下列反应为例。天然气的主要
成分甲烷（CH_4）在空气中燃烧生成二氧化碳气体（CO_2）和水蒸气
（H_2O）的反应（见图 3.4）。这两种产物中都含有源于空气中氧气的
氧原子。因此 O_2 是一种反应物，我们可以写出未配平的方程式为

$$CH_4 + O_2 \longrightarrow CO_2 + H_2O \text{(未配平)} \qquad (3.2)$$

通常先配平方程式中出现最少的元素。本例中，C 只出现在一
种反应物（CH_4）和一种产物（CO_2）中。H 只出现在一种反应物
（CH_4）和一种产物（H_2O）中。而 O 出现在一种反应物（O_2）和两
种产物（CO_2 和 H_2O）中，因此我们从 C 开始配平。1 个 CH_4 分子
含有的 C 原子数与 1 个 CO_2 分子含有的 C 原子数相等，所以方程
式中这两种物质的系数一定是相同的。因此首先将 CH_4 和 CO_2 的
系数定为 1（不用写出）。

接下来我们配平 H，方程式左边 CH_4 含有 4 个 H 原子，右边
H_2O 含有 2 个 H 原子。为了配平方程式中的 H 原子，H_2O 前面的
系数应该为 2。方程式两边都有 4 个 H 原子：

$$CH_4 + O_2 \longrightarrow CO_2 + 2H_2O \text{(未配平)} \qquad (3.3)$$

虽然该方程式中的 H 和 C 已经平衡，但 O 还没有平衡。在 O_2 前面加
上系数 2 就可以使该方程式两边都有 4 个 O 原子（左边 2×2 个，右边
$2+(2\times1)/T$）：

$$CH_4 + 2O_2 \longrightarrow CO_2 + 2H_2O \text{(平衡的)} \qquad (3.4)$$

平衡方程式的分子示意图如图 3.5 所示。

▽ 图例解析　　图 3.4 所示的分子示意图中，反应物中 C、H 和 O 原子数量分别是多
少？与产物中各种原子的数目相等吗？

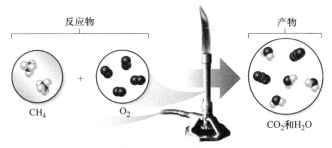

▲ 图 3.4　甲烷与氧气在煤气喷灯情况下发生反应

▶ 图 3.5 甲烷燃烧的平衡方程式

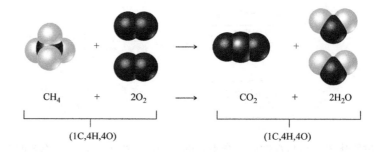

$$CH_4 \quad + \quad 2O_2 \quad \longrightarrow \quad CO_2 \quad + \quad 2H_2O$$

(1C,4H,4O)   (1C,4H,4O)

实例解析 3.1

写出化学方程式并配平

下图代表一种化学反应，其中红色球体表示氧原子，蓝色球体表示氮原子。（a）写出反应物和产物的化学式。（b）写出该反应的平衡方程式。（c）这张图是否遵循质量守恒定律？

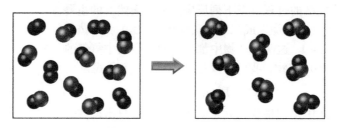

解析

（a）左边方框中表示反应物，含有两种分子，一种由 2 个氧原子构成（O_2），一种由 1 个氮原子和 1 个氧原子构成（NO）。右边方框中表示产物，只含有一种分子，由 1 个氮原子和 2 个氧原子构成（NO_2）。

（b）不平衡的化学方程式为

$$O_2 + NO \longrightarrow NO_2 (未配平)$$

方程式箭头左边有 1 个 N 和 3 个 O 原子，右边有 1 个 N 和 2 个 O 原子。为了平衡 O 原子，需要增加右边 O 原子的数量，同时该系数保证 NO 和 NO_2 中 N 原子数量相等。有时需要反复试验，即在方程式的两边来回添加系数，先改变方程式一边的系数，然后再改变另一边的系数，直到平衡为止。在本例中，为增加方程式右边 O 原子的数量，先在 NO_2 前面加系数 2：

$$O_2 + NO \longrightarrow 2NO_2 (未配平)$$

现在方程式右边有 2 个 N 原子和 4 个 O 原子，左边 NO 前面加系数 2 来平衡 N 和 O：

$$O_2 + 2NO \longrightarrow 2NO_2 (平衡的)$$
$$(2N,4O) \quad\quad (2N,4O)$$

（c）反应物方框中含有 4 个 O_2 和 8 个 NO。因此分子比为每 2 个 NO 对应 1 个 O_2，与平衡方程式中相同。产物方框中含有 8 个 NO_2，意味着 NO_2 产物分子的数量与 NO 反应物分子的数量相同，与平衡方程式中一样。

反应物方框中，8 个 NO 分子含有 8 个 N 原子，4 个 O_2 分子中含有 $4 \times 2 = 8$ 个 O 原子，NO 分子中含有 8 个 O 原子，一共是 16 个 O 原子。产物方框中，8 个 NO_2 分子含有 8 个 N 个原子和 $8 \times 2 = 16$ 个 O 原子。两个方框中的 N 和 O 原子的数量相等，这幅图遵循质量守恒定律。

▶ **实践练习 1**

下图中，白色球体表示氢原子，蓝色球体表示氮原子。这两种反应物反应生成一种单一产物氨 NH_3（没有显示在右图中）。写出平衡的化学方程式。根据方程和左边方框（反应物）的物质，右边方框（产物）中应该显示的 NH_3 分子的数量？（a）2（b）3（c）4（d）6（e）9

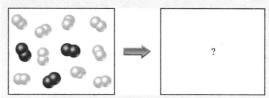

▶ **实践练习 2**

下图中，白色球体表示氢原子，黑色球体表示碳原子，灰色球体表示氧原子。该反应中有两种反应物，一种是显示的乙烯（C_2H_4），一种是没有显示

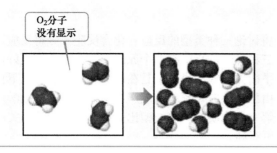

的氧气（O_2），生成两种产物，二氧化碳和水，都已显示出来。（a）写出平衡的化学方程式。（b）确定左边方框（反应物）中应该显示的氧气分子的数量。

反应物和产物状态的表示

在化学方程式中一般需要标明反应物和产物的物理状态。符号（g）、（l）、（s）和（aq）分别表示物质为气体、液体、固体或溶液（水溶液）。因此式（3.4）可以写成

$$CH_4(g) + 2O_2(g) \longrightarrow CO_2(g) + 2H_2O(g) \qquad (3.5)$$

有时化学方程式中反应箭头的上方或下方需标明反应条件。这章中我们会涉及符号 Δ（希腊字母大写的 delta）；反应箭头上方的 Δ 表示反应为加热条件。

 实例解析 3.2

配平化学方程式

配平下列化学方程式：$Na(s) + H_2O(l) \longrightarrow NaOH(aq) + H_2(g)$

解析

首先计算箭头两边每种原子的数量。左边含有 1 个 Na 原子，1 个 O 原子，2 个 H 原子，右边含有 1 个 Na 原子，1 个 O 原子，3 个 H 原子。Na 和 O 原子是平衡的，但是 H 原子的数量是不平衡的。为了增加左边 H 原子的数量，我们试着把系数 2 放在 H_2O 前面：

$$Na(s) + 2H_2O(l) \longrightarrow NaOH(aq) + H_2(g)$$

虽然这种方式并没有平衡 H，但确实增加了反应物中 H 原子的数量。（虽然在 H_2O 前面加上系数 2，O 原子不平衡了，但我们将在 H 原子平衡后考虑 O 原子）。现在左边有 2 个 H_2O，在 NaOH 前面加上系数 2 来平衡 H：

$$Na(s) + 2H_2O(l) \longrightarrow 2NaOH(aq) + H_2(g)$$

该系数既平衡了 H 原子，也平衡了 O 原子。但现在 Na 原子是不平衡的，左边有 1 个 Na 原子，右边有 2 个 Na 原子。为了平衡 Na，我们把系数 2 放在反应物 Na 前面：

$$2Na(s) + 2H_2O(l) \longrightarrow 2NaOH(aq) + H_2(g)$$

现在方程式两侧有 2 个 Na 原子，4 个 H 原子，2 个 O 原子，方程平衡了。

注解 注意我们配平方程式时，依次在 H_2O、NaOH 和 Na 前面放置系数。在配平方程式时，我们经常在箭头两边反复放置系数，首先把系数放在方程式一边的反应式前，然后再放到另一边的反应式前，直到方程式平衡。通过检查箭头两边每种元素的原子数量是否相等来判断方程式是否平衡，并且配平方程式的系数应该是最小整数比。

▶ 实践练习 1

甲烷和溴反应的不平衡方程式如下：

$$CH_4(g) + Br_2(l) \longrightarrow CBr_4(s) + HBr(g)$$

配平这个方程式，Br_2 前面的系数是多少？（a）1（b）2（c）3（d）4（e）6

▶ 实践练习 2

配平下列方程式：

（a）____Fe(s) + ____O_2(g) ⟶ ____Fe_2O_3(s)

（b）____Al(s) + ____HCl(aq) ⟶
____$AlCl_3$(aq) + ____H_2(g)

（c）____$CaCO_3$(s) + ____HCl(aq) ⟶
____$CaCl_2$(aq) + ____CO_2(g) + ____H_2O(l)

3.2 | 化学反应基本类型

本节中，我们将讨论三种类型的反应：化合反应、分解反应和燃烧反应。学习这三种类型的反应有两个原因，一个是为了更好地了解化学反应及其平衡方程式。另一个是在已知反应物的情况下预测反应的生成物。由已知反应物预测生成产物的关键是了解化学反应的基本类型。了解一类物质的反应类型比仅仅记住大量不相关的反应对化学的学习更有利。

化合反应和分解反应

化合反应中，两种或多种物质反应生成一种产物（见表 3.1）。例如镁金属在空气中燃烧生成氧化镁（见图 3.6）：

$$2Mg(s) + O_2(g) \longrightarrow 2MgO(s) \tag{3.6}$$

表 3.1 化合反应和分解反应

化合反应	
$A + B \longrightarrow C$	
$C(s) + O_2(g) \longrightarrow CO_2(g)$	两种或多种反应物化合生成一种
$N_2(g) + 3H_2(g) \longrightarrow 2NH_3(g)$	单一的产物。许多单质以这种方式
$CaO(s) + H_2O(l) \longrightarrow Ca(OH)_2(aq)$	进行反应生成化合物。
分解反应	
$C \longrightarrow A + B$	
$2KClO_3(s) \longrightarrow 2KCl(s) + 3O_2(g)$	一种单一反应物分解成两种或多
$PbCO_3(s) \longrightarrow PbO(s) + CO_2(g)$	种物质。许多化合物在加热时会发
$Cu(OH)_2(s) \longrightarrow CuO(s) + H_2O(g)$	生此类反应。

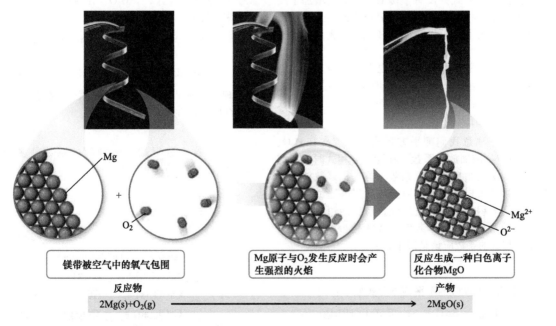

镁带被空气中的氧气包围	Mg原子与O_2发生反应时会产生强烈的火焰	反应生成一种白色离子化合物MgO

反应物 产物
$2Mg(s) + O_2(g) \longrightarrow 2MgO(s)$

▲ 图 3.6 化合反应：金属镁在空气中的燃烧反应，一种化合反应

这个反应可以应用在信号弹和烟花中用于产生明亮的烟火。

金属和非金属间的化合反应生成离子化合物，如式（3.6）。我们已经知道离子化合物的化学式可以由其离子的电荷决定（见 2.7 节）。镁与氧反应时，镁失去电子形成镁离子 Mg^{2+}。氧得到电子形成氧离子 O^{2-}。因此反应产物是 MgO。

现在你应该会判断哪些反应是化合反应，并可以预测金属与非金属反应生成的产物。

想一想

Na 和 S 发生化合反应时，产物的化学式是什么？

分解反应中，一种物质发生反应生成两种或多种其他物质（见表 3.1）。例如许多金属碳酸盐加热时会分解生成金属氧化物和二氧化碳：

$$CaCO_3(s) \xrightarrow{\Delta} CaO(s) + CO_2(g) \qquad (3.7)$$

碳酸钙（$CaCO_3$）分解是一个重要的工业反应。石灰石和贝壳的主要成分为 $CaCO_3$，加热时生成氧化钙（CaO）。CaO 俗称为石灰或生石灰。在美国，每年有数千万吨氧化钙用于制造玻璃，冶金上氧化钙用于从矿石中分离金属，钢铁工业中氧化钙用来去除杂质。

叠氮化钠（NaN_3）分解迅速释放出 $N_2(g)$，这个反应用于汽车中的安全气囊中（见图 3.7）：

$$2NaN_3(s) \longrightarrow 2Na(s) + 3N_2(g) \qquad (3.8)$$

汽车发生撞击后，会触动一个雷管，从而引起 NaN_3 分解爆炸。少量的 NaN_3（大约 100g）就可以产生大量气体（大约 50L）。

▲ 图 3.7 叠氮化钠 $NaN_3(s)$ 分解产生的 $N_2(g)$ 用于打开汽车中安全气囊

实例解析 3.3
写出化合反应和分解反应的平衡方程式

写出下列反应的平衡方程式（a）金属锂与氟气体的化合反应（b）固体碳酸钡加热分解（两种产物，一种固体，一种气体）。

解析

（a）除汞外，室温下所有金属都为固体。氟是一种双原子分子。因此反应物是 Li（s）和 $F_2(g)$。产物由金属和非金属构成的离子化合物。锂离子 Li^+ 电荷为 1+，氟离子 F^- 电荷 1-。因此产物的化学式是 LiF。平衡的化学方程式是

$$2Li(s) + F_2(g) \longrightarrow 2LiF(s)$$

（b）碳酸钡的化学式是 $BaCO_3$。许多金属碳酸盐加热分解生成金属氧化物和二氧化碳。例如在式（3.7）中，$CaCO_3$ 分解生成氧化钙和二氧化碳。因此我们预计 $BaCO_3$ 分解会生成氧化钡和二氧化碳。

钡和钙都位于元素周期表的 2A 族，进一步说明两个反应应该是相同的：

$$BaCO_3(s) \longrightarrow BaO(s) + CO_2(g)$$

▶ **实践练习 1**

下面反应中，哪个反应是氧化银（Ⅰ）加热分解反应的平衡方程式？

（a）$AgO(s) \longrightarrow Ag(s) + O(g)$

（b）$2AgO(s) \longrightarrow 2Ag(s) + O_2(g)$

（c）$Ag_2O(s) \longrightarrow 2Ag(s) + O(g)$

（d）$2Ag_2O(s) \longrightarrow 4Ag(s) + O_2(g)$

（e）$Ag_2O(s) \longrightarrow 2Ag(s) + O_2(g)$

▶ **实践练习 2**

写出下列反应的平衡方程式（a）硫化汞（Ⅱ）固体加热分解生成其组成单质（b）金属铝与空气中氧气发生化合反应。

▽ 图例解析

下列反应是吸热反应还是放热反应?

▲ 图 3.8 丙烷在空气中燃烧 气罐的液态丙烷 C_3H_8 通过喷嘴蒸发逸出后与空气混合。丙烷和氧气的燃烧反应会产生蓝色火焰

燃烧反应

燃烧反应是可以产生火焰的剧烈反应。大多数燃烧反应都是以空气中的氧气作为反应物。烃类（含碳和氢的化合物）在空气中的燃烧反应是目前世界上主要的能源利用过程，如式（3.5）所示（见 2.9 节）。烃类在空气中燃烧与 O_2 反应生成 CO_2 和 H_2O。⊖ 消耗 O_2 分子的数量和生成 CO_2 及 H_2O 分子的数量取决于反应中燃料烃类的组成。例如丙烷（C_3H_8，见图 3.8）通常用于烧烤食物及家用取暖，其燃烧反应如下列方程式所述：

$$C_3H_8(g) + 5O_2(g) \longrightarrow 3CO_2(g) + 4H_2O(g) \qquad (3.9)$$

反应中水的物理状态 $H_2O(g)$ 或 $H_2O(l)$ 取决于反应条件。本反应中 $H_2O(g)$ 是空气中燃烧产生的高温火焰造成的。

烃的含氧衍生物的燃烧也会生成二氧化碳和水，如 CH_3OH。烃及其含氧衍生物在空气中燃烧生成二氧化碳和水。这个规律符合约 300 万种化合物与氧气的反应。我们身体的许多物质与 O_2 反应生成二氧化碳和水，如葡萄糖（$C_6H_{12}O_6$）。但是在我们身体里，这些反应是在人体温度下发生的，并历经一系列中间步骤。这些历经中间步骤的反应称为氧化反应，而不是燃烧反应。

▷ 实例解析 3.4

写出燃烧反应的平衡化学方程式

写出甲醇 $CH_3OH(l)$ 在空气中发生燃烧反应的平衡化学方程式。

解析

任何含有 C、H 及 O 的化合物燃烧时，与空气中的 $O_2(g)$ 发生反应生成 $CO_2(g)$ 和 $H_2O(g)$。因此未配平化学方程式为

$$CH_3OH(l) + O_2(g) \longrightarrow CO_2(g) + H_2O(g)$$

箭头两边各有一个碳，C 原子是平衡的。CH_3OH 有 4 个 H 原子，因此在 H_2O 前面加上系数 2 来平衡 H 原子：

$$CH_3OH(l) + O_2(g) \longrightarrow CO_2(g) + 2H_2O(g)$$

这个系数平衡了 H 原子，同时产物中有 4 个 O 原子，但是反应物中只有 3 个 O 原子，因此我们还没有配平。可以把系数 3/2 放在 O_2 前面，这样在反应物中就有 4 个 O 原子（$\frac{3}{2}O_2$ 中有 $\frac{3}{2} \times 2 = 3$ 个 O 原子）：

$$CH_3OH(l) + \frac{3}{2}O_2(g) \longrightarrow CO_2(g) + 2H_2O(g)$$

虽然这个化学方程式是平衡的，但它包含一个分数系数，不是传统的形式。因此化学方程式两边乘以 2，消去这个分数，可以保持方程式平衡：

$$2CH_3OH(l) + 3O_2(g) \longrightarrow 2CO_2(g) + 4H_2O(g)$$

▷ **实践练习 1**

配平乙二醇 $C_2H_4(OH)_2$ 在空气中燃烧的化学反应方程式。

（a）$C_2H_4(OH)_2(l) + 5O_2(g) \longrightarrow 2CO_2(g) + 3H_2O(g)$
（b）$2C_2H_4(OH)_2(l) + 5O_2(g) \longrightarrow 4CO_2(g) + 6H_2O(g)$
（c）$C_2H_4(OH)_2(l) + 3O_2(g) \longrightarrow 2CO_2(g) + 3H_2O(g)$
（d）$C_2H_4(OH)_2(l) + 5O_2(g) \longrightarrow 2CO_2(g) + 3H_2O(g)$
（e）$C_2H_4(OH)_2(l) + 10O_2(g) \longrightarrow 8CO_2(g) + 12H_2O(g)$

▷ **实践练习 2**

写出乙醇 $C_2H_5OH(l)$ 在空气中燃烧的平衡化学方程式。

3.3 | 分子量

化学式的下标和化学方程式的系数都表示精确的数量关系，因

⊖ 当氧气量不足时，反应生成二氧化碳和一氧化碳（CO），称为不完全燃烧。如果氧气量严重不足时，也会生成"碳烟"的碳微粒。而完全燃烧只生成二氧化碳和水。除非特别说明，本书所提及的燃烧都指完全燃烧。

此化学式和化学方程式都具有定量意义。化学式 H_2O 表示该物质（水）的一个分子含有 2 个氢原子和 1 个氧原子。类似地，如果平衡方程式的系数表示反应物和产物精确的相对量。那么如何把原子或分子的数量与实验室测量的量联系起来？如果氢和氧恰好反应生成 H_2O，那么如何确保反应物中氢原子和氧原子比例是 2:1？

虽然我们不能计算原子或分子的数量，但如果质量已知，就可以间接确定它们的数量。因此如果我们在反应物的量已知条件下就可以计算产物的量，或者从一个化学方程式或化学式中推断出定量信息，所以我们需要了解更多原子和分子的质量。

式量和分子量

物质的**式量**（FW）是物质的化学式中各原子的原子质量（AW）总和。例如根据元素周期表中原子的原子质量，我们计算硫酸 H_2SO_4 的式量是 98.1amu（amu 为原子质量单位）：

$$
\begin{aligned}
H_2SO_4 \text{ 式量} &= 2(\text{H 原子量}) + (\text{S 原子量}) + 4(\text{O 原子量}) \\
&= 2(1.0\text{amu}) + 32.1\text{amu} + 4(16.0\text{amu}) \\
&= 98.1\text{amu}
\end{aligned}
$$

为了方便起见，我们把原子量四舍五入到小数点后一位，本书的大多数计算我们都采用这种修约方法。

如果化学式是单质，如 Na 的式量等于元素的原子质量，为 23.0amu。如果化学式是一种分子，式量也称为**分子量**（MW）。例如葡萄糖（$C_6H_{12}O_6$）的分子量为

$$C_6H_{12}O_6 \text{ 分子量} = 6(12.0\text{amu}) + 12(1.0\text{amu}) + 6(16.0\text{amu}) = 180.0\text{amu}$$

离子化合物中的离子以三维阵列形式存在（见图 2.20），因此这些物质中不存在分子。我们可以用经验式表示离子化合物，离子化合物的式量等于经验式中原子的原子量总和。例如 $CaCl_2$ 的经验式由 1 个 Ca^{2+} 离子和 2 个 Cl^- 离子构成。因此 $CaCl_2$ 的式量是

$$CaCl_2 \text{ 式量} = 40.1\text{amu} + 2(35.5\text{amu}) = 111.1\text{amu}$$

 实例解析 3.5

计算物质的式量

计算下列物质的式量（a）蔗糖 $C_{12}H_{22}O_{11}$（b）硝酸钙 $Ca(NO_3)_2$。

解析

（a）通过计算蔗糖中原子的原子量总和得到蔗糖式量为 342.0amu：

$$
\begin{aligned}
C_{12}H_{22}O_{11} \text{ 式量} &= 12\text{C 原子} + 22\text{H 原子} + 11\text{O 原子} \\
&= 12(12.0\text{amu}) + 22(1.0\text{amu}) + 11(16.0\text{amu}) \\
&= 342.0\text{amu}
\end{aligned}
$$

（b）如果化学式中有括号，括号外的下标乘以括号内所有原子的原子量。因此 $Ca(NO_3)_2$

$$
\begin{aligned}
Ca(NO_3)_2 \text{ 式量} &= 1\text{Ca 原子} + 2\text{N 原子} + 6\text{O 原子} \\
&= 1(40.1\text{amu}) + 2(14.0\text{amu}) + 6(16.0\text{amu}) \\
&= 164.1\text{amu}
\end{aligned}
$$

▶ **实践练习 1**

下列分子量，哪个分子量是磷酸氢钙的分子量？

（a）310.2amu （b）135.1amu （c）182.2amu
（d）278.2amu （e）175.1amu

▶ **实践练习 2**

计算下列物质的式量（a）$Al(OH)_3$（b）CH_3OH（c）TaON

由化学式计算组成百分比

化学家有时需要计算化合物的组成百分比，也就是物质中各元素所占的质量百分比。例如做法医的化学家需要测量未知粉末的元素组成百分比，并将其与可疑物质（如糖、盐或可卡因）的组成百分比进行比较，以此鉴定该粉末。

如果已知物质的化学式，计算物质中任意元素的组成百分比（有时也称为物质的**元素组成**）是很简单的。元素组成取决于物质的式量、计算元素原子的原子量以及该元素原子在化学式中的数量：

$$元素的质量百分比 = \frac{元素原子的数量 \times 元素原子的原子量}{物质的式量} \times 100\% \qquad （3.10）$$

成功的策略 | 解决问题的方法

实践是成功解决问题的关键。当进行练习时，你可以通过以下步骤来提高技能：

1. 分析问题。 仔细阅读问题，了解题干是什么？你可以画一幅画或列一张图表来使问题形象化。写下已知量和需要计算的量（未知）。

2. 制定解决问题的思路。 考虑已知信息和未知信息之间的可能路径。把已知数据与未知数据联系起来的原理或方程式是什么？有些数据在问题中可能没有明确给出；物质的某些量可能是已知的，或在附录中

可以查到（比如原子量）。解决问题的计划中可能只包括一个步骤，也可能包含一系列中间步骤。

3. 解决问题。 通过已知信息及合适的方程式或关系式计算未知量。量纲分析（见 1.7 节）是一个解决问题的有用工具。需注意有效数字、符号和单位。

4. 检查答案。 再次阅读问题，确保你已经找到了问题中要求的所有答案。你的回答有意义吗？也就是说答案非常大还是非常小，还是差不多？最后，单位和有效数字位数正确吗？

实例解析 3.6
计算组成百分比

计算 $C_{12}H_{22}O_{11}$ 中碳、氢和氧的质量百分比。

解析

通过已列出的步骤：来解决这个问题。

分析 已知化学式，计算每种元素的质量百分比。

思路 根据式（3.10），我们需要从元素周期表中查出原子量。式（3.10）的分母是实例解析 3.5 中 $C_{12}H_{22}O_{11}$ 的分子量。在计算每种元素的质量百分比时需要利用分子量。

解答

$$\%C = \frac{(12)(12.0 amu)}{342.0 amu} \times 100\% = 42.1\%$$

$$\%H = \frac{(22)(1.0 amu)}{342.0 amu} \times 100\% = 6.4\%$$

$$\%O = \frac{(11)(16.0 amu)}{342.0 amu} \times 100\% = 51.5\%$$

检验 计算的各元素质量百分比之和一定等于 100%。原子量的有效数字可以有很多位，计算的元素百分比组成的有效数字也会有很多位，但是一般我们将原子量四舍五入到小数点后一位进行计算。

▶ **实践练习 1**
硝酸钙中氮的质量百分比是多少？
（a）8.54%　（b）17.1%　（c）13.7%
（d）24.4%　（e）82.9%

▶ **实践练习 2**
计算 K_2PtCl_6 中钾的质量百分比。

3.4 │ 阿伏伽德罗常数和物质的量

我们在实验室处理的最小样品也含有大量的原子、离子或分子。例如一茶匙水（约5mL）中含有 2×10^{23} 个水分子，数量多到我们几乎无法想象。因此化学家们提出了一种可以描述大量原子或分子的计数单位。

日常生活中，我们经常使用一些熟悉的计数单位，如一打（12个）或一篓（144个）。而化学实验室样品中原子、离子或分子数量的计数单位是物质的量，单位为摩尔，缩写为mol。1mol所含基本粒子（原子、分子或者其他物质）的数量与12g的纯 ^{12}C 中所含的碳原子数量相同。科学家通过实验确定了该数值为 6.0221415×10^{23}，通常计算时取 6.02×10^{23}。人们为了纪念意大利科学家阿莫迪欧·阿伏伽德罗（Amedeo Avogadro，1776—1856），把该值称为**阿伏伽德罗常数** N_A，其单位为物质的量单位的倒数，$6.02 \times 10^{23} \text{mol}^{-1}$。[注] 该单位表示1mol物质都含有 6.02×10^{23} 个粒子。1mol的原子、1mol的分子或者1mol的任何物质都含有阿伏伽德罗常数个粒子：

$$1\text{mol}\,^{12}C\,\text{原子} = 6.02 \times 10^{23}\,\text{个 C 原子}$$

$$1\text{mol}\,H_2O\,\text{分子} = 6.02 \times 10^{23}\,\text{个 } H_2O\,\text{分子}$$

$$1\text{mol}\,NO_3^-\,\text{离子} = 6.02 \times 10^{23}\,\text{个 } NO_3^-\,\text{离子}$$

阿伏伽德罗常数是个很大的数值。如地球表面铺上 6.02×10^{23} 颗弹珠，厚度约3英里厚；阿伏伽德罗常数个硬币并排成一条直线上，可以环绕地球300亿（3×10^{14}）圈。

实例解析 3.7

估算原子的数量

不使用计算器，按 C 原子数量增加的顺序排列下列物质：$12g\,^{12}C$、$1\text{mol}\,C_2H_2$、9×10^{23} 个 CO_2 分子。

解析

分析 已知三种物质的数量分别用克、摩尔和分子数量表示，要求按 C 原子数量增加的顺序排列。

思路 为确定每种样本中 C 原子的数量，必须把 $12g\,^{12}C$、$1\text{mol}\,C_2H_2$ 和 9×10^{23} 个 CO_2 分子转换为 C 原子的数量。为了进行转换，需要利用物质的量和阿伏伽德罗常数。

解答 1mol 含粒子的数量与 12g 纯 ^{12}C 中所含碳原子的数量相同。因此 $12g\,^{12}C$ 含有 1mol C 原子 = 6.02×10^{23} 个 C 原子。

$1\text{mol}\,C_2H_2$ 含有 6.02×10^{23} 个 C_2H_2 分子。因为 1 个分子中含有 2 个 C 原子，因此该物质含有 12.04×10^{23} 个 C 原子。

因为 1 个 CO_2 分子含有 1 个 C 原子，该物质中含有 9×10^{23} 个 C 原子。

因此排列顺序为 $12g\,^{12}C$（6×10^{23} 个 C 原子）

$< 9 \times 10^{23}$ 个 CO_2 分子（9×10^{23} 个 C 原子）$< 1\text{mol}\,C_2H_2$（12×10^{23} 个 C 原子）。

检验 通过比较各物质中 C 原子的物质的量来检查我们的结果，因为物质的量与原子数成正比例关系。$12g\,^{12}C$ 是 1mol C，$1\text{mol}\,C_2H_2$ 包含 2mol C，9×10^{23} 个 CO_2 分子含有 1.5mol C，与我们排列的顺序相同。

▶ **实践练习 1**

下列哪种物质含有钠原子的数量最少？
（a）1mol 氧化钠 （b）45g 氟化钠
（c）50g 氯化钠 （d）1mol 硝酸钠

▶ **实践练习 2**

不使用计算器，按 O 原子数量增加的顺序排列下列物质：$1\text{mol}\,H_2O$、$1\text{mol}\,CO_2$、3×10^{23} 个 O_3 分子。

[注]阿伏伽德罗数也称为阿伏伽德罗常数。后者是美国国家标准与技术研究院（NIST）等机构采用的名称，但阿伏伽德罗数使用更为广泛，本书中一般使用阿伏伽德罗数。

实例解析 3.8

物质的量与原子数目之间的转换

计算 0.350mol $C_6H_{12}O_6$ 中 H 原子的数目。

解析

分析 已知物质的量（0.350mol）及化学式 $C_6H_{12}O_6$。需要计算该物质中 H 原子的数目。

思路 阿伏伽德罗数提供了 $C_6H_{12}O_6$ 物质的量及其分子数目之间的换算因数：1mol $C_6H_{12}O_6$ = 6.02×10^{23} 个 $C_6H_{12}O_6$ 分子。已知 $C_6H_{12}O_6$ 分子的数目，可以利用化学式，即每个 $C_6H_{12}O_6$ 分子都含有 12 个 H 原子。因此可以把 $C_6H_{12}O_6$ 的物质的量转换成 $C_6H_{12}O_6$ 分子的数量，根据 $C_6H_{12}O_6$ 分子数确定 H 的原子数：

$C_6H_{12}O_6$物质的量 $\longrightarrow$ $C_6H_{12}O_6$分子数 $\longrightarrow$ H原子数

解答

$$H原子数 = (0.350mol\ C_6H_{12}O_6)\left(\frac{6.02\times10^{23}\ C_6H_{12}O_6分子数}{1mol\ C_6H_{12}O_6}\right)\left(\frac{12H原子数}{1C_6H_{12}O_6分子数}\right)$$

$$= 2.53\times10^{24}个H原子$$

检验 我们可以进行一个估算，0.35mol（6×10^{23}）大约是 2×10^{23} 个 $C_6H_{12}O_6$ 分子。已知每个分子含有 12 个 H 原子。12（2×10^{23}）计算 24×10^{23} = 2.4×10^{24} 个 H 原子，与计算结果非常接近。因为要求计算 H 原子的数量，因此答案的单位是正确的。我们也需要检查一下有效数字位数。已知数据中有三位有效数字，因此答案中也有三位。

▶ **实践练习 1**

下列物质中各含有多少个硫原子？（a）0.45mol $BaSO_4$ （b）1.10mol 的硫化铝

▶ **实践练习 2**

下列物质中各含有多少个氧原子？（a）0.25mol $Ca(NO_3)_2$ （b）1.50mol 的碳酸钠

摩尔质量

通常一打表示 12 个，我们可以说一打鸡蛋或是一打大象。但是很显然一打鸡蛋的质量与一打大象的质量肯定不相等。同样，1mol 也是一个数字（6.02×10^{23}），但是 1mol 不同物质的质量肯定不同。例如 1mol 的 ^{12}C 和 1mol 的 ^{24}Mg。^{12}C 的原子质量是 12amu，^{24}Mg 的原子质量是 ^{12}C 的两倍，24amu（2 位有效数字）。因为 1mol 的任何物质含有的粒子数目相同，1mol^{24}Mg 的质量一定是 1mol^{12}C 的两倍。因为 1mol^{12}C 质量为 12g（根据定义），因此 1mol^{24}Mg 质量是 24g。这个例子说明单个原子的质量与阿伏伽德罗数（1mol）个原子的质量联系起来的普遍规律：以原子质量单位表示的一种元素的相对原子质量在数值上等于以 g 为单位表示的 1mol 元素的质量。例如（符号⇒表示"因此"），

Cl 原子量为 35.5 amu ⇒ 1mol Cl 质量为 35.5g。

Au 原子量为 197 amu ⇒ 1mol Au 质量为 197g。

对于其他类型的物质，物质的分子量与 1mol 物质的质量之间存在相同的数值关系：

H_2O 分子量为 18.0amu ⇒ 1mol H_2O 质量为 18.0g（见图 3.9）。

NaCl 分子量为 58.5amu ⇒ 1mol NaCl 质量为 58.5g。

🔺 **想一想**

（a）1mol 水（H_2O）与 1mol 葡萄糖（$C_6H_{12}O_6$）相比，哪种物质的质量更大？

（b）1mol 水与 1mol 葡萄糖相比，哪种物质含有更多的分子？

1 个物质的量通常缩写为 1mol，1mol 物质以克为单位表示的质量（也就是该质量单位用克每摩尔表示）称为物质的**摩尔质量**。任何物质以克每摩尔表示的摩尔质量在数值上等于以原子质量单位表示的式量。例如 NaCl，分子量是 58.5amu，摩尔质量是 58.5g/mol。其他几种物质的物质的量关系如表 3.2 所示，图 3.10 显示了 1mol 三种常见物质的质量。

表 3.2 中 N 和 N_2 两行内容表明使用物质的量概念时一定要说明物质的化学形式。假设某处提到在特定反应下生成 1mol 的氮，你可能会理解成 1mol 氮原子（14.0g）。但通常来说最可能的含义是 1mol 氮分子 N_2（28.0g），因为 N_2 是最常见的 N 元素的化学形式。为了避免有分歧，一定要明确说明物质的化学形式。例如使用化学式 N 还是 N_2，避免任何混淆。

表 3.2　物质的量关系

物质名称	化学式	式量 /amu	摩尔质量 /（g/mol）	1mol 的粒子种类和数量
氮原子	N	14.0	14.0	6.02×10^{23} N 个原子
氮分子或氮气	N_2	28.0	28.0	6.02×10^{23} N_2 个原子 $2(6.02 \times 10^{23})$ 个 N 原子
银	Ag	107.9	107.9	6.02×10^{23} 个 Ag 原子
银离子	Ag^+	107.9[a]	107.9	6.02×10^{23} 个 Ag^+ 离子
氯化钡	$BaCl_2$	208.2	208.2	6.02×10^{23} 个 $BaCl_2$ 化学式单位 6.02×10^{23} 个 Ba^{2+} 离子 $2（6.02 \times 10^{23}）$ 个 Cl^- 离子

[a] 电子的质量只有质子或中子质量的 1/1800，因此实质上离子质量与原子质量相同。

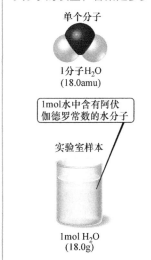

1mol 水的质量除以 1 个水分子的质量，答案是多少？

单个分子

1 分子 H_2O
（18.0amu）

1mol 水中含有阿伏伽德罗常数的水分子

实验室样本

1mol H_2O
（18.0g）

▲ 图 3.9　比较 1 个水分子和 1mol 水的质量　两种物质质量数值相同，但单位不同（原子质量单位和克）。这两种质量差异很大：1 个 H_2O 分子质量为 2.99×10^{-23}g，而 1mol H_2O 质量为 18.0g

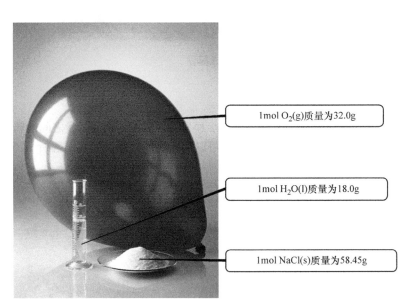

1mol $O_2(g)$ 质量为 32.0g

1mol $H_2O(l)$ 质量为 18.0g

1mol NaCl(s) 质量为 58.45g

▲ 图 3.10　1mol 固体（NaCl）、液体（H_2O）和气体（O_2）　一般情况下，1mol 以克表示的质量——也就是摩尔质量——在数值上等于以原子质量单位表示的式量。每种物质都含有 6.02×10^{23} 个粒子

实例解析 3.9

计算摩尔质量

葡萄糖 $C_6H_{12}O_6$ 的摩尔质量是多少?

解析

分析 已知物质化学式,计算其摩尔质量。

思路 因为任何物质的摩尔质量在数值上等于分子量,计算组成葡萄糖的原子的原子量加和确定式量。式量单位是amu,摩尔质量单位是克每摩尔(g/mol)。

解答 第一步是确定葡萄糖的式量:

6C原子 + 12H原子 + 6O原子 = 6(12.0amu) + 12(1.0amu) + 6(16.0amu)

= 72.0amu + 12.0amu + 96.0amu = 180.0amu

葡萄糖的式量是180.0amu,1mol该物质(6.02×10^{23}个分子)的质量为180.0g。换句话说,$C_6H_{12}O_6$ 的摩尔质量是180.0g/mol。

检验 根据之前的例子,摩尔质量低于250应该是合理的。单位也是摩尔质量的单位。

▶ **实践练习1**

一种含有铁和氯的离子化合物,其摩尔质量为126.8g/mol。这种化合物中铁的电荷是多少?(a)1+ (b)2+ (c)3+ (d)4+

▶ **实践练习2**

计算 $Ca(NO_3)_2$ 的摩尔质量。

化学与生活 葡萄糖检测

我们的身体可以把吃进去的大部分食物转化成葡萄糖(血糖)。食物消化后,葡萄糖通过血液输送到细胞。细胞需要葡萄糖才能存活,而葡萄糖进入细胞必须有胰岛素存在。正常情况下,身体会自发调节胰岛素的浓度使其与进食后的葡萄糖浓度一致,因此正常的葡萄糖水平是70-120mg/dL。但是糖尿病患者身体中的胰岛素很少或基本不产生胰岛素(Ⅰ型糖尿病),或可以产生胰岛素但细胞不能合理吸收胰岛素(Ⅱ型糖尿病)。在这两种情况下患者血糖水平都比正常人的高。一般空腹8小时或更长时间检测的葡萄糖达到126mg/dL或更高的人通常确诊为糖尿病。

血糖仪的工作原理是将人的血液(通常刺破手指)滴到血糖试纸上,试纸上的化学物质与葡萄糖发生反应。然后将试纸插入一个小型电池驱动的检测器中就可以得到葡萄糖浓度(见图3.11)。每种读数器的读数机理各不相同——可能测量化学反应中产生的小电流或者光。根据每天的读数情况,糖尿病人可能需要注射胰岛素,或者在一段时间内限制高糖食物的摄入量。

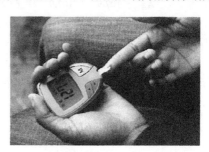

▲ 图3.11 血糖仪

质量和物质的量间的转换

利用物质的量概念的计算中,经常涉及质量与物质的量之间的转换。使用量纲分析(见1.7节)可以简化这些计算,如实例解析3.10和实例解析3.11所示。

实例解析 3.10

克与物质的量之间的转换

计算5.380g葡萄糖($C_6H_{12}O_6$)样品中的物质的量。

解析

分析 已知一种物质的质量(克)及其化学式,要求计算物质的量。

思路 物质的摩尔质量提供了克与物质的量间转换的换算因数。$C_6H_{12}O_6$ 的摩尔质量是180.0g/mol(见练习3.9)。

解答 根据1mol $C_6H_{12}O_6$ = 180.0g $C_6H_{12}O_6$ 的换算因数,因此

$C_6H_{12}O_6$物质的量

$= \left(5.380g C_6H_{12}O_6\right)\left(\dfrac{1mol C_6H_{12}O_6}{180.0g C_6H_{12}O_6}\right)$

$= 0.02989mol C_6H_{12}O_6$

检验　因为 5.380g 小于摩尔质量，答案小于 1mol 是合理的，单位 mol 也是合适的。已知数据有四位有效数字，所以答案也有四位有效数字。

▶ **实践练习 1**

一份 508g 的碳酸氢钠（$NaHCO_3$）样品含有多少碳酸氢钠（以 mol 计）？

▶ **实践练习 2**

1.00L 水中含有多少水（以 mol 计）？已知水的密度是 1.00g/mL。

实例解析 3.11

物质的量与克间的转换

0.433mol 硝酸钙的质量是多少？以 g 为单位。

解析

分析　已知物质的物质的量和名称，计算物质的质量。

思路　要把物质的量转换成克，我们需要利用化学式和原子量计算物质的摩尔质量。

解答　因为钙离子是 Ca^{2+}，硝酸盐离子是 NO_3^-，硝酸钙的化学式是 $Ca(NO_3)_2$。化合物中元素的原子量求和计算出式量为 164.1amu。根据 1mol $Ca(NO_3)_2$ = 164.1g $Ca(NO_3)_2$ 的换算因数，因此

$$Ca(NO_3)_2\text{的质量} = (0.433\text{mol}Ca(NO_3)_2)\left(\frac{164.1\text{g}Ca(NO_3)_2}{1\text{mol}Ca(NO_3)_2}\right)$$
$$= 71.1\text{g }Ca(NO_3)_2$$

检验　物质的量小于 1，所以质量一定小于摩尔质量 164.1g。我们利用整数估计，$0.5 \times 150 = 75$g，这就意味着答案是合理的。单位 (g) 和有效数字（3 位）的位数都是正确的。

▶ **实践练习 1**

下列物质的质量分别是多少克，（a）6.33mol 的 $NaHCO_3$；（b）3.0×10^{-5}mol 硫酸？

▶ **实践练习 2**

下列物质的质量分别是多少克，（a）0.50mol 的钻石（C）；（b）0.155mol 氯化铵？

粒子质量与粒子数量间的相互转化

物质的量概念是粒子质量与粒子数量之间的桥梁（见图 3.12）。为了解释粒子质量与粒子数量之间的关系，以一个旧铜钱中铜原子的数量为例。该硬币的质量约为 3g，假设硬币是由 100% 铜组成：

$$Cu\text{原子数量} = (3\text{g}Cu)\left(\frac{1\text{mol}Cu}{63.5\text{g}Cu}\right)\left(\frac{6.02 \times 10^{23}\text{Cu原子}}{1\text{mol}Cu}\right) = 3 \times 10^{22}\text{ 个Cu原子}$$

因为硬币的质量只有 1 位有效数字，因此答案四舍五入为 1 位有效数字。注意量纲分析提供了一条从质量到原子数量的简单路线。摩尔质量和阿伏伽德罗数是克转换成物质的量，再把物质的量转换成原子数的换算因数。还要注意答案是一个很大的数值。任何情况下，计算一个普通物质样本中原子、分子或离子的数量都是非常大的。而样本中的物质的量通常是很小的，通常小于 1。

 **图例解析**　下列图中"摩尔质量"和"阿伏伽德罗数"单位分别是什么？

▲ 图 3.12　质量和化学式单位数量的转换过程　物质的物质的量是计算的核心。因此物质的量概念可以认为是连接物质的质量与化学式单位数量之间的桥梁

实例解析 3.12

由质量计算分子和原子的数量

（a）5.23g$C_6H_{12}O_6$中有多少葡萄糖分子？（b）该样品中有多少个氧原子？

解析

分析 已知物质的质量和化学式，计算（a）分子数（b）物质中 O 原子的数量

思路 （a）在图 3.12 中总结了已知量的物质分子数量。我们需要把 5.23g$C_6H_{12}O_6$ 转换为 $C_6H_{12}O_6$ 的物质的量，然后把 $C_6H_{12}O_6$ 的物质的量转化为 $C_6H_{12}O_6$ 分子数。第一个转换需要 $C_6H_{12}O_6$ 的摩尔质量 180.0g/mol，第二个转换需要阿伏伽德罗数。

（b）已知每个 $C_6H_{12}O_6$ 分子中含有 6 个 O 原子，为了确定 O 原子的数量，需由（a）中计算的分子数乘以换算因数（6 个 O 原子/1 分子 $C_6H_{12}O_6$）得到 O 原子的数量。

解答 将 $C_6H_{12}O_6$ 的质量转换为分子数：

$$C_6H_{12}O_6\text{分子数} = (5.23g\,C_6H_{12}O_6)\left(\frac{1mol\,C_6H_{12}O_6}{180.0g\,C_6H_{12}O_6}\right)\left(\frac{6.02\times10^{23}\,C_6H_{12}O_6\text{分子}}{1mol\,C_6H_{12}O_6}\right)$$

$$= 1.75\times10^{22}\text{个}\,C_6H_{12}O_6$$

将 $C_6H_{12}O_6$ 的分子数转换为 O 原子数：

$$O\text{原子数} = (1.75\times10^{22}\,C_6H_{12}O_6)\left(\frac{6\,O\text{原子}}{C_6H_{12}O_6\text{分子}}\right)$$

$$= 1.05\times10^{23}\text{个}\,O\text{原子}$$

检验

（a）因为已知的质量小于 1mol，因此物质中分子数应该小于 6.02×10^{23}，这意味着答案的大小是合理的。估算的答案与计算的答案相差不大：

$$\frac{5}{200} = 2.5\times10^{-2}mol；(2.5\times10^{-2})(6\times10^{23})$$

$$= 15\times10^{21} = 1.5\times10^{22}\text{个分子}$$

单位（分子）和有效数字的位数（3）接近。

（b）答案是（a）部分答案的 6 倍，结果是合理的。有效数字的位数（3）和单位（O 原子）是正确的。

▶ **实践练习 1**

12.2g CCl_4 中含有多少个氯原子？
（a）4.77×10^{22} （b）7.34×10^{24}
（c）1.91×10^{23} （d）2.07×10^{23}

▶ **实践练习 2**

（a）4.20g HNO_3 中含有多少个硝酸分子？
（b）该样品中含有多少个 O 原子？

3.5 | 经验式的分析

物质的经验式可以告诉我们物质中各元素的相对原子数量（见 2.6 节）。经验式 H_2O 表示水含有 2 个氢原子和 1 个氧原子。也可以说，1mol H_2O 含有 2mol 的 H 原子和 1mol O 原子。化合物经验式的下标由化合物中各元素的物质的量之比决定。因此利用物质的量概念可以计算化合物的经验式。

例如汞和氯化合生成一种化合物，经测量该化合物含有质量分数 74.0% 的汞和 26.0% 的氯。因此 100.0g 该化合物中含有 74.0g 的汞和 26.0g 的氯。（这种类型的问题适合任意质量的样品，但是通常会使用 100.0g 来简化质量百分比的计算）。通过原子量可以得到摩尔质量，然后计算样品中每种元素的物质的量：

$$(74.0g\,Hg)\left(\frac{1mol\,Hg}{200.6g\,Hg}\right) = 0.369mol\,Hg$$

$$(26.0g\,Cl)\left(\frac{1mol\,Cl}{35.5g\,Cl}\right) = 0.732mol\,Cl$$

已知：　　　　　　　　　　　　　　　　　　　　　　　　　　　　　　　　未知：

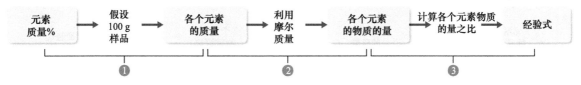

然后用较大的物质的量除以较小的物质的量得到 Cl：Hg 摩尔比：

$$\frac{Cl物质的量}{Hg物质的量} = \frac{0.732\ mol\ Cl}{0.369\ mol\ Hg} = \frac{1.98\ mol\ Cl}{1\ mol\ Hg}$$

由于实验误差，物质的量比的计算值可能不是整数，如本例中的 1.98。数字 1.98 与 2 非常接近，因此我们可以得出该化合物的经验式为 $HgCl_2$。因为化合物下标表示该化合物中原子数的最小整数比，因此经验式是合理的。

确定经验式的一般过程见图 3.13。

▲ 图 3.13　通过百分比组成计算经验式的过程

化学分析得出的经验式可以区别乙炔 C_2H_2 和苯 C_6H_6 吗？

实例解析 3.13
确定化合物的经验式

抗坏血酸（维生素 C）含有质量分数 40.92% 的 C、4.58% 的 H 和 54.50% 的 O。抗坏血酸的经验式是什么？

解析

分析　根据化合物中元素的质量百分比来确定经验式。

思路　确定经验式有三个步骤，如图 3.13。

解答

（1）为了简单起见，假设有 100g 的物质，当然也可以使用任何其他的质量。

100.00g 的抗坏血酸中含有 40.92g 的 C、4.58g 的 H 和 54.50g 的 O。

（2）接下来计算各种元素的物质的量。为了实验质量的精度，使用具有 4 位有效数字的原子量

$$C物质的量 = (40.92\ g\ C)\left(\frac{1\ mol\ C}{12.01\ g\ C}\right) = 3.407\ mol\ C$$

$$H物质的量 = (4.58\ g\ H)\left(\frac{1\ mol\ C}{1.008\ g\ H}\right) = 4.54\ mol\ H$$

$$O物质的量 = (54.50\ g\ H)\left(\frac{1\ mol\ C}{16.00\ g\ H}\right) = 3.406\ mol\ O$$

（3）将各元素物质的量除以最小的物质的量来确定最简单的物质的量比。

$$C:\frac{3.407}{3.406}=1.000 \quad H:\frac{4.54}{3.406}=1.33 \quad O:\frac{3.406}{3.406}=1.000$$

H 的比例偏离 1 太远，因此不能把这个差异归因于实验误差。事实上它非常接近 $1\frac{1}{3}$，这表明应该将比例乘以 3 得到整数：

$$C:H:O=(3\times1:3\times1.33:3\times1)=(3:4:3)$$

因此抗坏血酸经验式为 $C_3H_4O_3$。

检验 经验式中的下标是中等大小的整数，这是合理的。另外计算 $C_3H_4O_3$ 的百分比组成与原始百分比非常接近。

（a）CO_2Cl_6 （b）$COCl_2$
（c）$C_{0.022}O_{0.022}Cl_{0.044}$ （d）C_2OCl_2

▶ **实践练习 1**
光气是一种在第一次世界大战期间用作军用毒剂的化合物，2.144g 光气含有 0.260g 碳、0.347g 氧和 1.537g 氯。该物质的经验式是什么？

▶ **实践练习 2**
甲基苯甲酸是一种用于制备香水的化合物，5.325g 甲基苯甲酸含有 3.758g 碳，0.316g 氢和 1.251g 氧。该物质的经验式是什么？

经验式转化为分子式

如果已知化合物的分子量或摩尔质量，就可以根据化合物的经验式得到分子式。物质分子式的下标是其经验式下标的整数倍。（见 2.6 节）这个倍数可以通过分子量除以经验式式量得到：

$$整数倍数=\frac{分子量}{经验式式量} \tag{3.11}$$

例如在实例解析 3.13 中，抗坏血酸的经验式确定为 $C_3H_4O_3$。这意味着实验式式量为 3（12.0amu）+ 4（1.0amu）+3（16.0amu）= 88.0amu。由经验确定的分子量是 176amu。因此通过两数相除得到了从经验式转换为分子式的整数倍数

$$整数倍数=\frac{分子量}{经验式式量}=\frac{176amu}{88.0amu}=2$$

因此在经验式中乘以这个倍数，得到分子式：$C_6H_8O_6$。

▶ **实例解析 3.14**
分子式的确定

均三甲苯是一种在石油中发现的碳氢化合物，其经验式是 C_3H_4，由实验确定的分子量是 121amu。那么其分子式是什么？

解析

分析 已知一种化合物的经验式和分子量，要求确定其分子式。

思路 化合物分子式下标是经验式下标的整数倍。利用式（3.11）得到合适的倍数。

解答 实验式 C_3H_4 的分子量为

$$3（12.0amu）+ 4（1.0amu）= 40.0amu$$

然后将该值代入式（3.11）中：

$$整数倍数=\frac{分子量}{经验式式量}=\frac{121}{40.0}=3.03$$

因为分子只能含有整个原子，因此整数比才有物理意义。这种情况下 3.03 可能来源于分子量确定实验的实验误差。因此在经验式中每个下标都乘以 3，得到分子式：C_9H_{12}。

检验 分子量除以经验式式量是一个整数值。

▶ 实践练习 1

环己烷是一种常用的有机溶剂，含质量分数 85.6%C 和 14.4%H，已知摩尔质量是 84.2g/mol。

其分子式是什么？

（a）C_6H （b）CH_2 （c）C_5H_{24}

（d）C_6H_{12} （e）C_4H_8

▶ 实践练习 2

乙二醇通常作为汽车的防冻剂，含质量分数 38.7% 的 C、9.7% 的 H 和 51.6% 的 O。已知摩尔质量是 62.1g/mol。（a）乙二醇的经验式是什么？（b）分子式是什么？

燃烧分析法

燃烧分析法是一种经验室中确定物质实验式的技术，通常用于分析含碳和氢的化合物。

当含有碳和氢的化合物在如图 3.14 所示的装置中完全燃烧时，碳转化为 CO_2，氢转化为 H_2O（见 3.2 节）。根据 CO_2 和 H_2O 的质量，可以计算出原始试样中 C 和 H 的物质的量，由此得到经验式。如果化合物中有第三种元素存在，其质量可以由原始试样质量减去实验测得的 C 和 H 的质量得到。

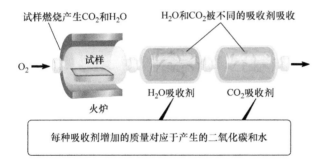

试样燃烧产生CO_2和H_2O　　H_2O和CO_2被不同的吸收剂吸收

O_2 →　试样

火炉

H_2O吸收剂　　CO_2吸收剂

每种吸收剂增加的质量对应于产生的二氧化碳和水

◀ 图 3.14 燃烧分析法的装置

实例解析 3.15

通过燃烧分析法确定经验式

可用作外用消毒酒精的异丙醇由 C、H 和 O 组成。0.255g 异丙醇燃烧产生 0.561g CO_2 和 0.306g H_2O。确定异丙醇的经验式。

解析

分析 已知异丙醇含有 C、H 和 O 原子，且已知给定质量异丙醇燃烧时生成二氧化碳和水的质量。要求确定异丙醇的经验式，需要我们计算试样中 C、H 和 O 的物质的量。

思路 我们可以利用物质的量概念计算 CO_2 中 C 的质量和 H_2O 中 H 的质量——燃烧前异丙醇中 C 和 H 的质量。化合物中 O 的质量等于原始试样质量减去 C 和 H 的质量。已知 C、H 和 O 的质量，可以按照实例解析 3.13 过程得到经验式。

解答 因为试样中所有碳都转化成 CO_2，我们可以利用量纲分析及下列步骤计算试样中 C 的质量。

生成CO_2的质量 → CO_2摩尔质量 44.0g/mol → 生成CO_2的物质的量 → 每个CO_2分子中有1个C原子 → 原始试样中C的物质的量 → C摩尔质量 12.0g/mol → 原始试样中C的质量

本题中 C 的质量是

$$C质量 = (0.561g\,\cancel{CO_2})\left(\frac{1mol\,\cancel{CO_2}}{44.0g\,\cancel{CO_2}}\right)\left(\frac{1mol\,\cancel{C}}{1mol\,\cancel{CO_2}}\right)\left(\frac{12.0g\,C}{1mol\,\cancel{C}}\right)$$

$$= 0.153g\ C$$

试样中所有氢都转化成 H_2O，我们可以利用量纲分析及下列步骤计算试样中 H 的质量。因为生成水的质量有三位有效数字，因此 H 的原子量也用三位有效数字表示。

生成 H_2O 的质量 → H_2O 摩尔质量 18.0g/mol → 生成 H_2O 的物质的量 → 每个 H_2O 分子中有 2 个 H 原子 → 原始试样中 H 的物质的量 → H 摩尔质量 1.01g/mol → 原始试样中 H 的质量

本题中 H 的质量是

$$H质量 = (0.306gH_2O)\left(\frac{1mol\,H_2O}{18.0g\,H_2O}\right)\left(\frac{2mol\,H}{1mol\,H_2O}\right)\left(\frac{1.01g\,H}{1mol\,H}\right) = 0.0343g\ H$$

试样质量 0.255g 是 C、H 和 O 的质量之和，因此 O 质量是

$$O\ 质量 = 试样质量 -（C\ 质量 + H\ 质量）= 0.255g -（0.153g + 0.0343g）= 0.068g\ O$$

因此试样中 C、H 和 O 的物质的量是

$$C\ 物质的量 = (0.153g\,C)\left(\frac{1mol\,C}{12.0g\,C}\right) = 0.0128mol\ C$$

$$H\ 物质的量 = (0.0343g\,H)\left(\frac{1mol\,H}{1.01g\,H}\right) = 0.0340mol\ H$$

$$O\ 物质的量 = (0.068g\,O)\left(\frac{1mol\,O}{16.0g\,O}\right) = 0.0043mol\ O$$

为了得到经验式，我们需要比较试样中各元素物质的量的相对值，如实例解析 3.13 所示。

$$C: \frac{0.0128}{0.0043} = 3.0 \quad H: \frac{0.0340}{0.0043} = 7.9 \quad O: \frac{0.0043}{0.0043} = 1.0$$

前两个数值非常接近于整数 3 和 8，因此经验式为 C_3H_8O。

▶ 实践练习 1

二恶烷通常是多种工业过程的常用溶剂，由 C、H 和 O 原子构成。2.203g 化合物样品燃烧生成 4.401g CO_2 和 1.802g H_2O。实验确定其摩尔质量为 88.1g/mol。下列分子式，哪个是正确的二恶烷分子式？

（a）C_2H_4O　（b）$C_4H_4O_2$
（c）CH_2　（d）$C_4H_8O_2$

▶ 实践练习 2

（a）己酸是脏袜子味道的来源，由 C、H 和 O 原子构成。0.225g 化合物样品燃烧生成 0.512g CO_2 和 0.209g H_2O。己酸的经验式是什么？（b）已知己酸的摩尔质量为 116g/mol。其分子式是什么？

3.6 | 平衡方程中的定量信息

化学方程式中的系数表示反应中分子的相对数目。物质的量概念可以把这个信息转化为反应中物质的质量。例如下列平衡方程式中的系数

$$2H_2(g) + O_2(g) \longrightarrow 2H_2O(l) \tag{3.12}$$

表明 2 个 H_2 分子与 1 个 O_2 分子反应生成 2 个 H_2O 分子。物质的量的相对数量和分子的相对数量是一样的：

$2H_2(g)$	+	$O_2(g)$	$\longrightarrow$	$2H_2O(l)$
2分子		1分子		2分子
$2(6.02 \times 10^{23}分子)$		$1(6.02 \times 10^{23}分子)$		$2(6.02 \times 10^{23}分子)$
2mol		1mol		2mol

这个规律可以推广到所有的化学平衡方程式中：化学平衡方程式中的系数表示反应的相对分子数（或分子式单位）或相对物质的量。图 3.15 表明该结果也遵循质量守恒定律。

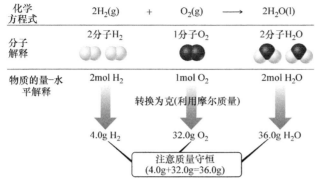

◀ 图 3.15 一个化学平衡方程式的定量解释

式（3.12）中的 2mol H_2、1mol O_2 和 2mol H_2O 称为化学计量等当量。这些量之间的关系可以表示为

$$2mol\ H_2 \eqsim 1mol\ O_2 \eqsim 2mol\ H_2O$$

符号 $\eqsim$ 的意思为"化学计量相当于"。诸如此类的化学计量关系可用于化学反应中反应物和产物量之间进行转换。例如根据 1.57mol 的 O_2 可以计算生成 H_2O 的物质的量。

$$H_2O\ 物质的量 = (1.57mol\ O_2)\left(\frac{2mol\ H_2O}{1mol\ O_2}\right) = 3.14mol\ H_2O$$

▲ **想一想**

1.57mol O_2 与 H_2 反应生成 H_2O 时，反应中消耗的 H_2 有多少物质的量？

另一个例子，丁烷（C_4H_{10}）作为一次性打火机中的燃料，其燃烧反应：

$$2C_4H_{10}(l) + 13O_2(g) \longrightarrow 8CO_2(g) + 10H_2O(g) \qquad （3.13）$$

计算 1.00g 的 C_4H_{10} 燃烧生成 CO_2 的质量。式（3.13）中的系数告诉我们消耗 C_4H_{10} 的量与生成 CO_2 的量的关系：$2mol\ C_4H_{10} \eqsim 8mol\ CO_2$。利用该化学计量关系，我们必须把 C_4H_{10} 的质量转换为物质的量，已知 C_4H_{10} 的摩尔质量为 58.0g/mol：

$$C_4H_{10}\ 物质的量 = (1.00g\ C_4H_{10})\left(\frac{1mol\ C_4H_{10}}{58.0g\ C_4H_{10}}\right)$$
$$= 1.72 \times 10^{-2}\ mol\ C_4H_{10}$$

然后利用平衡方程式中的化学计量关系计算 CO_2 的物质的量：

$$CO_2\ 物质的量 = (1.72 \times 10^{-2}\ mol\ C_4H_{10})\left(\frac{8mol\ CO_2}{2mol\ C_4H_{10}}\right)$$
$$= 6.88 \times 10^{-2}\ mol\ CO_2$$

最后根据 CO_2 的摩尔质量 44.0g/mol 计算 CO_2 质量：

$$CO_2\ 质量 = (6.88 \times 10^{-2}\ mol\ CO_2)\left(\frac{44.0g\ CO_2}{1mol\ CO_2}\right)$$
$$= 3.03g\ CO_2$$

该转换过程包括三个步骤，如图 3.16 所示。这三个步骤可以合并在一个等式中：

$$CO_2 质量 = (1.00g\,C_4H_{10})\left(\frac{1mol\,C_4H_{10}}{58.0g\,C_4H_{10}}\right)\left(\frac{8mol\,CO_2}{2mol\,C_4H_{10}}\right)\left(\frac{44.0g\,CO_2}{1mol\,CO_2}\right)$$

$$= 3.03g\,CO_2$$

为了计算方程式（3.13）反应中消耗的氧气量，我们可以根据平衡方程式中的系数作为化学计量因子 $2mol\,C_4H_{10} \simeq 13mol\,O_2$：

$$O_2 质量 = (1.00g\,C_4H_{10})\left(\frac{1mol\,C_4H_{10}}{58.0g\,C_4H_{10}}\right)\left(\frac{13mol\,O_2}{2mol\,C_4H_{10}}\right)\left(\frac{32.0g\,O_2}{1mol\,O_2}\right)$$

$$= 3.59g\,O_2$$

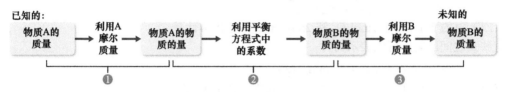

▲ 图 3.16 计算反应中消耗反应物或生成产物量的过程。计算消耗反应物或生成产物的质量可以从任何一种反应物或产物的质量开始，分成三步进行计算

想一想

前例中，1.00g 的 C_4H_{10} 与 3.59g 的 O_2 发生反应生成 3.03g 的 CO_2。如何只利用加减法计算生成水的量。

实例解析 3.16

计算反应物和产物的量

计算 1.00g 葡萄糖 $C_6H_{12}O_6$ 氧化生成水的质量是多少克：

$$C_6H_{12}O_6(s) + 6O_2(g) \longrightarrow 6CO_2(g) + 6H_2O(l)$$

解析

分析 已知反应物的质量，确定在给定反应中产物的质量。

思路 遵循图 3.16 中描述的一般过程：

（1）利用 $C_6H_{12}O_6$ 的摩尔质量，将 $C_6H_{12}O_6$ 的质量转换为物质的量。

（2）利用化学计量关系 $1mol\,C_6H_{12}O_6 \simeq 6mol\,H_2O$，将 $C_6H_{12}O_6$ 的物质的量转化为水的物质的量。

（3）利用 H_2O 的摩尔质量，将 H_2O 的物质的量转化为质量。

解答

（1）首先利用 $C_6H_{12}O_6$ 的摩尔质量，将 $C_6H_{12}O_6$ 的质量转换为物质的量。

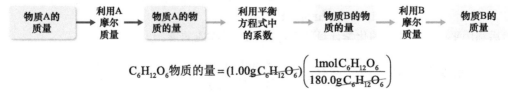

$$C_6H_{12}O_6 物质的量 = (1.00g\,C_6H_{12}O_6)\left(\frac{1mol\,C_6H_{12}O_6}{180.0g\,C_6H_{12}O_6}\right)$$

（2）然后利用化学计量关系 $1mol\,C_6H_{12}O_6 \simeq 6H_2O$，将 $C_6H_{12}O_6$ 的物质的量转化为 H_2O 的物质的量。

$$H_2O 物质的量 = (1.00g\,C_6H_{12}O_6)\left(\frac{1mol\,C_6H_{12}O_6}{180.0g\,C_6H_{12}O_6}\right)\left(\frac{6mol\,H_2O}{1mol\,C_6H_{12}O_6}\right)$$

（3）最后利用 H_2O 的摩尔质量，将水的物质的量转化为质量

物质A的质量 → 利用A摩尔质量 → 物质A的物质的量 → 利用平衡方程式中的系数 → 物质B的物质的量 → 利用B摩尔质量 → 物质B的质量

$$H_2O \text{质量} = (1.00g\, C_6H_{12}O_6)\left(\frac{1mol\, C_6H_{12}O_6}{180.0g\, C_6H_{12}O_6}\right)\left(\frac{6mol\, H_2O}{1mol\, C_6H_{12}O_6}\right)\left(\frac{18.0g\, H_2O}{1mol\, H_2O}\right)$$

$$= 0.600g\, H_2O$$

检验　通过估计生成水的质量来检查答案的合理性。因为葡萄糖的摩尔质量为 180g/mol，1g 葡萄糖为 1/180mol。因为 1mol 的葡萄糖产生 6 mol 的水，因此 1g 葡萄糖生成 6/180 = 1/30mol 水。水的摩尔质量为 18g/mol，所以生成水的质量 $1/30 \times 18 = 6/10 = 0.6g\, H_2O$，与我们计算的结果完全一致。单位克是正确的。已知数据有三位有效数字，因此答案也有三位有效数字。

▶ **实践练习 1**

氢氧化钠与二氧化碳反应生成碳酸钠和水：

$$2NaOH(s) + CO_2(g) \longrightarrow Na_2CO_3(s) + H_2O(l)$$

2.40g 氢氧化钠可以制备多少克 Na_2CO_3？

（a）3.18g　（b）6.36g　（c）1.20g　（d）0.0300g

▶ **实践练习 2**

实验室中 $KClO_3$ 分解有时可以用来制备少量氧气：$2KClO_3(s) \longrightarrow 2KCl(s) + 3O_2(g)$。4.50g $KClO_3$ 可以制备多少克 O_2？

 实例解析 3.17

计算反应物和产物的量

在宇宙飞船内，固体氢氧化锂可以除去宇航员呼出气体中的二氧化碳。已知氢氧化锂与二氧化碳反应生成固体碳酸锂与液体水。1.00g 氢氧化锂可以吸收多少克二氧化碳？

解析

分析　已知某个反应，计算反应中一种 1.00g 反应物对应另一种反应物的质量。

思路　从描述的反应中可以写出平衡方程式：

$$2LiOH(s) + CO_2(g) \longrightarrow Li_2CO_3(s) + H_2O(l)$$

已知 LiOH 的质量，计算 CO_2 的质量。我们可以通过图 3.16 中的三个转换步骤完成这个计算。步骤 1 的转换需要 LiOH 的摩尔质量（6.94 + 16.00 + 1.01 = 23.95g/mol）。步骤 2 的转换可以基于化学平衡方程式的化学计量关系：2mol LiOH ⇌ 1mol CO_2。对于步骤 3 的转换，我们可以利用 CO_2 的摩尔质量：12.01 + 2 × 16.00 = 44.01g/mol。

解答

$$(1.00g\, LiOH)\left(\frac{1mol\, LiOH}{23.95g\, LiOH}\right)\left(\frac{1mol\, CO_2}{2mol\, LiOH}\right)\left(\frac{44.01g\, CO_2}{1mol\, CO_2}\right)$$

$$= 0.919g\, CO_2$$

检验　注意 23.95g LiOH/mol ≈ 24g LiOH/mol，24g LiOH/mol × 2mol LiOH = 48g LiOH，（$44g\, CO_2$/mol）/（48g LiOH）略小于 1。因此根据原始 LiOH 的量确定的答案大小 $0.919g\, CO_2$ 是合理的。有效数字位数和单位也是合适的。

▶ **实践练习 1**

丙烷 C_3H_8（见图 3.8）是一种用于烹饪和家用取暖的常见燃料。1.00g 丙烷燃烧消耗多少克氧气？

（a）5.00g　（b）0.726g　（c）2.18g　（d）3.63g

▶ **实践练习 2**

甲醇 CH_3OH 在空气中燃烧，与氧气反应生成水和二氧化碳。23.6g 甲醇燃烧生成多少质量的水？

　　许多化学反应会释放或吸收热量（见图 3.8）。这个热量也是一个化学计量的量。举个例子，如果已知反应物的物质的量，在给定反应中产生 100J 的热量，那两倍物质的量的此反应物就会产生 200J 的热量。我们将在第 5 章中作进一步讨论。

3.7 | 限制反应物

假设要制作一些三明治，每个三明治有一片奶酪和两片面包。如果用符号表示：Bd = 面包，Ch = 奶酪，Bd_2Ch = 三明治，我们就可以用类似化学方程式的式子表示制作三明治的食谱：

$$2Bd + Ch \longrightarrow Bd_2Ch$$

如果有十片面包和七片奶酪，就只能做五个三明治，剩下两片奶酪。面包的数量限制了三明治的数量。

化学反应中，当一种反应物在其他反应物耗尽之前就已消耗完全时也会发生类似的情况。只要任何一种反应物消耗完全，反应就会停止，剩余的反应物就会留下。例如，假设 10mol H_2 和 7mol O_2 混合反应生成水：

$$2H_2(g) + O_2(g) \longrightarrow 2H_2O(g)$$

因为 2mol $H_2 \cong$ 1mol O_2，与所有 H_2 反应所需 O_2 的物质的量为

$$O_2物质的量 = (10\,\text{mol}\,H_2)\left(\frac{1\text{mol}\,O_2}{2\text{mol}\,H_2}\right) = 5\text{mol}\,O_2$$

因为反应开始时有 7mol O_2，7mol O_2 − 5mol O_2 = 2mol O_2，当所有的氢气反应完后，仍有 2mol 氧气存在。

在反应中完全消耗的反应物称为**限制反应物**，决定或限制生成产物的量。其他反应物一般称为过量反应物。在上面的例子中，如图 3.17 所示，H_2 是限制反应物，也就是说只要所有 H_2 消耗完时，反应就停止了。同时多余的 O_2 反应物就被剩余下来。

任何反应中的反应物起始量都没有限制。但事实上许多反应一般都是一种反应物过量。但是消耗反应物的量和生成产物的量都取决于限制反应物的量。例如当燃烧反应在室外进行时，氧气是充足的，因此氧气是过量反应物。如果你开车时汽油用完了，那么汽车就会停下来，因为汽油是驱动汽车燃烧反应中的限制反应物。

在图 3.17 所示的示例之前，我们总结一下数据：

$2H_2(g) + O_2(g) \longrightarrow 2H_2O(g)$		
反应前： 10mol	7mol	0mol
变化（反应） −10mol	−5mol	+10mol
反应后 0mol	2mol	10mol

图例解析 如果将 H_2 的量翻倍，生成水的物质的量是多少？

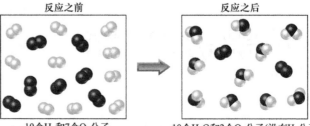

10个 H_2 和7个 O_2 分子　　　　10个 H_2O 和2个 O_2 分子(没有 H_2 分子)

▲ 图 3.17　限制反应物　H_2 是完全消耗的，是限制反应物。O_2 在反应完成后有剩余，是过量反应物。所以生成水的量取决于限制反应物 H_2 的量

表中第二行（变化）总结了消耗反应物的量（这里消耗用负号表示）和生成产物的量（用正号表示）。这些量不仅取决于限制反应物的量，还取决于平衡方程式中的系数。物质的量比 $H_2 : O_2 : H_2O = 10 : 5 : 10$ 是平衡方程式中系数 $2 : 1 : 2$ 的倍数。各物质反应后的量取决于反应前的量及其变化量，可以通过加和每列中反应前的量及其变化量来确定。在反应结束后，限制反应物（H_2）的量一定为零，还有剩余的 $2mol$ O_2（过量反应物）和 $10mol$ H_2O（产物）。

实例解析 3.18

由限制反应物的量计算生成产物的量

工业生产中最重要的合成氨反应是基于 N_2 和 H_2 生成氨（NH_3）的反应：

$$N_2(g) + 3H_2(g) \longrightarrow 2NH_3(g)$$

$3.0mol$ N_2 和 $6.0mol$ H_2 可以生成多少物质的量的 NH_3？

解析

分析 已知反应中反应物 N_2 和 H_2 的量，计算产物 NH_3 的物质的量，这是一个限制反应物的问题。

思路 假设一个反应物完全被消耗，我们可以计算第二种反应物需要的量。通过比较两种反应物的计算量和已知的量，就可以确定哪种反应物是限制反应物。然后通过利用限制反应物的量继续进行计算。

解答

$3.0mol$ N_2 完全消耗需要 H_2 的物质的量为

$$H_2 \text{物质的量} = (3.0 \, mol \, N_2)\left(\frac{3 \, mol \, H_2}{1 \, mol \, N_2}\right) = 9.0 \, mol \, H_2$$

因为题只有 $6.0mol$ H_2，因此 H_2 在 N_2 耗尽之前已完全消耗，这就意味着 H_2 是限制反应物。因此利用 H_2 的量计算生成 NH_3 的量：

$$NH_3 \text{物质的量} = (6.0 \, mol \, H_2)\left(\frac{2 \, mol \, NH_3}{3 \, mol \, H_2}\right) = 4.0 \, mol \, NH_3$$

注意 我们不仅可以计算生成 NH_3 的物质的量，同时也可以计算反应后剩余反应物质的量。还需注意尽管初始阶段（反应前）H_2 的物质的量大于 N_2 的物质的量，因为在平衡方程式中 N_2 和 H_2 的系数为 $1:3$，因此 H_2 仍然是限制反应物。

检验 检查汇总表中的变化行，可以看到消耗反应物和生成产物的物质的量比 $2:6:4$ 是平衡方程式中系数 $1:3:2$ 的倍数。我们确认 H_2 是限制反应物，

因为它在反应中是完全消耗的，最后剩下 $0mol$。因为 $6.0mol$ H_2 有 2 位有效数字，答案也需有 2 位有效数字。

注解 在一个表中总结反应数据是很有用的：

$N_2(g) + 3H_2(g) \longrightarrow 2NH_3(g)$		
反应前： $3.0mol$	$6.0mol$	$0mol$
变化（反应） $-2.0mol$	$-6.0mol$	$+4.0mol$
反应后： $1.0mol$	$0mol$	$4.0mol$

▶ **实践练习 1**

$24mol$ 甲醇与 $15mol$ 氧气发生燃烧反应 $2CH_3OH(l) + 3O_2(g) \longrightarrow 2CO_2(g) + 4H_2O(g)$，哪种反应物是过量反应物，反应后有多少剩余（以 mol 计）？

（a）$9mol$ $CH_3OH(l)$ （b）$10mol$ $CO_2(g)$
（c）$10mol$ $CH_3OH(l)$ （d）$14mol$ $CH_3OH(l)$
（e）$1mol$ $O_2(g)$

▶ **实践练习 2**

（a）$1.50mol$ Al 与 $3.00mol$ Cl_2 反应 $2Al(s) + 3Cl_2(g) \longrightarrow 2AlCl_3(s)$，哪种反应物是限制反应物？
（b）生成 $AlCl_3$ 的物质的量是多少？
（c）反应后过量反应物剩余多少（以 mol 计）？

实例解析 3.19

由限制反应物的量计算生成产物的量

下列反应是发生在氢燃料电池中的反应。假设一个燃料电池含有 $150g$ 的 $H_2(g)$ 和 $1500g$ 的 $O_2(g)$（每种测定值都有 2 位有效数字），可以生成多少克水？

$$2H_2(g) + O_2(g) \longrightarrow 2H_2O$$

解析

分析 已知两种反应物的量，计算产物的量，所以这是一个限制反应物的问题。

思路 首先计算每种反应物的物质的量，再通过平衡方程式中的系数确定限制反应物。然后利用限制反应物的量计算生成水的量。

解答 平衡方程式中有如下化学计量关系

$$2mol\ H_2 \backsimeq 1mol\ O_2 \backsimeq 2mol\ H_2O$$

利用每种物质的摩尔质量，可以计算出每种反应物的物质的量：

$$H_2 物质的量 = (150g\ H_2)\left(\frac{1mol\ H_2}{2.02g\ H_2}\right) = 74mol\ H_2$$

$$O_2 物质的量 = (1500g\ O_2)\left(\frac{1mol\ O_2}{32.0g\ O_2}\right) = 47mol\ O_2$$

平衡方程式中的系数表明该反应中 $1mol\ O_2$ 需要 $2mol\ H_2$。因此如果所有 O_2 完全反应，需要 $2 \times 47 = 94mol\ H_2$。因为题中只有 $74mol\ H_2$，所以不是所有的氧气都能发生反应，因此 O_2 是过量反应物，H_2 是限制反应物。（注意限制反应物并不一定是最低量的反应物。）

利用 H_2（限制反应物）的量计算生成水的量。已知 H_2 的质量150g，我们可以通过刚刚计算得出的 H_2 物质的量，这样就节省了一个步骤：

$$H_2O 质量 = (74mol\ H_2)\left(\frac{2mol\ H_2O}{2mol\ H_2}\right)\left(\frac{18.0g\ H_2O}{1mol\ H_2O}\right)$$

$$= 1.3 \times 10^2\ g\ H_2O$$

检验 根据反应物的量，答案应该是合理的，单位也是正确的，而且有效数字位数（两位）与题中已知数据的有效数字位数是一致的。

注解 限制反应物 H_2 的量可以确定所消耗 O_2 的量：

$$O_2 质量 = (74mol\ H_2)\left(\frac{1mol\ O_2}{2mol\ H_2}\right)\left(\frac{32.0g\ O_2}{1mol\ O_2}\right)$$

$$= 1.2 \times 10^3\ g\ H_2O$$

反应结束后剩余氧气的量等于起始量减去消耗量：

$$1500g - 1200g = 300g$$

▶ **实践练习 1**

熔融镓与砷反应生成的砷化镓 GaAs 半导体可用于发光二极管和太阳能电池：

$$Ga(l) + As(s) \longrightarrow GaAs(s)$$

如果 4.00g 镓与 5.50g 砷反应，反应结束后剩余多少克过量反应物？（a）1.20g As （b）1.50g As （c）4.30g As （d）8.30g Ga

▶ **实践练习 2**

2.00g 的锌片置于含有 2.50g 硝酸银的水溶液中时，反应如下

$$Zn(s) + 2AgNO_3(aq) \longrightarrow 2Ag(s) + Zn(NO_3)_2(aq)$$

（a）哪种反应物是限制反应物？（b）反应生成多少克 Ag？（c）反应生成多少克 $Zn(NO_3)_2$？（d）反应结束后剩余多少克过量反应物？

理论产量和产率

当所有限制反应物消耗完时，计算出的产物的量称为**理论产量**。实际生成产物的量称为实际产量，实际产量一般低于（而且永远不会大于）理论产量。造成差异的原因有很多，例如有些反应物可能没有发生反应，或者可能以另一种反应形式发生反应（副反应）。此外从反应后的混合物中回收所有的产物并不总是可行的。反应的产率是实际产量和理论产量的百分比：

$$产率 = \frac{实际产量}{理论产量} \times 100\% \qquad (3.14)$$

实例解析 3.20
计算理论产量和产率

用于生产尼龙的己二酸 $H_2C_6H_8O_4$ 可以由环己烷（C_6H_{12}）和 O_2 反应生成：

$$2C_6H_{12}(l) + 5O_2(g) \longrightarrow 2H_2C_6H_8O_4(l) + 2H_2O(g)$$

（a）假设 25.0g 的环己烷参加反应，环己烷是限制反应物。己二酸的理论产量是多少？（b）如果得到 33.5g 的己二酸，那么反应的产率是多少？

解析

分析　已知一个化学方程式和限制反应物（25.0g C_6H_{12}）的量。计算产物 $H_2C_6H_8O_4$ 的理论产量和得到33.5g 产物的产率。

思路

（a）理论产量，即计算生成己二酸的量，可以用如图 3.16 所示的转换顺序进行计算。

（b）产率可以利用式 3.14 计算，即实际产量（33.5g）和理论产量的比值。

解答

（a）理论产量：

$$H_2C_6H_8O_4 克数 = (25.0g\,C_6H_{12})\left(\frac{1mol\,C_6H_{12}}{84.0g\,C_6H_{12}}\right)\left(\frac{2mol\,H_2C_6H_8O_4}{2mol\,C_6H_{12}}\right)\left(\frac{146.0g\,H_2C_6H_8O_4}{1mol\,H_2C_6H_8O_4}\right)$$

$$= 43.5g\,H_2C_6H_8O_4$$

（b）产率：

$$产率 = \frac{实际产量}{理论产量} \times 100\% = \frac{33.5g}{43.5g} \times 100\% = 77.0\%$$

检验　可以利用估算来检查答案。从平衡方程式中我们知道每物质的量环己烷可以产生 1mol 的己二酸。$\frac{25}{84} \approx \frac{25}{75} = 0.3mol$ 环己烷，所以认为是 0.3mol 的己二酸，等于 $0.3 \times 150 = 45g$，和我们前面详细计算得出的 43.5g 的大小相差不大。另外，答案也有合适的单位和有效数字位数。（b）中的答案小于 100%，符合产率的定义。

▶ **实践练习 1**

如果 3.00g 钛金属与 6.00g 氯气 Cl_2 发生化合反应生成7.7g的氯化钛（Ⅳ），产物的产率是多少？
（a）65%　（b）96%　（c）48%　（d）86%

▶ **实践练习 2**

假设你正在研究如何改进将含 Fe_2O_3 的铁矿石转化为铁的过程：

$$Fe_2O_3(s) + 3CO(g) \longrightarrow 2Fe(s) + 3CO_2(g)$$

（a）如果 150g Fe_2O_3 作为限制反应物，铁的理论产量是多少？

（b）如果实际产量是 87.9g，那么产率是多少？

成功的策略　**设计实验**

在学校你能学到的一个最重要的技能就是如何像科学家一样思考。诸如，化学家和其他科学家每天工作时都会问"用什么实验可以检验这个假设？""我如何解释这些数据？"以及"这些数据支持这个假设吗？"等这类问题。

我们希望你能成为一个优秀的批判性思考者，同时也是一个积极、有逻辑、有好奇心的学习者。为了这个目的，从本章开始，我们在每章的末尾增加了一个称为"设计实验"的特别练习。这里有一个例子：

牛奶是纯液体还是在水中的混合物？设计一个实验区分这两种可能性。

你可能已经知道答案了——牛奶确实是水中各种成分的混合物，但我们的目标是想在实验中如何证明这一点。仔细想想，你可能意识到这个实验的关键理念是分离。如果你能弄清楚如何分离这些成分，就能证明牛奶是混合物。

检验假设是一项创造性的工作。虽然有些实验可能比其他的更有效，但通常有多种方法来检验假设。例如关于牛奶的问题我们可以通过一个实验来探索，实验中，你煮沸一定量的牛奶，直到它变干。锅底会形成固体残渣吗？如果有，你可以称量并计算该固体残渣在牛奶中的比例，这就可以很好地证明牛奶是一种混合物。如果沸腾后没有残留物，那么你仍然不能区分这两种可能性。

你还能通过什么实验来证明牛奶是一种混合物？你可以把牛奶样品放在离心机（你可能在生物实验室里用过离心机）中，旋转样品，观察是否有固体在离心管的底部聚集。大分子物质可以通过这种方式从混合物中分离出来。通过测量试管底部固体的质量得到牛奶中固体的百分比，同时也告诉你牛奶确实是一种混合物。

如果没有离心机，你还能怎样分离牛奶中的固体呢？可以考虑使用一个有小孔的过滤器，或者一个很好的滤网。将牛奶通过该过滤器，一些（大的）固体成分应该保留在过滤器上，而水（实际上很小的分子或离子）会通过过滤器。这一结果也可以证明牛奶是一种混合物。这样的过滤器存在吗？存在！但就我们的目的而言，这种过滤器存在并不是重点，关键是：你能利用想象力和化学知识来设计一个合理的实验吗？不要太担心设计实验所需的精密仪器。我们的目标是你需要做什么，或者你需要收集什么样的数据来回答这个问题。如果老师允许，你可以和班上的其他人合作来探讨想法。科学家们一直在与其他科学家讨论他们的想法。讨论想法，改进想法，可以使我们成为更好的科学家，帮助我们共同回答重要的问题。

科学实验的设计和解释是科学方法的核心。把设计实验想象成可以用各种方式解决的谜题，尽情享受探索的乐趣吧！

本章小结和关键术语

化学方程式（见 3.1 节）

化学式和化学方程式之间定量关系的研究称为**化学计量学**。化学计量学中一个重要的定律是**质量守恒定律**，即化学反应中产物的总质量等于反应物的总质量。每种原子的数量在反应前后都是相同的。一个平衡的**化学方程式**表示方程式两边各元素的原子数量相等。配平方程式一般通过方程式中**反应物**和**产物**前面的系数配平，不能改变化学式中的下标。

化学反应基本类型（见 3.2 节）

在本章中探讨的反应类型有（1）**化合反应**，两种反应物化合生成一种产物（2）**分解反应**，一种反应物生成两种以上的产物（3）**氧气中的燃烧反应**，物质与 O_2 剧烈反应生成二氧化碳和水，通常是碳氢化合物。

分子量（见 3.3 节）

根据原子量，可以通过化学式和化学平衡方程式来确定定量信息。一种化合物的**式量**等于其化学式中原子的原子量之和。如果化学式是一个分子式，那么式量也称为分子量。原子量和式量可以确定化合物的**元素组成**。

阿伏伽德罗常数和物质的量（见 3.4 节）

1 物质的量的任何物质都含有**阿伏伽德罗数**（6.02×10^{23}）个粒子。**1 物质的量**的原子、分子或离子的质量（**摩尔质量**）等于以克表示的物质的式量。例如 1 物质的量 H_2O 的质量为 18.0amu，所以 1 物质的量 H_2O 的质量为 18.0g。也就是说 H_2O 的摩尔质量是 18.0g/mol。

经验式的分析（见 3.5 节）

任何物质的经验式都可以通过计算 100g 物质中每种原子的相对物质的量来确定。如果物质是分子，且已知分子量，那么分子式可以通过经验式确定。燃烧分析法是一种确定含有碳、氢（和 / 或）氧化合物经验式的方法。

平衡方程中的定量信息和限制反应物（见 3.6 节和 3.7 节）

利用物质的量概念可以计算化学反应中反应物和产物的相对量。平衡方程式中的系数表示反应物和产物的相对物质的量。从反应物的质量计算产物的质量。首先将反应物的克数转化为反应物的物质的量，然后利用平衡方程式中的系数，将反应物的物质的量转化为产物的物质的量。最后将产物的物质的量转化成产物的质量。在一个反应中**限制反应物**被完全消耗。当它被消耗完时，反应就停止了，从而限制了生成产物的量。反应的**理论产量**是当所有限制反应物反应完全时计算出的产物量。反应的实际产量一般低于理论产量。**产率**是实际产量和理论产量的比值。

学习成果　学习本章后应该掌握：

- 配平化学方程式（见 3.1 节）
  相关练习: 3.11, 3.12
- 预测基本反应，如化合反应、分解反应和燃烧反应的产物（见 3.2 节）
  相关练习: 3.19, 3.20
- 计算式量（见 3.3 节）
  相关练习: 3.23, 3.24
- 通过摩尔质量将克转换成物质的量，反之亦然（见 3.4 节）
  相关练习: 3.35, 3.36
- 通过阿伏伽德罗常数将分子数转化为物质的量，反之亦然（见 3.4 节）
  相关练习: 3.39, 3.40
- 通过百分比组成和分子量确定化合物的经验式和分子式（见 3.5 节）
  相关练习: 3.53, 3.54
- 确定反应的限制反应物，计算消耗反应物以及生成产物的质量或物质的量（见 3.6 节）
  相关练习: 3.65, 3.66
- 计算反应的产率。（见 3.7 节）
  相关练习: 3.83, 3.84。

主要公式

$$元素的质量百分比 = \frac{元素原子的数量 \times 元素原子的原子量}{物质的式量} \times 100\%$$

（3.10）

这是计算一种化合物中各元素质量百分比的公式。一种化合物中所有元素的百分比之和应该是百分之百。

$$产率 = \frac{实际产量}{理论产量} \times 100\%$$

（3.14）

这是计算反应产率的百分比公式。产率永远不会大于百分之百。

本章练习

图例解析

3.1　反应物A（蓝球）与反应物B（红球）反应如下图所示：

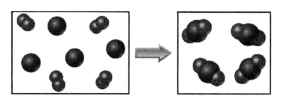

　　基于上图，下列哪个方程式最能描述该反应的过程？（见3.1节）

（a）$A_2 + B \longrightarrow A_2B$

（b）$A_2 + 4B \longrightarrow 2AB_2$

（c）$2A + B_4 \longrightarrow 2AB_2$

（d）$A + B_2 \longrightarrow AB_2$

3.2　下图显示了氢气H_2与一氧化碳CO化合生成甲醇CH_3OH的反应（白色球体代表H，黑色球体代表C，红色球体代表O），该反应中涉及的CO分子数量没有显示出来。（见3.1节）

（a）确定左边方框内（反应物）CO分子的数量；

（b）写出该反应平衡的化学方程式。

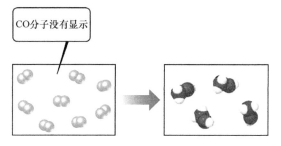

3.3　下图表示由分解反应生成相关单质。（a）如果蓝色球体代表N原子，红色球体代表O原子，那么起始化合物的经验式是什么？（b）你能画张图来表示发生分解反应的化合物的分子并解释吗？（见3.2节）

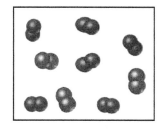

3.4　下图表示由碳氢化合物完全燃烧生成的CO_2和H_2O。碳氢化合物的经验式是什么？（见3.2节）

3.5　甘氨酸是一种生物体用来制造蛋白质的氨基酸，该氨基酸的球棍模型如下图所示。

（a）写出分子式；

（b）确定其摩尔质量是多少；

（c）计算100.0g甘氨酸样品中含有的甘氨酸的物质的量；

（d）计算甘氨酸中氮的质量百分比。（见3.3节和3.5节）

3.6　下图表示CH_4和H_2O高温时发生的反应。根据这个反应，计算4.0mol CH_4反应可以得到每种产物的物质的量。（见3.6节）

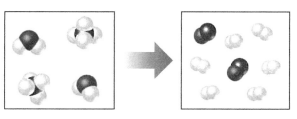

3.7　氮气（N_2）和氢气（H_2）反应生成氨（NH_3）。下图表示N_2和H_2的混合物。蓝色球体代表N，白色球体代表H。（a）写出该反应的化学平衡方程式；（b）限制反应物是什么？（c）如果反应完成，根据下图可以生成多少氨气分子？（d）根据下图，是否有反应物分子剩余？如果有，是哪种反应物，会剩余多少？（见3.7节）

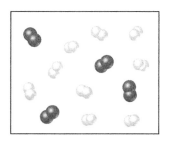

3.8 一氧化氮和氧气反应生成二氧化氮。下图表示 NO 和 O_2 的混合。蓝色球体代表 N，红色球体代表 O（a）如果反应完成，可以生成多少个 NO_2 分子？（b）限制反应物是什么？（c）如果反应的实际产率是 75% 而不是 100%，那么反应结束后，每种物质的分子数各是多少？

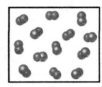

化学方程式和化学反应基本类型（见 3.1 节和 3.2 节）

3.9 判断正误。（a）因为能量必须守恒，所以我们需要配平化学方程式；（b）如果反应 $2O_3(g) \longrightarrow 3O_2(g)$ 完成，并且所有 O_3 都转化为 O_2，那么反应前 O_3 的质量一定与反应后 O_2 的质量相等；（c）水分解反应方程式 $H_2O(l) \longrightarrow H_2(g) + O_2(g)$ 配平后：$H_2O_2(l) \longrightarrow H_2(g) + O_2(g)$。

3.10 配平化学方程式的一个关键步骤是正确写出反应物和产物的化学式。例如，氧化钙 CaO(s) 与 $H_2O(l)$ 反应生成氢氧化钙。（a）该反应产物为 $Ca(OH)_2(aq)$，写出该反应平衡化学方程式。（b）如果将产物写为 CaOH(aq)，是否有可能配平该方程式，如果可以，请写出这个方程式。

3.11 配平下列方程式：

（a）$CO(g) + O_2(g) \longrightarrow CO_2(g)$

（b）$N_2O_5(g) + H_2O(l) \longrightarrow HNO_3(aq)$

（c）$CH_4(g) + Cl_2(g) \longrightarrow CCl_4(l) + HCl(g)$

（d）$Zn(OH)_2(s) + HNO_3(aq) \longrightarrow Zn(NO_3)_2(aq) + H_2O(l)$

3.12 配平下列方程式：

（a）$Li(s) + N_2(g) \longrightarrow Li_3N(s)$

（b）$TiCl_4(l) + H_2O(l) \longrightarrow TiO_2(s) + HCl(aq)$

（c）$NH_4NO_3(s) \longrightarrow N_2(g) + O_2(g) + H_2O(g)$

（d）$AlCl_3(s) + Ca_3N_2(s) \longrightarrow AlN(s) + CaCl_2(s)$

3.13 配平下列方程式：

（a）$Al_4C_3(s) + H_2O(l) \longrightarrow Al(OH)_3(s) + CH_4(g)$

（b）$C_5H_{10}O_2(l) + O_2(g) \longrightarrow CO_2(g) + H_2O(g)$

（c）$Fe(OH)_3(s) + H_2SO_4(aq) \longrightarrow Fe_2(SO_4)_3(aq) + H_2O(l)$

（d）$Mg_3N_2(s) + H_2SO_4(aq) \longrightarrow MgSO_4(aq) + (NH_4)_2SO_4(aq)$

3.14 配平下列方程式：

（a）$Ca_3P_2(s) + H_2O(l) \longrightarrow Ca(OH)_2(aq) + PH_3(g)$

（b）$Al(OH)_3(s) + H_2SO_4(aq) \longrightarrow Al_2(SO_4)_3(aq) + H_2O(l)$

（c）$AgNO_3(aq) + Na_2CO_3(aq) \longrightarrow Ag_2CO_3(s) + NaNO_3(aq)$

（d）$C_2H_5NH_2(g) + O_2(g) \longrightarrow CO_2(g) + H_2O(g) + N_2(g)$

3.15 写出下列描述相对应的化学平衡方程式：

（a）固体电石 CaC_2 与水发生反应生成氢氧化钙和乙炔 C_2H_2。（b）氯酸钾加热分解生成氯化钾固体和氧气。（c）金属锌固体与硫酸反应生成氢气和硫酸锌水溶液。（d）三氯化磷加入到水中会生成亚磷酸水溶液 $(H_3PO_3)(aq)$ 和盐酸。（e）硫化氢气体通过热氢氧化铁（III）固体时生成硫化铁（III）固体和水蒸气。

3.16 写出下列描述所对应的化学平衡方程式：

（a）三氧化硫气体与水发生反应生成硫酸溶液。

（b）硫化硼 $(B_2S_3(s))$ 与水发生剧烈反应，生成硼酸 (H_3BO_3) 和硫化氢 (H_2S) 气体。（c）磷化氢 $(PH_3)(g)$ 在氧气中燃烧生成水蒸气和五氧化二磷固体。（d）固体硝酸汞（II）加热分解生成氧化汞（II）固体、二氧化氮气体和氧气。（e）金属铜与热浓硫酸溶液反应生成硫酸铜（II）、二氧化硫气体和水。

化学反应的类型（见 3.2 节）

3.17 （a）金属钠与非金属溴 $Br_2(l)$ 发生化合反应，生成产物的化学式是什么？（b）产物在室温下是固体、液体还是气体？（c）该化学平衡方程式中，如果 $Br_2(l)$ 前面的系数是 1，那么产物前面的系数是多少？

3.18 （a）含有 C、H 和 O 的化合物在空气中完全燃烧时，除了碳氢化合物之外，反应中还涉及什么反应物？（b）该反应中生成的产物是什么？（c）在平衡的化学方程式中，1mol 丙酮 $C_3H_6O(l)$ 在空气中燃烧的系数之和是多少？

3.19 写出下列反应平衡化学方程式（a）Mg(s) 与 $Cl_2(g)$ 发生反应（b）碳酸钡加热分解生成氧化钡和二氧化碳气体（c）碳氢化合物苯乙烯 $C_8H_8(l)$ 在空气中燃烧（d）二甲基乙醚 $CH_3OCH_3(g)$ 在空气中燃烧。

3.20 写出下列反应平衡化学方程式（a）金属钛与 $O_2(g)$ 发生反应（b）氧化银（I）加热分解生成银金属和氧气（c）丙醇 $C_3H_7OH(l)$ 在空气中燃烧（d）甲基叔丁基醚 $C_5H_{12}O(l)$ 在空气中燃烧。

3.21 配平下列方程式，并指出是化合反应、分解反应还是燃烧反应：

（a）$C_3H_6(g) + O_2(g) \longrightarrow CO_2(g) + H_2O(g)$

（b）$NH_4NO_3(s) \longrightarrow N_2O(g) + H_2O(g)$

（c）$C_5H_6O(l) + O_2(g) \longrightarrow CO_2(g) + H_2O(g)$

（d）$N_2(g) + H_2(g) \longrightarrow NH_3(g)$

（e）$K_2O(s) + H_2O(l) \longrightarrow KOH(aq)$

3.22 配平下列方程式，并指出是化合反应、分解反应还是燃烧反应：

（a）$PbCO_3(s) \longrightarrow PbO(s) + CO_2(g)$

（b）$C_2H_4(g) + O_2(g) \longrightarrow CO_2(g) + H_2O(g)$

（c）$Mg(s) + N_2(g) \longrightarrow Mg_3N_2(s)$

（d）$C_7H_8O_2(l) + O_2(g) \longrightarrow CO_2(g) + H_2O(g)$

（e）$Al(s) + Cl_2(g) \longrightarrow AlCl_3(s)$

式量（见 3.3 节）

3.23　确定下列化合物的式量：（a）硝酸，HNO_3
（b）$KMnO_4$（c）$Ca_3(PO_4)_2$（d）石英，SiO_2
（e）硫化镓（f）硫酸铬（III）(g) 三氯化磷

3.24　确定下列化合物的式量：（a）一氧化二氮 N_2O，俗称为笑气，可以用于牙科中的麻醉剂；（b）苯甲酸 (C_6H_5COOH)，用于食品防腐剂；（c）氢氧化镁 $(Mg(OH)_2)$，镁乳中的活性成分；（d）尿素 $((NH_2)_2CO)$，用作氮肥的化合物；（e）醋酸异戊酯 $(CH_3CO_2C_5H_{11})$，香蕉气味的来源。

3.25　计算下列化合物中氧的质量百分比：（a）吗啡 $(C_{17}H_{19}NO_3)$（b）可待因 $(C_{18}H_{21}NO_3)$（c）可卡因 $(C_{17}H_{21}NO_4)$（d）四环素 $(C_{22}H_{24}N_2O_8)$（e）洋地黄毒苷 $(C_{41}H_{64}O_{13})$（f）万古霉素 $(C_{66}H_{75}Cl_2N_9O_{24})$

3.26　计算下列化合物中元素的质量百分比：（a）乙炔 (C_2H_2)（用于焊接的气体）中的碳；（b）抗坏血酸 $(HC_6H_7O_6)$ 也称为维生素 C 中的氢；（c）硫酸铵 $((NH_4)_2SO_4)$（一种用作氮肥的物质）中的氢；（d）$(PtCl_2(NH_3)_2)$（一种叫作顺铂的化疗药物）中的铂；（e）雌性激素雌二醇 $(C_{18}H_{24}O_2)$ 中的氧（f）辣椒素 $(C_{18}H_{27}NO_3)$（一种让辣椒有辣味的化合物）中的碳。

3.27　根据下列结构式，计算每种化合物中所含碳的质量百分比：

a) 苯甲醛（杏仁香味）

b) 香草醛（香草口味）

c) 乙酸异戊酯（香蕉口味）

3.28　计算下列模型所示化合物中碳的质量百分比：

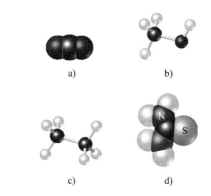

a)　b)　c)　d)

阿伏伽德罗常数和物质的量（见 3.4 节）

3.29　判断正误。（a）1mol 马含有 1mol 马腿；（b）1mol 水的质量为 18.0g；（c）1 个水分子的质量是 18.0g；（d）1mol NaCl(s) 含有 2mol 离子。

3.30　计算（a）1mol ^{12}C 的质量是多少克？（b）1mol ^{12}C 中有多少个碳原子？

3.31　不做任何详细计算情况下（但是可以参考元素周期表中的原子量），按原子数量增加的顺序排列下列物质：0.50mol H_2O、23g Na、6.0×10^{23} 个 N_2 分子。

3.32　不做任何详细计算情况下（但是可以参考元素周期表中的原子量），按原子数量增加的顺序排列下列物质：42g $NaHCO_3$、1.5mol CO_2、6.0×10^{24} 个 Ne 原子。

3.33　如果人的平均体重是 160lb（磅），那阿伏伽德罗数个人的体重是多少千克？这个数字和地球的质量 5.98×10^{24} kg 相比，大小如何？

3.34　如果阿伏伽德罗数个 1 美分硬币平分给美国的 3.21 亿人民，包括男人、女人，还有孩子。每个人将得到多少美元？这与美国的国内生产总值（GDP）相比如何，2015 年 GDP 为 17419 万亿美元？（GDP 是国家商品和服务的市场总值）。一美元等于 100 美分。

3.35　计算：
（a）0.105mol 蔗糖（$C_{12}H_{22}O_{11}$）的质量 (g)
（b）143.50g $Zn(NO_3)_2$ 的物质的量
（c）1.0×10^{-6} mol CH_3CH_2OH 的分子数
（d）0.410mol NH_3 中 N 原子数

3.36　计算：
（a）1.50×10^{-2} mol 的 CdS 的质量 (g)
（b）86.6g NH_4Cl 的物质的量
（c）8.447×10^{-2} mol C_6H_6 的分子数
（d）6.25×10^{-3} mol $Al(NO_3)_3$ 的 O 原子数

3.37　（a）2.50×10^{-3} mol 磷酸铵的质量是多少克？
（b）0.2550g 氯化铝中氯离子物质的量是多少？
（c）7.70×10^{20} 个咖啡因 $C_8H_{10}N_4O_2$ 分子的质量是多少克？
（d）如果 0.00105mol 胆固醇的质量是 0.406g，其摩尔质量是多少？

3.38　（a）1.223mol 硫酸铁（III）的质量是多少克？

（b）6.955g 碳酸铵中铵离子的物质的量是多少？

（c）1.50×10^{21} 个阿司匹林 $C_9H_8O_4$ 分子的质量是多少克？

（d）如果 0.05570mol 安定的质量是 15.86g，其摩尔质量是多少？

3.39 大蒜素是大蒜特有气味的来源，其分子式为 $C_6H_{10}OS_2$，（a）大蒜素的摩尔质量是多少？（b）5mg 大蒜素的物质的量是多少？（c）5mg 大蒜素中有多少个大蒜素分子？（d）5mg 大蒜素中有多少个 S 原子？

3.40 阿斯巴甜是美国 NutraSweet 公司研制的一种人造甜味剂，其分子式是 $C_{14}H_{18}N_2O_5$。（a）阿斯巴甜的摩尔质量是多少？（b）1.00mg 阿斯巴甜的物质的量是多少？（c）1.00mg 阿斯巴甜中有多少个阿斯巴甜分子？（d）1.00mg 阿斯巴甜中有多少个氢原子？

3.41 葡萄糖 $C_6H_{12}O_6$ 样品中含有 1.250×10^{21} 个碳原子。（a）该样品含有多少个氢原子？（b）该样品含有多少个葡萄糖分子？（c）该样品含有葡萄糖的物质的量是多少？（d）该样品的质量是多少克？

3.42 一份男性荷尔蒙睾丸激素 $(C_{19}H_{28}O_2)$ 中含有 3.88×10^{21} 个氢原子。（a）该样品含有多少个碳原子？（b）该样品含有多少个睾丸激素分子？（c）该样品含有睾丸激素的物质的量是多少？（d）该样品质量是多少克？

3.43 在某化工厂附近的大气中，氯乙烯 (C_2H_3Cl) 的允许浓度是 2.0×10^{-6}g/L。每升大气中含有氯乙烯的物质的量是多少？每升大气中含有多少个氯乙烯分子？

3.44 四氢大麻酚（THC）是大麻的活性成分，25μg 四氢大麻酚就可以产生毒性。THC 的分子式是 $C_{21}H_{30}O_2$。25μg 中含有 THC 的物质的量是多少？含有多少个 THC 分子？

经验式的分析（见 3.5 节）

3.45 写出下列化合物的经验式，每种化合物组成如下：（a）0.0130mol C，0.0390mol H 和 0.0065mol O；（b）11.66g 铁和 5.01g 氧；（c）质量百分比 40.0%C、6.7%H 和 53.3%O。

3.46 写出下列化合物的经验式，每种化合物组成如下：（a）0.104mol K、0.052mol C 和 0.156mol O；（b）5.28g Sn 和 3.37g F；（c）质量百分比 87.5%N 和 12.5%H。

3.47 通过质量分数确定下列化合物的经验式：

（a）10.4%C、27.8%S 和 61.7%Cl；

（b）21.7%C、9.6%O、68.7%F；

（c）32.79%Na、13.02%Al，其余为 F。

3.48 通过质量分数确定下列化合物的经验式：

（a）55.3%K、14.6%P 和 30.1%O；

（b）24.5%Na、14.9%Si 和 60.6%F；

（c）62.1%C、5.21%H、12.1%N，其余为 O。

3.49 经验式为 XF_3 的化合物含有质量分数 65% 的 F。X 的原子质量是多少？

3.50 XCl_4 化合物含有质量分数 75.0% 的 Cl。元素 X 是什么？

3.51 下列化合物的分子式分别是什么？（a）经验式 CH_2，摩尔质量 = 84.0g/mol；（b）经验式 NH_2Cl，摩尔质量 = 51.5g/mol。

3.52 下列化合物的分子式分别是什么？（a）经验式 HCO_2，摩尔质量 = 90.0g/mol；（b）经验式 C_2H_4O，摩尔质量 = 88.0 g/mol。

3.53 确定下列物质的经验式和分子式：

（a）苯乙烯是一种用于制造聚苯乙烯泡沫塑料的化合物，含有质量分数 92.3% 的 C 和 7.7% 的 H，已知摩尔质量是 104 g/mol；

（b）咖啡因是一种咖啡中的兴奋剂，含有质量分数 49.5% 的 C、5.15% 的 H、28.9% 的 N 和 16.5% 的 O，已知摩尔质量是 195g/mol；

（c）谷氨酸钠（味精）是某些食物中的风味增强剂，含有 35.51% 的 C、4.77% 的 H、37.85% 的 O、8.29% 的 N 和 13.60% 的 Na，已知摩尔质量是 169g/mol。

3.54 确定下列物质的经验式和分子式：（a）布洛芬是一种头痛药，含有质量分数 75.69% 的 C、8.80% 的 H 和 15.51% 的 O，已知摩尔质量为 206g/mol；（b）尸胺又称 1，5—戊二胺，是尸体上细菌作用产生的恶臭物质，含有质量分数 58.55% 的 C、13.81% 的 H 和 27.40% 的 N；摩尔质量是 102.2g/mol；（c）肾上腺素是一种人体在危险或压力下分泌到血液中的激素，含有质量分数 59.0% 的 C、7.1% 的 H、26.2% 的 O 和 7.7% 的 N；摩尔质量是 183g/mol。

3.55 （a）甲苯是一种常见有机溶剂，其燃烧生成 5.86mg 的 CO_2 和 1.37mg 的 H_2O。如果这种化合物只含有碳和氢，其经验式是什么？（b）薄荷醇是薄荷糖中的物质，由 C、H 和 O 组成。0.1005g 的薄荷醇样品燃烧生成 0.2829g 的 CO_2 和 0.1159g 的 H_2O。薄荷醇的经验式是什么？如果薄荷醇的摩尔质量是 156g/mol，其分子式是什么？

3.56 （a）菠萝特有的气味是由丁酸乙酯引起的，这是一种含有碳、氢和氧的化合物。2.78mg 丁酸乙酯燃烧生成 6.32mg 的 CO_2 和 2.58mg 的 H_2O。该化合物的经验式是什么？（b）尼古丁是烟草的组成部分，由 C、H 和 N 组成。5.250mg 尼古丁样品燃烧生成 14.242mg 的 CO_2 和 4.083mg 的 H_2O。尼古丁的实验式是什么？如果尼古丁的摩尔质量是 160 ± 5g/mol，其分子式是什么？

3.57 丙戊酸可以用来治疗癫痫和躁郁症，由 C、H 和 O 组成。0.165g 的丙戊酸样品燃烧生成 0.166g 的水和 0.403g 的二氧化碳。丙戊酸的经验式是什么？如果这种化合物的摩尔质量是 144g/mol，其分子式是什么？

3.58 丙烯酸 $C_3H_4O_2$ 是一种有机液体，用于制造塑料、涂料和粘合剂。一个没有标签的容器中可能装有这种液体。0.275g 的液体样品燃烧生成 0.102g 的水和 0.374g 的二氧化碳。这个未知液体是丙烯酸吗？通过计算解释你的结论。

3.59　洗涤碱是一种用来洗涤衣服的水合化合物，意味着化合物固体结构中含有一定数量的水分子。其化学式可以写成 $Na_2CO_3 \cdot xH_2O$，其中 x 表示 1mol Na_2CO_3 中水的物质的量（mol）。2.558g 的洗涤碱在 125℃加热时，所有的水分都会挥发，剩余 0.948g 的 Na_2CO_3。x 的值是多少？

3.60　泻盐是兽药中的一种强力泻药，一种水合物，意味着化合物固体结构中含有一定数量的水分子。其表达式可以写成 $MgSO_4 \cdot xH_2O$，其中 x 表示 1mol $MgSO_4$ 中水的物质的量（mol）。5.061g 的该水合物在 250℃加热时，所有的水分子都会挥发，剩余 2.472g 的 $MgSO_4$。x 的值是多少？

平衡方程式中的定量信息（见 3.6 节）

3.61　氢氟酸 HF(aq) 不能储存在玻璃瓶中，因为 HF(aq) 会腐蚀玻璃中的硅酸盐化合物。氢氟酸与硅酸钠（Na_2SiO_3）的反应如下：

$$Na_2SiO_3(s) + 8HF(aq) \longrightarrow H_2SiF_6(aq) + 2NaF(aq) + 3H_2O(l)$$

（a）与 0.300mol Na_2SiO_3 反应需要多少 mol 的 HF？（b）0.500mol HF 与过量 Na_2SiO_3 反应时，生成多少克 NaF？（c）与 0.800g HF 反应需要多少克 Na_2SiO_3？

3.62　超氧化钾 KO_2 和二氧化碳 CO_2 之间的反应可以用于救援人员自动呼吸设备中产生氧气和吸收二氧化碳。

$$4KO_2 + 2CO_2 \longrightarrow 2K_2CO_3 + 3O_2$$

（a）0.400mol KO_2 发生反应时，可以产生多少氧气（以 mol 计）？

（b）产生 7.50g O_2 需要多少克的 KO_2？

（c）产生 7.50g 氧气需要多少克二氧化碳？

3.63　不同品牌抗胃酸药普遍都是利用 $Al(OH)_3$ 与胃酸反应，胃酸主要成分是 HCl：

$$Al(OH)_3(s) + HCl(aq) \longrightarrow AlCl_3(aq) + H_2O(l)$$

（a）配平该方程式；

（b）计算与 0.500g $Al(OH)_3$ 反应的 HCl 的质量；

（c）计算有 0.500g 的 $Al(OH)_3$ 反应生成 $AlCl_3$ 和 H_2O 的；

（d）由（b）和（c）中的计算说明符合质量守恒定律。

3.64　铁矿石样品中含有 Fe_2O_3 和其他物质。矿石与 CO 反应生成金属铁：

$$Fe_2O_3(s) + CO(g) \longrightarrow Fe(s) + CO_2(g)$$

（a）配平该方程式；

（b）计算与 0.350kg Fe_2O_3 反应的 CO 的质量；

（c）计算 0.350kg Fe_2O_3 反应生成 Fe 和 CO_2 的；

（d）由（b）和（c）中的计算说明符合质量守恒定律。

3.65　硫化铝与水反应生成氢氧化铝和硫化氢。（a）写出这个反应化学平衡方程式；（b）14.2g 硫化铝可以生成多少氢氧化铝？

3.66　氢化钙与水反应生成氢氧化钙和氢气。（a）写出这个反应的化学平衡方程式；（b）生成 4.500g 的氢需要多少克的氢化钙？

3.67　叠氮化钠 NaN_3 分解成它的组成元素时，汽车气囊会迅速膨胀：

$$2NaN_3(s) \longrightarrow 2Na(s) + 3N_2(g)$$

（a）1.50mol NaN_3 分解生成多少 N_2（以 mol 计）？

（b）生成 10.0g 氮气需要分解多少克 NaN_3？

（c）生成 10.0 ft^3 氮气需要分解多少克 NaN_3？这个体积相当于一个汽车气囊的大小，已知气体密度为 1.25g/L。

3.68　辛烷 C_8H_{18} 是汽油的组成成分，完全燃烧反应如下：

$$2C_8H_{18}(l) + 25O_2(g) \longrightarrow 16CO_2(g) + 18H_2O(g)$$

（a）燃烧 1.50mol 的 C_8H_{18} 需要多少氧气（以 mol 计）？

（b）燃烧 10.0g C_8H_{18} 需要多少克氧气？

（c）20℃下辛烷密度为 0.692g/mL。燃烧 15.0gal（油箱平均容积）的 C_8H_{18} 需要多少克氧气？

（d）15.0gal C_8H_{18} 燃烧时，生成多少克二氧化碳？

3.69　一块面积为 $1.00cm^2$，厚度为 0.550mm 厚铝箔纸与溴反应生成溴化铝。

（a）需要铝的物质的量是多少？（铝的密度是 $2.699g/cm^3$）

（b）假设铝完全反应，生成多少克溴化铝？

3.70　硝化甘油炸药的爆炸反应如下：

$4C_3H_5N_3O_9(l) \longrightarrow 12CO_2(g) + 6N_2(g) + O_2(g) + 10H_2O(g)$

（a）如果含有 2.00mL 的硝化甘油（密度 = 1.592g/mL）样品被引爆，可以生成多少气体（以 mol 计）？（b）如果 1mol 气体在爆炸条件下体积为 55L，那么生成气体是多少升？（c）爆炸中生成了多少克氮气？

3.71　1mol 乙醇（CH_3CH_2OH）燃烧产生 1367kJ 热量。计算 235.0g 乙醇燃烧时产生的热量。

3.72　1mol 液态辛烷燃烧产生 5470kJ 的热量。计算 1.000gal 辛烷燃烧产生的多少热量。有关辛烷的一些信息，请参考练习 3.68。

限制反应物（见 3.7 节）

3.73　（a）限制反应物和过量反应物的定义分别是什么？（b）为什么一个反应中生成产物的量仅仅取决于限制反应物的量？（c）为什么要根据初始物质的物质的量来决定哪种化合物是限制反应物，而不是初始质量？

3.74　（a）理论产量、实际产量和产率的定义分别是什么。（b）为什么反应的实际产量一般低于理论产量？（c）一个反应是否有 110% 的产率？

3.75　如图所示为乙醇 C_2H_5OH 和 O_2 的混合物。（a）写出乙醇与氧气燃烧反应的平衡方程式；（b）哪种反应物是限制反应物？（c）如果反应完成，那么有多少 CO_2、H_2O、C_2H_5OH 和 O_2 分子存在？

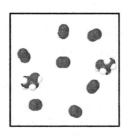

3.76　如图所示为丙烷 C_3H_8 和 O_2 的混合物。（a）写出丙烷和氧气燃烧反应的平衡方程式；（b）哪种反应物是限制反应物？（c）如果反应完成，那么有多少 CO_2、H_2O、C_3H_8 和 O_2 分子存在？

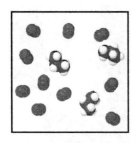

3.77　氢氧化钠与二氧化碳反应如下：

$2NaOH(s) + CO_2(g) \longrightarrow Na_2CO_3(s) + H_2O(l)$

1.85mol NaOH 和 1.00mol CO_2 反应时，哪种反应物是限制反应物？可以产生多少 Na_2CO_3（以 mol 计）？在反应完成后，剩余的反应物有多少（以 mol 计）？

3.78　氢氧化铝与硫酸反应如下：

$2Al(OH)_3(s) + 3H_2SO_4(aq) \longrightarrow Al_2(SO_4)_3(aq) + 6H_2O(l)$

0.500mol $Al(OH)_3$ 和 0.500mol H_2SO_4 反应时，哪种反应物是限制反应物？该条件下可以生成多少 $Al_2(SO_4)_3$（以 mol 计）？在反应完成后，剩余的反应物有多少（以 mol 计）？

3.79　泡腾片溶解于水时会产生气泡，这是由于碳酸氢钠（$NaHCO_3$）和柠檬酸（$H_3C_6H_5O_7$）的反应引起的：

$$3NaHCO_3(aq) + H_3C_6H_5O_7(aq) \longrightarrow$$
$$3CO_2(g) + 3H_2O(l) + Na_3C_6H_5O_7(aq)$$

假设实验中有，1.00g 碳酸氢钠和 1.00g 柠檬酸反应。（a）哪种反应物是限制反应物？（b）生成二氧化碳的质量是多少？（c）在限制反应物完全消耗后，剩余的过量反应物有多少克？

3.80　硝酸工业过程中的一个步骤是将 NH_3 转换为 NO：

$$4NH_3(g) + 5O_2(g) \longrightarrow 4NO(s) + 6H_2O(g)$$

在实验中，2.00g NH_3 与 2.50g O_2 反应。（a）哪种反应物是限制反应物？（b）生成 NO 和 H_2O 的质量是多少？（c）在限制反应物完全消耗后，剩余的过量反应物有多少克？（d）由（b）和（c）中的计算说明符合质量守恒定律。

3.81　碳酸钠溶液与硝酸银溶液反应形成碳酸银固体和硝酸钠溶液。含有 3.50g 碳酸钠的溶液和含有 5.00g 硝酸银的溶液混合在一起。在反应完成后，碳酸钠、硝酸银、碳酸银和硝酸钠的质量分别是多少？

3.82　硫酸和乙酸铅（Ⅱ）溶液反应生成硫酸铅（Ⅱ）固体和醋酸溶液。5.00g 硫酸和 5.00g 乙酸铅（Ⅱ）混合，计算硫酸、乙酸铅（Ⅱ）、硫酸铅（Ⅱ）以及反应完成后混合物中所含醋酸的质量。

3.83　苯（C_6H_6）与溴（Br_2）反应生成溴代苯（C_6H_5Br）。

$$C_6H_6 + Br_2 \longrightarrow C_6H_5Br + HBr$$

（a）30.0g 的苯与 65.0g 的溴反应时，溴代苯的理论产量是多少？（b）如果溴代苯的实际产量为 42.3g，那么产率是多少？

3.84　乙烷（C_2H_6）与氯（Cl_2）反应时，主要产物是 C_2H_5Cl，同时会生成少量其他含 Cl 的产品，如

$C_2H_4Cl_2$。其他副产物的生成降低了 C_2H_5Cl 的产量。（a）125g C_2H_6 和 255g Cl_2 发生反应时，计算 C_2H_6 的理论产量，假设 C_2H_6 和 Cl_2 反应仅生成 C_2H_5Cl 和 HCl；（b）如果反应生成 206g 的 C_2H_5Cl，计算 C_2H_5Cl 的产率。

　　3.85　硫化氢在天然气中是一种必须消除的杂质。一种常见的消除方法称为克劳斯反应，基于下列反应：

$$8H_2S(g) + 4O_2(g) \longrightarrow S_8(l) + 8H_2O(g)$$

理想情况下，克劳斯反应会使 98% 的 H_2S 转换为 S_8。如果 30.0g H_2S 和 50.0g O_2 反应，假设有 98% 的产率，会产生多少克 S_8？

　　3.86　当硫化氢气体充入到氢氧化钠溶液中时，会发生反应生成硫化钠和水。如果将 1.25 g 的硫化氢充入到含有 2.00 g 的氢氧化钠溶液中，假设生成硫化钠的产率是 92.0%，那么可以生成多少克硫化钠？

附加练习

　　3.87　写出下列反应的化学平衡方程式（a）食醋的主要成分——醋酸（CH_3COOH）的完全燃烧；（b）氢氧化钙固体分解成固体氧化钙（石灰）和水蒸气；（c）金属镍与氯气的化合反应。

　　3.88　1.5mol C_2H_5OH、1.5mol C_3H_8 和 1.5mol $CH_3CH_2COCH_3$ 分别在氧气中完全燃烧，哪种化合物生成水的物质的量最多？哪种最少？请解释。

　　3.89　氮肥的有效性取决于向植物输送氮的能力及可以提供的氮量。四种常见的含氮化肥是氨、硝酸铵、硫酸铵和尿素 [$(NH_2)_2CO$]。按照所含氮的质量百分比大小排列这些肥料。

　　3.90　（a）乙酰水杨酸（阿司匹林）是常见的止痛药之一，其分子式是 $C_9H_8O_4$。0.500g 阿司匹林片中有多少 $C_9H_8O_4$（以 mol 计）？假设该药片完全由阿司匹林组成。（b）该药片中含有多少 $C_9H_8O_4$ 分子？（c）该药片中含有多少个碳原子？

　　3.91　量子点是由约 1000 到 10000 个原子组成的极小的半导体晶体。CdSe 量子点具有高效的发射不同颜色光的能力，因此可以应用于电子阅读器和平板显示器，已知 CdSe 密度是 5.82g/cm³。

　　（a）一颗直径为 2.5nm CdSe 量子点的质量是多少？

　　（b）直径为 2.5nm 的 CdSe 量子点激发时产生蓝光。假设这个量子点是一个完美的球体，并且可以忽略量子点上的真空区，计算该量子点中有多少个 Cd 原子？

　　（c）一颗直径为 6.5nm CdSe 量子点的质量是多少？

　　（d）直径为 6.5nm 的 CdSe 量子点激发时产生红光。假设这个量子点是一个完美的球体，计算该量子点中有多少个 Cd 原子？

　　（e）如果可使用多个 2.5nm 的量子点制成一个 6.5nm 的量子点，需要多少个 2.5nm 的量子点？还剩余多少个 CdSe 化学式单元？

　　3.92　（a）抗生素青霉素 G 的一个分子的质量为 5.342×10^{-21}g。青霉素 G 的摩尔质量是多少？（b）血红蛋白是血红细胞中的携氧蛋白质，每个分子中含有 4 个铁原子，铁质量百分数是 0.340%。计算血红蛋白的摩尔质量。

　　3.93　血清素是一种能在大脑中传导神经冲动的化合物。含有 68.2% 的 C，6.86% 的 H，15.9% 的 N 和 9.08% 的 O，已知摩尔质量是 176g/mol，确定其分子式。

　　3.94　考拉只吃桉树叶，其消化系统可以分解桉树油毒，而桉树油对其他动物来说是一种毒药。桉树油的主要成分是桉树脑，其含有 77.87%C，11.76%H，其余的为 O，（a）该物质的经验式是什么？（b）在质谱中，桉树脑在大约 154amu 处出峰。该物质的分子式是什么？

　　3.95　香草的主要调味品香兰素含有 C、H 和 O。1.05g 该物质完全燃烧生成 2.43g CO_2 和 0.50g H_2O。香兰素的经验式是什么？

　　3.96　一种有机化合物只含有 C、H 和 Cl。1.50g 该化合物样品在空气中完全燃烧生成 3.52g CO_2。在另一个实验中，该化合物样品中的氯可以转化成 1.27g AgCl。确定该化合物的经验式。

　　3.97　一种化合物化学式是 $KBrO_x$，其中 x 未知。分析发现该化合物含有 52.92% 的 Br。x 值是多少？

　　3.98　元素 X 可以形成碘化物（XI_3）和氯化物（XCl_3）。该碘化物在氯气中加热时会定量转化为氯化物：

$$2XI_3 + 3Cl_2 \longrightarrow 2XCl_3 + 3I_2$$

如果用氯气处理 0.5000g 的 XI_3，产生 0.2360g 的 XCl_3。（a）计算元素 X 的原子量（b）确定元素 X。

　　3.99　美国国家环保局（EPA）确定空气中臭氧浓度的一种方法是将空气样本通过含有碘化钠的"起泡器"，这种方法去除臭氧的方程式如下：

$$O_3(g) + 2NaI(aq) + H_2O(l) \longrightarrow O_2(g) + I_2(s) + 2NaOH(aq)$$

　　（a）需要多少物质的量的碘化钠才能除去 5.9×10^{-6}mol 的 O_3？（b）需要多少克碘化钠才能除去 1.3mg 的 O_3？

　　3.100　化工厂电解 NaCl 溶液生成 Cl_2、H_2 和 NaOH：

$$2NaCl(aq) + 2H_2O(l) \longrightarrow 2NaOH(aq) + H_2(g) + Cl_2(g)$$

如果该工厂每天生产 1.5×10^6kg（1500 公吨）Cl_2，估计产生 H_2 和 NaOH 的量分别是多少。

　　3.101　骆驼驼峰中的脂肪是能量和水的来源。计算 1.0kg 脂肪代谢产生水的质量，假设脂肪完全由三硬脂酸甘油酯（$C_{57}H_{110}O_6$）这种典型的动物脂肪构成，并且假设在新陈代谢过程中三硬脂酸甘油酯与 O_2 发生反应只生成 CO_2 和 H_2O。

3.102 碳氢化合物在有限空气中燃烧生成 CO 和 CO_2。当 0.450g 某一种碳氢化合物在空气中燃烧时，生成 0.467g CO、0.733g CO_2 和 0.450g H_2O。（a）该化合物的经验式是什么？（b）反应中消耗了多少克氧气？（c）完全燃烧需要多少克氧气？

3.103 $N_2(g)$ 和 $H_2(g)$ 的混合物在一个封闭容器中发生反应生成氨 $NH_3(g)$。在任何一种反应物被完全消耗前，反应就停止了。反应结束后，容器中有 $3.0molN_2$、$3.0molH_2$ 和 $3.0molNH_3$ 存在，最初有多少氮气和氢气（以 mol 计）？

3.104 一种含有 $KClO_3$、K_2CO_3、$KHCO_3$ 和 KCl 的混合物加热生成 CO_2、O_2 和 H_2O 气体，根据下列化学式：

$$2KClO_3(s) \longrightarrow 2KCl(s) + 3O_2(g)$$

$$2KHCO_3(s) \longrightarrow K_2O(s) + H_2O(g) + 2CO_2(g)$$

$$K_2CO_3(s) \longrightarrow K_2O(s) + CO_2(g)$$

在该反应条件下 KCl 不会发生反应。如果 100.0g 混合物生成 1.80g H_2O、13.20g CO_2 和 4.00g O_2，那么混合物是如何组成的？（假设混合物完全分解。）

3.105 10.0g 乙炔（C_2H_2）和 10.0g 氧（O_2）的混合物发生燃烧反应生成 CO_2 和 H_2O。（a）写出该反应的化学平衡方程式；（b）哪种反应物是限制反应物？（c）反应完成后，C_2H_2、O_2、CO_2 和 H_2O 的质量分别是多少？

综合练习

这些练习需要前几章以及本章中的知识。

3.106 砷化镓 (GaAs) 半导体可以应用于高速集成电路、发光二极管和太阳能电池，其密度为 5.32g/cm^3，可以通过三甲基镓 ((CH_3)$_3$Ga) 和砷化氢 (AsH_3) 气体反应制备得到。该反应的另一个产物是甲烷 (CH_4)。（a）如果 450.0g 三甲基镓与 300.0g 砷化氢气体反应，那么制备 GaAs 的质量是多少？（b）反应结束后，哪种反应物会剩余？剩余的反应物有多少（以 mol 计）？（c）GaAs 的另一个应用是制作薄膜。如果利用（a）中得到的 GaAs 质量，将其制作成一个 40nm 的薄膜，其面积是多少（cm^2）？1nm = $1 \times 10^{-9}m$。

3.107 紫杉醇 ($C_{47}H_{51}NO_{14}$) 是一种抗癌化合物，实验室中制备过程较为复杂。据报道该化合物合成需要 11 个步骤，最终产率只有 5%。假设所有步骤都有相同的产率，那么合成中每一步的平均产率是多少？

3.108 如果碳酸钙样品是一个边长 2.005in 的立方体。已知样品密度是 2.71g/cm^3，该样品含有多少个氧原子？

3.109 （a）一个金属银立方体，边长为 1.000cm。已知银密度是 10.5g/cm^3。该立方体中有多少个原子？（b）因为原子是球体，不能占据立方体的所有空间。如果银原子占据 74% 的体积。计算一个银原子的体积；（c）利用一个银原子的体积和球体体积的公式，计算一个银原子的半径（以 Å 计）。

3.110 （a）如果一辆汽车行驶 225mi 的汽油里程数为 20.5mi/gal，可以产生多少千克的二氧化碳？假设汽油由辛烷 C_8H_{18}(l) 组成，其密度是 0.692g/mL。（b）以相同方法计算一辆汽油里程数为 5mi/gal 的卡车可以产生多少千克的二氧化碳。

3.111 第 2.9 节介绍了结构异构性的概念，以 1-丙醇和 2-丙醇为例。下列哪种特性可以区分这两种物质：（a）沸点（b）燃烧分析结果（c）分子量（d）一定温度和压力下的密度。可以参考 Wolfram Alpha（http://www.wolframalpha.com/）或《CRC 化学物理手册》中两种化合物的特性。

3.112 一种特殊的煤含有 2.5% 硫。在发电厂燃烧这种煤时，硫会转化为污染物二氧化硫气体。为了减少二氧化硫的排放，需要使用氧化钙（生石灰）。二氧化硫与氧化钙发生反应生成亚硫酸钙固体。（a）写出反应的化学平衡方程式；（b）如果发电厂燃烧煤炭，每天使用 2000.0t 煤，每天需要多少氧化钙来消除二氧化硫？（c）该发电厂每天生产多少克亚硫酸钙？

3.113 氰化氢 HCN 是一种有毒气体。人吸入后，致死量是约每公斤空气 300mg 的 HCN。（a）计算在一个小实验室中 HCN 的致死量，实验室空间为 $12 \times 15 \times 8.0$ft，26℃ 时空气密度是 0.00118g/cm^3；（b）如果 HCN 由 NaCN 与 H_2SO_4 反应得到，那么需要多少质量 NaCN 可以造成该房间里 HCN 的致死量？

$$2NaCN(s) + H_2SO_4(aq) \longrightarrow Na_2SO_4(aq) + 2HCN(g)$$

（c）含有奥伦或阿克兰的合成纤维燃烧可以生成 HCN。阿克兰的经验式为 CH_2CHCN，含有质量分数 50.9% 的 HCN。地毯的尺寸为 12×15ft，每平方码的地毯有 30oz 的纤维。如果地毯着火，房间里会产生致死量的 HCN 吗？假设来自纤维 HCN 的量是 20%，而地毯的消耗为 50%。

3.114 汽车内燃机消耗的氧气来源于空气。空气是一种混合物，主要由 N_2（≈79%）和 O_2（≈20%）组成。汽车发动机的汽缸中，氮气与氧气反应生成一氧化氮 NO 气体。当 NO 由汽车的排气管排出时，可以与更多的氧气反应生成 NO_2 气体。（a）写出两个反应的化学平衡方程式；（b）一氧化氮和二氧化氮都是可能导致酸雨和全球变暖的污染物，称为"氮氧化物"气体。2009 年，美国向大气中排放约 1900 万吨的二氧化氮。二氧化氮的质量是多少克？（c）主引擎工作过程将辛烷 C_8H_{18} 转化为二氧化碳和水，但在此过程中会产生环境污染副产物氮氧化物。如果发动机中 85% 的氧气用来燃烧辛烷，剩下的部分会产生二氧化氮，500g 的辛烷燃烧过程中会产生多少克的二氧化氮。

3.115 铝热剂反应 $Fe_2O_3 + Al \longrightarrow Al_2O_3 + Fe$ 能释放大量热量，可以使产物 Fe 熔化。由于水中不能使用明火，该反应在工业上用来焊接水下的金属部件，也可以在室内用作化学演示实验（在小范围内）。（a）配平铝热反应的化学方程式，并且标明物质的状态；（b）计算该反应需要多少克铝才能与 500.0g 的 Fe_2O_3 完全反应；（c）该反应 1mol 的 Fe_2O_3 会产生 852kJ 的热量。需要多少克的 Fe_2O_3 才能产生 1.00×10^4 kJ 的热量？（d）如果相反的过程——氧化铝与铁反应生成氧化铁和铝——这个反应是吸收热量还是释放热量？

3.116 化学中最奇怪的反应之一称为 Ugi 反应：

$$R_1C(=O)R_2 + R_3 - NH_2 + R_4COOH + R_5NC \rightarrow$$
$$R_4C(=O)N(R_3)C(R_1R_2)C=ONHR_5 + H_2O$$

（a）写出 Ugi 反应的化学平衡方程式，其中所有化合物的 $R = CH_3CH_2CH_2CH_2CH_2CH_2-$（正己基）；（b）如果 435.0mg $CH_3CH_2CH_2CH_2CH_2CH_2NH_2$ 是限制反应物，那么可以生成"己基 Ugi 产品"的质量是多少？

设计实验

本书的后半部分，会学到硫的两种常见氧化物，SO_2 和 SO_3。你们可能会问一个问题：硫和氧直接反应会生成 SO_2、SO_3，还是两者的混合物。这个问题具有现实意义，因为 SO_3 可以与水发生反应生成硫酸 H_2SO_4，该反应可以进行大规模工业生产。我们还要考虑该反应可能取决于所需要的每种单质的相对数量以及反应的温度。例如通常碳和氧反应生成二氧化碳，但是当没有足够氧气存在时，会生成一氧化碳。而正常反应条件下，不管氢和氧的起始比例是什么，H_2 和 O_2 反应肯定生成水 H_2O（而不是过氧化氢 H_2O_2）。

假设你有一瓶黄色的硫磺固体；一个氧气瓶，该气瓶是一个透明的可以密封的反应容器，可以保证硫和氧气存在时只有硫、氧和两者反应的产物存在；一台分析天平，可以确定反应物或产物的质量；一台马弗炉，提供两种单质反应需要的反应温度 200℃。（a）反应容器中有 0.10mol 的硫，假设完全生成 SO_2，需要加入多少氧气（以 mol 计）？（b）假设完全生成 SO_3，需要多少氧气（以 mol 计）？（c）考虑到已有的设备，如何确定在反应容器中加入了正确的反应物的量（以 mol 计）？（d）可以观察什么现象或使用哪些实验技术来确定反应产物？SO_2 和 SO_3 物理特性的差异可以用来区分产物吗？第 1-3 章学习的内容是否有鉴别产物的方法吗？（e）如果可以通过改变加入反应容器中的硫和氧气的比例来控制反应产物，你将进行哪些实验来确保反应产物是 SO_2 或 SO_3 或两者混合物？为了回答该问题，你将 S 和 O_2 的比例分别控制为多少？

第 **4** 章

水溶液反应

水覆盖了地球近三分之二的表面。这种结构简单的物质是地球上大多物种进化的关键。生命起源于水，所有生命体对水的需求决定了它们各种各样的生物学结构。事实上，我们身体的大部分都是水，而且维系生命的化学反应也都发生在水里。相比之下，大部分的化学工业生产依赖于高温或其他液体来制造和纯化物质（见图4.1）。

由水来作为溶解介质的溶液称为**水溶液**。在本章中，我们将共同研究水溶液中发生的化学反应。此外，我们还将扩展第3章中所学到的化学计量学内容，学习如何表述与应用溶液浓度这个概念。尽管在本章中讨论的反应相对简单，但是它们是理解生物学、地质学和海洋学中非常复杂的反应的基础。

◀ 水是地球上含量最高的液体。几乎所有生命形式的体液成分与海水都很相似，这是生命起源于海洋的一个有力证据。

▲ 图 4.1　工厂中存在大量溶液　位于德国路德维希港的巴斯夫公司。这家闻名遐迩的化工巨头为人们的日
常生活提供了多种化学品

4.1 │ 水溶液的通性

*溶液*是含有两种或更多物质的均匀混合物（见 1.2 节）。通常，将溶液中含量最多的物质称为**溶剂**，其余物质称为**溶质**，溶质可**溶解**于溶剂中。举例来说，当一小块氯化钠 (NaCl) 溶解在大量水中时，水是溶剂而氯化钠是溶质。

电解质与非电解质

小时候，我们都知道不要将电器带入浴室中以防被电击。这是非常有用的一课！虽然纯水是一种很差的导电体，但是我们日常生活中遇到的水都是电的良导体。洗澡水的导电性来源于水中溶解的物质，而不是水本身。

并非所有溶于水的物质都能使产生的溶液导电。**图 4.2** 展示了一个测试纯水、蔗糖溶液与氯化钠溶液导电性的简单实验。一只灯泡连接在一个电池供电的电路上，电路中有两个电极浸入装有溶液的烧杯中。为了保证灯泡可以点亮，在浸入溶液的两个电极之间应存在电流。由于灯泡在纯水中无法点亮，因此我们判断纯水中没有足够的带电粒子来形成电路，绝大部分水以中性分子形式存在。蔗糖（$C_{12}H_{22}O_{11}$）溶液也无法使灯泡点亮，因此我们可以认为溶液中的蔗糖分子是不带电的。

纯水不具有导电性

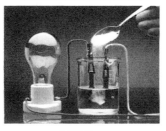
非电解质溶液不具有导电性

电解质溶液具有导电性

纯水,
$H_2O(l)$

蔗糖溶液,
$C_{12}H_{22}O_{11}(aq)$

氯化钠溶液,
$NaCl(aq)$

▲ 图 4.2　电解质可以使电路闭合,灯泡点亮

而含有 NaCl 的溶液提供了足够的带电粒子,使电流闭合形成回路,从而点亮灯泡。这是钠离子(Na^+)和氯离子(Cl^-)在水溶液中形成的实验证据。

如果一种物质(如 NaCl)溶于水后可形成离子,那么这种物质称为**电解质**。如果一种物质(如 $C_{12}H_{22}O_{11}$)在溶液中不形成离子,则称为**非电解质**。NaCl 与 $C_{12}H_{22}O_{11}$ 分类的不同是由于 NaCl 是离子化合物,而蔗糖是分子化合物。

化合物是如何溶于水的

图 2.19 给出了固体 NaCl 是由 Na^+ 和 Cl^- 有序堆积而成的。当 NaCl 溶于水时,每个离子从固体结构中分离出来,分散在溶液中(见图 4.3a)。离子化合物固体溶解时可分解为它的组成离子。

水是一种非常有效的离子化合物溶剂。虽然水分子整体呈现电中性,但 O 原子的电子丰富,携带部分负电荷,而每个 H 原子都带有部分正电荷。可使用小写的希腊字母 δ(delta)表示部分电荷,部分负电荷表示为 $δ^-$,部分正电荷表示为 $δ^+$。溶液中阳离子被水的带负电部分所吸引,而阴离子则被水的带正电部分所吸引。

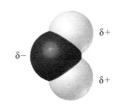

如图 4.3a 所示,当一种离子化合物溶解时,离子被水分子所环绕。此时这些离子为*溶剂化离子*。在化学方程式中,我们使用 $Na^+(aq)$ 与 $Cl^-(aq)$ 形式表示溶剂化离子,这里 aq 是英文 aqueous(水的)的缩写。(见 3.1 节)**溶剂化**有助于稳定溶液中的离子,防止阳离子和阴离子重新结合。此外,由于离子及其周围水分子所形成的壳层可以自由移动,所以离子均匀分布在溶液中。

通常我们可以从物质的化学名称来预测离子化合物溶液中离子的性质。例如,硫酸钠(Na_2SO_4)可解离为钠离子 (Na^+) 与硫酸根离子 (SO_4^{2-})。读者需牢记表 2.4 和表 2.5 所给出的常见离子的化学式与电荷数,这有助于理解离子化合物在水溶液中存在的形式。

想一想

下列化合物溶解在水中,形成的溶液中存在哪些离子?
(a)KCN (b)$NaClO_4$

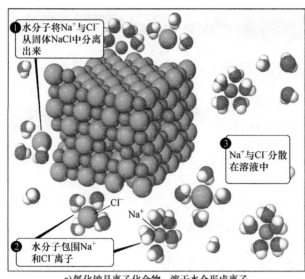

▽ **图例解析**　下面两种溶液中，哪一种溶液是导电的？

❶水分子将Na⁺与Cl⁻从固体NaCl中分离出来

❸Na⁺与Cl⁻分散在溶液中

Cl⁻

Na⁺

❷水分子包围Na⁺和Cl⁻离子

甲醇

a）氯化钠是离子化合物，溶于水会形成离子

b）甲醇(CH₃OH)是分子化合物，溶于水并不会形成离子

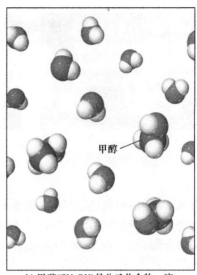

▲ **图 4.3　化合物溶解于水中示意图**　a）当像氯化钠（NaCl）这样的离子化合物溶解在水中时，水分子就会分开包围并均匀地将离子分散到溶液中。b）通常甲醇（CH₃OH）等分子化合物溶于水并不会形成离子，我们可将溶液视作两种分子的简单混合。图 a 和图 b 中水分子被移开，所以溶质能被清楚地看到

当分子化合物如蔗糖或甲醇（见图 4.3b）溶于水时，溶液中通常存在分散在整个溶液中的完整溶质分子，因此大多数分子化合物是非电解质。但是，也有一些分子化合物的水溶液中确实含有离子，其中最重要的就是酸溶液。例如，当 HCl(g) 溶于水形成 HCl(aq) 时，HCl 分子发生电离，也就是说它分解成 $H^+(aq)$ 和 $Cl^-(aq)$ 离子。

强电解质与弱电解质

电解质在导电性上是存在差异的。**强电解质**是指完全或几乎完全以离子形式存在于溶液中的溶质。基本上所有水溶性离子化合物（如 NaCl）和少数分子化合物（如 HCl）都是强电解质。**弱电解质**是指那些大部分以中性分子的形式存在于溶液中，只有小部分以离子的形式存在的溶质。例如，在醋酸（CH₃COOH）溶液中，大多数溶质以 CH₃COOH(aq) 分子的形式存在，只有小部分（约 1%）的 CH₃COOH 发生电离，形成 $H^+(aq)$ 和 $CH_3COO^-(aq)$ 离子。⊖

我们必须小心，不要把电解质溶解的程度（溶解度）与它的强弱相混淆。例如，醋酸 CH₃COOH 极易溶于水，但它是一种弱电解质。相比之下，氢氧化钙 Ca(OH)₂ 水溶性不佳，但溶于水的部分却几乎完全电离。因此，Ca(OH)₂ 是一种强电解质。

⊖ 有时人们将醋酸的化学式写成 HC₂H₃O₂，而这个化学式看起来非常像 HCl 等其他常见酸的化学式。与之相比，醋酸的化学式 CH₃COOH 符合它的分子结构，式中最后与 O 原子相连的是酸性 H 原子。

当醋酸这样的弱电解质在溶液中电离时，可按如下形式写出电离方程式

$$CH_3COOH(aq) \rightleftharpoons CH_3COO^-(aq) + H^+(aq) \qquad (4.1)$$

方程式中指向相反方向的半箭头表示反应在两个方向上都是有效的。在任意时刻，一些 CH_3COOH 分子可发生电离，形成 H^+ 和 CH_3COO^- 离子，而一些 H^+ 和 CH_3COO^- 离子也可重新结合，形成 CH_3COOH。这些相反过程之间的平衡决定了离子和中性分子的相对数量。这种平衡形成了一种**化学平衡**的状态，随着时间的推移，这种状态下每种离子或分子的相对数量是稳定的。化学家们使用指向相反方向的半箭头来表示为动态平衡的化学反应，例如弱电解质的电离。相比之下，单个反应箭头则用于表示很大程度上向前推进的反应，如强电解质的电离。例如 HCl 是强电解质，可使用下面的方程式表示 HCl 电离：

$$HCl(aq) \longrightarrow H^+(aq) + Cl^-(aq) \qquad (4.2)$$

式（4.2）中只有向右箭头而无向左箭头表示 H^+ 与 Cl^- 离子几乎没有重新结合形成 HCl 分子的趋势。

在下面的内容中，我们将根据化合物的化学式预测其是强电解质、弱电解质还是非电解质。目前，你只需要记住水溶性离子化合物都是**强电解质**。离子化合物通常可以通过查看其化学式中是否同时存在金属和非金属组分来判断，例如 $NaCl$、$FeSO_4$ 和 $Al(NO_3)_3$，但 NH_4Br、$(NH_4)_2CO_3$ 等含有铵离子 NH_4^+ 的离子化合物是这个规则的例外。

▲ 想一想

哪种溶质会使图 4.2 中的灯泡发出最亮的光，CH_3OH、$NaOH$ 还是 CH_3COOH？

实例解析 4.1

阴离子和阳离子的相对数量与化学式的关系

右图给出的是 $MgCl_2$、KCl 和 K_2SO_4 中哪种水溶液的示意图？

解析

分析 我们需要将图中的带电小球与溶液中的离子相联系。

思路 检验题中化合物是哪种离子化合物，确定其所含离子的相对数量和携带的电荷数，然后将这些离子与图中所示的离子相联系。

解答 图中阳离子的数量是阴离子的两倍，与 K_2SO_4 中阴阳离子的组成一致。

检验 需要注意的是，图中的净电荷是零，这说明离子化合物的净电荷必须是零。

▶ **实践练习 1**

如果你有一份含有 1.5mol HCl 的水溶液，那么溶液中共有多少摩尔的离子？

（a）1.0 （b）1.5 （c）2.0

（d）2.5 （e）3.0

▶ **实践练习 2**

你打算画图来表示下面几种离子化合物（a）$NiSO_4$、（b）$Ca(NO_3)_2$、（c）Na_3PO_4、（d）$Al_2(SO_4)_3$ 的水溶液，如果每幅图中包含 6 个阳离子，那么每幅图中你将画出多少个阴离子？

4.2 | 沉淀反应

图 4.4 显示了两种澄清的溶液正在混合，其中一种是碘化钾（KI）水溶液，另一种是硝酸铅 [Pb(NO₃)₂] 水溶液。这两种溶质之间发生反应，生成一种不溶于水的黄色固体。像这种有不溶产物形成的反应称为**沉淀反应**。**沉淀**是指溶液中发生反应而形成的不溶性固体。在图 4.4 中，碘化铅 (PbI₂) 这种黄色的、在水中溶解度很低的化合物就是沉淀。

$$Pb(NO_3)_2(aq) + 2KI(aq) \longrightarrow PbI_2(s) + 2KNO_3(aq) \qquad （4.3）$$

上述反应的另一种产物硝酸钾（KNO₃）仍留在溶液中。当一对携带相反电荷的离子相互强烈吸引而形成不溶性离子型固体时，就导致了沉淀反应的发生。为了预测某些离子组合在一起是否能够形成不溶性化合物，我们需要首先学习一些常见离子化合物的溶解性规律。

离子化合物的溶解性规律

物质在一定温度下的**溶解度**是指在一定的温度下，在固定的溶剂量中物质能够溶解的量。

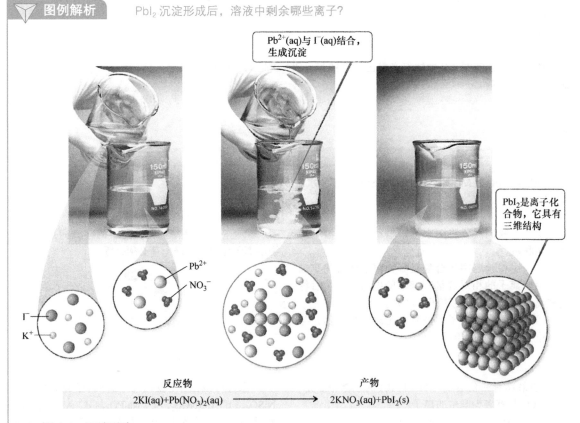

▽ **图例解析**　PbI₂ 沉淀形成后，溶液中剩余哪些离子？

Pb²⁺(aq)与 I⁻(aq)结合，生成沉淀

PbI₂是离子化合物，它具有三维结构

Pb²⁺
NO₃⁻
I⁻
K⁺

反应物　　　　产物

2KI(aq)+Pb(NO₃)₂(aq) ⟶ 2KNO₃(aq)+PbI₂(s)

▲ 图 4.4　沉淀反应

任何溶解度小于 0.01mol/L 的物质都认为是不溶的。在此情况下，固体中带相反电荷的离子之间的吸引力特别强，水分子无法在任何程度上使它们分离从而使之溶剂化，因此这种物质的绝大部分将保持固体形态，无法溶解在水中。

虽然目前并没有利用基本物理性质（如离子电荷数）来预测离子化合物是否可溶的规律，但是实验观察结果可以指导人们对于离子化合物的溶解度的预测。例如，实验表明所有含有硝酸根离子 NO_3^- 的常见离子化合物都可溶于水。**表 4.1** 总结了常见的离子化合物的溶解性规律。这个表格是根据化合物中的阴离子排列的，但它也揭示了许多关于阳离子的重要事实。读者需要注意，*含有碱金属离子（第 1A 族）和铵离子 NH_4^+ 的所有常见离子化合物都溶于水。*

> 如何判断强电解质混合时是否会形成沉淀
>
> 1. 注意反应物中的离子。
> 2. 考虑可能的阳离子 - 阴离子组合。
> 3. 利用表 4.1 判断这些组合是否有不溶的。

举例来说，$Mg(NO_3)_2$ 和 NaOH 溶液混合会形成沉淀吗？这两种物质都是可溶性离子化合物，是强电解质，二者混合首先在溶液中生成 Mg^{2+}、NO_3^-、Na^+ 和 OH^- 离子，而其中的阳离子会和阴离子相互作用形成不溶性化合物吗？由表 4.1 可知，$Mg(NO_3)_2$ 和 NaOH 均溶于水，因此不溶性的可能就在于 Mg^{2+} 与 OH^- 以及 Na^+ 与 NO_3^- 组合所形成的化合物。从表 4.1 可以看出，氢氧化物通常是不溶于水的，由于 Mg^{2+} 并不在特例中，因此 $Mg(OH)_2$ 是不溶性的，可以形成沉淀。但是 $NaNO_3$ 是可溶的，溶液中将有 Na^+ 与 NO_3^- 离子存在。这个沉淀反应配平之后的方程式如下：

$$Mg(NO_3)_2(aq) + 2NaOH(aq) \longrightarrow Mg(OH)_2(s) + 2NaNO_3(aq)\ （4.4）$$

表 4.1 水中常见的离子化合物溶解性规律

可溶性离子化合物		重要的特例
	NO_3^-	无
	CH_3COO^-	无
所含的离子化合物	Cl^-	含 Ag^+、Hg_2^{2+} 与 Pb^{2+} 的化合物
	Br^-	含 Ag^+、Hg_2^{2+} 与 Pb^{2+} 的化合物
	I^-	含 Ag^+、Hg_2^{2+} 与 Pb^{2+} 的化合物
	SO_4^{2-}	含 Sr^{2+}、Ba^{2+}、Hg_2^{2+} 与 Pb^{2+} 的化合物
不溶性离子化合物		重要的特例
	S^{2-}	含 NH_4^+、碱金属阳离子、Ca^{2+}、Sr^{2+} 与 Ba^{2+} 的化合物
所含的离子化合物	CO_3^{2-}	含 NH_4^+、碱金属阳离子的化合物
	PO_4^{3-}	含 NH_4^+、碱金属阳离子的化合物
	OH^-	含 NH_4^+、碱金属阳离子、Ca^{2+}、Sr^{2+} 与 Ba^{2+} 的化合物

交换（复分解）反应

注意在式（4.4）中，两种反应物之间发生阴阳离子相互交换，即 Mg^{2+} 得到 OH^-，而 Na^+ 得到 NO_3^-。产物的化学式是基于阴阳离子电荷平衡的——Mg^{2+} 需要两个 OH^- 才可以形成中性化合物，而 Na^+ 需要一个 NO_3^-（见 2.7 节）。*只有当产物的化学式确定的时候才能使化学方程式平衡。*

▶ **实例解析 4.2**

使用溶解性规律

将这些离子化合物分为溶于水和不溶于水：（a）碳酸钠（Na_2CO_3），（b）硫酸铅（$PbSO_4$）。

解析

　　分析　通过两种离子化合物的名称和化学式，判断它们溶于水或不溶于水。

　　思路　我们可以利用表 4.1 来回答这个问题。由于表 4.1 是依照阴离子排列的，因此我们需要关注每个化合物中的阴离子。

　　解答　（a）由表 4.1 可知，大多数碳酸盐是不溶于水的，但含碱金属阳离子（如钠离子）的碳酸盐除外，它们是可溶的，因此 Na_2CO_3 溶于水。

　　（b）表 4.1 表明，虽然大多数硫酸盐是水溶性的，

但含 Pb^{2+} 的硫酸盐例外，因此 $PbSO_4$ 不溶于水。

▶ **实践练习 1**

　　下述化合物中哪些是不溶于水的？

　　（a）$(NH_4)_2S$　（b）$CaCO_3$　（c）$NaOH$

　　（d）Ag_2SO_4　（e）$Pb(CH_3COO)_2$

▶ **实践练习 2**

　　将下列化合物分类为溶于水和不溶于水：（a）氢氧化钴（Ⅱ）（b）硝酸钡　（c）磷酸铵。

　　阴阳离子相互交换反应（复分解反应）的化学方程式通式如下：

$$AX + BY \longrightarrow AY + BX \qquad (4.5)$$

例如：
$$AgNO_3(aq) + KCl(aq) \longrightarrow AgCl(s) + KNO_3(aq)$$

　　这种反应称为交换或复分解反应。沉淀反应符合这种反应类型，此外酸与碱的中和反应亦如此，我们将在 4.3 节中学习这类反应。

如何配平一个复分解反应方程式

　　1. 根据反应物的化学式确定存在哪些离子。

　　2. 将一种反应物的阳离子与另一种反应物的阴离子组合，根据电荷数确定每种离子在化学式中的下标，写出产物的化学式。

　　3. 检验产品的溶解性。若发生沉淀反应，则至少有一种产物不溶于水。

　　4. 配平方程式。

▶ **实例解析 4.3**

预测一个复分解反应

　　（a）预测 $BaCl_2$ 与 K_2SO_4 水溶液混合时所形成的沉淀的性质。（b）写出并配平此方程式。

解析

　　分析　根据两个离子化合物，预测它们是否可以形成不溶性产物。

　　思路　我们需要写出反应物中存在的离子，并对两种反应物进行阴阳离子的相互交换。当确定了产物的化学式后，可根据表 4.1 确定哪些产物不溶于水。反过来，在只知道产物的情况下也可写出反应方程式。

　　解答

　　（a）反应物中含有 Ba^{2+}、Cl^-、K^+ 和 SO_4^{2-} 离子，反应物阴阳离子相互交换后可得到 $BaSO_4$ 和 KCl。由表 4.1 可知，大部分含有 SO_4^{2-} 的化合物是可溶的，但同时含有 Ba^{2+} 则不可溶。因此，$BaSO_4$ 是不溶于水的，将从溶液中析出。KCl 是可溶的。

　　（b）知道了产物是 $BaSO_4$ 和 KCl。配平之后的反应方程式为：

$$BaCl_2(aq) + K_2SO_4(aq) \longrightarrow BaSO_4(s) + 2KCl(aq)$$

▶ **实践练习 1**

　　判断对错：

　　$Ba(NO_3)_2$ 溶液与 KOH 溶液混合后会生成沉淀？

▶ **实践练习 2**

　　（a）$Fe_2(SO_4)_3$ 溶液和 $LiOH$ 溶液混合时，会有哪种化合物沉淀析出？（b）写出并配平此方程式。

离子方程式与旁观离子

当写出发生在水溶液中的化学方程式时，通常有必要指出溶解的物质主要是以离子还是以分子的形式存在的。需要重新考虑发生在 $Pb(NO_3)_2$ 和 $2KI$ 之间的沉淀反应 [见式（4.3）]：

$$Pb(NO_3)_2(aq) + 2KI(aq) \longrightarrow PbI_2(s) + 2KNO_3(aq)$$

像上面这样的化学方程式，给出了反应物和产物完整的化学式，称其为**分子方程式**。分子方程式只给出反应物与产物的化学式，而没有给出它们的离子性质。由于 $Pb(NO_3)_2$、KI 与 KNO_3 都是水溶性离子化合物，都是强电解质，我们可以用另一种形式写出反应方程式，表明哪种物质作为离子存在于溶液中：

$$Pb^{2+}(aq) + 2NO_3^-(aq) + 2K^+(aq) + 2I^-(aq) \longrightarrow$$
$$PbI_2(s) + 2K^+(aq) + 2NO_3^-(aq) \quad （4.6）$$

以这种形式写成的化学方程式中，所有可溶的强电解质都以离子形式表示，因此称为**完全离子方程式**。

读者需要注意式（4.6）的左右两侧都有 $K^+(aq)$ 和 $NO_3^-(aq)$。在一个完全离子方程式两边出现的形式相同的离子称为**旁观离子**，旁观离子在反应中不起直接作用。由于旁观离子不与其他任何物质发生反应，因此可以像数学中删除等号两侧的同类项一样，在反应箭头的两侧直接删除旁观离子。删除了旁观离子后得到的方程式被称为**净离子方程式**，它只包括直接参与反应的离子和分子：

$$Pb^{2+}(aq) + 2I^-(aq) \longrightarrow PbI_2(s) \quad （4.7）$$

由于在化学反应中电荷是守恒的，因此在配平的净离子方程式两侧离子携带电荷之和必须相同。例如，式（4.7）中一个阳离子携带的 2 个正电荷和两个阴离子各携带的 1 个负电荷，加起来等于电中性产物携带的电荷数——0。如果一个完全离子方程式中的每个离子都是旁观离子，那么将不会发生反应。

▲ 想一想

在如下反应中，哪些离子（如果有）是旁观离子？
$AgNO_3(aq) + NaCl(aq) \longrightarrow AgCl(s) + NaNO_3(aq)$

净离子方程式说明了电解质参与的各种反应之间的相似性。例如，式（4.7）表示了任何含有 $Pb^{2+}(aq)$ 的强电解质与任何含有 $I^-(aq)$ 的强电解质之间发生沉淀反应的本质特征：阴阳离子结合形成 PbI_2 沉淀。因此，净离子方程式表明多个反应物组合可以发生相同的净反应。例如，KI 和 MgI_2 的水溶液都含有 I^- 离子，因此它们的化学性质有许多相似之处。这两种溶液中的任意一种与 $Pb(NO_3)_2$ 溶液混合都能生成 $PbI_2(s)$。然而，完全离子方程式则给出了参与反应的实际反应物。

如何写出净离子方程式

1. 写出配平后的分子方程式。

2. 将分子方程式中每一种可溶的强电解质分解为在溶液中形成的离子，重新写出方程式。注意，只有水溶液中的强电解质才可以用离子形式书写。

3. 找到并删除旁观离子。

实例解析 4.4
写出一个净离子方程式

写出氯化钙溶液和碳酸钠溶液混合时发生沉淀反应的净离子方程式。

解析

分析　本题的任务是根据给出的反应物名称，写出溶液中沉淀反应的净离子方程式。

思路　首先写出反应物和产物的化学式，判断哪些产物是不溶的。然后写出并配平分子方程式。接下来将方程式中每个可溶的强电解质分解为离子，得到完全离子方程式。最后消除旁观离子，得到净离子方程式。

解答　氯化钙由 Ca^{2+} 离子与 Cl^- 离子组成，因此它的水溶液可表示为 $CaCl_2(aq)$。碳酸钠由 Na^+ 离子和 CO_3^{2-} 离子组成，因此其水溶液可表示为 $Na_2CO_3(aq)$。在此沉淀反应的分子方程式中，阴阳离子相互交换，即 Ca^{2+} 同 CO_3^{2-} 结合生成 $CaCO_3$，Na^+ 同 Cl^- 结合生成 $NaCl$。根据表 4.1 的溶解性规律，$CaCO_3$ 是不溶于水的，而 $NaCl$ 可溶于水。配平的分子方程式是：

$$CaCl_2(aq) + Na_2CO_3(aq) \longrightarrow CaCO_3(s) + 2NaCl(aq)$$

在一个完全离子方程式中，只有溶解的强电解质（如可溶性离子化合物）才被写成单独的离子。(aq) 表示 $CaCl_2$、Na_2CO_3 和 $NaCl$ 都溶解在溶液中，并且它们都是强电解质。虽然 $CaCO_3$ 是一种离子化合物，但是并不溶于水。我们不能将任何不溶性化合物的化学式写成组成它的离子。因此完全离子方程式为：

$$Ca^{2+}(aq) + 2Cl^-(aq) + 2Na^+(aq) + CO_3^{2-}(aq) \longrightarrow$$
$$CaCO_3(s) + 2Na^+(aq) + 2Cl^-(aq)$$

旁观离子是 Na^+ 与 Cl^-。消去它们可得到如下的净离子方程式：

$$Ca^{2+}(aq) + CO_3^{2-}(aq) \longrightarrow CaCO_3(s)$$

检验　我们可通过检查方程式左右两侧元素和电荷是否平衡来检验结果。方程式左右两侧都有一个 Ca、一个 C 和三个 O，两侧的净电荷都等于 0。

注解　在写离子方程式的过程中，如果所有离子既没有被从溶液中移除，又没有发生某种方式的改变，那么说明所有的离子都是旁观离子，这个反应将不会发生。

▶ **实践练习 1**

当硝酸钠溶液和氯化钡溶液混合后会发生什么现象？

（a）不发生反应，所有可能的产物都是可溶性的。
（b）只生成硝酸钡沉淀。
（c）只生成氯化钠沉淀。
（d）同时生成硝酸钡和氯化钠沉淀。
（e）生成的氯化钡不溶于水，以沉淀的形式存在。

▶ **实践练习 2**

写出硝酸银溶液和磷酸钾溶液混合发生沉淀反应的净离子方程式。

4.3 ｜ 酸、碱及中和反应

许多酸和碱是工业和家居生活中的常见用品（见图 4.5），有些酸与碱还是生物流体的重要组成部分。例如，盐酸是一种重要的工业化学品，同时也是人的胃液的主要成分。酸和碱是常见的电解质。

▲ 图 4.5　日常生活中常见的酸与碱　醋和柠檬汁是生活中常见的酸。氨气和小苏打（碳酸氢钠）是生活中常见的碱

酸

如 2.8 节所述，酸是可在水溶液中电离，生成氢离子 $H^+(aq)$ 的物质。由于氢原子由质子和电子组成，因此氢离子实际上就是质子。基于此，酸通常被称为质子供体。四种常见酸的分子模型如图 4.6 所示。

▶ 图 4.6　四种常见酸的分子模型

盐酸，HCl

硝酸，HNO_3

硫酸，H_2SO_4

醋酸，CH_3COOH

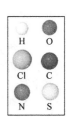

H　O
Cl　C
N　S

在水溶液中，质子也像其他阳离子一样被水分子所溶剂化（见图4.3a）。因此，在写有质子参与的溶液化学反应方程式时，用 $H^+(aq)$ 表示质子。

不同的酸分子电离可产生不同数量的 H^+ 离子。HCl 和 HNO_3 都是一元酸，每分子酸可电离产生一个 H^+ 离子。硫酸（H_2SO_4）是一种二元酸，每分子酸可电离产生 2 个 H^+ 离子。H_2SO_4 及其他二元酸的电离可分为以下两个步骤：

$$H_2SO_4(aq) \longrightarrow H^+(aq) + HSO_4^-(aq) \tag{4.8}$$

$$HSO_4^-(aq) \rightleftharpoons H^+(aq) + SO_4^{2-}(aq) \tag{4.9}$$

虽然 H_2SO_4 是一种强电解质，但是只有一级电离（见式4.8）是完全的。因此，硫酸水溶液中含有 $H^+(aq)$、$HSO_4^-(aq)$ 与 $SO_4^{2-}(aq)$ 的混合物。

本书中经常提到的 CH_3COOH（醋酸）分子是食醋的主要成分。如图4.6所示，醋酸分子中有4个氢原子，但其中只有羧基（—COOH 基团）中与氧原子相连的氢原子可以在水中电离。因此，在水中醋酸的羧基中 O—H 键将发生断裂，而其他三个与碳原子相连的氢原子将不会发生 C—H 键断裂。这种差异产生的原因非常有趣，我们将在本书的第16章中讨论。

> **想一想**
>
> 下图是柠檬酸（柑橘类植物果实中一种主要主要成分）的结构式
>
> $$
> \begin{array}{c}
> \text{H} \quad \text{O} \\
> | \quad \| \\
> \text{H} - \text{C} - \text{C} - \text{OH} \\
> | \\
> \text{HO} - \text{C} - \text{C} - \text{OH} \\
> | \quad \| \\
> \quad \quad \text{O} \\
> \text{H} - \text{C} - \text{C} - \text{OH} \\
> | \\
> \text{H}
> \end{array}
> $$
>
> 当柠檬酸溶于水后，每分子柠檬酸可电离出多少个 $H^+(aq)$ ？

碱

碱是一种能够接受 H^+ 离子或能与 H^+ 离子发生反应的物质。碱在水中溶解时会产生氢氧根离子 OH^-。离子型氢氧化物如 NaOH、KOH 和 $Ca(OH)_2$ 等都是最常见的碱。当离子型氢氧化物溶于水时，它们可分解为离子，将 OH^- 离子引入溶液中。

不含 OH^- 离子的化合物也可以是碱。例如，氨（NH_3）就是一种常见的碱。当 NH_3 进入水中时，它可从周围的水分子获得一个 H^+ 离子，随机产生一个 OH^- 离子（见图4.7）：

$$H_2O(l) + NH_3(aq) \rightleftharpoons OH^-(aq) + NH_4^+(aq) \tag{4.10}$$

氨是一种弱电解质，这是由于只有大约1%的 NH_3 可以生成 NH_4^+ 与 OH^- 离子。

◀ 图 4.7 质子转移示意图 H_2O 分子作为质子供体（酸），NH_3 作为质子受体（碱）。在水溶液中，只有一小部分 NH_3 分子与 H_2O 发生图示的反应。因此，NH_3 是一种弱电解质

H_2O + NH_3 $\rightleftharpoons$ OH^- + NH_4^+

强弱酸碱

在溶液中完全电离的酸和碱是强电解质，因此它们是强酸和强碱。而那些在溶液中部分电离的弱电解质酸碱是弱酸和弱碱。如果只使用 $H^+(aq)$ 浓度表示酸的反应活性，那么强酸要比弱酸的反应活性高。然而酸的反应活性既取决于 $H^+(aq)$ 浓度，也取决于阴离子浓度。例如，氢氟酸 (HF) 在水溶液中只有部分电离，是一种弱酸，但它的反应活性却很高，可以同包括玻璃在内的许多物质发生化学反应。HF 的这种高反应活性是 $H^+(aq)$ 和 $F^-(aq)$ 共同作用的结果。

表 4.2 列出了最常见的强酸和强碱。牢记这些信息有助于正确地识别强电解质并写出净离子方程式。这个列表相对而言比较简明，这说明大多数酸都是弱酸 (前文已经提到了，H_2SO_4 只有第一个质子是完全电离的)。常见的强碱只包括那些可溶性金属氢氧化物。最常见的弱碱是 NH_3，它可以与水反应生成 OH^- 离子 [见式（4.10）]。

 想一想

为什么 $Al(OH)_3$ 不属于强碱？

识别强电解质和弱电解质

如果我们掌握了常见的强酸与强碱（见表 4.2 ），也知道了 NH_3 是弱碱，就可以对大量水溶性物质的电解强度做出合理的预测。

表 4.2　常见的强酸与强碱

强酸	强碱
盐酸，HCl	第 1A 族非氢元素的氢氧化物 (LiOH、NaOH、KOH、RbOH、CsOH)
氢溴酸，HBr	第 2A 主族重金属的氢氧化物 [$Ca(OH)_2$、$Sr(OH)_2$、$Ba(OH)_2$]
氢碘酸，HI	
氯酸，$HClO_3$	
高氯酸，$HClO_4$	
硫酸（第一个质子），H_2SO_4	

▶ 实例解析 4.5

比较酸强弱

下图为 HX、HY 和 HZ 三种酸的水溶液示意图，为了清楚起见，省略了溶液中水分子。将三种酸按强弱进行排列。

HX   HY   HZ

性强。

▶ 实践练习 1

分别配制了相同浓度的醋酸、氯酸以及氢溴酸水溶液。哪种溶液的导电性更好呢？（a）氯酸（b）氢溴酸（c）醋酸（d）氯酸与氢溴酸（e）三种溶液导电性相同

▶ 实践练习 2

假设有一张图，图上显示了 10 个 Na^+ 离子和 10 个 OH^- 离子。如果这张图所表示的溶液与上图中的 HY 溶液混合，当所有可能的化学反应都发生了之后，这个混合溶液中存在哪些物质？

解析

分析 本题要求根据溶液示意图，将三种酸按强弱排列。

思路 可通过图中不带电荷的分子的相对数量来确定酸的强度。酸性最强的酸是溶液中 H^+ 离子数量最多且未解离分子数量最少的。而最弱的酸是未解离分子数量最多的。

解答 按酸性由强到弱排序为 HY > HZ > HX。HY 是一种强酸，它在水溶液中是完全电离的，溶液中没有 HY 分子。而 HX 和 HZ 都是弱酸，其溶液中都有分子和离子同时存在。由于 HZ 比 HX 溶液中 H^+ 离子数量多而且中性分子数量少，因此 HZ 酸

表 4.3 给出了对电解质的观察结果。对于一种物质来说，首先需要确定它是离子化合物还是分子化合物。如果它是离子化合物，那么它就是强电解质；如果它是分子化合物，那么需要确定其是否为酸碱。如果一种化合物的化学式中第一个字母是 H 或者含有—COOH 基团，那么它是酸。如果这种物质是酸，那么可使用表 4.2 来判断它是强电解质还是弱电解质。所有的强酸都是强电解质，所有的弱酸都是弱电解质。如果这种酸没有在表 4.2 中列出，那么它很可能是弱酸，因此是弱电解质。

如果这种物质是碱，那么可以用表 4.2 来确定它是否为强碱。NH_3 是本章中我们唯一需要考虑的分子化合物弱碱。表 4.3 给出了 NH_3 是一种弱电解质。最后，本章中如果我们遇到了一种非酸非 NH_3 的分子化合物，那么它可能是一种非电解质。

表 4.3 常见可溶性离子和分子化合物的电解性质总结

	强电解质	弱电解质	非电解质
离子化合物	所有	无	无
分子化合物	强酸（见表 4.2）	弱酸、弱碱	其他化合物

 实例解析 4.6

识别强电解质、弱电解质及非电解质

将下列可溶于水的物质溶液按强电解质、弱电解质及非电解质进行分类：$CaCl_2$、HNO_3、C_2H_5OH(乙醇)、HCOOH(甲酸)与 KOH。

解析

分析 本题根据所给化学式，对物质进行强、弱及非电解质分类。

思路 表 4.3 给出了可采取的方法。我们可以根据物质的组成来判断它是离子化合物还是分子化合物。正如我们在 2.7 节中看到的，本书所涉及的大多数离子化合物是由金属和非金属组成的，而大多数分子化合物仅由非金属组成。

解答 本题中有两种化合物符合离子化合物的标准——$CaCl_2$ 和 KOH。由表 4.3 可知所有的离子化合物都是强电解质，因此这两种物质可分类为强电解质。其余的三种化合物是分子化合物，而且其中的 HNO_3 和 HCOOH 是酸。硝酸（HNO_3）是一种常见的强酸，表 4.3 列出了强酸为强电解质。由于大多数酸都是弱酸，因此我们可以猜测 HCOOH 是弱酸，同时也是弱电解质。而事实也的确如此。余下的一种分子化合物 C_2H_5OH，既不是酸也不是碱，而是一种非电解质。

注解 虽然乙醇（C_2H_5OH）分子中存在一个羟基（—OH），但是它不属于金属氢氧化物，因此乙醇不是碱。相反乙醇属于一类有 C—OH 键的有机化合物——醇（见 2.9 节）。含有羧基（—COOH）的有机化合物称为羧酸（见 16 章）。具有这个官能团的化合物都是弱酸。

▶ 实践练习 1

下列哪一种物质溶于水后是强电解质？（a）氨（b）氢氟酸（c）叶酸（d）硝酸钠（e）蔗糖

▶ 实践练习 2

分别将 0.1mol 的 $Ca(NO_3)_2$、葡萄糖（$C_6H_{12}O_6$）、醋酸钠（$NaCH_3COO$）和 CH_3COOH 溶于 1L 水后形成溶液。按电导率由小到大的顺序对这些溶液进行排序。已知溶液中离子的数量越多，其电导率越大。

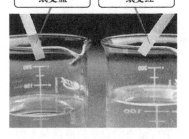

▲ 图 4.8   石蕊试纸   石蕊试纸上涂有染料，染料在酸性或碱性条件下会变色

中和反应与盐

酸性溶液与碱性溶液的性质有很大区别。在味觉上，酸显酸味而碱有苦味[⊖]。酸可以改变染料的颜色，且与碱对这种染料影响是不同的。且就是石蕊试纸背后的原理（见图 4.8）。酸碱化学是贯穿所有化学的一个重要主题，我们将从这里开始学习。

当酸溶液和碱溶液混合时，就会发生**中和反应**。这种类型反应的产物既不具有酸性溶液的特征、性质也不具有碱性溶液的特征、性质。例如，当盐酸与氢氧化钠溶液混合时，反应为

$$HCl(aq) + NaOH(aq) \longrightarrow H_2O(l) + NaCl(aq) \tag{4.11}$$
$$（酸）\qquad （碱）\qquad\qquad （水）\qquad （盐）$$

这个反应的产物是水和盐（NaCl）。以此反应类比，**盐**这个化学术语意味着任意一种阳离子来自碱（例如 NaCl 的 Na^+ 来自 NaOH）及阴离子来自酸（例如 NaCl 的 Cl^- 来自 HCl）的离子化合物。一般来说，酸可以与金属氢氧化物发生中和反应生成水和盐。

由于 HCl、NaOH、NaCl 均为水溶性强电解质，因此式（4.11）的完全离子方程式为

$$H^+(aq) + Cl^-(aq) + Na^+(aq) + OH^-(aq) \longrightarrow H_2O(l) + Na^+(aq) + Cl^-(aq) \tag{4.12}$$

净离子方程式为

$$H^+(aq) + OH^-(aq) \longrightarrow H_2O(l) \tag{4.13}$$

式（4.13）总结了强酸与强碱间中和反应的主要特点，即 $H^+(aq)$ 与 $OH^-(aq)$ 离子结合形成 $H_2O(l)$。

图 4.9 显示了盐酸与不溶性碱 $Mg(OH)_2$ 间发生的中和反应。

分子方程式：

$$Mg(OH)_2(s) + 2HCl(aq) \longrightarrow MgCl_2(aq) + 2H_2O(l) \tag{4.14}$$

净离子方程式：

$$Mg(OH)_2(s) + 2H^+(aq) \longrightarrow Mg^{2+}(aq) + 2H_2O(l) \tag{4.15}$$

需要注意的是，OH^- 离子 [本次实验来自固体反应物 $Mg(OH)_2$] 和 H^+ 离子结合形成 H_2O。由于反应过程中阴阳离子互相交换，因此酸与金属氢氧化物之间的中和反应是一种复分解反应。

实例解析 4.7

写出中和反应方程式

关于醋酸（CH_3COOH）溶液与氢氧化钡 [$Ba(OH)_2$] 间反应。写出（a）平衡的分子方程式；（b）完全离子方程式；（c）净离子方程式。

解析

分析   本题给出了酸和碱的化学式，并要求写出平衡的分子方程式、完全离子方程式和中和反应的净离子方程式。

解答

（a）盐含有碱的阳离子 Ba^{2+} 和酸的阴离子 CH_3COO^-。因此，盐的分子式为 $Ba(CH_3COO)_2$。由表 4.1 可知这种化合物溶于水。未配平的中和反应分

思路   如式 4.11 及后面的文字表述所示，中和反应形成 H_2O 和盐等两种产物。我们需要查看碱的阳离子和酸的阴离子，以确定盐的组成。

子方程式为：

$$CH_3COOH(aq) + Ba(OH)_2(aq) \longrightarrow$$
$$H_2O(l) + Ba(CH_3COO)_2(aq)$$

[⊖] 品尝化学品溶液并不是一种很好的体验。然而，我们都有过将一些酸类化合物如抗坏血酸（维生素 C）、乙酰水杨酸（阿司匹林）、柠檬酸（柑橘类水果）等放进嘴里的经历，并且我们十分熟悉它们独特的酸味。香皂是一种碱性物质，具有碱类化合物特有的苦味。

为了配平这个方程式，需要两个 CH_3COOH 分子来提供两个 CH_3COO^- 离子，并提供两个 H^+ 离子与来自碱的两个 OH^- 离子结合。平衡的分子方程式为：

$$2CH_3COOH(aq) + Ba(OH)_2(aq) \longrightarrow$$
$$2H_2O(l) + Ba(CH_3COO)_2(aq)$$

（b）为了写出完全离子方程式，我们需要首先确定强电解质，然后将它们分解为离子。在本题中，$Ba(OH)_2$ 和 $Ba(CH_3COO)_2$ 都是水溶性离子化合物，因此是强电解质。因此，完全离子方程式为：

$$2CH_3COOH(aq) + Ba^{2+}(aq) + 2OH^-(aq) \longrightarrow$$
$$2H_2O(l) + Ba^{2+}(aq) + 2CH_3COO^-(aq)$$

（c）消去旁观离子 Ba^{2+}，化简反应物与产物的系数得到净离子方程式：

$$CH_3COOH(aq) + OH^-(aq) \longrightarrow H_2O(l) + CH_3COO^-(aq)$$

检验 我们可以通过比较方程式箭头两侧每种原子的数量（10 个 H、6 个 O、4 个 C 和 1 个 Ba）来确定分子方程式是否平衡。当然，通过对官能团进行计数比较来实现对方程式的检验，通常来说会更容易些。本题中方程式两侧各有 2 个—CH_3COO、1 个 Ba 原子、4 个 H 原子和 2 个 O 原子。对于净离子方程式，需要同时检查箭头两侧每一种元素的数量和电荷数量是否相同。

（a）$NH_4^+(aq) + H^+(aq) \longrightarrow NH_5^{2+}(aq)$

（b）$NH_3(aq) + NO_3^-(aq) \longrightarrow NH_2(aq) + HNO_3(aq)$

（c）$NH_2^-(aq) + H^+(aq) \longrightarrow NH_3(aq)$

（d）$NH_3(aq) + H^+(aq) \longrightarrow NH_4^+(aq)$

（e）$NH_4^+(aq) + NO_3^-(aq) \longrightarrow NH_4NO_3(aq)$

▶ **实践练习 1**
氨与硝酸反应的净离子方程式什么？

▶ **实践练习 2**
亚磷酸（H_3PO_3）与氢氧化钾（KOH）发生中和反应。写出（a）平衡分子方程式；（b）净离子方程式。注意，亚磷酸是一种二元酸。

图例解析 如果在这个反应中使用硝酸代替盐酸，会生成什么产物？

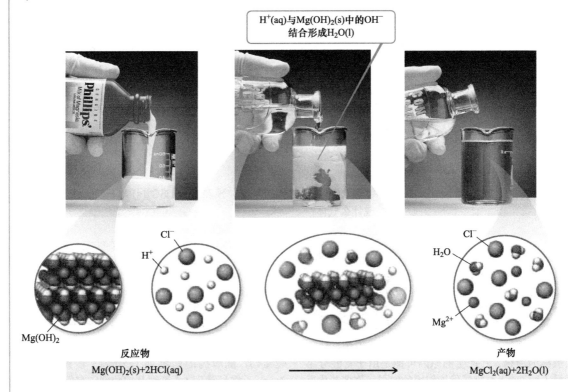

▲ 图 4.9 $Mg(OH)_2(s)$ 与盐酸之间的中和反应 镁乳是不溶性的 $Mg(OH)_2(s)$ 在水中形成的悬浮液。当足够的盐酸 HCl(aq) 加入镁乳时，二者间就会发生反应，产生含有 $Mg^{2+}(aq)$ 和 $Cl^-(aq)$ 离子的水溶液

有气体生成的中和反应

除 OH⁻ 外，还有许多碱可以与 H⁺ 反应生成分子化合物。在实验室里最常遇到的两种碱就是硫离子（S^{2-}）与碳酸根离子（CO_3^{2-}）。这两种阴离子与酸反应可生成在水中溶解度不高的气体。

硫化氢（H_2S）是一种具有臭鸡蛋恶臭气味般的物质。当强酸如 HCl(aq) 与金属硫化物如 Na_2S 发生反应时就会生成 H_2S：

分子方程式：

$$2HCl(aq) + Na_2S(aq) \longrightarrow H_2S(g) + 2NaCl(aq) \qquad (4.16)$$

净离子方程式：

$$2H^+(aq) + S^{2-}(aq) \longrightarrow H_2S(g) \qquad (4.17)$$

碳酸盐和碳酸氢盐可以与酸反应生成 $CO_2(g)$。CO_3^{2-} 或 HCO_3^- 与酸反应时，首先生成碳酸（H_2CO_3）。例如，当向碳酸氢钠溶液中滴加盐酸，发生的反应为：

$$HCl(aq) + NaHCO_3(aq) \longrightarrow NaCl(aq) + H_2CO_3(aq) \qquad (4.18)$$

碳酸是不稳定的。如果溶液中碳酸的浓度达到上限，它会分解为 H_2O 和 CO_2，CO_2 将以气体的形式从溶液中逸出：

$$H_2CO_3(aq) \longrightarrow H_2O(l) + CO_2(g) \qquad (4.19)$$

总反应方程式如下：

分子方程式：

$$HCl(aq) + NaHCO_3(aq) \longrightarrow NaCl(aq) + H_2O(l) + CO_2(g) \qquad (4.20)$$

净离子方程式：

$$H^+(aq) + HCO_3^-(aq) \longrightarrow H_2O(l) + CO_2(g) \qquad (4.21)$$

$NaHCO_3(s)$ 和 Na_2CO_3 都可用作酸泄漏的中和剂。它的任何一种都可以加入酸中，生成 $CO_2(g)$ 并能听到嘶嘶声。碳酸氢钠也可用作抗酸剂来舒缓胃部不适。在此情况下，HCO_3^- 与胃酸反应生成 $CO_2(g)$。

想一想

通过对上述内容的学习，预测当 $Na_2SO_3(s)$ 与 HCl(aq) 反应时会生成什么气体？

化学应用　抗酸剂

人的胃通过分泌胃酸帮助消化食物。胃酸的主要成分是盐酸，其中 H⁺ 的浓度为 0.1mol/L。胃和消化道通常有一层黏膜保护，使其免受胃酸的腐蚀作用。然而，当这种保护膜出现孔或破损时，胃酸可腐蚀膜下面的组织，造成器官的疼痛性损伤。这种孔被称为溃疡，其产生的原因可能是由于胃酸分泌过量（和／或）黏膜层保护作用的削弱。许多消化道溃疡是由幽门螺旋杆菌感染引起的。大约有 10% 到 20% 的美国人在他们生命中的某个阶段会患有胃溃疡。许多人偶尔会因为胃酸进入食道而出现消化不良、胃灼热或反流。

胃酸过量的问题可以通过除去过量的胃酸或减少胃酸的产生来解决。可用来除去过量胃酸的物质叫作抗酸剂，而那些用来减少胃酸分泌的物质称为抑酸剂。图 4.10 显示了几种常见的非处方抗酸剂，它们通常含有氢氧根、碳酸根或碳酸氢根离子（见表 4.4）。抗溃疡的药物如 Tagamet（泰胃美）® 和 Zantac（雷尼替丁）® 等都是抑酸剂，它们可作用于胃内壁的产酸细胞。这些用来控制胃酸的制剂现在都是非处方药。

相关习题：4.95。

表 4.4 一些常见的抗酸剂	
商品名	酸中和剂
Alka-Seltzer®（我可舒适）	$NaHCO_3$
Amphojel®（安福杰耳）	$Al(OH)_3$
Di-Gel®（迪吉尔）	$Mg(OH)_2$ 和 $CaCO_3$
Milk of Magnesia（镁乳）	$Mg(OH)_2$
Maalox®（美乐事）	$Mg(OH)_2$ 和 $Al(OH)_3$
Mylanta®（胃能达）	$Mg(OH)_2$ 和 $Al(OH)_3$
Rolaids®（罗雷兹）	$Mg(OH)_2$ 和 $CaCO_3$
Tums®（碳酸钙片剂）	$CaCO_3$

▲ 图 4.10 抗酸剂 这些产品都可用作胃酸中和剂

4.4 | 氧化还原反应

在前面的内容中，我们学习了沉淀反应中阳离子和阴离子可结合形成不溶性离子化合物，在中和反应中，质子可以从一种反应物转移到另一种反应物。现在我们来学习第三种反应——**氧化还原反应**，在这种反应中电子可以从一种反应物转移到另一种反应物。在本章中，我们将集中讨论一种反应物是金属单质的氧化还原反应。氧化还原反应对于我们理解周围的许多生物和地质过程是至关重要的，氧化还原反应也是电池和燃料电池等能源相关技术的基础（见 20 章）。

氧化与还原

最常见的氧化还原反应实例就是金属的腐蚀（见图 4.11）。在某些情形下，腐蚀仅限于金属表面，就像在铜制屋顶和雕像上面形成的绿色锈层一样。而在其他情况下，腐蚀会深入至金属内部，最终危及金属的结构完整性，比如生锈的铁。

腐蚀是金属与环境中某些物质发生反应而转化为金属化合物的过程。当金属腐蚀时，金属原子失去一个或多个电子形成阳离子，阳离子可以与阴离子结合形成离子化合物。自由女神像的绿色锈层中含有 Cu^{2+} 和碳酸根、氢氧根离子，铁锈中含有与氧离子和氢氧根离子结合的 Fe^{3+} 离子，而银变色后形成的银黑中含有 Ag^+ 和 S^{2-} 离子。

当一个原子、离子或分子变得电荷数更"正"时（也就是说当它失去一些电子时），我们就说它被氧化了。物质失去电子的过程称为氧化。

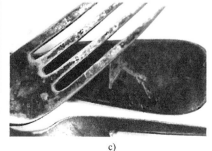

a)   b)   c)

▲ 图 4.11 常见的金属腐蚀现象 a）铜氧化时形成铜绿锈层。b）铁腐蚀时产生的铁锈。c）银腐蚀形成的黑色斑点

之所以使用氧化这个术语，是由于人们最先研究的是氧气参与的此类反应。许多金属都可以与空气中的 O_2 直接反应生成金属氧化物。在这些反应中，金属失去电子，氧原子得到电子，形成含有金属离子和氧离子的离子化合物。我们熟悉的铁生锈的实例就是铁和氧气在水中发生反应。在这个过程中，铁被氧化（失去电子）形成 Fe^{3+}。

铁和氧气之间的反应往往比较缓慢，但其他类型的金属如碱金属和碱土金属，当暴露在空气中很快就会与氧气反应。图 4.12 显示了钙在空气中形成 CaO 时的反应以及光亮的金属表面是如何变暗的。

$$2Ca\,(s) + O_2\,(g) \longrightarrow 2\,CaO\,(s) \qquad （4.22）$$

在这个反应中，Ca 原子被氧化成 Ca^{2+}，中性的 O_2 转化成 O^{2-} 离子。在式（4.22）中，金属钙发生氧化反应，电子从钙转移到 O_2 并形成 CaO。当一个原子、离子或分子携带更多的负电荷（得到电子）时，我们说它被还原了。物质获得电子的过程称为还原。当一种反应物失去电子（也就是说，当它被氧化时），另一种反应物必须得到电子。也就是说，一种物质的氧化必须伴随着另一种物质的还原。在式（4.22）中氧分子被还原形成氧离子（O^{2-}）。

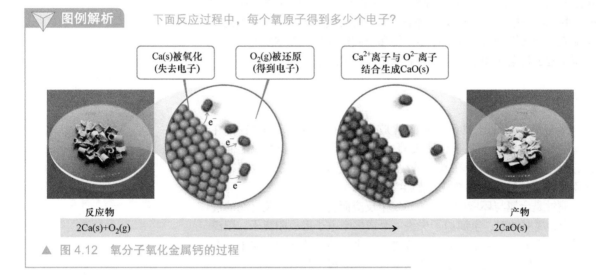

▲ 图 4.12　氧分子氧化金属钙的过程

氧化数

在确定一个化学反应是否为氧化还原反应之前，需要一个新的术语，用于记录被还原物质得到电子的数量和被氧化物质失去电子的数量。因此，人们设计了氧化数（或氧化态）的概念。中性物质或离子中的每个原子都存在氧化数（或氧化态）。对于一价离子来说，其氧化数与所带电荷数相同。对于中性分子和多原子离子来说，某个原子的氧化数是个假设的电荷数。这种电荷数是人为地将电子在分子或离子中的原子之间划分产生的。我们可以使用以下规则来分配氧化数：

1. 单质中的原子，其氧化数总是零。因此，H_2 分子中的每个 H 原子的氧化数为 0，P_4 分子中的每个 P 原子的氧化数为 0。

2. 对于任何一个单原子离子，其氧化数等于离子电荷数。因此，K^+ 的氧化数是 +1，S^{2-} 的氧化数是 −2，以此类推。

在离子化合物中，碱金属离子（1A 族）携带电荷数总是 1+，因此其氧化数为 +1，而碱土金属（2A 族）的氧化数总是 +2，铝（3A 族）的氧化数总是 +3。（在书写氧化数时候，将符号写在数字的前面，而在书写电荷数时，将数字写在符号的前面。）

3. 非金属的氧化数通常为负，尽管有时是正的：

（a）在离子化合物和分子化合物中，氧的氧化数通常为 −2。过氧化物是一种常见的例外情况，这种化合物含有 O_2^{2-} 离子，其中每个氧原子的氧化数均为 −1。

（b）氢与非金属结合时氧化数通常为 +1，与金属结合（如 NaH 等金属氢化物）时的氧化数通常为 −1。

（c）所有化合物中氟原子的氧化数都是 −1。其他卤素原子在大多数二元化合物中氧化数为 −1，但是当与氧结合时例如在含氧阴离子中，它们具有正的氧化数。

4. 中性化合物中所有原子的氧化数之和为零。多原子离子的氧化数之和为该离子的电荷数。例如，水合氢离子 H_3O^+ 是对 $H^+(aq)$ 更准确的描述。在这种离子中，每个氢原子的氧化数是 +1，氧原子的氧化数是 −2。因此，氧化数之和为 $3 \times (+1) + (−2) = +1$，与离子的净电荷数相同。如实例解析 4.8 所示，当知道了一种化合物或离子中其他原子的氧化数，应用本规则可计算化合物或离子中某一个原子的氧化数。

 想一想

确定氮原子的氧化数分别为多少？（a）氮化铝 AlN；（b）硝酸 HNO_3。

实例解析 4.8

确定氧化数

确定（a）H_2S、（b）S_8、（c）SCl_2、（d）Na_2SO_3 以及（e）SO_4^{2-} 中硫原子的氧化数分别为多少？

解析

分析 本题要求确定两种分子化合物、一种单质和两种离子化合物中硫原子的氧化数。

思路 在每一种物质中，所有原子的氧化数之和必须等于该物质的电荷。我们将使用前面学到的规则来确定原子的氧化数。

解答

（a）氢与非金属结合时其氧化数为 +1。由于 H_2S 分子是中性的，所以各原子氧化数之和必须为零。设 x 为 S 原子的氧化数，所以有 $2 \times (+1) + x = 0$。因此，S 原子的氧化数是 −2。

（b）因为 S_8 是硫的单质形式，所以 S 原子的氧化数为 0。

（c）因为 SCl_2 是二元化合物，因此氯的氧化数是 −1。由于氧化数之和必须等于零。设 x 等于 S 原子的氧化数，得到 $x + 2 \times (−1) = 0$。因此，S 原子的氧化数是 +2。

（d）钠是一种碱金属，在化合物中钠的氧化数总是 +1。氧原子的氧化数通常是 −2。设 x 为 S 原子的氧化数，得到 $2 \times (+1) + x + 3 \times (−2) = 0$。因此，$Na_2SO_3$ 中 S 的氧化数为 +4。

（e）O 的氧化数是 −2。所有原子的氧化数之和等于 SO_4^{2-} 离子的净电荷数 2−。同样设 x 等于 S 原子的氧化数，由此得到 $x + 4 \times (−2) = −2$。根据此式，可以得出这个离子中 S 原子的氧化数是 +6。

注解 上述这些例子说明某种元素的氧化数往往取决于所存在的化合物。在这些例子中，硫原子的氧化数在 −2 到 +6 之间。

▶ **实践练习 1**

下列哪种物质中氧原子的氧化数是 −1？

（a）O_2 （b）H_2O （c）H_2SO_4 （d）H_2O_2 （e）KCH_3COO

▶ **实践练习 2**

下列物质中，加粗元素的氧化数分别是多少？

（a）**P**$_2$O$_5$，（b）Na**H**，（c）**Cr**$_2$O$_7^{2-}$，（d）**Sn**Br$_4$，（e）Ba**O**$_2$

酸与盐导致金属氧化

金属与酸或与金属盐之间发生的反应符合下述一般规律：

$$A + BX \longrightarrow AX + B \tag{4.23}$$

例如：

$$Zn(s) + 2\,HBr(aq) \longrightarrow ZnBr_2(aq) + H_2(g)$$

$$Mn(s) + Pb(NO_3)_2(aq) \longrightarrow Mn(NO_3)_2(aq) + Pb(s)$$

由于溶液中的金属离子通过另一种金属单质的氧化而发生置换（或交换），因此这种类型的化学反应称为**置换反应**。

许多金属可以与酸发生置换反应，产物是盐与氢气。例如，金属镁与盐酸反应生成氯化镁和氢气（见图 4.13）：

$$Mg(s) \quad + \quad 2HCl(aq) \quad \longrightarrow \quad MgCl_2(aq) \quad + \quad H_2(g)$$

氧化数 $\quad\; 0 \qquad\qquad +1 \;\; -1 \qquad\qquad\quad +2 \;\; -1 \qquad\qquad 0 \tag{4.24}$

Mg 的氧化数从 0 变化到 +2，氧化数增加表明 Mg 原子失去电子，因此被氧化。HCl 中 H^+ 的氧化数从 +1 下降到 0，表明这个离子得到电子，因此被还原。

氯在反应前和反应后的氧化数都是 −1，说明它既没有被氧化也没有被还原。实际上 Cl^- 离子是本反应的旁观离子，在净离子方程式中应去掉：

$$Mg(s) + 2H^+(aq) \longrightarrow Mg^{2+}(aq) + H_2(g) \tag{4.25}$$

▽ 图例解析 在盐酸溶液中加入 1mol 金属镁会产生多少氢气以 mol 计？

$H^+(aq)$被还原（得到电子）

$Mg(s)$被氧化（失去电子）

H_2

H^+ $\quad$ Cl^- $\quad$ Mg

Mg^{2+}

反应物 $\qquad\qquad\qquad\qquad\qquad\qquad\qquad\qquad$ 产物

$2HCl(aq)+Mg(s) \qquad\qquad\qquad\qquad\qquad H_2(g)+MgCl_2(aq)$

氧化数 $\quad +1-1 \qquad 0 \qquad\qquad\qquad\qquad\qquad 0 \qquad +2-1$

▲ 图 4.13 **金属镁与盐酸的反应** 此过程中镁被盐酸氧化，生成 $H_2(g)$ 和 $MgCl_2(aq)$

金属也可以被盐溶液氧化。以金属铁为例,铁可以被 $Ni(NO_3)_2(aq)$ 这样的含 Ni^{2+} 离子的溶液所氧化,生成 Fe^{2+}

分子方程式: $Fe(s) + Ni(NO_3)_2(aq) \longrightarrow Fe(NO_3)_2(aq) + Ni(s)$

$$(4.26)$$

净离子方程式: $Fe(s) + Ni^{2+}(aq) \longrightarrow Fe^{2+}(aq) + Ni(s)$ （4.27）

在这个反应中 Fe 被氧化为 Fe^{2+},同时 Ni^{2+} 被还原为 Ni。读者须牢记:**当一种物质被氧化时,另一种物质必定被还原。**

实例解析 4.9

写出氧化还原反应的方程式

写出并配平铝与氢溴酸反应的分子方程式和净离子方程式。

解析

分析 我们需要写出反映金属和酸之间的氧化还原反应的两个方程式——分子方程式和净离子方程式。

思路 金属与酸反应生成盐和氢气。为了写出并配平方程式,我们需要首先写出两个反应物的化学式,然后确定盐的化学式。本题中盐是由金属阳离子和酸阴离子组成的。

解答 本题的反应物是 Al 和 HBr。Al 可形成 Al^{3+} 阳离子,氢溴酸形成的阴离子为 Br^-。因此,反应中形成的盐是 $AlBr_3$。根据反应物和产物,写出并配平分子方程式:

$$2Al(s) + 6HBr(aq) \longrightarrow 2AlBr_3(aq) + 3H_2(g)$$

HBr 与 $AlBr_3$ 都是溶于水的强电解质,因此完全离子方程式为:

$$2Al(s) + 6H^+(aq) + 6Br^-(aq) \longrightarrow 2Al^{3+}(aq) + 6Br^-(aq) + 3H_2(g)$$

由于 Br^- 离子是旁观离子,因此净离子方程式为:

$$2Al(s) + 6H^+(aq) \longrightarrow 2Al^{3+}(aq) + 3H_2(g)$$

注解 此反应中金属铝被氧化,氧化数由单质形态的 0 变为阳离子形态的 +3,氧化数得到增加。H^+ 被还原,氧化数由酸中离子形态的 +1 变成了 H_2 中的 0。

▶ **实践练习 1**
关于锌和硫酸铜之间的化学反应,下列哪个表述是正确的?(a)锌被氧化,铜离子被还原。(b)锌被还原,铜离子被氧化。(c)所有反应物和产物都是可溶于水的强电解质。(d)硫酸铜中铜的氧化数为 0。(e)上述选项中正确的不止一个。

▶ **实践练习 2**
(a)写出镁和硫酸钴(II)间氧化还原反应的平衡分子方程式和净离子方程式。(b)在此反应中哪种物质被氧化了,哪种物质被还原了?

活动性顺序

一种金属能否被某种酸或某种盐所氧化是可预测的吗?这个问题不仅具有化学意义,而且具有实际意义。例如,根据式(4.26)将硝酸镍溶液储存在铁制容器中是不明智的,因为含镍溶液会溶解铁制容器。当金属被氧化时,会形成多种化合物。无处不在的氧化会导致金属零件失效或金属结构的恶化。

不同金属被氧化的难易程度是不同的。例如,Zn 可被含 Cu^{2+} 溶液所氧化但 Ag 则不能。所以可以认为,Zn 比 Ag 更容易失去电子,也就是说 Zn 比 Ag 更容易被氧化。

表 4.5 给出了按被氧化难易程度排列的金属活动顺序表。表格最上方的几种金属,如碱金属和碱土金属是最容易被氧化的,也就是说它们最容易发生反应生成化合物,因此被称为活泼金属。金属活动顺序表底部的几种金属,如从第 8B 族到第 1B 族的几种过渡元素是非常稳定的,不易形成化合物。由于这些金属反应活性低因而被称为贵金属,一般用作制造硬币和珠宝。

活动性顺序可用于预测金属与盐或酸反应的结果。列表中任何一种金属都可被它下面的金属离子所氧化。

表 4.5 水溶液中金属活动性顺序

金属	氧化反应
锂 (Li)	$Li(s) \longrightarrow Li^+(aq) + e^-$
钾 (K)	$K(s) \longrightarrow K^+(aq) + e^-$
钡 (Ba)	$Ba(s) \longrightarrow Ba^{2+}(aq) + 2e^-$
钙 (Ca)	$Ca(s) \longrightarrow Ca^{2+}(aq) + 2e^-$
钠 (Na)	$Na(s) \longrightarrow Na^+(aq) + e^-$
镁 (Mg)	$Mg(s) \longrightarrow Mg^{2+}(aq) + 2e^-$
铝 (Al)	$Al(s) \longrightarrow Al^{3+}(aq) + 3e^-$
锰 (Mn)	$Mn(s) \longrightarrow Mn^{2+}(aq) + 2e^-$
锌 (Zn)	$Zn(s) \longrightarrow Zn^{2+}(aq) + 2e^-$
铬 (Cr)	$Cr(s) \longrightarrow Cr^{3+}(aq) + 3e^-$
铁 (Fe)	$Fe(s) \longrightarrow Fe^{2+}(aq) + 2e^-$
钴 (Co)	$Co(s) \longrightarrow Co^{2+}(aq) + 2e^-$
镍 (Ni)	$Ni(s) \longrightarrow Ni^{2+}(aq) + 2e^-$
锡 (Sn)	$Sn(s) \longrightarrow Sn^{2+}(aq) + 2e^-$
铅 (Pb)	$Pb(s) \longrightarrow Pb^{2+}(aq) + 2e^-$
氢 (H)	$H_2(g) \longrightarrow 2H^+(aq) + 2e^-$
铜 (Cu)	$Cu(s) \longrightarrow Cu^{2+}(aq) + 2e^-$
银 (Ag)⊖	$Ag(s) \longrightarrow Ag^+(aq) + e^-$
汞 (Hg)	$Hg(l) \longrightarrow Hg^{2+}(aq) + 2e^-$
铂 (Pt)	$Pt(s) \longrightarrow Pt^{2+}(aq) + 2e^-$
金 (Au)	$Au(s) \longrightarrow Au^{3+}(aq) + 3e^-$

易被氧化性增加 ↑

例如，铜的活动性顺序高于银。因此，金属铜可以被银离子氧化：

$$Cu(s) + 2Ag^+(aq) \longrightarrow Cu^{2+}(aq) + 2Ag(s) \qquad （4.28）$$

铜被氧化为铜离子，同时银离子被还原为金属银。图 4.14 照片中铜线表面可以清楚地看见金属银。图 4.14 右侧照片中蓝色溶液源于硝酸铜（Ⅱ）。

▲ 想一想

（a）向装有 $NiCl_2(aq)$ 溶液的试管中加入锌条，会发生反应吗？
（b）向装有 $Zn(NO_3)_2(aq)$ 溶液的试管中加入 $NiCl_2(aq)$，会发生反应吗？

只有活动性顺序表中排在氢前面的金属可以与酸反应生成 H_2，例如，Ni 可以与 HCl(aq) 反应生成 H_2：

$$Ni(s) + 2HCl(aq) \longrightarrow NiCl_2(aq) + H_2(g) \qquad （4.29）$$

由于活动性顺序表中排在氢后面的金属不会被 H^+ 所氧化，因此 Cu 不会与 HCl(aq) 反应。但是有趣的是，如图 1.11 所示，铜确实可以与硝酸发生反应，但这个反应中 H^+ 离子并不能氧化 Cu 原子。事实上，Cu 是被硝酸根离子氧化成 Cu^{2+}，并生成棕色二氧化氮 $NO_2(g)$ 产物：

$$Cu(s) + 4HNO_3(aq) \longrightarrow Cu(NO_3)_2(aq) + 2H_2O(l) + 2NO_2(g)（4.30）$$

上面这个反应中，铜被氧化时氮发生还原，氧化数由 NO_3^- 的 +5 变为 NO_2 的 +4。我们将在第 20 章中研究这类反应。

⊖译者注：我国目前流行教材中均认为汞比银活泼，读者学习时须留意。

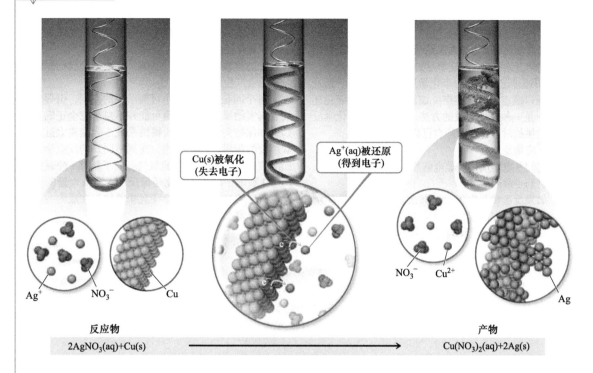

▲ 图 4.14　铜与银离子之间的反应　当金属铜置于硝酸银溶液中时可发生氧化还原反应，生成金属银和蓝色的硝酸铜（Ⅱ）溶液

实例解析 4.10

判断氧化还原反应是否会发生

氯化亚铁（Ⅱ）溶液会氧化金属镁吗？如果会，写出并配平反应的分子方程式和净离子方程式。

解析

分析　本题给出两种物质，一种为 $FeCl_2$ 溶液，另一种是金属 Mg，要求判断二者是否能够发生反应。

思路　如果反应物 Mg 单质在表 4.5 中位置在 Fe 的上方，则会发生反应。如果二者之间发生反应，那么 $FeCl_2$ 中 Fe^{2+} 离子还原为 Fe，Mg 氧化为 Mg^{2+}。

解答　因为 Mg 在表 4.5 中位于 Fe 的上方，因此二者可以发生反应。为了写出反应中产物的化学式，我们需要牢记常见离子的电荷数。镁总以 Mg^{2+} 形式存在于化合物中，氯离子是 Cl^-。这个反应中产物镁盐是 $MgCl_2$，平衡的分子方程式为：

$$Mg(s) + FeCl_2(aq) \longrightarrow MgCl_2(aq) + Fe(s)$$

$FeCl_2$ 和 $MgCl_2$ 都是可溶性强电解质，都可以写成离子形式，Cl^- 是反应中旁观离子。因此净离子方

程式为：

$$Mg(s) + Fe^{2+}(aq) \longrightarrow Mg^{2+}(aq) + Fe(s)$$

净离子方程式显示了反应中 Mg 被氧化，Fe^{2+} 被还原。

检验　注意，净离子方程式中电荷和质量都需要平衡。

▶ 实践练习 1

下述金属中哪种最易被氧化？

（a）金　（b）锂　（c）铁　（d）钠　（e）铝

▶ 实践练习 2

下述哪些金属可被 $Pb(NO_3)_2$ 所氧化？ Zn、Cu 还是 Fe？

在本章中，你已经学习许多化学反应。当物质发生反应时，我们事实上很难"感觉"到发生了什么。本书的一个目标是帮助你更熟练地预测反应的结果。获得这种"化学直觉"的关键是学习如何对反应进行分类。

试图通过记忆掌握每个化学反应是徒劳的。通过认识特征以确定反应的类型（如复分解反应或氧化还原反应）是一种更加有效的方法。当面对预测化学反应结果的挑战时，你需要问自己以下这些问题：

- 反应物是什么？
- 它们是电解质还是非电解质？
- 它们是酸还是碱？
- 如果反应物是电解质，那么它们之间会产生沉淀、水、气体或复分解反应吗？

- 如果不能发生复分解反应，那么反应物中存在能被氧化的和能被还原的吗？它们之间能发生氧化还原反应吗？

上述这些基础问题的答案，能够帮助我们预测反应过程会产生什么。

每个问题都可以缩小可能结果的范围，引导你更接近真实结果。你的预测可能并不总是完全正确，但如果你保持头脑清醒，所得结果就不会偏离太远。随着经验的积累，你将有能力找到不明显的反应物，比如溶液中的水或大气中的氧气。质子转移（酸碱中和反应）和电子转移（氧化还原反应）涉及大量的化学反应，了解这些反应的特征意味着你正在成为一名优秀的化学家！

4.5 | 溶液浓度

科学家们使用**浓度**这个术语表示溶解在固定体积溶剂或溶液中溶质的量。当溶剂体积固定时，所溶解的溶质越多，得到的溶液浓度越高。在化学中，我们经常需要定量地表示溶液浓度。

物质的量浓度

物质的量浓度 （符号为 M）使用单位体积（L）溶液中溶质的物质的量（mol）来表示溶液浓度：

$$物质的量浓度 M = \frac{溶质的物质的量(mol)}{溶液体积(L)} \qquad (4.31)$$

一份 1.00mol（或 1.00M）溶液表示每升溶液中含有 1.00mol 溶质。图 4.15 显示了制备体积为 0.250L、浓度为 1.00M 的 $CuSO_4$ 溶液的过程。这份溶液的物质的量浓度是 (0.250mol $CuSO_4$)/(0.250L 溶液) = 1.00M。

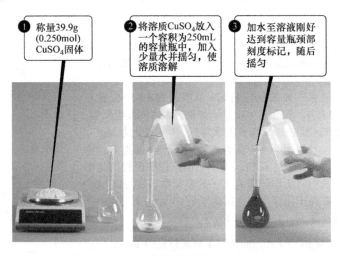

❶ 称量39.9g (0.250mol) $CuSO_4$固体

❷ 将溶质$CuSO_4$放入一个容积为250mL的容量瓶中，加入少量水并摇匀，使溶质溶解

❸ 加水至溶液刚好达到容量瓶颈部刻度标记，随后摇匀

▲ 图 4.15　配制体积为 0.250L 的物质的量浓度为 1.00M 的 $CuSO_4$ 溶液

实例解析 4.11

计算物质的量浓度

计算在水中溶解 23.4g 硫酸钠 (Na_2SO_4) 后形成的 125mL 溶液的物质的量浓度。

解析

分析 已知溶质的质量为 23.4g，其化学式是 Na_2SO_4，溶液的体积是 125mL，要求计算溶液的物质的量浓度。

思路 我们需要首先将溶质的质量（g）转换成物质的量（mol），并把溶液的体积单位从 mL 换算成 L，随后可以使用式（4.31）计算物质的量浓度。

解答

通过 Na_2SO_4 的质量计算其物质的量：$n_{Na_2SO_4} = (23.4g\ Na_2SO_4)\left(\dfrac{1mol\ Na_2SO_4}{142.1g\ Na_2SO_4}\right) = 0.165mol\ Na_2SO_4$

将溶液体积单位 mL 换算为 L：$V_{溶液} = (125mL)\left(\dfrac{1L}{1000mL}\right) = 0.125L$

因此物质的量浓度为：$M_{溶液} = \dfrac{0.165mol\ Na_2SO_4}{0.125L\ 溶液} = 1.32\dfrac{mol\ Na_2SO_4}{L\ 溶液} = 1.32M$

检验 因为本题中只是分子略大于分母，因此所得结果大于 $1M$ 是合理的。本题计算物质的量浓度结果的单位是 mol/L，并具有 3 位有效数字，这是由于用于计算的每个初始数值都具有 3 位有效数字。

▶ **实践练习 1**

将 3.68g 蔗糖（$C_{12}H_{22}O_{11}$）溶解在足够的水中形成 275.0mL 溶液，所得溶液的物质的量浓度是多少？（a）$13.4M$ （b）$7.43 \times 10^{-2}M$ （c）$3.91 \times 10^{-2}M$ （d）$7.43 \times 10^{-5}M$ （e）$3.91 \times 10^{-5}M$

▶ **实践练习 2**

计算在水中溶解 5.00g 葡萄糖（$C_6H_{12}O_6$）所形成的 100mL 溶液的物质的量浓度。

电解质浓度的表示方法

在生物学中，溶液中离子总浓度对代谢和细胞的形成过程来说是非常重要的。当离子化合物溶于水时，溶液中离子的相对浓度取决于化合物的化学式。例如：$1.0M$ NaCl 溶液中 Na^+ 离子的物质的量浓度为 $1.0M$，Cl^- 离子浓度也是 $1.0M$；$1.0M$ Na_2SO_4 溶液中 Na^+ 离子浓度为 $2.0M$，而 SO_4^{2-} 离子浓度为 $1.0M$。因此，电解质溶液的浓度可以用组成溶液的化合物（$1.0M$ Na_2SO_4）表示，也可以用溶液中的离子（$2.0M$ Na^+ 和 $1.0M$ SO_4^{2-}）来表示。

实例解析 4.12

计算离子的物质的量浓度

在 $0.025M$ 硝酸钙溶液中，每种离子的物质的量浓度是多少？

解析

分析 已知溶液中离子化合物的浓度，要求确定溶液中各种离子的浓度。

思路 我们可以利用化合物（硝酸钙）化学式中离子的下标数来确定每种离子的浓度。

解答 硝酸钙由 Ca^{2+} 离子和 NO_3^- 离子组成，化学式为 $Ca(NO_3)_2$。因为硝酸钙中每个 Ca^{2+} 离子都有两个 NO_3^- 离子平衡电荷，所以 $1mol$ $Ca(NO_3)_2$ 会解离成 $1mol$ 的 Ca^{2+} 和 $2mol$ 的 NO_3^-。因此，$0.025M$ $Ca(NO_3)_2$ 溶液中有物质的量浓度为 $0.025M$ 的 Ca^{2+} 离子和 $2 \times 0.025M = 0.050M$ 的 NO_3^- 离子：

$M_{NO_3^-} = \left(\dfrac{0.025mol\ Ca(NO_3)_2}{L}\right)\left(\dfrac{2mol\ NO_3^-}{1mol\ Ca(NO_3)_2}\right) = 0.050M$

检验 正如化学式 $Ca(NO_3)_2$ 中 NO_3^- 下标 2 所示，NO_3^- 离子的浓度是 Ca^{2+} 离子浓度的两倍。

▶ **实践练习 1**

在 $0.015M$ 碳酸钾溶液中，钾离子的浓度与碳酸根离子的浓度之比是多少？

（a）$1:0.015$ （b）$0.015:1$ （c）$1:1$ （d）$1:2$ （e）$2:1$

▶ **实践练习 2**

在 $0.015M$ 的碳酸钾溶液中，K^+ 离子的物质的量浓度是多少？

物质的量浓度、物质的量与体积间相互转化

当知道了物质的量浓度定义式 [见式（4.31）] 三个物理量中的任意两个，我们就可以计算出第三个物理量。例如，如果 HNO_3 溶液的物质的量浓度是 $0.200M$，这意味着每升溶液中有 $0.200mol$ HNO_3，我们就可以计算出 2.0L 溶液中溶质的物质的量。因此，物质的量浓度就是溶液体积与溶质物质的量之间的换算因子：

$$n_{HNO_3} = V_{溶液} \times M_{溶液} = (2.0L)\left(\frac{0.200mol}{1L}\right) = 0.40mol$$

举例说明物质的量与体积之间的换算关系。试计算 $0.30M$ HNO_3 溶液中含 2mol HNO_3 溶质时的体积

$$V_{溶液} = n_{HNO_3} \times \frac{1}{M_{溶液}} = (2.0mol)\left(\frac{1L}{0.30mol}\right) = 6.7L$$

注意在这种情况下使用的是物质的量浓度的倒数：

$$L = mol \times 1/M = mol \times L/mol$$

如果一种溶质是液体，那么可以利用密度将它的质量转换成体积，反之亦然。例如，一种典型的美国啤酒中含有体积分数 5.0% 的乙醇（其他成分视为水）。已知乙醇密度为 0.789g/mL。我们首先假设共有 1.00L 啤酒，再计算啤酒中乙醇（酒精）的物质的量浓度。

1.00L 啤酒中含 0.950L 水和 0.050L 乙醇：

$$5\% = 5/100 = 0.050$$

然后通过适当消去单位来计算乙醇的物质的量，同时考虑乙醇的密度和摩尔质量 (46.0 g/mol)：

$$n_{乙醇} = (0.050L)\left(\frac{1000mL}{L}\right)\left(\frac{0.789g}{mL}\right)\left(\frac{1mol}{46.0g}\right) = 0.858mol$$

> **实例解析 4.13**
>
> 使用物质的量浓度计算溶质的质量

配制 0.350L 的 0.500M Na_2SO_4 溶液需要多少克 Na_2SO_4？

解析

分析 已知溶液体积为 0.350L、浓度为 $0.500M$，溶质为 Na_2SO_4，要求计算溶液中溶质的质量为多少克。

思路 我们可以利用物质的量浓度定义式 [见式（4.31）] 来确定溶质的物质的量，然后通过溶质的摩尔质量将物质的量转换成质量（g）。

$$M_{Na_2SO_4} = \frac{n_{Na_2SO_4}}{V_{溶液}}$$

解答 利用溶液的物质的量浓度和体积计算 Na_2SO_4 的物质的量。

$$M_{Na_2SO_4} = \frac{n_{Na_2SO_4}}{V_{溶液}}$$

$$n_{Na_2SO_4} = V_{溶液} \times M_{Na_2SO_4}$$

$$= 0.350L \times \frac{0.500mol\,Na_2SO_4}{1L}$$

$$= 0.175mol\,Na_2SO_4$$

因为每摩尔 Na_2SO_4 的质量是 142.1g，所以所需的 Na_2SO_4 的质量是

$$m_{Na_2SO_4} = (0.175mol\,Na_2SO_4)\left(\frac{142.1g\,Na_2SO_4}{1mol\,Na_2SO_4}\right) = 24.9g\,Na_2SO_4$$

检验 本题答案的数值、单位和有效数字的位数都是正确的。

▶ **实践练习 1**

将 3.75g 氨溶于 120.0L 水中，所得溶液中氨的浓度是多少？

（a）$1.84 \times 10^{-3}M$ （b）$3.78 \times 10^{-2}M$
（c）$0.0313M$ （d）$1.84\,M$ （e）$7.05\,M$

▶ **实践练习 2**

（a）15mL 体积的 $0.50M$ Na_2SO_4 溶液中有多少克 Na_2SO_4？（b）多少毫升 $0.50M$ Na_2SO_4 溶液中含有溶质的物质的量为 0.038mol？

因此，1.00L 啤酒中含有 0.858mol 乙醇，所以啤酒中乙醇的浓度为 0.86M（保留 2 位有效数字）。

稀释

实验室常规使用的溶液通常是购买或制备的浓溶液（也称储备液或储液）。低浓度溶液可以通过向储液中加水获得，这个过程称为**稀释**[⊖]。

以浓溶液制备稀溶液的计算过程如下：假设要稀释 1.00M $CuSO_4$ 储液，制备 0.100M $CuSO_4$ 溶液 250.0mL（即 0.2500L）。需要注意的是，当溶剂加入溶液中后，溶质的物质的量保持不变：

$$n_{稀释前溶质} = n_{稀释后溶质} \quad\quad (4.32)$$

根据稀释液的体积为 250.0mL 和浓度为 0.100mol/L，可计算出其中所含 $CuSO_4$ 的物质的量：

$$n_{CuSO_4} = (0.2500L)\left(\frac{0.100mol}{L}\right) = 0.0250mol\ CuSO_4$$

因此，需要 $CuSO_4$ 储液体积为：

$$V_{CuSO_4} = (0.0250mol)\left(\frac{1L}{1.0mol}\right) = 0.0250L$$

图 4.16 为实验室进行稀释操作的情形。请注意，稀释液一般比浓溶液颜色浅。

> ⚠️ **想一想**
>
> 当向 0.50M KBr 溶液加入水使其体积增加 1 倍，溶液的物质的量浓度如何变化？

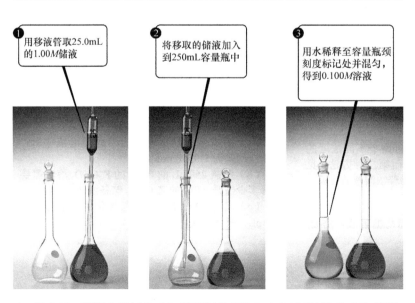

❶ 用移液管取25.0mL的1.00M储液

❷ 将移取的储液加入到250mL容量瓶中

❸ 用水稀释至容量瓶颈刻度标记处并混匀，得到0.100M溶液

▲ 图 4.16　稀释 1.00M $CuSO_4$ 溶液制备 250.0mL 0.100M 的 $CuSO_4$ 溶液

⊖ 稀释浓酸或浓碱溶液时，应先将酸或碱加入水中，再加水稀释。向浓硫酸或浓碱中直接加水，会产生高热并造成溶液飞溅。

在实验室遇到此类计算时，需要记住浓溶液和稀释液中溶质的物质的量是相同的，并且结合物质的量 = 物质的量浓度 × 体积，可得下述方程：

浓溶液中溶质的物质的量 = 稀释液中溶质的物质的量

$$M_浓 \times V_浓 = M_稀释 \times V_稀释 \tag{4.33}$$

虽然式（4.33）是以 L 为单位的，但是方程两边同时采用任何体积单位都可以。例如，在计算前面内容中 $CuSO_4$ 的体积时，可以使用下述方程：

$$(1.00\,M)\,V_浓 = (0.100M)\,(250.0mL)$$

计算解得 $V_浓 = 25.0mL$，此结果与前文结果相同。

实例解析 4.14

稀释法制备溶液

制备体积为 450mL 的 0.10M 的 H_2SO_4，需要多少毫升 3.0M 的 H_2SO_4 溶液？

解析

分析 本题要求稀释浓溶液制备稀溶液。已知浓溶液的物质的量浓度为 3.0M、稀溶液的体积为 450mL，物质的量浓度为 0.10M。要求计算配制稀溶液所需要的浓溶液的体积。

思路 我们可以先计算稀溶液中溶质 H_2SO_4 的物质的量，然后计算提供溶质的浓溶液的体积。作为补充，我们也可以直接利用式（4.33）。让我们比较一下这两种方法。

解答

计算稀溶液中 H_2SO_4 的物质的量

$$稀溶液中H_2SO_4物质的量\,n_{H_2SO_4} = (0.450L溶液)\left(\frac{0.10mol\,H_2SO_4}{1L溶液}\right)$$
$$= 0.045mol\,H_2SO_4$$

计算含有 0.045mol H_2SO_4 的浓溶液的体积将单位由升转化为毫升，因此答案为 15mL。

$$V_浓 = (0.045mol\,H_2SO_4)\left(\frac{1L溶液}{3.0mol\,H_2SO_4}\right) = 0.015L$$

应用式（4.33）可得相同结果：

$$(3.0M)V_浓 = (0.10M)(450mL)$$
$$V_浓 = \frac{(0.10M)(450mL)}{3.0M} = 15mL$$

可以看出无论采用哪种方法，只要将 15mL 3.0M 的 H_2SO_4 稀释到 450mL，稀释后溶液浓度都是所需的 0.1M。

检验 由于本题采用小体积浓溶液配制大体积的稀溶液，因此计算结果合理。

注解 本题的第一种解法也可用于不同浓度的两种溶液混合时计算最终浓度，而第二种方法 [见式（4.33）] 只能用于使用纯溶剂稀释浓溶液的计算。

▶ **实践练习 1**

配制 500.0mL $1.75 \times 10^{-2}M$ 葡萄糖溶液，需要多少毫升的 1.00M 葡萄糖储液？
（a）1.75mL （b）8.75mL （c）48.6mL
（d）57.1mL （e）28570mL

▶ **实践练习 2**

（a）多少毫升的 2.50M 的硝酸铅溶液中 Pb^{2+} 的物质的量为 0.0500mol？
（b）配制 250mL 的 0.1M 的 $K_2Cr_2O_7$ 溶液需要稀释多少毫升 5.0M 的 $K_2Cr_2O_7$ 储备液？
（c）若将 10.0mL 10.0M 氢氧化钠储液稀释至 250mL，所得溶液浓度为多少？

4.6 │ 溶液化学计量和化学分析

在第 3 章中，我们学习了对于一个化学反应，当知道化学反应方程式和一种反应物在反应中消耗的量时，就可以计算其他反应物和产物的量。在本节中，我们将把这个概念扩展到溶液反应。

在 3.6 节中，我们知道了平衡的化学反应方程式的系数代表了反应物和产物的物质的量的相对值。因此，我们需要将反应中各种物质的质量转换成物质的量。

就像我们在第 3 章中做的那样，在处理纯物质时，我们可以使用摩尔质量来转换物质的质量与物质的量。但是这种转换在处理溶液时是无效的，因为溶质和溶剂都会影响溶液的质量。然而，我们知道了溶质的浓度，我们就可以使用物质的量浓度和体积来确定溶质的物质的量 $n = M \cdot V$。图 4.17 总结了在纯物质与溶液反应中应用化学计量法的步骤。

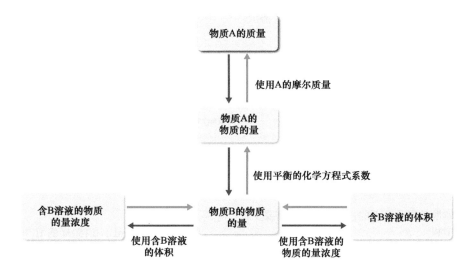

▲ 图 4.17 解决纯物质 A 与含 B 物质溶液（浓度已知）之间化学反应的化学计量问题的步骤　从已知质量的纯物质 A 开始，沿着红色箭头可确定含 B 溶液的体积或物质的量浓度；从含 B 溶液的体积或物质的量浓度开始，沿着绿色箭头可确定物质 A 的质量

滴定

化学家通常通过**滴定**法测定溶液中某一特定溶质的浓度。滴定是一种利用已知浓度的试剂溶液（称为标准溶液）测定未知浓度溶液的方法。通过加入适量的标准溶液可以与未知浓度溶液中的溶质完全反应，参与反应的两种反应物的化学计量相等，此时可称反应达到了**等当点**。

中和、沉淀或氧化还原反应都可用于滴定。图 4.18 给出了一个浓度未知的 HCl 溶液和标准 NaOH 溶液之间的典型的中和滴定法。为了确定盐酸浓度，首先向锥形瓶中加入特定体积的盐酸溶液，在本例中为 20.0 mL，随后加入几滴酸碱**指示剂**。酸碱指示剂是一种染料，可在等当点时改变颜色[⊖]。 例如酚酞染料在酸性溶液中是无色的，在碱性溶液中是粉色的。

然后慢慢加入标准溶液，直到溶液变成粉红色，这说明 HCl 与 NaOH 已完全反应。标准溶液是从滴定管中加入的，这样就能准确地确定加入 NaOH 溶液的体积。由于标准溶液的浓度和体积是已知的，故可据此计算未知溶液的浓度，如图 4.19 所示。

⊖更准确的说法是，指示剂的颜色变化是滴定终点的信号。如果选择正确的指示剂，那么滴定终点非常接近等当点。酸碱滴定法将在 17.3 节中详细讨论。

实例解析 4.15

中和反应中的质量关系

使用多少克 $Ca(OH)_2$ 可中和 25.0mL 0.100M 的 HNO_3 溶液？

解析

分析 反应物是一种酸 HNO_3 和一种碱 $Ca(OH)_2$。已知 HNO_3 的体积和物质的量浓度，需要求出中和 HNO_3 需要多少克的 $Ca(OH)_2$。

思路 将 HNO_3 视作图 4.17 中的物质 B，沿着图 4.17 中绿色箭头所示的步骤，可根据 HNO_3 溶液的物质的量浓度和体积来计算 HNO_3 的物质的量。然后利用平衡化学方程式把 HNO_3 的物质的量和 $Ca(OH)_2$（物质 A）的物质的量联系起来。最后，使用 $Ca(OH)_2$ 的摩尔质量把物质的量转化为质量：

$$V_{HNO_3} \times M_{HNO_3} \Rightarrow n_{HNO_3} \Rightarrow n_{Ca(OH)_2} \Rightarrow m_{Ca(OH)_2}$$

解答

溶液的物质的量浓度乘以溶液体积（单位为升），得到了溶质的物质的量：

$$n_{HNO_3} = V_{HNO_3} \times M_{HNO_3} = (0.0250 升)(0.100 mol/升)$$
$$= 2.50 \times 10^{-3} mol$$

由于此反应类型为中和反应，HNO_3 和 $Ca(OH)_2$ 中和生成 H_2O 和含有 Ca^{2+} 和 NO_3^- 的盐：

$$2HNO_3(aq) + Ca(OH)_2(s) \longrightarrow 2H_2O(l) + Ca(NO_3)_2(aq)$$

所以有 2mol $HNO_3 \approx$ 1mol $Ca(OH)_2$。因此，

$$m_{Ca(OH)_2} = (2.50 \times 10^{-3} mol\ HNO_3) \times \left(\frac{1 mol\ Ca(OH)_2}{2 mol\ HNO_3}\right)\left(\frac{74.1g\ Ca(OH)_2}{1 mol\ Ca(OH)_2}\right)$$
$$= 0.0926g\ Ca(OH)_2$$

检验 本题答案是合理的，少量稀酸只需要少量的碱就能中和。

▶ **实践练习 1**

与 25.00mL 的 0.0100M 硝酸镉溶液完全反应形成 CdS(s) 沉淀需要多少毫克硫化钠？

（a）13.8mg （b）19.5mg （c）23.5mg
（d）32.1mg （e）39.0mg

▶ **实践练习 2**

（a）中和 20.0mL，0.150M 的 H_2SO_4 溶液需要多少克 NaOH？

（b）多少升 0.500M HCl(aq) 溶液可以刚好与 0.100mol $Pb(NO_3)_2$(aq) 完全反应，形成 $PbCl_2$(s) 沉淀？

▼ **图例解析** 如果标准溶液使用 $Ba(OH)_2$(aq) 而不是 NaOH(aq)，加入的标准溶液体积将如何变化？

❸ 由滴定管向锥形瓶中滴加NaOH标准溶液

❹ NaOH滴加直至超过等当点后，HCl溶液显碱性，触发指示剂颜色变化

初始体积读数　滴定管

❶ 向锥形瓶中加入20.0mL酸溶液

❷ 加入几滴酸碱指示剂到锥形瓶中

最终体积读数

▲ 图 4.18 使用 NaOH 标准溶液滴定酸的方法 酚酞是一种酸碱指示剂，在酸性溶液中无色，但在碱性溶液中呈粉红色

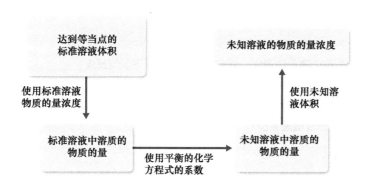

◀ 图 4.19 使用标准溶液滴定法确定未知溶液浓度的过程

实例解析 4.16

酸碱滴定法测定溶液浓度

一种企业中削土豆皮的方法是将土豆浸泡在 NaOH 溶液中一段时间，然后取出土豆使用高速水流喷射方式去掉表皮。NaOH 的浓度通常为 3 ~ 6M 并且需要定期分析。在一次定期分析中，需要 45.7mL, 0.500M 的 H_2SO_4 才能中和 20.0mL 的 NaOH 溶液。此时 NaOH 溶液的浓度是多少？

解析

分析 已知与 20.0mL NaOH 溶液完全反应的 0.500M H_2SO_4 标准溶液的体积为 45.7mL，要求计算 NaOH 溶液的物质的量浓度。

思路 依照如图 4.19 所示的步骤，可以使用 H_2SO_4 的体积和物质的量浓度来计算 H_2SO_4 的物质的量，然后再根据 H_2SO_4 的物质的量和反应方程式计算 NaOH 的物质的量。最后使用 NaOH 物质的量和 NaOH 的体积来计算 NaOH 的物质的量浓度。

解答

H_2SO_4 的物质的量等于溶液体积乘以物质的量浓度：

$$n_{H_2SO_4} = (45.7\text{mL 溶液})\left(\frac{1\text{L 溶液}}{1000\text{mL 溶液}}\right)\left(\frac{0.500\text{mol }H_2SO_4}{\text{L 溶液}}\right)$$
$$= 2.28 \times 10^{-2}\text{mol}$$

酸与金属氢氧化物反应形成水和盐。因此，中和反应的平衡方程为：

$$H_2SO_4(aq) + 2NaOH(aq) \longrightarrow 2H_2O(l) + Na_2SO_4(aq)$$

根据化学反应方程式，1mol $H_2SO_4 \approx$ 2mol NaOH。因此，

$$n_{NaOH} = (2.28 \times 10^{-2}\text{mol }H_2SO_4)\left(\frac{2\text{mol NaOH}}{1\text{mol }H_2SO_4}\right)$$
$$= 4.56 \times 10^{-2}\text{mol NaOH}$$

已知 NaOH 体积为 20.0mL 及溶液中 NaOH 的物质的量，就可以计算溶液的物质的量浓度：

$$M_{NaOH} = \frac{n_{NaOH}}{V_{溶液}}$$
$$= \left(\frac{4.56 \times 10^{-2}\text{mol NaOH}}{20.0\text{mL 溶液}}\right)\left(\frac{1000\text{mL 溶液}}{1\text{L 溶液}}\right)$$
$$= 2.28\frac{\text{mol NaOH}}{\text{L 溶液}} = 2.28M$$

▶ **实践练习 1**

如果 27.3mL 的 HCl 溶液可中和 134.5mL, 0.0165M 的 $Ba(OH)_2$ 溶液，那么 HCl 溶液的物质的量浓度是多少？

（a）0.0444M （b）0.0813M （c）0.163M （d）0.325M （e）3.35M

▶ **实践练习 2**

如果 48.0mL NaOH 溶液可以中和 35.0mL、0.144M 的 H_2SO_4 溶液，那么 NaOH 溶液的物质的量浓度是多少？

实例解析 4.17

滴定法确定溶质的含量

城市供水系统中 Cl^- 离子含量可通过 Ag^+ 滴定法测定。滴定过程中发生以下沉淀反应:

$$Ag^+(aq) + Cl^-(aq) \longrightarrow AgCl(s)$$

(a)如果 20.2mL, 0.100M 的 Ag^+ 溶液可以与样品中所有的氯离子反应,那么样品中氯离子有多少克?
(b)如果样品质量为 10.0g, Cl^- 的百分含量是多少?

解析

分析 已知 Ag^+ 溶液体积(20.2mL)、物质的量浓度(0.100M)以及 Ag^+ 与 Cl^- 反应的化学方程式。要求计算样品中 Cl^- 的质量和样品中 Cl^- 百分含量。

思路 (a)本题可以使用图 4.17 中绿色箭头所示流程。首先使用 Ag^+ 的体积和物质的量浓度计算

滴定中消耗的 Ag^+ 的物质的量。然后通过反应方程式确定样品中 Cl^- 的物质的量,并由此得到 Cl^- 的质量。(b)样品中 Cl^- 的质量与样本的初始质量(10.0g)之比较即可为样品中 Cl^- 的百分含量。

解答
(a)计算滴定中消耗的 Ag^+ 的物质的量。

$$n_{Ag^+} = (20.2\text{mL 溶液}) \left(\frac{1\text{L 溶液}}{1000\text{mL 溶液}} \right) \left(\frac{0.100\text{mol Ag}^+}{\text{L 溶液}} \right)$$
$$= 2.02 \times 10^{-3} \text{mol Ag}^+$$

从化学方程式可以看到 $1\text{mol Ag}^+ \approx 1\text{mol Cl}^-$。利用这个信息和 Cl^- 的摩尔质量,有:

$$m_{Cl^-} = (2.02 \times 10^{-3} \text{mol Ag}^+) \left(\frac{1\text{mol Cl}^-}{1\text{mol Ag}^+} \right) \left(\frac{35.5\text{g Cl}^-}{\text{mol Cl}^-} \right)$$
$$= 7.17 \times 10^{-2} \text{g Cl}^-$$

(b)计算样品中 Cl^- 的百分含量。

$$w_{Cl^-} = \frac{7.17 \times 10^{-2}\text{g}}{10.0\text{g}} \times 100\% = 0.717\% Cl^-$$

▶ 实践练习 1

在某犯罪现场发现了一种神秘的白色粉末。简单的化学分析表明,这种粉末是糖和吗啡($C_{17}H_{19}NO_3$)的混合物。吗啡是一种类似氨的弱碱。犯罪实验室取这种白色粉末 10.00mg 溶于 100.00mL 的水中,用 2.84mL 的 0.0100M 的标准 HCl 溶液滴定至等当点。试求白色粉末中吗啡的百分比是多少?
(a)8.10% (b)17.3% (c)32.6%
(d)49.7% (e)81.0%

▶ 实践练习 2

将一种铁矿石样品溶解在酸中制成样品溶液,矿石中铁均转化为 Fe^{2+},然后用体积为 47.20mL、

0.02240M 的 MnO_4^- 溶液滴定样品溶液。滴定过程中发生了如下的氧化还原反应:

$$MnO_4^-(aq) + 5Fe^{2+}(aq) + 8H^+(aq) \longrightarrow$$
$$Mn^{2+}(aq) + 5Fe^{3+}(aq) + 4H_2O(l)$$

(a)样品溶液中加入了多少物质的量的 MnO_4^-?
(b)样品中有多少物质的量的 Fe^{2+}?
(c)样品中有多少克铁?
(d)如果矿石试样的质量为 0.8890g,矿石中铁的百分含量是多少?

综合实例解析
概念综合应用

注意: 综合解析既包括前几章的内容,也包括本章内容。
在 15.0mL, 0.050M 硝酸银溶液中加入 70.5mg 磷酸钾样品,形成了沉淀。(a)写出反应的分子方程式。(b)该反应的限制反应物是什么?(c)计算所形成沉淀的理论产率,沉淀的质量单位为 g。

解析

（a）磷酸钾和硝酸银都是离子化合物。磷酸钾含有 K^+ 和 PO_4^{3-} 离子，其化学式为 K_3PO_4。硝酸银中含有 Ag^+ 和 NO_3^- 离子，其化学式为 $AgNO_3$。因为这两种反应物都是强电解质，所以在反应发生之前，溶液中含有 K^+、PO_4^{3-}、Ag^+ 和 NO_3^- 离子。由表 4.1

的溶解规律可知，Ag^+ 和 PO_4^{3-} 形成的是不溶性化合物，因此 Ag_3PO_4 可以从溶液中析出。由于 KNO_3 是水溶性的，K^+ 和 NO_3^- 将保留在溶液中。因此，反应的平衡分子方程为：

$$K_3PO_4(aq) + 3AgNO_3(aq) \longrightarrow Ag_3PO_4(s) + 3KNO_3(aq)$$

（b）为了确定限制反应物，需要检查每种反应物的物质的量（见 3.7 节）。K_3PO_4 的物质的量可用样品质量作为换算因子来计算得到（见 3.4 节）。K_3PO_4 的摩尔质量为 $3 \times 39.1 + 31.0 + 4 \times 16.0$ g/mol = 212.3g/mol，将毫克换算成克，再换算成物质的量，有：

$$(70.5 \text{mg} \, K_3PO_4)\left(\frac{10^{-3} \text{g} \, K_3PO_4}{1 \text{mg} \, K_3PO_4}\right)\left(\frac{1 \text{mol} \, K_3PO_4}{212.3 \text{g} \, K_3PO_4}\right)$$
$$= 3.32 \times 10^{-4} \text{mol} \, K_3PO_4$$

溶液的体积和物质的量浓度可以用来确定 $AgNO_3$ 反应的物质的量（见 4.5 节）。把毫升换算成升，然后再换算成物质的量，因此有：

$$(15.0 \text{mL})\left(\frac{10^{-3} \text{L}}{1 \text{mL}}\right)\left(\frac{0.050 \text{mol} \, AgNO_3}{\text{L}}\right)$$
$$= 7.5 \times 10^{-4} \text{mol} \, AgNO_3$$

比较两种反应物的物质的量，我们发现 $AgNO_3$ 与 K_3PO_4 反应的物质的量之比为 $(7.5 \times 10^{-4})/(3.32 \times 10^{-4}) = 2.3$。而根据反应方程式，1mol K_3PO_4 需要 3mol $AgNO_3$。因此，没有足够的 $AgNO_3$ 用来消耗所有的 K_3PO_4，$AgNO_3$ 是限制反应物。

（c）Ag_3PO_4 沉淀的摩尔质量是 $3 \times 107.9 + 31.0 + 4 \times 16.0$ g/mol = 418.7g/mol。根据 $AgNO_3$ 物质的量 $\Rightarrow$ Ag_3PO_4 物质的量 $\Rightarrow$ Ag_3PO_4 质量这个关系，使用限制反应物 $AgNO_3$ 的物质的量可计算 Ag_3PO_4 的质量。

使用反应方程式中的系数把 $AgNO_3$ 物质的量转化为 Ag_3PO_4 物质的量，随后使用 Ag_3PO_4 的摩尔质量把 Ag_3PO_4 的物质的量转化成质量。

答案只有 2 位有效数字，这是由于 $AgNO_3$ 的物质的量浓度为 2 位有效数字。

$$(7.5 \times 10^{-4} \text{mol} \, AgNO_3)\left(\frac{1 \text{mol} \, Ag_3PO_4}{3 \text{mol} \, AgNO_3}\right)\left(\frac{418.7 \text{g} \, Ag_3PO_4}{1 \text{mol} \, Ag_3PO_4}\right)$$
$$= 0.10 \text{g} \, Ag_3PO_4$$

本章小结和关键术语

水溶液的通性（见 4.1 节）

以水为溶解介质的溶液称为水溶液。溶液中含量最多的成分是溶剂，其他成分为溶质。

如果一种物质溶于水后可产生离子，那么这种物质称为电解质。如果一种物质溶于水后产生的溶液中不含离子，那么这种物质为非电解质。溶液中完全以离子形式存在的电解质是强电解质，而部分以离子形式和部分以分子形式存在的电解质是弱电解质。离子化合物是强电解质，溶解时会解离为离子。离子化合物的溶解是通过溶剂化，即离子与极性溶剂分子之间相互作用而实现的。尽管有些分子化合物是弱电解质，有些是强电解质，但是大多都是非电解质。当表示弱电解质在溶液中的电离时，我们可以使用指向左右两个方向的半箭头，表明正向和逆向反应达到化学平衡。

沉淀反应（见 4.2 节）

沉淀反应是生成不溶性沉淀产物的反应。溶解性规律有助于确定一种离子化合物是否溶于水。溶解度

是指一种物质在一定数量的溶剂中所溶解的量。诸如沉淀反应这样的阴阳离子互相交换的反应，称为交换反应或复分解反应。

化学方程式可以用来表示溶解的物质主要以离子或分子的形式存在于溶液中。当所有反应物和生成物均使用完整的化学式时，该方程式称为分子方程式。完全离子方程式使用组成离子表示所有溶解的强电解质。在净离子方程式中，那些没有发生反应的离子（旁观离子）可被省略。

酸、碱及中和反应（见 4.3 节）

酸和碱都是重要的电解质。酸是质子供体，可增加其水溶液中 $H^+(aq)$ 浓度。碱是质子受体，可增加其水溶液中 $OH^-(aq)$ 浓度。严格地说，强酸和强碱之所以被称为强酸和强碱是由于它们都是强电解质。弱酸和弱碱都是弱电解质。当酸碱溶液混合时，就会发生中和反应。酸和金属氢氧化物发生中和反应，产物是水和盐。中和反应也可以形成气体。硫化物与酸反应生成 $H_2S(g)$，碳酸盐和酸反应生成 $CO_2(g)$。

氧化还原反应（见 4.4 节）

氧化是指一种物质失去电子，而还原是指一种物质得到电子。氧化数是原子所具有的、根据特定的规则定义的数值，氧化数可用于跟踪化学反应中的电子转移。

氧化会导致元素的氧化数增加，还原则伴随元素氧化数的减少。氧化与还原不会单独发生，总是共同发生，构成氧化还原反应。

许多金属单质可被氧气、酸或盐氧化。金属与酸之间的氧化还原反应以及金属与盐之间的氧化还原反应称为置换反应。这些置换反应的产物总是一种单质（H_2 或金属）和一种盐。通过比较这些反应，可以根据金属对其进行分级。按金属单质易被氧化程度递减排列的序列称为金属活动顺序。金属活动顺序表中任何一种金属单质都可以被这个列表中位置低于它的金属离子或 H^+ 所氧化。

溶液浓度（见 4.5 节）

浓度用于表示溶液中溶解的溶质的量。一种常用的溶质浓度表示方式为物质的量浓度。溶液的物质的量浓度是指每升溶液中溶质的物质的量。物质的量使得溶液体积和溶质物质的量之间相互转换成为可能。如果溶质是液体，可利用其密度在质量、体积和物质的量之间进行转换，并计算它的物质的量浓度。指定物质的量浓度的溶液可通过先将已知质量溶质溶解再稀释至指定体积，或使用纯溶剂将浓溶液稀释到指定体积两种方法制备。在溶液中加入溶剂（稀释过程）可在不改变溶液中溶质物质的量的情况下降低溶质浓度。$M_{浓} \times V_{浓} = M_{稀} \times V_{稀}$

溶液化学计量和化学分析（见 4.6 节）在滴定过程中，我们同时使用已知浓度溶液（标准溶液）与未知浓度溶液，确定未知浓度溶液的浓度或溶质的量。在滴定过程中，当反应物的化学计量等同时，称其达到等当点。指示剂可用来显示滴定终点，滴定终点非常接近等当点。

学习成果　学习本章后应该掌握：

- 确定化合物是否为酸或碱，是否为强、弱或非电解质（见 4.1 节和 4.3 节）。
  相关练习题: 4.31 ~ 4.38
- 确定化学反应类型，能够预测简单酸碱、沉淀和氧化还原反应的产物（见 4.2 ~ 4.4 节）。
  相关练习题: 4.39 ~ 4.44, 4.53 ~ 4.58
- 计算物质的量浓度，并用它来转换溶液中溶质的物质的量和溶液的体积（见 4.5 节）

- *相关练习题: 4.61 ~ 4.72*
- 简述为了获得指定浓度溶液如何进行稀释（见 4.5 节）。
  相关练习题: 4.73 ~ 4.78
- 描述如何进行滴定并解释滴定结果（见 4.6 节）。
  相关练习题: 4.83 ~ 4.90

主要公式

- 物质的量浓度 $M = \dfrac{溶质的物质的量(mol)}{溶液体积(L)}$　　（4.31）

- $M_{浓} \times V_{浓} = M_{稀释} \times V_{稀释}$　　（4.33）

物质的量浓度是化学中最常用的浓度单位。

在浓溶液中加入溶剂制备稀溶液时，浓溶液与稀溶液的浓度与体积等物理量中如果已知三个，则可计算求出第四个。

本章练习

图例解析

4.1　下列哪个示意图最符合水中的 Li_2SO_4 溶液（为了简单起见，没有显示水分子）？（见 4.1 节）

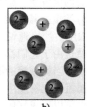

a)　　　　　b)　　　　　c)

4.2　下图分别代表 AX、AY、AZ 三种不同物质的水溶液。指出每一种物质是强电解质、弱电解液还是非电解液。（见 4.1 节）

　　AX　　　　　AY　　　　　AZ

a)　　　　　b)　　　　　c)

4.3 根据下图所示分子结构将每种化合物分类为非电解质、弱电解质或强电解质（元素配色方案见图 4.6）。（见 4.1 和 4.3 节）

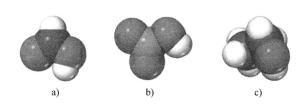

a)　　　　b)　　　　c)

4.4 化学平衡的概念非常重要。下面哪个关于化学平衡的表述最正确？

（a）如果一个系统处于平衡状态，什么也不会发生；

（b）如果一个系统处于平衡状态，正向反应的速率等于逆向反应的速率；

（c）如果一个系统处于平衡状态，产物浓度会随时间变化。（见 4.1 节）

4.5 你面前的是一种白色固体。由于标签失误，该物质可能是氯化钡、氯化铅或氯化锌中的一种。当将该固体倒入烧杯并加水，固体就会溶解并形成清澈溶液。随后加入 $Na_2SO_4(aq)$ 溶液，形成白色沉淀。那么该未知白色固体的成分是什么？（见 4.2 节）

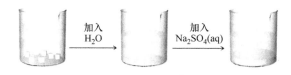

4.6 下列哪个离子在沉淀反应中总是旁观离子？

（a）Cl^-，（b）NO_3，（c）NH_4^+，（d）S^{2-}，（e）SO_4^{2-}.（见 4.2 节）

4.7 三种装有粉末状金属单质样品的试剂瓶均无标签，其中一种是锌、一种是铅而另一种是铂。现在有三种溶液可供选择：$1M$ 硝酸钠溶液、$1M$ 硝酸溶液和 $1M$ 硝酸镍溶液。你如何使用这些溶液来确定每个试剂瓶中是何种金属？（见 4.4 节）

4.8 依照质子参与中和反应的方式解释电子是如何参与氧化还原反应的（见 4.3 节和 4.4 节）

4.9 水分解反应是何种类型反应？

$$H_2O(l) \longrightarrow H_2(g) + \frac{1}{2}O_2(g)$$

（a）酸碱反应

（b）复分解反应

（c）氧化还原反应

（d）沉淀反应（见 4.4 节）

4.10 一种盐溶液总离子物质的量浓度为 $1.2mM$。（a）如果这种溶液是 NaCl(aq)，氯离子的浓度是多少？（b）如果这种溶液是 $FeCl_3(aq)$，氯离子的浓度是多少？（见 4.5 节）

4.11 下图中的哪一条曲线数据更符合图 4.18 所示的滴定实验？（见 4.6 节）

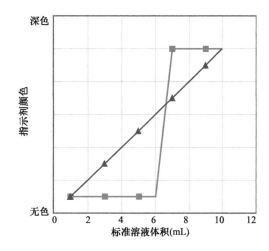

4.12 假设你正在使用碱溶液滴定一种酸性溶液，忽然意识到忘了滴加指示剂指示等当点。本次滴定实验的指示剂在等当点处可由无色变为蓝色。然后你迅速拿起一瓶指示剂，加入一些到滴定用的锥形瓶中，此时整个溶液变成深蓝色。现在你该做什么？（见 4.6 节）

水溶液的通性（见 4.1 节）

4.13 判断下列内容是否正确，并说明为什么。

（a）电子在溶液中的移动导电电解质溶液导电；

（b）如果在电解质水溶液中加入非电解质，其电导率不会改变。

4.14 判断下列内容是否正确，并说明为什么。

（a）甲醇（CH_3OH）溶于水后，形成了具有导电性的溶液。

（b）CH_3COOH 溶于水后形成了具有弱导电性与酸性的溶液。

4.15 在本章中我们学习了许多离子化合物固体溶于水后都是强电解质，可解离为离子。关于这个反应，下述哪种说法最正确？（a）水是一种强酸，因此易于溶解离子固体。（b）水易于溶解离子，是由于水分子中氢原子和氧原子都带有部分电荷。（c）水中氢氧原子间的化学键很容易被离子型固体所打破。

4.16 你认为在溶液中，阴离子会更靠近水分子中氧原子还是氢原子？

4.17 如果忽略质子迁移反应（即质子转移反应），在水中溶解下列物质时，溶液中存在哪些离子？（a）$FeCl_2$，（b）HNO_3，（c）$(NH_4)_2SO_4$，（d）$Ca(OH)_2$。

4.18 指出下列物质溶于水时，溶液中所含的离子：（a）MgI_2，（b）K_2CO_3，（c）$HClO_4$，（d）$NaCH_3COO$。

4.19 甲酸 HCOOH 是一种弱电解质。它的水溶液中有哪些溶质？写出 HCOOH 电离的化学方程式。

4.20 丙酮（CH_3COCH_3）是一种非电解质，次氯酸（HClO）是一种弱电解质，氯化铵（NH_4Cl）是一种强电解质。（a）每种化合物的水溶液中含有哪些溶质？（b）如果每种化合物各取 0.1mol 溶于溶液，那么哪种化合物溶液中含有 0.2mol 溶质粒子，哪种化合物溶液含有 0.1mol 溶质粒子，哪种含有 0.1 ~ 0.2mol 溶质粒子？

沉淀反应（见 4.2 节）

4.21 利用溶解规律，预测下列化合物是否溶于水：

（a）$MgBr_2$，（b）PbI_2，（c）$(NH_4)_2CO_3$，（d）$Sr(OH)_2$，（e）$ZnSO_4$。

4.22 预测下列化合物是否溶于水：（a）AgI，（b）Na_2CO_3，（c）$BaCl_2$，（d）$Al(OH)_3$，（e）$Zn(CH_3COO)_2$。

4.23 下列选项中两种溶液混合后会产生沉淀吗？如果会的话，写出反应的化学平衡方程式。（a）Na_2CO_3 和 $AgNO_3$，（b）$NaNO_3$ 和 $NiSO_4$，（c）$FeSO_4$ 和 $Pb(NO_3)_2$。

4.24 指出下列选项中两种溶液混合时形成的沉淀（如果有的话），写出并配平反应方程式。（a）$NaCH_3COO$ 和 HCl，（b）KOH 和 $Cu(NO_3)_2$，（c）Na_2S 和 $CdSO_4$。

4.25 下列选项中两种溶液混合后，溶液中哪些离子未参与反应？

（a）碳酸钾和硫酸镁

（b）硝酸铅和硫化锂

（c）磷酸铵和氯化钙

4.26 写出并配平下列每个反应的净离子方程式，并指出每个反应的旁观离子。

（a）$Cr_2(SO_4)_3(aq) + (NH_4)_2CO_3(aq) \longrightarrow$

（b）$Ba(NO_3)_2(aq) + K_2SO_4(aq) \longrightarrow$

（c）$Fe(NO_3)_2(aq) + KOH(aq) \longrightarrow$

4.27 为了进行样品分离，使用 HBr、H_2SO_4 和 NaOH 三种稀溶液处理某未知盐溶液都会形成沉淀。下列哪种阳离子可能存在于此未知盐溶液中：K^+、Pb^{2+} 和 Ba^{2+}？

4.28 为了进行样品分离，使用 $AgNO_3$、$Pb(NO_3)_2$ 和 $BaCl_2$ 三种稀溶液处理某未知盐溶液都会形成沉淀。下列哪种阴离子可能存在于此未知盐溶液中：Br^-、CO_3^{2-} 和 NO_3^-？

4.29 一个没有标签的瓶子内含有下列三种溶液中的一种：$AgNO_3$ 溶液、$CaCl_2$ 溶液或 $Al_2(SO_4)_3$ 溶液。一个朋友建议你使用 $Ba(NO_3)_2$ 和 NaCl 溶液测试这份未知溶液。根据这位朋友的逻辑，哪些化学反应会发生，从而可以帮助你识别瓶子里的溶液？

（a）硫酸钡可沉淀（b）氯化银会沉淀（c）硫酸银可沉淀（d）a-c 所描述的反应可发生一种以上，但不是全部（e）a-c 所描述的所有三种反应都可发生。

4.30 三种溶液混合后形成一种溶液，此最终溶液中有 0.2mol $Pb(CH_3COO)_2$、0.1mol Na_2S 和 0.1mol $CaCl_2$。试问会有哪种固体沉淀而出？

酸、碱及中和反应（见 4.3 节）

4.31 下列哪种溶液具有最强的酸性？（a）0.2M LiOH （b）0.2M HI （c）1.0M 甲醇（CH_3OH）

4.32 下列哪种溶液具有最强的碱性？（a）0.6M NH_3 （b）0.150 M KOH，（c）0.100M $Ba(OH)_2$。

4.33 判断下列内容是否正确，并说明为什么。

（a）硫酸是一种一元酸。

（b）HCl 是一种弱酸。

（c）甲醇是一种碱。

4.34 判断下列内容是否正确，并说明为什么。

（a）NH_3 不含 OH 离子，但它的水溶液是碱性的。

（b）HF 是一种强酸。

（c）虽然 H_2SO_4 是一种强电解质，但 H_2SO_4 溶液中 HSO_4^- 离子的含量要高于 SO_4^{2-} 离子。

4.35 将下列每一种化合物标记为酸、碱、盐，或其他不属于上述任何一种的物质。指出这种物质是否完全以分子形式、离子形式或分子与离子混合物形式存在于水溶液中。（a）HF （b）乙腈（CH_3CN）（c）$NaClO_4$ （d）$Ba(OH)_2$。

4.36 使用石蕊试纸测试一种未知溶质的水溶液，发现它呈酸性。与同样浓度的 NaCl 溶液相比，该未知溶液的导电性更弱。可能是下列哪种未知溶液：KOH、NH_3、HNO_3、$KClO_2$、H_3PO_3 以 及 丙酮（CH_3COCH_3）？

4.37 指出下列物质溶于水后属于非电解质、弱电解质还是强电解质？（a）H_2SO_3 （b）乙醇（CH_3CH_2OH）（c）NH_3 （d）$KClO_3$（e）$Cu(N_3)_2$。

4.38 指出下列物质的水溶液属于非电解质、弱电解质还是强电解质？：（a）$LiClO_4$，（b）HClO，（c）$CH_3CH_2CH_2OH$（丙醇），（d）$HClO_3$，（e）$CuSO_4$，（f）$C_{12}H_{22}O_{11}$（蔗糖）。

4.39 完成并配平下列分子方程式，然后写出每个分子方程式对应的净离子方程式：

（a）$HBr(aq) + Ca(OH)_2(aq) \longrightarrow$

（b）$Cu(OH)_2 (s) + HClO_4(aq) \longrightarrow$

（c）$Al(OH)_3 (s) + HNO_3(aq) \longrightarrow$

4.40 写出下面中和反应的分子方程式和净离子方程式。

（a）Z 酸溶液被氢氧化钡溶液中和

（b）固体氢氧化铬（Ⅲ）和亚硝酸反应

（c）硝酸溶液和氨水溶液反应

4.41 写出下列中和反应的平衡分子方程式与净离子方程式，并识别生成的气体。

（a）CdS 固体和硫酸溶液反应。

（b）固体碳酸镁与高氯酸溶液反应。

4.42 由于氧离子显碱性，金属氧化物很容易与酸反应。（a）写出下列反应的净离子方程：

$FeO (s) + 2 HClO_4(aq) \longrightarrow Fe(ClO_4)_2(aq) + H_2O(l)$

（b）根据（a）中方程式，写出 NiO(s) 与硝酸溶液反应的净离子方程式。

4.43 碳酸镁、氧化镁和氢氧化镁都是可与酸溶液反应的白色固体。（a）写出每种物质与盐酸溶液反应的平衡分子方程式和净离子方程式。（b）通过观察（a）中反应及现象，阐述如何区分这三种含镁化合物？

4.44 当 K_2O 溶于水时，氧离子与水分子发生反应，形成氢氧根离子。（a）写出这个反应的分子方程式和净离子方程式。（b）根据酸和碱的定义，这个反应的碱是哪个离子？（c）这个反应的酸是什么？（d）反应的旁观离子是什么？

氧化还原反应（见 4.4 节）

4.45 判断题：

（a）如果一种物质被氧化了，那么该物质得到电子。

（b）如果一个离子被氧化了，那么它的氧化数会增加。

4.46 判断题：

（a）没有氧，氧化也能发生。

（b）没有还原，氧化也能发生。

4.47 （a）下图所示的元素周期表中哪个区域含有最容易被氧化的元素？（b）哪个区域中的元素最不容易被氧化？

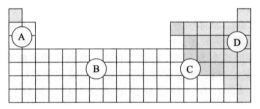

4.48 指出下列物质中硫元素的氧化数：（a）硫酸钡 $BaSO_4$（b）硫酸 H_2SO_3（c）硫化锶 SrS（d）硫化氢 H_2S（e）在练习 4.47 的元素周期表中确定硫的位置？它在哪个区域？（f）元素周期表的哪个区域含有可以同时具有正氧化数和负氧化数的元素？

4.49 指出下列物质中所特指元素的氧化数：（a）SO_2 中 S，（b）$COCl_2$ 中 C，（c）$KMnO_4$ 中 Mn，（d）$HBrO$ 中 Br，（e）PF_3 中 P，（f）K_2O_2 中 O。

4.50 确定下列每一种物质中特指元素的氧化数：（a）$LiCoO_2$ 中 Co，（b）$NaAlH_4$ 中 Al，（c）CH_3OH（甲醇）中 C，（d）GaN 中 N，（e）$HClO_2$ 中 Cl，（f）$BaCrO_4$ 中 Cr。

4.51 下列方程式中哪个元素被氧化了？哪个元素被还原了？

（a）$N_2(g) + 3H_2(g) \longrightarrow 2NH_3(g)$

（b）$3Fe(NO_3)_2(aq) + 2Al(s) \longrightarrow 3Fe(s) + 2Al(NO_3)_3(aq)$

（c）$Cl_2(aq) + 2NaI(aq) \longrightarrow I_2(aq) + 2NaCl(aq)$

（d）$PbS(s) + 4 H_2O_2(aq) \longrightarrow PbSO_4(s) + 4H_2O(l)$

4.52 下列哪个反应是氧化还原反应？对于氧化还原反应，指出哪些元素被氧化了，哪些元素被还原

了。对于那些非氧化还原反应，指出是沉淀反应还是中和反应。

（a）$P_4(s) + 10HClO(aq) + 6H_2O(l) \longrightarrow$
$$4H_3PO_4(aq) + 10HCl(aq)$$

（b）$Br_2(l) + 2K(s) \longrightarrow 2KBr(s)$

（c）$CH_3CH_2OH(l) + 3O_2(g) \longrightarrow 3H_2O(l) + 2CO_2(g)$

（d）$ZnCl_2(aq) + 2NaOH(aq) \longrightarrow$
$$Zn(OH)_2(s) + 2NaCl(aq)$$

4.53 写出并配平下列反应的分子方程式和净离子方程式。（a）锰与稀硫酸（b）铬与氢溴酸（c）锡与盐酸（d）铝与甲酸 (HCOOH)。

4.54 写出并配平下列反应的分子方程式和净离子方程式。（a）盐酸与镍、（b）稀硫酸与铁、（c）氢溴酸与镁、（d）醋酸 (CH_3COOH) 与锌。

4.55 根据金属活动顺序表（见表 4.5）写出并配平下列反应的化学方程式。如果不反应，用 NR 表示。（a）金属铁加入到硝酸铜（Ⅱ）溶液（b）金属锌加入到硫酸镁溶液（c）氢溴酸与金属锡（d）将氢气通氯化镍（Ⅱ）溶液（e）金属铝加入到硫酸钴（Ⅱ）溶液。

4.56 根据金属活动顺序表（见表 4.5）写出并配平下列反应的化学方程式。如果不反应，用 NR 表示。（a）金属镍加入到硝酸铜（Ⅱ）溶液、（b）硝酸锌溶液加入到硫酸镁溶液中、（c）盐酸与金、（d）金属铬浸在氯化钴（Ⅱ）溶液中、（e）将氢气通入硝酸银溶液。

4.57 金属镉很容易形成 Cd^{2+} 离子。有以下实验现象：（i）当在 $CdCl_2(aq)$ 溶液中放有锌条时，会在锌条上观察到有镉沉积。（ii）当将镉金属条置于 $Ni(NO_3)_2(aq)$ 溶液中时，金属镍沉积在镉条上。针对以上回答下列问题：（a）写出净离子方程式，并解释前面的每一个实验现象。（b）哪些元素更准确地界定了镉在金属活动顺序表的位置？（c）如果需要更精确地确定镉在金属活动顺序表中的位置，需要进行哪些实验？

4.58 下列反应 (注意均使用单向箭头指示一个反应方向) 可用于制作卤素的活动顺序表：

$$Br_2(aq) + 2 NaI(aq) \longrightarrow 2NaBr(aq) + I_2(aq)$$

$$Cl_2(aq) + 2 NaBr(aq) \longrightarrow 2 NaCl(aq) + Br_2(aq)$$

（a）当与其他卤化物混合后，你认为哪种卤素单质最稳定？（b）判断氯单质和碘化钾混合时是否会发生反应。（c）判断溴单质和氯化锂混合时是否会发生反应。

溶液浓度（见 4.5 节）

4.59 （a）溶液中离子的物质的量是一种强度还是广度属性？（b）0.50mol HCl 和 0.50M HCl 有什么区别？

4.60 有一份体积为 1.000L、含蔗糖（$C_{12}H_{22}O_{11}$）35.0g 的水溶液。（a）此溶液中蔗糖的物质的量浓度是多少？（b）需要向此溶液中加入多少升水才能使此溶液物质的量浓度与（a）中计算结果相比降低 2 倍？

4.61 （a）准确计算含有体积为150mL含0.175mol ZnCl$_2$溶液的物质的量浓度。（b）35.0mL 4.50M硝酸溶液的中有多少物质的量质子？（c）多少毫升6.00MNaOH溶液中含有0.350mol NaOH？

4.62 （a）计算12.5克Na$_2$CrO$_4$溶于水所形成的750mL溶液的物质的量浓度。（b）150mL 0.112M KBr溶液中有多少物质的量KBr？（c）多少毫升的6.1MHCl溶液可提供0.150mol HCl？

4.63 成年男性的平均总血量为5.0L。如果人体内平均钠离子浓度为0.135M，那么成年男性体内血液循环中的钠离子的质量是多少？

4.64 某低钠血症患者血液中钠离子浓度为0.118M，体内血液总量4.6L。假设下面的操作不引起体内血液量的变化，那么需要加入多少质量的氯化钠可以使这名患者血液中钠离子浓度达到0.138M。

4.65 酒精（CH$_3$CH$_2$OH）在血液中浓度称为"血液酒精浓度"或BAC，是以每100mL血液所含酒精的克数为单位给出的。在美国许多州，酒精中毒的法律规定是血液酒精浓度为0.08或更高。如果血液酒精浓度是0.08，那么血液中酒精的物质的量浓度是多少？

4.66 成年男性的平均总血量为5.0L。某男性在喝了几杯啤酒后，他的血液BAC为0.10（见练习4.65），那么他血液循环中酒精的质量是多少？

4.67 （a）伏特加酒是一种乙醇（CH$_3$CH$_2$OH）浓度为6.86M的溶液。如果制造1.00L伏特加酒，需要多少克乙醇？（b）乙醇密度为0.789g/mL。计算制造1.00L伏特加酒所需的乙醇体积。

4.68 一杯新鲜橙汁含有抗坏血酸（维他命C，C$_6$H$_8$O$_6$）124mg，假设一杯等于236.6mL，计算维他命C在橙汁中的物质的量浓度。

4.69 （a）钾离子浓度最高的溶液是哪个：0.20M KCl、0.15M K$_2$CHO$_4$和0.080M K$_3$PO$_4$？（b）哪一种溶液中钾离子的物质的量更大：30.0mL的0.15M K$_2$CrO$_4$和25.0mL的K$_3$PO$_4$0.080M Na$_2$S？

4.70 指出下面两种溶液中哪个含有更高浓度的I$^-$离子：（a）0.10M BaI$_2$溶液和0.25M KI溶液；（b）100mL 0.10M KI溶液和200mL 0.040M ZnI$_2$溶液；（c）3.2M HI溶液和150mL含145g NaI的溶液。

4.71 忽略体积变化，指出下列溶液中每种离子和分子的浓度。（a）0.25M NaNO$_3$，（b）1.3×10^{-2}M MgSO$_4$，（c）0.0150M C$_6$H$_{12}$O$_6$，（d）45.0mL 0.272M NaCl和65.0mL 0.0247M（NH$_4$）$_2$CO$_3$混合液。

4.72 指出混合后溶液中存在的每种离子的浓度。（a）42.0mL 0.170M NaOH和37.6mL 0.400M NaOH；（b）44.0mL 0.100M Na$_2$SO$_4$和25.0mL 0.150M KCl，（c）3.60g KCl溶解在75.0mL 0.250M CaCl$_2$溶液中，假设体积不变。

4.73 （a）有一份浓度为14.8M的NH$_3$储液。需要取多少毫升此储液稀释可获得体积为1000.0mL的0.250M NH$_3$溶液？（b）如果取10.0mL此储液并加水稀释至0.500L，最终溶液的浓度是多少？

4.74 （a）配制110mL 0.500M HNO$_3$溶液需要多少毫升6.0M HNO$_3$储液？（b）如果将10.0mL HNO$_3$储液稀释到最终体积为0.250L，稀释后溶液浓度是多少？

4.75 一所医学实验室正在测试一种新的抗癌药物对癌细胞的效果。药物储液浓度为1.5×10^{-9}M。向体积为5.00mL含2.0×10^{5}个癌细胞的培养皿溶液中加入1.00mL抗癌药储液，试问药物分子与培养皿中癌细胞的比例是多少？

4.76 卡奇霉系r-1（C$_{55}$H$_{74}$IN$_3$O$_{21}$S$_4$）是已知最有效的抗生素之一，可以一个分子杀死一个细菌细胞。简述如何从5.00×10^{-9}M的抗生素储液出发，配制25.00mL的卡奇霉素r-1水溶液，可杀死1.0×10^{8}个细菌。

4.77 纯醋酸称为冰醋酸，是一种25℃时密度为1.049g/mL的液体。计算25℃时，使用20.00mL冰醋酸所配制的250.0mL醋酸溶液的物质的量浓度。

4.78 甘油（C$_3$H$_8$O$_3$）广泛用于制造化妆品、食品、防冻剂和塑料。甘油是一种水溶性液体，15℃时密度为1.2656g/mL。计算在15℃时将50.000mL甘油溶于水配制的250.00mL甘油溶液的物质的量浓度。

溶液化学计量和化学分析（见4.6节）

4.79 有一份硝酸银溶液待分析。（a）可在此溶液中加入HCl(aq)析出AgCl(s)。从体积为15.0mL的0.200M AgNO$_3$溶液中沉淀银离子需要多少毫升0.150M HCl(aq)？（b）可在此溶液中加入固体KCl析出AgCl(s)。从体积为15.0mL的0.200M AgNO$_3$溶液中沉淀银离子需要多少质量的KCl？（c）鉴于0.15M盐酸溶液的成本为39.95美元/500mL，而氯化钾的成本为10美元/吨，上述哪种分析方法更具成本效益？

4.80 有一份硝酸镉溶液待分析。从体积为35.0mL的0.500M Cd(NO$_3$)$_2$溶液中沉淀Cd^{2+}需要多少质量的NaOH？

4.81 （a）中和50.00mL的0.0875M NaOH溶液需要多少毫升0.115M HClO$_4$？（b）中和2.87g Mg(OH)$_2$需要多少毫升0.128M HCl溶液？（c）如果使用25.8mL某未知浓度AgNO$_3$溶液沉淀了785mg KCl中的Cl$^-$离子，设Cl$^-$离子全部用于形成AgCl，求AgNO$_3$溶液物质的量浓度？（d）如果使用45.3mL的0.108M HCl溶液可中和某KOH溶液，这份KOH溶液中需含多少克KOH？

4.82 （a）完全中和50.0mL的0.101M Ba(OH)$_2$溶液需要0.120M HCl溶液多少毫升？（b）中和0.200g NaOH需要多少毫升0.125M H$_2$SO$_4$溶液？（c）如果55.8mL某BaCl$_2$溶液可完全沉淀752mg Na$_2$SO$_4$样品中的SO$_4^{2-}$离子，那么此BaCl$_2$溶液的物质的量浓度为多少？（d）如果使用42.7mL的0.208M HCl溶液可中和某未知Ca(OH)$_2$溶液，试问此未知溶液中含有多少克Ca(OH)$_2$？

4.83 如果有硫酸溅在实验台上，可在上面洒上碳酸氢钠中和，然后再将生成的溶液擦掉。碳酸氢钠与硫酸发生以下化学反应：

$$2NaHCO_3(s) + H_2SO_4(aq) \longrightarrow Na_2SO_4(aq) + 2H_2O(l) + 2CO_2(g)$$

加入碳酸氢钠直至生成 $CO_2(g)$ 而发出的嘶嘶声停止。如果有 27mL 的 $6.0M$ H_2SO_4 泄露出来，那么为了中和酸，需要向泄漏物中添加的 $NaHCO_3$ 最少质量是多少？

4.84　醋的独特气味来自于醋酸 (CH_3COOH)。醋酸与氢氧化钠反应如下：

$$CH_3COOH(aq) + NaOH(aq) \longrightarrow$$
$$H_2O\,(l) + NaCH_3COO(aq)$$

如果 3.45mL 醋需要 42.5mL 的 $0.115M$ NaOH 溶液中和才能达到滴定等当点，那么 1.00qt（1qt = 0.9464L）醋中含有多少克的醋酸？

4.85　将 4.36g 某未知碱金属氢氧化物样品溶解于 100.0mL 的水中，加入酸碱指示剂后，使用 $2.50M$HCl(aq) 溶液滴定此溶液。当加入 17.0mL 盐酸溶液后，指示剂变色，表示已到达等当点。（a）该氢氧化物的摩尔质量是多少？（b）此未知碱金属阳离子是哪个：Li^+、Na^+、K^+、Rb^+ 或 Cs^+？

4.86　将某未知IIA主族金属氢氧化物样品 8.65g 溶于 85.0mL 水中，加入酸碱指示剂后，使用 $2.50M$ HCl(aq) 溶液滴定此溶液。当加入 56.9mL 盐酸溶液后，指示剂变色，表示已到达等当点。（a）此金属氢氧化物的摩尔质量是多少？（b）此未知金属阳离子是哪个：Ca^{2+}、Sr^{2+} 或 Ba^{2+}？

4.87　将 100.0mL 的 $0.200M$ KOH 溶液与 200.0mL 的 $0.150M$ $NiSO_4$ 溶液混合。（a）写出并配平此反应方程式。（b）形成了哪种沉淀？（c）哪个是限制反应物？（d）所形成的沉淀质量为多少？（e）溶液中每种离子的浓度是多少？

4.88　将 15.0g $Sr(OH)_2$ 与 55.0mL $0.200M$ HNO_3 溶液混合，制成混合溶液。（a）写出并配平溶质之间的化学反应方程式。（b）计算溶液中每种离子的浓度。（c）所得混合溶液显酸性还是碱性？

4.89　将 0.5895g 不纯的氢氧化镁样品溶于 100.0mL 的 $0.2050M$ HCl 溶液中。过量的酸需要用 19.85mL 的 $0.1020M$ NaOH 来中和。假设氢氧化镁是样品中唯一可以与盐酸反应的物质，计算样品中氢氧化镁的质量百分比。

4.90　将 1.248g 石灰岩样品粉碎，用 30.00mL 的 $1.035M$ HCl 溶液处理。过量的酸需要用 11.56mL 的 $1.010M$ NaOH 来中和。假设碳酸钙是样品中唯一与盐酸反应的物质，计算碳酸钙在样品中的质量百分比。

附加练习

4.91　六氟化铀（UF_6）可用于生产核反应堆和核武器的燃料。UF_6 可以用 ClF_3 和元素轴反应制成，同时也产生副产物 Cl_2。

（a）写出 U 和 ClF_3 反应生成 UF_6 和 Cl_2 的分子方程式。

（b）这是个复分解反应吗？

（c）这是个氧化还原反应吗？

4.92　本题照片显示了 $Cd(NO_3)_2$ 溶液和 Na_2S 溶液之间的反应。（a）沉淀是什么物质？（b）溶液中存在哪些离子？（c）写出此反应的净离子方程式。（d）此反应是否为氧化还原反应？

4.93　有一份溶液可能包含以下阳离子中的一种或多种：Ni^{2+}、Ag^+、Sr^{2+} 和 Mn^{2+}。此溶液加入 HCl 溶液会形成沉淀。过滤掉沉淀后，加入 H_2SO_4 溶液到滤液中可形成另一种沉淀。再次过滤掉沉淀后，加入 NaOH 溶液，并没有观察到沉淀。试问每一种沉淀物中都含有哪些离子？上面列出的四种离子中，哪一种一定是原溶液中不存在的？

4.94　你选择研究表 4.1 未列出的铬酸根离子（CrO_4^{2-}）和草酸盐离子（$C_2O_4^{2-}$）离子的溶解性规律。有 A、B、C、D 四种 $0.01M$ 水溶性盐溶液：

溶液	溶质	溶液颜色
A	Na_2CrO_4	黄色
B	$(NH_4)_2C_2O_4$	无色
C	$AgNO_3$	无色
D	$CaCl_2$	无色

当这些溶液相互混合，可观察到下表中实验现象：

实验序号	混合的溶液	实验现象
1	A + B	无沉淀生成，溶液为黄色
2	A + C	生成红色沉淀
3	A + D	生成黄色沉淀
4	B + C	生成白色沉淀
5	B + D	生成白色沉淀
6	C + D	生成白色沉淀

（a）写出每个反应的净离子方程式。（b）确定每个反应中所形成的沉淀是什么化合物。

4.95　抗酸剂可起到减轻疼痛和促进愈合作用，常用于轻度溃疡的治疗中。写出并配平胃液中盐酸与抗酸剂中所使用的各种物质之间反应的净离子方程式：（a）$Al(OH)_3(s)$，（b）$Mg(OH)_2(s)$，（c）$MgCO_3(s)$，（d）$NaAl(CO_3)(OH)_2(s)$，（e）$CaCO_3(s)$。

4.96 商业化硝酸生产涉及以下化学反应：

$$4NH_3(g) + 5O_2(g) \longrightarrow 4NO(g) + 6H_2O(g)$$

$$2NO(g) + O_2(g) \longrightarrow 2NO_2(g)$$

$$3NO_2(g) + H_2O(l) \longrightarrow 2HNO_3(aq) + NO(g)$$

（a）上述反应中哪些是氧化还原反应？（b）确定每个氧化还原反应中哪些元素被氧化，哪些元素被还原。（c）拟合成 1000.0L 的 0.150M 硝酸溶液需要多少克氨？假设所有反应产率均为 100%。

4.97 现有试剂：锌单质、铜单质、汞单质（密度 13.6g/mL）、硝酸银溶液、硝酸溶液。（a）有 1 个 500mL 锥形瓶与 1 个气球。能否根据前面的两种或更多试剂设计一个化学反应，使气球充满气吗？写出并配平化学反应方程式来表示这个过程，并说明充入气球的气体是什么？（b）充入气球气体的理论产率是多少？（c）能否根据前面的两种或更多试剂设计一个产物是金属银的化学反应。写出并配平化学反应方程式来表示这个过程，并说明反应后溶液剩余哪些离子？（d）金属银的理论产率是多少？

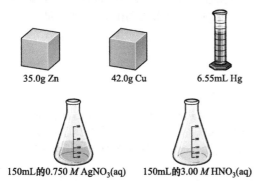

35.0g Zn   42.0g Cu   6.55mL Hg

150mL的0.750 M AgNO₃(aq)   150mL的3.00 M HNO₃(aq)

4.98 青铜是 Cu(s) 和 Sn(s) 的固体溶液。像这样由固体金属形成的溶液称为合金。形成青铜的两种金属存在一定的比例范围。青铜的强度与硬度均高于单独的铜与锡。（a）某一青铜样品质量为 100.0g，含质量分数 90.0% 的铜与 10.0% 的锡。此时哪种金属是溶剂？哪种是溶质？（b）基于（a）中数据，计算溶质的在合金中的物质的量浓度。假设其密度为 7.9g/cm³。（c）设计一个除去青铜中锡的反应，使得反应后样品中只留下单一的金属铜，并证明这个设计的可行性。

4.99 有一份 35.0mL 的 1.00M KBr 溶液和 60.0mL 的 0.600M KBr 溶液的混合溶液。将混合溶液加热蒸发除水直至总体积为 50.0mL。计算要将混合后溶液中银离子全部沉淀为溴化银，需要多少克硝酸银。

4.100 神经递质是神经细胞向人体内其他细胞所释放的分子，是肌肉运动、思维、感觉和记忆所必需的。多巴胺是人类大脑中一种常见的神经递质。

（a）预测多巴胺在水中最可能发生氧化还原、酸碱、沉淀或复分解中哪种反应并解释之。（b）帕金森症患者体内缺乏多巴胺，可通过补充多巴胺来减轻症状。静脉输液袋内充 250.0mL 溶液，其中含有多巴胺 400.0mg。试问静脉注射袋中多巴胺的浓度是多少？以物质的量浓度为单位表示。（c）大鼠实验表明，如果给大鼠注射 3.0mg/kg 可卡因（即每千克动物体重注射 3.0mg 可卡因），60 秒后大鼠脑内多巴胺浓度增加 0.75μM。计算一只大鼠（平均脑容量为 5.00mm³）在接受 3.0mg/kg 剂量可卡因 60 秒后会产生多少个多巴胺分子。

4.101 硬水中含有 Ca²⁺、Mg²⁺ 和 Fe²⁺。这些离子会影响肥皂的功效，并且当容器和管道受热后会在内部留下不溶性涂层。水软化剂使用 Na⁺ 交换这些离子，交换过程中需保持电荷平衡。（a）如果 1500L 硬水中含有浓度分别为 0.020M 的 Ca²⁺ 和 0.0040M 的 Mg²⁺，那么需要多少物质的量的 Na⁺ 来交换这些离子？（b）如果以 NaCl 形式把 Na⁺ 加入水软化剂中，需要多少克 NaCl？

4.102 酒石酸（H₂C₄H₄O₆）是二元酸，常存在于葡萄酒中，随着年龄增长而沉淀。以 NaOH 滴定未知的酸溶液。用 24.65mL，0.2500M 的 NaOH 溶液正好中和 50.00mL 的酒石酸溶液，写出平衡的净离子方程式，并计算该酒石酸溶液的物质的量浓度。

4.103 通过 12.50gSr(OH)₂ 溶于水制成 50.00mL 溶液，该溶液的物质的量浓度是多少？（a）制备的 Sr(OH)₂ 未知溶液，写出硝酸和氢氧化锶之间的平衡的化学方程式。（b）用硝酸滴定（c）假设 23.9mL 该 Sr(OH)₂ 溶液能中和 37.5mL 硝酸溶液，那么这个硝酸溶液的物质的量浓度是多少？

4.104 将 Zn(OH)₂（固体）加入到 0.350L 0.500M 的 HBr 溶液中，溶液仍为酸性，然后用 0.500M NaOH 滴定，消耗 88.5mL 至滴定终点。计算加入到 HBr 溶液中的 Zn(OH)₂ 的质量是多少？

综合练习

4.105 假设有 5.00g 镁粉、1.00L 2.00M KNO₃ 溶液和 1.00L 2.00MAgNO₃ 溶液，（a）问哪一个会与镁粉反应，（b）这个反应的净离子方程式是怎样的。（c）与镁完全反应需要多少体积的溶液。（d）最终溶液中 Mg²⁺ 的物质的量浓度是多少？

4.106 （a）可使用 15.0mL 的 0.1008M 氢氧化钠滴定中和 0.2053g 的某弱酸样品。如果此酸为一元酸，其摩尔质量为多少？（b）对该酸的元素分析表明，其分子由质量百分比 5.89% 的 H 元素、70.6% 的 C 元素和 23.5% 的 O 元素组成。那么它的分子式是什么？

4.107 从岩石中用 CN^- 分离 Au，$4Au(s) + 8NaCN(aq) + O_2(g) + H_2O(l) \longrightarrow 4Na[Au(CN)_2](aq) + 4NaOH(aq)$。（a）化合物中哪个原子被氧化？哪个原子被还原。（b）用锌粉将 $[Au(CN)_2]^-$ 还原为 $Au(O)$，写出平衡的化学反应方程式。（c）要想使 40.0kg 含 Au 2.00% 的岩石中金分离出来，需要多少升 $0.200M$ NaCN 溶液。

4.108 一辆载有 34300gal 商用氨水（氨质量百分比为 30%）的肥料火车车厢发生翻覆并导致氨泄漏。氨水的密度为 $0.88g/cm^3$。需要多少质量的柠檬酸才能中和泄漏的氨？柠檬酸分子式为 $C(OH)(COOH)(CH_2COOH)_2$，包含 3 个酸性质子。(1gal = 3.785L)

4.109 将 7.75gMg(OH)_2 样品加入到 25.0mL 0.200M HNO_3 溶液中，（a）写出发生的化学反应方程式，（b）哪一个是限制反应物，（c）完全反应后，$Mg(OH)_2$、HNO_3 和 $Mg(NO_3)_2$ 的物质的量是多少？

4.110 2014 年，美国西弗吉尼亚州一处设施发生了一起重大化学品泄漏事件，向埃尔克河泄漏了 7500gal 的 4- 甲基环己基甲醇（MCHM，$C_8H_{16}O$）。MCHM 的密度为 0.9074g/mL。（a）计算河中 MCHM 的初始物质的量浓度。假设河水水体深 7.00ft、宽 100Yd、长 100Yd。（b）要使 MCHM 的浓度达到"安全"浓度 $1.00 \times 10^{-4}M$，泄漏物须向下游扩散多远？假设河流的深度和宽度是恒定的，MCHM 浓度沿泄漏长度是均匀的。

4.111 利他林（Ritalin）是一种甲基苯甲酸酯类药物的商标名，可用于治疗年轻人的注意力缺陷与多动障碍。苯甲酸甲酯的化学结构是

（a）利他林是酸还是碱？是电解质还是非电解质？（b）一片药片含 10mg 利他林，假设药片中所有的药物最终都进入了血液，并且已知男性平均总血量为 5.0L，计算一名男性血液中利他林的初始浓度。（c）利他林在血液中半衰期为 3 小时，即 3 小时后血液中利他林浓度降为其初始值的一半。对于（b）部分的男性，6 小时后他血液中利他林的浓度为多少？

4.112 用 AgNO_3 溶液滴定 25.00mL 海水样品中的 Cl^-，到达等当点时，消耗 $0.2997M$ AgNO_3 溶液 42.58mL。计算海水中 Cl^- 的质量分数（海水的密度为 1.025g/mL）。

4.113 适当的化学处理之后，1.22 克农药样品中的砷转化为 AsO_4^{3-} 形态，随后可使用 Ag^+ 进行滴定，并形成 Ag_3AsO_4 沉淀。（a）AsO_4^{3-} 中 As 的氧化态是多少？（b）给出 Ag_3AsO_4 的名称。提示：可通过将含砷化合物类比为含磷化合物的方式。（c）如果使用了 25.0mL 的 $0.102M$ Ag^+ 溶液滴定达到等当点，那么农药中砷的质量百分比是多少？

4.114 美国饮用水中砷酸盐标准要求，公共供水中砷的含量不得超过 10ppb（ppb 表示十亿分之一）。如果砷以砷酸根（AsO_4^{3-}）形式存在，那么在 1.00L 饮用水样本中砷酸钠的质量是多少？ ppb 定义为：

$$ppb = \frac{溶质质量(g)}{溶液质量(g)} \times 10^9$$

4.115 美国联邦法规规定，工作环境空气中 NH_3 浓度上限为 50ppm（ppm 表示百万分之一）。某生产过程的空气通过 1.00×10^2mL 浓度为 $0.0105M$ 的 HCl 溶液随后被抽排而出。NH_3 与 HCl 发生如下反应：

$$NH_3(aq) + HCl(aq) \longrightarrow NH_4Cl(aq)$$

当以 10.0L/min 速率将空气通过酸溶液抽排 10.0min 后，进行此酸溶液的滴定分析。溶液中剩下的酸需要 13.1mL 浓度为 $0.0588M$ NaOH 溶液中和才能达到等当点。（a）此酸溶液中吸收了多少克 NH_3？（b）空气中 NH_3 的含量是多少 ppm？（此实验条件下空气的密度为 1.20g/L，空气平均摩尔质量为 29.0g/mol）（c）该厂家是否符合美国联邦规定？

设计实验

假设你正在清理一个化学实验室，发现三个没有标签的试剂瓶，每个瓶中都装有白色粉末。在这些瓶子旁边有三个脱落的标签："硫化钠""碳酸氢钠"和"氯化钠"。让我们设计一个实验实现标签与试剂瓶的匹配。

（a）你可以试着通过物理性质来区分这三种固体。可以利用互联网资源或《CRC 化学物理手册》查找这些盐的熔点、水溶性或其他性质。每种盐在这些性质上的差异是否大到可以实现区分？如果是

的话，可以设计一组实验来区分每种盐，从而确定每个标签与试剂瓶的匹配。

（b）你可以利用每种盐的化学反应活性来区别它们。这些盐中，哪种具有酸性？哪种具有碱性？哪种是强电解质？这些盐中哪种易被氧化或易被还原？这些盐会发生反应产生气体吗？根据你对这些问题的回答，设计一组实验来区分每种盐，从而确定每个标签与试剂瓶的匹配。

第 **5** 章

热化学

我们的一切都以某种方式与能量联系在一起。没有能量，现代社会就不能运转，生命本身就无法存在。围绕能量的一些问题，如能量的来源、生产、分配、消费和对环境影响等，在科学、政治、经济和公共政策中广泛存在。

除了来自太阳的能量，人们日常生活中使用的能量大部分来自于化学反应。汽油燃烧、燃煤发电、家用天然气取暖以及使用电池为电子设备供电，这些都是利用化学反应产生能量的例子。除此之外，化学反应还提供了维持生命系统的能量。植物的生长需要利用太阳能进行光合作用。在这个过程中，植物将一部分太阳能量储存在光合作用产物的化学键中。当动物食用与消化植物时，它们获得了运动、维持体温和执行所有其他身体功能所需的能量，而这些能量来自于植物光合作用储存的化学能。

本章中，我们将开始学习能量及其变化。学习的动力不仅来自于能量对日常生活诸多方面的影响，也来自于学习化学的需要。如果要正确地理解化学，我们必须理解伴随化学反应的能量变化。

◀ 铝热反应。金属铝和氧化铁之间发生反应生成氧化铝和金属铁。这个反应还可以产生足够的热量使得反应中生成的铁单质熔化。铝热反应形象地说明了储存在化学键中的势能可以转化为热。

对能量及其转换的研究称为热力学（thermodynamics；希腊语：*thérme-* 意为"热"；*dy'namis*，意为"力量"）。热力学研究始于工业革命时期，目的是研究蒸汽机中热量、功和燃料之间的关系。本章我们将研究化学反应和热能变化之间的关系。这些内容的热力学也称作热化学。我们将在第 19 章中讨论热力学的其他内容。

5.1 │ 化学能的本质

我们在第 1 章（见 1.4 节）已经学习了能量可定义为做功或传递热量的能力。任何坐在火旁或使用过丙烷烤架的人都见证了化学反应所释放的热量 [见图 5.1a]。有些化学反应也会吸收热量，例如烹饪时引起的化学反应。化学反应也通过不同的方式做功。第 1 章中对功的定义为：

$$w = F \times d \tag{5.1}$$

例如，汽油和氧气之间发生燃烧反应并产生气体，气体膨胀并在这个反应过程中做功驱动汽车。香槟的制造过程包括了酵母将糖发酵成乙醇和二氧化碳的化学反应。在软木塞瓶中进行的是发酵的最后阶段，所产生的二氧化碳会导致瓶内压力增加。当打开软木塞时，气体压力将做功 [见图 5.1b)]。另一个例子是电池，电池内部发生的氧化还原反应所产生的电能可以用来做功。

所有形式的能量都可以归属于动能或势能（见 1.4 节）。源自化学反应的能量主要与势能变化相关。这种能量来自于原子水平上的静电相互作用。因此，我们首先需要学习带电粒子之间的相互作用所产生的静电势能，才可能理解与化学反应有关的能量。

两个带电粒子之间的静电势能 E_{el} 与它们的电荷量 Q_1 和 Q_2 成正比，与它们之间的距离 d 成反比：

$$E_{el} = \frac{kQ_1Q_2}{d} \tag{5.2}$$

k 是一个比例常数，数值为 $8.99 \times 10^9 J \cdot m/C^2$。$^{\ominus}$ 本书第 1 章中介绍了用来测量能量的单位是焦耳，$1J = 1kg \cdot m^2/s^2$。

释放热量的化学反应	做功的化学反应

a)　　　　　　b)

▲ 图 5.1 化学反应与能量　化学反应中的能量变化可用于传递热量或做功

$\ominus$ 这里使用 $J \cdot m/C^2$ 这样的组合单位表示焦耳米 / 库仑平方。也可以使用其他方式的组合单位表示，如使用圆点替代 $J \cdot m/C^2$ 中的短破折号 $J \cdot m/C^2$，或既不使用短破折号也不使用圆点 Jm/C^2。

在原子水平上，电荷量 Q_1 和 Q_2 通常处在电子电荷量（1.60×10^{-19}C）数量级上，而距离 d 的范围是从十分之一到几十纳米（nm），$1\text{nm} = 1 \times 10^{-9}\text{m}$。

由式（5.2）可知，当 d 趋于无穷大时，静电势能 E_{el} 趋于零。因此，零静电势能定义为两个带电粒子间距离为无穷远。图 5.2 说明了静电势能 E_{el} 随两个电荷之间的距离变化而变化的情形。当 Q_1 和 Q_2 的符号相同时（例如都为正），两个带电粒子相互排斥，排斥力使得二者分离。为了使两个带正电的粒子更为接近，一个粒子必须克服两个粒子之间的排斥力做功。在释放这两个粒子时，由于势能转化为动能，因此它们会远离彼此。在这种情况下 E_{el} 为正，并且势能将随着粒子间距离的增加而减小。当 Q_1 和 Q_2 符号相反时，两个粒子相互吸引，吸引力使得它们吸引到一起。在这种情况下 E_{el} 为负，并且当粒子相互分开时势能增加（负性减少）。

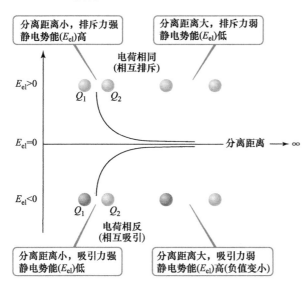

图例解析 一个带正电荷的粒子和一个带负电荷的粒子最初相距很远。当两个粒子距离变小时，静电势能发生什么变化？

分离距离小，排斥力强 静电势能(E_{el})高

分离距离大，排斥力弱 静电势能(E_{el})低

电荷相同（相互排斥）

$E_{el} > 0$ Q_1 Q_2

$E_{el} = 0$ 分离距离 → ∞

$E_{el} < 0$ Q_1 Q_2

电荷相反（相互吸引）

分离距离小，吸引力强 静电势能(E_{el})低

分离距离大，吸引力弱 静电势能(E_{el})高（负值变小）

▲ 图 5.2 静电势能 在有限的分离距离条件下，电荷相同粒子间静电势能 E_{el} 为正，电荷相反粒子间静电势能 E_{el} 为负。随着粒子间的距离越来越大，静电势能趋于零

为了理解静电势能和化学键中储存的能量之间的关系，认真讨论 NaCl 这样的离子化合物具有很好的指导意义。Na^+ 离子和 Cl^- 离子携带相反的电荷，通过离子之间的静电吸引而结合在一起。在化学中，这种力称为离子键，我们将在第 8 章中详细讨论离子键。就目前阶段，我们能够了解钠离子与氯离子之间的离子键是基于阴阳离子之间的静电吸引这一点就足够了。如图 5.3 所示，为了使阴阳离子分开，我们需要一些来自其他来源的能量，克服或破坏 Na^+ 和 Cl^- 之间的离子键，静电势能将得以增加。相反，存在一定距离的两个离子可以聚集在一起形成离子键，此过程中静电势能会降低并释放能量。

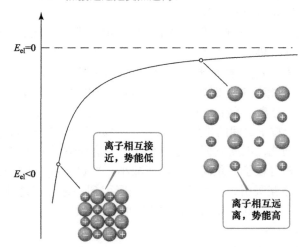

▲ 图 5.3 **静电势能与离子键** 当离子间距增加时，其静电势能增加（负性减少）。当离子间距趋于无穷时，静电势能将趋于零。在真实化合物中，内层电子之间的排斥力决定了阴阳离子相互接近程度的最小值

上述内容阐明了热化学的一个基本原理：

化学键形成时会释放能量

化学键断裂时会吸收能量

你也许非常想知道这些原理是否可以应用到水、甲烷等不含阴阳离子的分子化合物中。我们将在第 8 章和第 9 章学习分子中的原子是通过共价键结合的。虽然构成共价键的力在性质上与静电势能的关系不明显，但是其本质也是基于静电的。就像离子键一样，共价键也需要外部能量才能被破坏，共价键形成时也会释放能量。

5.2 | 热力学第一定律

能量包括许多不同的形式，包括第 1 章我们学习的动能以及其他各种类型的势能。你甚至不需要花费很大力气就能找到能量从一种形式转换为另一种形式的过程，例如将石头扔到深井的过程中重力势能会转化成动能，天然气和氧气燃烧反应会将化学能转化为热能用来使屋子变热。在这两种及其他你能想象到的情况下，能量都可以从一种形式转换为另一种形式，但是能量既不能被创造，也不会被消灭。这就是科学中最重要的发现之一，称为**热力学第一定律**。为了定量地应用热力学第一定律，我们需要将宇宙视为一个有限的系统，并且更精确地定义这个系统的各种能量。接下来我们将详细探讨这些内容。

系统与环境

在分析能量变化时，我们需要关注宇宙中一个有限且明确定义的部分，以跟踪所发生的能量变化。我们将单独研究的区域称为**系统**，而其他所有的一切都称为**环境**。

在实验室研究化学反应产生的能量变化时，反应物和产物构成了系统，反应容器及外部的一切都是环境。

系统可以是开放的、封闭的或孤立的。开放系统是指系统内物质和能量可以与环境发生交换。炉子上的未加盖的一锅沸水就是一个开放的系统：热量从炉子进入系统，水以蒸汽的形式释放到环境中。

热化学最经常研究的系统是封闭系统。封闭系统可以与环境发生能量交换，但不能发生物质交换。例如，图 5.4 给出了一个装有活塞的气缸，其内存在氢气（H_2）和氧气（O_2）的混合物。氢气和氧气构成了一个封闭系统，气缸、活塞以及周围的一切物体（包括作为观察者的我们）都是环境。如果这两种气体发生反应生成水，将会释放能量：

$$2H_2(g) + O_2(g) \longrightarrow 2H_2O(g) + 能量$$

虽然在此反应中，系统中的氢、氧原子改变了它们的化学形式，但是系统中并没有质量得失，也就是系统与环境没有物质交换。然而，这个系统可以通过功和热的形式与环境交换能量。

孤立系统是指能量和物质都不与环境交换的系统。装有热咖啡的保温热水瓶近似于一个孤立的系统，然而我们知道咖啡最终会变冷的，所以这个系统并不是完全孤立的。

想一想

人是一个孤立、封闭还是开放系统？

图例解析

如果气缸中 H_2 和 O_2 反应生成 H_2O，气缸内的分子数目量会变吗？气缸的质量会变吗？

能量可以通过热或对活塞做功的方式进入或离开系统

物质不能进入或离开系统

环境=气缸、活塞及周围的一切物体

系统 =$H_2(g)$分子与$O_2(g)$分子

▲ 图 5.4 一个封闭体系

内能

系统的**内能** E 是系统的各部分动能和势能之和。例如，对于图 5.4 所示的系统，内能不仅包括 H_2 分子和 O_2 分子的运动以及两者之间的相互作用，还包括各个原子的原子核、电子自身的运动和相互作用。通常情况下，系统内能的数值是不可知的。在热力学中，人们主要研究伴随系统变化而发生的内能 E 及其他物理量的改变。

假设有一个系统，其内能初始值为 $E_{始}$。然后这个系统会发生变化，包括做功或热量传递。最后，这个系统的内能最终值为 $E_{终}$。内能的变化值可记为 $\Delta E^{\ominus}$，ΔE 为 $E_{终}$ 和 $E_{始}$ 两者之差：

$$\Delta E = E_{终} - E_{始} \tag{5.3}$$

对于任何系统，通常都无法确定其 $E_{终}$ 和 $E_{始}$ 的实际数值。然而，可以应用热力学第一定律，通过实验来确定 ΔE 值。

诸如 ΔE 这样的表示变化的热力学物理量，其数值包括以下 3 个部分：

1. 数值
2. 单位
3. 符号

数值和单位共同给出了变化的大小幅度，符号则指明了方向。当 $E_{终} > E_{始}$ 时，ΔE 的值为正，表示系统从环境中获得了能量。当

$\ominus$ Δ 符号通常用来表示变化。例如，高度 h 的变化可以用 Δh 表示。

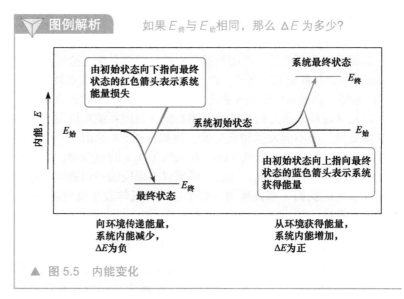

▲ 图 5.5   内能变化

▼ 图例解析

画出 $MgCl_2(s) \longrightarrow Mg(s) + Cl_2(g)$ 反应的能量图。已知 $Mg(s)$ 与 $Cl_2(g)$ 混合物的内能大于 $MgCl_2(s)$。

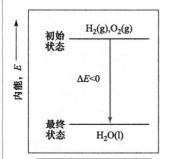

由于 $E_始 > E_终$，因此 $\Delta E < 0$，说明此反应过程中系统向环境释放能量

▲ 图 5.6 $2H_2(g) + O_2(g)$ $\longrightarrow 2H_2O(l)$ 反应的能量图

$E_终 < E_始$ 时，ΔE 的值为负，表明系统向环境传递了能量。注意，应从系统的角度而不是环境的角度讨论能量变化。

然而需要记住的是，系统能量的增加必然伴随着环境能量的减少，反之亦然。图 5.5 总结了能量变化的特征。

化学反应中，系统初始状态是指反应物而最终状态指产物。以下述反应为例，

$$2H_2(g) + O_2(g) \longrightarrow 2H_2O(l)$$

其初始状态是 $2H_2(g) + O_2(g)$，最终状态是 $2H_2O(l)$。

在一定温度下氢气和氧气反应生成水，系统会向环境释放能量。由于系统发生了能量损失，产物内能（最终状态）小于反应物内能（初始状态），此过程中 ΔE 为负。由图 5.6 的能量图可知，H_2 与 O_2 混合物的内能大于产物 H_2O 的内能。

与 ΔE 相关的热和功

本书在 5.1 节中已经指出，系统可以通过热或做功这两种通用方式与环境交换能量。系统内能可随热量的增加或减少，或随系统做功或接受环境做功而变化。形象地说，可将系统内能视为一个银行账户，存款或取款都是通过热或功的形式进行的。向账户中存款将增加系统的能量（正的 ΔE），而从账户中取款将减少系统的能量（负的 ΔE）。

我们依照这个思路可以写出热力学第一定律的代数表达式。当一个系统发生化学或物理变化时，其内能变化值 ΔE 等于系统吸收或释放的热量 q 与系统对环境做功或环境对系统做功 w 之和：

$$\Delta E = q + w \tag{5.4}$$

当系统从环境获得热量或环境对系统做功，系统内能将增加。因此当环境向系统传递热量时，q 为正值。向系统传递热量就如同向系统内能帐户中存入一笔存款，因此系统内量增加（见图 5.7）。同理，当环境对系统做功时，w 为正值。与之相反的是，系统对环境释放的热量和系统对环境做的功都是负值，也就是说这些降低了

▽ **图例解析**　假设系统从环境中吸收了 50J 的功（视为"存款"），然后又向环境放热，损失了 85J 的热（视为"取款"）。那么这个过程中 ΔE 的数值和符号是什么？

系统为保险柜内部

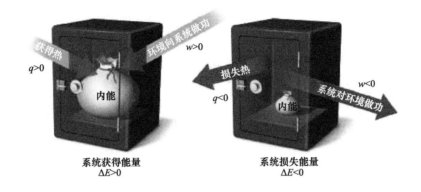

系统获得能量
$\Delta E > 0$

系统损失能量
$\Delta E < 0$

▲ 图 5.7　**热与功的符号规定**　系统获得的热 (q) 与环境向系统做的功 (w) 同为正值，可视为向系统内能"存款"。相反，系统释放热与系统向环境做功都是负值，可视为从系统内能中"取款"

系统内能。可视为从内能账户中取款，系统账户的内能将减少。

　　表 5.1 总结了 q、w、和 ΔE 的符号规定。注意，任何进入系统的能量，无论是热还是功，均为正值。

表 5.1　q、w、和 ΔE 的符号规定

q	＋表示系统获得热	－表示系统损失热
w	＋表示环境对系统做功	－表示系统对环境做功
ΔE	＋表示系统内能净增加	－表示系统内能净减少

吸热和放热过程

　　系统吸收热与释放热是本章学习的重点，热力学中使用一些术语来表示热传递的方向。系统吸收热的过程称为**吸热过程**。冰的融化就是一个吸热过程，热可从周围环境进入系统 [见图 5.8a]。我们是环境的一部分，当我们触摸一个装有正在融化的冰的容器，对我们来说这个容器是冷的，说明我们的手将热传递给了容器。

　　系统失去热的过程称为**放热过程**。在汽油燃烧这样典型的放热过程中，热从系统中散出或流出后进入环境（见图 5.8b）。

▶ 实例解析 5.1

与热和功相关的内能变化

A(g) 与 B(g) 两种气体被限制在如图 5.4 所示的气缸 – 活塞结构中。A(g) 与 B(g) 可发生如下反应生成固体产物 C(s)：A(g) + B(g) ⟶ C(s)。当反应发生时，系统向环境释放 1150J 的热。当气体反应生成固体时，活塞可向下运动。在大气压恒定的条件下，当气体的体积减小时，环境对系统做了 480J 的功。试问，此系统的内能的变化是什么？

解析

分析 本题给出了 q 和 w，求解 ΔE。

思路 我们需要根据表 5.1 确定 q 和 w 的符号，然后使用式（5.4），即 $E = q + w$ 计算 ΔE 值。

解答 由于题中热从系统传递到环境，环境对系统做功，所以 q 为负值，w 为正值：$q = -1150J$，$w = 480J$，因此有

$$\Delta E = q + w = (-1150J) + (480J) = -670J$$

ΔE 为负值说明有系统传递了 670J 的能量至环境。

注解 可以将本题结果看作是系统内能账户净值减少了 670J（因此为负值），其中以热的形式"取款"1150J 能量，以功的形式"存款"480J 能量。注意，随着气缸内气体体积的减小，周围环境将对系统做功并导致系统内能获得"存款"。

中。此时气体为封闭系统。气缸浸没在装有 25℃ 水的大烧杯中。使用一个火花引发了气缸内气体反应，反应结束时可发现活塞向下移动了，并且气缸周围水浴温度增加到了 28℃。针对气缸内气体这个系统，下面哪种关于系统内气体反应的 q、w、ΔE 符号的说法是正确的？

（a）$q < 0$，$w < 0$，$\Delta E < 0$

（b）$q < 0$，$w > 0$，$\Delta E < 0$

（c）$q < 0$，$w > 0$，根据所给信息无法判断 ΔE 的符号

（d）$q > 0$，$w > 0$，$\Delta E > 0$

（e）$q > 0$，$w < 0$，根据所给信息无法判断 ΔE 的符号

▶ 实践练习 1

A_2 和 B_2 两种气体的混合物完全密封于一个一端封闭另一端装有一个气密性活塞的细长金属气缸

▶ 实践练习 2

一个系统从环境吸收了 140J 的热并对环境做功 85J，计算此过程中系统内能的变化。

◣ **想一想**

$H_2(g)$ 和 $O_2(g)$ 生成 $H_2O(l)$ 的反应可把热释放到环境中。考虑其逆反应 $2H_2O(l) \longrightarrow 2H_2(g) + O_2(g)$ 是放热过程还是吸热过程？（提示：见图 5.6）

状态函数

通常情况下，我们无法知道一个系统内能（E）的精确值，但在特定条件下 E 存在固定值。影响内能的条件包括温度和压力。此外由于能量是一个广泛的性质（见 1.3 节），系统内能还与系统内物质的总量成正比。

将温度为 25℃，质量为 50g 的水设为系统（见图 5.9）。让系统达到这个状态可通过将 50g 水由 100℃ 冷却到 25℃，或融化 50g 冰随后使之升温至 25℃。在这两种情况下所获得的 25℃ 的水的内能是相同的。内能就是一种**状态函数**，它是一种系统属性，由系统状态（温度、压力等）决定。状态函数的数值只由系统的当前状态决定，而与系统达到当前状态的途径无关。由于 E 是一个状态函数，因此 ΔE 只取决于系统的始态与终态，与系统状态是如何从始态到终态变化的途径无关。

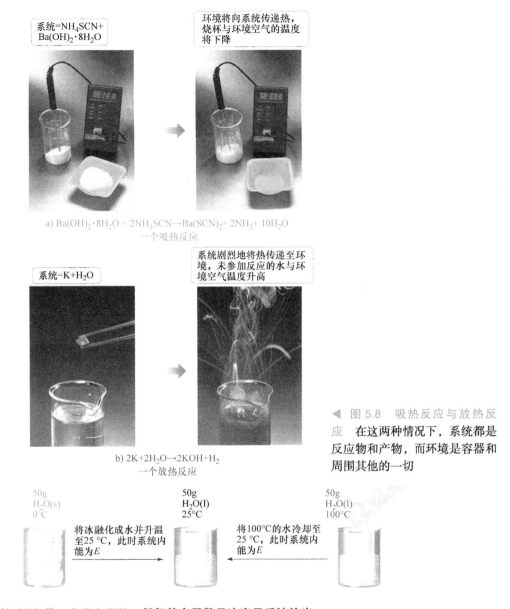

系统=NH₄SCN+
Ba(OH)₂·8H₂O

环境将向系统传递热，
烧杯与环境空气的温度
将下降

a) Ba(OH)₂·8H₂O + 2NH₄SCN→Ba(SCN)₂+ 2NH₃+ 10H₂O
一个吸热反应

系统=K+H₂O

系统剧烈地将热传递至环
境，未参加反应的水与环
境空气温度升高

b) 2K+2H₂O→2KOH+H₂
一个放热反应

◀ 图 5.8 吸热反应与放热反应 在这两种情况下，系统都是反应物和产物，而环境是容器和周围其他的一切

50g
H₂O(s)
0℃

将冰融化成水并升温
至25 ℃，此时系统内
能为 E

50g
H₂O(l)
25℃

将100℃的水冷却至
25 ℃，此时系统内
能为 E

50g
H₂O(l)
100℃

▲ 图 5.9 内能（E）是一个状态函数 **任何状态函数只决定于系统的当前状态，而与系统达到该状态的途径无关**

这里有一个类比可以帮助理解状态函数与非状态函数之间的区别。假设你从海拔 596ft 的芝加哥开车到海拔 5280ft 的丹佛，无论选择哪条路线，出发地与目的地之间的海拔变化都是 4684ft。然而，旅行的路程取决于选择的路线。因此，高度类似于状态函数，因为高度的变化与路径无关，而旅行的路程不是状态函数。

E 等热力学量是状态函数，而 q 和 w 等热力学量则不是状态函数。这说明虽然由 $\Delta E = q + w$ 可知系统内能不取决于系统是如何改变的，但热和功的具体数值取决于系统改变的方式。因此，如果改变系统从始态到终态的途径会增加 q 的值，那么途径的改变也会同样减少 w 的值。最终，ΔE 对于两条路径来说是相同的。

以手电筒电池为系统来说明这个原理。当电池放电时，随着存储的化学能释放到环境中，电池的内能也将减少。在图 5.10 显示

▼ 图例解析

如果将电池视为系统，那么图 5.10b 中 w 符号为正还是为负？

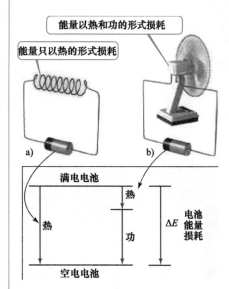

能量以热和功的形式损耗

能量只以热的形式损耗

a) b)

满电电池

热 热

热 功 ΔE

电池能量损耗

空电电池

▲ 图 5.10 内能是一个状态函数，但热与功不是状态函数 a）电池被电线短路，此过程中电池只以热的形式向环境损失能量，并没有做功。b）电池通过电动机做功（使风扇转动）的方式放电耗能，同时也发热释放热能。尽管 a）中的 q 值和 w 值与 b）中不同，但两个过程的 ΔE 都是相同的

了两种在恒温条件下电池可能的放电方式。图 5.10a 中，使用一根电线将电池短路。此过程中电池或环境都没有做任何功，没有任何物体受到力的作用并发生运动。电池所失去的能量都是以热的形式释放的（如电线变热并向周围散热）。

在图 5.10b 中，电池用于使电机转动，放电产生功。一些热量被释放，但没有电池短路时释放的热量多。我们看到 q 和 w 在这两种情况下一定是不同的。然而，如果电池的初始状态和最终状态在这两种情况下是相同的，那么 $\Delta E = q + w$ 在这两种情况下一定是相同的，因为 E 是一个状态函数。记住：ΔE 只取决于系统的初态和终态，而不取决于从初态到终态的具体路径。

▲ 想一想

一个人 30 天掉了 5 磅秤，下面哪些量看上去是状态函数。你消耗的卡路里数，你的体重，还是通过锻炼你燃烧的卡路里数？

5.3 | 焓

植物叶子的光合作用、湖水的蒸发或实验室中烧杯中发生的反应等，这些发生在我们周围的化学、物理变化都是在地球上基本恒定的大气压力下发生的[⊖]。这些变化会导致热量的释放或吸收，并伴随着系统或对系统做功。人们在恒压条件下探索这些变化时经常使用焓（源自希腊语 *enthalpein*，意为加温）这个热力学函数。焓是状态函数，主要与热流有关。符号是 H，定义为热力学能 E 与系统的压强 P 和体积 V 的乘积之和：

$$H = E + PV \qquad (5.5)$$

和热力学能 E 一样，P 和 V 都是状态函数——它们只依赖于系统的当前状态，而不依赖于到达该状态的路径。因为能量，压强和体积都是状态函数，因此焓也是状态函数。

体积功

为了更好地理解焓的重要性，我们需要首先回顾式（5.4），ΔE 不仅包含了系统吸收或放出的热量 q，还包含了系统做的功或对系统做的功 w。

最常见的功就是在开放大气条件下进行的化学或物理变化所产生的只与体积变化有关的机械功。例如，金属锌与盐酸溶液之间的反应

$$Zn(s) + 2H^+(aq) \longrightarrow Zn^{2+}(aq) + H_2(g) \qquad (5.6)$$

⊖ 读者可能在以前的化学课上学习过大气压的概念，并对此很熟悉，本书将在第 10 章详细讨论大气压。在这里读者只需要了解到大气层对地球表面施加的压力几乎是恒定的。

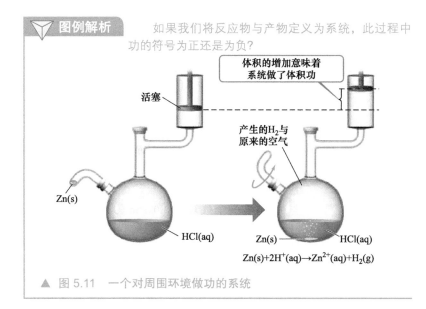

如果我们将反应物与产物定义为系统，此过程中功的符号为正还是为负？

体积的增加意味着系统做了体积功

活塞

产生的H$_2$与原来的空气

Zn(s)

HCl(aq)

Zn(s)

HCl(aq)

$Zn(s)+2H^+(aq) \rightarrow Zn^{2+}(aq)+H_2(g)$

▲ 图 5.11　一个对周围环境做功的系统

可在恒定压力条件下发生在如图 5.11 所示装置中。活塞可向上或向下运动以保持容器内的压力恒定。如果假设活塞没有质量，那么装置中的压力与外界大气压相同。随着反应的进行有 H$_2$ 生成，因此活塞将向上运动。因此，烧瓶内的气体通过逆着大气压升起活塞，对周围环境做功。

　　参与了气体体积膨胀或收缩的功称为体积功（P–V 功）。正如前例所示，当过程中气压恒定时，体积功的符号与大小定义如下：

$$w = -P \Delta V \qquad (5.7)$$

P 为气压，$\Delta V = V_{终态} - V_{始态}$，意为系统体积的变化。气压 P 为零或正数。如果系统的体积膨胀，那么 ΔV 为正数，式（5.7）中的负号为了与表 5.1 中 w 的符号相符。当气体膨胀时，系统将对周围环境做功，此时 w 为负值（负号 × 正数 P 值 × 正数 ΔV 值导致 w 为负值）。另一方面，如果气体被压缩，ΔV 为负值（体积减小），式（5.7）表明 w 为正值，这意味着环境对系统做了功。"深入探究：能量、焓和体积功"框中详细讨论了体积功，读者需要牢记式（5.7），它适用于恒压过程。

　　使用式 5.7 计算得到的功的单位是压强（通常是 atm）乘以体积（通常是 L）。为了使用更熟悉的焦耳（J）作为单位表示功，我们使用换算因子 1L · atm = 101.3J。

如果一个系统在过程中没有体积改变，它会做体积功吗？

焓变

　　现在我们继续讨论焓。当压强不变的条件下，焓的变化量（ΔH）可由此关系式给出

$$\Delta H = \Delta(E + PV)$$
$$= \Delta E + P \Delta V \quad （恒压条件） \qquad (5.8)$$

> ▶ 实例解析 5.2
> 计算体积功

燃料在装有活塞的气缸中燃烧。气缸的初始体积是 0.250L，最终体积是 0.980L。如果活塞在 1.35atm 的恒压下运动，那么体系做了多少功（以 J 为单位表示）？（1L·atm=101.3J）

解析

分析 根据给出的初始体积和最终体积，可以计算得到 ΔV，并且已知压强 P，要求计算功 w。

思路 可根据方程 $w = -P\Delta V$ 以及所给的信息，计算系统所做的功。

解答 体积变化为

$$\Delta V = V_{终态} - V_{始态} = 0.980\text{L} - 0.250\text{L} = 0.730\text{L}$$

因此，功的大小为

$$w = -P\Delta V = -1.35\text{atm} \times 0.730\text{L} = -0.9855\text{L·atm}$$

把 L·atm 转成 J，得

$$w = -(0.9855\text{L·atm}) \times \left(\frac{101.3\text{J}}{1\text{L·atm}}\right) = -99.8\text{ J}$$

检验 计算结果的有效数字位数是正确的（3位），单位是题目要求的能量单位（J）。负号与气体膨胀对环境做功是一致的。

> ▶ 实践练习 1
> 如果一个气球在 1.02atm 的外压下体积从 0.055L 膨胀到 1.403L，那么在此过程中做了多少功 L·atm.（a）−0.056L·atm（b）−1.37L·atm（c）1.43L·atm（d）1.49L·atm（e）139L·atm

> ▶ 实践练习 2
> 以 J 为单位计算功。系统在 0.985atm 的恒压下，体积从 1.55L 缩小到 0.85L。

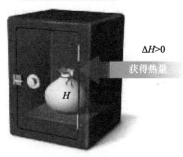

系统压力恒定

$\Delta H > 0$

获得热量

a) 吸热反应

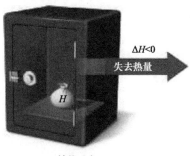

$\Delta H < 0$

失去热量

b) 放热反应

ΔH 是指在恒定压力下流入或流出系统的热量

▲ 图 5.12 吸热与放热反应
a) 吸热反应（$\Delta H > 0$）将热量储存在系统中。b) 放热反应（$\Delta H < 0$）将热量从系统中放出

也就是说，焓变等于内能的变化加上恒定的压强和体积变化的乘积。

根据 $\Delta E = q + w$ [见式（5.4）] 以及恒压下气体膨胀或压缩所做的功是 $w = -P\Delta V$，使用 $-w$ 与 $q + w$ 分别代替式（5.8）中的 $P\Delta V$ 与 ΔE，则式（5.8）为

$$\Delta H = \Delta E + P\Delta V = q_P + w - w = q_P \qquad (5.9)$$

q 的下标 P 表示此为恒压过程。因此，式（5.9）表示：焓变等于在恒压条件下系统得到或失去的热量 q_P。

因为 q_P 是可以通过测量或计算获得，而且由于许多物理变化和化学反应都发生在恒压下，所以对大多数反应来说焓比内能更有用。此外对于大多数反应来说 $P\Delta V$ 值很小，因此 ΔH 和 ΔE 之间差别很小。

当 ΔH 为正（即 q_P 为正）时，系统从环境获得热量（见表 5.1），说明此为吸热过程。当 ΔH 为负时，系统向环境释放热量，说明此过程是放热的。类比图 5.7 中的银行存取款活动，恒压下吸热过程以热能的形式在系统中"储存"能量，放热过程将能量以热的形式从系统中提取出（见图 5.12）。

> ⚠ 想一想
> 如果反应发生在烧杯中，那么你会发现烧杯渐渐变冷，ΔH 的符号是什么？

由于 H 是一个状态函数，所以 ΔH（等于 q_P）只取决于系统的初始和最终状态，与怎样变化无关。

看上去这种说法似乎与 5.2 节中提出的 q 不是状态函数的讨论相矛盾。然而并不矛盾，这是由于 ΔH 与 q_P 之间的关系有着特殊的限制，即只涉及 $P\text{-}V$ 功，而且压力是恒定的。

实例解析 5.3
确定 ΔH 的符号

指出下列反应在大气压下焓变 ΔH 的符号，并指出每个反应是吸热的还是放热的：（a）冰块融化；（b）1g 丁烷 C_4H_{10} 在充足氧气中完全燃烧，产生 CO_2 和 H_2O。

解析

分析 本题的目标是确定每个反应中 ΔH 的符号为正还是为负。因为每个反应都在恒压下进行，焓变等于吸收或放出的热量，$\Delta H = q_p$。

思路 我们需要预测在每个反应中系统是吸收热量还是释放热量。吸收热量的反应是吸热反应，并且 ΔH 的符号为正；释放热量的反应是放热反应，ΔH 的符号为负。

解答 （a）中构成冰的水是系统。当冰融化时将从环境吸收热量，因此 ΔH 的符号为正，并且此反应是吸热反应。在（b）中，系统为 1g 丁烷以及支持其燃烧的氧气。丁烷燃烧的反应将释放热量，

因此 ΔH 的符号为负，并且此反应为放热反应。

▶ **练习 1**

如果一个化学反应向环境释放热量，这个反应是_____，其 ΔH 符号为_____。
（a）吸热的，正　（b）吸热的，负
（c）放热的，正　（d）放热的，负

▶ **练习 2**

恒定大气压条件下将金融化后置于模具中使其凝固。如果将金定义为系统，那么凝固反应是放热反应还是吸热反应？

深入探究 能量、焓与体积功

人们主要对化学中两种类型的功感兴趣：电功和气体膨胀产生的机械功。这里将重点关注后者，这种功也被称为体积功或 P-V 功。汽车发动机气缸内气体膨胀对活塞做体积功，正是这种体积功实现了对四轮的驱动。开放反应容器中膨胀的气体在对大气做体积功，虽然这种功看上去并没有实现任何实际意义，但是在监视系统中的能量变化时需要跟踪所有有用或无用的功。

假设气体被限制在横截面积为 A 的可移动活塞的气缸内（见图 5.13）。向下的力 F 作用在活塞上，对气缸内气体产生的压强为 P，$P = F/A$。

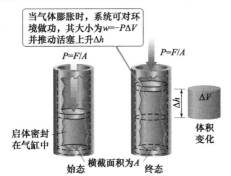

▲ 图 5.13 **体积功** 系统对环境做功为 $w = -P\Delta V$

假设活塞无质量，唯一作用于活塞上的力 F 是大气层所产生的大气压力，假设它是恒定的。

假设气体发生膨胀导致活塞移动的距离为 Δh，根据式（5.1），系统所做功的大小为

$$w = F \times \Delta h \qquad (5.10)$$

我们可以重新定义压力，将 $P = F/A$ 变形得到 $F = P \times A$。由于活塞运动而导致的体积改变 ΔV 大小为

活塞截面积的移动距离之积：$\Delta V = A \times \Delta h$。将上述这些公式代入式（5.10）可得：

$$w = F \times \Delta h = P \times A \times \Delta h = P \times \Delta V$$

由于此例中系统（压缩的气体）向环境做功，因此功的符号为负：

$$w = -P\Delta V \qquad (5.11)$$

现在，如果体积功是系统所做的唯一一种功，那么将式（5.11）代入式（5.4）可得：

$$\Delta E = q + w = q - P\Delta V \qquad (5.12)$$

如果一个反应发生在一个固定体积的容器中（$\Delta V = 0$），传递的热量等于内能的变化：

$$\Delta E = q - P\Delta V = q - P(0) = q_{V(固定体积)} \qquad (5.13)$$

下标 V 表示体积为定值。

由于大多数反应均发生在固定压强下，因此式（5.12）为：

$$\Delta E = q_p - P\Delta V$$
$$q_p = \Delta E + P\Delta V_{(固定压强)} \qquad (5.14)$$

从式（5.8）可以看出式（5.14）中右侧部分是压强不变时的焓变，因此可得 $\Delta H = q_p$，这实际上就是式（5.9）。

总之，内能的变化量等于体积不变时的热量增加或减少的量，而焓的变化量等于压强不变时的热量增加或减少的量。ΔE 和 ΔH 之差为恒压条件下，系统所做的 P-V 功，大小为 $-P\Delta V$。由于许多反应过程中体积变化接近于零，这使得 $P\Delta V$ 即 ΔE 和 ΔH 之间差异很小。因此，在大多数情况下，可以使用 ΔH 来表示大多数化学过程中的能量变化。

相关练习题：5.35–5.38

5.4 | 反应焓

由于 $\Delta H = H_{终} - H_{始}$，因此一个化学反应的焓变为

$$\Delta H = H_{产物} - H_{反应物} \qquad (5.15)$$

伴随着化学反应的焓变可称为**反应焓**或反应热，有时可用 ΔH_{rxn} 表示，其中 "rxn" 是反应的简写。

当给出 ΔH_{rxn} 的数值时，必须指定所表示的反应。例如，当 $2mol\ H_2(g)$ 在恒压下燃烧生成 $2mol\ H_2O(g)$ 时，系统释放出 483.6kJ 的热量。总结这些信息可得：

$$2H_2(g) + O_2(g) \longrightarrow 2H_2O(g) \qquad \Delta H = -483.6kJ \qquad (5.16)$$

ΔH 符号为负表明此反应是放热反应。注意，ΔH 在平衡方程式的末端，不需要明确说明所涉及的化学物质的数量。在这种情况下，平衡方程式中的系数表示反应物的物质的量和产生焓变的产物的物质的量。以这种方式显示相关焓变的化学平衡方程式称为热化学方程。

图 5.14 的焓图给出了这个反应的放热情况。注意，由于反应物的焓大于产物的焓，因此 $\Delta H = H_{产物} - H_{反应物}$ 为负。

> ⚠️ **想一想**
>
> 如果生成水的反应如此方程式所示 $H_2(g) + \frac{1}{2}O_2(g) \longrightarrow H_2O(g)$，那么此反应的 ΔH 数值是否与式（5.16）中相同？为什么？

▲ 图 5.14 氢气与氧气间发生的放热反应 当点燃由 $H_2(g)$ 和 $O_2(g)$ 组成的混合物生成 $H_2O(g)$ 时，所产生的爆炸会导致一个火球的生成。由于此过程中系统向环境释放热量，所以这个反应是放热的，如右边的焓图所示

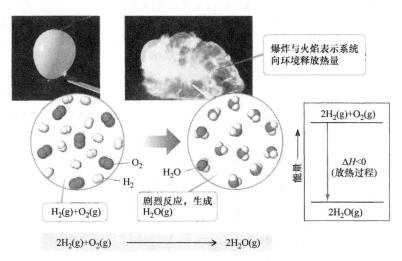

当使用热化学方程和焓图时，以下总结是有用的：

1. 焓是一种广泛的性质。 ΔH 的大小与反应过程中消耗的反应物量成正比。例如，在恒压系统中燃烧 $1mol\ CH_4$ 产生 890kJ 的热量：

$$CH_4(g) + 2O_2(g) \longrightarrow CO_2(g) + 2H_2O(l) \qquad \Delta H = -890kJ \qquad (5.17)$$

由于 $1mol\ CH_4$ 和 $2mol\ O_2$ 燃烧释放出 890kJ 热量，因此 $2mol\ CH_4$ 和 $4mol\ O_2$ 燃烧释放出的热量则是两倍，即 1780kJ。虽然化学方程式通常是用整数作为系数来给出的，但是热化学方程式有时也

会用到分数，就像前面想一想中给出的那样。

2. **一个反应焓变的大小是相等的，但是符号可以是相反的，相反符号的 ΔH 表示逆反应**。例如，式（5.17）的逆反应的 ΔH 为 $+890kJ$：

$$CO_2(g) + 2H_2O(l) \longrightarrow CH_4(g) + 2O_2(g) \qquad \Delta H = +890kJ \qquad (5.18)$$

当一个化学反应使其逆向进行时，可将产物和反应物互换角色。由式（5.15）可知，互换产物和反应物可得到相同大小的 ΔH，但是其符号发生了变化（见图 5.15）。

3. **化学反应的焓变取决于反应物和产物的状态**。如果式 5.17 中产物是 $H_2O(g)$ 而不是 $H_2O(l)$，那么 ΔH_{rxn} 是 $-802kJ$ 而不是 $-890kJ$。这是因为 $H_2O(g)$ 的焓大于 $H_2O(l)$ 的焓，所以可以转移到周围环境的热量会更少。理解这个过程的一个方法是假设产物最初是液态水，而液态水必须要转化为水蒸气，$2mol\ H_2O(l)$ 转化为 $2mol\ H_2O(g)$ 是一个吸热过程，将吸收 $88kJ$ 热量：

$$2H_2O(l) \longrightarrow 2H_2O(g) \qquad \Delta H = +88kJ \qquad (5.19)$$

因此，在热化学反应方程式中标明反应物和产物的状态是很重要的。此外，除非另有说明，我们一般假定反应物和产物的温度相同，即 25℃。

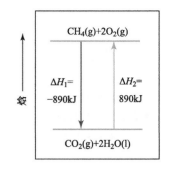

▲ 图 5.15 逆反应的 ΔH 一个逆反应改变的只是符号，而不是焓变的大小：$\Delta H_2 = -\Delta H_1$

▶ 实例解析 5.4

ΔH 与反应物和产物的量之间的关系

在一个恒压系统中燃烧 4.50g 甲烷气体会释放多少热量？（利用式（5.17）给出的信息）

解析

分析 我们的目标是使用热化学方程式计算特定数量的甲烷气体燃烧时所产生的热量。由式（5.17）可知，在恒压条件下 1mol CH_4 燃烧时，系统可释放 890kJ 的热量。

思路 式（5.17）提供了一个化学计量换算系数：（1mol CH_4 ～ $-890kJ$）。因此，我们可以把 CH_4 的物质的量转换成以 kJ 表示的能量。首先，我们需要把 CH_4 的质量转换为物质的量。

解答 转化顺序是：

将 C 原子和 4 个 H 原子的相对原子量相加，就得到 1mol CH_4 = 16.0g CH_4。我们可以用适当的换算因子把 CH_4 的克数换算成物质的量再换算成 kJ：

$$热量 = (4.50g\ \overline{CH_4})\left(\frac{1mol\ \overline{CH_4}}{16.0g\ \overline{CH_4}}\right)\left(\frac{-890kJ}{1mol\ \overline{CH_4}}\right) = -250kJ$$

负号表述系统向环境释放 250kJ 热量。

▶ 实践练习 1

乙醇（C_2H_5OH）摩尔质量为 46.0g/mol，乙醇完全燃烧反应如下所示：

$$C_2H_5OH(l) + 3O_2(g) \longrightarrow 2CO_2(g) + 3H_2O(l)$$
$$\Delta H = -555kJ$$

燃烧 15g 乙醇所产生的焓变为多少？

（a）$-12.1kJ$ （b）$-181kJ$ （c）$-422kJ$

（d）$-555kJ$ （e）$-1700kJ$

▶ 实践练习 2

过氧化氢可分解为水和氧气，反应方程式如下：

$$2H_2O_2(l) \longrightarrow 2H_2O(l) + O_2(g) \qquad \Delta H = -196kJ$$

计算恒压下 5.00g $H_2O_2(l)$ 分解所产生的热量为多少？

假设把一块砖举在空中，然后松开它，你一定知道将会发生什么：这块砖将受到重力作用而向地面下落。像一块砖掉到地上这种过程，叫作**自发**过程。自发过程可以快也可以慢，但是过程发生的速度不受热力学控制。

化学反应既可以是热力学有利的，也可以是自发的。然而，我们所指的自发反应并不意味着反应会在没有任何干预的情况下生成产物。虽然有些反应可以自发进行，但通常需要引入外部能量才能开始反应进程。就像岩石一旦开始就会自发地从山坡上滚下一样，一旦有足够的能量使化学反应开始，化学反应也可以自发进行（见图 5.16）。一个反应的焓变可作为这个反应是否为自发反应的标志。例如，$H_2(g)$ 和 $O_2(g)$ 的燃烧反应是一个强烈放热反应：

$$H_2(g) + \frac{1}{2}O_2(g) \longrightarrow H_2O(g) \qquad \Delta H = -242kJ$$

将氢气和氧气同时置于一个容器中，二者绝对不会发生任何明显的反应。但是一旦反应开始进行，系统（反应物）将以热的形式迅速将能量转移给周围环境。因此，系统通过向外界传递热量而失去焓（回忆一下热力学第一定律的内容，系统总能量加上周围环境的能量是不变的，即能量是守恒的）。

焓变既不是反应自发性的唯一参考因素，也不是寻找反应自发性的简单指南。例如，尽管冰的融化是一个吸热反应，

$$H_2O(s) \longrightarrow H_2O(l) \qquad \Delta H = +6.01kJ$$

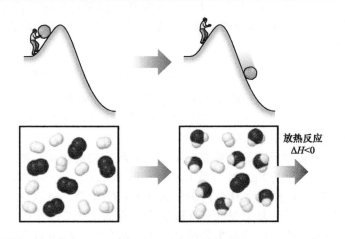

放热反应
$\Delta H < 0$

▲ 图 5.16 **放热反应与自发性** 高度放热（ΔH 远小于 0）的化学反应通常是自发发生的。这种反应通常需要输入一些能量才能开始，就像推动一块巨石，使其从山上滚下到一个势能较低的地方一样。然而一旦这种反应开始了，就会自发地进行并生成势能更低的产物

这个反应在水的冰点（0℃）以上是自发的。与此相反的反应即水结冰，在 0℃ 以下也是自发的。由此我们知道在室温下冰会融化，而将水放在 −20℃ 的冰箱则会变成冰。尽管这两种反应彼此是相反的，但是在不同的条件下都是自发的。我们将在第 19 章中更全面地讨论反应的自发性。我们将讨论为什么一个反应在一种温度下是自发的，而在另一种温度下则不是，就像水转化成冰一样。

尽管存在这些复杂的因素，读者应该注意反应的焓变。一般认为，当焓变很大时，它将是决定反应自发性的主要因素。因此，那些 ΔH 较大（约 100kJ 或更多）且符号为负的反应往往是自发的。ΔH 大且符号为正的反应则倾向于在相反的方向上自发进行。

相关练习题：5.47，5.48

在许多情况下，获得特定化学反应焓变的符号和大小是很有价值的。正如我们在下面章节中所看到的那样，ΔH 可以通过实验直接确定，也可以通过已知的其他反应的焓变来计算。

5.5 | 量热学

可以通过实验方法测量恒压条件下化学反应过程中热流量来确定 ΔH 值。通常地，我们可以通过测量热流量所导致的温度变化来确定热流量的大小。测量热流量的方法称为**量热法**，用来测量热流量的装置称为**量热计**。

热容和比热容

一个物体获得的热量越多，它就变得越热。所有物质在受热时

都会改变温度，但是相同热量对不同物质所产生的温度变化的大小也不相同。物体吸收一定热量时所产生的温度变化由其**热容**决定，记为 C。一个物体的热容是指使其温度升高 1K（或 1℃）时所需要的热量。热容越大，温度升高时所需的热量也就越大。

对于纯物质来说，其热容通常对应于特定数量的物质。1mol 物质的热容称为它的**摩尔热容**，记为 C_m。1 克物质的热容称为**比热容**或**比热**，记为 C_s。比热 C_s 可通过实验确定，即测量质量为 m 的物质获得或失去一定数量的热量 q 时，其温度的变化（ΔT）：

$$\text{比热} = \frac{\text{热量}}{\text{质量} \times \text{温度变化}}$$

$$C_s = \frac{q}{m \times \Delta T} \tag{5.20}$$

例如，50.0g 水的温度提高 1.00K 需要的热量是 209J。因此水的比热是：

$$C_s = \frac{209\text{J}}{(50.0\text{g})(1.00\text{K})} = 4.18\text{J/g} \cdot \text{K}$$

注意在计算中单位是如何组合的。对于温度变化来说，使用开氏温度与使用摄氏温度相同，即 $\Delta T(\text{K}) = \Delta T(\text{℃})$（见 1.5 节）。因此，水的比热也可以表示为 4.18J/g·℃，读作"焦耳每克摄氏度"。

由于物质的比热值会随着温度的变化而略有不同，因此在使用比热值时温度通常是精确规定的。例如，当水的温度为 14.5℃ 时，比热为 4.18J/g·℃（见图 5.17）。水在这个温度下的比热用来在 5.1 中定义卡路里，其准确值为 1cal = 4.184J。

当一个样品吸收热量（q 符号为正）时，其温度将上升（ΔT 符号为正）。对式（5.20）变形，可得：

$$q = C_s \times m \times \Delta T \tag{5.21}$$

因此，我们可以使用物质的比热以及其质量和温度变化计算该物质的获得或损失的热量。

表 5.2 列出了一些物质的比热。需要注意液态水的比热值高于列出的其他物质。水的高比热值对于地球气候具有十分重要的影响，它使海洋温度相对不易变化。

▲ **想一想**

如果质量相同并且吸收相同的热量，那么表 5.2 中哪种物质的温度变化最大？

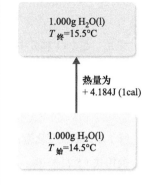

▼ **图例解析**

下图所示的过程是吸热的还是放热的？

1.000g $H_2O(l)$
$T_{\text{终}} = 15.5℃$

热量为
$+ 4.184\text{J (1cal)}$

1.000g $H_2O(l)$
$T_{\text{始}} = 14.5℃$

▲ 图 5.17 水的比热

表 5.2 298K 时一些物质的比热

元素		化合物	
物质	比热 /(J/g·K)	物质	比热 /(J/g·K)
$N_2(g)$	1.04	$H_2O(l)$	4.18
Al(s)	0.90	$CH_4(g)$	2.20
Fe(s)	0.45	$CO_2(g)$	0.84
Hg(l)	0.14	$CaCO_3(s)$	0.82

实例解析 5.5
热量、温度变化与热容的关系

（a）将 250g 水（约 1 杯水）从室温 22℃加热至接近沸点的 98℃需要多少热量？（b）水的摩尔热容为多少？

解析

分析　在（a）部分中，我们需要找到加热水所需热量（q）、水的质量（m）、温度变化（ΔT）和比热 C_s。在（b）部分中，我们需要根据水的比热（每克热容）计算，获得水的摩尔热容（每摩尔热容，C_m）。

思路　（a）我们可根据给出的 C_s、m 和 ΔT 并利用式（5.21）计算热量 q。（b）我们可以使用水的摩尔质量并分析量纲，将每克热容转换成每摩尔热容。

解答

（a）水的温度变化为：

$$\Delta T = 98℃ - 22℃ = 76℃ = 76K$$

使用式（5.21），得：

$$q = C_s \times m \times \Delta T$$
$$= (4.18J/g \cdot K)(250g)(76K) = 7.9 \times 10^4 J$$

（b）摩尔热容是指 1mol 物质的热容。利用氢与氧的原子量，可得：

$$1mol\ H_2O = 18.0g\ H_2O$$

根据（a）部分所用的比热，可得：

$$C_m = \left(4.18\frac{J}{g \cdot K}\right)\left(\frac{18.0g}{1mol}\right) = 75.2J/mol \cdot K$$

▶ **实践练习 1**

钱币金属（1B 族）中铜、银和金的比热分别为 0.385、0.233 和 0.129J/g·K。在此族中，比热_____和摩尔热容_____随原子量的增加而增大。
（a）增加，增加　（b）增加，减少
（c）减少，增加　（d）减少，减少

▶ **实践练习 2**

（a）一些使用太阳能供热的家庭使用大的岩层储存热量。假设岩石的比热是 0.82J/g·K。计算当温度增加了 12.0℃时 50.0kg 岩石所吸收的热量。
（b）如果这些岩石释放出 450kJ 的热量，那么它们的温度将如何变化？

恒压量热法

量热法所采用的技术和设备取决于所研究过程的性质。对于溶液反应等许多反应来说，压力很容易控制，从而可以直接测量 ΔH。虽然用于高精度测量的量热计是精密仪器，但是在普通化学实验室中，人们通常使用一个简单的"咖啡杯"量热计（见图 5.18）来说明量热法的原理。由于量热计是不密封的，其内所发生的反应是在大气基本恒定的条件下进行的。

假设在一个咖啡杯量热计中加入两种溶液，每种溶液各含一种反应物。二者一旦混合，就会发生反应。在此情况下，系统和环境之间没有物理边界。反应中的反应物和产物是系统，溶解它们的水则是环境的一部分（量热计也是环境的一部分）。如果假设量热计是完全隔绝的，那么反应所释放或吸收的任何热量都会升高或降低溶液中水的温度。因此，我们假设任何温度变化都是由于热量从反应转移到水（放热过程）或从水转移到反应（吸热过程），并测量溶液的温度变化。换而言之，我们通过监测溶液的温度变化，可以看到系统（溶液中反应物和产物）和周围环境（溶液的主体——水）之间的热量流动。

对于放热反应来说，反应"损失"热量而溶液中的水"获得"

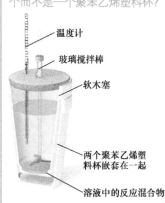

温度计
玻璃搅拌棒
软木塞

两个聚苯乙烯塑料杯嵌套在一起

溶液中的反应混合物

▲ **图 5.18　咖啡杯量热计**

这个简单的仪器可用于测量恒压下反应的温度变化

热量，因此溶液的温度将升高。而吸热反应则相反，反应吸收溶液中水失去的热量，溶液的温度降低。因此，溶液所获得或损失的热量 q_{soln} 与反应吸收或释放的热量 q_{rxn} 大小相等，但符号相反，用数学公式 $q_{soln} = -q_{rxn}$ 表示。q_{soln} 的数值很容易从溶液的质量、比热和温度变化计算获得：

$$q_{soln} = (溶液比热) \times (溶液质量) \times \Delta T = -q_{rxn} \quad (5.22)$$

通常假设稀溶液的比热等于水的比热容，即 4.18J/g·K。

式（5.22）使得根据反应发生时溶液温度的变化来计算 q_{rxn} 成为可能。温度升高（$\Delta T > 0$）意味着反应是放热的（$q_{rxn} < 0$）。

实例解析 5.6

使用咖啡杯量热计测量 ΔH

当某学生在咖啡杯量热计中混合 50mL 1.0M HCl 和 50mL 1.0M NaOH 时，所得溶液的温度从 21.0℃ 上升到 27.5℃。计算 HCl 的反应焓变，以 kJ/mol 表示。假设量热计损失的热量忽略不计，溶液的总体积是 100mL，密度是 1.0g/mL，比热是 4.18J/g·K。

解析

分析 将 HCl 与 NaOH 溶液混合，二者将发生酸碱中和反应：

$$HCl(aq) + NaOH(aq) \longrightarrow H_2O(l) + NaCl(aq)$$

我们需要根据溶液温度的增加、HCl 和 NaOH 的物质的量以及溶液的密度和比热来计算每物质的

量 HCl 所产生的热量。

思路 所产生的总热量可根据式（5.22）计算。反应中消耗的 HCl 的物质的量可以通过其体积和物质的量浓度来计算，然后使用这个量来确定每物质的量 HCl 产生的热量。

解答

由于溶液总体积是 100mL，因此它的质量是：	（100mL）×（1.0g/mL）= 100g
温度变化为：	$\Delta T = 27.5℃ - 21.0℃ = 6.5℃ = 6.5K$
使用式（5.22），有：	$q_{rxn} = -C_s \times m \times \Delta T$ $= -(4.18J/g \cdot K)(100g)(6.5K) = -2.7 \times 10^3 J = -2.7kJ$
反应发生在恒压下	$\Delta H = q_P = -2.7kJ$
为了表示以物质的量为单位的焓变，我们需要盐酸的物质的量。可由盐酸溶液体积（50mL =	0.050L）和浓度（1.0M = 1.0mol/L）的乘积获得： (0.050L)(1.0mol/L) = 0.050mol
因此，每物质的量 HCl 的焓变是：	$\Delta H = -2.7kJ/0.050mol = -54kJ/mol$

检验 ΔH 为负（放热反应），这一点可以从观察到的温度升高证明。摩尔焓变的大小也是合理的。

▶ **实践练习 1**

当 0.243g 金属 Mg 与足够的 HCl 在恒压量热计中混合成 100mL 溶液时，发生以下反应：

$$Mg(s) + 2HCl(aq) \longrightarrow MgCl_2(aq) + H_2(g)$$

如果该反应导致溶液温度从 23.0℃ 升高到 34.1℃，则计算 Mg 的反应焓变，以 kJ/mol 表示。假设溶液比热为 4.18J/g·℃，密度为 1.00g/mL。

（a）-19.1kJ/mol （b）-111kJ/mol

（c）-191kJ/mol （d）-464kJ/mol

（e）-961kJ/mol

▶ **实践练习 2**

当 50.0mL 0.100M AgNO$_3$ 和 50.0mL 0.100M HCl 在恒压量热计中混合时，混合物的温度从 22.30℃ 升高到 23.11℃。温度升高是由以下反应引起的

$$AgNO_3(aq) + HCl(aq) \longrightarrow AgCl(s) + HNO_3(aq)$$

计算 AgNO$_3$ 的反应焓变，以 kJ/mol 表示。假设混合溶液的质量为 100.0g，比热为 4.18J/g·℃。

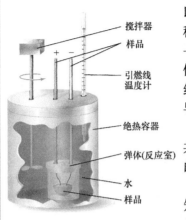

搅拌器
样品
引燃线
温度计
绝热容器
弹体（反应室）
水
样品

▲ 图 5.19　弹式量热计

弹式量热法（恒容量热法）

应用量热法研究的一类重要反应就是燃烧反应，是指化合物与过量的氧气完全反应的化学反应（见 3.2 节）。使用弹式量热计可以最精确地研究燃烧反应（见图 5.19）。被研究的物质放置在一个称为弹体的绝热密闭容器中的一个小杯子里。可承受高压的弹体有一个氧气的进气阀和用于启动反应的引线。当样品放入弹体后，弹体将被密封并用氧气加压，然后将其放入量热计中，弹体周围是已经精确测量了体积的水。燃烧反应是通过电流流过与样品接触的细导线而引发的。当导线足够热时，样品就会被点燃。

燃烧反应发生时所释放的热量被水和量热计的各种组件（它们共同构成了周围环境）所吸收，将导致水温上升。燃烧反应所引起的水温变化可进行非常精确的测量。

如果想要测试得到的温度上升数据计算获得燃烧热，就需要知道量热计的总热容 C_{cal}。C_{cal} 可通过燃烧一个释放已知热量的样品并测量其温度变化来确定的。例如弹式热量计中燃烧 1g 苯甲酸 C_6H_5COOH，可产生 26.38kJ 的热量。假设 1.000g 苯甲酸在量热计中燃烧，导致温度升高了 4.857℃，那么量热计的热容为 $C_{cal} = 26.38kJ/4.857℃ = 5.431kJ/℃$。一旦知道了 C_{cal}，我们就可以测量其他反应产生的温度变化，通过这些变化值可以计算获得反应中产生的热量 q_{rxn}：

$$q_{rxn} = -C_{cal} \times \Delta T \qquad (5.23)$$

由于弹式量热计中的反应是在体积恒定的情况下进行的，所以传递的热量对应于热力学能的变化 ΔE，而不是焓的变化 ΔH[见式（5.13）]。然而对于大多数反应来说，它们之间的差别很小。例如，对于实例解析 5.7 中讨论的反应，ΔE 和 ΔH 之差约为 1kJ/mol，其差值小于 0.1%。虽然根据 ΔE 大小计算 ΔH 是可能的，但是人们不需要关心这些小的改正是如何做出的。

实例解析 5.7

使用弹式量热计测量

燃烧液体火箭燃料甲基肼 (CH_6N_2) 可产生 $N_2(g)$、$CO_2(g)$ 与 $H_2O(l)$：

$$2CH_6N_2(l) + 5O_2(g) \longrightarrow 2N_2(g) + 2CO_2(g) + 6H_2O(l)$$

当 4.00g 甲基肼在弹式量热计中燃烧，量热计温度由 25.00℃上升至 39.50℃。在单独的实验中，测量获得量热计的热容为 7.794kJ/℃。计算 1mol CH_6N_2 燃烧的反应热。

解析

分析　题中给出了量热计的温度变化和总热容，我们还知道燃烧的反应物的质量，我们的目标是计算燃烧时每物质的量反应物的焓变。

思路　我们将首先计算 4.00g 样品燃烧时产生的热量，然后再将热量转化为以物质的量形式表示。

解答　燃烧 4.00g 甲基肼样品，量热计的温度变化为：

$$\Delta T = (39.50℃ - 25.00℃) = 14.50℃$$

我们可以用 ΔT 和 C_{cal} 来计算反应热（见式（5.23））：

$$q_{rxn} = -C_{cal} \times \Delta T = -(7.794kJ/℃)(14.50℃)$$
$$= -113.0kJ$$

我们可以很容易地将这个值转换成 1mol CH_6N_2 的反应热：

$$\left(\frac{-113.0kJ}{4.00g\,CH_6N_2}\right)\times\left(\frac{46.1g\,CH_6N_2}{1mol\,CH_6N_2}\right)=-1.30\times10^3kJ/mol\,CH_6N_2$$

检验　计算过程中单位均被抵消，答案的符号为负说明这个反应为放热反应。计算结果大小是合理的。

（a）0.660kJ/℃　（b）6.42kJ/℃　（c）14.5kJ/℃
（d）21.2kJ/g/℃　（e）32.7kJ/℃

▶ **实践练习 1**

在弹式量热计中燃烧 1.000g 苯甲酸，释放出 26.38kJ 的热量。如果燃烧 0.550g 苯甲酸可以使量热计的温度从 22.01℃ 升高到 24.27℃，那么此量热计的热容为：

▶ **实践练习 2**

在热容为 4.812kJ/℃ 的量热计中，0.5865g 乳酸（$HC_3H_5O_3$）样品与氧发生反应，温度由 23.10℃ 上升到 24.95℃。计算（a）每克与（b）每物质的量乳酸的燃烧热。

化学与生活 ｜体温的调节

对我们中的大多数人来说，接受医学诊断的第一个问题就是"你发烧了吗？"。的确，如果体温出现了几度的偏差就说明身体出了问题。保持近似恒定的体温是人体的主要生理功能之一。

为了理解身体的制热和制冷机制是如何运作的，我们可以把身体看作是一个热力学系统。身体通过从周围中摄取食物来增加其内部能量。这些食物，如葡萄糖 $C_6H_{12}O_6$ 等，经过代谢后可被氧化为 CO_2 和 H_2O：

$$C_6H_{12}O_6(s) + 6O_2(g) \longrightarrow 6CO_2(g) + 6H_2O(l)$$

$$\Delta H = -2803kJ$$

人体内大约 40% 的能量最终用于肌肉收缩和神经细胞活动，其余的则以热量形式释放，这其中的一部分用于维持体温。当身体在剧烈运动时，产生过多的热量，就会将多余的热量散发到周围环境中。

热量主要通过**辐射**、**对流**和**蒸发**的方式从身体转移到周围环境。辐射是指热量直接从身体散失到较冷的环境中，就像热炉子向四周散发热量一样。对流是指加热与身体接触的空气而损失热量。受热空气上升，可被较冷的空气所取代，这个过程可以循环继续。在寒冷的天气里，保暖衣服可以减少热量的损失。由于汗腺的作用，皮肤表面产生汗液的时候将发生蒸发冷却（见图 5.20）。当汗液蒸发时，热量可以从体内排出。汗液的主要成分是水，所以蒸发过程就是将液态水转化为水蒸气的吸热过程：

$$H_2O(l) \longrightarrow H_2O(g) \qquad \Delta H = +44.0kJ$$

蒸发冷却的速度会随着大气湿度的增加而降低，这就是为什么人们在炎热潮湿的日子里会流汗更多和感到不舒服。

▲ 图 5.20　流汗

当体温过高时，主要通过以下两种方式增加身体的热量流失。第一，皮肤表面附近的血流量增加，这将增加辐射和对流冷却。增加的血流量可导致人出现"红脸蛋"的外貌特点。其次，人们将出汗，这将增加蒸发冷却。在极限运动中，人们的出汗量甚至可达每小时 2 ~ 4 升。因此，在这段时间内，身体的水供应必须得到补充。如果身体通过流汗失去了过多的水分，将不再能够冷却自身并且血量将减少，这可导致**热衰竭**或更严重的**中暑**。然而，只是补充水分而不补充排汗过程中流失的电解质也会导致严重的问题。如果血液中的钠含量过低，人就会出现头晕和神志不清的情况，身体状况可能会变得十分危急。因此，喝含有电解质的运动饮料有助于预防出现这一问题。

当体温降至过低时，流向皮肤表面的血液量就会减少，从而减少热量损失。低温还会引发肌肉轻微不自主地收缩（颤抖），这种可以产生能量的生物化学反应也可为身体产生热量。如果身体不能维持正常体温，就会导致非常危险的体温过低。

5.6 ｜ 盖斯定律

通常可以根据其他反应的 ΔH 表中计算出某个反应的 ΔH。因此，没有必要对所有反应进行量热。

因为焓是状态函数，因此与任何化学过程都相关物理量焓变 ΔH，只取决于发生变化的物质的量，以及反应物的初始状态和生成物的最终状态。这意味着一个特定反应无论是在单个步骤中进行的，还是在一系列的步骤中进行的，系列步骤中每个步骤的焓变之和与单个步骤过程的焓变之和是相同的。举例来说，甲烷 $CH_4(g)$ 燃烧生成二氧化碳 $CO_2(g)$ 和水 $H_2O(l)$。如果将这个过程认为发生在一个步骤，那么如图 5.21 左侧所示。如果认为这个过程包括两个步骤，即（1）CH_4（g）燃烧生成 $CO_2(g)$ 和 $H_2O(g)$ 与（2）$H_2O(g)$ 冷凝形成 $H_2O(l)$，那么如图 5.21 右侧所示。整个过程的焓变等于这两个步骤的焓变之和：

$$CH_4(g) + 2O_2(g) \longrightarrow CO_2(g) + 2H_2O(g) \qquad \Delta H = -802kJ$$

加上 $\qquad 2H_2O(g) \longrightarrow 2H_2O(l) \qquad\qquad\qquad \Delta H = -88kJ$

$$CH_4(g) + 2O_2(g) + 2H_2O(g) \longrightarrow CO_2(g) + 2H_2O(l) + 2H_2O(g) \qquad \Delta H = -890kJ$$

净反应为

$$CH_4(g) + 2O_2(g) \longrightarrow CO_2(g) + 2H_2O(l) \qquad \Delta H = -890kJ$$

盖斯定律指出，如果一个反应是在一系列的步骤中进行的，那么整个反应的 ΔH 等于各个步骤的焓变之和。整个过程的焓变既无关于步骤数目也无关于反应进行的路径。盖斯定律是焓为状态函数的结果。因此只要找到每个步骤中的 ΔH，我们就可以计算任何过程的 ΔH。这意味着可通过相对较少的实验测量结果计算大量反应的 ΔH。

盖斯定律为计算难以直接测量的能量变化提供了一种有用的方法。例如，直接测量碳燃烧生成一氧化碳的焓是不可能的。1 物质的量碳与 0.5 物质的量 O_2 燃烧会同时产生 CO 和 CO_2 并留下一些未反应的碳。然而，固体碳和一氧化碳都可以在 O_2 中完全燃烧生成 CO_2。因此，我们可以用这些反应的焓来计算碳的燃烧热，如实例解析 5.8 所示。

图例解析

哪个过程对应 −88kJ 的焓变？

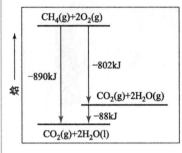

▲ 图 5.21 1mol 甲烷燃烧的焓变图 一步反应的焓变等于反应的焓变之和：$-890kJ = -802kJ +（-88kJ）$

想一想

下述变化对于一个反应的 ΔH 有什么影响：
（a）逆反应
（b）将反应方程式的系数都乘以 2

实例解析 5.8
利用盖斯定律计算 ΔH

C 转化为 CO_2 反应的焓为 $-393.5kJ/mol$ C，CO 转化为 CO_2 反应的焓为 $-283.0kJ/mol$ CO：

（1）$\quad C(s) + O_2(g) \longrightarrow CO_2(g) \qquad \Delta H = -393.5kJ$

（2）$CO(g) + \frac{1}{2}O_2(g) \longrightarrow CO_2(g) \qquad \Delta H = -283.0kJ$

使用上述数据，计算燃烧 C 生成 CO 反应的焓：

（3）$\quad C(s) + \frac{1}{2}O_2(g) \longrightarrow CO(g) \qquad \Delta H = ?$

解析

分析 本题给出了两个热化学方程式，我们的目标是将它们结合起来得到第三个方程式与它的焓变。

思路 将通过盖斯定律进行计算。在这一过程中，我们首先注意到目标方程式（3）中反应物和产物的物质的量，然后操纵方程式（1）和（2）使得这些物质的物质的量相同，所以两个方程式调整变形相加后，得到目标方程式，同时记录焓变。

解答 通过对方程式（1）与方程式（2）重新排列，可将 C(s) 置于反应物侧而将 CO(g) 置于产物侧，见目标方程式（3）。由于在方程式（1）中 C(s) 为反应物，我们可以直接使用这个方程式。我们需要改变方程式（2）的方向，这样 CO(g) 便为产物。需要牢记的是，当改变一个化学反应方向后，其 ΔH 符号将与之前相反。我们将这两个方程式进行排列，使它们相加可以得到想要的方程式：

$$C(s) + O_2(g) \longrightarrow CO_2(g) \qquad \Delta H = -393.5kJ$$

$$CO_2(g) \longrightarrow CO(g) + \frac{1}{2}O_2(g) \quad -\Delta H = 283.0kJ$$

$$C(s) + \frac{1}{2}O_2(g) \longrightarrow CO(g) \qquad \Delta H = -110.5kJ$$

当我们将两个方程式相加，$CO_2(g)$ 同时出现在反应箭头的两侧，因此相互抵消。同样，方程式两侧的 $\frac{1}{2}O_2(g)$ 也可删除。

▶ 实践练习 1

使用下述信息计算 $2NO(g) + O_2(g) \longrightarrow N_2O_4(g)$ 的 ΔH：

$$N_2O_4(g) \longrightarrow 2NO_2(g) \quad \Delta H = +57.9kJ$$

$$2NO(g) + O_2(g) \longrightarrow 2NO_2(g) \quad \Delta H = -113.1kJ$$

（a）2.7kJ （b）-55.2 kJ （c）-85.5kJ
（d）-171.0kJ （e）+55.2kJ

▶ 实践练习 2

碳有石墨与金刚石两种存在形式。石墨与金刚石燃烧的焓变分别为 -393.5kJ/mol 与 -395.4kJ/mol：

$$C_{石墨} + O_2(g) \longrightarrow CO_2(g) \quad \Delta H = -393.5kJ$$

$$C_{金刚石} + O_2(g) \longrightarrow CO_2(s) \quad \Delta H = -395.4kJ$$

计算将石墨转化为金刚石的 ΔH：

$$C_{石墨} \longrightarrow C_{金刚石} \quad \Delta H = ?$$

▶ **实例解析 5.9**

使用盖斯定律与三个方程式计算 ΔH

计算此反应的 ΔH

$$2C(s) + H_2(g) \longrightarrow C_2H_2(g)$$

已知下述三个化学反应式与它们各自的焓变：

$$C_2H_2(g) + \frac{5}{2}O_2(g) \longrightarrow 2CO_2(g) + H_2O(l) \qquad \Delta H = -1299.6kJ$$

$$C(s) + O_2(g) \longrightarrow CO_2(g) \qquad \Delta H = -393.5kJ$$

$$H_2(g) + \frac{1}{2}O_2(g) \longrightarrow H_2O(l) \qquad \Delta H = -285.8kJ$$

解析

分析 本题要求根据三个化学方程式和它们的焓变来计算出的化学方程的 ΔH。

思路 我们可以使用盖斯定律，总结这三个方程式或它们的逆方程式，然后根据需要把它们各自乘以一个合适的系数，将它们相加即得到了我们所感兴趣的净方程式。与此同时跟踪 ΔH 值，如果反应被逆转，就改变 ΔH 值的符号，然后乘以方程中使用的系数。

解答 由于目标方程式中 C_2H_2 是产物，我们将第一个方程式逆转，因此它的 ΔH 的符号发生改变。目标方程式中 $2C(s)$ 为反应物，因此需要将第二个方程式和它的 ΔH 都乘以 2。因为目标方程式中 H_2 为反应物，所以保持第三个方程式不变。然后根据盖斯定律将这三个方程式以及它们的焓变相加。

$$2CO_2(g) + H_2O(l) \longrightarrow C_2H_2(g) + \frac{5}{2}O_2(g) \quad -\Delta H = 1299.6kJ$$

$$2C(s) + 2O_2(g) \longrightarrow 2CO_2(g) \qquad \Delta H = -787.0kJ$$

$$H_2(g) + \frac{1}{2}O_2(g) \longrightarrow H_2O(l) \qquad \Delta H = -285.8kJ$$

$$2C(s) + H_2(g) \longrightarrow C_2H_2(g) \qquad \Delta H = 226.8kJ$$

当这些方程式相加，箭头两边各有 $2CO_2$、$\frac{5}{2}O_2$ 和 H_2O。这些物质在写目标方程式的净方程式时可消去。

检验 当此过程正确时，可得到了正确的净方程式。在这种情况下，读者需要重新检验 ΔH 值的数值计算，确保没有在 ΔH 的符号上犯错误。

▶ 实践练习 1

计算下列反应的 ΔH

$$C(s) + H_2O(g) \longrightarrow CO(g) + H_2(g)$$

已知下面三个热化学反应方程式及 ΔH：

$$C(s) + O_2(g) \longrightarrow CO_2(g) \qquad \Delta H_1 = -393.5kJ$$

$$2CO(g) + O_2(g) \longrightarrow 2CO_2(g) \qquad \Delta H_2 = -566.0kJ$$

$$2H_2(g) + O_2(g) \longrightarrow 2H_2O(g) \qquad \Delta H_3 = -483.6kJ$$

（a）-1443.1kJ （b）-918.3kJ （c）131.3kJ
（d）262.6kJ （e）656.1kJ

▶ 实践练习 2

计算下列反应的 ΔH

$$NO(g) + O(g) \longrightarrow NO_2(g)$$

已知下面三个热化学反应方程式及 ΔH：

$$NO(g) + O_3(g) \longrightarrow NO_2(g) + O_2(g) \quad \Delta H = -198.9kJ$$

$$O_3(g) \longrightarrow \frac{3}{2}O_2(g) \qquad \Delta H = -142.3kJ$$

$$O_2(g) \longrightarrow 2O(g) \qquad \Delta H = 495.0kJ$$

▼ **图例解析**

假设修改此反应，产物为 $2H_2O(g)$ 而不是 $2H_2O(l)$。图中 ΔH 值会保持不变吗？

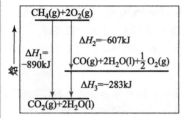

▲ 图 5.22 描述盖斯定律的焓图 此净反应与图 5.21 中反应相同，但此处假设存在不同的两步反应。只要我们能够写出一系列方程式，并且每个方程式都包含已知的 ΔH 值，将这些方程式相加，就能计算出整个反应的 ΔH

这些例子中的关键之处在于 H 是状态函数。

由于 H 是状态函数，对于特定的一组反应物和产物，不管反应发生是一步进行还是几个步骤进行，ΔH 都是相同的。

我们通过再举一个焓图和盖斯定律的例子来加强对上述内容的理解。我们同样使用如图 5.21 所示的甲烷燃烧生成 CO_2 和 H_2O 的反应。但是这一次我们设计一个不同的两步反应路径，最初生成的产物是 CO，随后燃烧生成 CO_2（见图 5.22）。尽管此两步反应路径与图 5.21 不同，但总反应的焓变同样是 $\Delta H_1 = -890kJ$。由于 H 是状态函数，所以两种路径产生的 ΔH 值是相同的。在图 5.22 中，即 $\Delta H_1 = \Delta H_2 + \Delta H_3$。我们很快就会看到如果使用这种方法分解反应，可以让我们推导出那些在实验室里很难进行的反应的焓变。

5.7 | 生成焓

我们可以利用上述讨论的方法根据已经总结好的已知 ΔH 值计算很多反应的焓变。例如许多物理化学数据手册都可以给出蒸发焓（液体转化为气体的 ΔH）、熔化焓（固体熔化的 ΔH）、燃烧焓（物质在氧气中燃烧的 ΔH）等数据。热化学数据中一个特别重要的过程就是根据化合物的组成元素计算生成它所需的焓。与此过程相关的焓变称为**生成焓**（或生成热）ΔH_f，下标 f 表示该物质是由其组成元素形成的。

焓变的大小取决于反应物和产物的温度、压力和状态（气体、液体或固态结晶）。为了比较不同反应的焓，我们需要定义一种称之为标准状态的条件，物理化学手册列表中总结出的焓大多数都是在此条件下的。物质的标准状态是指纯物质处在 1 个大气压（1atm）和通常为 298K（25℃）温度的状态[⊖]。一个反应的**标准焓变**定义为所有反应物和产物都处于标准状态时的焓变。用 $\Delta H°$ 表示标准焓变，其中上标 ° 表示标准状态。

一种化合物的**标准生成焓** $\Delta H_f°$ 是指处于标准状态的单质生成 1mol 该化合物所需的焓变：

$$\underset{(标准状态)}{\text{元素}} \longrightarrow \underset{(标准状态)}{\text{1mol 化合物}} \qquad \Delta H_{rxn} = \Delta H_f° \qquad (5.24)$$

人们通常报道 298K 时的 $\Delta H_f°$ 值。如果在标准条件时一种元素的单质存在形式有多种，则生成化合物的反应通常选择该元素最稳定的单质形式。例如，乙醇 C_2H_5OH 的标准生成焓是下述反应的焓变

$$2C(\text{石墨}) + 3H_2(g) + \frac{1}{2}O_2(g) \longrightarrow C_2H_5OH(l) \qquad \Delta H_f° = -277.7kJ \qquad (5.25)$$

此例中氧元素来源是 O_2 而不是 O 原子或 O_3，这是由于 O_2 在 298K 和 1 个大气压下是稳定的单质形式。同理碳元素来源是石墨而不是金刚石，这也是由于在 298K 和大气压下石墨更稳定（能量更低）。同样在标准条件下，氢元素最稳定的形式是 $H_2(g)$，所以把式（5.25）作为氢的来源。

正如式（5.25）所示，生成反应的化学计量系数表明总是生成了 1 物质的量所需化合物。因此生成物质的标准生成焓是以 kJ/mol 为单位的。表 5.3 给出了一些标准生成焓值，附录 C 提供了一个包括更多数据的表格。

⊖ 气体的标准状态定义已更改为 1bar（1atm = 1.013bar），1bar 略低于 1atm。在大多数情况下，这种变化对标准焓的变化几乎没有什么影响。

表 5.3　298 K 的标准生成焓 ΔH_f°

物质	化学式	ΔH_f°/(kJ/mol)	物质	化学式	ΔH_f°/(kJ/mol)
乙炔	$C_2H_2(g)$	226.7	氯化氢	$HCl(g)$	−92.30
氨	$NH_3(g)$	−46.19	氟化氢	$HF(g)$	−268.60
苯	$C_6H_6(l)$	49.0	碘化氢	$HI(g)$	25.9
碳酸钙	$CaCO_3(s)$	−1207.1	甲烷	$CH_4(g)$	−74.80
氧化钙	$CaO(s)$	−635.5	甲醇	$CH_3OH(l)$	−238.6
二氧化碳	$CO_2(g)$	−393.5	丙烷	$C_3H_8(g)$	−103.85
一氧化碳	$CO(g)$	−110.5	氯化银	$AgCl(s)$	−127.0
金刚石	$C(s)$	1.88	碳酸氢钠	$NaHCO_3(s)$	−947.7
乙烷	$C_2H_6(g)$	−84.68	碳酸钠	$Na_2CO_3(s)$	−1130.9
乙醇	$C_2H_5OH(l)$	−277.7	氯化钠	$NaCl(s)$	−410.9
乙烯	$C_2H_4(g)$	52.30	蔗糖	$C_{12}H_{22}O_{11}(s)$	−2221
葡萄糖	$C_6H_{12}O_6(s)$	−1273	水	$H_2O(l)$	−285.8
溴化氢	$HBr(g)$	−36.23	水蒸气	$H_2O(g)$	−241.8

根据定义，**任意元素中最稳定形式单质的标准生成焓均为零**，这是由于当单质处于标准状态时是无需生成反应的。因此，根据此定义 C（石墨）、$H_2(g)$、$O_2(g)$ 和其他元素的标准状态的 ΔH_f° 值均为零。

实例解析 5.10

与生成焓有关的方程式

在 25℃时，下列哪个反应的焓变代表标准生成焓？对于焓变不代表标准生成焓的方程式，如何改变才能使它变成一个 ΔH 是生成焓的方程式？

（a）$2Na(s) + \dfrac{1}{2}O_2(g) \longrightarrow Na_2O(s)$

（b）$2K(l) + Cl_2(g) \longrightarrow 2KCl(s)$

（c）$C_6H_{12}O_6(s) \longrightarrow 6C(金刚石) + 6H_2(g) + 3O_2(g)$

解析

分析　标准生成焓使用一个化学反应来表示。在这个反应中，每个反应物都是处于标准状态的元素单质，而产物是 1 物质的量化合物。

思路　我们需要检查每个方程式来确定：（1）反应中是否有单质反应形成 1 物质的量化合物；（2）单质反应物是否处于标准状态。

解答　（a）中 1mol Na_2O 是由钠单质和氧单质在各自适当的状态下形成的，即分别为固态 Na 和 O_2 气体。因此反应（a）的焓变等于标准生成焓。

（b）中钾是以液体的形式给出的。但是它必须变成固态也就是室温下的标准状态。此外此方程式生成了 2mol KCl，所以反应的焓变是 KCl(s) 标准生成焓的两倍。1mol KCl(s) 生成反应的方程式是：

$$K(s) + \frac{1}{2}Cl_2(g) \longrightarrow KCl(s)$$

反应（c）并不是由单质生成化合物，相反而是一种化合物分解为组成它的元素，所以这个反应必须要逆转。其次，碳元素以金刚石的形式给出，而石墨则是室温和 1atm 气压下碳元素的标准状态。因

此，正确表示葡萄糖生成焓的方程式是：

$$6C(石墨) + 6H_2(g) + 3O_2(g) \longrightarrow C_6H_{12}O_6(s)$$

▶ **实践练习 1**

如果 $H_2O(l)$ 的生成热是 −286kJ/mol，下面哪个热化学方程式是正确的？

（a）$2H(g) + O(g) \longrightarrow H_2O(l)$　　$\Delta H = -286kJ$

（b）$2H(g) + O_2(g) \longrightarrow 2H_2O(l)$　　$\Delta H = -286kJ$

（c）$H_2(g) + \dfrac{1}{2}O_2(g) \longrightarrow H_2O(g)$　　$\Delta H = -286kJ$

（d）$H_2(g) + O(g) \longrightarrow H_2O(g)$　　$\Delta H = -286kJ$

（e）$H_2O(l) \longrightarrow H_2(g) + \dfrac{1}{2}O_2(g)$　　$\Delta H = -286kJ$

▶ **实践练习 2**

写出与液态四氯化碳 CCl_4 的标准生成焓相对应的方程式，并在附录 C 中找到这种化合物的 ΔH_f°。

◤ 想一想

臭氧 $O_3(g)$ 是一种在放电过程中产生的单质氧形式。$O_3(g)$ 的 ΔH_f° 是否一定为零？

用生成焓来计算反应焓

我们可以使用盖斯定律和如表 5.3 和附录 C 所示的 ΔH_f° 数据表格来计算任何已知反应物和产物 ΔH_f° 值的反应的标准焓变。例如，考虑丙烷在标准状态下的燃烧：

$$C_3H_8(g) + 5O_2(g) \longrightarrow 3CO_2(g) + 4H_2O(l)$$

我们可以将这个方程式看作是与标准生成焓相关的三个方程式之和：

$$C_3H_8(g) \longrightarrow 3C(s) + 4H_2(g) \qquad \Delta H_1 = -\Delta H_f^\circ [C_3H_8(g)] \quad (5.26)$$

$$3C(s) + 3O_2(g) \longrightarrow 3CO_2(g) \qquad \Delta H_2 = 3\,\Delta H_f^\circ [CO_2(g)] \quad (5.27)$$

$$4H_2(g) + 2O_2(g) \longrightarrow 4H_2O(l) \qquad \Delta H_3 = 4\,\Delta H_f^\circ [H_2O(l)] \quad (5.28)$$

$$C_3H_8(g) + 5O_2(g) \longrightarrow 3CO_2(g) + 4H_2O(l) \quad \Delta H_{rxn}^\circ = \Delta H_1 + \Delta H_2 + \Delta H_3 \,(5.29)$$

（注意，正如本文这里所做的那样，在焓变中加上下标有时是很有用的，可用于跟踪反应与 ΔH 值之间的联系。）

读者需注意，我们已经使用盖斯定律把式（5.29）的标准焓变写成式（5.26）~式（5.28）的焓变之和。可以利用表 5.3 中数值计算 ΔH_{rxn}°。

$$
\begin{aligned}
\Delta H_{rxn}^\circ &= \Delta H_1 + \Delta H_2 + \Delta H_3 \\
&= -\Delta H_f^\circ [C_3H_8(g)] + 3\,\Delta H_f^\circ [CO_2(g)] + 4\,\Delta H_f^\circ [H_2O(l)] \\
&= -(-103.85kJ) + 3(-393.5kJ) + 4(-285.8kJ) = -2220kJ\,(5.30)
\end{aligned}
$$

如图 5.23 所示的焓图给出了上述计算的内容。在步骤 1 中，反应物被分解成它们的标准状态的组成元素单质。在步骤 2 和步骤 3 中产物由元素单质组成。在这个过程中如何使用焓变取决于我们在 5.4 节中讨论的指导方针。

1. 分解。式（5.26）与 $C_3H_8(g)$ 的生成反应相反，因此这个分解反应的焓变是丙烷生成反应 ΔH_f° 的负值，即 $-\Delta H_f^\circ [C_3H_8(g)]$。

2. 生成 CO_2。式（5.27）是 3mol $CO_2(g)$ 的生成反应。由于焓是一种外延广度属性，因此这一步骤的焓变是 $3\,\Delta H_f^\circ [CO_2(g)]$。

3. 生成 H_2O。式（5.28）表示生成 4mol 的 H_2O 的焓变为 $4\,\Delta H_f^\circ [H_2O(l)]$。这个反应指定产物为 $H_2O(l)$，所以一定要使用 $H_2O(l)$ 的 ΔH_f° 值，而不是 $H_2O(g)$ 的值

需要注意的是，在上述分析中我们假设平衡方程式中化学计量系数表示每种物质的物质的量。式（5.29）中，$\Delta H_{rxn}^\circ = -2220kJ$ 表示为 1mol C_3H_8 和 5mol O_2 之间作用并生成了 3mol CO_2 和 4mol H_2O 反应的焓变。

如上述反应方程式所示，我们可以将任何化学反应分解成化合物的生成反应。如果我们这样做，那么可得到如下结果：一个反应的标准焓变等于产物标准生成焓之和减去反应物标准生成焓之和。

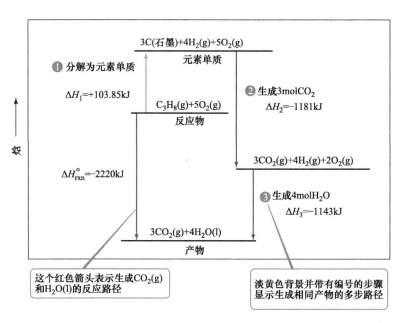

$$\Delta H^{\circ}_{\text{rxn}} = \Sigma\, n\, \Delta H^{\circ}_{f\,(产物)} - \Sigma\, m\, \Delta H^{\circ}_{f\,(反应物)} \qquad （5.31）$$

Σ（音 sigma）符号表示"求和"，n 和 m 表示相关化学反应方程式的化学计量系数。式（5.31）右侧第一项表示产物的生成反应，在化学方程式中是"正向"的，即元素单质反应生成产物。此项与式（5.27）和式（5.28）类似。式（5.31）右侧第二项表示反应物的生成反应的逆过程，类似于式（5.26），因此这一项前面需要加上一个负号。

 实例解析 5.11

由生成焓计算反应焓

（a）计算 1 物质的量苯 $C_6H_6(l)$ 燃烧，生成 $CO_2(g)$ 和 $H_2O(l)$ 的标准焓变。

（b）比较分别燃烧 1g 丙烷和 1g 苯所产生的热量。

解析

分析（a）本题给出 $C_6H_6(l)$ 燃烧生成 $CO_2(g)$ 和 $H_2O(l)$ 反应，并要求计算其标准焓变 ΔH°。（b）然后，我们需要比较 1.00g C_6H_6 燃烧产生的热量与 1.00g C_3H_8 燃烧产生的热量，后者的燃烧反应与所产生的热量在前文中已介绍。（见式（5.29）和式（5.30））

思路（a）首先写出并配平苯燃烧的化学方程式，然后根据附录 C 或表 5.3 中查找 ΔH°_f 值，并应用式（5.31）计算反应的焓变。（b）我们使用苯摩尔质量将摩尔焓变转化为克焓变，同理使用丙烷摩尔质量和前面计算得到的摩尔焓变计算每克丙烷的焓变。

解答

（a）已知燃烧反应应把 $O_2(g)$ 作为反应物。因此配平后 1mol $C_6H_6(l)$ 的燃烧反应方程式为：

我们可以使用式（5.31）和表 5.3 中数据来计算这个反应的 ΔH°。读者需牢记，必须将反应中每种物质的 ΔH°_f 乘以该物质的化学计量系数。由于在标准条件下任何最稳定单质 $\Delta H^{\circ}_f = 0$，所以 $\Delta H^{\circ}_f[O_2(g)] = 0$。

$$C_6H_6(l) + \frac{15}{2}\,O_2(g) \longrightarrow 6CO_2(g) + 3H_2O(l)$$

$$\Delta H^{\circ}_{\text{rxn}} = [6\,\Delta H^{\circ}_f(CO_2) + 3\,\Delta H^{\circ}_f(H_2O)] - [\Delta H^{\circ}_f(C_6H_6) + \frac{15}{2}\,\Delta H^{\circ}_f(O_2)]$$

$$= [6(-393.5\text{kJ}) + 3(-285.8\text{kJ})] - [49.0\text{kJ} + \frac{15}{2}\,(0\text{kJ})]$$

$$= (-2361 - 857.4 - 49.0)\text{kJ}$$

$$= -3267\text{kJ}$$

（b）从前文所给的实例解析可知，1mol 丙烷燃烧的 $\Delta H° = -2220kJ$。在本题实验（a）部分中，我们已经确定 1mol 苯燃烧的 $\Delta H° = -3267kJ$。因此，为了确定每克物质的燃烧热，我们使用摩尔质量把物质的量换算成克：

$C_3H_8(g)$: $(-2220kJ/mol)(1mol/44.1g) = -50.3kJ/g$
$C_6H_6(l)$: $(-3267kJ/mol)(1mol/78.1g) = -41.8kJ/g$

注解　丙烷和苯都是碳氢化合物（烃）。一般来说，燃烧 1g 碳氢化合物所获得的能量在 40kJ~50kJ。

▶ **实践练习 1**

应用所给生成焓数据计算下述反应的焓变：

$$2H_2O_2(l) \longrightarrow 2H_2O(l) + O_2(g)$$

$$\Delta H_f°[H_2O_2(l)] = -187.8kJ/mol$$
$$\Delta H_f°[H_2O(l)] = -285.8 \ kJ/mol$$

（a）−88.0kJ
（b）−196.0kJ
（c）+88.0kJ
（d）+196.0kJ
（e）需要更多信息

▶ **实践练习 2**

根据表 5.3 数据计算 1mol 乙醇燃烧的焓变：

$$C_2H_5OH(l) + 3O_2(g) \longrightarrow 2CO_2(g) + 3H_2O(l)$$

▶ **实例解析 5.12**

根据反应焓计算生成焓

$CaCO_3(s) \longrightarrow CaO(s) + CO_2(g)$ 反应的标准焓变是 178.1kJ。根据表 5.3 计算 $CaCO_3(s)$ 的标准生成焓

解析

分析　本题目的要求是获得 $\Delta H_f°[CaCO_3]$。

思路　我们从写出反应的标准焓变的表达式

开始：

$$\Delta H°_{rxn} = \Delta H_f°[CaO] + \Delta H_f°[CO_2] - \Delta H_f°[CaCO_3]$$

解答

根据表 5.3 或附录 C 中给定 $\Delta H°_{rxn}$ 和已知 $\Delta H_f°$ 值，有：

$$178.1kJ = -635.5kJ - 393.5kJ - \Delta H_f°[CaCO_3]$$

可以解出 $\Delta H_f°[CaCO_3]$

$$\Delta H_f°[CaCO_3] = -1207.1kJ \ mol$$

检验　我们预期碳酸钙这样的稳定的固体化合物的生成焓为负，计算结果也是一样的。

▶ **实践练习 1**

已知 $2SO_2(g) + O_2(g) \longrightarrow 2SO_3(g)$，下述哪个方程式是正确的？

（a）$\Delta H_f°[SO_3] = \Delta H°_{rxn} - \Delta H_f°[SO_2]$
（b）$\Delta H_f°[SO_3] = \Delta H°_{rxn} + \Delta H_f°[SO_2]$
（c）$2\Delta H_f°[SO_3] = \Delta H°_{rxn} + 2\Delta H_f°[SO_2]$
（d）$2\Delta H_f°[SO_3] = \Delta H°_{rxn} - 2H_f°[SO_2]$
（e）$2\Delta H_f°[SO_3] = 2\Delta H_f°[SO_2] - \Delta H°_{rxn}$

▶ **实践练习 2**

已知下述反应及标准焓变，使用表 5.3 的标准生成焓计算 $CuO(s)$ 的标准生成焓：

$$CuO(s) + H_2(g) \longrightarrow Cu(s) + H_2O(l) \quad \Delta H° = -129.7kJ$$

5.8 | 键焓

伴随化学反应进行而产生的能量变化与化学键的形成和断裂密切相关——断裂化学键需要能量，而形成化学键则释放能量。如果我们测量了一个反应的焓，并跟踪了化学键的断裂与形成，那么就可以将给特定的化学键指定一个焓值。键焓是指 1mol 气态物质中，

一个化学键断裂时的焓变 ΔH。最容易的确定键焓的方式就是研究只有一个键断裂的简单反应，如 $Cl_2(g)$ 的解离反应。

Cl_2 分子只通过一个共价键连接在一起，这个共价键表示为 $Cl—Cl$。当 $Cl—Cl$ 键断裂时，$Cl_2(g)$ 分子将解离成氯原子：

$$Cl_2(g) \longrightarrow Cl(g)$$

$Cl—Cl$ 键的键焓等于这个反应的焓 242kJ/mol。键焓是一个正数，这是由于要破坏 $Cl—Cl$ 键必须从环境中获得能量。我们使用字母 D 与随后的化学键来表示键焓。例如，$D(Cl—Cl)$ 是 Cl_2 键的键焓，$D(H—Br)$ 是指 HBr 键的键焓。

 想一想

在室温下，一个 Cl_2 分子和两个单独的 Cl 原子，哪个更稳定？Cl_2 分子和单独的原子之间的能量差是多少？

对于双原子分子中化学键断裂的反应，确定键焓是很简单的——键焓就等于反应的焓。然而像 $C—H$ 键这样重要的键，通常只存在于多原子分子中。对于这些键，我们可以使用平均键焓表示。例如，可以使用甲烷分子分解为 5 个原子过程的焓变来定义 $C—H$ 键的平均键焓：

$$CH_4(g) \longrightarrow C(g) + 4H(g) \qquad \Delta H = 1660kJ$$

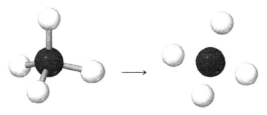

由于甲烷分子中的 4 个 $C—H$ 键均为等价的，因此这个反应的焓是破坏 1 个 $C—H$ 键所需焓的 4 倍。因此，CH_4 中 $C—H$ 键的平均键焓为 $D(C—H) = (1660/4)kJ/mol = 415kJ/mol$。

对于像 $C—H$ 键这样一对原子间化学键的准确焓键，取决于含有这对原子分子的其他部分。然而，不同分子对键焓的影响通常很小。如果我们参考不同化合物中 $C—H$ 键的键焓，可以发现平均键焓是 413kJ/mol，非常接近刚才计算 CH_4 解离而获得的键焓值 415kJ/mol。

键焓总是一个正数，这是由于打破化学键需要能量。相反，当两个气态原子或分子碎片之间形成化学键时，能量总是被释放出来。键焓越大，化学键越强。

表 5.4 列出了一些原子对的平均键焓。此外，具有强化学键的分子比具有弱化学键的分子发生化学变化的可能性更小。我们将在

后面的章节中学习，原子对有时由多个化学键连接在一起。例如，O_2分子中的两个氧原子是由 O=O 双键连接的，而不是 O—O 单键。

表 5.4 平均键焓 /(kJ/mol)

C—H	413	N—H	391	O—H	463	F—F	155
C—C	348	N—N	163	O—O	146		
C=C	614	N—O	201	O=O	495	Cl—F	253
C—N	293	N—F	272	O—F	190	Cl—Cl	242
C—O	358	N—Cl	200	O—Cl	203		
C=O	799	N—Br	243	O—I	234	Br—F	237
C—F	485					Br—Cl	218
C—Cl	328	H—H	436			Br—Br	193
C—Br	276	H—F	567				
C—I	240	H—Cl	431			I—Cl	208
		H—Br	366			I—Br	175
		H—I	299			I—I	151

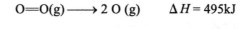

$$O{=}O(g) \longrightarrow 2\,O\,(g) \qquad \Delta H = 495kJ$$

由表 5.4 可以看出，$D(O{=}O) = 495kJ/mol$，虽然比 O—O 键键焓（$D(O{-}O) = 146kJ/mol$）大，但并不完全是它的两倍。我们将在第 8 章详细讨论双键和三键的键焓。

键焓与反应焓

因为焓是一个状态函数，所以我们可以使用平均键焓预测那些包含旧键断裂与新键形成的化学反应的焓。尽管不知道化学反应中所有化学种类的 ΔH_f°，但是我们能够快速预测一个化学反应是吸热的（$\Delta H > 0$）还是放热的（$\Delta H < 0$）。

预测反应焓的方法是直接应用盖斯定律。我们可以利用下述事实：化学键的断裂总是吸热的，而化学键的形成总是放热的。因此，可以假设化学反应分为以下两个步骤进行：

1. 提供足够的能量打破反应物中存在而产物中不存在的化学键。系统的焓将增加，其数值为这些断裂的化学键的键焓之和。

2. 产物中形成了反应物中不存在的化学键。这一步骤将释放能量，系统的焓将减少，其数值为这些形成的化学键的键焓之和。

可以预测，反应焓 ΔH_{rxn} 的数值为断裂的化学键键焓之和减去所形成的化学键键焓之和：

$$\Delta H_{rxn} = \sum(\text{断裂的化学键键焓}) - \sum(\text{形成的化学键键焓})$$

$$(5.32)$$

如果断裂键的总键焓较大，那么反应为吸热反应（$\Delta H_{rxn} > 0$）；如果新生成的化学键的总键焓较大，那么反应是放热的（$\Delta H_{rxn} < 0$）。

例如，甲烷（CH_4）可以与氯气发生气相反应，生成氯代甲烷（CH_3Cl）与氯化氢（HCl）：

$$H—CH_3(g) + Cl—Cl(g) \longrightarrow Cl—CH_3(g) + H—Cl(g) \quad \Delta H_{rxn} = ?$$
$$(5.33)$$

此反应的两步过程如图 5.24 所示。读者需要注意下列断裂的化学键与形成的化学键：

断裂化学键：1mol C—H，1mol Cl—Cl

形成化学键：1mol C—Cl，1mol H—Cl

我们提供足够的能量用来断裂 C—H 和 Cl—Cl 键，这将提高系统焓（如图 5.24 所示的 $\Delta H_1 > 0$）。随后形成 C—Cl 和 H—Cl 键，它们将释放能量，降低系统焓（如图 5.24 所示的 $\Delta H_2 < 0$）。我们随后可以利用式（5.32）来预测反应焓：

$$\Delta H_{rxn} = [D(C—H) + D(Cl—Cl)] - [D(C—Cl) + D(H—Cl)]$$
$$\Delta H_{rxn} = (413kJ + 242kJ) - (328kJ + 431kJ) = -104kJ$$

这个反应是放热反应，这是由于产物的化学键强于反应物的化学键。

通常，只有当所需的 ΔH_f° 值不容易得到时，才使用键焓来预测 ΔH_{rxn}。对于前面的反应，我们无法通过 ΔH_f 与盖斯定律计算其 ΔH_{rxn}，这是由于附录 C 中未提供 $CH_3Cl(g)$ 的 ΔH_f°。

如果我们能够从其他来源获得 $CH_3Cl(g)$ 的 ΔH_f° 值并使用式（5.31）计算，可得式（5.33）中反应的 $\Delta H_{rxn} = -99.8kJ$。这两个值略有不同，这是由于键焓是许多化合物中数据平均得到的，但利用平均键焓可以合理准确地预测实际发生的化学反应的焓变。

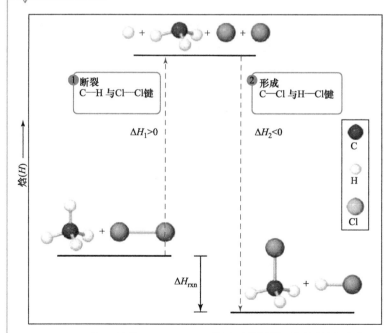

图例解析 下面这个化学反应是放热的还是吸热的？

▲ 图 5.24 使用键焓预测 ΔH_{rxn} 使用平均键焓预测甲烷与氯气生成氯代甲烷和氯化氢反应的 ΔH_{rxn}

实例解析 5.13
利用键焓预测反应焓

利用表 5.4 预测下述燃烧反应的 ΔH。

$$2H—\underset{\underset{H}{|}}{\overset{\overset{H}{|}}{C}}—\underset{\underset{H}{|}}{\overset{\overset{H}{|}}{C}}—H(g) \ + \ 7O=O(g) \longrightarrow 4O=C=O(g) \ + \ 6H—O—H(g)$$

解析

分析　本题要求我们根据平均键焓预测一个化学反应的焓变。

思路　断裂 2 个 C_2H_6 分子中 12 个 C—H 键与 2 个 C—C 键以及 7 个 O_2 分子中的 7 个 O=O 键需要吸收能量。而形成 2 个 CO_2 分子中 8 个 C=O 键以及 2 个 H_2O 分子中 12 个 O—H 键则会释放能量。

解答　根据式（5.32）与表 5.4 中数据，可得
$$\begin{aligned}\Delta H &= [12D(C—H) + 2D(C—C) + 7D(O=O)] \\ &\quad -[8D(C=O) + 12D(O—H)] \\ &= [12(413kJ) + 2(348kJ) + 7(495kJ)] \\ &\quad -[8(799kJ) + 12(463kJ)] \\ &= 9117kJ - 11948kJ \\ &= -2831kJ\end{aligned}$$

检验　将本题的预测结果与利用更精确热化学数据计算得到的结果 −2856kJ 相比较，二者之间具有良好的一致性。

▶ **实践练习 1**
利用表 5.4 中平均键焓数据预测水分解反应：
$$H_2O(g) \longrightarrow H_2(g) + \frac{1}{2}O_2(g) \text{ 的 } \Delta H。$$（a）242kJ
（b）417kJ　（c）5kJ　（d）5kJ　（e）−468kJ

▶ **实践练习 2**
利用表 5.4 中平均键焓数据预测乙醇燃烧反应的 ΔH。

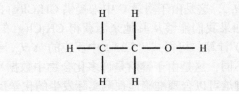

读者需要重点牢记的是键焓源于气体分子。在固体、液体和溶液中，还必须考虑不同分子间的分子间作用力。我们将在第 11 章详细讨论这些作用力的强度，但目前需要记住键焓不能用来准确地预测包含固体、液体或溶液的反应的焓。

5.9 | 食物与燃料

大多数用于产生热量的化学反应都是燃烧反应。燃烧 1g 任何物质所释放的能量就是该物质的**燃料值**。可以使用量热计测量任何食物或燃料的燃料值。

食物

我们身体所需的大部分能量来自碳水化合物和脂肪。淀粉等碳水化合物可在肠道中分解成葡萄糖 $C_6H_{12}O_6$。葡萄糖可溶解在血液中，在人体中被称为血糖。葡萄糖通过血液转运到细胞，在细胞中与 O_2 发生一系列反应，最终生成 $CO_2(g)$、$H_2O(l)$ 和能量：

$$C_6H_{12}O_6(s) + 6O_2(g) \longrightarrow 6CO_2(g) + 6H_2O(l) \quad \Delta H° = -2803kJ$$

因为碳水化合物可以快速分解，它们蕴含的能量很快就可以提供给身体。然而，我们的身体中只储存非常少量的碳水化合物。碳水化合物的平均燃料值是 17kJ/g(4 kcal/g)。虽然燃料值表示燃烧反应释放的热量，但按照惯例，燃料值均为正数。

◤ 想一想

基于上述反应的反应焓值，每克葡萄糖的燃料值为多少？

与碳水化合物相同，脂肪代谢也会产生 CO_2 与 H_2O。三硬脂酸甘油酯（$C_{57}H_{110}O_6$）是一种典型的脂肪，代谢反应为

$$2C_{57}H_{110}O_6(s) + 163O_2(g) \longrightarrow 114CO_2(g) + 110H_2O(l) \quad \Delta H° = -71609kJ$$

人体利用食物中的化学能维持体温（见 5.5 节"化学与生活"栏）以及收缩肌肉、构建和修复人体组织。任何多余的能量都以脂肪的形式储存。脂肪很适合作为人体的能量储备，至少包括以下两个原因：（1）它们不溶于水，便于储存在体内；（2）每克脂肪比相同质量的蛋白质或碳水化合物产生更多的能量。从质量角度来看，脂肪是一种高效的能源。脂肪的平均燃料值是 38kJ/g(9kcal/g)。

当将碳水化合物和脂肪在弹式量热计中燃烧，它们的燃烧产物与在人体内代谢时产生的产物相同。蛋白质在体内新陈代谢过程中所产生的能量要少于在量热计中燃烧所产生的能量，这是由于生成了不同的产物。蛋白质含有氮元素，氮元素经过弹式量热计以 N_2 形式释放出来。而在人体内，氮元素的最终代谢产物主要是尿素（$(NH_2)_2CO$）。蛋白质在人体中主要用于形成器官壁、皮肤、头发、肌肉等。蛋白质代谢平均可产生 17kJ/g(4kcal/g) 的能量，这与碳水化合物相同。

一些常见食物的燃料值如表 5.5 所示。食品包装上的标签给出了每份食品中碳水化合物、脂肪和蛋白质的平均含量及所提供的能量（见图 5.25）。

我们的身体对于能量需要的差异是很大的，这取决于体重、年龄和肌肉活动等因素。

表 5.5　一些常见食物的组成与燃料值

	大致成分（%，质量百分比）			燃料值	
	碳水化合物	脂肪	蛋白质	kJ/g	kcal/g(Cal/g)
碳水化合物	100	—	—	17	4
脂肪	—	100	—	38	9
蛋白质	—	—	100	17	4
苹果	13	0.5	0.4	2.5	0.59
啤酒 [a]	1.2	—	0.3	1.8	0.42
面包	52	3	9	12	2.8
奶酪	4	37	28	20	4.7
鸡蛋	0.7	10	13	6.0	1.4
软糖	81	11	2	18	4.4
四季豆	7.0	—	1.9	1.5	0.38
汉堡包	—	30	22	15	3.6
全脂牛奶	5.0	4.0	3.3	3.0	0.74
花生	22	39	26	23	5.5

[a] 啤酒中通常含有 3.5% 的乙醇，乙醇同样具有燃料值。

人体维持最低身体机能对能量需求是每天每 kg 体重大约需要 100kJ。一个 70kg（154lb）的人在做轻体力工作平均能力消耗为 800kJ/h，而剧烈运动通常需要 2000kJ/h 或更多。当我们摄入食物的燃料值或热量含量超过消耗的能量时，我们的身体就会把多余的

▼ 图例解析

如果标签注明这是一瓶脱脂牛奶而不是全脂牛奶，那么脂肪、碳水化合物和蛋白质哪个含量变化最大呢？

▲ 图 5.25　全脂牛奶的营养成分标签

能量储存为脂肪。

想一想

当进行新陈代谢时，每克碳水化合物、蛋白质或脂肪中，哪一种释放的能量最多呢？

实例解析 5.14
由食物的成分估算它的燃料值

（a）一份普通早餐包括 28g（1oz）麦片及 120mL 脱脂牛奶，可提供 8g 蛋白质、26g 碳水化合物和 2g 脂肪。使用这些物质的平均燃料值估算这份早餐的燃料值（热量）。

（b）如果一个平均体重的人在慢跑时热量消耗约为 100Cal/mi，那么几份上述早餐可以满足跑 3mi 的燃料需求？

解析

分析 （a）这份食物的燃料值是蛋白质、碳水化合物和脂肪的燃料值总和。（b）本题中我们面临了一个相反的问题，计算提供特定燃料值的食物的数量。

思路 （a）我们可根据食物中所含蛋白质、碳水化合物和脂肪的质量并利用表 5.4 中的数据将这些质量转化为它们的燃料值，并将它们相加得到总的燃料值。（b）本题提供了热量与千米之间的换算系数。（a）部分答案为我们提供了早餐与热量之间的转换系数。

解答

$$(8g蛋白质)\left(\frac{17kJ}{1g蛋白质}\right) + (26g碳水化合物)\left(\frac{17kJ}{1g碳水化合物}\right)$$

$$+ (2g脂肪)\left(\frac{38kJ}{1g脂肪}\right) = 650kJ(2位有效数字)$$

最终结果为 160kcal：

$$(650kJ)\left(\frac{1kcal}{4.18kJ}\right) = 160kcal$$

回想一下，食物所含的热量用 Cal 表示，1Cal 为 1kcal，因此这份早餐所含的热量是 160Cal。

（b）我们可以在简单的量纲分析中使用这些系数来确定所需早餐数量，并将结果四舍五入至最接近的整数：

$$早餐份数 = (3mi)\left(\frac{100Cal}{1mi}\right)\left(\frac{1餐}{160Cal}\right) = 2餐$$

▶ **实践练习 1**

一根芹菜的热量（燃料值）为 9.0kcal。如果其中 1.0kcal 是由脂肪提供的，而芹菜中蛋白质含量极低，估算芹菜中碳水化合物和脂肪的质量。（a）2g 碳水化合物和 0.1g 脂肪 （b）2g 碳水化合物和 1g 脂肪 （c）1g 碳水化合物和 2g 脂肪 （d）32g 碳水化合物和 10g 脂肪

▶ **实践练习 2**

（a）干红豆中含有 62% 的碳水化合物，22% 的蛋白质和 1.5% 的脂肪。估计这种豆子的燃料值。

（b）成年人在进行阅读或看电视这样的轻运动量活动时，热量消耗为 7kJ/min。一份包含 13g 蛋白质、15g 碳水化合物和 5g 脂肪的鸡肉面条汤作为能量补给，可保证这样的活动持续多少分钟？

燃料

在燃料完全燃烧过程中，碳元素转化为 CO_2 而氢元素转化为 H_2O，这两种化合物都具有较大的负生成焓。因此燃料中碳元素和氢元素的比例越大，其燃料值就越高。例如表 5.6 比较了烟煤和木材的组成和燃料值。由于煤含碳量高，所以具有较高的燃料值。

2013 年美国能源消耗总量为 $1.02 \times 10^{17}kJ$。这个数值相当于人均每日消耗 $9.3 \times 10^5 kJ$ 能量，大约是人均食物-能量需求的 100 倍，图 5.26 说明了能量的来源。

煤、石油和天然气是世界上主要的能源，它们统称为**化石燃料**。它们都是在数百万年的动植物分解过程中形成的，并且它们的

消耗速度远远快于它们的形成速度。

　　天然气由气态烃类（只含氢和碳元素）化合物组成。天然气中主要含有甲烷 CH_4，并含有少量的乙烷 C_2H_6、丙烷 C_3H_8 和丁烷 C_4H_{10}。我们将在实例解析 5.10 中计算丙烷的燃料值。

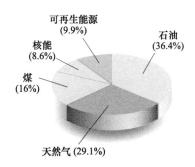

▲ 图 5.26　美国能源消耗情况[一]
2015 年，美国共消耗 1.02×10^{17} kJ 能量

表 5.6　常见燃料的燃料值与组成

	大致元素组成（质量 %）			燃料值 /
	C	H	O	（kJ/g）
木材（松树）	50	6	44	18
无烟煤（宾夕法尼亚州）	82	1	2	31
烟煤（宾夕法尼亚州）	77	5	7	32
木炭	100	0	0	34
原油（得克萨斯州）	85	12	0	45
汽油	85	15	0	48
天然气	70	23	0	49
氢气	0	100	0	142

　　天然气燃烧产生的副产物与二氧化碳都要远少于石油和煤。**石油**是一种由数百种化合物组成的液体，其中大部分是烃类化合物，其余的主要是含硫、氮或氧的有机化合物。**煤**是一种固体，含有高分子量的烃类化合物同时也有含硫、氧或氮的化合物。煤是地球上含量最丰富的化石燃料。如果按照目前的消耗速度，已知的煤炭储量预计可维持 100 年以上。然而，煤炭的使用也带来了一些问题。

　　煤是一种复杂的混合物并含有导致空气污染的成分。当煤燃烧时，所含的硫元素主要转化为二氧化硫（SO_2）这种麻烦的空气污染物。并且由于煤是固体，将其从地下开采出来花费巨大并且经常充满了危险。此外，煤矿并不总是在高耗能产业所在地附近，因此需要大量的运输费用。

　　化石燃料在燃烧反应中释放能量，理想状况下只产生 CO_2 和 H_2O。CO_2 的产生已成为一个涉及科学和公共政策的主要问题，人们担心大气中越来越多的 CO_2 正在导致全球气候变化。我们将在第 18 章讨论大气中 CO_2 的对环境的影响。

其他类型能源

　　*核能*是原子核裂变（分裂）或聚变（结合）时所释放的能量。目前，以核裂变为基础的核能提供了美国约 19% 的电力生产，占美国能源总产量约 8.6%（见图 5.26）。虽然理论上核能不存在化石燃料的主要问题——污染排放，然而核电站会产生放射性核废料，因此在核能的使用问题上一直存在争议。我们将在第 21 章讨论与核能生产有关的问题。

　　化石燃料和核能同属不可再生的能源，这种能源都是有限的资源，我们消耗它们的速度要远远超过它们再生的速度。尽管人们对于什么时间能够完全消耗这些能源有着不同的估计，但是最终这些燃料都将被消耗掉。由于不可再生能源最终都将会被用光，因此人们对**可再生能源**进行了大量的研究，这种能源可视为取之不尽用之不竭的。可再生能源包括来自太阳的太阳能、风车产生的风能、地球内部储存的地热能、河水流动产生的水电能以及来自农作物和生

○一 数据来自美国能源部能源信息管理局《2015 年度能源评论报告》

物废料的生物能源等。

目前，可再生能源约占美国年度能源总消耗的 9.9%。尽管存在太阳能电池等例外情况，电能通常是利用气体或液体驱动连接在发电机上的涡轮机产生的。美国 2015 年用电量约为 4.0×10^{13} kJ，其中 67% 来自化石燃料。其他的电能来源包括核能（20%）、水力发电（6%）、风能（4.7%）、生物质能（1.6%）和太阳能（0.6%）。

只有通过开发技术，更加高效地利用太阳能，才能满足我们未来的能源需求。太阳能是地球最大的能源。在晴朗的天气里，每秒钟每平方米地球表面就会接受 1kJ 的太阳能。美国 0.1% 陆地面积所接受的平均太阳能量就相当于这个国家目前使用的所有能源总量。太阳能的利用是困难的，这是由于太阳能分布在广大的区域，并且随时间和天气条件而变化。太阳能的有效利用将取决于太阳能储存和分配方式的发展。一个切实可行的利用太阳能的方式是利用太阳能驱动一个吸热的化学过程，随后逆转这个过程即可释放热量。其中一个反应为：

$$CH_4(g) + H_2O(g) + 热量 \longrightarrow CO(g) + 3H_2(g)$$

此反应要求在高温下才能够正向进行，因此可在太阳能炉中进行。反应中生成的 CO 和 H_2 可储存起来，然后再发生反应，所释放的热量可用于其他用途。

化学应用 | 生物燃料的科学和政治挑战 ⊖

人类在 21 世纪面临的最大挑战之一就是生产丰富的能源，包括粮食和燃料。截至 2015 年底，全球人口预测已达 74 亿，每十年增长了 7.5 亿人口。世界人口增长对全球粮食供给提出了更高的要求，特别是对于合计占全球总人口 75% 以上的亚洲和非洲来说。

人口的增长也增加了对交通、工业、电力、取暖和制冷等行业的燃料生产需求。

2012 年全球燃料能源消耗超过 5×10^{17} kJ，这是一个非常惊人的数字。目前 80% 以上的能源需求都来自燃烧不可再生的化石燃料，特别是煤和石油。勘探新的化石燃料来源往往涉及环境敏感地区，导致寻找新的化石燃料供给成为一个重大的政治和经济问题。

石油在世界上的重要性主要是由于它提供了汽油等液体燃料，这对于满足运输行业的能源需求至关重要。生物燃料是从生物物质中提取的液体燃料，生物燃料是最具发展前景但也最具争议性的燃料之一。生产生物燃料最常见的方法是将植物来源糖分和其他碳水化合物转化成可燃液体。最常见的生物燃料是生物乙醇，它是指由植物来源的碳水化合物发酵所产生的乙醇（C_2H_5OH）。乙醇的燃料值约为汽油的三分之二，因此与煤的燃料值相当（见表 5.6）。美国和巴西主导了全球的生物乙醇生产，这两个国家产量占世界总产量的 85%。

在美国，目前生产的生物乙醇几乎都是由黄色饲料玉米制成的。玉米中的葡萄糖 $C_6H_{12}O_6$ 可转化为乙醇和 CO_2：

$$C_6H_{12}O_6 (s) \longrightarrow 2 C_2H_5OH (l) + 2 CO_2 (g) \quad \Delta H = 15.8 \text{ kJ}$$

注意这个反应是厌氧的，$O_2(g)$ 不参与此反应，而且此反应的焓变为正且远小于大多数燃烧反应的焓变。其他类型的碳水化合物也可以通过类似的方式转化为乙醇。

以玉米为原料生产生物乙醇存在以下两个主要的争议。首先，种植和运输玉米都是能源密集过程，并且种植玉米还需要使用化肥。据估算，基于玉米的生物乙醇能量回报率只有 34%，也就是说，在生产玉米过程中每消耗 1.00J 能量，才能够以生物乙醇形式产生 1.34J 能量。其次，使用玉米作为制造生物乙醇的原料，与玉米作为食物链的重要组成部分形成强烈竞争（即所谓的食物与燃料之争）。

目前的研究主要集中在从纤维素类植物，即含有纤维素这样复杂碳水化合物的植物中产生生物乙醇。由于纤维素不易被人体代谢，因此不会与食物供给竞争。然而，将纤维素转化为乙醇的化学过程要比转化玉米的过程复杂得多。纤维素生物乙醇可以从快速生长的非食用植物如草原草和柳枝稷草中生产出来，这些植物无需施肥即可实现自我更新。

巴西使用甘蔗作为生物乙醇工业原料（见图 5.27）。甘蔗比玉米生长得要快许多，而且不需要施肥或照看。由于这些差异，甘蔗的能量回报要远高于玉米。据估算，在甘蔗种植和加工过程中每消耗 1.0J 能量，就能够以生物乙醇形式产生 8.0J 能量。

正在成为世界经济主要组成部分的其他类型生物燃料还包括生物柴油，它是从石油衍生而出的柴油燃料的一种替代品。生物柴油通常是利用含油量高的农作物生产的，如大豆和油菜籽。生物柴油也可以利用动物脂肪和食品和餐饮业的废弃植物油为原料生产。

相关练习题：5.97，5.98，5.117

▲ 图 5.27　甘蔗可转化为可持续的生物乙醇产品

植物利用太阳能进行光合作用，利用下述反应通过太阳光能量将 CO_2 和 H_2O 转化为碳水化合物和 O_2：

$$6CO_2(g) + 6H_2O(l) + 太阳光 \longrightarrow C_6H_{12}O_6(s) + 6O_2(g) \qquad （5.34）$$

光合作用是地球生态系统的一个重要组成部分，因为它补充了大气中的 O_2，产生了一种可作为燃料的富含能量的分子，并消耗了大气中的 CO_2。

也许最直接的利用太阳能的方法就是将它直接转换成光伏设备或本章前面提到过的太阳能电池里面的电能。这些设备的光电转化效率在过去几年内得到显著提高。技术进步使得太阳能电池极板寿命更长，发电效率更高，单位成本稳步下降。太阳能的未来就像太阳本身一样，无疑将是无限光明的。

综合实例解析
概念综合

三硝基甘油 ($C_3H_5N_3O_9$) 通常简称为硝化甘油，广泛用作炸药。1866 年，阿尔弗雷德·诺贝尔利用硝化甘油制造了达纳炸药。更令人惊讶的是，硝化甘油也可用作药物，通过扩张血管来缓解心绞痛（由于部分通向心脏的动脉阻塞而引起的胸痛）。在 1atm 压力和 25℃ 条件下，三硝基甘油可分解生成氮气、二氧化碳、液态水和氧气，焓变为 –1541.4kJ/mol。

（a）写出并配平三硝基甘油分解的化学方程式。

（b）计算三硝基甘油的标准生成热。

（c）三硝基甘油用于缓解心绞痛的标准剂量是 0.60mg。如果这份三硝基甘油最终在体内被氧化成氮气、二氧化碳和液态水（这个过程并不是爆炸性的），会释放多少卡路里？

（d）三硝酸甘油的一种常见形态会在约 3℃ 时熔化。根据这些信息和这种物质的分子式，你认为三硝基甘油是分子化合物还是离子化合物？解释一下。

（e）叙述三硝基甘油在公路建设中用作破坏岩面炸药时能量的各种转换形式。

解析

（a）需要配平的方程式一般形式是：

$$C_3H_5N_3O_9(l) \longrightarrow N_2(g) + CO_2(g) + H_2O(l) + O_2(g)$$

我们可以使用常规方式来配平上述方程式。我们可以将 $C_3H_5N_3O_9$ 分子式乘以 2，这样方程式左侧就获得了偶数个氮原子，得到 3mol 的 N_2，6mol 的 CO_2 和 5mol 的 H_2O。此时的方程式，除了氧气一切都是平衡的。方程式右侧有奇数个氧原子。因此我

们可以在右边 O_2 前加上系数 $\frac{1}{2}$ 来平衡氧元素：

$$2C_3H_5N_3O_9(l) \longrightarrow 3N_2(g) + 6CO_2(g) + 5H_2O(l) + \frac{1}{2}O_2(g)$$

将所有系数都乘以 2 就可以获得整数系数：

$$4C_3H_5N_3O_9(l) \longrightarrow 6N_2(g) + 12CO_2(g) + 10H_2O(l) + O_2(g)$$

（在上面的化学方程式中，在产生爆炸的温度下，所产生的水是气体而不是液体。气态产物的迅速膨胀产生了爆炸的力量。）

（b）我们利用三硝基甘油的分解热和三硝基甘油分解方程式中其他物质的标准生成焓可以获得硝化甘油的标准生成焓：

$$4C_3H_5N_3O_9(l) \longrightarrow 6N_2(g) + 12CO_2(g) + 10H_2O(l) + O_2(g)$$

此分解反应的焓变是 4(-1541.4 kJ) = -6165.6kJ，这是由于配平后方程式中有 4mol 的 $C_3H_5N_3O_9(l)$，因此所得结果为 1mol 三硝基甘油分解焓变值乘以 4。

整个反应总的焓变等于反应方程式中每一项都乘以配平后的系数，然后再用生成物的生成热之和减去反应物的生成热之和：

$$-6165.6kJ = 6 \Delta H_f^\circ[N_2(g)] + 12 \Delta H_f^\circ[CO_2(g)] + 10 \Delta H_f^\circ[H_2O(l)]$$
$$\Delta H_f^\circ[O_2(g)] - 4 \Delta H_f^\circ[C_3H_5N_3O_9(l)]$$

根据定义，单质 $N_2(g)$ 和 $O_2(g)$ 的 ΔH_f° 值为零。根据表 5.3 或附录 C 中 $H_2O(l)$ 和 $CO_2(g)$ 的标准生成焓数据可得：

$$-6165.6kJ = 12(-393.5kJ) + 10(-285.8kJ) - 4 \Delta H_f^\circ[C_3H_5N_3O_9(l)]$$
$$\Delta H_f^\circ[C_3H_5N_3O_9(l)] = -353.6 \text{ kJmol}$$

（c）将 0.60mg $C_3H_5N_3O_9(l)$ 转化成物质的量，然后用 1mol $C_3H_5N_3O_9(l)$ 分解得到 1541.4kJ 热量计算，可得：

$$(0.60 \times 10^{-3} g C_3H_5N_3O_9) \left(\frac{1 mol\ C_3H_5N_3O_9}{227 g\ C_3H_5N_3O_9} \right) \left(\frac{1541.4kJ}{1 mol\ C_3H_5N_3O_9} \right)$$
$$= 4.1 \times 10^{-3} kJ = 4.1J$$

（d）由于三硝酸甘油在室温发生熔化，因此可认定为是一种分子化合物。除了少数特例，离子化合物通常都是坚硬的晶体材料，只会在高温下发生熔化（见 2.6 节和 2.7 节）。另外，三硝酸甘油的分子式也表明它是一种分子物质，因为组成它的所有元素都是非金属元素。

（e）三硝基甘油分子中所储存的能量是化学势能。当这种物质发生爆炸反应时，它会形成二氧化碳、水和氮气等势能较低的气体。

在化学转化过程中，能量以热的形式释放出来，因此气态反应产物具有很高的温度，因此很高的热能量传递到环境中。做功是由于气体向周围环境膨胀，移动固体物质，并把动能传递给它们。例如，一块岩石被推上去，那么它的动能则来自于温度高且发生膨胀的气体。当岩石向上运动时，它的动能转化为势能。最终当岩石向下落时，它将再次获得动能。当它到达地面时，尽管也会对周围环境做一些功，但是岩石的动能主要转化为热能。

本章小结与关键术语

化学能的本质（见 5.1 节）

热力学是研究能量及其转换的一门科学。本章我们主要重点讨论了**热化学**，即在化学反应中能量尤其是热量的转换。

一个物体可以有两种形式的能量：（1）**动能**。这是由于物体的运动而产生的能量；（2）**势能**。这是由于物体相对于其他物体的位置而产生的能量。在质子附近运动的电子，因其自身运动而具有动能，又因其对质子有静电吸引而具有势能。

化学能主要来源于原子水平上的静电相互作用。打破化学键需要能量供给，这将增加势能。与此相反当形成化学键时，势能降低，能量将释放出来。

热力学第一定律（见 5.2 节）

当我们研究热力学性质时，定义特定数量物质为**系统**，系统之外的一切都是**环境**。当我们研究化学反应时，系统通常是指反应物和产物。封闭系统可以与环境交换能量，但不能交换物质。一个系统的**内能**是它各个组成部分的全部动能和势能的总和。系统的内能会由于系统与环境之间的能量传递而改变。

根据**热力学第一定律**，系统热力学能的变化量 ΔE 是转入或转出系统热量 q 和系统所做或对系统所做的功 w 之和，即 $\Delta E = q + w$。q、w 可用正负号表示能量传递的方向。当热量从环境传递到系统时 $q > 0$。同样地，当环境对系统做功时 $w > 0$。在**吸热过程**中，系统从环境中吸收热量；在**放热过程**中，系统向环境释放热量。

内能 E 是一个**状态函数**。一个状态函数的数值只取决于系统的状态或条件，而不取决于系统是如何进入这种状态的。热量 q 与功 w 不是状态函数，它们的数值取决于系统改变状态的特定方式。

焓与反应焓（见 5.3 节和 5.4 节）

当恒压下发生的化学反应中产生或消耗气体时，系统将受到环境的压力从而有**压力 - 体积（P-V）功**。因此，我们定义了一个新的状态函数称为**焓** H，H 与能量存在如下关系：$H = E + PV$。在只涉及压力 - 体积功的系统中，系统的焓变 ΔH 等于系统在恒压下获得或损失的热量：$\Delta H = q_P$（下标 P 表示恒压）。对于吸热过程，$\Delta H > 0$；对于放热过程，$\Delta H < 0$。

在一个化学反应中，反应焓等于生成物的焓减去反应物的焓：$\Delta H_{rxn} = H_{产物} - H_{反应物}$。反应焓遵循一些简单的规律：（1）反应焓数值与反应物的量成正比；（2）逆化学反应会改变其 ΔH 的符号；（3）反应焓与反应物和生成物的物理状态有关。

量热学（见 5.5 节）

系统与环境之间传递的热量可以使用**量热法**进行实验测量。**量热计**可以测量化学过程中温度的变化。量热计的温度变化取决于它的**热容**，即将量热计温度升高 1K 所需要的热量。1mol 纯物质的热容称之为它的**摩尔热容**，对于 1g 物质，我们用**比热容**这个术语。水的比热容非常大，为 4.18J/g·K。物质吸收的热

量 q 是它的比热（C_s）、质量和温度变化的乘积：$q = C_s \times m \times \Delta T$。

如果量热实验是在恒压下进行的，那么所获得的热量传递信息可以直接反映化学反应的焓变。定容量热法是在一个被称为弹式量热计的固定体积容器中进行的。在体积固定条件下热量传递等于 ΔE，并且可以对 ΔE 值进行修正从而得到 ΔH。

盖斯定律（见 5.6 节）

由于焓是状态函数，所以 ΔH 只与系统的初始状态和最终状态有关。因此一个反应的焓变总是相同的，不管这个反应是一步进行还是依照一系列步骤进行的。**盖斯定律**指出，如果一个反应是按一系列步骤进行的，那么反应的 ΔH 就等于这些步骤的焓变之和。因此只要我们知道某个反应所经历的一系列步骤的 ΔH，就可以计算任何反应的 ΔH。

生成焓（见 5.7 节）

一种物质的**生成焓**（ΔH_f°）是由其组成元素发生反应而生成这种物质时产生的焓变。通常可查阅表格确定标准状态下反应物和产物的焓值。物质的标准状态是指在 1atm 和一定的温度（通常为 298K）条件下纯的、最稳定的状态。因此一个反应的**标准焓变**（ΔH°）就是所有反应物和产物处于标准状态时的焓变。一种

物质的**标准生成焓**（ΔH_f°）就是这种物质的组成元素在标准状态下反应生成 1mol 该物质时发生的焓变。对于任何处于标准状态的单质来说其 $\Delta H_f^\circ = 0$。

任何反应的标准焓变都可以很容易地根据反应物和产物的生成焓数值计算获得：

$$\Delta H_{rxn}^\circ = \Sigma n \Delta H_f^\circ (\text{产物}) - \Sigma m \Delta H_f^\circ (\text{反应物})$$

键焓（见 5.8 节）

共价键的强度使用键焓来衡量。键焓是指破坏一个化学键所需的摩尔焓变。通过测量各种共价键可以获得化学键的平均键焓。我们可以利用化学反应中断裂的化学键的平均键焓之和减去生成的化学键的平均键焓之和，估计涉及气态物质的化学反应的焓变。当破坏化学键所需的能量大于形成化学键所释放的能量时，反应焓为正；反之，反应焓为负。

食物与燃料（见 5.9 节）

物质的燃料值是指一克这种物质燃烧时所释放的热量。不同类型的食物其燃料值各不相同，并且具有不同的生理功能。最常见的燃料是作为化石燃料存在的烃类化合物，包括天然气、石油和煤。可再生能源包括太阳能、风能、生物质能和水电能。核能并不利用化石燃料，但能够引起有争议的废物处理问题。

学习成果　学习本章后，应该掌握：

- 描述化学键形成和断裂过程中势能的变化（见 5.1 节）
  相关练习：5.17，5.18
- 区别热力学中的系统和环境（见 5.2 节）
  相关练习：5.21，5.22
- 由热和功计算内能并且阐明这些量的符号规定（见 5.2 节）
  相关练习：5.25 ~ 5.28
- 解释状态函数的概念并且举例说明（见 5.2 节）
  相关练习：5.29，5.30
- 由 ΔE 和 $P \Delta V$ 计算 ΔH（见 5.3 节）
  相关练习：5.36 ~ 5.38
- 将 q_P 与 ΔH 相关联，并指出 q 和 ΔH 的符号如何表示一个反应是放热还是吸热的（见 5.2 节和 5.3 节）

- *相关练习：5.43，5.44*
- 使用热化学方程式将恒压下反应中传递的热能与反应中所含物质的量联系起来（见 5.4 节）
  相关练习：5.45 ~ 5.48
- 计算一个反应中通过测量温度和热容或比热传递的热量（量热法）（见 5.5 节）
  相关练习：5.50，5.52 ~ 5.54
- 利用盖斯定律来确定反应的焓变（见 5.6 节）
  相关练习：5.63 ~ 5.66
- 用标准生成焓来计算反应的 ΔH°（见 5.7 节）
  相关练习：5.69，5.71，5.73，5.75
- 使用平均键焓来估计所有反应物和产物都处于气相的反应的焓变（见 5.8 节）
  相关练习：5.81，5.83，5.85，5.87

主要公式

$w = F \times d$	（5.1）	把功和力与距离相关联
$E_{el} = kQ_1Q_2/d$	（5.2）	静电势能
$\Delta E = E_{终} - E_{始}$	（5.3）	内能的变化
$\Delta E = q + w$	（5.4）	把热力学能的变化与热和功相关联（热力学第一定律）
$H = E + PV$	（5.5）	焓的定义
$w = -P \Delta V$	（5.7）	膨胀气体在恒压下所做的功
$\Delta H = \Delta E + P \Delta V = q_P$	（5.9）	等压下反应的焓变
$q = C_s \times m \times \Delta T$	（5.21）	根据比热、质量和温度变化获得或损失的热量

- $q_{rxn} = -C_{cal} \times \Delta T$ （5.23）   反应与量热计之间的热量交换
- $\Delta H^{\circ}_{rxn} = \sum n \Delta H^{\circ}_{f(产物)} - \sum m \Delta H^{\circ}_{f(反应物)}$ 反应的标准焓变
                                        （5.31）   对于气相分子的反应，反应焓是平均键焓的函数
- $H_{rxn} = \sum ($断裂的化学键键焓$) - \sum ($形成的化学键键焓$)$ （5.32）

本章练习

图例解析

5.1 两个带正电的球体，各带 2.0×10^{-5}C 的电荷，质量为 1.0kg，它们之间的距离为 1.0cm，被放置在无摩擦的轨道上。（a）这个系统的静电势能是多少？（b）如果球体被释放，它们会彼此靠近还是远离？（c）当两个球之间的距离接近无穷大时，每个球的速度是多少？（见 5.1 节）

5.2 附图显示的是一条蓝凤蝶毛虫爬上了一根小树枝。（a）当毛虫往上爬的时候，它的势能在增加。什么能影响势能的变化？（b）如果毛虫是一个系统，你能在毛虫爬坡时预测 q 的符号吗？（c）毛虫爬树枝时做功吗？解释一下。（d）攀爬一段长 12in 的细枝所做的功的量，是否取决于毛虫攀爬的速度？（e）势能的变化是否取决于毛虫的爬升速度？（见 5.1 节）

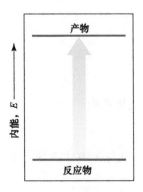

5.3 考虑下面的能量图。（a）该图表示系统内部能量的增加还是减少？（b）在这个反应中，ΔE 的符号是什么？（c）如果此反应没有做功，它是放热还是吸热的？（见 5.2 节）

5.4 下图中每个封闭框中的内容表示一个系统，箭头表示在某个反应中系统的变化。箭头的长度表示 q 和 w 的相对大小。（a）这些反应中哪些是吸热的？（b）如果有，对于这些反应中的哪一个，$\Delta E < 0$ 呢？（c）如果有，哪个反应的内能是增加的？（见 5.2 节）

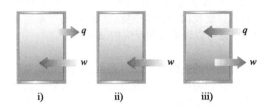

i)   ii)   iii)

5.5 想像你正在爬山。（a）到顶端的距离是一个状态函数吗？（b）你的大本营与山顶之间的海拔变化是一种状态函数吗？（见 5.2 节）

5.6 图中显示了一个系统的四种状态，每一种状态都有不同的内能，E。（a）系统中哪一种状态的内能最大？（b）根据 ΔE 的值，写出状态 A 和状态 B 的内能差的两个表达式（c）写出状态 C 和状态 D 之间能量差的表达式。（d）假设系统有另一种状态，状态 E，它相对于状态 A 的能量是 $\Delta E = \Delta E_1 + \Delta E_4$。E 在图上的什么位置？（见 5.2 节）

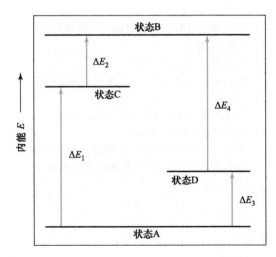

5.7 你可能已经注意到，当你压缩自行车打气筒里的空气时，打气筒的内部会变暖。（a）假设泵和其中的空气组成了系统，当你压缩空气时，w 的符号是什么？（b）这个过程中 q 的符号是什么？（c）根据你对（a）和（b）部分的回答，你能确定压缩泵内空气 ΔE 的符号吗？如果不能，你能推断 ΔE 的符号是什么吗？你的理由是什么？（见 5.2 节）

5.8 想像一个容器放在一桶水里，如附图所示。（a）如果容器的内容物是系统，容器壁导热，那么系统和它周围环境的温度会发生什么定性的变化？从系统的角度看，此过程是放热还是吸热的？（b）如果在此过程中系统的体积和压力都没有变化，那么与焓变相关联的内能的变化是如何的呢？（见5.2节和5.3节）

5.9 在附图中，化学过程发生在恒定的温度和压力下。（a）w的符号是正还是负？（b）如果此过程是吸热的，圆柱内的系统内能在变化过程中是增加还是减少，ΔE是正还是负？（见5.2节和5.3节）

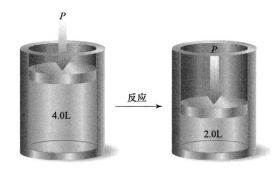

5.10 图中所示的N_2和O_2之间的气相反应，在设计用来保持压力恒定的装置中进行的。（a）写出所描述反应的化学平衡方程式，并预测w是正的、负的还是零。（b）利用附录C中的数据，确定生成1mol产物的焓变ΔH。（见5.3节和5.7节）

5.11 考虑下面的两个图。（a）根据图 i），写出表示ΔH_A、ΔH_B和ΔH_C之间相关联的方程。

（b）根据图 ii），写出ΔH_Z与图中其他焓变相关联的方程。

（c）你在（a）和（b）部分得到的方程基于什么定律？（d）此反应中获得的关系是否适用于每个反应中所涉及的类似情况？（见5.6节）

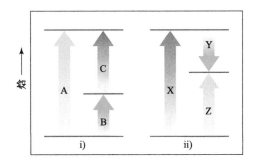

5.12 考虑化合物A到化合物B的转变：A→B。对于化合物A和B，$\Delta H^{\circ}_f > 0$。（a）画一个类似于图5.23的反应焓图。（b）假设整个反应是放热的。你能得出什么结论？（见5.7节）

化学能的本质（见5.1节）

5.13 （a）相互分离而相距53pm的一个电子和一个质子之间的静电势能（焦耳）是多少？（b）如果把电子和质子之间的距离增加到1.0nm，势能会发生多少变化？（c）当距离增加到1.0nm时，两个粒子的势能是增加还是减少？

5.14 （a）两个相距62pm的电子之间的静电势能（焦耳）是多少？（b）如果两个电子间的距离增加到1.0nm，势能的变化是多少？（c）当距离增加到1.0nm时，两个粒子间的势能是增加还是减少？

5.15 （a）两个带相反电荷的物体之间的静电引力（不是能量）由这个式子$F = k(Q_1Q_2/d^2)$给出，其中，$k = 8.99 \times 10^9 N \cdot m^2/C^2$，$Q_1$和$Q_2$是两个物体所带的以库仑为单位的电荷，$d$是两个物体之间的距离，单位是m。一个电子和相距$1.00 \times 10^2$pm的质子之间的静电引力（以牛顿为单位）是多少？（b）两个物体之间的引力由这个方程$F = G(m_1m_2/d^2)$给出，其中，G是引力常数，$G = 6.674 \times 10^{-11} N \cdot m^2/kg^2$，$m_1$和$m_2$是两物体的质量，$d$是两物体之间的距离。电子和质子之间的引力（以牛顿为单位）是多少？（c）吸引力比静电力大多少倍？

5.16 使用题5.15中的式子计算：（a）两相距75pm的质子之间的静电斥力。（b）两相距75pm的质子之间的引力。（c）如果允许移动，质子会相互排斥还是相互吸引？

5.17 一个所带电荷为1.6×10^{-19}C的钠离子Na^+和一个所带电荷为-1.6×10^{-19}C的Cl^-离子相距0.50nm。要分离两个离子到无限远处，需要做多少功？

5.18 一个所带电荷为3.2×10^{-19}C的镁离子Mg^{2+}和一个所带电荷为-3.2×10^{-19}C的O^{2-}离子相距0.35nm。要分离两个离子到无限远处，需要做多少功？

5.19 确定存在的力，并解释在下列情况下是否做功：（a）你从桌子上拿起一支铅笔。（b）将弹簧压缩到原来的一半。

5.20 确定下列情况存在的力，并解释是否做功。（a）一个带正电荷粒子在离带负电荷粒子一定距离的圆周上运动时，（b）一个铁钉被从磁铁上拔下时。

热力学第一定律（见5.2节）

5.21 （a）下列哪项不能离开或进入封闭系统：热、功或物质？（b）哪些不能离开或进入孤立系统？（c）宇宙中不属于这个系统的部分，我们叫它什么？

5.22 在热力学研究中，科学家关注的是图例所示的仪器中溶液的性质。溶液不断地从顶部流入装置，从底部流出，使溶液在装置中的量随时间保持恒定。（a）设备中的溶液是封闭系统、开放系统还是孤立系统？（b）如果入口及出口均已关闭，它应是哪种系统？

5.23 （a）根据热力学第一定律，什么量是守恒的？（b）系统的*内能*意味着什么？（c）封闭系统的内能是如何增加的？

5.24 （a）写出用热和功表示的热力学第一定律的方程。（b）在什么情况下 q 和 w 会取负值？

5.25 计算 ΔE 值并确定下列反应是吸热还是放热：（a）$q = 0.763\text{kJ}$ 和 $w = -840\text{J}$。（b）系统向环境释放 66.1 kJ 的热量而环境对系统做 44.0 kJ 的功。

5.26 计算下列过程系统内能的变化并确定这些过程是吸热还是放热：（a）气球通过释放 0.655kJ 的热量来冷却。它在冷却时收缩，大气对气球做了 382J 的功。（b）一块 100.0g 的金条从 25℃加热到 50℃，在此期间它会吸收 322J 的热量。假设金条的体积保持不变。

5.27 气体被封闭在装有活塞和电加热器的气缸内，如下图所示：

假设加热器有电流通过，能量就增加了 100J。考虑两种不同的情况。在情况（1）中，随着能量的增加，活塞可以移动。在情况（2）中，活塞被固定而不能移动。

（a）在哪种情况下，加入电能后气体的温度更高？（b）确定每种情况下 q 和 w 的符号（正、负或零）？（c）在哪种情况下，系统（气瓶中的气体）的 ΔE 更大？

5.28 考虑这样一个系统，它由两个由弦悬挂的带相反电荷的球体组成，两球体相距 r_1，如下图所示。假设它们被分离而相距更大的 r_2 距离。（a）如果有的话，系统的势能发生了什么变化？（b）如果有的话，这个过程对 ΔE 的值有什么影响？（c）对于这个过程的 q 和 w 你能说些什么？

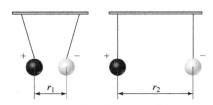

5.29 （a）什么是术语"*状态函数*"？（b）举例说明一个是状态函数的量和一个不是状态函数的量。（c）系统的体积是一个状态函数吗？解释为什么？

5.30 指出下面哪一种情况，其变化的发生不依赖于途径：（a）当把一本书从桌子移到书架上时，其势能的变化。（b）当一块方糖被氧化成 $CO_2(g)$ 和 $H_2O(g)$ 时，所放出的热量。（c）燃烧 1 加仑汽油所做的功。

焓（见5.3节和5.4节）

5.31 在正常呼吸时，我们的肺在 1.0atm 的外部压力下扩张了约 0.50L。在这个过程中做了多少功？（以 J 为单位）？

5.32 在 0.857atm 恒压的情况下，如果体积从 5.00L 减小到 1.26L，一个化学反应要做多少功（以 J 为单位）？

5.33 （a）为什么内能 ΔE 的变化比焓 ΔH 的变化更难测量？（b）H 是状态函数，但 q 不是状态函数。解释一下。（c）对于给定的恒压反应，ΔH 为正。这个反应是吸热的还是放热的？

5.34 （a）在什么条件下反应的焓变等于系统吸收或放出的热量？（b）在恒压过程中，系统向周围释放热量。系统的焓在反应中是增加还是减少？（c）在恒压过程中，$\Delta H = 0$。关于 ΔE，q 和 w 你能得出什么结论？

5.35 假设反应在常压下进行：

$$2Al(s)+3Cl_2(g) \longrightarrow 2AlCl_3(s)$$

（a）假如已知反应的 ΔH，要想确定 ΔE 还需什么条件？

（b）反应的哪个量更大些？

（c）对（b）的结论进行解释。

5.36 假定气相反应 $2NO(g) + O_2(g) \longrightarrow 2NO_2(g)$ 在恒温和恒体积的容器中进行。（a）所测量的热量变

化将代表 ΔH 或 ΔE 吗？（b）如果有区别，对于这个反应，哪个量是更大的呢？（c）解释你对（b）部分的回答。

5.37 如图 5.4 所示，在常压下，气体被密封在圆柱体内。当气体发生一种特殊的化学反应时，它从周围环境中吸收了 824J 的热量，并由周围环境对它做了 0.65kJ 的 P-V 功。此过程的 ΔH 和 ΔE 的值是多少？

5.38 如图 5.4 所示，在常压下，气体密封在圆柱体内。当 0.49kJ 的热量加到气体中，它膨胀对周围环境做了 214J 的功。此过程的 ΔH 和 ΔE 的值是多少

5.39 乙醇 $CH_3CH_2OH(l)$ 在恒压下完全燃烧生成 $H_2O(g)$ 和 $CO_2(g)$，每物质的量乙醇释放 1235kJ 的热量。（a）写出这个反应的热平衡化学方程式。（b）画出此反应的焓变图。

5.40 在恒压下，$Ca(OH)_2(s)$ 分解成 $CaO(s)$ 和 $H_2O(g)$，此分解反应进行时，每 1mol $Ca(OH)_2$ 需要吸收 109kJ 的热量。（a）写出反应的热平衡化学方程式。（b）画出反应的焓变图。

5.41 臭氧 $O_3(g)$ 是元素氧的另一种形式，在大气中吸收紫外线起着很重要的作用，它在室温和压力下按下列反应分解成 $O_2(g)$：

$$2O_3(g) \longrightarrow 3O_2(g) \quad \Delta H = -284.6kJ$$

（a）1mol$O_3(g)$ 反应的焓变是多少？

（b）在这些条件下哪个焓变更高些，$2O_3(g)$ 还是 $3O_2(g)$？

5.42 在不参考表格的情况下，预测下列哪种情况下的焓更高：（a）相同温度下的 1mol $CO_2(s)$ 或 1mol $CO_2(g)$（b）2mol H 原子，或者 1mol H_2，（c）在 25℃时的 1mol $H_2(g)$ 和 0.5mol $O_2(g)$ 或 1mol $H_2O(g)$（d）100℃时的 1mol $N_2(g)$ 或 300℃的 1mol $N_2(g)$

5.43 考虑下面的反应：

$$2Mg(s) + O_2(g) \longrightarrow 2MgO(s) \quad \Delta H = -1204kJ$$

（a）此反应是放热还是吸热的？

（b）计算 3.55g $Mg(s)$ 在恒压下反应时所传递的热量。

（c）反应的焓变为 -234kJ 时，会产生多少克 MgO？

（d）当 40.3g 的 $MgO(s)$ 在恒压下分解成 $Mg(s)$ 和 $O_2(g)$ 时，吸收了多少 kJ 的热量？

5.44 考虑下面的反应：

$$2CH_3OH(g) \longrightarrow 2CH_4(g) + O_2(g) \quad \Delta H = +252.8kJ$$

（a）此反应是放热还是吸热的？（b）计算 24.0g $CH_3OH(g)$ 在恒压下分解时所传递的热量。（c）对于给定反应的焓变时 82.1kJ 时。将产生多少克甲烷气体？（d）在恒压下，38.5g 的 $CH_4(g)$ 与 $O_2(g)$ 完全反应生成 $CH_3OH(g)$，释放了多少 kJ 的热量？

5.45 当含有银离子和氯离子的溶液混合时，会产生氯化银沉淀

$$Ag^+(aq) + Cl^-(aq) \longrightarrow AgCl(s) \quad \Delta H = -65.5kJ$$

（a）计算该反应生成 0.450mol $AgCl$ 的 ΔH。（b）计算产生 9.00g $AgCl$ 反应的 ΔH。（c）计算 9.25×10^{-4}mol $AgCl$ 溶于水的 ΔH。

5.46 以前，在实验室里制取少量氧气的常用方法是加热 $KClO_3$：

$$2KClO_3(s) \longrightarrow 2KCl(s) + 3O_2(g) \quad \Delta H = -89.4kJ$$

对于此反应，计算下列情况的 ΔH（a）形成 1.36mol O_2；（b）形成 10.4g KCl；（c）$KClO_3$ 受热会自动分解；你认为在一般条件下，由 KCl 和 O_2 生成 $KClO_3$ 的逆反应是可行的吗？解释你的答案。

5.47 考虑液体乙醇 $CH_3OH(l)$ 的燃烧：

$$CH_3OH(l) + \frac{3}{2}O_2(g) \longrightarrow CO_2(g) + 2H_2O(l)$$
$$\Delta H = -726.5kJ$$

（a）逆反应的焓变是多少？（b）用整数系数平衡正向反应。这个方程表示的反应的 ΔH 是多少？（c）正向反应和逆向反应，哪个更可能是热力学倾向的？（d）如果此反应生成的是 $H_2O(g)$ 而不是 $H_2O(l)$，你认为 ΔH 的大小会增加、减少还是保持不变？解释之。

5.48 考虑液态苯 $C_6H_6(l)$ 分解成气态的乙炔 $C_2H_2(g)$：

$$C_6H_6(l) \longrightarrow 3C_2H_2(g) \quad \Delta H = +630kJ$$

（a）此逆反应的焓变是多少？

（b）形成 1mol 乙炔，反应的 ΔH 是多少？

（c）热力学倾向于正反应还是逆反应？

（d）如果此反应使用的是 $C_6H_6(g)$ 而不是 $C_6H_6(l)$，你认为 ΔH 的大小会增加、减少还是保持不变？解释之。

量热学（见 5.5 节）

5.49 （a）摩尔热容的单位是什么？

（b）比热的单位是什么？

（c）假设已知铜的比热，要计算一个特殊的铜管的热容量，你还需要什么条件？

5.50 两个固体，A 和 B，被放在沸水中，让它们达到水的温度。然后，每个物体都被拿出来，放在装有 1000g 水，水温为 10.0℃ 的单独的烧杯里。A 物体使水温增加了 3.50℃；B 物体使水温升高了 2.60℃。（a）哪种物体的热容较大？（b）关于 A 和 B 的比热你能得出什么结论？

5.51 （a）液态水的比热是什么？（b）液态水的摩尔比热是什么？（c）185g 液态水的热容量是多少？（d）将 10.00kg 液态水的温度从 24.6℃ 提高到 46.2℃ 需要多少 kJ 的热量？

5.52 （a）表 5.2 中哪种物质需要最少的能量而使 50.0g 的该物质的温度升高 10K？（b）计算此温度变化所需要的能量。

5.53 辛烷，$C_8H_{18}(l)$ 的比热是 2.22J/（g·K）。（a）要将 80.0g 辛烷从 10.0℃提高到 25.0℃，需要多少 J 的热量？（b）将 1mol $C_8H_{18}(l)$ 的温度升高和将 1mol $H_2O(l)$ 的温度升高相同的量，哪一种需要更多的热量？

5.54 考虑练习 5.26（b）中关于金的数据。（a）根据数据，计算 Au(s) 的比热。（b）假设向两块 10.0g 重的金属块中传入相同的热量，它们最初的温度相同。一块是金的，一块是铁的。哪块在增加相同热量后温度上升的更高？（c）Au(s) 的摩尔热容是多少？

5.55 当在咖啡杯量热计中（见图 5.18），6.50g 的固体氢氧化钠样品溶解于 100.0g 的水中时，温度从 21.6℃上升到 37.8℃。（a）计算反应放出的热量（单位为：kJ）。（b）根据（a）部分的结果，计算出溶液的 ΔH（单位为 kJ/mol NaOH）。假设溶液的比热容与纯水的比热容相同。

5.56 （a）当 4.25g 固体硝酸铵 $NH_4NO_3(s)$ 在咖啡杯量热计中溶于 60.0g 水时（见图 5.18），温度从 22.0℃降至 16.9℃。计算溶液过程的 ΔH（以 kJ/mol NH_4NO_3）：

$$NH_4NO_3(s) \longrightarrow NH_4^+(aq) + NO_3^-(aq)$$

假设溶液的比热与纯水的比热相同。（b）这个过程是吸热的还是放热的？

5.57 在总热为 7.854kJ/℃的弹式热量计中燃烧 2.200g 的醌（$C_6H_4O_2$）样品。量热计的温度从 23.44℃提高到 30.57℃。每克醌和每摩尔醌的燃烧热是多少？

5.58 在总热容为 11.66kJ/℃的弹式量热计中燃烧了 1.800g 的苯酚（C_6H_5OH）样品。量热计的温度从 21.36℃升高到 26.37℃。（a）写出弹式量热计反应的化学平衡方程式。（b）每克苯酚和每物质的量苯酚的燃烧热分别是多少？

5.59 在等容条件下，葡萄糖（$C_6H_{12}O_6$）的燃烧热为 15.57kJ/g。3.500g 葡萄糖放在量热计中燃烧，量热计的温度从 20.94℃上升到 24.72℃。（a）量热计的总热容是多少？（b）如果葡萄糖样本的大小正好是两倍，量热计的温度会发生什么变化？

5.60 在等容条件下，苯甲酸（C_6H_5COOH）的燃烧热为 26.38kJ/g。2.760g 苯甲酸放在量热计中燃烧，量热计的温度从 21.60℃升高到 29.93℃。（a）量热计的总热容是多少？（b）在同一热量计中燃烧 1.440g 一种新有机物质的样品。量热计的温度从 22.14℃升高到 27.09℃。每克新物质的燃烧热是多少？（c）假设在更换样品时，量热计中的一部分水丢失了。如果有的话，这会怎样改变量热计的热容量？

盖斯定律（见 5.6 节）

5.61 你能用一种类似盖斯定律的方法：即把单个反应的 ΔE 值加起来就得到了想要的整体反应的 ΔE 值的方法，来计算一个整体反应的内能 ΔE 的变化吗？

5.62 考虑下面的假定的反应：

$$A \longrightarrow B \quad \Delta H = +30kJ$$
$$B \longrightarrow C \quad \Delta H = +60kJ$$

（a）使用盖斯定律计算反应 $A \longrightarrow C$ 的焓变。

（b）建立 A，B，C 物质的焓值图，并显示盖斯定律是如何应用的。

5.63 计算反应的焓变：

$$P_4O_6(s) + 2O_2(g) \longrightarrow P_4O_{10}(s)$$

已知下列反应的焓变：

$$P_4(s) + 3O_2(g) \longrightarrow P_4O_6(s) \quad \Delta H = -1640.1kJ$$
$$P_4(s) + 5O_2(g) \longrightarrow P_4O_{10}(s) \quad \Delta H = -2940.1kJ$$

5.64 从这些反应的焓变：

$$2C(s) + O_2(g) \longrightarrow 2CO(g) \quad \Delta H = -221.0kJ$$
$$2C(s) + O_2(g) + 4H_2(g) \longrightarrow 2CH_3OH(g) \quad \Delta H = -402.4kJ$$

计算下列反应的焓变 ΔH

$$CO(g) + 2H_2(g) \longrightarrow CH_3OH(g)$$

5.65 从这些反应的焓变

$$H_2(g) + F_2(g) \longrightarrow 2HF(g) \quad \Delta H = -537kJ$$
$$C(s) + 2F_2(g) \longrightarrow CF_4(g) \quad \Delta H = -680kJ$$
$$2C(s) + 2H_2(g) \longrightarrow C_2H_4(g) \quad \Delta H = +52.3kJ$$

计算 F_2 与乙烯反应的焓变 ΔH：

$$C_2H_4(g) + 6F_2(g) \longrightarrow 2CF_4(g) + 4HF(g)$$

5.66 已给定这些数据

$$N_2(g) + O_2(g) \longrightarrow 2NO(g) \quad \Delta H = +180.7kJ$$
$$2NO(g) + O_2(g) \longrightarrow 2NO_2(g) \quad \Delta H = -113.1kJ$$
$$2N_2O(g) \longrightarrow 2N_2(g) + O_2(g) \quad \Delta H = -163.2kJ$$

使用盖斯定律计算下列反应的 ΔH

$$N_2O(g) + NO_2(g) \longrightarrow 3NO(g)$$

生成焓（见 5.7 节）

5.67 （a）与焓变有关的标准状态是什么意思？（b）生成焓意味着什么？（c）标准生成焓意味着什么？

5.68 （a）一个元素最稳定形式形成的标准生成焓是多少？

（b）写出以蔗糖 $C_{12}H_{22}O_{11}(s)$ 的标准生成焓为焓变的反应的化学方程式，$\Delta H^\circ_f [C_{12}H_{22}O_{11}(s)]$。

5.69 对于下列每种化合物，请写出描述元素在标准状态下生成 1mol 其化合物的平衡的热化学方程式，然后在附录 C 中查找每种物质的 ΔH°_f。

（a）$NO_2(g)$（b）$SO_3(g)$（c）NaBr(s)
（d）$Pb(NO_3)_2(s)$

5.70 写出描述由元素的标准状态形成下列化合物的平衡方程式，然后在附录 C 中查找每种物质的标准生成焓：（a）$H_2O_2(g)$（b）$CaCO_3(s)$（c）$POCl_3(l)$（d）$C_2H_5OH(l)$。

5.71 下面的反应称为铝热反应：

$$2Al(s) + Fe_2O_3(s) \longrightarrow Al_2O_3(s) + 2Fe(s)$$

这种高放热反应用于焊接大型部件，如大型船舶的螺旋桨。使用附录 C 中的标准生成焓，计算该反应的 ΔH°。

5.72 许多轻便的加热器用丙烷 $C_3H_8(g)$ 作为燃料，用 10.0g 丙烷在标准状态下，在空气中完全燃烧，用标准生成焓计算产生的热量。

5.73 使用附录 C 的值，计算下列每一个反应的标准焓变

（a）$2SO_2(g) + O_2(g) \longrightarrow 2SO_3(g)$

（b）$Mg(OH)_2(s) \longrightarrow MgO(s) + H_2O(l)$

（c）$N_2O_4(g) + 4H_2(g) \longrightarrow N_2(g) + 4H_2O(g)$

（d）$SiCl_4(l) + 2H_2O(l) \longrightarrow SiO_2(s) + 4HCl(g)$

5.74 使用附录 C 中的值，计算下列每个反应的 ΔH° 值：

（a）$CaO(s) + 2HCl(g) \longrightarrow CaCl_2(s) + H_2O(g)$

（b）$4FeO(s) + O_2(g) \longrightarrow 2Fe_2O_3(s)$

（c）$2CuO(s) + NO(g) \longrightarrow Cu_2O(s) + NO_2(g)$

（d）$4NH_3(g) + O_2(g) \longrightarrow 2N_2H_4(g) + 2H_2O(l)$

5.75 1mol 丙酮 (C_3H_6O) 完全燃烧放出 1790kJ 热量

$$C_3H_6O(l) + 4O_2(g) \longrightarrow 3CO_2(g) + 3H_2O(l)$$
$$\Delta H^\circ = -1790kJ$$

使用此信息和附录 C 中 $O_2(g)$，$CO_2(g)$ 和 $H_2O(l)$ 的标准生成焓计算丙酮的标准生成焓。

5.76 碳化钙 CaC_2 与水反应生成乙炔 C_2H_2 和 $Ca(OH)_2$。根据下列反应的焓数据和附录 C 中的数据，计算 $CaC_2(s)$ 的 ΔH_f°：

$$CaC_2(s) + 2H_2O(l) \longrightarrow Ca(OH)_2(s) + C_2H_2(g)$$
$$\Delta H^\circ = -127.2kJ$$

5.77 汽油主要由碳氢化合物组成，包括许多含有 8 个碳原子的辛烷。最清洁的辛烷之一是一种叫作 2,3,4- 三甲基戊烷的化合物，其结构公式如下：

$$\overset{\displaystyle CH_3 \quad\ CH_3 \quad\ CH_3}{H_3C - CH - CH - CH - CH_3}$$

1mol 这种化合物完全燃烧生成 $CO_2(g)$ 和 $H_2O(g)$，得到 $\Delta H^\circ = -5064.9kJ$。（a）写出 1 mol $C_8H_{18}(l)$ 的燃烧平衡方程。（b）利用本题中的信息和表 5.3 中的数据，计算 2,3,4- 三甲基戊烷的 ΔH_f°。

5.78 乙醚，$C_4H_{10}O(l)$，是一种可燃化合物，曾被用作外科麻醉剂，具有这种结构

$$H_3C - CH_2 - O - CH_2 - CH_3$$

1mol $C_4H_{10}O(l)$ 完全燃烧生成 $CO_2(g)$ 和 $H_2O(l)$，产生 $\Delta H^\circ = -2723.7kJ$。（a）写出 1 mol $C_4H_{10}O(l)$ 燃烧的平衡方程式。（b）使用此问题中的信息和表 5.3 的数据，计算乙醚的 ΔH_f°。

5.79 乙醇 (C_2H_5OH) 与汽油混合作为汽车燃料。（a）写出液体乙醇在空气中燃烧的平衡方程式。（b）假设 $H_2O(g)$ 是一种产物，计算反应的标准焓变。（c）计算每升乙醇在恒压下燃烧所产生的热量。乙醇的密度为 0.789g/mL。（d）计算放出 1kJ 的热量所产生的 CO_2 的质量。

5.80 甲醇 (CH_3OH) 被用作赛车的燃料。（a）写出液体甲醇在空气中燃烧的平衡方程。（b）假设 $H_2O(g)$ 是一种产物，计算反应物的标准焓变。（c）计算每升甲醇燃烧所产生的热量。甲醇的密度为 0.791g/mL。（d）计算放出 1kJ 的热量所产生的 CO_2 的质量。

键焓（见 5.8 节）

5.81 不做任何计算，预测下列每一个反应的 ΔH 符号：

（a）$NaCl(s) \longrightarrow Na^+(g) + Cl^-(g)$

（b）$2H(g) \longrightarrow H_2(g)$

（c）$Na(g) \longrightarrow Na^+(g) + e^-$

（d）$I_2(s) \longrightarrow I_2(l)$

5.82 不做任何计算，预测下列每一个反应的 ΔH 符号：

（a）$2NO_2(g) \longrightarrow N_2O_4(g)$

（b）$2F(g) \longrightarrow F_2(g)$

（c）$Mg^{2+}(g) + 2Cl^-(g) \longrightarrow MgCl_2(s)$

（d）$HBr(g) \longrightarrow H(g) + Br(g)$

5.83 使用表 5.4 中的键焓去估算下列每一个反应的焓变：

（a）$H{-}H(g) + Br{-}Br(g) \longrightarrow 2H{-}Br(g)$

（b）

$$2H{-}\overset{\displaystyle H}{\underset{\displaystyle H}{C}}{-}O{-}H + 3O{=}O \longrightarrow 2O{=}C{=}O + 4H{-}O{-}H$$

5.84 使用表 5.4 中的键焓去估算下列每一个反应的焓变：

（a）

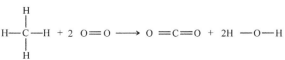

$$Br{-}\overset{\displaystyle Br}{\underset{\displaystyle Br}{C}}{-}H + Cl{-}Cl \longrightarrow Br{-}\overset{\displaystyle Br}{\underset{\displaystyle Br}{C}}{-}Cl + Cl{-}H$$

（b）

$$H{-}\overset{\displaystyle H}{\underset{\displaystyle H}{C}}{-}H + 2\ O{=}O \longrightarrow O{=}C{=}O + 2H{-}O{-}H$$

5.85 （a）使用附录 C 中给出的生成焓来计算 $Br_2(g) \longrightarrow 2Br(g)$ 的 ΔH，并使用这个值来估计键焓 D（Br—Br）。（b）第（a）部分计算的数值与表 5.4 的数值有多大的差异？

5.86 （a）N_2 分子中的氮原子由三键结合在一起；在附录 C 中使用生成焓来估计这个键 D（N≡N）的焓值。（b）考虑肼与氢反应生成氨的反应 $N_2H_4(g) + H_2(g) \longrightarrow 2NH_3(g)$，利用生成焓和键焓来估计 N_2H_4 中氮 - 氮键的焓值。（c）根据你对（a）和（b）部分的回答，能预测联氨中的氮 - 氮键比 N_2 中的弱、类似或更强吗？

5.87 考虑这个反应 $2H_2(g) + O_2(g) \longrightarrow 2H_2O(l)$。（a）使用表 5.4 中的键焓数据去评估此反应的焓变 ΔH，忽略水是液态的事实。（b）不做计算，预测（a）部分的估计比真实反应焓更负还是只负一点儿。（c）使用附录 C 的生成焓值确定反应的真实焓变。

5.88 考虑反应 $H_2(g) + I_2(s) \longrightarrow 2HI(g)$。（a）使用表 5.4 中键焓的数据估算这个反应的 ΔH，忽略碘是固态的事实。（b）不做计算，预测（a）部分的估算比真实反应焓更负还是更不负。（c）使用附录 C 的生成焓值确定反应的真实焓变。

食物和燃料（见 5.9 节）

5.89 （a）*燃烧值*意味着什么？（b）作为食物，5g 脂肪和 9g 碳水化合物，哪一种能量更大？（c）葡萄糖代谢产生 $CO_2(g)$ 和 $H_2O(l)$。人体是如何排出这些反应产物的？

5.90 （a）1g 碳水化合物和 1g 脂肪，哪一个在新陈代谢时释放最多能量？（b）一种特别的薯片零食由 12% 的蛋白质、14% 的脂肪和其余的碳水化合物组成。这种食物脂肪所占的卡路里比例是多少？（c）多少克蛋白质能提供与 25g 脂肪相同的能量？

5.91 （a）一份特别的快餐鸡肉面条含有 2.5g 脂肪、14g 碳水化合物和 7g 蛋白质。估计一份食物所含的卡路里。（b）根据营养标签，同样的一餐还含有 690mg 的钠。你认为钠会增加多少卡路里？

5.92 一磅 MM 糖果包含有 96g 脂肪，320g 碳水化合物和 21g 蛋白质。42g 糖果（大约 1.5oz）的燃烧值（以 kJ 为单位）是多少？它能提供多少卡路里？

5.93 果糖 $C_6H_{12}O_6$ 的燃烧热是 −2812kJ/mol。如果一个 120g（大约 4.23oz）的金黄色的苹果含有 16.0g 的果糖，那么果糖对苹果的热量贡献是多少？

5.94 乙醇，$C_2H_5OH(l)$ 的燃烧热是 −1367kJ/mol。一瓶葡萄酒（白索维农）的酒精含量高达 10.6%。假设葡萄酒的密度为 1.0g/mL，那么一瓶该葡萄酒（177mL，6oz）中所含酒精（乙醇）的卡路里是多少？

5.95 气态丙炔 C_3H_4、丙烯 C_3H_6 和丙烷 C_3H_8 的标准生成焓分别是 +185.4、+20.4 和 −103.8kJ/mol。（a）计算每种物质燃烧生成 $CO_2(g)$ 和 $H_2O(g)$ 时，1mol 产生的热量。（b）计算每种物质燃烧 1kg 时的热量。（c）就单位质量所产生的热量而言，哪种燃料效率最高？

5.96 在一个假设的世界里，氧不作为燃烧剂，与碳氢化合物的"燃烧值"进行比对，$CF_4(g)$ 的生成焓是 −679.9kJ/mol。下面的两个反应中，哪一个放热更多？

$$CH_4(g) + 2O_2(g) \longrightarrow CO_2(g) + 2H_2O(g)$$

$$CH_4(g) + 4F_2(g) \longrightarrow CF_4(g) + 4HF(g)$$

5.97 2012 年底，全球人口约 70 亿。为全球人口提供 1500 卡路里 / 人 / 天，一年的营养需要多少 kg 葡萄糖？假设根据下面的热化学方程，葡萄糖完全代谢为 $CO_2(g)$ 和 $H_2O(l)$：

$$C_6H_{12}O_6(s) + 6O_2(g) \longrightarrow 6CO_2(g) + 6H_2O(l)$$
$$\Delta H = -2803kJ$$

5.98 一种名为 E85 的汽车燃料由 85% 的乙醇和 15% 的汽油组成。E85 可以用于所谓的燃料汽车（FFVs），它可以使用汽油、乙醇或混合燃料。假设汽油由辛烷（C_8H_{18} 的不同异构体）混合物组成，$C_8H_{18}(l)$ 的平均燃烧热为 5400kJ/mol，汽油的平均密度为 0.70g/mL，乙醇的密度为 0.79g/mL。（a）利用附录 C 提供的信息和数据，比较 1.0L 汽油和 1.0L 乙醇燃烧所产生的能量。（b）假设使用 85% 的乙醇和 15% 的汽油可以得到 E85 的燃烧密度和燃烧热。燃烧 1.0L 的 E85 能释放多少能量？（c）如果美国的汽油价格是 1gal 3.88 美元，那么相同的能源产量下 E85 的保本价格是多少？

附加练习

5.99 在汽车发生事故时提供保护的气囊由于快速的化学反应而膨胀。从化学反应物作为系统的观点来看，在这个过程中 q 和 w 的符号是什么？

5.100 一铝罐软饮料放在冰箱里。后来，发现铝罐裂开了里面的东西冻住了。开罐的工作已经完成了。这项工作的能量从何而来？

5.101 考虑一个由下列装置组成的系统，其中气体密封在一个烧瓶中，而另一个烧瓶处于真空状态。烧瓶由一个阀门隔开。假设烧瓶是完全绝缘的，不允许热量流入或流出烧瓶到周围环境。当阀门打开时，气体从充满的烧瓶流向真空的烧瓶。（a）气体膨胀时是否做功？（b）为什么或为什么不？（c）你能确定过程的 ΔE 值吗？

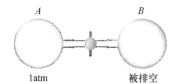

1atm　　　被排空

5.102 一气体样品被放置在带活塞的气缸中。气体经历了图中所示的状态变化。（a）首先假定汽缸和活塞是不允许热量转移的完美的绝热体。状态变化时 q 的值是多少？状态变化时 w 的符号是什么？状态变化时 ΔE 如何变化呢？（b）现在假设气缸和活塞是由热导体（如金属）组成的。在状态变化期间，圆柱体由于接触温度升高。这种情况下状态改变时，q 符号是什么？描述两种情况下过程结束时系统状态的差异。关于 ΔE 的相对值，你能说些什么？

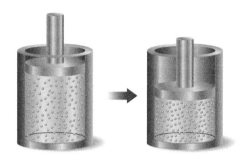

5.103 岩洞中的石灰石和钟乳石是由下列化学反应形成的。

$$Ca^{2+}(aq) + 2HCO_3^-(aq) \longrightarrow CaCO_3(s) + CO_2(g) + H_2O(l)$$

假如 1mol $CaCO_3$ 在 298K 1atm 下发生反应，此反应做了 2.47kJ 的压力一体积功，促使 CO_2 生成，同时从环境吸收了 38.95kJ 的热量，问此反应的 ΔH 和 ΔE 是多少？

5.104 见图 5.10，一种情况用加热器给电池放电，另一种情况用电扇放电，两种情况都在常压下进行，两种情况系统状态变化相同；电池全部充满电，一种情况需要热量较大，一种情况需要热量较小。问两种情况焓变相同吗？假如不，焓变是状态函数吗？假如是，说说焓变和 q 之间的关系，其他参数也做比较。

5.105 房子被设计成采用被动式太阳能。房屋内部的砖砌结构起到了吸热的作用。每块砖重约 1.8kg。砖的比热是 0.85J/g·K。为了提供与 1.7×10^3 gal 水相同的总热容，房子内部必须包含多少块砖？

5.106 图 5.18 所示类型的咖啡杯量热计在 25.1℃时包含 150.0g 水。一个 121.0g 的铜块放入装有沸水的烧杯中加热至 100.4 摄氏度。Cu(s) 的比热为 0.385J/(g·K)。将 Cu 加入量热计中，一段时间后杯中的 Cu 达到了 30.1℃的恒温。

（a）确定 Cu 块损失的热量，单位为 J。

（b）确定水获得的热量。水的比热是 4.18J/g·K。

（c）（a）和（b）的答案之间的差异是由于聚苯乙烯泡沫塑料® 杯的热量损失或要提高仪器内壁温度所必需的热量。量热计的热容是使仪器（杯子和塞子）的温度升高 1K 所需要的热量。以 J/K 计算量热计的热容。

（d）如果量热计中的水吸收了铜块所损失的全部热量，则系统的最终温度是多少？

5.107 （a）将 0.235g 苯甲酸样品在弹式量热计中燃烧（见图 5.19），温度升高 1.642℃。当 0.265g 的咖啡因样品 $C_8H_{10}N_4O_2$ 燃烧时，温度上升 1.525℃。苯甲酸的燃烧热是 26.38kJ/g，计算 1mol 咖啡因在恒定体积下的燃烧热。（b）假设每个温度读数的不确定度为 0.002℃，样品的质量测量为 0.001g，那么 1mol 咖啡因的燃烧热计算值的不确定度估计是多少？

5.108 快餐 MRES 是不需要明火加热的军餐，热量来自如下反应：

$$Mg(s) + 2H_2O(l) \longrightarrow Mg(OH)_2(s) + H_2(g)$$

（a）计算此反应的标准焓变；

（b）计算释放足够能量使 75mL 水的温度从 21℃升高到 79℃所需要的镁的质量。

5.109 在氧气中燃烧甲烷可以产生三种不同的含碳产物：烟灰（石墨的极细颗粒）、CO(g) 和 $CO_2(g)$。（a）写出甲烷气与氧气反应生成这三种产物的三个平衡方程式。在每种情况下，假设 $H_2O(l)$ 是唯一的其他产物。（b）确定（a）部分反应的标准焓值。（c）为什么当氧气供应充足时，甲烷燃烧产生的主要含碳产物是 $CO_2(g)$？

5.110 我们可以用盖斯定律来计算无法测量的焓变。甲烷转化为乙烷就是这样一个反应：

$$2CH_4(g) \longrightarrow C_2H_6(g) + H_2(g)$$

使用下面的热力学数据计算这个反应的 $\Delta H°$：

$$CH_4(g) + 2O_2(g) \longrightarrow CO_2(g) + 2H_2O(l) \qquad \Delta H° = -890.3kJ$$

$$C_2H_4(g) + H_2(g) \longrightarrow C_2H_6(g) \qquad \Delta H° = -136.3kJ$$

$$2H_2(g) + O_2(g) \longrightarrow 2H_2O(l) \qquad \Delta H° = -571.6kJ$$

$$2C_2H_6(g) + 7O_2(g) \longrightarrow 4CO_2(g) + 6H_2O(l) \qquad \Delta H° = -3120.8kJ$$

5.111 根据以下三种未来燃料的数据，计算出每单位质量和每单位体积能提供最多能量的燃料：

燃料	在 20℃时的密度 /（g/cm³）	摩尔燃烧焓 /（kJ/mol）
硝基乙烷 $C_2H_5NO_2(l)$	1.052	−1368
乙醇 $C_2H_5OH(l)$	0.789	−1367
甲基肼 $CH_6N_2(l)$	0.874	−1307

5.112 乙炔 (C_2H_2) 和苯 (C_6H_6) 有相同的经验式。苯是芳香烃，结构是非常稳定的。（a）根据附录 C，确定反应 $3C_2H_2(g) \longrightarrow C_6H_6(l)$ 的标准焓。（b）3mol 乙炔气体和 1mol 苯液体，哪个焓大？（c）确定乙炔

和苯的燃烧值（kJ/g）。

5.113 氨 NH_3 在 –33℃ 沸腾；在此温度下，它的密度是 0.81g/cm³。$NH_3(g)$ 的生成焓是 –46.2kJ/mol，并且 $NH_3(l)$ 的蒸发焓为 23.2kJ/mol。计算当 1 L 液态 $NH_3(l)$ 在空气中燃烧生成 $N_2(g)$ 和 $H_2O(g)$ 时的焓变。这和 1L 液态甲醇 $CH_3OH(l)$ 完全燃烧时的 ΔH 有什么不同？对于 $CH_3OH(l)$，在 25℃ 时的密度是 0.792g/cm³，并且 $\Delta H_f^\circ = -239$kJ/mol。

5.114 这里列出了三种含有四个碳的碳氢化合物，以及它们的标准生成焓：

碳氢化合物	分子式	$\Delta H_f^\circ /$(kJ/mol)
丁烷	$C_4H_6(g)$	119
1- 丁烯	$C_4H_8(g)$	1.2
1- 丁炔	$C_4H_{10}(g)$	124.7

（a）对于每种物质，计算它们燃烧生成 $CO_2(g)$ 和 $H_2O(l)$ 的摩尔燃烧焓。（b）计算每一种化合物的燃料值，单位为 kJ/g。（c）对每种碳氢化合物，确定氢的质量百分比。（d）通过比较（b）和（c）部分的答案，提出碳氢化合物中氢含量和燃料值之间的关系。

5.115 一名体重 201lb 的男子决定增加他的锻炼计划，每天爬 3 层楼梯（45ft）20 次。他认为，以这种方式增加他的势能所需要的功，将允许他多吃一份 245cal 的炸薯条，而不会增加他的体重。他的假设正确吗？

5.116 太阳为每平方米的表面积提供约 1.0 千瓦的能量（1.0kW/m²，1 瓦 =1J/s）。植物每小时每平方米产生大约 0.20g 蔗糖（$C_{12}H_{22}O_{11}$）假设蔗糖的生产如下，计算用来产生蔗糖的阳光的百分比。

5.117 据估计，通过光合作用固定在地球陆地上的 CO_2 净含量为 5.5×10^{16}g/yr。假设所有的碳都转化成了葡萄糖。（a）计算光合作用每年在陆地上储存的能量，单位为 kJ。（b）计算太阳能转换成工厂能源的平均速率，单位为兆瓦，MW（1W = 1J/s）。一座大型核电站的发电量约为 10^3MW。多少这样的核电站的能量相当于转换的太阳能？

综合练习

5.118 在 20℃（近似室温）下，空气中 N_2 分子的平均速度为 1050m/s。（a）以 m/s 为单位的速度是多少？（b）以这种速度运动的 N_2 分子的动能（单位为 J）是多少？（c）以这个速度运动的 1mol N_2 分子的总动能是多少？

5.119 假设一位体重 52.0kg 的奥运跳水运动员从 10m 高的跳台跳水。在跳水的最高点，跳水运动员离水面 10.8m。（a）跳水者在跳水时，在最高点时相对于水面的势能是多少？（b）假设跳水运动员在水面上的所有势能都转化为动能，跳水运动员将以什么速度（m/s）下水？（c）跳水运动员在入水时是否做功？解释一下。

5.120 考虑单个 $CH_4(g)$ 分子的燃烧，生成产物 $H_2O(l)$。（a）这个反应生成了多少 J 的能量？（b）一典型的 X 射线光源的能量为 8 keV。CH_4 分子燃烧所释放的能量，大于还是小于 X 射线的能量？

5.121 下列发生在水溶液中未配平的氧化还原反应：

$$Ag^+(aq) + Li(s) \longrightarrow Ag(s) + Li^+(aq)$$

$$Fe(s) + Na^+(aq) \longrightarrow Fe^{2+}(aq) + Na(s)$$

$$K(s) + H_2O(l) \longrightarrow KOH(aq) + H_2(g)$$

（a）配平每个反应方程式。（b）使用附录 C 中数据，计算每个反应的 ΔH°。（c）基于你获得的 ΔH° 数值，判断哪个反应在热力学上更易发生？（d）使用活动顺序预测上述反应哪个更易发生。（见 4.4 节）这个结果与（c）中所得结论是否相符？

5.122 考虑以下涉及强碱 NaOH(aq) 的酸中和反应：

$$HNO_3(aq) + NaOH(aq) \longrightarrow NaNO_3(aq) + H_2O(l)$$

$$HCl(aq) + NaOH(aq) \longrightarrow NaCl(aq) + H_2O(l)$$

$$NH_4^+(aq) + NaOH(aq) \longrightarrow NH_3(aq) + Na^+(aq) + H_2O(l)$$

（a）根据附录 C 中数据，计算每个反应方程式的 ΔH°。（b）在 4.3 节中我们已知硝酸与盐酸是强酸。写出这些酸中和反应的净离子方程式。（c）比较前两个反应的 ΔH°，你可以得到什么结论？（d）在第三个方程式中，$NH_4^+(aq)$ 作为一种酸参与反应。根据这个反应的 ΔH°，你认为 $NH_4^+(aq)$ 是强酸还是弱酸？解释你的结论。

5.123 假设有两份溶液，一份是 50.0mL 的 1.00M $CuSO_4$，另一份是 50.0mL 的 2.00M KOH。当这两种溶液在恒压量热计中混合时，会形成沉淀，混合物的温度从 21.5℃ 上升到 27.7℃。（a）在混合前，$CuSO_4$ 溶液中存在多少 Cu（以 g 计）？（b）反应中所产生的沉淀是什么物质？（c）写出两种溶液混合时所发生反应的完整的净离子方程式。（d）根据量热数据，计算混合反应的 ΔH。假设量热计吸收的热量可以忽略不计，溶液的总体积为 100.0mL，混合后溶液的比热和密度与纯水相同。

5.124 $AgNO_3(aq)$ 与 NaCl(aq) 可发生如下所示的沉淀反应：

$$AgNO_3(aq) + NaCl(aq) \longrightarrow NaNO_3(aq) + AgCl(s)$$

（a）根据附录 C 计算这个反应的净离子反应方程式的 ΔH°。（b）与净离子反应方程式相比，分子反

应方程式的 ΔH° 值是多少并解释。（c）根据（a）与（b）计算结果并结合附录 C 中数据，确定 $AgNO_3(aq)$ 的 ΔH_f°。

5.125 一份碳氢化合物样品在 $O_2(g)$ 中完全燃烧，产生 21.83g $CO_2(g)$、4.47g $H_2O(g)$ 和 311kJ 热量。（a）这份发生燃烧的碳氢化合物样品质量是多少？（b）碳氢化合物的化学式是什么？（c）根据经验式计算碳氢化合物的 ΔH_f° 值。（d）你认为这种碳氢化合物属于附录 C 所列的碳氢化合物吗？解释你的答案。

5.126 甲烷 CH_4 分子的几何结构如图 2.17 所示。假设在一个虚拟过程中，甲烷分子可发生"扩张"，同时将所有四个碳氢键长度延伸至无穷。然后便有了下述过程：

$$CH_4(g) \longrightarrow C(g) + 4H(g)$$

（a）将上述过程与表示 $CH_4(g)$ 标准生成焓的相反过程进行比较。（b）计算每种情况的焓变。哪个过程更吸热？是什么造成了 ΔH° 值的差异？（c）假设 3.45g $CH_4(g)$ 与 1.22g $F_2(g)$ 发生反应，产物为 $CF_4(g)$ 和 HF(g)。这个反应的限制反应物是什么？如果这个反应在恒压下进行，放出的热量是多少？

5.127 最畅销的一种啤酒是酒精含量为 4.2%（体积比）的淡（低热量）啤酒。一份 12oz 淡啤酒含有 110 卡路里。已知 1 卡路里 = 1000cal = 1kcal。（a）写出并配平乙醇 C_2H_5OH 与氧气反应生成二氧化碳和水的化学方程式。（b）使用附录 C 中生成焓数据来确定这个反应的 ΔH。（c）如果啤酒总体积的 4.2% 是乙醇，并且乙醇的密度是 0.789g/mL，那么一份 12oz 的淡啤酒所含的乙醇质量是多少？（d）乙醇的新陈代谢（即（a）中反应）可以释放多少卡路里的热量？（e）110 卡路里里有多少来自乙醇？

▼

设计实验

热力学的一个重要观点是能量可以以热或功的形式传递。假设你生活在 180 年前，那时人们还没能很好地理解热和功之间的关系。你提出了一个假设即功可以转化为热，并且相同大小的功总能转化为相同大小的热。为了验证这个想法，设计一个实验，使用一个装置，通过滑轮把一个下落的重物连接到一个轴上，轴上连着一个浸没在水中的桨轮。这实际上是詹姆斯·焦耳（James Joule）在 19 世纪 40 年代做的一个经典实验。你在互联网上搜索"焦耳实验图像"就可以看到各种各样的焦耳装置图像。

（a）使用这个装置需要做什么样的测量验证你的假设呢？（b）将使用哪些方程式分析你的实验？（c）你认为能从一次实验中得到一个合理的结果吗？为什么，能或不能？（d）仪器精度会怎样影响你的实验结论呢？（e）如果你是现在而不是 180 年前做这个实验，请给出用于改善所获得数据的改进仪器设备的方法。（f）请举例说明，热与机械功以外的一种能量形式之间的关系。

第6章

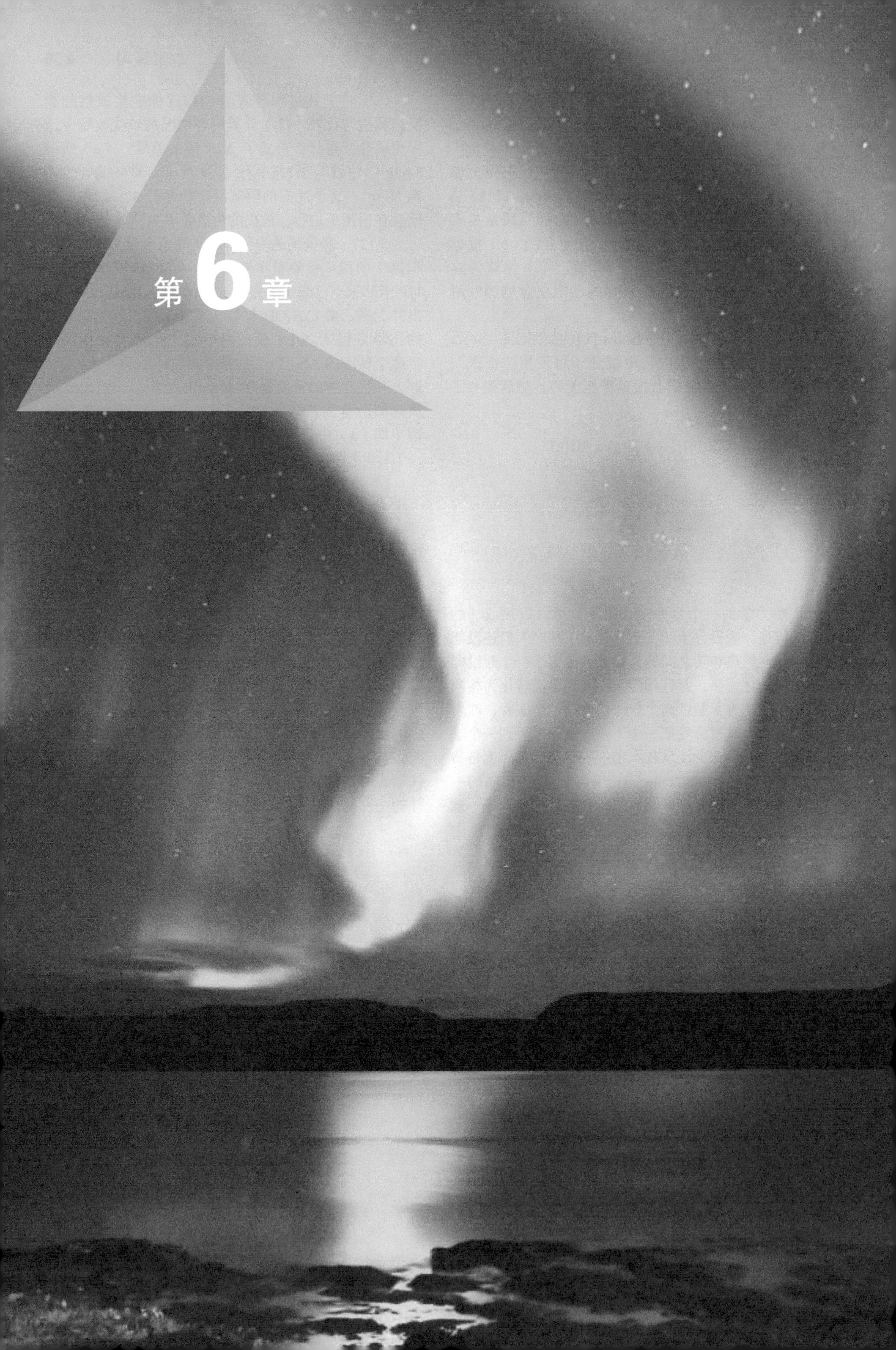

原子的电子结构

20 世纪初确实是科学发现最具革命性的时期之一。两个理论的发展导致我们对宇宙的看法发生了戏剧性的变化。第一，爱因斯坦的相对论，永远地改变了我们对时空关系的看法。第二，是本章的重点——量子理论，它解释了原子中电子的许多行为。

量子理论导致了 20 世纪科技的迅猛发展，包括引人注目的新光源，如发光二极管（LEDs）——如今在许多应用领域中被用作高质量、低能耗的光源和激光——已经彻底改变了我们生活的很多方面。量子理论还导致了固态电子技术的发展，固态电子技术是计算机、移动电话和无数其他电子设备的核心。

在这一章中，我们将探讨量子理论及其在化学中的重要性。我们先来看看光的本质以及量子理论如何改变了我们对光的描述。我们将探索量子力学中使用的一些工具，这是一种"新"的物理学，必须开发出来才能正确描述原子。然后我们将用量子理论来描述原子中电子的排列——我们称之为原子的**电子结构**。原子的电子结构是指原子中电子的数量及其在原子核周围的分布和能量。我们将看到，原子电子结构的量子描述有助于我们理解元素周期表中元素的排列——例如，为什么氦和氖都是不活泼的气体，而钠和钾都是软的、活泼的金属。

◀ 北极光或北极光在夜空中发射出鲜艳的色彩，这是由于当太阳风中的电离粒子（主要是电子和质子）激发大气中的原子或分子，使其激发到激发态。当这些被激发的原子或分子返回其基态时，就会发射出光。

▲ 图 6.1 水波 船在水中的运动形成波浪。波峰和波谷的规律性变化使我们能够感觉到波浪离开船的运动

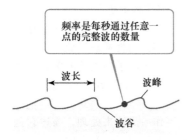

频率是每秒通过任意一点的完整波的数量

波长

波峰

波谷

▲ 图 6.2 水波 波长是两个相邻波峰或两个相邻波谷之间的距离

图例解析

如果波图 6.3a 的波长为 2.0m，频率为 1.5×10^8 个周期/s，那么波图 6.3b 的波长和频率是多少？

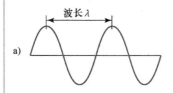

波长 λ

a)

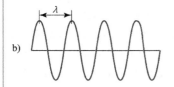

λ

b)

▲ 图 6.3 电磁波 电磁波和水波一样，也可以用波长 λ 来表示。注意波长 λ 越短，频率 ν 越大。b）中的波长是 a）中的一半，因此 b）中波的频率是 a）中的两倍

6.1 │ 光的波动性

我们目前对原子电子结构的大部分理解来自于对物质发出或吸收的光的分析。因此，要了解电子结构，我们必须首先更多地了解光。我们用眼睛看到的光是可见光，它是一种**电磁辐射**。由于电磁辐射携带能量通过空间，它也被称为*辐射能*。

除了可见光，还有许多种电磁辐射。这些不同的类型——无线电波、红外辐射（热）、X 射线——看起来可能彼此非常不同，但它们都具有某些基本特征。

所有类型的电磁辐射都以 2.998×10^8m/s 的光速在真空中传播。它们都具有类似于在水中运动的波的特性。水波是能量传递给水的结果，可能是由一块掉落的石头或一条船在水面上的运动产生的（见图 6.1）。这种能量表现为水的上下运动。

水波的横截面（见图 6.2）表明它是周期性的，这意味着波峰和波谷的图案会定期重复。两个相邻波峰（或两个相邻波谷）之间的距离称为**波长**。每秒通过某一特定点的完整波长或*周期*数就是波的**频率**。

就像水波一样，我们可以给电磁波指定一个频率和波长，如图 6.3 所示。这些和所有其他电磁辐射波的性质都是由与辐射有关的电场和磁场强度的周期性振荡造成的。

水波的速度可以根据它们产生的方式而变化——例如，快艇产生的水波比划艇产生的水波传播得快。相反，*所有的电磁辐射都以同样的速度运动，即光速*。因此，电磁辐射的波长和频率总是直接相关的。如果波长很长，每秒钟通过一个给定点的波周期就会减少，因此频率就很低。相反，若使波具有高频，它必须具有短波长。电磁辐射频率与波长的反比关系用该方程表示

$$\lambda \nu = c \tag{6.1}$$

其中，λ 是波长，ν 是频率，c 是光速。

为什么不同类型的电磁辐射有不同的性质？它们的差异是由于波长不同造成的。图 6.4 显示了按波长增加顺序排列的各种*电磁辐射*，称为电磁波谱。注意波长跨度很大。伽马射线的波长相当于原子核的直径，而无线电波的波长可以比足球场还长。还应注意，可见光在电磁波谱中所占的比例非常小，它的波长约为 400~750nm（$4 \times 10^{-7} \sim 7 \times 10^{-7}$m）。用来表示波长的长度单位取决于辐射的类型，如表 6.1 所示。

频率以每秒的周期表示，单位也称为赫兹（Hz）。因为我们知道包含了周期，所以频率的单位通常被简单地表示为"每秒"，用 s^{-1} 或 /s 表示。例如，频率为 698 兆赫（MHz），这是移动电话的典型频率，可以写成 698MHz、698000000Hz、698000000s^{-1} 或 698000000/s。

想一想

X 射线能穿透我们的身体，但可见光不能。这是因为 X 射线比可见光传播得快吗？

图例解析 微波的波长比可见光的波长长还是短？这两种波的波长相差多少个数量级？

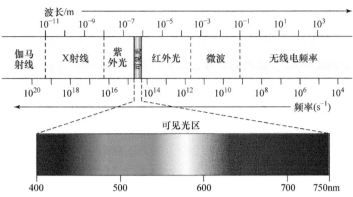

▲ 图 6.4 电磁波谱⊖ 光谱中的波长范围从很短的伽马射线到很长的无线电波

表 6.1 电磁辐射常用波长单位

单位	符号	波长 /m	辐射类型
埃	Å	10^{-10}	X 射线
纳米	nm	10^{-9}	紫外光，可见光
微米	μm	10^{-6}	红外光
毫米	mm	10^{-3}	微波
厘米	cm	10^{-2}	微波
米	m	1	电视，无线电波
千米	km	1000	无线电波

实例解析 6.1

波长和频率的概念

在空白处表示了两个电磁波。（a）哪一种波的频率较高？（b）如果波 1 代表可见光，波 2 代表红外光，它们分别对应的是哪个波？

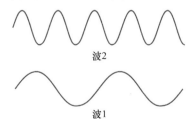

解析

（a）波 1 波长较长（峰间距离较大）。波长越长，频率 $\nu = c/\lambda$ 越低。因此，波 1 的频率较低，波 2 的频率较高。

（b）电磁波谱（见图 6.4）表明红外辐射波长比可见光长。因此，波 1 是红外辐射。

▶ **实践练习 1**

电磁辐射源产生红外光。下面哪个可能是光的波长？

（a）3.0nm （b）4.7cm （c）66.8m
（d）34.5μm （e）16.5Å

▶ **实践练习 2**

哪种可见光波长更长，红光还是蓝光？

⊖ 基于 B. A. Averill 和 P. Eldredge 的，*化学：原理，模式和应用* 第 1 版，©2007 Pearson 教育，公司

▶ 实例解析 6.2

从波长计算频率

用于公共照明的钠蒸气灯发出的黄色光波长为 589nm。这个辐射的频率是多少?

解析

分析 给出了辐射的波长 λ,要求我们计算它的频率 ν。

思路 波长与频率的关系如式(6.1)所示。我们可以推导出 ν 并用 λ 和 c 的值来得到一个数值解。(光速 c 是 3.00×10^8 m/s,有 3 位有效数字。)

解答 式 6.1 得出频率 $\nu = c/\lambda$。当带入 c 和 λ 的值时,我们注意到这两个量的长度单位是不同的。我们用一个转换因子把波长从纳米转换成米,所以单位约掉了:

$$\nu = \frac{c}{\lambda} = \left(\frac{3.00 \times 10^8 \,\text{m/s}}{589 \,\text{nm}}\right)\left(\frac{1\text{nm}}{10^{-9}\,\text{m}}\right)$$

$$= 5.09 \times 10^{14} \,\text{s}^{-1}$$

检验 由于短波长,高频是合理的。这些单位是正确的,因为频率的单位是"每秒"或 s^{-1}。

▶ 实践练习 1

思考下列阐述:(ⅰ)对于任何电磁辐射,波长和频率的乘积都是常数。(ⅱ)如果光源的波长为 3.0Å,其频率为 1.0×10^{18}Hz。(ⅲ)紫外线的速度大于微波辐射的速度。下面三个表述中哪一个是正确的?

(a)只有一个阐述是正确的(b)阐述(ⅰ)和(ⅱ)是正确的。(c)阐述(ⅰ)和(ⅲ)是正确的。(d)阐述(ⅱ)和(ⅲ)是正确的。(e)所有三个阐述都是正确的。

▶ 实践练习 2

(a)用于骨科脊柱手术的激光产生波长为 2.10μm 的辐射。计算这个辐射的频率。(b)调频广播电台以 103.4MHz(兆赫;1MHz = 10^6s^{-1})发射电磁辐射,计算这个辐射的波长。光速到 4 位有效数字是 2.998×10^8m/s。

6.2 | 量子化的能量和光子

虽然光的波动模型解释了光性质的许多方面,但这个模型不能解决一些观察到的现象。其中的三个与我们所了解的电磁辐射和原子的相互作用特别相关:(1)光的发射来自于热物体(称为黑体辐射,因为研究物体在加热之前显现黑色);(2)被光照射的金属表面的电子发射(光电效应);(3)电激发气体原子的光发射(发射光谱)。我们在这里研究前两种现象,在 6.3 节中研究第三种现象。

热物体和能量量子化

当固体受热时,它们会发出辐射,如电炉燃烧器发出的红光或钨丝灯泡发出的明亮白光。辐射的波长分布取决于物体温度;例如,一个红热的物体比一个黄热或白热的物体要凉(见图 6.5)。在 19 世纪末,许多物理学家研究了这一现象,试图理解温度与辐射强度和波长之间的关系。但现行的物理定律无法解释这些观测结果。

1900 年,德国物理学家马克斯·普朗克(1858—1947)提出了一个大胆的假设,解决了这个问题:他提出,能量只能以某种最小尺寸的不连续"块"形式被原子释放或吸收。普朗克把能以电磁辐射形式发射或吸收的最小能量称为量子(意为"固定量")。他提出单个量子的能量 E 等于一个常数乘以辐射的频率:

$$E = h\nu \qquad (6.2)$$

常数 h 叫作**普朗克常数**,并且数值为 6.626×10^{-34} 焦耳·秒(J·s)。

根据普朗克的理论,物质只能以 $h\nu$ 的整数倍发射和吸收能量,如 $h\nu$、$2h\nu$、$3h\nu$ 等。例如,如果一个原子发射的能量是 $3h\nu$,我们就说已经发射了 3 个量子(quanta 是 quantum 的复数)。因为能

▼ 图例解析

哪个温度更高:钉子发光的部分是黄色的还是红色的?

▲ 图 6.5 颜色和温度 热物体(如钉子)发出的光的颜色和强度取决于物体的温度

量只能以特定的数量释放，所以我们说允许的能量是*量子化的*——它们的值被限制在一定的数量。普朗克关于能量是量子化的革命性建议被证明是正确的，他因为在量子理论方面的工作获得了 1918 年的诺贝尔物理学奖。

如果量子化能量的概念看起来很奇怪，那么通过用斜坡和楼梯来做一个类比可能会有帮助（见图 6.6）。当你走上斜坡时，你的势能以均匀、连续的方式增加。当你爬楼梯时，你只能*在单独的*楼梯上走，而不能*在它们之间*走，所以你的势能被限制在一定的数值上，因此是量子化的。

如果普朗克量子理论是正确的，为什么它的影响在我们的日常生活中不明显？为什么能量变化看起来是连续的而不是量子化的，或者是"锯齿状的"？注意普朗克常数是一个非常小的数。因此，能量量子 $h\nu$ 是一个非常小的量。不管我们关注的是普通经验范围内的物体还是微观物体，普朗克关于能量的得失的规则总是一样的。然而，对于日常物体来说，单个量子能量的得失是如此之小，以至于完全没有人注意到。相反，在原子水平上处理物质时，量子化能量的影响要大得多。

上坡道的人的势能以均匀、连续的方式增加

> ⚠ **想一想**
>
> 考虑一下可以在钢琴上演奏的音符。钢琴在什么方面是量子化系统的一个例子？在这个类比中，小提琴是连续的还是量子化的？

光电效应和光子

普朗克提出量子理论几年后，科学家们开始看到它对许多实验观测的适用性。1905 年，阿尔伯特·爱因斯坦（1879—1955）用普朗克的理论解释了**光电效应**（见图 6.7）。光照射在洁净的金属表面会使电子从表面发射出来。电子的发射要求光有最低限度的频率，而此频率因金属的不同而不同。例如，频率为 $4.60 \times 10^{14}\,\text{s}^{-1}$ 或更大频率的光会使金属铯发射电子，但如果频率低于此，则不会发射电子。

为了解释光电效应，爱因斯坦假设撞击金属表面的辐射能量就像一股微小的能量包一样行动。每个包就像一个能量的"粒子"，叫作**光子**。扩展普朗克的量子理论，爱因斯坦推断每个光子的能量必须等于普朗克常数乘以光的频率：

$$\text{光子的能量} = E = h\nu \tag{6.3}$$

因此，辐射能本身是量子化的。

人上台阶的势能呈逐步量子化的方式增加

▲ 图 6.6　量子化相对于连续的能量变化

在适当的条件下，光子撞击金属表面可以将能量传递给金属中的电子。一定数量的能量——称为*逸出功*，它是电子克服金属中的引力所必需的。如果撞击金属的光子的能量小于逸出功，电子就不能获得足够的能量从金属中逸出。增加光源的强度不会导致电子从金属中发射出来；只有改变入射光的频率才会起作用。光的强度（亮度）与单位时间内撞击表面的光子数有关，但与每个光子的能量无关。当光子的频率大于特定金属的逸出功时，就会发射电子；光子的任何多余能量都转化为所发射电子的动能。爱因斯坦在 1921 年获得诺贝尔物理学奖，主要是因为他对光电效应的解释。

> ▽ **图例解析**
>
> 如果入射光的频率增加，射出电子的能量是增加、减少还是保持不变？

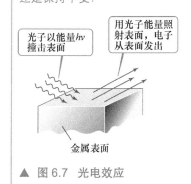

光子以能量 $h\nu$ 撞击表面

用光子能量照射表面，电子从表面发出

金属表面

▲ 图 6.7　光电效应

🔺 **想一想**

如果用一个 10W 的红色激光笔照射一个给定的金属时，能发射出电子，当同样的金属被一个 5W 的绿色激光笔照射时会发生什么？（a）会发射出电子，（b）不会发射出电子，（c）需要更多的信息来回答这个问题。

为了更好地理解光子是什么，假设有一个产生单一波长辐射的光源。进一步假设，可以越来越快地开关灯，提供越来越小的能量。爱因斯坦的光子理论告诉我们，你最终会得到最小的能量，由 $E = h\nu$ 给出。这个最小的脉冲由一个光子组成。

▶ **实例解析 6.3**

光子的能量

计算波长为 589nm 的黄色光的光子的能量。

解析

分析　要计算一个光子的能量 E，已知它的波长，$\lambda = 589\text{nm}$。

思路　我们可以用式 6.1 把波长转换成频率：$\nu = c/\lambda$，然后用式 6.3 计算能量：$E = h\nu$

解答　频率 ν，如实例解析 6.2 所示，可以由已知的波长计算出

$$\nu = (3.00\times10^{8}\text{m/s}) / (589\times10^{-9}\text{m}) = 5.09\times10^{14}\text{s}^{-1}$$

普朗克常数 h 的值，在课本和课本内封底的物理常数表中均已给出；因此，我们可以很容易地计

算出 E：

$$E = (6.626\times10^{-34}\text{J}\cdot\text{s})(5.09\times10^{-14}\text{s}^{-1}) = 3.37\times10^{-19}\text{J}$$

注解　如果一个光子提供 $3.37\times10^{-19}\text{J}$ 的辐射能我们可计算出 1mol 这些光子所提供的能量：

$$(6.02\times10^{23}\text{光子 /mol})(3.37\times10^{-19}\text{J/ 光子 }) = 2.03\times10^{5}\text{J/mol}$$

（d）$E = N_A \dfrac{h}{\lambda}$　（e）$E = N_A \dfrac{hc}{\lambda}$

▶ **实践练习 1**

下列哪个表达式正确地给出了波长为 λ 的 1mol 光子的能量？

（a）$E = \dfrac{h}{\lambda}$　（b）$E = N_A \dfrac{\lambda}{h}$　（c）$E = \dfrac{hc}{\lambda}$

▶ **实践练习 2**

（a）激光器发出频率为 $4.69\times10^{14}\text{s}^{-1}$ 的光此辐射一个光子的能量是多少？（b）如果激光器发出的脉冲包含 5.0×10^{17} 个此光子，这个脉冲的全部能量是多少？（c）如果这个激光器在脉冲期间发射 $1.3\times10^{2}\text{J}$ 能量，它发射的光子数是多少？

光的能量依赖于它频率的观点帮助我们理解不同种类的电磁辐射对物质的不同影响。例如，由于 X 射线的高频（短波长）（见图 6.4），X 射线光子会造成组织损伤，这就是为什么在 X 射线设备周围张贴警告标志的原因。

虽然爱因斯坦提出的光作为光子流而不是波的理论解释了光电效应和许多其他的现象，但他也提出了一个两难的问题。光是由波还是由粒子组成的？解决这一难题的唯一方法是采取一种似乎很奇怪的立场：我们必须认为光既具有波动特征又具有粒子特征，而且根据所处的位置，光的行为将会或者更像波，或者更像粒子。我们很快就会发现这种波粒二象性也是物质的一种特性。

🔺 **想一想**

你认为彩虹的形成更像能证明光的波动性还是光的粒子性？

6.3 | 线状光谱和玻尔模型

普朗克和爱因斯坦的工作为理解电子在原子中的排列方式铺平了道路。1913 年，丹麦物理学家尼尔斯·玻尔（Niels Bohr，见图 6.8）对*线状光谱*提出了理论解释，这是 19 世纪困扰科学家的另一个现象。我们将看到玻尔用普朗克和爱因斯坦的思想来解释了氢的线状光谱。

▲ 图 6.8 尼尔斯·玻尔（1885—1962） 这张 20 世纪 60 年代的丹麦邮票是为了纪念玻尔的原子模型

线状光谱

一种特定的辐射源可以发出单一波长的光，就像激光器发出的光一样。由单一波长构成的辐射是*单色的*。然而，大多数常见的辐射源，包括白炽灯泡和恒星，都会产生包含许多不同波长的辐射，即*多色*辐射。当一个多色源的辐射被分解为其组成波长时，就产生了**光谱**，如图 6.9 所示。由此产生的光谱由一系列连续的颜色组成——紫色融合成靛蓝，靛蓝融合成蓝色，等等，没有（或很少有）空白的点。这种包含所有波长的光的彩虹称为**连续光谱**。连续光谱最常见的例子是雨滴或薄雾作为太阳光棱镜时产生的彩虹。

并不是所有的辐射源都能产生连续光谱。当高压作用于含有不同气体的管道时，这些气体在较低的压力下会发出不同颜色的光（见图 6.10）。氖气体发出的光是我们所熟悉的许多"氖"灯发出的橙红色光芒，而钠蒸汽发出的光具有现代路灯的黄色的特征。

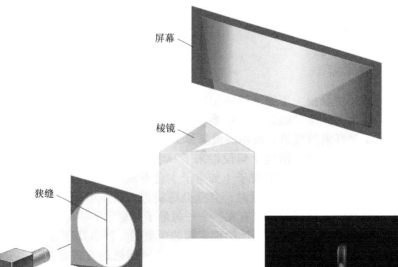

屏幕

棱镜

狭缝

光源

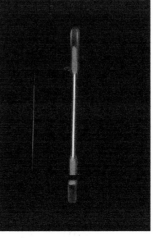

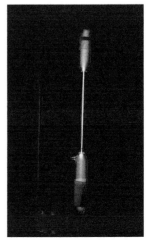

◀ 图 6.9 创建一个光谱 当一小束白光通过棱镜时，产生连续可见光谱。白光可以是阳光，也可以是白炽灯发出的光

▶ 图 6.10 氢和氖的原子发射光谱 当电流通过不同的气体时，它们会发出不同特征颜色的光

氖(Ne)　　氢(H)

▶ 图 6.11 **氢和氖的线状光谱** 这些彩色的线出现在发射区域内的波长处。黑色区域是在发射中不产生光的波长

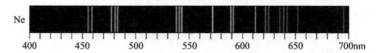

当来自这种管的光通过棱镜时，在合成光谱中只有几个波长存在（见图 6.11）。在这样的光谱中，每条有颜色的线代表一个波长的光。只包含特定波长辐射的光谱称为**线状光谱**。

当科学家们在 19 世纪中期首次探测到氢的谱线时，他们被它的简洁性所吸引。当时，在波长 410nm（紫色）、434nm（蓝色）、486nm（蓝绿色）和 656nm（红色）处只观察到 4 条线（见图 6.11）。1885 年，一位名叫约翰·巴尔麦（Johann Balmer）的瑞士教师指出，这四种线的波长符合一个有趣的简单公式，即波长与整数有关。后来，在氢谱的紫外和红外区域发现了更多的谱线。很快巴尔麦的方程扩展到另一个方程，叫作*里德伯（Rydberg）方程*，它能让我们计算所有氢谱线的波长：

$$\frac{1}{\lambda} = (R_H)\left(\frac{1}{n_1^2} - \frac{1}{n_2^2}\right) \tag{6.4}$$

在此公式中，λ 是一个谱线的波长，R_H 是*里德伯（Rydberg）常数* $1.096776 \times 10^7 \text{m}^{-1}$，$n_1$ 和 n_2 为正整数，且 n_2 大于 n_1。这个方程如此简单，如何解释呢？用了近 30 年的时间才回答了这个问题。

玻尔模型

卢瑟福关于原子核的发现（见 2.2 节）表明，原子可以被认为是一个"微观的太阳系"，其中电子围绕原子核运行。为了解释氢的线谱，玻尔假设氢原子中的电子沿原子核周围的圆形轨道运动，但这个假设带来了一个问题。根据经典物理学，沿圆周运动的带电粒子（如电子）会不断地失去能量。因此，当一个电子失去能量时，它就会螺旋进入带正电荷的原子核。然而，这种行为并没有发生——氢原子是稳定的。那么，我们如何解释这种明显违反物理定律的现象呢？玻尔处理这个问题的方式，与普朗克处理热物体辐射本质问题的方式非常相似：他假定，普遍存在的物理定律不足以描述原子的所有方面。此外，他采纳了普朗克的能量是量子化的观点。

玻尔的模型基于三个假设：

1. 氢原子中的电子只允许存在于对应一定能量的，有一定半径的轨道中。

2. 在允许轨道上的电子处于"允许"能态。处于允许能态的电子不辐射能量，因此也不螺旋进入原子核。

3. 只有当电子从一种允许的能态转变为另一种能态时，能量才会被电子释放或吸收。这种能量以能量 $E = h\nu$ 的光子的形式发射或吸收。

想一想

参考图 6.6，H 原子的玻尔模型中允许的能量状态是更像台阶还是更像斜坡？

氢原子的能态

从玻尔的三个假设开始，使用经典的运动和电荷相互作用方程，玻尔计算了氢原子中电子的轨道所对应的能量。最终，计算出的能量符合公式

$$E = (-hcR_H)\left(\frac{1}{n^2}\right) = (-2.18 \times 10^{-18}\,J)\left(\frac{1}{n^2}\right) \quad (6.5)$$

其中，h，c 和 R_H 分别是普朗克常数，光速和里德伯（Rydberg）常数。整数 n 的整数值为 1，2，3，…，∞，称为**主量子数**。

每个允许轨道对应不同的 n 值，轨道半径随着 n 的增加而增大。因此，第一个允许轨道（离原子核最近的轨道）有 $n = 1$，第二个允许轨道（离原子核第二近的一个轨道）有 $n = 2$，以此类推。氢原子中的电子可以在任何允许轨道上，式（6.5）告诉了我们电子在每个允许轨道上的能量。

注意，式（6.5）给出的电子能量对于 n 的所有值都是负的。能量越低（越负），原子就越稳定。$n = 1$ 时能量最低（最负）。n 越大，负能量越小，能量也就越大。我们可以把这种情况比作梯子，梯子的梯阶是从底部开始编号的。爬得越高（n 的值越大），能量就越高。最低能态（$n = 1$，类似于最低能级）称为原子的基态。当电子处于高能量态（$n = 2$ 或更高）时，原子处于激发态。图 6.12 显示了几个 n 值下氢原子的允许能级。

想一想

当轨道的能级变得更负时，电子对原子核的吸引力是更强还是更弱？轨道半径是增大还是减小？

当 n 无限大时会发生什么？半径增大，电子与原子核之间的引力能趋于零，所以当 $n = \infty$ 时，电子与原子核完全分离，电子能量为零：

$$E = (-2.18 \times 10^{-18}\,J)\left(\frac{1}{\infty^2}\right) = 0$$

电子与原子核完全分离的状态称为氢原子的**参考状态**，或**零能状态**。

在玻尔的第三个假设中，电子可以通过吸收或发射光子从一个允许的轨道"跳跃"到另一个允许的轨道，光子的辐射能恰好对应于两个轨道之间的能量差。电子必须吸收能量才能跃迁到高能量态（n 的值较高），反之，当电子跃迁到低能态（n 的值较低）时就会发射出辐射能。

让我们考虑这样一种情况：电子从主量子数 n_i 和能量 E_i 的初始状态跳跃到主量子数 n_f 和能量 E_f 的最终状态。利用式（6.5），我们看到这个跃迁的能量变化量是

图例解析

如果电子从 $n = 3$ 的状态跃迁至 $n = 2$ 的状态导致发射可见光，那么从 $n = 2$ 的状态跃迁至 $n = 1$ 的状态，更可能导致红外光还是紫外光的发射？

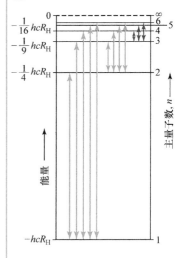

▲ 图 6.12 玻尔模型中氢原子的能级 箭头所指的是电子从一种允许能态到另一种允许能态的跃迁。所示的状态是从 $n = 1$ 到 $n = 6$ 的状态，以及能量 E 为零的 $n = \infty$ 的状态

▽ **图例解析**

哪个跃迁会导致发射波长较长的光 $n = 3$ 到 $n = 2$，还是 $n = 4$ 到 $n = 3$？

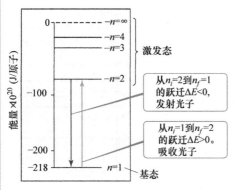

从 $n_i = 2$ 到 $n_f = 1$ 的跃迁 $\Delta E < 0$，发射光子

从 $n_i = 1$ 到 $n_f = 2$ 的跃迁 $\Delta E > 0$。吸收光子

▲ 图 6.13 氢原子中吸收和发射光子的能量状态变化

$$\Delta E = E_f - E_i = (-2.18 \times 10^{-18} \text{J}) \left(\frac{1}{n_f^2} - \frac{1}{n_i^2} \right) \quad (6.6)$$

ΔE 符号的意义是什么？注意，当 n_f 大于 n_i 时 ΔE 是正的。这对我们来说是有意义的，因为这意味着电子跃迁到一个能量更高的轨道。反之，当 n_f 小于 n_i 时，ΔE 为负；电子跃迁到较低能级的轨道。

如上所述，从一种允许状态到另一种状态的转变将涉及光子。光子 $E_{光子}$ 的能量必须等于两种状态 E 之间的能量差 ΔE。当 ΔE 为正时，随着电子跃迁到更高的能级，必须吸收光子。当 ΔE 为负时，随着电子下降到较低能级，发射出光子。在这两种情况下，光子的能量必须与状态之间的能量差相匹配。因为频率 ν 总是一个正数，所以光子 $h\nu$ 的能量一定是正的。因此，光子的符号意味着能量被吸收或发射：

$\Delta E > 0 \, (n_f > n_i)$：光子吸收的能量 $E_{光子} = h\nu = \Delta E$

$\Delta E < 0 \, (n_f < n_i)$：光子发射的能量 $E_{光子} = h\nu = -\Delta E$ $\quad (6.7)$

图 6.13 总结了这两种情况。我们看到，玻尔氢原子模型得出的结论是，只有满足式（6.7）的特定频率的光才能被原子吸收或发射。

通过考虑电子从 $n_i = 3$ 转移到 $n_f = 1$ 的跃迁，让我们观察如何应用这些概念。由式（6.6）得到

$$\Delta E = (-2.18 \times 10^{-18} \text{J}) \left(\frac{1}{1^2} - \frac{1}{3^2} \right) = (-2.18 \times 10^{-18} \text{J}) \left(\frac{8}{9} \right) = -1.94 \times 10^{-18} \text{J}$$

ΔE 的值是负的——这是有道理的，因为电子从能量较高的轨道（$n = 3$）下降到能量较低的轨道（$n = 1$）。在这个跃迁过程中发射出来光子，光子的能量等于 $E_{光子} = h\nu = -\Delta E = +1.94 \times 10^{-18} \text{J}$。

▲ **想一想**

上面方程 ΔE 前面是减号意味着什么？

知道了发射光子的能量，我们就可以计算出它的频率或波长。对于波长，我们将式（6.1）（$\lambda = c/\nu$）和式（6.3）（$E_{光子} = h\nu$）结合得到

$$\lambda = \frac{c}{\nu} = \frac{hc}{E_{光子}} = \frac{hc}{-\Delta E} = \frac{(6.626 \times 10^{-34} \text{J·s})(2.998 \times 10^8 \text{m/s})}{1.94 \times 10^{-18} \text{J}} = 1.02 \times 10^{-7} \text{m}$$

因此，发射波长为 1.02×10^{-7}m（102nm）的光子。

我们现在能够理解巴尔麦首次发现的氢的线状光谱是多么的简单。我们认识到线状光谱是这些跃迁发射的结果，因此，$E_{光子} = h\nu = hc/\lambda = -\Delta E$。结合式（6.5）和式（6.6），我们看到

$$E_{光子} = \frac{hc}{\lambda} = -\Delta E = hcR_H \left(\frac{1}{n_f^2} - \frac{1}{n_i^2} \right) \text{（对于发射）}$$

由此可知

$$\frac{1}{\lambda} = \frac{hcR_H}{hc} \left(\frac{1}{n_f^2} - \frac{1}{n_i^2} \right) = R_H \left(\frac{1}{n_f^2} - \frac{1}{n_i^2} \right), \text{ 此处} n_f < n_i$$

因此，不连续谱线的存在可以归因于电子在能级之间的量子化跃迁。

想一想

判断对错：氢原子可以发射出的光子能量有一个上限。

实例解析 6.4

氢原子光谱中的电子跃迁

在氢原子玻尔模型中，电子被限制在半径固定的轨道上，这些半径可以计算出来。

前四个轨道的半径分别为 0.53、2.12、4.76 和 8.46Å，如下图所示。

（a）如果一个电子从 $n_i = 4$ 的能级跃迁到 $n_f = 3$，2 或 1 的低能级，哪个跃迁会产生波长最短的光子？

（b）这种光子的能量和波长是什么？它位于电磁波谱的哪个区域？

（c）右边的图像显示了一个探测器的输出，它测量了氢原子样品被激发后发出的光的强度，因此每个原子开始时都有一个处于 $n = 4$ 状态的电子。被检测到的跃迁的最终状态 n_f 是什么？

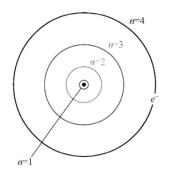

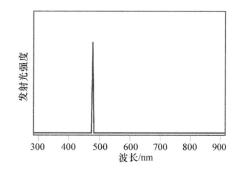

解析

分析 要求我们确定与不同跃迁有关的能量和波长，这些跃迁包括 1 个电子从氢原子 $n = 4$ 的能级跃迁到三种较低的能级之一。

思路 给定了表示电子初始和最终状态的整数，我们可以用式（6.6）来计算光子发射的能量，然后用 $E = h\nu$ 和 $c = \nu\lambda$ 的关系把能量转换成波长。能量最高的光子波长最短，因为光子能量与波长成反比。

解答

（a）由 $E = h\nu = hc/\lambda$ 关系式可知，光子的波长与其能量有关，因此波长最短的光子能量最大。电子轨道的能级随着 n 的减小而减小。

电子从 $n_i = 4$ 态过渡到 $n_f = 1$ 态时损失的能量最大，在跃迁过程中发出的光子能量最高，波长最短。

（b）我们首先使用式（6.6）计算光子的能量

其中，$n_i = 4$，$n_f = 1$：

$$\Delta E = -2.18 \times 10^{-18}\,\text{J}\left(\frac{1}{1^2} - \frac{1}{4^2}\right) = -2.04 \times 10^{-18}\,\text{J}$$

$$E_{\text{光子}} = -\Delta E = 2.04 \times 10^{-18}\,\text{J}$$

接下来我们重新整理普朗克的关系来计算发射光子的频率。

$$\nu = E/h = (2.04 \times 10^{-18}\,\text{J})/(6.626 \times 10^{-34}\,\text{J·s})$$
$$= 3.02 \times 10^{15}\,\text{s}^{-1}$$

最后，我们用频率来确定波长。

这种波长的光落在电磁波谱的紫外区。

$$\lambda = c/\nu = (2.998 \times 10^8\,\text{m/s})/(3.02 \times 10^{15}\,\text{s}^{-1})$$
$$= 9.72 \times 10^{-8}\,\text{m} = 97.2\,\text{nm}$$

（c）根据图示，我们计算出光子的波长约为 480nm。从波长出发，用式（6.4）估计 n_f 最简单：

$$\frac{1}{\lambda} = R_H\left(\frac{1}{n_f^2} - \frac{1}{n_i^2}\right)$$

整理：

所以 $n_f = 2$，探测器看到的光子是电子从 $n_i = 4$ 状态跃迁到 $n_f = 2$ 状态时发射的光子。

$$\frac{1}{n_f^2} = \frac{1}{n_i^2} + \frac{1}{R_H \lambda} = \frac{1}{4^2} + \frac{1}{(1.097 \times 10^7 \text{ m}^{-1})(480 \times 10^{-9} \text{ m})}$$

$$\frac{1}{n_f^2} = 0.25$$

检验　回顾图 6.12，我们确定 $n = 4$ 到 $n = 1$ 的跃迁应该是三种可能跃迁中能量最大的跃迁。

（a）3　（b）4　（c）5　（d）6　（e）7

▶ **实践练习 1**

在图 6.11 的上半部分，H 原子光谱中的四条线是由 $n_i > 2$ 能级到 $n_f = 2$ 能级的跃迁引起的。光谱中红线的 n_i 值是多少？

▶ **实践练习 2**

对于下面的每一个跃迁，给出 ΔE 的符号，并指出是发射还是吸收光子。（a）$n = 3$ 到 $n = 1$ （b）$n = 2$ 到 $n = 4$

玻尔模型的局限性

尽管玻尔模型解释了氢原子的线状光谱，但它只能粗略地分析，不能解释其他原子的光谱。玻尔还回避了为什么带负电荷的电子不会落入带正电荷的原子核的问题，只是简单地假设它不会发生。此外，我们将看到玻尔提出的电子以固定距离绕原子核旋转的模型是不现实的。正如我们将在第 6.4 节中看到的，电子表现出类似于波的性质，这是任何可接受的电子结构模型都必须适应的事实。

事实证明，玻尔模型只是朝着开发更全面模型的方向迈出的重要一步。玻尔模型最重要的贡献是，它引入了我们目前模型也纳入的两个重要概念：

1.电子只存在于一定的不连续能级中，这些能级用量子数来描述。

2.电子从一个能级跃迁到另一个能级涉及到了能量。

现在，我们将开始继续研发玻尔模型，这要求我们更仔细地观察物质的行为。

6.4 │ 物质的波动性

这些年来，随着玻尔氢原子模型的发展，辐射能量的双重性成为人们熟悉的概念。根据经验情况，辐射似乎具有波动性或粒子性（光子）的特征。路易斯·维克多·德布罗意（1892—1987）在巴黎索邦神学院攻读物理学博士研究学位论文时，大胆地扩展了这个想法：在适当的条件下，如果辐射能可以表现的好像是一股粒子（光子）流，那么，物质在适当的条件下，可能显示出波的属性吗？

德布罗意认为，在原子核周围运动的电子表现得像波，因此具有波长。他提出，电子或任何其他粒子的波长取决于其质量 m 和速度 v：

$$\lambda = \frac{h}{mv} \tag{6.8}$$

其中，h 是普朗克常数。对于任何物体 mv 的量，被叫作**动量**。德布罗意使用术语**物质波**去描述物质粒子的波动性。

实例解析 6.5

物质波

以 5.97×10^6m/s 的速度运动的电子的波长是多少? 电子的质量是 9.11×10^{-31}kg。

解析

分析 已知电子的质量 m 和速度 v，我们一定可以计算它的德布罗意波长 λ。

思路 运动粒子的波长由式（6.8）给出，所以

λ 是通过代入已知的量 h、m、v 来计算的，但是在计算过程中我们必须注意单位。

解答

使用普朗克常数的值:

$$h = 6.626 \times 10^{-34} \text{J} \cdot \text{s}$$

我们使用下列式子:

$$\lambda = \frac{h}{mv}$$

$$= \frac{(6.626 \times 10^{-34} \text{J} \cdot \text{s})}{(9.11 \times 10^{-31} \text{kg})(5.97 \times 10^6 \text{m/s})}\left(\frac{1\text{kg} \cdot \text{m}^2/\text{s}^2}{1\text{J}}\right)$$

$$= 1.22 \times 10^{-10} \text{m} = 0.122\text{nm} = 1.22\text{Å}$$

注解 将这个值与图 6.4 所示的电磁辐射波长进行比较，可以看出这个电子的波长与 X 射线的波长基本相同。

▶ **实践练习 1**

研究以下三个移动的对象:（i）质量为 45.9g，移动速度为 50.0m/s 的高尔夫球,（ii）移动速度为 3.50×10^5m/s 的电子,（iii）移动速度为 2.3×10^2m/s

的中子。按照德布罗意波长从短到长的顺序，排列这三个物体

（a）i < iii < ii　（b）ii < iii < i　（c）iii < ii < i
（d）i < ii < iii　（e）iii < i < ii

▶ **实践练习 2**

计算德布罗意波长为 505pm 的中子的速度。中子的质量在书封底内页中给出。

由于德布罗意的假设适用于所有的物质，任何质量为 m、速度为 v 的物体都会产生一种特殊的物质波。然而，式（6.8）表明，与普通大小的物体（如高尔夫球）相关联的波长如此之小，以至于完全无法观测到。但对于电子就不一样了，因为它的质量很小，就像我们在实例解析 6.5 中看到的那样。

在德布罗意发表他的理论几年后，电子的波性质得到了实验证明。当 X 射线穿过晶体时，干涉图样的结果具有电磁辐射波状性质的特征，这种现象称为 X 射线衍射。当电子穿过晶体时，它们也会发生类似的衍射。因此，流动的电子流表现出与 X 射线和所有其他类型的电磁辐射相同的波行为。

电子衍射技术已经得到了高度发展。例如，在电子显微镜中，电子的波特性被用来获得原子尺度的图像。这种显微镜是研究高倍表面现象的重要工具（见图 6.14）。由于电子的波长比可见光的波长小得多，所以电子显微镜能把物体放大 300 万倍，远远超过可见光 1000 倍。

▲ 图 6.14 电子波 石墨烯的透射电子显微图，其碳原子呈六角形蜂窝状排列。每个亮黄色的"山"表示一个碳原子

想一想

一个棒球手以每小时 95 英里的速度投出一个棒球。移动的棒球会产生物质波吗? 如果是这样，我们能观察到吗?

▲ 图 6.15   维尔纳 · 海森堡 （1901—1976） 在尼尔斯 · 玻尔的博士后助理期间，海森堡阐述了他著名的不确定原理。32岁的他是获得诺贝尔奖最年轻的科学家之一

不确定原理

物质波性质的发现提出了一些新的、有趣的问题。例如，考虑一个滚下斜坡的球。利用经典物理方程，我们可以非常精确地计算出球在任何时刻的位置、运动方向和速度。我们能对一个电子做同样的事情吗？波在空间中扩展，它的位置没有精确的定义。因此，我们可以预见，在某一特定时刻，要准确地确定一个电子的位置是不可能的。

德国物理学家维尔纳 · 海森堡（见图 6.15）提出，物质的双重性对我们如何精确地知道一个物体在给定时刻的位置和动量造成了根本性的限制。这种限制只有在我们处理亚原子级的物质时才变得重要（也就是说，质量和电子的质量一样小）。海森堡原理被称为**不确定原理**。当应用于原子中的电子时，这一原理表明，我们不可能同时知道电子的确切动量和它在空间中的确切位置。

海森堡将位置（Δx）的不确定性和动量 $\Delta(mv)$ 的不确定性与普朗克常数相关联：

$$\Delta x \cdot \Delta(mv) \geq \frac{h}{4\pi} \qquad (6.9)$$

一个简单的计算说明了不确定性原理的重大含义。电子的质量为 9.11×10^{-31}kg，在氢原子中以 5×10^6m/s 的平均速度运动。假设我们知道速度 1% 的不确定性 [也就是说（0.01）（5×10^6）m/s = 5×10^4m/s]，并且这是唯一的动量的不确定性的重要来源，所以，$\Delta(mv) = m\Delta v$。我们可以用式（6.9）来计算电子的位置的不确定性：

$$\Delta x \geq \frac{h}{4\pi m \Delta v} = \left(\frac{6.626 \times 10^{-34} \text{J·s}}{4\pi(9.11 \times 10^{-31}\text{kg})(5 \times 10^4 \text{m/s})} \right) = 1 \times 10^{-9}\text{m}$$

由于氢原子的直径约为 1×10^{-10}m，所以电子在原子中位置的不确定性比原子的大小大 1 个数量级。因此，我们根本不知道电子在原子中的位置。另一方面，如果对一个普通质量的物体（如网球）重复计算，不确定度将非常小，因此并不重要。在这种情况下，m 很大，Δx 超出了测量范围，因此没有实际的意义。

德布罗意的假设和海森堡不确定原理为一种新的、更广泛适用的原子结构理论奠定了基础。在这种方法中，任何精确定义电子瞬时位置和动量的尝试都被放弃了。电子的波性质被认识，并且它的行为被用与波相适合的术语描述。其结果是产生了一个精确描述电子的能量，而不是精确地描述它的位置，用概率来描述的模型。

深入探究 | 测量与不确定原理

无论什么时候进行测量，都存在一些不确定性。我们对球、火车或实验室设备等普通尺寸物体的经验表明，使用更精确的仪器可以降低测量的不确定性。事实上，我们可能期望测量中的不确定性可以变得无穷小。然而，不确定原理指出，测量的准确性是有实际限制的。这一限制并不是对如何更好地制造仪器的限制；相反，它是与生俱来的。这个限制在处理普通大小的物体时没有实际的意义，但在处理亚原子粒子（如电子）时，它具有重大意义。

要测量一个物体，我们必须用测量装置去干扰它，至少一点点。想象一下，用手电筒在黑暗的房间里找到一个大橡皮球。当手电筒的光线反射到球上，击中你的眼睛时，你就看到了球。当一束光子击中这种大小的物体时，它不会在任何实际范围内改变其位置或动量。然而，想象一下，你希望通过类似地将光线反射到某个探测器，从而来定位一个电子。而物体的定位精度不超过所使用的辐射波长，这会有什么影响。

因此，如果我们想要精确地测量电子的位置，就必须使用短波。这意味着必须使用高能光子。光子拥有的能量越多，当它们撞击电子时，传递给电子的动量就越多，这就以一种不可预测的方式改变了电子的运动。精确测量电子位置的尝试在其动量中引入了相当大的不确定性；在某一时刻测量电子位置的行为使我们不能准确地认识其未来的位置。

那么，假设我们使用波长更长的光子。因为这些光子的能量较低，所以在测量过程中，电子的动量变化不大，但同时较长的波长限制了电子位置确定的准确性。

这就是不确定原理的本质：*不能同时确定电子的位置和动量，此不确定性不能被减小到某一最小水平。而且。一个知道得越准确，另一个就知道得越不准确。*

虽然我们永远无法知道电子的确切位置和动量，但我们可以讨论它在空间中特定位置的概率。在第6.5节中，我们介绍了一个原子模型，它提供了在原子的某些位置找到具有特定能量的电子的概率。

***相关练习**：6.51，6.52，6.96，6.97*

　想一想

当一个物体的质量增加时，不确定原理的含义变得更重要还是更不重要？

6.5 │ 量子力学和原子轨道

1926 年，奥地利物理学家欧文·薛定谔（Erwin Schrodinger，1887—1961）提出了一个方程，现在被称为*薛定谔波动方程*，它包含了电子的波动性和粒子性行为。他的工作开创了一种处理亚原子粒子的新方法，这种方法被称为*量子力学*或*波力学*。薛定谔方程的应用需要高级微积分作为工具，所以我们不关心它的细节。然而，我们将定性地考虑薛定谔得到的结果，因为它们为我们提供了一种观察电子结构的有力的新方法。让我们从最简单的氢原子的电子结构开始。

薛定谔将氢原子中的电子视为粗细不匀的吉他弦上的波（见图 6.16）。因为这种波不在空间中传播，所以称为驻波。正如弹拨吉他弦产生的驻波具有基本频率和较高的泛音（谐波）一样，电子也表现出最低和较高能量的驻波。

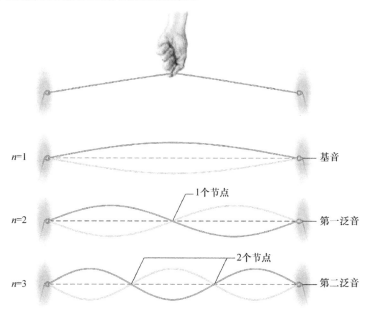

◀ 图 6.16　振动弦上的驻波

此外，就像吉他弦的泛音有节点（即波的大小为零的点）一样，电子的波特性也是如此。

求解氢原子薛定谔方程，得到一系列描述原子中电子的数学函数即**波函数**。这些波函数通常用符号 ψ（小写希腊字母 psi）表示。虽然波函数没有直接的物理意义，但波函数的平方 ψ^2 提供了电子处于允许能态时的位置信息。

对于氢原子，允许的能量与玻尔模型预测的能量相同。然而，玻尔模型假设电子在原子核周围某个特定半径的圆形轨道上。但在量子力学模型中，电子的位置不能简单地描述出来。

根据不确定原理，如果我们能准确地知道电子的动量，我们就不能准确地确定它的位置。因此，我们不能指望确定单个电子在原子核周围的确切位置。相反，我们必须满足于某种统计知识。因此，我们说的是电子在某一时刻处于空间某一特定区域的*概率*。结果是，波函数的平方 ψ^2，代表了在空间的某一点发现电子的概率。因此，ψ^2 既可以称为**概率密度**，也可以称为**电子密度**。

> ▲ **想一想**
>
> 说明"电子位于空间中的特定点"和"电子极有可能位于空间中的特定点"之间有什么区别？

图 6.17 显示了在原子的不同区域中发现电子的概率的一种表示方法，其中点的密度表示发现电子的概率。点密度高的区域对应 ψ^2 的相对值较大，因此是发现电子的高概率区域。基于这种表示，我们通常把原子描述为被电子云包围的原子核组成。

轨道和量子数

解薛定谔氢原子方程得到一组波函数，称为**轨道**。每个轨道都有其特有的形状和能量。例如，氢原子的最低能量轨道如图 6.17 所示而呈球形，并且能量为 -2.18×10^{-18}J。注意*轨道*（量子力学模型，它描述了电子的概率，可视化为"电子云"）并不等同于玻尔模型中的*轨道*（玻尔模型，可视化为电子在物理的轨道上运动，像行星围绕恒星）。量子力学模型不涉及轨道，因为电子在原子中的运动不能被精确地确定（海森堡不确定原理）。

玻尔模型引入了一个量子数 n 来描述轨道。量子力学模型使用了三个量子数 n，l 和 m_l，这是由描述轨道的数学公式自然得出的。

1. 主量子数 n 可以有正的整数值 1，2，3，…随着 n 的增加，轨道变大，电子在离原子核更远的地方停留的时间更长。n 的增加也意味着电子具有更高的能量，因此与原子核的结合不那么紧密。对于氢原子，$E_n = -(2.18 \times 10^{-18}J)(1/n^2)$，如玻尔模型所示。

2. 第二个量子数—**角动量量子数**，l—对于每一个 n 值，有从 0 到 $n-1$ 的整数值。这个量子数定义了轨道的形状，一个特定轨道的 l

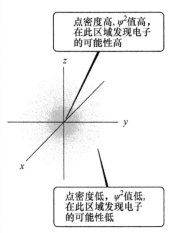

> 点密度高，ψ^2 值高，在此区域发现电子的可能性高

> 点密度低，ψ^2 值低，在此区域发现电子的可能性低

▲ 图 6.17　电子—密度分布

此图表示在基态氢原子中发现电子的概率 ψ^2。坐标系的原点在原子核处

| 深入探究 | 思维实验和薛定谔的猫 |

由相对论和量子论引起的科学思想革命不仅改变了科学，而且还深刻地改变了我们对周围世界的理解。在相对论和量子论出现以前，主流的物理理论本质上是*确定性的*：一旦给定了一个物体的特定条件（位置、速度、作用在物体上的力），我们就可以在未来的任何时刻准确地确定物体的位置和运动。这些理论，从牛顿定律到麦克斯韦的电磁理论，成功地描述了物理现象，如行星的运动、投射物的轨迹、以及光的衍射。

相对论和量子论都对宇宙的决定论提出了挑战，而且在某种程度上甚至在发展这种理论的科学家中也引起了极大的不安。科学家们用来检验这些新理论的一个常用方法就是所谓的思维实验。思维实验是一种假设情景，它能在给定的理论中导致悖论。让我们简要讨论其中一个用于测试量子理论中思想的思维实验。

量子理论对物质的非确定性描述引起了大量的讨论。我们在本章中已经谈到了这两个领域。首先，我们已经看到对光和物质的描述变得不那么清晰了——光具有粒子的性质，而物质具有波的性质。对结果的描述——我们只能谈论电子在某一特定位置的概率，而不能确切地知道它在哪里——这对许多人来说非常麻烦。例如，爱因斯坦曾以匿名的方式说过，"上帝不会和这个世界玩骰子"[⊖]关于这种概率描述。海森堡的不确定性原理确保我们无法准确地知道一个粒子的位置和动量，这也引发

了许多哲学问题——事实上，问题如此之多，以至于海森堡在1958年写了一本名为《物理学和哲学》的书。

量子理论早期最著名的思想实验之一是由薛定谔提出的，现在被称为"薛定谔的猫"。这个实验提出了一个问题，一个系统在观测之前是否可以有多个可接受的波函数。换句话说，如果我们不观察一个系统，我们能知道它的状态吗？在这个悖论中，一只假想的猫被放置在一个密封的盒子里，盒子里有个会随机地给猫注射致命剂量毒药的仪器（它听起来很奇怪）。根据量子理论的相互作用，在打开盒子，观察到猫之前，必须同时存在猫是活的还是死的两种想法。

薛定谔提出这个悖论是为了指出量子结果的某些解释中的弱点，但这个悖论却导致了一场关于薛定谔的猫的命运和意义的持续而热烈的辩论。2012年，法国的塞尔日·阿罗什（Serge Haroche）和美国的戴维·维恩兰（David Wineland）获得了诺贝尔物理学奖，以表彰他们在不破坏量子状态的前提下观察量子态（光子或粒子的状态）的巧妙方法。在这样做的过程中，他们观察了通常被称为系统的"怪态"，其中光子或粒子同时以两种不同的量子态存在。这确实是一个令人费解的悖论，但它可能最终导致利用同步状态创造所谓量子计算机和更精确时钟的新方法。

相关练习：6.97

值通常由 *s*、*p*、*d* 和 *f* 的字母来表示，[⊖]对应的 *l* 值为 0, 1, 2, 和 3：

L 值	0	1	2	3
使用的字母	*s*	*p*	*d*	*f*

3. 磁量子数，m_l，可在 $-l$ 和 l 之间取包括零的整数值。正如我们在第6.6节中讨论的，这个量子数描述了轨道在空间中的方向。

注意，因为 *n* 值可以是任意正整数，氢原子有无限个轨道。然而，在任何给定的时刻，氢原子中的电子只由其中一个轨道来描述——我们说电子*占据*一个特定的轨道。剩下的轨道*没有被*氢原子的特定状态*占据*。我们主要关注 *n* 值较小的轨道。

⚠ **想一想**

在玻尔原子模型中，特定轨道上的电子与原子核之间的距离是固定的吗？对于在特定轨道中的电子，这个距离是固定的吗？

[⊖] 赫尔曼、威廉，*爱因斯坦与诗人：寻找宇宙人*，布兰登出版社，1983年第1版
[⊖] 这些字母来自于"*sharp, principal, diffuse* 和 *fundamental*"等词，这些词在量子力学发展之前被用来描述光谱的某些特征。

表 6.2 中 n, l 和 m_l 值到 n 之间的关系 $n=4$

n	可能的 l 值	亚层的表示	可能的 m_l 值	亚层轨道的数量	层中轨道的总数
1	0	$1s$	0	1	1
2	0	$2s$	0	1	
	1	$2p$	1, 0, −1	3	4
3	0	$3s$	0	1	
	1	$3p$	1, 0, −1	3	
	2	$3d$	2, 1, 0, −1, −2	5	9
4	0	$4s$	0	1	
	1	$4p$	1, 0, −1	3	
	2	$4d$	2, 1, 0, −1, −2	5	
	3	$4f$	3, 2, 1, 0, −1, −2, −3	7	16

具有相同 n 值的轨道集合称为**电子壳层**。例如，所有 $n=3$ 的轨道，都在第三层。具有相同 n 和 l 值的一组轨道叫作**亚层**。每个亚层由一个数字（n 的值）和一个字母（s，p，d，f，对应于 l 的值）来表示。例如，$n=3$ 和 $l=2$ 的轨道称为 $3d$ 轨道，它们位于 $3d$ 亚层。

表 6.2 总结了由 $n=4$ 的 n 值确定的 l 和 m_l 的值对可能值的限制产生了下列非常重要的意见：

1. *主量子数为 n 的亚层确切地由 n 个亚层组成*。每个亚层对应一个从 0 到 $n-1$ 的 l 的不同允许值。因此，第一层（$n=1$）仅由一个 $1s$（$l=0$）的亚层组成。第二层（$n=2$）由 $2s$（$l=0$）和 $2p$（$l=1$）两个亚层组成，第三层由 $3s$，$3p$ 和 $3d$ 三个亚层组成等。

2. *每个亚层由特定数量的轨道组成*。每个轨道对应一个不同的 m_l 允许值。对于一个给定的 l 值，有从 $-l$ 到 $+l$ 范围内的 $2l+1$ 个允许的 m_l 值因此，每个 s（$l=0$）亚层由一个轨道组成；每个 p（$l=1$）亚层由三个轨道组成；每个 d（$l=2$）亚层由五个轨道组成，等等。

3. *在一层中轨道的总数等于 n^2*，其中，n 是层的主量子数。结果层中轨道的数量是 1，4，9，16 与周期表中所见的模式相关联：我们在周期表一排中所见元素的数量 2，8，18，和 32 等于这些数的 2 倍。我们将在 6.9 节中进一步讨论这种关系。

图 6.18 显示了到 $n=3$ 的氢原子轨道的相对能量。每个盒子代表一个轨道，相同的亚层轨道，如三个 $2p$ 轨道，被分成一组当电子占据最低能量轨道（$1s$）时，据说氢原子处于*基态*。当电子占据任何其他的轨道时，原子处于*激发态*。（电子通过吸收适当能量的光子，能被激发至更高的能量轨道）在常温下，几乎所有的氢原子都处于基态。

▽ 图例解析

这里所示的 $n=1,2,3$ 层的能级与图 6.12 所示的玻尔原子模型的能级相同还是不同？

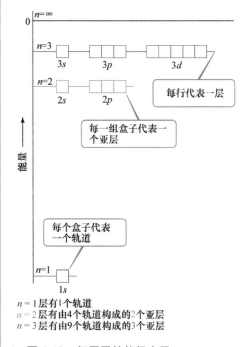

$n=1$ 层有 1 个轨道
$n=2$ 层有由 4 个轨道构成的 2 个亚层
$n=3$ 层有由 9 个轨道构成的 3 个亚层

▲ 图 6.18 氢原子的能级水平

实例解析 6.6
氢原子的亚层

（a）不参考表6.2，预测第四层亚层的数量，也就是说，对于 $n = 4$.（b）给出每一个亚层的标记（c）每个亚层有多少轨道？

解析

分析与思路 已知主量子数 n 的值，我们需要确定这个已知 n 值的 l 和 m_l 的允许值，然后计算每个亚层的轨道数。

解答 第4层有4个亚层，对应于 l（0，1，2和3）的4个可能值。

这些亚层分别被标记为 $4s$，$4p$，$4d$ 和 $4f$。在指定亚层中给出的数是主量子数 n；这个字母暗示出了角动量量子数的值，l：对于 $l = 0$，s；$l = 1$ 时，p；对于 $l = 2$ d；对于 $l = 3$ f。

有一个 $4s$ 轨道（当 $l = 0$ 时，只有一个可能的 m_l 值：0）。有三个 $4p$ 轨道（当 $l = 1$ 时，有三个可能的 m_l：1，0，−1）。有 5 个 $4d$ 轨道。

（当 $l = 2$ 时，m_l 有 5 个允许值：2，1，0，−1，−2）。有 7 个 $4f$ 轨道（当 $l = 3$ 时，有 7 个允许的 m_l 值：3，2，1，0，−1，−2，−3）。

▶ **实践练习 1**
　　一个轨道有 $n = 4$ 和 $m_l = -1$。这个轨道的 l 可能的值是多少？
　　（a）0，1，2，3　（b）−3，−2，−1，0，1，2，3
　　（c）1，2，3　（d）−3，−2　（e）1，2，3，4

▶ **实践练习 2**
　　（a）$n = 5$ 和 $l = 1$ 的亚层的名称是什么？（b）这个亚层有多少轨道？（c）表示每个轨道的 m_l 值。

6.6 | 轨道的表示

到目前为止，我们已经详述了轨道能量，但波函数也提供了电子在空间中可能位置的信息。让我们来研究一下画轨道的方式，因为它们的形状能帮助我们形象化描述电子密度在原子核周围的分布情况。

s 轨道

我们已经看到氢原子最低能量轨道的一种表示，$1s$（见图6.17）。关于 $1s$ 轨道的电子密度，我们首先注意到的是它是**球形对称的**——换句话说，无论我们从原子核的哪个方向出发，在一定距离内的电子密度是相同的。所有其他的 s 轨道（$2s$，$3s$，$4s$，等）也是以原子核为中心球形对称的。

回想一下，s 轨道的 l 量子数是 0。因此，m_l 量子数必须为 0。因此，对于每一个 n 值，只有一个 s 轨道。那么当 n 变化时，s 的轨道有什么不同呢？例如，当电子从 $1s$ 轨道被激发到 $2s$ 轨道时，氢原子的电子密度分布是如何变化的？为了解决这个问题，我们来观察**径向概率密度**，也就是电子离原子核一定距离的概率。

图6.19显示了氢原子的 $1s$，$2s$ 和 $3s$ 轨道作为 r 函数的径向概率密度分布图，r 为电子与原子核的距离——每一个结果曲线都是这个轨道的**径向概率函数**。这些图有三个值得注意的特征：峰的数量，概率函数趋于零的点的数量（称为**节点**），以及扩展的分布情况，我们可以据此知道轨道的大小。

对于 $1s$ 轨道，我们知道，当远离原子核时，概率迅速上升，在大约 0.5Å 处达到最大值。因此，当电子占据 $1s$ 轨道时，它最可能在距离原子核这个距离[⊖]时被发现——我们仍然使用概率描述，与不确定原理一致。还要注意，在 $1s$ 轨道中，在大于 3Å 的地方找到电子的概率，基本上是零。

⊖ 在量子力学模型中，在 $1s$ 轨道上找到电子的最可能距离实际上是 0.529Å，与玻尔预测的 $n = 1$ 时轨道半径相同。0.529Å 这个距离通常被称为玻尔半径。

你能在氢原子 4s 轨道的径向概率函数中找到多少个极大值？
你预期这个函数中有多少节点？

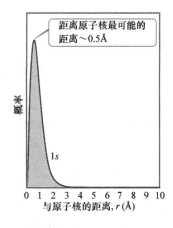 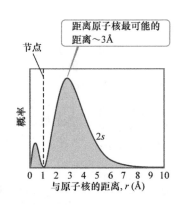 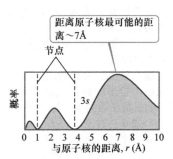

▲ 图 6.19　氢的 1s，2s 和 3s 轨道的径向概率函数　这些图显示了发现电子的概率作为离原子核距离的函数。随着 n 的增加，找到电子的最可能的距离（最高的峰）会移动而离原子核越来越远

比较 1s 轨道、2s 轨道和 3s 轨道的径向概率分布，可以发现三个趋势：

1.*对于一个 ns 轨道，它的峰数等于 n，最外层的峰要大于内部的峰。*

2.*对于一个 ns 轨道，节点的数量等于 n−1。*

3.*随着 n 值的增大，电子密度变得更分散；也就是说，在离原子核更远的地方发现电子的可能性更大。*

一种广泛使用的表示轨道形状的方法是画一个边界表面，它包含了一些重要部分，比如说轨道电子密度的 90%。这种类型的图称为*轮廓图*，s 轨道的轮廓图为球体（见图 6.20）。所有的轨道都有相同的形状，但大小不同，随着 n 的增加，它们变得更大，这反映出电子密度随着 n 的增加而变得更分散。虽然在这些表示中丢失了电子密度在给定轮廓表示中如何变化的细节，但这并不是一个严重的缺点。在定性讨论中，轨道最重要的特性是形状和相对大小，这些特性在轮廓图中得到了充分体现。

▶ 图 6.20　1s，2s 和 3s 轨道的比较　a）一个 1s 轨道的电子 - 密度分布 b）1s，2s 和 3s 轨道的轮廓图。每个球都以原子核为中心，并且在它所包围的体积内发现电子的概率为 90%

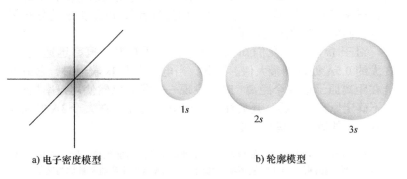

a）电子密度模型　　　　b）轮廓模型

深入探究 概率密度与径向概率函数

根据量子力学，我们必须用概率而不是确切位置来描述电子在氢原子中的位置。概率信息包含在由薛定谔方程得到的波函数 ψ 中。波函数的平方 ψ^2，称为概率密度或电子密度，如前所述，给出了电子在空间*任意点*的概率。因为 s 轨道是球对称的，s 电子的 ψ 值只取决于其距离原子核的距离，r。因此，概率密度可以写成 $[\psi(r)]^2$，其中，$\psi(r)$ 是 ψ 在 r 处的值。这个函数 $[\psi(r)]^2$ 给出了距原子核距离为 r 的任意一点的概率密度。

我们在图 6.19 中使用的径向概率函数与概率密度不同。径向概率函数等于在离原子核任意距离 r 的所有点上找到电子的总概率。换句话说，要计算这个函数，我们需要把距离原子核 r 的所有点上的概率密度 $[\psi(r)]^2$ "相加"。图 6.21 将 $[\psi(r)]^2$ 点的概率密度与径向概率函数进行了比较。

让我们更仔细地研究概率密度和径向概率函数之间的差异。图 6.22 显示了对于氢原子 $1s$、$2s$ 和 $3s$ 轨道，$[\psi(r)]^2$ 作为 r 的函数图。你将注意到，这些图看起来与图 6.19 所示的径向概率函数明显不同。

如图 6.21 所示，距离核 r 的点的集合为半径为 r 的球体的表面，该球面上每一点的概率密度为 $[\psi(r)]^2$。把所有的单个概率密度加起来需要微积分，因此超出了本文的范围。然而，计算结果告诉我们径向概率函数是概率密度 $[\psi(r)]^2$，乘以球体表面积 $4\pi r^2$：

距离为 r 的径向概率函数 = $4\pi r^2[\psi(r)]^2$

因此，图 6.19 中径向概率函数的曲线图等于图 6.22 中 $[\psi(r)]^2$ 的曲线图乘以 $4\pi r^2$。当我们远离原子核时，$4\pi r^2$ 迅速增加，这一事实使得这两组图看起来非常不同。例如，图 6.22 中 $3s$ 轨道的 $[\psi(r)]^2$ 图显示，离原子核越远，函数一般越小。但是当乘以 $4\pi r^2$ 时，能看到随着我们远离原子核，峰值会变得越来越大（直到某一点）（见图 6.19）。

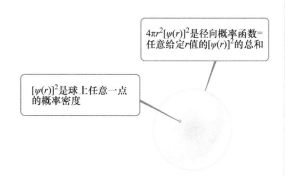

$4\pi r^2[\psi(r)]^2$ 是径向概率函数 = 任意给定 r 值的 $[\psi(r)]^2$ 的总和

$[\psi(r)]^2$ 是球上任意一点的概率密度

▲ 图 6.21　比较 g 概率密度 $[\psi(r)]^2$ 和径向概率函数 $4\pi r^2[\psi(r)]^2$

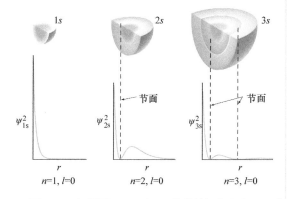

▲ 图 6.22　氢原子 $1s$，$2s$ 和 $3s$ 轨道的概率密度 $[\psi(r)]^2$

图 6.19 中的径向概率函数为我们提供了更多有用的信息，因为它们告诉我们在离原子核 r 远的所有点上找到电子的概率，而不仅仅是一个特定的点。

相关练习：6.54，6.65，6.66，6.98

p 轨道

回想一下，$l = 1$ 的轨道是 p 轨道。每个 p 亚层有三个轨道，对应于 m_l 的 3 个允许值:-1，0 和 1。$2p$ 轨道的电子密度分布如图 6.23a 所示。电子密度不像 s 轨道那样呈球形分布。相反，密度集中在原子核两侧的两个区域，被原子核上的一个节点分开。我们说这个哑铃形状的轨道有两个裂片。回想一下，我们没有说明电子是如何在轨道内运动的。图 6.23a 只描绘了 $2p$ 轨道上电子密度的平均分布。

从 $n = 2$ 层开始，每层有 3 个 p 轨道（见表 6.2），每个 p 轨道对应 1 个 m_l 的允许值，因此有 3 个 $2p$ 轨道，3 个 $3p$ 轨道，以此类推。对于 $2p$ 轨道，每组 p 轨道都有哑铃形状，如图 6.23a 所示。对于每 1 个 n 值，3 个 p 轨道的大小和形状相同，但空间方向不同。我们通常用波函数的形状和方向来表示 p 轨道，如图 6.23b 的轮廓图所示。把它们标为 p_x，p_y，p_z 轨道很方便。下标字母表示轨道所指向的直角坐标轴。

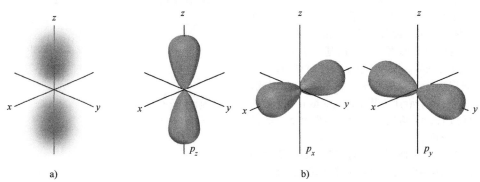

图例解析　每个 p 轨道都有一个节点平面，一个概率密度为零的平面。下面哪个轨道是 yz 平面的节点平面？

▲ 图 6.23　p 轨道　a）2p 轨道的电子 - 密度分布 b）3 个 p 轨道的轮廓图。轨道标号的下标表示轨道所在的轴

因此，我们看到两个轨道的 n 和 l 值相同，但是 m_l 值不同，它们在空间中的方向不同。⊖ 与 s 轨道一样，p 轨道的大小随着 2p 轨道，3p 轨道，4p 轨道的增大而增大，以此类推。

想一想

考虑 3px 轨道和 3py 轨道。这两个轨道的量子数是相同的吗？哪些量子数不同？

d 和 f 轨道

当 n 大于等于 3 时，我们会遇到 d 轨道（$l = 2$）。有 5 个 3d 轨道，5 个 4d 轨道，等等，因为在每一层都有 5 个可能的值来表示 m_l 量子数：-2，-1，0，1 和 2。给定壳层中不同的 d 轨道在空间中有不同的形状和方向，如图 6.24 所示。4 个 d 轨道的轮廓图具有"四叶草"形状，有四个叶瓣，每个叶瓣主要位于一个平面上。d_{xy}、d_{xz} 和 d_{yz} 轨道分别位于 xy、xz 和 yz 平面上，叶瓣位于轴之间。$d_{x^2-y^2}$ 轨道的叶瓣也位于 xy 平面，但叶瓣位于 x 轴和 y 轴上。d_{z^2} 轨道看起来与其他 4 个轨道非常不同：它沿着 z 轴有两个叶瓣，在 xy 平面上有一个"甜甜圈"。尽管 d_{z^2} 轨道看起来和其他 d 轨道不同，但它和其他 4 个 d 轨道的能量是一样的。图 6.24 中的表示形式通常用于所有的 d 轨道，而不考虑主量子数。

当 n 大于等于 4 时，有 7 个等价的 f 轨道（$l = 3$）。f 轨道的形状甚至比 d 轨道的形状更复杂，这里没有展示。在下一节你会看到，当我们考虑周期表下半部分原子的电子结构时，就必须知道 f 轨道。

在课文后面的很多例子中，你会发现知道原子轨道的数量和形状将帮助我们在分子水平上理解化学。因此，发现记住图 6.20、图 6.23 和图 6.24 中所示的 s、p 和 d 轨道的形状是很有用的。

⊖我们不能在下标（x、y 和 z）与允许的 m_l 值（1，0 和 -1）之间建立简单的对应关系。解释为什么超出了介绍性文本的范围。

对于 d_{xy} 轨道，有多少个节面，此二维平面的概率密度趋近于零吗？

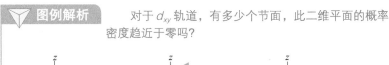

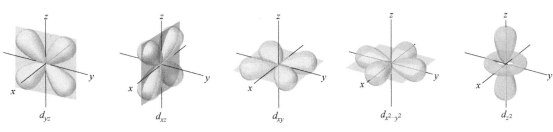

▲ 图 6.24 五个 d 轨道的轮廓图

6.7 | 多电子原子

这一章的目标之一是确定原子的电子结构。到目前为止，我们已经看到量子力学对氢原子的简单描述。然而，这个原子只有一个电子。

当考虑一个有两个或两个以上电子的原子（一个多电子原子）时，描述是如何变化的？要描述这样一个原子，我们必须考虑轨道的性质和它们的相对能量，以及电子如何填充可用轨道。

轨道和它们的能量

我们可以用表 6.2 中氢原子的轨道来描述一个多电子原子的电子结构。因此，一个多电子原子的轨道被指定为 $1s$、$2p_x$ 等轨道（见表 6.2），其一般形状与对应的氢原子轨道相同。

虽然一个多电子原子的轨道形状与氢原子的相同，但存在一个以上的电子会极大地改变轨道的能量的问题。在氢原子中，轨道的能量只取决于它的主量子数 n（见图 6.18）。例如，在氢原子中，$3s$、$3p$ 和 $3d$ 亚层都具有相同的能量。然而，在一个多电子原子中，由于电子 - 电子排斥，一个给定的层中不同亚层的能量是不同的。为了解释为什么会发生这种情况，必须考虑电子之间的作用力以及这些作用力如何受到轨道形状的影响。然而，我们在第 7 章之前不讨论这个问题。

重要的思想是：在一个多电子原子中，对于给定的 n 值，一个轨道的能量随着 l 值的增加而增加，如图 6.25 所示。例如，在图 6.25 中，$n = 3$ 轨道的能量以 $3s < 3p < 3d$ 的顺序增加。还要注意，给定亚层的所有轨道（比如 5 个 $3d$ 轨道）都具有相同的能量，就像它们在氢原子中的能量一样。能量相同的轨道称为**简并轨道**。

图 6.25 为定性能级图，轨道的确切能量及其间距因原子而异。

图中并不是所有的 $n = 4$ 能级的轨道。哪一个亚层不见了？

能量

任何亚层的轨道都是简并的（能量相同）

亚层轨道的能量顺序 $ns < np < nd < nf$

▲ 图 6.25 多电子原子轨道的一般能量顺序

⚠ 想一想

在多电子原子中，你能明确地预测 $4s$ 轨道比 $3d$ 轨道能量低还是高？

电子自旋和泡利不相容原理

我们已经知道可以用类氢轨道来描述多电子原子。然而，是什么决定了电子占据哪个轨道？也就是说，一个多电子原子的电子是如何填充现有轨道的？要回答这个问题，我们必须考虑电子的一个附加性质。

当科学家们仔细研究多电子原子的谱线时，他们注意到一个非常令人困惑的特征：最初被认为是单一的线实际上是紧密间隔的一对。这意味着，从本质上说，能量水平是"假定"水平的两倍。1925 年，荷兰物理学家乔治·乌伦贝克（George Uhlenbeck，1900—1988）和塞缪尔·古德斯密特（Samuel Goudsmit，1902—1978）提出了解决这一难题的方法。他们假设电子具有一种叫作**电子自旋**的内在特性，这种特性使每个电子的行为都像是一个绕着自己轴旋转的小球体。

到目前为止，你可能不会惊讶于电子自旋是量子化的。除了我们已经讨论过的 n、l 和 m_l 之外，这个观察结果还为电子分配了一个新的量子数。这个新的量子数，**自旋磁量子数**，用 m_s 表示（下标 s 代表*自旋*）。m_s 允许两个可能的值，+1/2 或 -1/2，它们最初被解释为表示电子可以自旋的两个相反方向。一个自旋电荷产生一个磁场。因此，自旋相反的两个会产生相反方向的磁场（见图6.26）。[⊖] 这两个相反的磁场导致谱线分裂成紧密间隔的一对。

电子自旋对理解原子的电子结构至关重要。1925 年，奥地利出生的物理学家沃尔夫冈·泡利（Wolfgang Pauli，1900—1958）发现了控制多电子原子中电子排列的原理。**泡利不相容原理**指出，*原子中没有两个电子具有相同的量子数 n、l、m_l 和 m_s*。对于给定的轨道，n、l 和 m_l 的值是固定的。因此，如果我们想在一个轨道上放置多个电子，并满足泡利不相容原理，我们唯一的选择就是给电子分配不同的 m_s 值。因为只有两个这样的值，所以我们得出结论，*一个轨道最多可以容纳两个电子，而且它们的自旋一定是相反的*。这个限制使我们能够了解原子中的电子排布，给出它们的量子数，从而定义空间中最有可能找到每个电子的区域。这为理解元素周期表的重要结构提供了依据。

6.8 | 电子构型

有了轨道的相对能量和泡利不相容原理的知识，我们就能考虑原子中电子的排列。电子在原子的不同轨道间分布的方式叫作**原子的电子排布**。

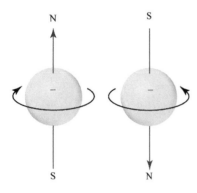

▲ 图 6.26 电子自旋 电子的运动就像绕着一个轴旋转一样，因此产生了一个磁场，磁场的方向取决于自旋的方向。磁场的两个方向对应着自旋量子数的两个可能值 m_s。从铁等材料中发出的磁场之所以产生，是因为一个自旋方向上的电子比另一个多

⊖ 正如我们之前讨论过的，电子具有粒子性和波动性。因此，严格地说，电子作为一个旋转带电球体的图像，只是一个有用的图像表示，帮助我们理解电子可以拥有的磁场的两个方向。

化学与生活 核自旋和核磁共振成像

医学诊断面临的一个主要挑战是观察人体内部。直到最近，此观察可通过 X 射线技术实现。然而，X 射线并不能很好地分辨出重叠的生理结构，有时也无法分辨出病变或损伤的组织。此外，由于 X 射线是高能辐射，即使是低剂量，它们也可能造成生理上的伤害。20 世纪 80 年代发展起来的一种成像技术——*磁共振成像（MRI）*没有这些缺点。

核磁共振的基础是一种被称为*核磁共振（NMR）*的现象，它是在 20 世纪 40 年代中期发现的。目前，核磁共振已成为化学中最重要的光谱方法之一。核磁共振的基础是观察到，像电子一样，具有固有自旋的许多元素的原子核。和电子自旋一样，核自旋也是量子化的。例如，^1H 的原子核有两个可能的核自旋磁量子数，+1/2 和 −1/2。

一个旋转的氢原子核就像一个小磁铁。在没有外力作用的情况下，这两种自旋态具有相同的能量。然而，当原子核被置于外部磁场中时，它们可以与磁场平行排列，也可以与磁场相反（反平行）排列，这取决于它们的自旋。平行排列比反平行排列低一定能量值，ΔE（见图 6.27）。如果用能量等于 ΔE 的光子辐照原子核，原子核的自旋可以"翻转"，即从平行方向被激发到反平行方向。检测两个自旋态之间原子核的翻转可以得到 NMR 核磁共振谱。在核磁共振实验中使用的辐射频率通常是在 100 到 900MHz 范围内，这是远远低于 X 射线的能量。

由于氢是水状体液和脂肪组织的主要成分，因此核磁共振成像最方便研究氢核。在核磁共振成像中，人体被置于强磁场中。通过射频辐射脉冲照射人体，并使用先进的检测技术，医学技术人员可以对人体特定深度的组织成像，给出非常详细的图像（见图 6.28）。在不同深度采样的能力允许技术人员构建一个身体的三维图像。

核磁共振成像（MRI）对现代医学实践产生了深远的影响，化学家保罗·劳特伯和物理学家彼得·曼斯菲尔德因在核磁共振成像方面的发现而获得 2003 年诺贝尔生理学或医学奖。这项技术的主要缺点是费用：目前用于临床应用的新标准 MRI 仪器的成本通常为 150 万美元。在 21 世纪初，一种叫作*预极化 MRI* 的新技术被开发出来，它仅需要更便宜的设备，并将使这种重要的诊断工具得到更广泛的应用。

相关练习：6.100

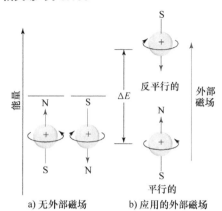

▲ 图 6.27 **核自旋** 像电子自旋一样，核自旋产生一个小磁场，有两个允许值。a）在没有外部磁场的情况下，这两种自旋态具有相同的能量。b）当外加磁场作用时，自旋方向平行于外场方向的自旋态比自旋方向反平行于磁场方向的自旋态能量低。能量差 ΔE 在电磁波谱的射频部分

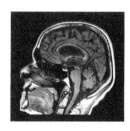

▲ 图 6.28 **MRI 成像** 这张人类头部的图像，通过磁共振成像获得，显示了正常的大脑、呼吸道和面部组织

最稳定的电子构型（基态）是电子处于最低能量的状态。如果没有对电子的量子数的可能值的限制，所有的电子都会挤进 1s 轨道，因为它的能量最低（见图 6.25）。

然而，泡利不相容原理告诉我们，在任何一个单轨道上最多可以有两个电子。因此，*轨道是按能量增加的顺序被填满的，每个轨道不超过两个电子*。例如，考虑锂原子，它有三个电子。（回忆一下中性原子中的电子数等于它的原子序数）。1s 轨道可以容纳两个电子。第三个电子进入下一个能量最低的轨道，2s 轨道。

我们可以通过为被占据的亚层写一个符号并加上一个表示该亚层中的电子数的上标来表示任何电子构型。例如，对于锂，可以写 $1s^2 2s^1$（读"1s 二，2s 一"）。我们也可以把电子的排列表示为

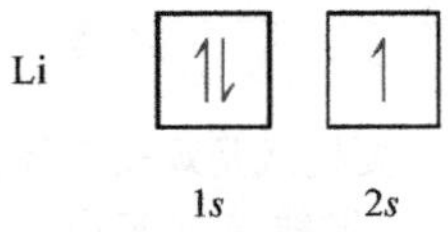

Li 1s 2s

在这个表示中，我们称之为**轨道图**，每个轨道用一个盒子表示，每个电子用一个半箭头表示。向上的半箭头（↑）表示自旋磁量子数为正的电子 $m_s = +1/2$，向下的半箭头（↓）表示自旋磁量子数为负的电子 $m_s = -1/2$。这种电子自旋的图示表示，对应于图 6.26 中磁场的方向，非常方便。化学家将这两种可能的自旋状态称为"自旋向上"和"自旋向下"，它们对应于半箭头的方向。当自旋相反的电子在同一个轨道（↑↓）上时，我们说它们是*成对的*。*未配对电子*是指没有自旋相反的电子相伴的电子。在锂原子中，$1s$ 轨道上的两个电子配对，$2s$ 轨道上的电子是未配对的。

洪特规则

现在考虑元素的电子排布是如何随着元素周期表上元素的移动而改变的。

氢　氢有一个电子，它占据基态的 $1s$ 轨道：

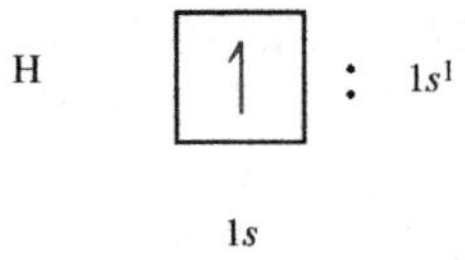

H 1s ： $1s^1$

这里自旋向上电子的选择是任意的；我们同样可以展示一个自旋向下电子的基态。然而，通常情况下，未配对的电子会自旋向上。

氦　下一个元素，氦，有两个电子。因为两个自旋为相反的电子可以占据同一个轨道，氦的两个电子都在 $1s$ 轨道上：

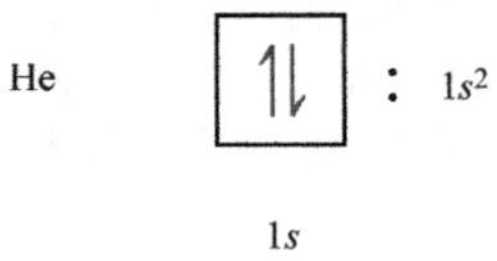

He 1s ： $1s^2$

氦中的两个电子完成了第一层的填充。这种排列代表了一种非常稳定的结构，氦的化学惰性就证明了这一点。

锂　周期表中锂的电子排布及其后的几个元素的电子排布如表 6.3 所示。

表 6.3　几种较轻元素的电子构型

元素	总电子数	轨道图				电子构型
		$1s$	$2s$	$2p$	$3s$	
Li	3	↑↓	↑			$1s^2 2s^1$
Be	4	↑↓	↑↓			$1s^2 2s^2$
B	5	↑↓	↑↓	↑		$1s^2 2s^2 2p^1$
C	6	↑↓	↑↓	↑ ↑		$1s^2 2s^2 2p^2$
N	7	↑↓	↑↓	↑ ↑ ↑		$1s^2 2s^2 2p^3$
Ne	10	↑↓	↑↓	↑↓ ↑↓ ↑↓		$1s^2 2s^2 2p^6$
Na	11	↑↓	↑↓	↑↓ ↑↓ ↑↓	↑	$1s^2 2s^2 2p^6 3s^1$

对于锂的第三个电子，前两个电子的主量子数 $n = 1$ 到第三个电子的主量子数 $n = 2$ 的变化代表了能量的大幅跃迁，也代表了电子离原子核平均距离的相应跃迁。换句话说，它代表了一个被电子占据的新壳层的开始。从元素周期表中可以看出，锂开始了周期表的新一行。它是碱金属（第 1A 族）的第一个元素。

铍和硼 锂之后的元素是铍；其电子构型为 $1s^2 2s^2$（见表 6.3）。硼原子序数为 5，电子排布为 $1s^2 2s^2 2p^1$。第五个电子必须放在 $2p$ 轨道上，因为 $2s$ 轨道被填满了。因为这三个 $2p$ 轨道能量相等，所以我们把第五个电子放在哪个 $2p$ 轨道都没关系。

碳 下一个元素，碳，我们遇到了一个新情况。我们知道第 6 个电子必须进入 $2p$ 轨道。但是，这个新电子是进入已经有一个电子的 $2p$ 轨道还是进入另外两个 $2p$ 轨道？

洪特规则指出，当填充简并轨道时，自旋相同的电子数达到最大时，能量最低。

这意味着电子在最大可能的情况下占据轨道，并且给定亚层中的这些电子都具有相同的自旋磁量子数。以这种方式排列的电子被称为具有平行自旋。因此，一个碳原子要达到最低能量，两个 $2p$ 电子必须具有相同的自旋。要做到这一点，电子必须在不同的 $2p$ 轨道上，如表 6.3 所示。因此，基态的碳原子有两个未成对的电子。

氮，氧，氟 同样地，对于处于基态的氮，洪特规则要求三个 $2p$ 电子单独占据三个 $2p$ 轨道。只有这样三个电子才能有相同的自旋。对于氧和氟，我们分别在 $2p$ 轨道上放置 4 个和 5 个电子。为了达到这个目的，我们在 $2p$ 轨道上配对电子，就像在实例解析 6.7 中看到的那样。

洪特规则部分基于电子相互排斥这一事实。通过占据不同的轨道，电子彼此保持尽可能的远离，从而使电子 - 电子排斥最小化。

 实例解析 6.7

轨道图与电子构型

画出原子序数为 8 的氧原子的电子排布的轨道图。氧原子有多少未成对电子？

解析

分析与思路 因为氧的原子序数是 8，所以每个氧原子有 8 个电子。图 6.25 显示了轨道的顺序。电子（用半箭头表示）从能量最低的 $1s$ 轨道开始被放置在轨道中（用方框表示）。每个轨道最多可以容纳两个电子（泡利不相容原理）。因为 $2p$ 轨道是简并的，所以在配对任何电子之前，我们在每个轨道中放置一个电子（洪特规则）。

解答 两个电子各自自旋成对地进入 $1s$ 轨道和 $2s$ 轨道。这样就剩下 4 个电子在 3 个简并 $2p$ 轨道上。根据洪特规则，我们在每个 $2p$ 轨道上放一个电子，直到三个轨道都有一个电子。然后第四个电子和已经在 $2p$ 轨道上的三个电子中的一个配对，所以轨道图是相应的电子构型写成 $1s^2 2s^2 2p^4$。原子有两个未成对的电子。

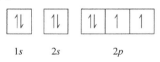

▶ **实践练习 1**

元素周期表第二行（Li 到 Ne）有多少元素的电子构型中至少有一个不成对的电子？

（a）3 （b）4 （c）5 （d）6 （e）7

▶ **实践练习 2**

（a）写出硅（14 号元素）基态的电子排布。（b）基态硅原子有多少未成对电子？

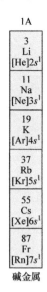

▲ 图 6.29 碱金属（元素周期表第 1 族）的凝聚电子构型

凝聚电子构型

2p 亚层的填充在氖原子处完成（见表 6.3），氖原子最外层有 8 个电子（一个八*隅体*），结构稳定。下一个元素，钠，原子序数为 11，标志着元素周期表新一行的开始。钠除了氖的稳定构型外，还有一个 3s 电子。可以把钠的电子排布式简写为

$$\text{Na}:[\text{Ne}]\,3s^1$$

符号 Ne 表示氖的 10 个电子的电子排布，$1s^2 2s^2 2p^6$。将电子构型写成 $[\text{Ne}]3s^1$，这说明要重点关注原子的最外层电子，钠原子的最外层电子决定了钠的化学行为。

根据钠的电子排布。在写出元素原子的*电子构型*时，用中括号表示出原子序数较低的离元素最近的稀有气体元素的电子构型。比如锂，可以写成

$$\text{Li}:[\text{He}]\,2s^1$$

我们把用括号括起来的符号表示的电子称为原子的*稀有气体核心*。更常见的情况是，这些内层电子被称为**核电子**。在稀有气体核心之后给出的电子称为*外层电子*。外层电子包括参与化学成键的电子，称为**价电子**。对于原子序数小于等于 30 的元素，所有的外层电子都是价电子。通过比较锂和钠的电子构型，我们可以理解为什么这两种元素在化学上如此相似。它们在最外层的电子排布是相同的。事实上，碱金属族（1）的所有成员在稀有气体构型之外都有一个 s 价电子（见图 6.29）。

过渡金属

稀有气体元素氩（$1s^2 2s^2 2p^6 3s^2 3p^6$）标志着由钠开始的这一行的结束。元素周期表中氩的下一个元素是钾（K），原子序数为 19。在所有的化学性质中，钾显然是碱金属族的一员。关于钾的性质的实验事实清楚地表明，这种元素的最外层电子占据一个 s 轨道。但这意味着能量最高的电子没有进入 3d 轨道，这是我们预想到的。由于 4s 轨道的能量低于 3d 轨道（见图 6.25），因此钾的电子构型为

$$\text{K}:[\text{Ar}]\,4s^1$$

在 4s 轨道完全填满之后（这发生在钙原子中），下一组要填满的轨道是 3d 轨道。（你会发现这是很有帮助的，因为我们经常去参考元素周期表上的正面内封面）。从钪开始，延伸到锌，电子被添加到五个 3d 轨道，直到它们被完全填满。因此，元素周期表的第 4 行比前两行宽 10 个元素。这十种元素被称为**过渡元素**或**过渡金属**。注意这些元素在元素周期表中的位置。

在写过渡元素的电子构型时，我们按照洪特规则填充轨道——我们将它们添加到单独的 3d 轨道，直到所有 5 个轨道均有一个电子，然后放置额外的电子在 3d 轨道中与之配对，直到壳层完全填满。两种过渡元素的凝聚电子构型及其对应的轨道图表示如下：

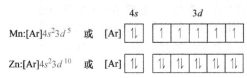

一旦所有的 3d 轨道都充满了两个电子，4p 轨道就开始被填充，直到完成八隅体外层电子 4$s^2$4p^6 而达到原子序数为 36 的氪（Kr）的电子构型。铷（Rb）标志着第五行的开始。再参考一下封面上的元素周期表。注意，这一行在各方面都与前一行相似，只是 n 的值要大 1。

想一想

　　根据元素周期表的结构，6s 轨道和 5d 轨道哪个先被占据？

镧系和锕系

　　元素周期表的第六行以 Cs 和 Ba 开始，它们分别具有 [Xe]6s^1 和 [Xe]6s^2 的构型。但是请注意，元素周期表有一个断点，元素 57-70 放在表的主要部分下面。这个断点是我们开始遇到一组新的轨道 4f 的地方。

　　这是 7 个简并的 4f 轨道，对应于 m_l 的 7 个允许值，范围从 3 到 -3。因此，需要 14 个电子才能完全填满 4f 轨道。与 4f 轨道填充相对应的 14 种元素被称为**镧系元素**或**稀土元素**。这些元素被设置在其他元素的下面，以避免使元素周期表过宽。镧系元素的性质十分相似，这些元素在自然界中同时存在。多年来，几乎不可能把它们彼此分开。

　　由于 4f 轨道和 5d 轨道的能量非常接近，一些镧系元素的电子构型包含了 5d 电子。例如，镧（La）、铈（Ce）和镨（Pr）等元素具有如下的电子构型：

$$[\text{Xe}]6s^25d^1 \qquad [\text{Xe}]6s^25d^14f^1 \qquad [\text{Xe}]6s^24f^3$$
$$\text{镧} \qquad\qquad \text{铈} \qquad\qquad\quad \text{镨}$$

　　因为 La 只有一个 5d 电子，所以它有时被放在钇（Y）下面，作为第三过渡元素系列的第一个元素；Ce 作为镧系元素的第一个元素。然而，根据其化学性质，La 可以被认为是镧系的第一元素。按照这种方式排列，在这个系列的后续元素中，4f 轨道的正常填充很少有明显的例外。

　　在镧系元素系列之后，第三个过渡元素系列是 5d 轨道填充，6p 轨道填充。氡（Rn）是自然界中最重的稀有气体元素。

　　元素周期表的最后一行从填满 7s 轨道开始。**锕系元素**，其中铀（U，92 号元素）和钚（Pu，94 号元素）是最著名的，直到填满 5f 轨道。所有的锕系元素都是放射性的，其中大部分在自然界中是找不到的。

6.9 | 电子构型与元素周期表

　　我们刚刚看到元素的电子构型与元素周期表中的位置相对应。因此，表中同一列的元素具有相关的外电子层（价电子）构型。例如，如表 6.4 所示，所有第 2A 族元素都有一个 ns^2 价电子构型，而所有第 3A 族元素都有一个 ns^2np^1 的价电子构型，随着我们向下移动每一列，n 的值都在增加。

表 6.4　第 2A 和 3A 族元素的电子构型

第 2A 族	
Be	[He] $2s^2$
Mg	[Ne] $3s^2$
Ca	[Ar] $4s^2$
Sr	[Kr] $5s^2$
Ba	[Xe] $6s^2$
Ra	[Rn] $7s^2$
第 3A 族	
B	[He] $2s^22p^1$
Al	[Ne] $3s^23p^1$
Ga	[Ar] $3d^{10}4s^24p^1$
In	[Kr] $4d^{10}5s^25p^1$
Tl	[Xe] $4f^{14}5d^{10}6s^26p^1$

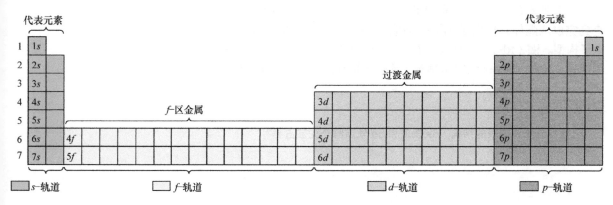

▲ 图 6.30 元素周期表的区域 电子加入轨道的顺序为从左上角开始，从左到右加入

在表 6.2 中，我们看到每层的轨道总数等于 n^2：1、4、9 或 16。因为可以在每个轨道上放两个电子，每个电子层都能容纳 $2n^2$ 个电子：2 个、8 个、18 个或 32 个。

我们看到元素周期表的整体结构反映了这些电子数：表的每一行有 2、8、18 或 32 个元素。如图 6.30 所示，根据轨道的填充顺序，周期表可以进一步划分为四个区。左边是*两个蓝色的元素列*。这些元素，被称为碱金属（第 1A 族）和碱土金属（第 2A 族），是那些填满 s 轨道价电子的元素。这两列构成元素周期表的 s 区。

右边是一个由 6 个粉色列组成的区，它包含 p 轨道被填充满的 p 区。s 区和 p 区元素一起是**代表元素**，又称为**主族元素**。

图 6.30 中的橙色区包含 10 个**过渡金属**的列。这些元素中价层 d 轨道被电子填满而组成了 d 区。

在包含 14 列的两行棕褐色的元素中，价电子 f 轨道被填满并组成了 **f 区**。因此，这些元素通常被称为 **f 区金属**。在大多数表格中，为了节省空间，f 区被放置在元素周期表的下方：

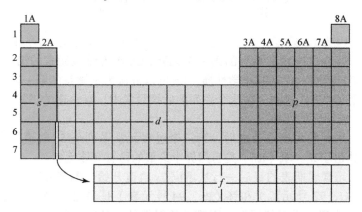

每一层的列数对应于能填充每一种亚层的电子数的最大值。回想一下，2、6、10 和 14 分别是能填满 s、p、d 和 f 亚层的电子数。因此，s 区有 2 列，p 区有 6 列，d 区有 10 列，f 区有 14 列。还记得 $1s$ 是第一个 s 亚层，$2p$ 是第一个 p 亚层，$3d$ 是第一个 d 亚层，$4f$ 是第一个 f 亚层，如图 6.30 所示。利用这些事实，你可以仅根据元素周期表中的位置来写出元素的电子排布。记住：*周期表是最好的轨道填充顺序的指南*。

让我们用元素周期表来写硒（Se，34 号元素）的电子排布。首先在表中找到 Se，然后通过表从它向后移动，从元素 34 到 33

再到 32，以此类推，直到到达出现在 Se 之前的稀有气体。在此情况下，出现的稀有气体是 18 号元素，氩。因此，Se 的稀有气体核心是 [Ar]。下一步是写出外层电子的符号。我们将 4 周期从 K，即 Ar 下面的元素，移动到 Se：

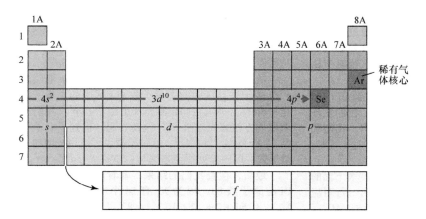

因为 K 在第四周期和 s 区，我们从 $4s$ 电子开始，也就是说前两个外层电子是 $4s^2$。然后进入 d 区，从 $3d$ 电子开始。（d 区中的主量子数总是比前面 s 区中元素的主量子数小 1，如图 6.30 所示）通过 d 区会增加到 10 个电子，$3d^{10}$。最后，进入 p 区，它的主量子数总是和 s 区相同。当从 p 区移动到 Se 时，计算方块的数量告诉我们需要 4 个电子，$4p^4$。因此，Se 的电子结构是 $[Ar]4s^23d^{10}4p^4$。这种结构也可以用排列电子亚层，增加主量子数的顺序来编写：$[Ar]3d^{10}4s^24p^4$。

作为验算，我们将 [Ar] 核的电子数 18 与 $4s$、$3d$ 和 $4p$ 亚层的电子数相加。这个和应该等于 Se 的原子序数，34：$18+2+10+4=34$。

 实例解析 6.8

每一族的电子构型

7A 族元素卤素的价电子构型有什么特点？

解析

分析与思路 首先在元素周期表中找到卤素，写出前两个元素的电子构型，然后确定构型之间的一般相似性。

解答 卤素族的第一个成员是氟（F，9 号元素）。从 F 向后移动，我们发现稀有气体的核心是 [He]。从 He 移到下一个原子序数更高的元素，就到了 Li，3 号元素。因为 Li 在 s 区的第二周期，把电子加到 $2s$ 亚层。穿过这个区得到 $2s^2$。继续向右移动，进入 p 区。计算到 F 的小方块的数量得到 $2p^5$。因此，氟的凝聚电子排布是

$$F: [He]2s^22p^5$$

氯（第二个卤素）的电子构型是 Cl：

$$[Ne]3s^23p^5$$

从这两个例子中，我们可以看出卤素的价电子构型特征是 ns^2np^5，其中 n 的取值范围从氟的 2 到砹的 6。

▶ **实践练习 1**

一个原子在它的最外层有一个 ns^2np^6 电子排布。它可能是下列哪个元素？（a）Be（b）Si（c）I（d）Kr（e）Rb

▶ **实践练习 2**

哪一族元素在最外层被填充的电子层具有 ns^2np^2 的电子构型特征？

▶ 实例解析 6.9

元素周期表上的电子构型

（a）根据它在元素周期表中的位置，写出 83 号元素铋的凝聚电子排布。（b）铋原子有多少未成对电子？

解析

（a）第一步是写出稀有气体核心。通过在元素周期表中找到 83 号元素铋来做到这一点。然后回到最近的稀有气体，Xe，54 号元素。因此，稀有气体核心是 [Xe]。

接下来，将按照原子序数从 Xe 增加到 Bi 的顺序跟踪该路径。从 Xe 到 Cs，55 号元素，我们发现在 s 区，第 6 周期。知道电子的区和周期，就能确定开始放置外层电子的亚层，即 $6s$。当穿过 s 区时，加上两个电子：$6s^2$。

当从元素 56 移到元素 57 时，元素周期表下面的曲线箭头提醒我们，进入了 f 区。f 区的第一行对应于 $4f$ 亚层。当穿过这个区时，加了 14 个电子：$4f^{14}$。

对于元素 71，我们进入 d 区的第三行。因为 d 区的第一行是 $3d$，所以第二行是 $4d$，第三行是 $5d$。因此，当穿过 d 区的 10 个元素，从 71 号元素到 80 号元素，我们用 10 个电子填满了 $5d$ 亚层：$5d^{10}$。

从元素 80 移动到元素 81，就进入了 $6p$ 亚层的 p 区。（记住 p 区中的主量子数和 s 区中的主量子数是一样的）。移动到 Bi 需要 3 个电子：$6p^3$。我们所采取的方法是把这些部分放在一起，得到了电子构型：$[Xe]6s^24f^{14}5d^{10}6p^3$。这种构型也可以用按增加主量子数的顺序排列亚层来编写：$[Xe]4f^{14}5d^{10}6s^26p^3$。

最后，检查我们的结果，看看电子数是否等于 Bi 的原子数 83，因为 Xe 有 54 个电子（它的原子数），有 $54 + 2 + 14 + 10 + 3 = 83$。（如果我们的电子数少于 14，会意识到我们错过了 f 区）。

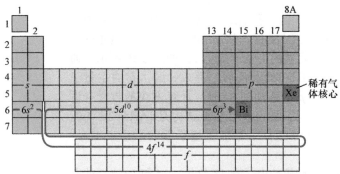

（b）从电子构型可以看出，$6p$ 是部分占据的亚层。这个亚层的轨道图是

根据洪特规则，3 个 $6p$ 电子单独占据 3 个 $6p$ 轨道，自旋平行。因此，铋原子中有 3 个未成对的电子。

▶ 实践练习 1

某一原子具有 [稀有气体]$5s^24d^{10}5p^4$ 电子构型。它是哪个元素？

（a）Cd　（b）Te　（c）Sm　（d）Hg

（e）需要更多的信息

▶ 实践练习 2

用元素周期表写出（a）Co（27 号元素），（b）In（49 号元素）的电子构型。

图 6.31 给出了所有元素的外层电子的基态电子构型。当练习写电子构型时，可以用这个图来检查答案。我们把这些构型写成主量子数增加的轨道排列的顺序。正如在实例解析 6.9 中看到的，轨道也可以按填充顺序列出，就像它们可以从周期表中读出的那样。

图 6.31 让我们重新审视*价电子*的概念。注意，例如，当我们从 Cl（[Ne]$3s^23p^5$）到 Br（[Ar]$3d^{10}4s^24p^5$）时，在 [Ar] 核外的电子上添加了一个完整的 $3d$ 电子亚层。虽然 $3d$ 电子是外层电子，但它们不参与化学键，因此被认为不是价电子。因此，只考虑 Br 的 $4s$ 和 $4p$ 电子是价电子。同样地，如果我们比较 Ag（47 号元素）和 Au（79 号元素）的电子构型，会发现 Au 在它的稀有气体核心之外有一个完整的 $4f^{14}$ 亚层，但是这些 $4f$ 电子没有参与成键。一般来说，对于主族元素，我们不认为完全填充的 d 或 f 亚层中的电子是价电子，

图例解析　一位朋友告诉你，她最喜欢的元素的电子构型是 [稀有气体]$6s^2 4f^{14} 5d^6$。它是哪个元素？

1A 1	2A 2	3B 3	4B 4	5B 5	6B 6	7B 7	8B 8	8B 9	8B 10	1B 11	2B 12	3A 13	4A 14	5A 15	6A 16	7A 17	8A 18
1 H $1s^1$																	2 He $1s^2$
3 Li $2s^1$	4 Be $2s^2$											5 B $2s^2 2p^1$	6 C $2s^2 2p^2$	7 N $2s^2 2p^3$	8 O $2s^2 2p^4$	9 F $2s^2 2p^5$	10 Ne $2s^2 2p^6$
11 Na $3s^1$	12 Mg $3s^2$											13 Al $3s^2 3p^1$	14 Si $3s^2 3p^2$	15 P $3s^2 3p^3$	16 S $3s^2 3p^4$	17 Cl $3s^2 3p^5$	18 Ar $3s^2 3p^6$
19 K $4s^1$	20 Ca $4s^2$	21 Sc $4s^2 3d^1$	22 Ti $4s^2 3d^2$	23 V $4s^2 3d^3$	24 Cr $4s^1 3d^5$	25 Mn $4s^2 3d^5$	26 Fe $4s^2 3d^6$	27 Co $4s^2 3d^7$	28 Ni $4s^2 3d^8$	29 Cu $4s^1 3d^{10}$	30 Zn $4s^2 3d^{10}$	31 Ga $4s^2 3d^{10} 4p^1$	32 Ge $4s^2 3d^{10} 4p^2$	33 As $4s^2 3d^{10} 4p^3$	34 Se $4s^2 3d^{10} 4p^4$	35 Br $4s^2 3d^{10} 4p^5$	36 Kr $4s^2 3d^{10} 4p^6$
37 Rb $5s^1$	38 Sr $5s^2$	39 Y $5s^2 4d^1$	40 Zr $5s^2 4d^2$	41 Nb $5s^1 4d^4$	42 Mo $5s^1 4d^5$	43 Tc $5s^2 4d^5$	44 Ru $5s^1 4d^7$	45 Rh $5s^1 4d^8$	46 Pd $4d^{10}$	47 Ag $5s^1 4d^{10}$	48 Cd $5s^2 4d^{10}$	49 In $5s^2 4d^{10} 5p^1$	50 Sn $5s^2 4d^{10} 5p^2$	51 Sb $5s^2 4d^{10} 5p^3$	52 Te $5s^2 4d^{10} 5p^4$	53 I $5s^2 4d^{10} 5p^5$	54 Xe $5s^2 4d^{10} 5p^6$
55 Cs $6s^1$	56 Ba $6s^2$	71 Lu $6s^2 4f^{14} 5d^1$	72 Hf $6s^2 4f^{14} 5d^2$	73 Ta $6s^2 4f^{14} 5d^3$	74 W $6s^2 4f^{14} 5d^4$	75 Re $6s^2 4f^{14} 5d^5$	76 Os $6s^2 4f^{14} 5d^6$	77 Ir $6s^2 4f^{14} 5d^7$	78 Pt $6s^1 4f^{14} 5d^9$	79 Au $6s^1 4f^{14} 5d^{10}$	80 Hg $6s^2 4f^{14} 5d^{10}$	81 Tl $6s^2 4f^{14} 5d^{10} 6p^1$	82 Pb $6s^2 4f^{14} 5d^{10} 6p^2$	83 Bi $6s^2 4f^{14} 5d^{10} 6p^3$	84 Po $6s^2 4f^{14} 5d^{10} 6p^4$	85 At $6s^2 4f^{14} 5d^{10} 6p^5$	86 Rn $6s^2 4f^{14} 5d^{10} 6p^6$
87 Fr $7s^1$	88 Ra $7s^2$	103 Lr $7s^2 5f^{14} 6d^1$	104 Rf $7s^2 5f^{14} 6d^2$	105 Db $7s^2 5f^{14} 6d^3$	106 Sg $7s^2 5f^{14} 6d^4$	107 Bh $7s^2 5f^{14} 6d^5$	108 Hs $7s^2 5f^{14} 6d^6$	109 Mt $7s^2 5f^{14} 6d^7$	110 Ds $7s^2 5f^{14} 6d^8$	111 Rg $7s^2 5f^{14} 6d^9$	112 Cn $7s^2 5f^{14} 6d^{10}$	113 Nh $6d^{10} 7p^1$	114 Fl $6d^{10} 7p^2$	115 Mc $6d^{10} 7p^3$	116 Lv $6d^{10} 7p^4$	117 Ts $6d^{10} 7p^5$	118 Og $6d^{10} 7p^6$

核心：[He] [Ne] [Ar] [Kr] [Xe] [Rn]

镧系系列 [Xe]:

57 La $6s^2 5d^1$	58 Ce $6s^2 4f^1 5d^1$	59 Pr $6s^2 4f^3$	60 Nd $6s^2 4f^4$	61 Pm $6s^2 4f^5$	62 Sm $6s^2 4f^6$	63 Eu $6s^2 4f^7$	64 Gd $6s^2 4f^7 5d^1$	65 Tb $6s^2 4f^9$	66 Dy $6s^2 4f^{10}$	67 Ho $6s^2 4f^{11}$	68 Er $6s^2 4f^{12}$	69 Tm $6s^2 4f^{13}$	70 Yb $6s^2 4f^{14}$

锕系系列 [Rn]:

89 Ac $7s^2 6d^1$	90 Th $7s^2 6d^2$	91 Pa $7s^2 5f^2 6d^1$	92 U $7s^2 5f^3 6d^1$	93 Np $7s^2 5f^4 6d^1$	94 Pu $7s^2 5f^6$	95 Am $7s^2 5f^7$	96 Cm $7s^2 5f^7 6d^1$	97 Bk $7s^2 5f^9$	98 Cf $7s^2 5f^{10}$	99 Es $7s^2 5f^{11}$	100 Fm $7s^2 5f^{12}$	101 Md $7s^2 5f^{13}$	102 No $7s^2 5f^{14}$

☐ 金属　　☐ 准金属　　☐ 非金属

▲ 图 6.31　元素的外层电子构型

对于过渡元素，我们不认为完全填充的 f 亚层中的电子是价电子。

异常电子构型

　　某些元素的电子构型似乎违反了刚才讨论的规则。例如，图 6.31 显示了铬（24 号元素）的电子构型为 [Ar]$3d^5 4s^1$，而不是我们所期望的 [Ar]$3d^4 4s^2$。同样，铜（29 号元素）的构型是 [Ar]$3d^{10} 4s^1$ 而不是 [Ar]$3d^9 4s^2$。

　　这种异常行为主要是由于 3d 轨道能量和 4s 轨道能量的接近造成的。当有足够的电子形成简单的半充满的简并轨道集（如铬）或完全填充的 d 亚层（如铜）时，这种情况经常发生。在较重的过渡金属（部分填充 4d 或 5d 轨道）和 f 区金属中也有一些类似的情况。虽然这些与预期的微小偏差很有趣，但它们在化学上并没有太大的意义。

想一想

　　元素 Ni、Pd 和 Pt 都在同一个族中。通过检查图 6.31 中这些元素的电子型，你可以得出关于这族的 nd 和（n+1）s 轨道相对能量的什么结论？

▶ 综合实例解析
概念综合

硼原子序数为 5，自然界中形成 ^{10}B 和 ^{11}B 两种同位素，自然丰度分别为 19.9% 和 80.1%。（a）这两种同位素有什么不同之处？^{10}B 和 ^{11}B 的电子排布不同吗？（b）画出一个 ^{11}B 原子的轨道图。哪些电子是价电子？（c）指出硼的 1s 电子与 2s 电子的三种不同之处。（d）元素硼与氟反应生成 BF$_3$ 气体。写出固体硼与气体氟反应的平衡化学方程式。（e）BF$_3$(g) 的 ΔH_f^{θ} 为 −1135.6kJ/mol。计算硼与氟反应的标准熵变。（f）在 ^{10}BF$_3$ 和 ^{11}BF$_3$ 中，F 的质量百分比是否相同？如果不同，为什么会这样？

解析

（a）硼的两种同位素在原子核中的中子数不同。（见 2.3 节和 2.4 节）每个同位素都含有 5 个质子，但是 ^{10}B 含有 5 个中子，而 ^{11}B 含有 6 个中子。硼的两个同位素有相同的电子构型，$1s^2 2s^2 2p^1$，因为每个都有 5 个电子。

（b）全部的轨道图为

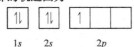

$1s$ $2s$ $2p$

价电子是最外层的电子占有亚层，$2s^2$ 和 $2p^1$ 的电子。$1s^2$ 电子构成了核心电子，当我们写出凝聚电子构型 [He]$2s^2 2p^1$ 时，我们用 He 来表示。

（c）1s 轨道和 2s 轨道都是球形的，但它们有三个重要的不同之处：第一，1s 轨道的能量低于 2s 轨道。

第二，2s 电子离原子核的平均距离大于 1s 电子离原子核的平均距离，所以 1s 轨道小于 2s 轨道。第三，2s 轨道有一个节点，而 1s 轨道没有节点（见图 6.19）。

（d）平衡化学方程式为

$$2B(s) + 3F_2(g) \longrightarrow 2BF_3(g)$$

（e）$\Delta H^{\theta} = 2(-1135.6) - (0 + 0) = -2271.2\text{kJ}$，这个反应是强放热反应。

（f）如式 3.10（见 3.3 节）所示，物质中元素的质量百分比取决于物质的重量公式。由于两种同位素的质量不同（^{10}B 和 ^{11}B 的同位素质量分别为 10.01294 和 11.00931 amu），所以 ^{10}BF$_3$ 和 ^{11}BF$_3$ 的公式权重不同。因此，式 3.10 中的分母对于两个同位素是不同的，而分子是相同的。

本章小结和关键术语

光的波动性（见 6.1 节）

原子的电子结构描述了原子周围电子的能量和排列。关于原子电子结构的许多知识是通过观察光与物质的相互作用而获得的。

可见光和其他形式的**电磁辐射**（也称为辐射能）以光速在真空中传播，$c = 2.998 \times 10^8$m/s。电磁辐射有电和磁两种成分，它们以波的形式周期性地变化。辐射能的波特性可以用**波长** λ 和**频率** ν 来描述，而波长 λ 和频率 ν 是相互关联的：$\lambda \cdot \nu = c$。

量子化的能量和光子（见 6.2 节）

普朗克提出，物体能获得或失去的最小辐射能与辐射频率有关：$E = h\nu$。这个最小的量叫作能量**量子**。常数 h 称为**普朗克常数**：$h = 6.626 \times 10^{-34}$J·s。

在量子理论中，能量是量子化的，这意味着它只能有一定的允许值。爱因斯坦用量子理论来解释光电效应，即当金属表面暴露在光线下时电子的发射。他提出，光的行为就像它由称为光子的量子化能量包组成。每个光子携带能量 $E = h\nu$。

线状光谱和玻尔模型（见 6.3 节）

辐射在其组成波长内的色散产生光谱。如果光谱包含所有波长，则称为连续光谱；如果光谱只包含特定的波长，就称为线谱。受激氢原子发出的辐射形成一个线谱。玻尔提出了一个氢原子模型来解释它的线谱。在

这个模型中，氢原子中电子的能量依赖于一个称为**主量子数**的 n 值。n 的值必须是一个正整数（1，2，3，…），n 的每个值对应一个不同的特定的能量 E_n。原子的能量随 n 的增加而增加。$n = 1$ 时能量最低，这叫作氢原子的**基态**。n 的其他值对应**激发态**。当电子从高能量态下降到低能态时，就会发出光；吸收光，使电子从低能态跃迁到高能态。光的发射或吸收频率 $h\nu$ 等于两个允许状态之间的能量差。

物质的波动性（见 6.4 节）

德布罗意提出——物质，比如电子，应该表现出类似于波的性质。通过观察电子的衍射，从实验上证明了**物质波**的这种假设。一个物体的特征波长取决于它的**动量**，mv：$\lambda = h/mv$。

电子波性质的发现导致了海森堡**不确定性原理**的产生，该原理认为，同时测量粒子的位置和动量的准确性存在固有的限制。

量子力学和原子轨道（见 6.5 节）

在氢原子的量子力学模型中，电子的行为是由称为**波函数**的数学函数来描述的，用希腊字母 ψ 表示。每一个允许的波函数都有一个精确的已知能量，但不能精确地确定电子的位置；相反，它在空间中某一点的概率由**概率密度** ψ^2 给出。**电子密度**分布是在空间中所有点上找到电子的概率图。

氢原子的容许波函数称为**轨道**。轨道由一个整数和一个字母的组合来描述，对应于三个量子数的值。**主量子数** n 由整数 1、2、3、…表示。这个量子数与轨道的大小和能量有最直接的关系。**角动量量子数** l 由字母 s、p、d、f 等表示，对应于 0、1、2、3、…。l 量子数决定了轨道的形状。对于给定的 n 值，l 可以有从 0 到 $n-1$ 的整数值。**磁量子数** m_l 与空间中轨道的方向有关。对于给定的 l 值，m_l 可以有从 -1 到 1 包括 0 的整数值。下标可以用来标记轨道的方向。例如，这三个 $3p$ 轨道分别是 $3p_x$、$3p_y$ 和 $3p_z$，下标表示轨道所指向的轴。

电子层是所有 n 值相同的轨道的集合，如 $3s$、$3p$ 和 $3d$。在氢原子中，在同一个电子层中的所有轨道的能量都是相同的。**亚层**是一个或多个具有相同 n 和 l 值的轨道的集合；例如，$3s$、$3p$ 和 $3d$ 是 $n=3$ 层的每一个亚层。s 亚层有一个轨道，p 亚层有 3 个，d 亚层有 5 个，f 亚层有 7 个。

轨道的表示（见 6.6 节）

轮廓表示对于轨道形状的可视化是很有用的。用这种方式表示，s 轨道就像球体一样，随着 n 的增大而增大。**径向概率函数**告诉我们电子在离原子核一定距离处被发现的概率。每个 p 轨道的波函数在原子核的两侧各有两个波瓣。它们沿着 x 轴、y 轴和 z 轴定向。其中四个 d 轨道的形状是围绕原子核的四个叶状轨道；第五个，d_z^2 轨道，表示沿 z 轴的两个叶瓣和 xy 平面上的一个"甜甜圈"。波函数为零的区域称为**节点**。

多电子原子（见 6.7 节）

在多电子原子中，同一电子层的不同亚层具有不同的能量。对于给定的 n 值，亚层的能量随着 l 值的增加而增加：$ns < np < nd < nf$。同一亚层的轨道是**简并的**，这意味着它们具有相同的能量。

电子有称作**电子自旋**的固有性质，它是量子化的。**自旋磁量子数**，m_s，可以有两个可能的值，+1/2 和 -1/2，可以想象为电子绕轴旋转的两个方向。**泡利不相容原理**指出，一个原子中没有两个电子的 n、l、m_l 和 m_s 值相同。这一原理对可以占据任何一个原子轨道的电子数限定为 2。这两个电子的 m_s 值不同。

电子构型与元素周期表（见 6.8 节和 6.9 节）

原子的**电子构型**描述了电子如何分布在原子的轨道上。基态电子构型一般是将电子置于可能能量最低的原子轨道中，每个轨道只能容纳两个电子。我们用**轨道图**形象地描述了电子的排列。当电子占据一个具有多个简并轨道的亚层时，如 $2p$ 亚层，**洪特规则**指出，最低能量是通过使具有相同电子自旋的电子数量达到最大而实现的。例如，在碳的基态电子构型中，两个 $2p$ 电子具有相同的自旋，必须占据两个不同的 $2p$ 轨道。

元素周期表中任意一组元素的最外层电子排布都是相同的。例如，卤素氟和氯的电子构型分别是 $[He]2s^22p^5$ 和 $[Ne]3s^23p^5$。外层电子是指下一个最近的稀有气体元素外层被填充轨道的电子。外层电子参与化学键的形成，是原子的**价电子**；对于原子序数小于等于 30 的元素，所有的外层电子都是价电子。不是价电子的电子叫作**核电子**。

元素周期表中的元素，根据它们的电子构型被划分为不同类型的元素。最外层是 s 或 p 亚层的元素称为**代表**（或**主族**）**元素**。d 亚层填充的元素称为**过渡元素**（或**过渡金属**）。填充 $4f$ 亚层的元素称为**镧系**（或**稀土**）**元素**。锕系元素是指 $5f$ 亚层被填满的元素。镧系元素和锕系元素统称为 f 区金属。这些元素在元素周期表的主体下面以两行 14 列的形式显示。元素周期表的结构，如图 6.31 所示，允许我们从元素周期表中的位置写出元素的电子排布。

学习成果　学习本章后，应该掌握：

- 计算给定频率的电磁辐射波长或给定波长的电磁辐射频率（见 6.1 节）

  相关练习：6.19 ~ 6.21

- 根据电磁波的波长或能量排列电磁波谱中常见的辐射种类（见 6.1 节）

  相关练习：6.15 ~ 6.18

- 解释光子是什么，并能够计算出给定频率或波长的能量（见 6.2 节）

  相关练习：6.25、6.26、6.29、6.31

- 解释线谱如何与原子中电子的量子化能态的概念相关联（见 6.3 节）

  相关练习：6.36、6.41、6.42、6.44

- 计算运动物体的波长（见 6.4 节）

  相关练习：6.47 ~ 6.50

- 解释不确定性原理如何限制我们精确地指定亚原子微粒（如电子）的位置和动量（见 6.4 节）

- *相关练习：6.51、6.52*

- 将量子数与轨道的数量和类型联系起来，识别不同的轨道形状（见 6.5 节）

  相关练习：6.55、6.57、6.61、6.62

- 解释原子轨道的径向概率函数图（见 6.6 节）

  相关练习：6.53、6.54、6.66

- 解释在一个多电子原子中轨道的能量如何以及为什么与氢原子的不同（见 6.7 节）

  相关练习：6.67、6.68

- 利用泡利不相容原理和洪特规则，绘制多电子原子轨道的能级图，描述电子在原子基态轨道中的分布情况（见 6.8 节）

  相关练习：6.11、6.69

- 使用元素周期表写出凝聚电子构型，并确定一个原子中未成对电子的数量（见 6.9 节）

  相关练习：6.75 ~ 6.78

主要公式

- $\lambda v = c$ （6.1）

- $E = hv$ （6.2）

- $E = (-hcR_H)\left(\dfrac{1}{n^2}\right) = (-2.18\times10^{-18}\text{J})\left(\dfrac{1}{n^2}\right)$ （6.5）

- $\lambda = h/mv$ （6.8）

- $\Delta x \cdot \Delta(mv) \geqslant \dfrac{h}{4\pi}$ （6.9）

光作为波：$\lambda =$ 以米计的波长，$v =$ 以 s^{-1} 计的频率，$c =$ 光速（$2.998\times10^8\text{m/s}$）

光作为粒子（光子）：$E =$ 以焦耳计的光子能量，$h =$ 普朗克常数（$6.626\times10^{-34}\text{J}\cdot\text{s}$），$v =$ 以 s^{-1} 计的频率

氢原子允许态的能量：$h =$ 普朗克常数；$c =$ 光速；$R_H =$ 里德堡常数（$1.096776\times10^7\text{m}^{-1}$）；$n = 1，2，3，\cdots$（任何正整数）

物质作为波：$\lambda =$ 波长，$h =$ 普朗克常数，$m =$ 物体以 kg 计的质量，$v =$ 物体以 m/s 计的速度

海森堡不确定性原理。物体的位置（Δx）和动量 [Δmv] 的不确定性不能为零；它们乘积的最小值是 $h/4\pi$

本章练习

图例解析

6.1 在 20℃干燥空气中，声速为 343m/s，人耳能探测到的最低频声波最接近 20Hz。（a）这种声波的波长是多少？（b）相同波长的电磁辐射频率是多少？（c）这相当于什么类型的电磁辐射？（见 6.1 节）

6.2 一种流行的厨房电器产生电磁辐射，频率为 2450MHz。参照图 6.4，回答如下：（a）估计该辐射的波长。（b）该器具所产生的辐射是否肉眼可见？（c）如果辐射不可见，这种辐射的光子的能量是比可见光光子的能量多还是少？（d）该器具很可能会是下列哪种？（i）烤箱（ii）微波炉（iii）电热板（见 6.1 节）

6.3 下面的图表表示了在同一尺度上绘制的两种电磁波。（a）哪种波的波长较长？（b）哪一种波的频率更高？（c）哪种波能量更高？（见 6.2 节）

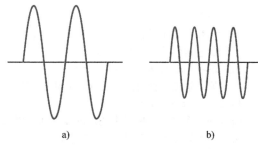

a)   b)

6.4 恒星的温度并不都是一样的。恒星发出光的颜色具有热物体发出的光的特征。三颗恒星的望远镜照片如下：（i）太阳，属于黄星；（ii）参宿七，属于蓝白星；（iii）参宿四，同样属于猎户座，属于红星。（a）把这三颗星按升温顺序排列。（b）下列哪项原则与你选择（a）项的答案有关：不确定原理、光电效应、黑体辐射或线谱？（见 6.2 节）

(i) 太阳   (ii) 参宿七   (iii) 参宿四

6.5 彩虹这种常见的现象是由于阳光通过雨滴的衍射而产生的。（a）当我们从彩虹最内层向外移动时，光的波长是增加还是减少？（b）当我们向外走时，光的频率是增加还是减少？（见 6.3 节）

6.6 某一量子力学系统的能级如图所示。能级由一个整数量子数 n 指示。（a）如图所示，哪些量子数参与了需要最多能量的跃迁？（b）需要最少能量的转换涉及哪些量子数？（c）根据图，按跃迁过程中吸收光波长增加的顺序排列下列过程：（i）$n =$

$n=4$

$n=3$

$n=2$
$n=1$

1 到 $n = 2$；（ii）$n = 2$ 至 $n = 3$；（iii）$n = 2$ 至 $n = 4$；（iv）$n = 1$ 至 $n = 3$。（见 6.3 节）

6.7 考虑这里显示的氢原子中的三个电子跃迁，标记为 A、B 和 C。

（a）图中还显示了在同一尺度上绘制的三种电磁波。每一个都对应一个跃迁。哪一种电磁波（i）、（ii）或（iii）与电子跃迁 C 有关？

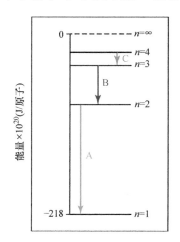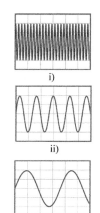

（b）计算每一次跃迁所发射的光子能量。

（c）计算每一次跃迁所发射光子的波长。这些跃迁会导致可见光的发射吗？如果有，是哪一个？（见6.3 节）

6.8 假设一个只有一个电子的一维系统。此电子的波函数，如下图所示，是 $\psi(x) = \sin x$，从 $x = 0$ 到 $x = 2\pi$。（a）绘制概率密度 $\psi^2(x)$，从 $x = 0$ 到 $x = 2\pi$。（b）在 x 的哪个或哪些值处找到电子的概率最大？（c）在 $x = \pi$ 处找到电子的概率是多少？波函数中的这个点叫什么？（见 6.5 节）

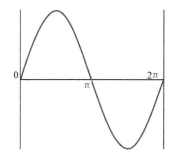

6.9 这是氢原子 $n = 3$ 层一个轨道的轮廓图。（a）这个轨道的量子数 l 是多少？（b）这个轨道怎么标？（c）按下列方式改变（i）画大些，（ii）轨道瓣的数量改变，（iii）轨道的裂片会指向不同的方向，（iv）草图上没有任何变化。（见6.6 节）

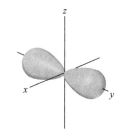

6.10 附图显示了一个 d_{yz} 轨道的轮廓图。考虑可能对应这个轨道的量子数（a）主量子数 n 的最小可能值是多少？（b）角动量量子数 l 的值是多少？（c）d_{yz} 磁量子数的最大可能值 m_l 是多少？（d）概率密度沿下列哪个平面趋近于零：xy、xz，还是 yz？

6.11 氮原子的四种可能的电子构型如下图所示，但只有一种示意图表示氮原子基态的正确电子构型。哪个是正确的电子排布？哪些构型违反泡利不相容原理？哪些构型违反了洪特规则？（见6.8 节）

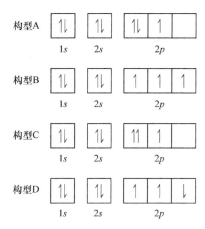

6.12 说明这些元素在周期表中出现的位置：

（a）具有价层电子构型为 ns^2np^5 的元素，（b）有三个不成对的 p 电子的元素，（c）一种价电子为 $4s^24p^1$ 的元素，（d）d 区元素（见 6.9 节）。

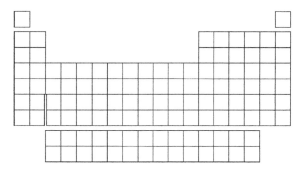

光的波动性（见 6.1 节）

6.13 （a）光的波长（b）光的频率（c）光的速度的基本 SI 单位是什么？

6.14 （a）波长和辐射能频率之间的关系是什么？（b）大气层上层中的臭氧吸收 210~230nm 光谱

范围内的能量。这种辐射发生在电磁波谱的哪个区域？

6.15 判断对错。如果是错的，请改正。（a）可见光是电磁辐射的一种形式。（b）紫外光的波长比可见光长。（c）X 射线比微波传得快。（d）电磁辐射和声波传播速度相同。

6.16 判断下列哪个陈述是错误的，并将它们改正。（a）辐射频率随波长的增加而增加。（b）电磁辐射在真空中以恒定速度传播，不论波长如何。（c）红外光的频率高于可见光。（d）壁炉发出的光、微波炉里的能量和雾号爆炸都是电磁辐射的各种形式。

6.17 按波长增加顺序排列如下几种电磁辐射：红外线、绿光、红光、无线电波、X 射线、紫外光。

6.18 按波长递增列出下列电磁辐射类型：（a）用于医学影响的放射性核素产生的伽马射线；（b）广播电台发出的 93.1MHz 调频信号；（c）中波电台发出的 680kHz 无线电信号；（d）钠蒸汽路灯发出的黄色光；（e）计算器显示屏幕上由发光二极管发出的红光。

6.19 （a）波长约为 10μm、细菌大小的辐射频率是多少？（b）频率为 $5.50 \times 10^{14} s^{-1}$ 的辐射波长是多少？（c）（a）部分或（b）部分的辐射是否肉眼可见？（d）电磁辐射在 50.0μs 内传播的距离是多少？

6.20 （a）波长为 0.86nm 的辐射频率是多少？（b）频率为 $6.4 \times 10^{11} s^{-1}$ 的辐射波长是多少？（c）（a）部分或（b）部分的辐射能否由 X 射线探测仪探测？（d）电磁辐射在 0.38ps 内传播的距离是多少？

6.21 演讲厅使用的激光笔发出 650nm 的光。这个辐射的频率是多少？使用图 6.4 预测与此波长相关的颜色。

6.22 利用光伏电池将辐射能转化为电能是可能的。假设转换效率相同，那么在每个光子的基础上，红外线或紫外线辐射会产生更多的电能吗？

量子化的能量和光子（见 6.2 节）

6.23 如果将人类身高以 1ft 的增量量化，那么随着孩子长大，她的身高会发生什么变化呢？

（i）孩子的身高不会改变；（ii）孩子的身高会连续不断地增加；（iii）孩子的身高会呈现每次 1ft 的"跳跃"式增加；（iv）孩子的身高会呈现每次 6inches 的"跳跃"式增加？

6.24 爱因斯坦 1905 年关于光电效应的论文是普朗克量子假设的第一个重要应用。描述普朗克最初的假设，并解释爱因斯坦如何在他的光电效应理论中使用它。

6.25 （a）计算频率为 $2.94 \times 10^{14} s^{-1}$ 的电磁辐射光子的能量。（b）计算波长为 413nm 的辐射光子的能量。（c）能量为 $6.06 \times 10^{-19} J$ 的辐射光子波长是多少？

6.26 （a）绿色激光笔发出波长为 532nm 的光。这个光的频率是多少？（b）其中一个光子的能量是多少？（c）激光笔发光是因为材料中的电子（由电池）从基态被激发到上一个激发态。当电子回到基态时，它们以 532nm 光子的形式失去了多余的能量。激光材料基态和激发态之间的能量差是多少？

6.27 （a）计算和比较波长 3.3μm 和 0.154nm 光子的能量。（b）使用图 6.4 来确定每一幅图所属的电磁波谱区域。

6.28 AM 电台以 1010kHz 广播，另一个调频电台以 98.3MHz 广播。计算并比较这两个无线电台发出的光子的能量。

6.29 一种类型的晒伤发生在波长在 325nm 附近的紫外线照射下。（a）这个波长的光子的能量是多少？（b）1mol 这些光子的能量是多少？（c）1.00mJ 的辐射爆发中有多少光子？（d）这些紫外线光子可以破坏皮肤中的化学键，导致晒伤———一种辐射损伤。如果 325nm 辐射提供的能量恰好可以打破皮肤中的平均化学键，估计这些键的平均能量，以 kJ/mol 计。

6.30 辐射的能量可以用来破坏化学键。在 Cl_2 体系中，Cl—Cl 键的断裂至少需要 242kJ/mol 的能量。具有足够的能量来破坏这个化学键的辐射的最大波长是多少？这属于什么类型的电磁辐射？

6.31 二极管激光器的波长为 987nm。（a）在电磁波谱的哪一部分会发现这种辐射？（b）它的所有输出能量都被一个探测器吸收，该探测器在 32s 内测量总能量 0.52J。激光每秒发射多少光子？

6.32 一个星体发射 3.55mm 的辐射。（a）这种辐射是什么类型的电磁波谱？（b）如果一个探测器每秒捕获此波长的 3.0×10^8 个光子，在 1.0 小时内探测到的光子的总能量是多少

6.33 金属钼必须吸收最小频率为 $1.09 \times 10^{15} s^{-1}$ 能量的辐射，才能通过光电效应从表面发射电子。（a）金属钼所发射电子的最低能量为多少？（b）什么波长的辐射能产生这种能量的光子？（c）如果钼被波长为 120nm 的光照射，所发射电子的最大动能是多少？

6.34 金属钛需要最低能量 $6.94 \times 10^{-19} J$ 的光子能够发射电子。（a）钛通过光电效应发射电子光的最低频率是多少？（b）这种光的波长是多少？（c）可见光可以使金属钛发射电子吗？（d）如果使用 233nm 波长的光照射金属钛，所发射电子的最大动能是多少？

玻尔模型；物质波（见 6.3 节和 6.4 节）

6.35 当一个电子从 $n = 1$ 态被激发到 $n = 3$ 态时，氢原子是"膨胀"还是"收缩"？

6.36 判断对错：（a）$n = 3$ 状态下的氢原子只能发出两种特定波长的光。（b）$n = 2$ 态的氢原子比 $n = 1$ 态的氢原子能量低，且（c）发射光子的能量等于发射过程中两种状态的能量差。

6.37 当氢发生以下电子跃迁时，是释放还是吸收能量？（a）从 $n = 4$ 到 $n = 2$；（b）从半径 2.12Å

的轨道到半径为 8.46Å 的轨道；（c）H^+ 获得一个电子，这个电子最终跃迁至 $n = 3$ 的电子层？

6.38 当氢发生以下电子跃迁时，是释放还是吸收能量：（a）从 $n = 2$ 到 $n = 6$；（b）从半径 4.76Å 轨道到半径 0.529Å 轨道；（c）从 $n = 6$ 到 $n = 9$ 的状态。

6.39 （a）用式 6.5 计算 $n = 2$ 和 $n = 6$ 时氢原子中电子的能量。计算电子从 $n = 6$ 移动到 $n = 2$ 时的辐射波长。（b）这条线是否在电磁波谱的可见范围内？如果在，那这条线是什么颜色的？

6.40 考虑氢原子中的电子从 $n = 4$ 跃迁到 $n = 9$。（a）这个过程的 ΔE 是正的还是负的？（b）确定与这种转变有关的光的波长。光会被吸收还是发射？（c）第（b）部分的光在电磁波谱的哪一部分？

6.41 巴尔麦观测到的可见光发射线均为 $n_f = 2$。（a）下面哪个最好地解释了为什么 $n_f = 3$ 的谱线在可见光谱部分没有被观察到：（i）跃迁到 $n_f = 3$ 是不允许发生的；（ii）跃迁到 $n_f = 3$ 发射红外部分光谱的光子；（iii）跃迁到 $n_f = 3$ 发射的光子在光谱的紫外线部分；（iv）跃迁到 $n_f = 3$ 发出光子的波长与到 $n_f = 2$ 完全相同。（b）计算巴尔麦系列中前三条 $n_i = 3$、4 和 5 的谱线的波长，并在图 6.11 所示的发射光谱中识别这些线。

6.42 氢原子的莱曼线系是 $n_f = 1$ 的那些。（a）确定观察到莱曼线系的电磁波谱区域。（b）计算莱曼线系前三行（$n_i = 2$，3，4）的波长。

6.43 氢原子的一条发射线波长为 93.07nm。（a）在电磁波谱的哪个区域发现这种辐射？（b）确定与此发射有关的 n 的初始值和终值。

6.44 氢原子能吸收波长为 1094nm 的光。（a）这种吸收在电磁波谱的哪个区域？（b）确定与此吸收有关的 n 的初始值和终值。

6.45 按从小到大顺序依次排列氢原子吸收光的频率：$n = 3$ 到 $n = 6$，$n = 4$ 到 $n = 9$，$n = 2$ 到 $n = 3$，$n = 1$ 到 $n = 2$。

6.46 按从小到大顺序依次排列氢原子吸收光的波长顺序：$n = 5$ 到 $n = 3$，$n = 4$ 到 $n = 2$，$n = 7$ 到 $n = 4$，$n = 3$ 到 $n = 2$。

6.47 使用德布罗意关系来确定以下物体的波长：（a）一个 85kg，以 50km/hr 的速度滑雪的人，（b）以 250m/s 射出的 10.0g 的子弹射，（c）以 2.5×10^5 m/s 移动的锂原子，（d）上层大气中以 550m/s 移动的臭氧（O_3）分子。

6.48 介子是物理学的基本亚原子粒子之一，它在形成后几微秒内衰变。介子的静止质量是电子的 206.8 倍。计算一个介子以 8.85×10^5 cm/s 运动时的德布罗意波长。

6.49 中子衍射是测定分子结构的一项重要技术。计算一个中子达到 1.25Å 波长所需的速度。（中子质量参照内封页）

6.50 电子显微镜已被广泛用于获取生物和其他类型材料的高度放大图像。当一个电子通过一个准分子势场加速时，它的速度达到 9.47×10^6 m/s。这个电子的特征波长是什么？波长能和原子的大小相比吗？

6.51 利用海森堡不确定性原理，计算位置的不确定性。（a）一只 1.50mg 的蚊子以 1.40m/s 的速度移动，其速度已知在 ±0.01m/s 范围；（b）一个以 $(5.00 \pm 0.01) \times 10^4$ m/s 速度移动的质子（质子的质量载于本书内页的基本常数表内）。

6.52 计算以下物体位置的不确定性（a）以 $(3.00 \pm 0.01) \times 10^5$ m/s 速度移动的一个电子，（b）以相同速度移动的一个中子（电子和中子的质量载于本书内页的基本常数表内）（c）根据你对（a）和（b）部分的回答，我们能更精确地知道电子或中子的位置吗？

量子力学和原子轨道（见 6.5 节和 6.6 节）

6.53 判断下列叙述是正确或错误：（a）在轨道的轮廓表示中，如图中 $2p$ 轨道的轮廓表示，电子被限制在形状外表面的原子核周围运动。（b）概率密度 $[\psi(r)]^2$ 给出了在离原子核一定距离处找到电子的概率。

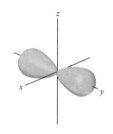

6.54 这里给出了 $2s$ 轨道的径向概率函数。

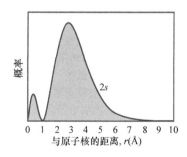

判断下列叙述是正确或错误：（a）这个函数中有两个最大值，因为 1 个电子大部分时间都在离原子核大约 0.5Å 的距离上，而另 1 个电子大部分时间都在离原子核大约 3Å 的距离上。（b）这里所示的径向概率函数和概率密度 $[\psi(r)]^2$ 在距离原子核相同的位置上，大约是 1Å，都趋近于零。（c）对于 s 轨道，径向节点数等于主量子数 n。

6.55 （a）对于 $n = 4$，可能的 l 值是什么？（b）对于 $l = 2$，可能的 m_l 值是什么？（c）如果 m_l 是 2，可能的 l 值是什么？

6.56 当（a）$n = 3$（b）$n = 4$ 时，有多少个量子数 l 和 m_l 的唯一组合？

6.57 给出对应于下列轨道的每一个 n 和 l 的数值：（a）$3p$，（b）$2s$，（c）$4f$，（d）$5d$。

6.58 给出（a）2p 亚层每个轨道和（b）5d 亚层每个轨道的 n、l 和 m_l 的值。

6.59 一个氢原子轨道有 n = 4 和 l = 2（a）此轨道可能的 m_l 值是什么？（b）此轨道可能的 m_s 值是什么？

6.60 一个氢原子轨道有 n = 5 和 m_l = −2（a）此轨道可能的 l 值是什么？（b）此轨道可能的 m_s 值是什么？

6.61 下列哪个选项表示 n 和 l 的不可能组合？（a）1p，（b）4s，（c）5f，（d）2d

6.62 在下面的表格中，写出有这些量子数的轨道。不用考虑 x y z 下标。如果这些量子数不被允许，则写"不允许"。

n	l	m_l	轨道
2	1	−1	2p（例如）
1	0	0	
3	−3	2	
3	2	−2	
2	0	−1	
0	0	0	
4	2	1	
5	3	0	

6.63 简述下列轨道的形状和方向：（a）s，（b）p_z，（c）d_{xy}。

6.64 简述下列轨道的形状和方向：（a）p_x，（b）d_z，（c）$d_{x^2-y^2}$。

6.65 （a）氢原子的 1s 轨道和 2s 轨道有什么相似之处和不同之处？（b）2p 轨道在什么意义上具有方向性？比较 p_x 和 $d_{x^2-y^2}$ 轨道的"方向"特性。（也就是说，电子密度集中在空间的哪个方向或区域？）（c）关于 2s 轨道和 3s 轨道中电子离原子核的平均距离，你能说些什么？（d）对于氢原子，按能量增加的顺序列出以下轨道（即首先是最稳定的轨道）：4f、6s、3d、1s、2p。

6.66 （a）参考图 6.19，s 轨道的节点数与主量子数之间的关系是什么？（b）在 $2p_x$ 轨道和 3s 轨道上，识别节点数；也就是说，确定电子密度为零的位置。（c）图 6.19 中的径向概率函数有哪些信息？（d）对于氢原子，按增加能量的顺序列出下列轨道：3s、2s、2p、5s、4d。

多电子原子和电子构型（见 6.7-6.9 节）

6.67 （a）对于氦离子 He^+，2s 轨道和 2p 轨道能量相同吗？如果没有，哪个轨道能量更低？（b）如果我们加一个电子形成氦原子，你认为（a）部分的答案会改变吗？

6.68 （a）氯原子中 3s 电子离原子核的平均距离小于 3p 电子离原子核的平均距离。根据这个事实，哪个轨道的能量更高？（b）与 2p 电子相比，你认为从氯原子中移走一个 3s 电子需要较多还是较少的能量？

6.69 这里显示了一个 Li 原子的两种可能的电子构型。（a）这两种构型是否违反泡利不相容原理？（b）两种构型是否违反洪特规则？（c）在没有外部磁场的情况下，我们能否说一个电子构型能量比另一个低？如果是，哪个能量最低？

6.70 一个叫作斯特恩 - 格拉赫的实验帮助证实了电子自旋的存在。在这个实验中，一束银原子通过磁场，磁场使一半的银原子向一个方向偏转，另一半向相反的方向偏转。随着磁场强度的增加，两束原子之间的距离增大。（a）银原子的电子排布是怎样的？（b）这个实验对一束镉（Cd）原子有效吗？（c）这个实验对一束氟（F）原子有效吗？

6.71 能够占据下面每个电子亚层的电子的最大数量是多少？（a）3p，（b）5d，（c）2s，（d）4f。

6.72 一个原子中具有下列量子数的电子的最大数量是多少？（a）n = 3，m_l = −2；（b）n = 4，l = 3；（c）n = 5，l = 3，m_l = 2；（d）n = 4，l = 1，m_l = 0。

6.73 （a）什么是"价电子"？（b）什么是"核心电子"？（c）轨道图中的每个方框代表什么？（d）轨道图上的半箭头代表什么物质？箭头的方向代表什么？

6.74 对于每种元素，指出基态的价电子、核心电子和未配对电子的数量：（a）钠、（b）硫、（c）氟。

6.75 写出下列原子的凝聚电子构型，使用适当的稀有气体核心进行缩略：（a）Cs，（b）Ni，（c）Se，（d）Cd，（e）U，（f）Pb。

6.76 写出下列原子的凝聚电子构型，并指出每个原子有多少未配对电子：（a）Mg，（b）Ge，（c）Br，（d）V，（e）Y，（f）Lu。

6.77 识别对应于下列每一种电子构型的特定元素，并指出每一种电子的未配对电子数：（a）$1s^2 2s^2$，（b）$1s^2 2s^2 2p^4$，（c）$[Ar]4s^1 3d^5$，（d）$[Kr]5s^2 4d^{10} 5p^4$。

6.78 确定与下列每一种一般电子构型相对应的一组元素，并对每一组元素的未配对电子数进行细分：

（a）[稀有气体]$ns^2 np^5$

（b）[稀有气体]$ns^2 (n-1)d^2$

（c）[稀有气体]$ns^2 (n-1)d^{10} np^1$

（d）[稀有气体]$ns^2 (n-2)f^6$

6.79 下面的内容不能代表原子有效的基态电子构型，因为它们或者违反了泡利不相容原理，或者因为轨道不是按能量增加的顺序被填满的。指出下面每个例子违反了哪个原则。（a）$1s^2 2s^2 3s^1$，（b）$[Xe]6s^2 5d^4$，（c）$[Ne]3s^2 3d^5$。

6.80 下面的电子构型代表激发态。指出这些电子构型代表哪种元素并写出它在凝聚态时的基态电子构型。（a）$1s^2 2s^2 2p^4 3s^1$，（b）$[Ar]4s^1 3d^{10} 4p^2 5p^1$，（c）$[Kr]5s^2 4d^2 5p^1$。

附加练习

6.81 考虑这里显示的两种波，我们将考虑这两种波表示两种电磁辐射：

（a）A波的波长是多少？B波的呢？

（b）A波的频率是多少？B波的呢？

（c）确定A波和B波所属的电磁波谱区域。

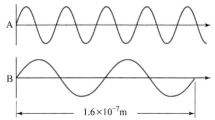

6.82 如果你将泡菜接上120V电压电，泡菜将会冒烟并开始发出橘黄色的光。这是由于卤汁中的钠离子被激发了，它们回到基态产生了发射光。（a）所发出光的波长为589nm，计算它的频率。（b）1.00mol光子的能量是多少（1mol光子被称为1个爱因斯坦）？（c）计算钠离子的激发态和基态之间的能量差。（d）如果将泡菜浸泡在不同的盐溶液中，如氯化锶，你还会观察到589nm的发射光吗？

6.83 某些元素在不发光的火焰中燃烧或加热时会发出特定波长的光。历史上，化学家利用这种发射波长来确定样品中是否存在特定的元素。下表给出了几种元素的一些特征波长：

Ag	328.1nm	Fe	372.0nm
Au	267.6nm	K	404.7nm
Ba	455.4nm	Mg	285.2nm
Ca	422.7nm	Na	589.6nm
Cu	324.8nm	Ni	341.5nm

（a）确定这些发射中哪些是在可见光部分。（b）哪种元素发射能量最高的光子？哪种发射能量最低的光子？（c）燃烧时，发现一种未知物质的样品发出频率为 $9.23 \times 10^{14} s^{-1}$ 的光，这个样品可能含有什么元素？

6.84 2011年8月，木星探测器朱诺号宇宙飞船从地球发射，目的是绕木星飞行，于近5年后的2016年7月抵达。两颗行星之间的距离取决于每颗行星在其轨道上的位置，但木星和地球之间最近的距离是3.91亿英里。朱诺号发射的信号到达地球最少需要多长时间？

6.85 造成晒黑和灼伤的太阳光属于电磁光谱的紫外线部分。这些射线按波长分类。所谓的UV-A辐射的波长范围在320~380nm，而UV-B辐射的波长范围在290~320nm。（a）计算波长为320nm的光的频率。（b）计算1mol 320nm光子的能量。（c）紫外线UV-A辐射的光子和紫外线UV-B辐射的光子，哪个能量更高？（d）来自太阳的UV-B辐射被认为是造成人类晒伤的一个比UV-A辐射更重要的原因。这个

观察结果与你对（c）部分的回答一致吗？

6.86 瓦特是派生的SI功率单位，表示单位时间所测量的能量：1W = 1J/s。CD播放机中的半导体激光器输出波长为780nm，功率为0.10mW。在播放长度为69min的CD时，有多少光子撞击到CD表面？

6.87 类胡萝卜素是由植物合成的黄色、橙色和红色色素。观察到的物体颜色不是它所吸收的光的颜色，而是互补色，就像这里所示的色轮所描述的那样。在这个轮子上，互补色是相互交叉的。（a）根据这个轮子，如果一株植物是橙色的，那么什么颜色的吸收最强烈？（b）如果某一类胡萝卜素吸收455nm的光子，光子的能量是多少？

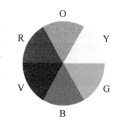

6.88 在一项研究光电效应的实验中，一位科学家测量了喷射电子的动能，它是辐射撞击金属表面频率的函数。她得到了下面的曲线。标记为"ν_0"的点对应波长为542nm的光。（a）ν_0 以 s^{-1} 计的值是多少？（b）金属发射电子的逸出功是多少，单位以kJ/mol计？（c）请注意，当光的频率大于 ν_0 时，曲线显示一条斜率为非零的直线。这条线段的斜率是多少？

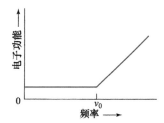

6.89 考虑一个氢原子的电子从 $n = 1$ 被激发到 $n = \infty$ 的跃迁过程。（a）这种跃迁的最终结果是什么？（b）完成这一过程必须吸收的光的波长是多少？（c）如果用比（b）部分波长短的光来激发氢原子，会发生什么？（d）（b）及（c）项的结果与附加练习6.88所示的图有何关系？

6.90 人类视网膜有三种受体锥细胞，每一种都对不同波长的可见光敏感，如图所示（这些颜色只是用来区分三条曲线；它们并不表示每条曲线所代表的实际颜色）：

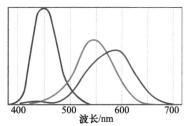

（a）估计每一种锥体的最大波长光子的能量。（b）天空的颜色是由大气分子散射太阳光造成的。**瑞利勋爵**是最早研究这种散射的人之一。他指出，像分子这样的非常小的粒子的散射量与波长的四次方成反比。估算"蓝色"光锥与"绿色"光锥在最大波长处的光散射效率之比。（c）解释为什么即使所有波长的太阳光都被大气散射，天空仍然呈现蓝色。

6.91 $n_f = 3$ 的氢原子的一系列发射线称为**布兰克特系列**。（a）确定观察布兰克特系列线的电磁波谱区域。（b）计算布兰克特系列前三行（$n_i = 4$、5 和 6）的波长。

6.92 在类似于图 6.9 所示的实验中，在高分辨率下对来自太阳的光谱进行检测时，黑线很明显。这些被称为弗劳恩霍夫线，以 19 世纪早期广泛研究它们的科学家的名字命名。在 10.000Å 至 2950Å 的太阳光谱中，共鉴定出约 25000 条谱线。夫琅和费谱线是由于太阳大气中的气体元素吸收了太阳"白色"光的某些波长。（a）描述从太阳光谱中吸收特定波长的光的过程。（b）为了确定哪些夫琅和费谱线属于一种给定的元素，比如氖，科学家在地球上能做什么实验？

6.93 确定氢原子的下列量子数是否都是有效的。如果一套无效，指出哪个量子数的值无效：

（a）$n = 4$，$l = 1$，$m_l = 2$，$m_s = -\dfrac{1}{2}$

（b）$n = 4$，$l = 3$，$m_l = -3$，$m_s = +\dfrac{1}{2}$

（c）$n = 3$，$l = 2$，$m_l = -1$，$m_s = +\dfrac{1}{2}$

（d）$n = 5$，$l = 0$，$m_l = 0$，$m_s = 0$

（e）$n = 2$，$l = 1$，$m_l = 1$，$m_s = +\dfrac{1}{2}$

6.94 玻尔模型可用于类氢离子——只有一个电子的离子，如 He^+ 和 Li^{2+}。（a）为什么玻尔模型适用于 He^+ 离子而不适用于中性 He 原子？（b）H、He^+、Li^{2+} 基态能量表如下：

原子或离子	H	He^+	Li^{2+}
基态能量	-2.18×10^{-18}J	-8.72×10^{-18}J	-1.96×10^{-17}J

通过研究这些数据，请提出一种类氢系统基态能量和核电荷 Z 之间的关系。（c）使用（b）部分推导出的关系预测 C^{5+} 离子基态能量。

6.95 电子通过电能被加速成动能为 2.15×10^{-15}J。它的特征波长是什么？[提示：运动物体的动能为 $E = 1/2mv^2$，其中 m 为物体的质量，v 为物体的速度]

6.96 在电视剧《星际迷航》中，**传送光束**是一种设备，用来把人们从星际飞船上传送到另一个地方，比如星球表面。该节目的编剧将一个"海森堡补偿器"放入传输光束机构中。解释为什么这样一个补偿器（完全是虚构的）必须绕过海森堡的不确定性原理。

6.97 正如在"测量和不确定性原理"的近距离观察栏中所讨论的，不确定性原理的本质是我们不能在不干扰正在测量的系统的情况下进行测量。（a）为什么我们不能在不干扰亚原子粒子的情况下测量它的位置呢？（b）这个概念与"思维实验与薛定谔的猫"一栏中讨论的悖论有何关系？

6.98 请考虑第 6.6 节"更仔细地看"一节中对径向概率函数的讨论。（a）概率密度作为 r 的函数与径向概率函数作为 r 的函数有什么不同？（b）在 s 轨道的径向概率函数中，$4\pi r^2$ 这一项的意义是什么？（c）根据图 6.19 和图 6.22，画出你认为氢原子 4s 轨道的概率密度作为 r 的函数和径向概率函数的草图。

6.99 对于对称但不是球形的轨道，其轮廓表示（见图 6.23 和图 6.24）表明了节点平面的存在（即电子密度为零）。例如，p_x 轨道在 $x = 0$ 处有一个节点。这个方程满足 yz 平面上的所有点，所以这个平面称为 p_x 轨道的节点平面。（a）确定 p_z 轨道的节面。（b）d_{xy} 轨道的两个节面是什么？（c）$d_{x^2-y^2}$ 轨道的两个节面是什么？

6.100 第 6.7 节的"化学与生命盒子"描述了核磁共振（NMR）和核磁共振（MRI）技术。（a）获取核磁共振数据的仪器通常标上频率，例如 600MHz。具有这种频率的光子属于电磁波谱的哪个区域？（b）图 6.27 中对应于频率为 450MHz 的辐射光子吸收的 ΔE 值是多少？（c）当 450MHz 的光子被吸收时，它会改变氢原子上电子或质子的自旋吗？

6.101 假设自旋量子数 m_s 可以有三个允许值，而不是两个。这将如何影响元素周期表前四行的元素数量？

6.102 基于元素周期表写出下列原子电子的凝聚电子构型，确定基态的未配对电子数（a）Br，（b）Ga，（c）Hf，（d）Sb，（e）Bi，（f）Sg。

6.103 科学家们推测 126 号元素可能具有中等的稳定性，可以被合成并表征。预测这个元素的凝聚电子排布。

6.104 在下图所示的实验中，一束中性原子通过磁场。具有不成对电子的原子在磁场中会根据电子自旋量子数的大小向不同的方向偏转。在演示的实验中，我们设想一束氢原子分裂成两束。（a）观察到单束分裂成两束有什么意义？（b）如果磁铁的强度增加了，你认为会发生什么？（c）如果氢原子束被氦原子束取代，你认为会发生什么？为什么？

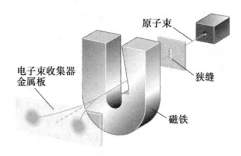

（d）奥托·斯特恩和瓦尔特·盖拉赫于1921年首次进行了有关的实验。他们在实验中使用了一束银原子。通过考虑银原子的电子结构，解释为什么单束会分裂成两束。

综合练习

6.105 微波炉利用微波辐射加热食物。微波的能量被食物中的水分子吸收，然后转移到食物的其他组分。（a）假设微波辐射的波长为11.2cm。将200mL水从23℃加热至60℃需要多少光子？（b）假设微波的功率是900W（1W = 1J/s）。（a）部分的水需要加热多长时间？

6.106 平流层（O_3）臭氧层有助于保护我们免受有害的紫外线辐射。它通过吸收紫外线，分解成O_2分子和氧原子，这一过程被称为光解作用。

$$O_3(g) \longrightarrow O_2(g) + O(g)$$

用附录C中的数据来计算这个反应的焓变。如果光子具有足够的能量来引起这种离解，它所能具有的最大波长是多少？这个波长出现在光谱的哪个部分？

6.107 铪（元素72）的发现，在化学领域引发了一场争议。1911年，法国化学家乌尔班（G.Urbain），声称从稀土（元素58-71）化合物样品中分离出了一种72号元素。然而，尼尔斯·玻尔（Niels Bohr）认为，铪更可能与锆一起被发现，而不是与稀土一起。科斯特（D.Coster）和赫维西（G.von Hevesy）在哥本哈根玻尔实验室工作（*hafnium* 这个名字来自拉丁词哥本哈根，*Hafnia*）。（a）你将如何使用电子构型参数来证明玻尔的预测？（b）锆是铪在第4B副族中的邻居，它可以通过熔融钠金属还原固态$ZrCl_4$而生成金属。写出反应的平衡化学方程式。这是氧化还原反应吗？如果是，什么被还原，什么被氧化？（c）固体二氧化锆（ZrO_2）在有碳存在的情况下与氯气发生反应。反应产物为$ZrCl_4$和两种气体，CO_2和CO的比例为1:2。写出这个反应的平衡化学方程式。从55.4g的ZrO_2样品开始，计算生成的$ZrCl_4$的质量，假设ZrO_2是不足量试剂，收率为100%。（d）利用它们的电子构型，解释Zr和Hf形成了氯化物MCl_4和氧化物MO_2的事实。

6.108 （a）据元素的电子构型和2.7节离子化合物的讨论，解释以下一系列 - 氧化物K_2O，CaO，Sc_2O_3，TiO_2，V_2O_5，CrO_3 的形成。（b）命名这些氧化物。（c）考虑所列金属氧化物的生成焓（$kJ \cdot mol^{-1}$）。

氧化物	$K_2O(s)$	$CaO(s)$	$TiO_2(s)$	$V_2O_5(s)$
H_f°	-363.2	-635.1	-938.7	-1550.6

对于每种情况，计算下列一般反应的焓变：

$$M_nO_m(s) + H_2(g) \longrightarrow nM(s) + mH_2O(g)$$

（你需要写出每种情况下的平衡方程式，然后计算 ΔH°.）（d）根据所给出的数据，评估 $Sc_2O_3(s)$ 的 ΔH_f°。

6.109 20世纪初的25年，科学家们对物质本质的认识发生了迅速的变化。（a）卢瑟福关于金箔散射粒子的实验是如何为玻尔的氢原子理论奠定基础的？（b）德布罗意的假设，当它适用于电子时，在哪些方面与汤姆生的结论即电子有质量相一致？在何种意义上，这与汤姆生之前提出的阴极射线是波现象的观点相一致？

6.110 铀最常见的两种同位素是^{235}U 和^{238}U。（a）比较这两种同位素的质子数、电子数和中子数。（b）利用封面上的元素周期表，写出U原子的电子排布。（c）将你对第（b）部分的答案与图 6.30 所示的电子构型进行比较。你怎么解释这两种电子构型的不同呢？（d）^{238}U 经历放射性衰变至第 ^{234}Th。在这个过程中，^{238}U 原子获得或失去了多少质子、电子和中子？（e）检查图 6.31 中 Th 的电子排布。你对你的发现感到惊讶吗？解释一下。

设计实验

在这一章中，我们学习了*光电效应*及其对光作为光子形成的影响。我们还发现，如果每个原子有一个或多个半满壳层，那么非常有利于该元素形成某些异常电子构型，例如 Cr 原子的 $[Ar]4s^1 3d^5$ 电子构型。让我们假设，从有一个或多个半满壳层的原子的金属中移走一个电子，比从没有一个或多个半满壳层原子的金属中移走一个电子需要更多的能量。（a）设计一系列涉及光电效应的实验来检验假设。（b）需要什么样的实验设备来验证这个假设？你不需要说出实际设备的名称，而是要想象这个设备是如何工作的——根据需要的测量类型和你的设备需要的能力来考虑。（c）描述你将收集的数据类型，以及将如何分析数据，以确定假设是否正确。（d）你的实验可以扩展到测试元素周期表中其他元素吗，比如镧系元素或锕系元素？

第 **7** 章

元素的周期性

元素周期表是理解和预测元素物理化学性质的有力工具。通常，元素与元素周期表中占据同一列的相邻元素具有共同的特征。钠、钾和铷都是一种软金属，它们与水接触时会发生剧烈的反应。氖、氩和氪都是无色的化学稀有气体。铜、银和金都是高导电性的金属，它们与空气和水反应缓慢（若反应）。

正如我们在第 6 章所看到的，这种行为源于电子构型的重复模式。同一列中的元素在**价电子轨道**上包含相同数量的电子，价电子轨道是指在成键过程中容纳电子的已占有轨道。虽然同一列的元素往往具有相似的性质，但每个元素都有自己的特性。属于同一列 4A 族元素碳（C）、硅（Si）、锗（Ge）、锡（Sn）和铅（Pb）之间的差异最为明显。碳是一种非金属，有许多不同的形式，包括已知的最坚硬的物质之一——金刚石。4A 族的最后是铅，它是一种相对较软的金属。我们的身体和地球上几乎所有的生物都是由含有碳的分子组成的，而铅的毒性是有根据的。在这两者之间，我们发现了硅和锗，它们的原子与金刚石相同，也是广泛应用于集成电路和计算机的半导体。锡从某种意义上说有二相性，它在温度高于 13℃时是金属（β-锡或白锡），低于 13℃时是半导体（α-锡或灰锡）。

在本章中，将探讨元素的几个基本特征。当我们沿着周期表的一行或一列移动时，可以看到这些特征是如何变化的，反之它又帮助我们理解和预测元素的物理和化学性质。

◀ 4A 族中最轻的元素是碳元素，碳元素具有金刚石等多种不同的存在形式，金刚石的硬度以及光学特性使得它加工后成为一种非常珍贵的宝石（钻石）。

7.1 | 元素周期表的发展

　　化学元素的发现自古就存在（见图 7.1）。某些元素例如金（Au），以元素的形式出现在自然界中，因此在几千年前就被发现了。相反，有些元素例如锝（Tc），具有放射性，本质上是不稳定的。我们之所以了解它们，仅仅是因为 20 世纪发展起来的各项技术。

　　大多数元素都很容易形成化合物，因此在自然界中不以单质形式存在。几个世纪以来，科学家们并不知道它们的存在。在 19 世纪早期，化学的发展使得从化合物中分离元素变得更加容易。因此，已知元素的数量从 1800 年的 31 种增加到 1865 年的 63 种，增加了一倍以上。

　　随着已知元素数量的增加，科学家们开始对它们进行分类。1869 年，俄罗斯的门捷列夫（Dmitri Mendeleev 1834—1907）和德国的**梅耶**（Lothar Meyer 1830—1895）发表了几乎相同的分类方法。他们都注意到，当元素以原子量增加的顺序排列时，类似的物理和化学性质会周期性地重复出现。那时的科学家对原子序数一无所知。然而，原子量通常是随着原子序数的增加而增加的，所以门捷列夫和梅耶都是偶然地将元素排列成几乎正确的顺序。

　　虽然门捷列夫和**梅耶**对元素性质的周期性都得出了本质上相同的结论，但门捷列夫因为坚持了自己的观点并发展它而受到赞扬。门捷列夫将具有类似特征的元素列在同一列中，并在表中留下空格。

　　虽然，门捷列夫不知道镓（Ga）和锗（Ge），但他大胆地预测了它们的存在和性质，在他的表格中，根据这些出现的元素，分别将它们称为准铝（"在"铝之下）和准硅（"在"硅之下）。当

▽ 图例解析　　铜、银和金自古以来就为人们所知，然而大多数其他金属直到很久以后才被分离出来。你能说明原因吗？

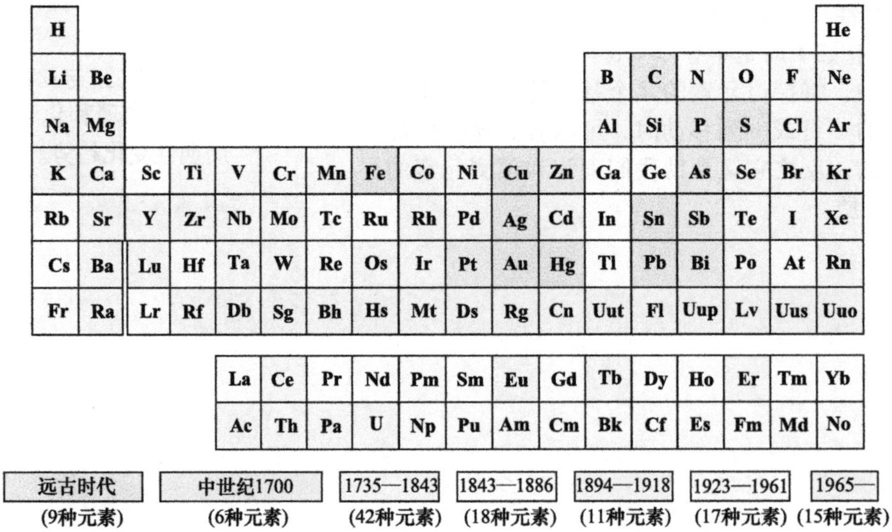

远古时代	中世纪1700	1735—1843	1843—1886	1894—1918	1923—1961	1965—
（9种元素）	（6种元素）	（42种元素）	（18种元素）	（11种元素）	（17种元素）	（15种元素）

▲ 图 7.1　元素的发现

这些元素被发现时，它们的性质与门捷列夫预测的非常接近，如表 7.1 所示。

表 7.1 门捷列夫预测的准硅性质与观察到的锗的性质的比较

性质	门捷列夫对于准硅的预测 （1871 年进行）	观察到锗的性质 （1886 年被发现）
原子量	72	72.59
密度 /（g/cm³）	5.5	5.35
比热容 /（J/g·K）	0.305	0.309
熔点 /℃	高	947
颜色	黑灰色	灰白色
氧化物分子式	XO_2	GeO_2
氧化物密度 /（g/cm³）	4.7	4.70
氯化物分子式	XCl_4	$GeCl_4$
氯化物的沸点 /℃	略低于 100	84

1913 年，在卢瑟福提出原子核模型（见 2.2 节）两年后，英国物理学家亨利·莫斯利（1887—1915）提出了原子序数的概念。莫斯利发现，用高能电子轰击不同的元素时，每个元素都会产生一种频率独特的 X 射线，而且这种频率通常随着原子量的增加而增加。他通过给每个元素分配一个唯一的整数（原子序数）来排列 X 射线的频率。莫斯利正确地将原子序数确定为原子核中的质子数（见 2.3 节）。

原子序数的概念澄清了以原子量为基础的莫斯利时代元素周期表中的一些问题。例如，Ar 的原子量（原子序数 18）大于 K 的原子量（原子序数 19），但 Ar 的物理和化学性质更像 Ne 和 Kr，而不是 Na 和 Rb。当元素按原子序数递增的顺序排列时，Ar 和 K 出现在表中正确的位置。莫斯利的研究还使我们有可能确定元素周期表中的"空格"，从而发现了新的元素。

▲ 想一想

观察封面内的元素周期表，如果元素的排列顺序是按照原子量增加的顺序排列的，你能找到一个 Ar 和 K 以外，元素的顺序有不同排列的例子吗？

7.2 | 有效核电荷

原子的许多性质取决于电子排布和原子外层电子被原子核吸引的程度。库仑定律告诉我们，两个电荷之间相互作用的强度取决于电荷的大小和它们之间的距离（见 2.3 节）。因此，电子与原子核之间的引力取决于核电荷的大小以及原子核与电子之间的平均距离。该引力随着核电荷的增加而增大，随着电子远离原子核而减小。

理解氢原子中电子和原子核之间的吸引力很简单，因为它只有一个电子和一个质子。然而在多电子原子中，情况就更为复杂。除了每个电子对原子核的吸引力外，每个电子还会受到其他电子的排斥力。

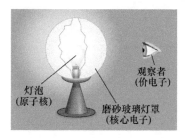

▲ 图 7.2 有效核电荷的类比
我们设想原子核是一个灯泡，核心电子是磨砂玻璃灯罩，价电子是一个观察者。观察者看到的光量取决于灯泡的光强和磨砂玻璃灯罩的遮挡

这些电子-电子排斥力抵消了电子对原子核的部分吸引力，所以电子受到的吸引力比没有其他电子时要小。从本质上讲，多电子原子中的每个电子都被其他电子从原子核中屏蔽掉。因此，它会经历一个比没有其他电子时更小的净核引力。

我们如何解释感兴趣的电子的核吸引力和电子排斥力的结合？最简单的方法是想象电子经历了一个净引力，这是由于电子-电子排斥力降低了核引力的结果。我们称这种部分屏蔽的核电荷为**有效核电荷**，Z_{eff}。由于电子排斥力降低了原子核的全部吸引力，有效核电荷总是小于实际核电荷（$Z_{eff} < Z$）。我们可以用屏蔽常数 S 来定量地定义核电荷的屏蔽量：

$$Z_{eff} = Z - S \qquad (7.1)$$

其中，S 是正数。对于价电子来说，屏蔽的大部分是来自离原子核更近的核心电子。因此，对于原子中的价电子，*S 的值通常接近原子中核心电子的数目*（相同价层的电子不能很有效地相互屏蔽，但它们对 S 的值有轻微的影响。参见"近距离观察：有效核电荷"）。

为了更好地理解有效核电荷的概念，我们可以用带磨砂玻璃灯罩的灯泡来进行类比（见图7.2）。灯泡代表原子核，观察者是我们感兴趣的电子，通常是价电子。电子"看到"的光量与电子所经历的净核引力量类似。原子中的其他电子，尤其是核心电子，就像磨砂玻璃灯罩，减少了到达观察者的光量。如果灯泡变亮而灯罩保持不变（Z 增加），就会观察到更多的光。同样地，如果灯罩变厚（S 增加），观察到的光就会变少。当我们讨论有效核电荷的趋势时，会发现这个类比是有帮助的。

让我们考虑一下钠原子 Z_{eff} 的大小。钠的电子排布是 [Ne]$3s^1$，实际核电荷为 $Z = 11+$，有 10 个核心电子（$1s^2 2s^2 2p^6$），作为"灯罩"屏蔽 3s 电子"看到"的核电荷。因此，在最简单的方法中，我们期望 $S = 10$，3s 电子经历有效核电荷 $Z_{eff} = 11 - 10 = 1+$（见图 7.3）。然而，情况要复杂得多，因为 3s 电子在被核心电子占据的区域内靠近原子核的概率很小（见 6.6 节）。因此，这个电子经历了比简单的 $S = 10$ 模型更大的净引力：Na 中 3s 电子的实际 Z_{eff} 值为 $Z_{eff} = 2.5+$。换句话说，因为 3s 电子靠近原子核的概率很小，所以式（7.1）中 S 的值由 10 变为 8.5。

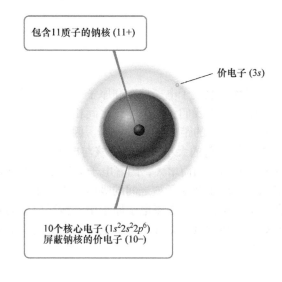

包含11质子的钠核 (11+)

价电子 (3s)

10个核心电子 ($1s^2 2s^2 2p^6$)
屏蔽钠核的价电子 (10−)

▶ 图 7.3 **有效核电荷** 钠原子中 3s 电子的有效核电荷取决于原子核的 11+ 电荷和核心电子的 10− 电荷

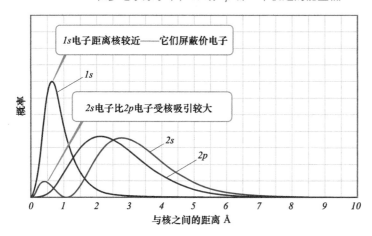

图例解析 在距原子核 0.5Å（1Å = 10^{-10}m）的范围内，在 2s 轨道上和 2p 轨道上的电子，哪个被发现的概率高？在多电子原子中，2s 或 2p 哪一个轨道的能量低？

1s 电子距离核较近——它们屏蔽价电子

1s

2s 电子比 2p 电子受核吸引较大

2s

2p

概率

与核之间的距离 Å

▲ 图 7.4 1s、2s 和 2p 径向概率函数的比较

有效核电荷的概念也解释了在 6.7 节中提到的一个重要效应：对于一个多电子原子，具有相同 n 值的轨道的能量随着 l 值的增加而增加。例如，在电子构型为 $1s^2 2s^2 2p^2$ 的碳原子中，2p 轨道（l = 1）的能量高于 2s 轨道（l = 0）的能量，尽管两个轨道都在 n = 2 的壳层中（见图 6.25）。这种能量上的差异是由于轨道的径向概率函数造成的（见图 7.4）。首先我们看到 1s 电子离原子核更近——它们是 2s 和 2p 电子的有效"灯罩"。接下来注意到 2s 概率函数有一个很小的峰值非常接近原子核，而 2p 概率函数没有。结果 2s 电子被核轨道屏蔽的程度不如 2p 电子。2s 电子与原子核之间的吸引力越大，2s 轨道的能量就越低。同样的道理也解释了多电子原子中轨道能量（ns < np < nd）的一般规律。

最后，来看看价电子 Z_{eff} 值的变化趋势。

有效核电荷在周期表的任何一个周期内都从左向右递增。

尽管在整个周期内，核心电子的数量保持不变，但质子的数量却在增加——在上面的类比中，我们是在保持灯罩的厚度不变的情况下增加灯泡的亮度。价电子的不断增加平衡了增加的核电荷，而彼此间的相互屏蔽是无效的。因此，Z_{eff} 稳步增长。例如，锂（$1s^2 2s^1$）的两个核心电子非常有效地屏蔽了来自 3+ 核的 2s 价电子。因此，价电子的有效核电荷约为 3 − 2 = 1+。对于铍（$1s^2 2s^2$），每个价电子所经历的有效核电荷要大一些，因为在这里，两个 1s 核心电子屏蔽了一个 4+ 核，而每个 2s 电子只屏蔽了另一个。因此，每个 2s 电子所经历的有效核电荷约为 4 − 2 = 2+。

*沿着一列往下走，价电子所经历的有效核电荷的变化要远远小于它在一个周期内的变化。*例如，利用对 S 的简单估计，我们可以期望锂和钠的价电子所经历的有效核电荷量大致相同，锂的 3 − 2 = 1+，钠的 11 − 10 = 1+。然而事实上，*有效核电荷会随着列数的增加而增加。*因为越扩散的核心电子云越不能够从核电荷中屏蔽价电子。对于碱金属，Z_{eff} 从 1.3+ 的锂离子增加到 2.5+ 的钠离子、3.5+ 的钾离子。

深入探究 有效核电荷

为了了解有效核电荷随核电荷和电子数的增加而变化的情况，须研究图 7.5。尽管图中 Z_{eff} 值的计算方法的细节超出了我们的讨论范围，但是这些趋势是有指导意义的。

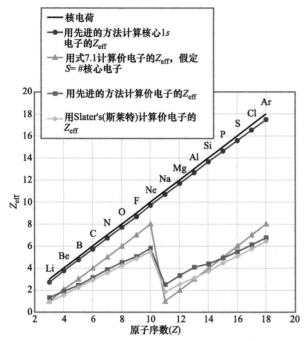

▲ **图 7.5　第二周期和第三周期元素有效核电荷的变化**　从元素周期表的一个元素移动到另一个元素，最里面的（1s）电子（红圈）的 Z_{eff} 的增加与核电荷 Z（黑线）的增加密切相关，因为这些电子没有被太多屏蔽。几种方法计算的价电子的 Z_{eff} 结果以其他颜色显示

由于内层电子的屏蔽作用，最外层电子感受到的有效核电荷要小于内层电子感受到的有效核电荷。

此外，随着原子序数的增加，最外层电子感受到的有效核电荷也不会急剧增加，因为价电子对屏蔽常数 S 的贡献很小，但不可忽略。

与最外层电子的 Z_{eff} 值相关的最显著特征是在第二周期最后一个元素（Ne）和第三周期第一个元素（Na）之间的急剧下降。这种下降再次反映了这样一个事实，即在屏蔽核电荷方面，核心电子比价电子有效得多。

因为 Z_{eff} 可以用来理解许多物理上可测量的量，所以我们希望有一种简单的方法来估计它。式 7.1 中 Z 的值是已知的，所以我们的挑战归结为估计 S 的值。在前文中，我们非常粗略地估计了 S，假设每个核心电子对 S 的贡献为 1.00，而外层电子对 S 的贡献为 0。

然而，约翰·斯莱特（1900—1976）发明了一种更精确的方法：主量子数 n 大于关注电子 n 值的电子对 S 的贡献为 0，与关注电子 n 值相同的电子对 S 的贡献为 0.35，主量子数为 $n-1$ 的贡献为 0.85，而为 n 值更小的贡献 1.00。

例如，以氟为例，它的基态电子构型为 $1s^2 2s^2 2p^5$。对于氟原子的价电子，斯莱特定律告诉我们 $S = (0.35 \times 6) + (0.85 \times 2) = 3.8$。（斯莱特定律忽略了电子在屏蔽过程中对自身的贡献；因此，我们只考虑 6 个 $n = 2$ 的电子，而不是全部 7 个）。因此，$Z_{eff} = Z - S = 9 - 3.8 = 5.2+$，略低于 $9 - 2 = 7+$ 的粗略估计值。图 7.5 描绘了本文中使用简单的方法估计 Z_{eff} 值的内容，以及使用斯莱特定律估计的内容。虽然这两种方法都不能精确地复制从更复杂的计算中得到的 Z_{eff} 的值，但这两种方法都能有效地反映 Z_{eff} 的周期性变化。尽管斯莱特的方法更准确，但是前文中的方法很简单，也相当好。因此，假设式（7.1）中的屏蔽常数 S 大致等于核心电子的数目，也可以实现我们的目标。

相关练习：7.15，7.16，7.31，7.32，7.80，7.81

　想一想

你认为 Ne 原子的 1 个 2p 电子和 Na 原子的 1 个 3s 电子的有效核电荷哪个更大？

7.3 | 原子和离子的大小

人们很容易把原子想象成坚硬的球形物体。然而，根据量子力学模型，原子在电子分布为零时并没有明确的边界（见 6.5 节）。根据不同情况下原子之间的距离，我们可以用几种方法来定义原子的大小。

想象一下气态氩原子的集合。当其中两个原子碰撞时，它们会像台球相撞一样弹开。之所以会发生这种反弹，是因为相互碰撞的原子所形成的电子云无法在很大程度上相互穿透。在这种碰撞中，分离两个原子核的最短距离是原子半径的两倍。我们称之为*非键原子半径*或*范德华半径*（见图 7.6）。

在分子中，任何两个相邻原子之间的吸引力就是我们所认识的化学键。我们在第 8 章和第 9 章讨论了成键。现在，需要意识到两个成键原子之间的距离比非成键碰撞中原子之间的距离要近。因此，可以根据两个原子相互成键时原子核之间的距离来定义原子半径，如图 7.6 所示的距离 d。分子中任意原子的**成键原子半径**等于键距 d 的一半。从图 7.6 可以看出成键原子半径（也称为*共价半径*）小于非成键原子半径。除特殊说明外，我们所说的原子的"大小"指的是成键原子半径。

虽然测量原子的非键原子半径是非常困难的，但是科学家已经开发了各种技术来测量分子中分离的原子核之间的距离。通过对许多分子中这些距离的观察，每个元素都可以给出成键原子半径。例如，在 I_2 分子中，原子核的分离距离为 2.66Å[—]，这意味着 I_2 中碘原子的成键原子半径为 2.66Å/2 = 1.33Å。类似地，金刚石中相邻碳核（由碳原子构成的三维固体网络）的分离距离为 1.54Å，因此，金刚石中碳的成键原子半径为 0.77Å。通过使用超过 30000 种物质的结构信息，可以定义元素的一组一致的成键原子半径（见图 7.7）。注意，对于较轻的稀有气体，必须估计成键原子半径，因为这些元素没有已知的化合物。

图 7.7 中的原子半径使得我们可以估计分子的键长。例如，C 和 Cl 的成键原子半径分别为 0.76Å 和 1.02Å。在 CCl_4 中，C—Cl 键的测量长度是 1.77Å，非常接近 Cl 和 C 的成键原子半径之和（0.76 + 1.02）Å。

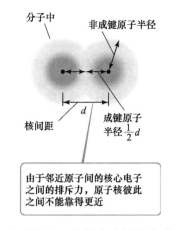

▲ 图 7.6　分子内成键和非成键原子半径的区别

▽ 图例解析　元素周期表的哪一部分（上/下，左/右）元素的原子最大？

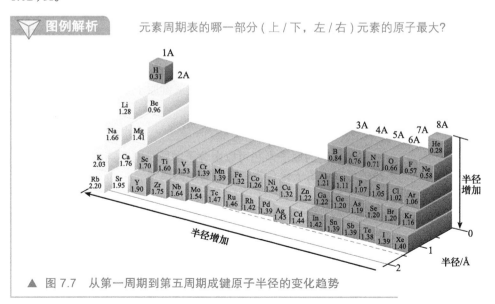

▲ 图 7.7　从第一周期到第五周期成键原子半径的变化趋势

[—]读者需牢记：埃（Å）是用于测量原子大小的一个方便的单位，1Å = 10^{-10}m。埃不是国际单位制（SI）单位。测量原子大小最常用的 SI 单位是 pm 皮米（1pm=10^{-12}m，1Å=100pm）。

> 实例解析 7.1
>
> ### 分子中的键长

用于家庭取暖和烹饪的天然气是无味的。由于天然气泄漏会造成爆炸或中毒的危险，所以会在天然气中加入各种有臭味的物质，以便检测泄漏。其中一种物质是甲基硫醇 CH_3SH，利用图 7.7 预测分子中 C—S、C—H、S—H 键的长度。

解析

分析和思路 已知三个键并可使用图 7.7 的成键原子半径。假设每个键长是两个成键原子半径之和。

解答

C—S 键长 = C 的成键原子半径 +S 的成键原子半径

$$= 0.76Å + 1.05Å = 1.81Å$$

C—H 键长 $= 0.76Å + 0.31Å = 1.07Å$

S—H 键长 $= 1.05Å + 0.31Å = 1.36Å$

检验 实验测定的键长为 C—S $= 1.82Å$，C—H $= 1.10Å$，S—H $= 1.33Å$。

（一般说来，与原子半径的预估值相比，与氢原子有关的键长的预估偏差更大）。

注解 请注意，我们估计的键长与测量的键长很接近，但并不完全匹配。在估算键长时，必须谨慎地使用成键原子半径。

甲基硫醇

> ▶ **实践练习 1**
>
> 假设元素 X 和 Y 形成一个分子 XY_2，其中两个 Y 原子都与 X 原子成键（而不是彼此成键）。X 元素的 X—X 距离是 2.04Å，Y 元素的 Y—Y 距离是 1.68Å。你能预测 XY_2 分子的 X—Y 距离是多少吗？
>
> （a）0.84Å （b）1.02Å （c）1.86Å
> （d）2.70Å （e）3.72Å
>
> ▶ **实践练习 2**
>
> 利用图 7.7 预测 PBr_3 中的 P—Br 键和 $AsCl_3$ 中的 As—Cl 键哪个更长。

原子半径的周期变化趋势

图 7.7 显示了两个有趣的变化趋势：

1. *在各族中，成键原子半径都有从上到下逐渐增大的趋势*。这种趋势主要是由于外层电子的主量子数（n）的增加。当沿着一列向下移动时，外层电子离原子核较远的可能性更大，从而导致成键原子半径增大。

2. *在每个周期内，成键原子半径都有从左到右逐渐减小的趋势*（尽管如此，有一些小的例外，如 Cl 到 Ar 或 As 到 Se）。影响这一趋势的主要因素是一段时期内有效核电荷 Z_{eff} 的增加。有效核电荷的增加使价电子逐渐靠近原子核，使成键原子半径减小。

离子半径的周期变化趋势

正如成键的原子半径可以由分子的原子间距离决定一样，离子半径也可以由离子化合物中原子间距离决定。

> **想一想**
>
> 在 7.2 节中，我们说过，当沿着周期表的一列向下移动时，Z_{eff} 通常会增加，而在第 6 章中，可以看到，随着主量子数 n 的增加，轨道的"大小"也会增加。关于原子半径，这些趋势是相互作用还是相互抵消？哪种影响更大？

就像原子的大小一样，离子的大小取决于它的核电荷、它所拥有的电子数以及价电子所处的轨道。当中性原子形成阳离子时，电子就会从原子核向外空间延伸最多的已占据的原子轨道上被移除。

实例解析 7.2

预测原子半径的相对大小

参考元素周期表，（尽可能地）将原子 B、C、Al 和 Si 按大小递增的顺序排列

解析

　　分析和思路　已知四种元素的化学符号和它们在元素周期表中的相对位置，预测它们成键原子半径 r 的相对大小。可以使用前文中描述的两个周期性变化趋势来帮助解决这个问题。

　　解答　B 和 C 在同一周期，C 在 B 的右侧，因此，我们估计 C 的半径小于 B 的半径，因为半径通常随着同一周期从左至右的移动而减小。

$$r_C < r_B$$

　　Al 和 Si 在同一周期，Si 在 Al 的右侧。

$$r_{Si} < r_{Al}$$

　　当我们向下移动，Al 和 B 属于同一族，半径就会增大，C 和 Si 也是如此。

$$r_B < r_{Al}$$
$$r_C < r_{Si}$$

　　结合这些比较，可以得出结论，C 的半径最小，Al 的半径最大。但是，得到的两个周期变化趋势并没有提供足够的信息来确定 B 和 Si 的相对大小。

$$r_C < r_B \sim r_{Si} < r_{Al}$$

　　检验　参考图 7.7，我们可以得到每个成键原子半径的数值，这些数值表明 Si 的半径大于 B 的半径。

$$r_C(0.76\text{Å}) < r_B(0.84\text{Å}) < r_{Si}(1.11\text{Å}) < r_{Al}(1.21\text{Å})$$

　　如果仔细研究图 7.7 会发现，对于 s 区和 p 区元素，沿列向下移动一个元素的半径增量往往大于沿行向左移动一个元素的增量。然而，也有例外。

　　注解　注意，我们刚才讨论的趋势是指 s 区和 p 区元素。

　　如图 7.7 所示，过渡元素在同一周期内并未显示规律性的减少。

▶ **实践练习 1**

　　参考元素周期表但不是图 7.7，按照成键原子半径增加的顺序排列下列原子：N、O、P、Ge，哪项是正确的？

（a）N < O < P < Ge

（b）P < N < O < Ge

（c）O < N < Ge < P

（d）O < N < P < Ge

（e）N < P < Ge < O

▶ **实践练习 2**

　　按照成键原子半径增加的顺序排列原子 Be、C、K 和 Ca。

　　同时，当阳离子形成时，电子 - 电子排斥力的数量也减少了。因此，*阳离子比它的母原子小*（见图 7.8）。阴离子的情况正好相反。当电子被加到一个原子上形成阴离子时，电子 - 电子排斥力的增加使电子在空间中扩散得更多。因此，*阴离子比它的母原子大*。

 实例解析 7.3

预测原子和离子半径的相对大小

按照半径减小的顺序排列 Mg^{2+}、Ca^{2+} 和 Ca。

解析

　　阳离子比它的母原子小，因此 Ca^{2+} < Ca。因为在 2A 中，Ca 在 Mg 以下，所以 Ca^{2+} 要比 Mg^{2+} 大。结果是：$Ca > Ca^{2+} > Mg^{2+}$。

（a）$F < S^{2-} < Cl < Se^{2-}$

（b）$F < Cl < S^{2-} < Se^{2-}$

（c）$F < S^{2-} < Se^{2-} < Cl$

（d）$Cl < F < Se^{2-} < S^{2-}$

（e）$S^{2-} < F < Se^{2-} < Cl$

▶ **实践练习 1**

　　按照离子半径增加的顺序所排列的原子和离子：F、S^{2-}、Cl 和 Se^{2-}，哪项是正确的？

▶ **实践练习 2**

　　原子或离子 S^{2-}、S、O^{2-} 中，哪一个最大？

图例解析 当沿着元素周期表的一列向下移动时，电荷相同的阳离子的半径是如何变化的？

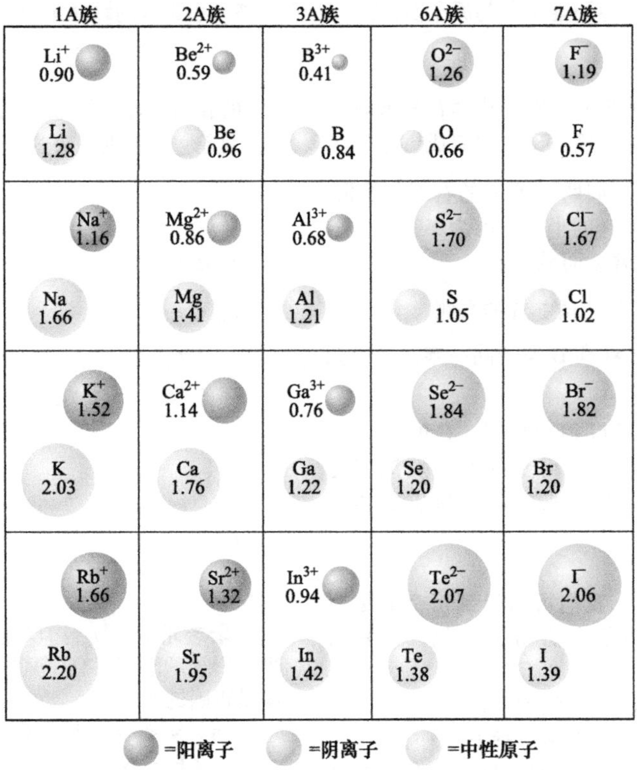

▲ 图 7.8 阳离子和阴离子大小 五个不同族的代表性元素的原子及离子的半径，单位为 Å

对于带相同电荷的离子，当沿着元素周期表的一列向下移动时，离子半径会增大（见图 7.8）。换句话说，随着离子最外层被占据轨道的主量子数的增加，离子的半径也随之增大。

等电子系列是一组包含相同数量电子的离子。例如，等电子系列 O^{2-}、F^-、Na^+、Mg^{2+} 和 Al^{3+} 中的每个离子都有 10 个电子。在任何等电子系列中，我们都可以按原子序数递增的顺序列出元素。因此，核电荷会随着原子序数的增加而增加，由于电子的数量保持不变，随着电子对原子核的吸引力增强，离子半径随着核电荷的增加而减小。

		核电荷增加 ——➤		
8 质子	9 质子	11 质子	12 质子	13 质子
10 电子	10 电子	10 电子	10 电子	10 电子
O^{2-}	F^-	Na^+	Mg^{2+}	Al^{3+}
1.26Å	1.19Å	1.16Å	0.86Å	0.68Å
		离子半径减小 ——➤		

注意元素周期表中这些元素的位置和原子序数。表中非金属阴离子在稀有气体 Ne 之前，金属阳离子在 Ne 之后。氧是等电子系列中最大的离子，它的原子序数最低，为 8；铝是这些离子中最小的，它的原子序数最高，为 13。

▶ 实例解析 7.4

等电子系列中的离子半径

按照离子半径减小的顺序排列这些离子：K^+、Cl^-、Ca^{2+} 和 S^{2-}。

解析

这是一个等电子系列，所有离子都有 18 个电子。在这样的系列中，随着核电荷（原子序数）的增加，半径减小。元素的原子序数 S 是 16、Cl 是 17、K 是 19、Ca 是 20。因此，离子的大小按顺序递减：$S^{2-} > Cl^- > K^+ > Ca^{2+}$。

（a）$Sr^{2+} < Rb^+ < Br^- < Se^{2-} < Te^{2-}$
（b）$Br^- < Sr^{2+} < Se^{2-} < Te^{2-} < Rb^+$
（c）$Rb^+ < Sr^{2+} < Se^{2-} < Te^{2-} < Br^-$
（d）$Rb^+ < Br^- < Sr^{2+} < Se^{2-} < Te^{2-}$
（e）$Sr^{2+} < Rb^+ < Br^- < Te^{2-} < Se^{2-}$

▶ 实践练习 1

按照离子半径递增的顺序排列 Br^-、Rb^+、Se^{2-}、Sr^{2+}、Te^{2-}，哪项是正确的？

▶ 实践练习 2

在等电子系列 Ca^{2+}、Cs^+、Y^{3+} 中，哪个离子是最大的？

化学应用 | **离子大小与锂离子电池**

离子的大小在决定依赖离子运动的器件的性能方面起着重要作用，例如电池。锂离子电池已成为手机、平板计算机、笔记本计算机和电动汽车等电子设备的常见能源，其运行在一定程度上依赖于体积较小的锂离子。

一个充满电的电池会自发地产生电流，因此，当它的正极和负极连接到一个电负载（如需要供电的设备）上时，就会产生电能。正极称为阳极，负极称为阴极。锂离子电池电极材料的研究正处于飞速的发展阶段。目前，阳极材料是石墨，是碳的一种形式，而阴极是过渡金属氧化物，通常是锂钴氧化物，$LiCoO_2$（见图 7.9）。正极和负极之间有一个*隔膜*，这是一种多孔固体材料，允许锂离子通过，但不允许电子通过。

当电池由外部电源充电时，锂离子通过隔膜从阴极迁移到阳极，并插入碳原子层之间。离子通过隔膜的能力随着离子大小的减小和离子上电荷的减少而增加。锂离子比大多数其他阳离子都要小，它只携带 1+ 电荷，这使得它比其他离子更容易迁移。此外，锂是最轻的元素之一，在电动汽车上的使用很有吸引力。当电池放电时，锂离子从正极移动到负极。为了保持电荷平衡，电子通过外部电路同时从阳极迁移到阴极，从而产生电能。在阴极处，锂离子进入氧化物材料中。同样，锂离子体积小是一个优势。对于每一个插入钴酸锂阴极的锂离子，一个通过外部电路的电子将 Co^{4+} 离子还原为 Co^{3+} 离子。当

锂离子进入和离开电极材料时，离子的迁移和结构的变化是复杂的。

此外，所有电池的运行都会产生热量，因此它们的效率不高。在锂离子电池中，由于电池的尺寸被放大以增加能量容量，隔膜材料（通常是聚合物）温度升高产生了问题。在极少数情况下，锂离子电池过热会导致电池起火。

全世界的研究团队都在试图发现新的阴极和阳极材料，这种材料可以很容易地接受和释放锂离子，并且在多次重复的循环过程中不会分解。允许锂离子更快地通过与产生热量较少的新的隔膜材料也在开发中。尽管钠离子的体积更大带来了额外的挑战，一些研究小组也在考虑用钠离子代替锂离子，因为钠的储量远远高于锂。在未来的几年里，人们正在寻找基于碱金属离子的电池技术的新进展。

相关练习：7.89

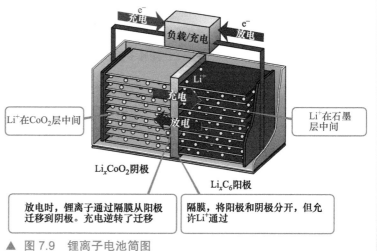

▲ 图 7.9　锂离子电池简图

7.4 | 电离能

电子能被轻易地从原子或离子中除去，这对化学行为有很大的影响。原子或离子的**电离能**是将电子从孤立的气态原子或离子的基态上除去所需要的最低能量。我们第一次遇到电离是在讨论玻尔氢原子模型的时候（见 6.3 节）。如果 H 原子中的电子从 $n = 1$（基态）被激发到 $n = \infty$ 远处，则电子从原子中被完全移除，此时，原子被电离。

一般来说，第一电离能 I_1 是从中性原子中移除第一个电子所需要的能量。例如，钠原子的第一电离能就是这个过程所需的能量。

$$Na(g) \longrightarrow Na^+(g) + e^- \qquad (7.2)$$

第二电离能 I_2，是移除第二个电子所需要的能量，依此类推。因此，钠原子的 I_2 是与这个过程相关的能量。

$$Na^+(g) \longrightarrow Na^{2+}(g) + e^- \qquad (7.3)$$

连续电离能的变化

电离能的大小告诉了我们移除电子需要多少能量。电离能越大，就越难移除电子。注意在表 7.2 中，给定元素的电离能随着连续电子的移除而增加 $I_1 < I_2 < I_3$，依此类推。这种趋势是有道理的，因为随着每一次连续的移除，一个电子就会从一个越来越强的正离子中被抽离，这就需要越来越多的能量。

想一想

光可以用来电离原子和离子。式（7.2）和式（7.3）所示的两个过程中，哪一个需要较短波长的辐射？

表 7.2 显示的第二个重要特征是，当内壳层电子被移除时，电离能急剧增加。例如，考虑硅 $1s^2 2s^2 2p^6 3s^2 3p^2$，$3s$ 和 $3p$ 亚电子层中 4 个电子的电离能从 786kJ/mol 稳定增加到 4356kJ/mol。移除来自 $2p$ 亚层的第 5 个电子，需要更多的能量 16091kJ/mol。大幅增加是因为 $2p$ 电子比 4 个 $n = 3$ 电子更容易在接近原子核的地方出现。因此，$2p$ 电子比 $3s$ 和 $3p$ 电子具有更大的有效核电荷。

想一想

硼原子的 I_1 和碳原子的 I_2，哪个更大？

表 7.2　对于从钠到氩的元素，电离能 I 的连续值　　　　　　　　　　　　　　（单位：kJ/mol）

元素	I_1	I_2	I_3	I_4	I_5	I_6	I_7
Na	496	4562					
Mg	738	1451	7733	（内壳层电子）			
Al	578	1817	2745	11577			
Si	786	1577	3232	4356	16091		
P	1012	1907	2914	4964	6274	21267	
S	1000	2252	3357	4556	7004	8496	27107
Cl	1251	2298	3822	5159	6542	9362	11018
Ar	1521	2666	3931	5771	7238	8781	11995

当第一个内壳层电子被移除时，每个元素的电离能都会大幅增加。这一观察结果支持了一个观点，即只有最外层的电子参与电子的共享和转移，从而产生化学键和化学反应。在第 8 章和第 9 章讨论化学键时会看到，内壳层电子与原子核的结合太紧密了，以至于不能从原子中除去，甚至不能与另一个原子共用。

▶ 实例解析 7.5
电离能的趋势

在元素周期表的空白处标明了三种元素，哪一种元素的第二电离能最大？

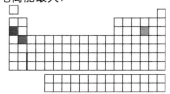

解析

分析与思路　根据元素在元素周期表中的位置，我们能够预测电子的构型。最大的电离能涉及核心电子的移除。因此，应该首先寻找在最外层只有一个电子的元素。

解答　红色代表 Na，它有 1 个价电子。因此，这种元素的第二电离能与除去一个核心电子有关。其他元素，S（绿色）和 Ca（蓝色），有 2 个或更多价电子。因此，Na 应该具有最大的第二电离能。

检验　化学手册给出的 I_2 值：Ca，1145kJ/mol；S，2252kJ/mol；Na，4562kJ/mol。

▶ 实践练习 1

溴的第三电离能是下列哪个过程需要的能量？

（a）$Br(g) \longrightarrow Br^+(g) + e^-$

（b）$Br^+(g) \longrightarrow Br^{2+}(g) + e^-$

（c）$Br(g) \longrightarrow Br^{2+}(g) + 2e^-$

（d）$Br(g) \longrightarrow Br^{3+}(g) + 3e^-$

（e）$Br^{2+}(g) \longrightarrow Br^{3+}(g) + e^-$

▶ 实践练习 2

Ca 和 S，哪一种有更大的第三电离能？

第一电离能的周期趋势

图 7.10 显示了在元素周期表中从一个元素移动到另一个元素时，观察到的前 54 种元素第一电离能的变化趋势。重要的周期趋势如下：

1. I_1 通常会在同一周期内随着从左向右的移动而增加。碱金属在同一周期的第一电离能最低，而稀有气体的第一电离能最高。这一趋势中有一些细微的不规则之处，我们将在稍后讨论。

2. I_1 通常会随着元素周期表中每一列的下降而减小。例如，稀有气体的第一电离能遵循如下顺序 He > Ne > Ar > Kr > Xe。

3. 与过渡金属元素相比，s 区和 p 区元素的 I_1 值范围更大。一般来说，过渡金属的电离能在一个周期内从左向右缓慢增加。f 区金属（图 7.10 中没有显示）在 I_1 的值上也只有很小的变化。

一般来说，较小的原子具有较高的电离能。影响原子大小的因素也影响电离能。将一个电子从最外层被占据的电子层中移除，所需要的能量既取决于有效核电荷，也取决于电子与原子核的平均距离。增加有效核电荷或减小与原子核的距离都会增加电子与原子核之间的吸引力。随着这种吸引力的增加，要除去电子就变得更加困难，因此电离能也随之增加。同一周期从左向右变化时，有效核电荷增加，成键原子半径减小，导致电离能增加。同一族从上到下变化时，原子半径增加，而有效核电荷只逐渐增加。半径的增大占主导地位，所以原子核和电子之间的吸引力减小，导致电离能减小。

图中缺少砹 At 的值。在最接近 100kJ/mol 的情况下，估计 At 的第一电离能是多少？

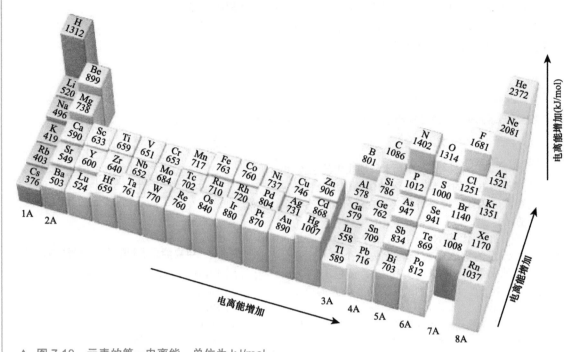

▲ 图 7.10　元素的第一电离能，单位为 kJ/mol

为什么从氧原子上拿走 2p 电子比从氮原子上拿走要容易？

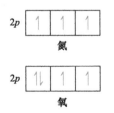

▲ 图 7.11　氮和氧上 2p 轨道的填充

在某一特定时期的不规则现象是微妙的，但仍然可以解释。例如，从 Be（$[He]2s^2$）到 B（$[He]2s^22p^1$）电离能的降低，如图 7.10 所示，是因为 B 的第 3 个价电子必须占据其 2p 亚层，而 Be 的此亚层却是空的。回想一下 2p 亚层的能量比 2s 亚层高（见图 6.25）。当从 N（$[He]2s^22p^3$）移动到 O（$[He]2s^22p^4$）时，电离能略有降低，这是由于 p^4 构型中成对电子的排斥力所致（见图 7.11）。记住，根据洪特规则，p^3 构型中的每个电子都位于不同的 p 轨道，这使得 3 个 2p 电子之间的电子 - 电子排斥力最小（见 6.8 节）。

离子的电子构型

当电子从原子中移除形成阳离子时，总是先从主量子数为 n 的已占据轨道中移除。例如，从锂原子（$1s^22s^1$）中移除 1 个电子时，它就是 $2s^1$ 电子：

$$Li(1s^22s^1) \longrightarrow Li^+(1s^2) + e^-$$

同样的，当 2 个电子从 Fe（$[Ar]3d^64s^2$）中被移除时，$4s^2$ 电子就是被移除的电子：

$$Fe([Ar]4s^23d^6) \longrightarrow Fe^{2+}([Ar]3d^6) + 2e^-$$

如果再移除 1 个电子形成 Fe^{3+}，那么它来自一个 3d 轨道，因为所有 n = 4 的轨道都是空的：

$$Fe^{2+}([Ar]3d^6) \longrightarrow Fe^{3+}([Ar]3d^5) + e^-$$

实例解析 7.6
电离能的周期性变化趋势

参考元素周期表，按第一电离能增加的顺序排列 Ne、Na、P、Ar 和 K 原子。

解析

分析与思路 已知5种元素的元素符号。为了按第一电离能增加的顺序来排列它们，我们需要找到每种元素在元素周期表中的位置。然后可以利用它们的相对位置和第一电离能的变化趋势来预测它们的顺序。

解答 同一周期内，电离能从左向右依次增大；同一族内，电离能从上到下依次减小。因为 Na、P 和 Ar 在同一周期内，我们预测第一电离能 I_1 的变化顺序为：Na < P < Ar。因为 8A 族中，Ne 在 Ar 之前，预测 Ar < Ne。同样的，在 1A 族中，K 在 Na 之后，所以预测是 K < Na。

从这些观察结果中，得出按第一电离能增加的顺序：

$$K < Na < P < Ar < Ne$$

检验 图 7.10 所示的值证实了此预测。

▶ **实践练习 1**

考虑以下关于第一电离能的表述：

（ⅰ）由于 Mg 的有效核电荷大于 Be，所以 Mg 的第一电离能大于 Be；

（ⅱ）O 的第一电离能小于 N，因为 O 中必须有一个 $2p$ 轨道上的电子对；

（ⅲ）Ar 的第一电离能小于 Ne，因为 Ar 中的 $3p$ 电子比 Ne 中的 $2p$ 电子离原子核更远；

上述阐述中，哪个或哪些是正确的？

（a）仅仅一个阐述是正确的

（b）阐述（ⅰ）和（ⅱ）是正确的

（c）阐述（ⅰ）和（ⅲ）是正确的

（d）阐述（ⅱ）和（ⅲ）是正确的

（e）所有这些阐述都是正确的

▶ **实践练习 2**

B、Al、C 和 Si，哪个原子的第一电离能最低？哪个最高？

在形成过渡金属阳离子的过程中，$4s$ 电子在 $3d$ 电子之前被移除，这似乎很奇怪。毕竟在写电子构型的时候，我们把 $4s$ 电子放在了 $3d$ 电子之前。然而，在书写原子的电子排布时，需要一个想象的过程，在此过程中，元素周期表从一个元素移到另一个元素，这样一来，我们就在轨道上增加了一个电子，在原子核上增加了一个质子，从而改变了元素的性质。在电离过程中，我们不逆转这个过程，因为没有质子被移走。例如，Ca 和 Ti^{2+} 都有 20 个电子，但是 Ti^{2+} 离子的质子数（22）比 Ca 原子的（20）要多。这改变了轨道的相对能级，足以使这两种物质有不同的电子构型：Ca（$[Ar]4s^2$）和 Ti^{2+}（$[Ar]3d^2$）。

如果给定的 n 有多个已占据的亚电子层，则首先从 l 值最高的轨道中移除电子。例如，锡原子在失去 $5s$ 电子之前就失去了 $5p$ 电子：

$$Sn([Kr]5s^2 4d^{10} 5p^2) \Rightarrow Sn^{2+}([Kr]5s^2 4d^{10}) + 2e^- \Rightarrow Sn^{4+}([Kr]4d^{10}) + 4e^-$$

加入原子形成阴离子的电子被加入到 n 值最低的空轨道或部分填充的轨道中。例如，加入氟原子形成 F^- 的电子进入 $2p$ 亚层中剩下的一个空位：

$$F(1s^2 2s^2 2p^5) + e^- \Rightarrow F^-(1s^2 2s^2 2p^6)$$

 想一想

Cr^{3+} 和 V^{2+} 的电子构型是否相同？

实例解析 7.7

离子的电子构型

写出（a）Ca^{2+}，（b）Co^{3+} 和（c）S^{2-} 的电子构型。

解析

分析与思路 要求我们写出 3 个离子的电子构型。要做到这一点，首先要写出每个母原子的电子排布，然后移除或增加电子以形成离子。电子首先从 n 值最高的轨道上被移走，然后被加到 n 值最低的空轨道或部分填充轨道上。

解答

（a）Ca（原子序数 20）的电子构型为 $[Ar]4s^2$。要形成一个 2+ 离子，必须去掉外层的两个 $4s$ 电子，得到一个与 Ar 等电子的离子：

$$Ca^{2+} : [Ar]$$

（b）Co（原子序数 27）的电子构型为 $[Ar]4s^23d^7$。要形成 3+ 离子，必须去掉 3 个电子。如前文中所讨论的，$4s$ 电子在 $3d$ 电子之前被移除。因此，我们去掉了 2 个 $4s$ 电子和 1 个 $3d$ 电子，Co^{3+} 的电子排布式是：

$$Co^{3+} : [Ar]3d^6$$

（c）S（原子序数 16）的电子排布为 $[Ne]3s^23p^4$。要形成一个 2- 离子，必须加上 2 个电子。在 $3p$ 轨道上还有 2 个电子的位置。因此，S^{2-} 电子排布式是：

$$S^{2-} : [Ne]3s^23p^6 = [Ar]$$

注解 谨记，s 区和 p 区元素的许多普通离子，如 Ca^{2+} 和 S^{2-}，其电子数与最近的稀有气体相同（见 2.7 节）

▶ **实践练习 1**

Tc 原子的基态电子构型是 $[Kr]5s^24d^5$。Tc^{3+} 的电子构型是什么？

（a）$[Kr]4d^4$ （b）$[Kr]5s^24d^2$ （c）$[Kr]5s^14d^3$
（d）$[Kr]5s^24d^8$ （e）$[Kr]4d^{10}$

▶ **实践练习 2**

写出（a）Ga^{3+}，（b）Cr^{2+} 和（c）Br^- 的电子构型。

7.5 | 电子亲和能

原子的第一电离能是从原子中移去一个电子形成阳离子所引起的能量变化。例如 Cl(g) 的第一电离能 1251kJ/mol，是与此过程相关的能量变化：

电离能：$Cl(g) \longrightarrow Cl^+(g) + e^- \quad \Delta E = 1251kJ/mol \quad$ （7.4）

$[Ne]3s^23p^5 \quad [Ne]3s^23p^4$

电离能的正值意味着必须向原子中注入能量才能移除电子。所有原子的电离能都是正的：必须吸收能量才能移除一个电子。

大多数原子也能获得电子形成阴离子。当一个电子被加到一个气态原子上时所发生的能量变化叫作**电子亲和能**，因为它测量原子对所加电子的吸引力或亲和力。对大多数原子来说，当一个电子被加入时，释放能量。例如，氯原子增加一个电子时，能量变化为 -349kJ/mol，这是一个负号，表示在这个过程中释放了能量。所以 Cl 的电子亲和能是 -349kJ/mol。$^{\ominus}$

电子亲和能：$Cl(g) + e^- \longrightarrow Cl^-(g) \quad E_A = -349kJ/mol \quad$ （7.5）

$[Ne]3s^23p^5 \quad [Ne]3s^23p^6$

理解电离能和电子亲和能之间的不同是非常重要的：

$\ominus$ 电子亲和能有两种符号规定。在大多数入门教科书包括本书中，使用热力学符号：负号表明添加电子是一个放热过程，如氯的电子亲和能，-349kJ/mol。然而，从历史上看，电子亲和能被定义为一个电子被添加到一个气态的原子或离子上时被释放的能量。因为 -349kJ/mol 是在 Cl(g) 中加入一个电子时释放的，所以根据这个规定，电子亲和能是 +349kJ/mol。

- 电离能测量原子失去电子时的能量变化。
- 电子亲和能测量原子获得电子时的能量变化。

原子与外加电子之间的吸引力越大，原子的电子亲和能就越大（填加负号）。对于某些元素，如稀有气体，电子亲和能为正值，即阴离子的能量要高于分离的原子和电子：

$$Ar(g) + e^- \longrightarrow Ar^-(g) \quad E_A > 0 \qquad (7.6)$$

$$[Ne]3s^23p^6 \qquad [Ne]3s^23p^64s^1$$

电子亲和能是正的这一事实意味着电子不会附着在 Ar 原子上，换句话说，Ar 离子是不稳定的，不会形成。

电子亲和能的周期性变化趋势

前五个周期 s 区和 p 区元素的电子亲和能如图 7.12 所示。注意电子亲和能的变化趋势不如电离能那样明显。卤素，p 亚层再填充一个电子就处于全充满状态，它的电子亲和能最负 [在同周期元素中最大（填加负号）]。通过获得一个电子，卤素原子形成一个稳定的阴离子，它便具有稀有气体的电子构型 [见式（7.5）]。

然而，向稀有气体中加入一个电子，要求该电子位于原子中空的高能亚电子层中 [见式（7.6）]。因为占据一个高能量的亚电子层在能量上是不利的，所以此电子的亲和能是正的。由于此原因，Be 和 Mg 的电子亲和能也是正的。被增加的电子将保留在先前空的高能量的 p 亚层中。

5A 族的电子亲和能也是很有趣的。因为这些元素的 p 亚层处于半充满状态，增加的电子必须被填入已经占有的轨道中导致产生较大的电子间排斥力。因此，这些元素的电子亲和能要么是正的（N），要么是小于它们左侧元素为负的（P、As、Sb）。回想一下，在 7.4 节中我们看到的，由于同样的原因，第一电离能的趋势也是不连续的。

电子亲和能在同一族内由上往下移动时变化不大（见图 7.12）。例如，对于 F，增加的电子进入 $2p$ 轨道，对于 Cl 进入 $3p$ 轨道，对于 Br 进入 $4p$ 轨道，等等。因此，当我们从 F 到 I 时，增加的电子与原子核之间的平均距离稳步增加，导致电子与原子核之间的吸引力减小。然而，持有最外层电子的轨道越来越分散，所以当从 F 到 I 时，电子与电子的排斥力也减少了。结果，电子 - 原子核引力的减少被电子 - 电子排斥力的减少所抵消。

图例解析

为什么 4A 族元素的电子亲和能比 5A 族元素要更负？

1A								8A
H −73	2A		3A	4A	5A	6A	7A	He >0
Li −60	Be >0		B −27	C −122	N >0	O −141	F −328	Ne >0
Na −53	Mg >0		Al −43	Si −134	P −72	S −200	Cl −349	Ar >0
K −48	Ca −2		Ga −30	Ge −119	As −78	Se −195	Br −325	Kr >0
Rb −7	Sr −5		In −30	Sn −107	Sb −103	Te −190	I −295	Xe >0

▲ 图 7.12 部分 s 区和 p 区元素的电子亲和能，单位为 kJ/mol 计

想一想

Cl⁻(g) 的第一电离能与 Cl(g) 的电子亲和能之间的关系是什么？

7.6 | 金属、非金属和类金属

原子半径、电离能和电子亲和能是单个原子的性质。然而，除了稀有气体以外，自然界中没有任何一种元素是以独立原子的形式

图例解析 金属性的周期性变化趋势与电离能的周期性变化趋势相比如何?

$\longleftarrow$ 金属性增加

1A 1												3A 13	4A 14	5A 15	6A 16	7A 17	8A 18
1 H	2A 2																2 He
3 Li	4 Be											5 B	6 C	7 N	8 O	9 F	10 Ne
11 Na	12 Mg	3B 3	4B 4	5B 5	6B 6	7B 7	8B 8	9	10	1B 11	2B 12	13 Al	14 Si	15 P	16 S	17 Cl	18 Ar
19 K	20 Ca	21 Sc	22 Ti	23 V	24 Cr	25 Mn	26 Fe	27 Co	28 Ni	29 Cu	30 Zn	31 Ga	32 Ge	33 As	34 Se	35 Br	36 Kr
37 Rb	38 Sr	39 Y	40 Zr	41 Nb	42 Mo	43 Tc	44 Ru	45 Rh	46 Pd	47 Ag	48 Cd	49 In	50 Sn	51 Sb	52 Te	53 I	54 Xe
55 Cs	56 Ba	71 Lu	72 Hf	73 Ta	74 W	75 Re	76 Os	77 Ir	78 Pt	79 Au	80 Hg	81 Tl	82 Pb	83 Bi	84 Po	85 At	86 Rn
87 Fr	88 Ra	103 Lr	104 Rf	105 Db	106 Sg	107 Bh	108 Hs	109 Mt	110 Ds	111 Rg	112 Cp	113 Nh	114 Fl	115 Mc	116 Lv	117 Ts	118 Og

金属性增加 ↓

57 La	58 Ce	59 Pr	60 Nd	61 Pm	62 Sm	63 Eu	64 Gd	65 Tb	66 Dy	67 Ho	68 Er	69 Tm	70 Yb
89 Ac	90 Th	91 Pa	93 U	93 Np	94 Pu	95 Am	96 Cm	97 Bk	98 Cf	99 Es	100 Fm	101 Md	102 No

□ 金属
□ 类金属
□ 非金属

▲ 图 7.13 金属,类金属和非金属

存在的。为了更广泛地了解元素的性质,我们还必须研究包含大量原子集合的样品的周期性变化趋势。

元素可以大致分为金属、非金属和类金属(见图 7.13,见 2.5 节)。表 7.3 概述了金属和非金属之间性质的差别。

表 7.3 金属和非金属的固有性质

金属	非金属
有金属光泽;各种颜色,虽然大多数是银色	无光泽,各种颜色
固体具有延展性	固体通常易碎、有些是硬的、有些是软的;
热和电的良导体	热和电的不良导体
大多数金属氧化物是碱性的离子固体	大多数非金属氧化物是形成酸性溶液的分子物质;
在水溶液中容易形成阳离子	在水溶液中倾向于形成阴离子或含氧阴离子

在接下来的章节中,我们将探讨元素周期表中一些常见的反应模式,并将在后面的章节中更深入地研究选定的非金属和金属的反应活性。

元素表现出金属的物理和化学性质越多,它的**金属性**就越强。如图 7.13 所示,当沿着元素周期表的同一族元素向下移动时,元素的金属性通常会增加,而当沿着同一个周期向右移动时,元素的金属性会减弱。现在我们来研究电子构型与金属、非金属和类金属性质之间的密切关系。

金属

大多数金属呈现出我们通常认为有的金属光泽(见图 7.14)。金属传导热和电。一般来说有可塑性(可以捣碎成薄片)和延展性(可以拉丝)。除了汞的熔点是 $-39\,^\circ\!C$,在室温下是液体外,其余金属在室温下是固体。两种金属的熔点略高于室温,铯为 $28.4\,^\circ\!C$ 和镓为 $29.8\,^\circ\!C$。而在另一方面,许多金属只有在高温下才熔化。例如,钨用于白炽灯的灯丝,在 $3400\,^\circ\!C$ 熔融。

金属具有较低的电离能(见图 7.10),**因此容易形成阳离子。**

▲ 图 7.14 金属有光泽,有可塑性和延展性

结果，金属在发生化学反应时易被氧化（失去电子）。在基本的原子性质（半径、电子排布、电子亲和能等）中，第一电离能是判断元素是金属还是非金属的最佳指标。

图 7.15 为金属和非金属代表性离子的氧化态。如 2.7 节所述，化合物中碱金属离子的电荷始终为 1+，碱土金属的电荷始终为 2+。对于属于这两族的原子来说，外层 s 电子很容易失去，从而形成稀有气体的电子构型。对于属于部分占据 p 轨道的族（3A～7A 族）的金属，阳离子的形成要么是由于只失去外部 p 电子（如 Sn^{2+}），要么是由于失去外部 s 和 p 电子（如 Sn^{4+}）。过渡金属离子的电荷不遵循明显的模式，过渡金属的一个特点是它们能形成多个阳离子。例如，Fe^{2+} 和 Fe^{3+} 的化合物都很常见。

图例解析 红色的阶梯线把金属和非金属分开，普通氧化态如何被这条线分割？

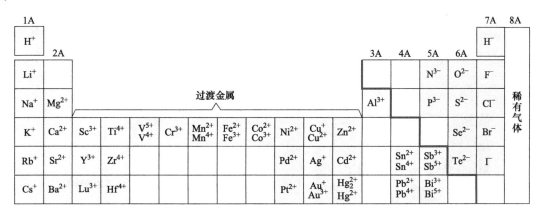

▲ 图 7.15 元素的典型氧化态 注意氢的氧化值有正的和负的，有 +1 和 −1

想一想

砷与氯、镁形成二元化合物。这两种化合物的氧化态相同吗？

由金属和非金属组成的化合物往往是离子化合物。 例如，大多数金属氧化物和卤化物都是离子化合物。为了说明这点，来看金属镍和氧之间生成氧化镍的反应，这是一种含有 Ni^{2+} 和 O^{2-} 的离子化合物：

$$2Ni(s) + O_2(g) \longrightarrow 2NiO(s) \tag{7.7}$$

氧化物尤其重要，因为我们的环境中有大量的氧气。*大多数金属氧化物是碱性的。* 它们溶于水后会发生反应，形成金属氢 - 氧化物，如下面的例子所示：

$$金属氧化物 + 水 \longrightarrow 金属氢氧化物$$

$$Na_2O(s) + H_2O(l) \longrightarrow 2NaOH(aq) \tag{7.8}$$

$$CaO(s) + H_2O(l) \longrightarrow Ca(OH)_2(aq) \tag{7.9}$$

实例解析 7.8

金属氧化物的性质

（a）你认为氧化钪在室温下是固体、液体还是气体?

（b）写出氧化钪与硝酸反应的平衡化学反应方程式。

解析

分析与思路   我们被问及氧化钪的一种物理性质（它在室温下的状态）和一种化学性质（它如何与硝酸反应）。

解答

（a）因为氧化钪是一种金属氧化物，我们预测它是一种离子化合物。事实上，它确实是离子化合物，具有 2485℃ 的高熔点。

（b）在此化合物中，钪带 +3 价电荷，Sc^{3+}，并且氧离子是 O^{2-}。因此，氧化钪的化学式是 Sc_2O_3。金属氧化物倾向于是碱性的，因此会与酸反应生成盐和水。在本例情况下，生成的盐是硝酸钪 $Sc(NO_3)_3$：

$$Sc_2O_3(s) + 6\,HNO_3(aq) \longrightarrow 2Sc(NO_3)_3(aq) + 3H_2O(l)$$

▶ **实践练习 1**

假设化学式为 M_2O_3 的金属氧化物溶于水。溶于水的主要产物是什么?

（a）$MH_3(aq) + O_2(g)$

（b）$M(s) + H_2(g) + O_2(g)$

（c）$M^{3+}(aq) + H_2O_2(aq)$

（d）$M(OH)_2(aq)$

（e）$M(OH)_3(aq)$

▶ **实践练习 2**

写出氧化铜（Ⅱ）与硫酸反应的平衡化学反应方程式。

▽ **图例解析**   你认为 NiO 会溶解在 $NaNO_3$ 的水溶液中吗?

氧化镍 (NiO)、硝酸 (HNO_3) 和水(H_2O)

不溶的NiO

NiO 不溶于水，但可与HNO_3反应生成绿色的$Ni(NO_3)_2$溶液

▲ 图 7.16   **金属氧化物与酸反应**   NiO 不溶于水，但可与 HNO_3 反应生成绿色的 $Ni(NO_3)_2$ 溶液

金属氧化物的碱性是由于氧离子与水反应：

$$O^{2-}(aq) + H_2O(l) \longrightarrow 2OH^-(aq) \qquad (7.10)$$

即使是不溶于水的金属氧化物，其碱性也表现为与酸反应形成盐和水，如图 7.16 所示：

$$金属氧化物 + 酸 \longrightarrow 盐 + 水$$

$$NiO(s) + 2HNO_3(aq) \longrightarrow Ni(NO_3)_2(aq) + H_2O(l) \qquad (7.11)$$

非金属

非金属可以是固体、液体或气体。它们无金属光泽，通常是热和电的不良导体。它们的熔点通常低于金属（金刚石，碳的一种形式，是一个例外，熔点在 3570℃）。在一般情况下，有 7 种非金属以双原子分子的形式存在。其中 5 种是气体（H_2、N_2、O_2、F_2 和 Cl_2），1 种是液体（Br_2），还有一种是挥发性固体 I_2。其余的非金属除稀有气体外，是固体，可以是硬的，如金刚石；也可以是软的，如硫（见图 7.17）。

由于非金属具有相对较负的电子亲和能，它们在与金属反应时往往会获得电子。 例如，铝与溴反应生成离子化合物溴化铝：

$$2Al(s) + 3Br_2(l) \longrightarrow 2AlBr_3(s) \qquad （7.12）$$

非金属通常会获得足够的电子来填满它最外层的 p 亚层，从而得到一个稀有气体的电子构型。例如，溴原子得到一个电子来填满它的 $4p$ 亚层：

$$Br([Ar]4s^23d^{10}4p^5) + e^- \longrightarrow Br^-([Ar]4s^23d^{10}4p^6)$$

完全由非金属组成的化合物通常是分子化合物， 在室温下倾向于气体、液体或低熔点固体。例如我们用来做燃料的常见碳氢化合物（甲烷 CH_4、丙烷 C_3H_8、辛烷 C_8H_{18}）以及气体（HCl、NH_3 和 H_2S）等。许多药物的分子成分是由 C、H、N、O 和其他非金属组成的。例如，药物西乐葆的分子式为 $C_{17}H_{14}F_3N_3O_2S$。

大多数非金属氧化物是酸性的， 这意味着溶于水的非金属氧化物会形成酸：

$$非金属氧化物 + 水 \longrightarrow 酸$$

$$CO_2(g) + H_2O(l) \longrightarrow H_2CO_3(aq) \qquad （7.13）$$

$$P_4O_{10}(s) + 6H_2O(l) \longrightarrow 4H_3PO_4(aq) \qquad （7.14）$$

二氧化碳与水反应（见图 7.18）解释了碳酸的酸性，在某种程度上也解释了酸雨的酸性。由于石油和煤中含有硫，这些普通燃料的燃烧产生二氧化硫和三氧化硫。这些物质溶解在水中产生酸雨，酸雨是世界许多地方的主要污染物。像酸一样，大多数非金属氧化物溶解在碱性溶液中形成盐和水：

$$非金属氧化物 + 碱 \longrightarrow 盐 + 水$$

$$CO_2(g) + 2NaOH(aq) \longrightarrow Na_2CO_3(aq) + H_2O(l) \qquad （7.15）$$

图例解析

你认为硫有延展性吗？

▲ 图 7.17 硫，俗称"硫磺"，是一种非金属

▲ 图 7.18 二氧化碳 CO_2 与含有溴百里酚蓝指示剂的水溶液反应 刚开始，蓝色告诉我们水是碱性的。当一块固体二氧化碳（"干冰"）被加入时，颜色会变成黄色，表明溶液是酸性的。雾是从空气中凝结而成的水滴，由低温的二氧化碳气体在反应前升华而成

想一想

化合物 ACl_3（A 是一种元素）的熔点为 $-112°C$。你认为这种化合物是分子化合物还是离子化合物？如果已知 A 可能是钪或磷，你认为哪个元素的可能性更大？

▶ 实例解析 7.9
非金属氧化物的反应

写出固体二氧化硒 $SeO_2(s)$ 与（a）水、（b）氢氧化钠水溶液反应的平衡化学方程式。

解析

　分析与思路　我们注意到硒是一种非金属。因此，需要写出非金属氧化物与 H_2O 和 NaOH 反应的化学方程式。非金属氧化物是酸性的，与水反应形成酸，与碱反应形成盐和水。

　解答

　（a）二氧化硒与水的反应类似于二氧化碳与水的反应（见式（7.13））：

$$SeO_2(s) + H_2O(l) \rightarrow H_2SeO_3(aq)$$

（尽管在室温条件下 SeO_2 是固体，CO_2 是气体，但这都不重要，关键是它们都是水溶性非金属氧化物。）

　（b）与氢氧化钠的反应式与式 7.15 类似：

$$SeO_2(s) + 2\,NaOH(aq) \rightarrow Na_2SeO_3(aq) + H_2O(l)$$

▶ 实践练习 1

　研究下面的氧化物：SO_2、Y_2O_3、MgO、Cl_2O、N_2O_5。在水中有多少个会形成酸性溶液？

　（a）1　（b）2　（c）3　（d）4　（e）5

▶ 实践练习 2

　写出固体六氧化四磷与水反应的平衡化学方程式。

▲ 图 7.19　元素硅

类金属

　　类金属的性质介于金属和非金属之间。它们可能具有某些特殊的金属性质，但缺乏其他性质。例如，非金属硅看起来像金属（见图 7.19），但它是脆的，而不是可塑的，并且不像金属那样传热和导电。

　　几种类金属，尤其是硅，属于电的半导体，是集成电路和计算机芯片中使用的主要元素。类金属之所以能用于集成电路，原因之一是其导电性介于金属和非金属之间。高纯的硅是一种电绝缘体，但是它的导电性可以随着称为掺杂剂的特殊杂质的加入而显著提高。这种改进提供了一种通过控制化学成分来控制电导率的机制。我们将在第 12 章中重新阐述这一点。

7.7 | 1A 族和 2A 族金属元素的变化趋势

　　正如我们所看到的，1A 和 2A 族中的元素具有相似性。然而，这种趋势也存在于每个族中。在这一节中，我们使用元素周期表和元素的电子构型知识来检验**碱金属**和**碱土金属**的化学性质。

1A 族：碱金属

　　碱金属是软的金属固体（见图 7.20），它们都具有独特的金属特性，如银色、金属光泽，及高的导热和导电性。碱的英文 aLkaLi 来自阿拉伯语，意思是"灰烬"。早期的化学家从木灰中分离出许多钠和钾这两种碱金属的混合物。

　　如表 7.4 所示，碱金属具有较低的密度和熔点，且随着原子序数的增加，这些性质变化很有规律。当我们沿着同一族向下移动时，会看到普遍的趋势，比如原子半径增大，第一电离能减小。任意给定周期的碱金属的 I_1 值在周期内都是最小的（见图 7.10），这反映了其外层 s 电子相对容易失去。因而碱金属都非常活泼，很容易失去一个电子，形成带 1+ 电荷的离子。（见 2.7 节）

▲ 图 7.20　钠和其他碱金属一样，很软，可以用刀切割

表 7.4　碱金属的一些性质

元素	电子构型	熔点 /℃	密度 /(g/cm³)	原子半径 /Å	I_1/(kJ/mol)
Li	[He]$2s^1$	181	0.53	1.28	520
Na	[Ne]$3s^1$	98	0.97	1.66	496
K	[Ar]$4s^1$	63	0.86	2.03	419
Rb	[Kr]$5s^1$	39	1.53	2.20	403
Cs	[Xe]$6s^1$	28	1.88	2.44	376

　　碱金属在自然界中只以化合物的形式存在。钠和钾在地壳、海洋和生物系统中相对丰富，通常是离子化合物的阳离子。所有碱金属都与大多数非金属直接结合。例如，它们与氢反应生成氢化物，与硫反应生成硫化物：

$$2M(s) + H_2(g) \longrightarrow 2MH(s) \qquad (7.16)$$

$$2M(s) + S(s) \longrightarrow M_2S(s) \qquad (7.17)$$

其中，M 表示任意碱金属。在碱金属的氢化物（LiH、NaH 等）中，氢以氢阴离子 H⁻ 的形式存在。一个氢原子*得到*了一个电子，这个离子和氢原子*失去*电子时形成的氢离子 H⁺ 是不同的。

　　碱金属与水发生剧烈反应，产生氢气和碱金属氢氧化物的溶液：

$$2M(s) + 2\,H_2O(l) \longrightarrow 2\,MOH(aq) + H_2(g) \qquad (7.18)$$

　　这些反应是放热的（见图 7.21），就如 K 与 H_2O 的反应一样，在许多情况下，反应产生的热量足以点燃氢气，引起火灾，有时甚至爆炸。尤其是对于 Rb、Cs，反应更加剧烈，因为它们的电离能甚至比 K 的电离能还要低。

　　回想一下，最常见的氧离子是 O^{2-}。因此，我们期望碱金属与氧的反应会产生相应的金属氧化物。事实上，锂金属与氧的反应确实形成了锂氧化物：

$$\underset{\text{氧化锂}}{4Li(s) + O_2(g) \longrightarrow 2Li_2O(s)} \qquad (7.19)$$

　　当 Li_2O 和其他可溶金属氧化物溶于水时，会由于 O^{2-} 离子与 H_2O 反应而形成氢氧根离子 [式（7.10）]。

　　其他碱金属与氧的反应比我们预料的要复杂得多。例如，钠与氧反应时，主要产物为过氧化钠，其中含有 O_2^{2-} 离子：

$$\underset{\text{过氧化钠}}{2Na(s) + O_2(g) \longrightarrow Na_2O_2(s)} \qquad (7.20)$$

　　钾、铷和铯与氧反应，形成包含 O_2^- 离子的化合物，我们称之为超氧离子。例如，钾形成超氧化钾 KO_2：

$$\underset{\text{超氧化钾}}{K(s) + O_2(g) \longrightarrow KO_2(s)} \qquad (7.21)$$

　　注意式（7.20）和式（7.21）中的反应有些出乎意料；在大多数情况下，氧与金属的反应形成金属氧化物。

　　从式（7.18）到式（7.21）可以看出，碱金属对水和氧的反应非常强烈。由于这种反应活性，碱金属通常储存在液态碳氢化合物

▼ 图例解析 你认为铷与水的反应性会比钾强还是弱？

Li   Na   K

▲ 图 7.21 碱金属与水剧烈反应

如矿物油或煤油中。

尽管碱金属离子是无色的，但当置于火焰中时，每一种离子都会发出一种特有的颜色（见图 7.22）。离子在火焰中被还原成气态金属原子。高温将价电子从基态激发到高能量轨道，使原子处于激发态。然后，原子以可见光的形式发射能量，当电子回到低能量轨道，原子回到基态时，每个元素发出的光都有特定的波长，就像我们前面看到的氢和钠的线状光谱一样（见 6.3 节），钠蒸气灯的基础是钠在 589nm 处的黄色特征谱线（见图 7.23）。

Li   Na   K

▲ 图 7.22 每一种碱金属的离子被置于火焰中，均会发出一种具有特征波长的光

▲ 想一想

铯 Cs 是稳定碱金属中反应活性最强的（钫 Fr，具有放射性，尚未被广泛研究）。Cs 的什么*原子特性*对其高反应活性最有影响？

▼ **图例解析**　如果我们有钾蒸气灯，它将是什么颜色？

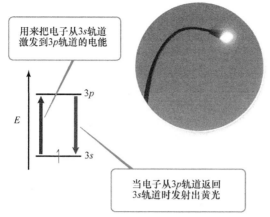

用来把电子从3s轨道激发到3p轨道的电能

当电子从3p轨道返回3s轨道时发射出黄光

▲ 图 7.23　钠灯特有的黄色光是高能 3p 轨道中的激发态电子跃迁回低能 3s 轨道的结果

▶ **实例解析 7.10**

碱金属的反应

写出金属铯与（a）$Cl_2(g)$，（b）$H_2O(l)$，（c）$H_2(g)$ 反应的平衡方程式。

解析

分析与思路　因为铯是一种碱金属，我们认为它的化学性质是由金属氧化成 Cs^+ 离子决定的。此外，Cs 在元素周期表上的位置很靠后，这意味着它是所有金属中最活跃的一种，可能与这三种物质都发生反应。

解答　Cs 与 Cl_2 的反应是金属与非金属的简单化合反应，形成离子化合物 CsCl：

$$2Cs(s) + Cl_2(g) \longrightarrow 2\,CsCl(s)$$

根据式（7.18）和式（7.16），我们预测铯与水和氢的反应过程如下：

$$2Cs(s) + 2\,H_2O(l) \longrightarrow 2\,CsOH(aq) + H_2(g)$$

$$2Cs(s) + H_2(g) \longrightarrow 2\,CsH(s)$$

这三个反应都是氧化还原反应，其中铯形成 Cs^+。Cl^-、OH^-、H^- 均为 -1 价离子，即产物与 Cs^+ 的化学计量数之比为 1:1。

▶ **实践练习 1**

考虑下面三个关于碱金属 M 与氧气反应的描述：

（i）根据它们在元素周期表中的位置，预期产物为离子氧化物 M_2O；

（ii）一些碱金属与氧反应时会产生金属过氧化物或金属超氧化物；

（iii）碱金属氧化物溶于水时，产生碱性溶液；说明（i）、（ii）和（iii）哪个或哪些是正确的？

（a）仅仅一个是正确的；

（b）（i）和（ii）是正确的；

（c）（i）和（iii）是正确的；

（d）（ii）和（iii）是正确的；

（e）所有三个都是正确的。

▶ **实践练习 2**

写出金属钾和元素硫 S(s) 之间反应的平衡方程式。

化学与生活　**锂药物不可思议的发展**

碱金属离子在大多数化学反应中起着平淡无奇的作用。如 4.2 节所述，碱金属离子的所有盐都是溶于水的，在大多数水溶液反应中，这些离子都不参与（碱金属的单质除外，如式（7.16）～式（7.21）所示）。然而，这些离子在人类生理学中发挥着重要的作用。例如，钠离子和钾离子分别是血浆和细胞内液体的主要成分，平均浓度为 0.1M。这些电解质在正常细胞功能中充当重要的电荷载体。

相比之下，锂离子在正常人体生理学中没有已知的功能。然而，自从 1817 年锂被发现以来，人们一直认为这种元素的盐具有近乎神秘的治疗能力。甚至有人声称锂离子是古代"不老泉"配方中的一种成分。1927 年，C.L.Grigg 开始销售一种含有锂的软饮料。最初繁琐的饮料的名称是"柠檬苏打水（Bib-Label Lithiated）"，它很快就变成更简单和更熟悉的名字（7up® 七喜）（见图 7.24）。

▲ 图 7.24 **不再有锂** 软饮料 7up® 最初含有一种锂盐，声称具有使人健康的益处，包括使人具有"充沛的能量"，热情、健康的肤色光泽的头发和闪亮的眼睛！但在 20 世纪 50 年代初，锂就被从饮料中去除了，与此同时，锂离子的抗精神病作用被发现了

由于美国食品和药物管理局的关注，在 20 世纪 50 年代初，锂从饮料 7up® 中被撤除。几乎与此同时，精神病学家发现锂离子对双相情感障碍有显著的治疗效果。每年有超过 500 万的美国成年人患有这种精神疾病，他们经历着从深度抑郁到狂躁性兴奋的严重情绪波动。锂离子缓和了这些情绪波动，使双相情感患者在日常生活中更平和。

Li⁺ 的抗精神病作用是在 20 世纪 40 年代由澳大利亚精神病学家约翰·凯德 John Cade（1912—1980）偶然发现的，当时他正在研究尿酸（尿液的一种成分）治疗躁郁症。他把这种酸以可溶性最强的盐尿酸锂的形式给狂躁的实验动物服用，发现许多狂躁症状似乎消失了。后来的研究表明，尿酸对观察到的治疗效果没有作用。是锂离子起了作用。因为锂盐过量会对人体产生严重的副作用，包括肾衰竭和死亡，所以直到 1970 年，锂盐才被批准为人类抗精神病药物。今天 Li⁺ 通常以 Li₂CO₃ 的形式口服，它是处方药物的活性成分，如 Eskalith®。锂类药物对大约 70% 的双相情感障碍患者有效。

在这个复杂的药物设计和生物技术的时代，简单的锂离子仍然对这种破坏性的精神疾病有最有效的治疗。值得注意的是，尽管进行了深入的研究，科学家仍然没有完全了解导致锂的治疗效果的生化作用。由于其与 Na⁺ 相似，Li⁺ 被纳入血浆中后，会影响神经和肌肉细胞的行为。由于 Li⁺ 的半径小于 Na⁺（见图 7.8），所以 Li⁺ 与人细胞内分子相互作用的方式和 Na⁺ 与分子相互作用的方式不同。其他研究表明，Li⁺ 改变了某些神经递质的功能，这可能是导致其具有抗精神病药物有效性的原因。

2A 族：碱土金属

与碱金属一样，碱土金属在室温下均为固体，具有典型的金属特性（见表 7.5）。与碱金属相比，碱土金属硬度和密度更大，在更高的温度下熔化。

碱土金属的第一电离能较低，但比碱金属的第一电离能高。因此，碱土金属的反应活性比碱金属低。正如第 7.4 节所指出的，元素失去电子的难易程度随着在同一个周期内从左向右的移动而降低，随着同一族从上向下的移动而增加。因此，铍和镁这两个最轻的碱土金属，反应活性最低。

碱土金属在水存在下的反应活性表现出了同族内反应活性由上至下增加的趋势。铍既不与水也不与水蒸气发生反应，即使在加热到红热的时候也是如此。镁与液态水反应慢，与水蒸气反应变快：

$$Mg(s) + H_2O(g) \longrightarrow MgO(s) + H_2(g) \qquad (7.22)$$

钙和它后面的元素在室温下很容易与水反应（尽管比元素周期表中与它相邻的碱金属反应慢）。例如，钙与水的反应（见图 7.25）为

$$Ca(s) + 2H_2O(l) \longrightarrow Ca(OH)_2(aq) + H_2(g) \qquad (7.23)$$

表 7.5 碱土金属的一些性质

元素	电子构型	熔点 /℃	密度 /(g/cm³)	原子半径 /Å	I_1/(kJ/mol)
Be	[He]$2s^2$	1287	1.85	0.96	899
Mg	[Ne]$3s^2$	650	1.74	1.41	738
Ca	[Ar]$4s^2$	842	1.55	1.76	590
Sr	[Kr]$5s^2$	777	2.63	1.95	549
Ba	[Xe]$6s^2$	727	3.51	2.15	503

式（7.22）和式（7.23）说明了碱土元素反应活性的主要模式：它们往往失去两个外层的 s 电子，形成 2+ 离子。例如，镁在室温下与氯反应生成 $MgCl_2$，并在空气中燃烧产生耀眼的火焰，生成 MgO：

$$Mg(s) + Cl_2(g) \longrightarrow MgCl_2(s) \qquad （7.24）$$

$$2Mg(s) + O_2(g) \longrightarrow 2MgO(s) \qquad （7.25）$$

在 O_2 存在时，金属镁被一层薄薄的不溶于水的氧化镁层所保护。因此，尽管 Mg 在金属活动顺序表中排位很高（见 4.4 节），但它可以被纳入用于汽车车轮等的轻质结构合金中。较重的碱土金属（Ca、Sr 和 Ba）与非金属的反应活性甚至比镁更强，并在高温火焰中加热时会发出特有的颜色。锶盐在烟花中产生鲜艳的红色，钡盐产生绿色。

钙和镁与它们的相邻元素钠和钾一样，在陆地上和海洋中含量相对丰富，是生命体必不可少的阳离子。钙对骨骼和牙齿的生长和维护尤为重要。

想一想

碳酸钙 $CaCO_3$，经常被用作骨骼健康的膳食钙补充剂。虽然 $CaCO_3(s)$ 不溶于水（见表 4.1），但它可以口服，$Ca^{2+}(aq)$ 离子能传递到肌肉骨骼系统。为什么会这样呢？（提示：回想 4.3 节中讨论的金属碳酸盐的反应。）

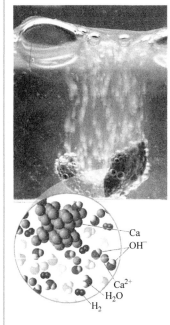

图例解析

形成气泡的原因是什么？你如何验证你的答案？

▲ 图 7.25 钙与水反应

7.8 | 部分非金属元素的变化趋势

氢

我们已经看到，碱金属的化学反应主要是失去其外层的 ns^1 电子而形成阳离子。氢的 $1s^1$ 电子构型表明它的化学性质应该与碱金属有一些相似之处。然而氢的化学性质比碱金属丰富，也复杂得多，但这主要是因为氢的电离能 1312kJ/mol 比任何金属的电离能都高，与氧的电离能相当。因此，在大多数情况下，氢是一种非金属，以无色双原子气体 $H_2(g)$ 的形式存在。

氢与非金属的反应活性反映了它相对于碱金属更倾向于抓住自己的电子。与碱金属不同的是，氢与大多数非金属反应生成分子化合物，其中氢的电子与另一种非金属共享，而不是完全转移到另一种非金属上。例如，我们已经看到，金属钠与氯气发生剧烈反应生成离子化合物氯化钠，其中最外层的钠电子完全转移到氯原子上（见图 2.21）：

$$Na(s) + \frac{1}{2}Cl_2(g) \longrightarrow \underset{\text{离子性的}}{NaCl(s)} \qquad \Delta H° = -410.9kJ \qquad （7.26）$$

相反，氢分子与氯气反应生成氯化氢气体，氯化氢气体由盐酸分子组成：

$$\frac{1}{2}H_2(g) + \frac{1}{2}Cl_2(g) \longrightarrow \underset{\text{分子性}}{HCl(g)} \qquad \Delta H° = -92.3kJ \qquad （7.27）$$

氢容易与其他非金属形成分子化合物，如水 $H_2O(l)$、氨 $NH_3(g)$ 和甲烷 $CH_4(g)$。氢与碳成键的能力是有机化学最重要的方面之一，我们将在后面的章节中看到。

我们已经看到，特别是在水存在的情况下，氢原子很容易失去电子而形成氢离子 H^+。（见 4.3 节）。

例如，HCl(g) 溶于水中形成盐酸 HCl(aq) 溶液，其中氢原子的电子转移到氯原子上——盐酸溶液主要由水溶剂中稳定的 $H^+(aq)$ 离子和 $Cl^-(aq)$ 离子组成$^\ominus$。事实上，氢和非金属分子化合物在水中形成酸的能力是水化学中最重要的方面之一。我们将在后面的章节中详细讨论酸和碱的化学，特别是在第 16 章。

最后，正如非金属的典型特性一样，氢也有从低电离能的金属中获得电子的能力。例如，在式（7.16）中看到，氢与活泼金属反应生成含有氢负离子 H^- 的固态金属氢化物。氢能得到一个电子的事实进一步说明了它的行为更像非金属而不是碱金属。

6A 族：氧族

当我们继续往下看 6A 族时，从非金属到金属特性发生了变化（见图 7.13）。氧、硫和硒是典型的非金属。碲是一种金属，而钋是一种具有放射性的稀有金属。氧在室温下是无色气体；6A 族的其他所有元素都是固体。表 7.6 给出了 6A 族元素的一些物理特性。

正如我们在 2.6 节中看到的，氧以两种分子形式存在（O_2 和 O_3）。因为 O_2 是更常见的形式，所以当人们说"氧"的时候通常是指 O_2，尽管"双氧"这个名字更具描述性。O_3 的形式是**臭氧**。氧的两种形式是同素异形体的例子，同素异形体定义为同一元素的不同形式。大约 21% 的干燥空气由 O_2 分子组成。臭氧在上层大气和受污染的空气中含量极低。它也是由 O_2 在放电过程中形成的，例如在雷暴中：

$$3O_2(g) \longrightarrow 2O_3(g) \qquad \Delta H° = 284.6kJ \qquad （7.28）$$

这个反应是强吸热的，这告诉我们 O_3 不如 O_2 稳定。

虽然 O_2 和 O_3 都是无色的，不吸收可见光，但 O_3 吸收特定波长的紫外线，O_2 不吸收。由于这种差异，上层大气中臭氧的存在是有益的，可以过滤掉有害的紫外线。臭氧和氧气也有不同的化学性质：臭氧具有刺激性气味，是一种强氧化剂。由于这一特性，臭氧有时被添加到水中用于杀死细菌，或用低浓度帮助净化空气。然而，臭氧的反应活性也使其存在于地球表面附近受污染的空气中，对人类健康有害。

氧极有可能从其他元素中吸引电子（使其氧化），氧与金属结合几乎总是以氧离子 O^{2-} 的形式存在。这种离子具有稀有气体的电子构型，特别稳定。如图 5.14 所示，非金属氧化物的形成往往也具有很强的放热性，因此在能源利用上是有利的。

在讨论碱金属时，我们注意到两个不太常见的氧阴离子——过氧离子（O_2^{2-}）和超氧离子（O_2^-）。这些离子的化合物经常发生反应生成氧化物和 O_2：

$$2H_2O_2(aq) \longrightarrow 2H_2O(l) + O_2(g) \qquad \Delta H° = -196.1kJ \qquad （7.29）$$

表 7.6　6A 族元素的一些性质

元素	电子构型	熔点 /°C	密度	原子半径 /Å	I_1/（kJ/mol）
氧	$[He]2s^22p^4$	−218	1.43g/L	0.66	1314
硫	$[Ne]3s^23p^4$	115	1.96g/cm³	1.05	1000
硒	$[Ar]3d^{10}4s^24p^4$	221	4.82g/cm³	1.20	941
碲	$[Kr]4d^{10}5s^25p^4$	450	6.24g/cm³	1.38	869
钋	$[Xe]4f^{14}5d^{10}6s^26p^4$	254	9.20g/cm³	1.40	812

$\ominus$ 更真实的描述是氢离子 H^+ 从 HCl 转移到 H_2O 中形成 Cl^- 和 H_3O^+。我们将在第 16 章详细探讨。

因此，瓶装的双氧水顶部有能够在内部压力过大之前释放产生的 $O_2(g)$ 的盖子（见图 7.26）。

除了氧，6A 族中最重要的元素是硫。这种元素有几种同素异形体，最常见和稳定的是含有分子式为 S_8 的黄色固体。这个分子是由硫原子组成的八元环（见图 7.27）。尽管固体硫由 S_8 环组成，但为了简化化学计量系数，我们通常在化学方程中将其简单地写成 $S(s)$。

与氧一样，硫有从其他元素中获得电子形成含有 S^{2-} 的硫化物的趋势。事实上，自然界中的大多数硫是以金属硫化物的形式存在。硫在元素周期表中的位置低于氧，硫形成硫阴离子的趋势不如氧形成氧离子的趋势强。因此，硫的化学反应比氧的化学反应更为复杂。事实上，硫及其化合物（包括煤和石油中的硫）可以在氧气中燃烧，产物是二氧化硫，一种主要的空气污染物：

$$S(s)+O_2(g) \longrightarrow SO_2(g) \qquad (7.30)$$

6A 族中硫下方的元素是硒（Se）。这种相对稀有的元素是生命必不可少的微量元素，尽管它在高剂量时是有毒的。硒有许多同素异形体，包括几个类似于 S_8 环的八元环结构。

此族中的下一个元素是 Te。它的元素结构甚至比硒更复杂，由长而扭曲的 Te—Te 键链组成。Se 和 Te 都倾向于 −2 氧化态，O 和 S 也一样。

从 O 到 S，从 Se 到 Te，这些元素形成越来越大的分子，并变得越来越金属化。6A 族元素氢化物的热稳定性从上到下逐渐降低：$H_2O > H_2S > H_2Se > H_2Te$。其中，$H_2O$ 是最稳定的。

7A 族：卤素

表 7.7 给出了 7A 族元素**卤素**的一些性质。At 是一种非常稀有且具有放射性的元素，由于它的许多特性还不为人所知，所以被省略了。最近发现的 Ts 就更鲜为人知了。

与 6A 族元素不同，所有已被鉴定的卤素都是非金属。它们的熔点和沸点随原子序数的增加而增加。氟和氯在室温下是气体，溴是液体，碘是固体。每种元素都由双原子分子组成：F_2、Cl_2、Br_2 和 I_2（见图 7.28）。

> **想一想**
>
> 溴的密度是氯的 1000 倍。你认为在这个戏剧性的变化中，什么因素起着最大的作用？（a）溴原子量的增加；（b）溴是液体，氯是气体；（c）溴原子半径更大。

卤素具有很负的电子亲和能（见图 7.12）。因此，卤素的化学反应主要体现在卤素容易从其他元素获得电子而形成卤素离子（X^-）就不足为奇了（在许多方程式中，X 习惯于用来表示卤素元素中的任何一种）。

表 7.7 卤素的一些性质

元素	电子构型	熔点 /°C	密度	原子半径 /Å	I_1/（kJ/mol）
F	$[He]2s^2 2p^5$	−220	1.69g/L	0.57	1681
Cl	$[Ne]3s^2 3p^5$	−102	3.12g/L	1.02	1251
Br	$[Ar]4s^2 3d^{10} 4p^5$	−7.3	3.12g/cm³	1.20	1140
I	$[Kr]5s^2 4d^{10} 5p^5$	114	4.94g/cm³	1.39	1008

▼ **图例解析**

为什么水可以储存在正常的不带有排气盖的瓶子里？

▲ 图 7.26 过氧化氢溶液装在有排气盖的瓶子里。过氧化氢储存在不透明的瓶子里，就像图中显示的一样，因为暴露在阳光下会分解成 H_2O 和 O_2

▼ **图例解析**

假设有可能把 S_8 环压平。你希望它有什么形状？

S

▲ 图 7.27 单质硫以 S_8 分子的形式存在 在室温下，这是硫最常见的同素异形体形式

为什么相对于 Cl_2 分子的数量，在分子视图中可以看到更多的 I_2 分子？

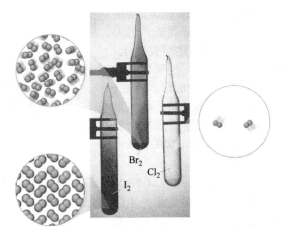

▲ 图 7.28 卤素以双原子分子的形式存在

氟和氯比溴和碘反应活性更强。事实上，氟几乎可以从所有与之接触的物质（包括水）中得到电子，而且通常是通过放热的方式，如下式所示：

$$2H_2O(l) + 2F_2(g) \longrightarrow 4HF(aq) + O_2(g) \quad \Delta H^\circ = -758.9kJ \quad （7.31）$$

$$SiO_2(s) + 2F_2(g) \longrightarrow SiF_4(g) + O_2(g) \quad \Delta H^\circ = -704.0kJ \quad （7.32）$$

因此，氟气在实验室中使用是困难和危险的，需要专用设备。

氯是工业上用得最多的卤素，它是通过电解的过程产生的，在电解过程中，利用电来将氯离子氧化成氯分子。与氟不同，氯与水反应缓慢，形成相对稳定的 HCl 和 HOCl 水溶液（次氯酸）：

$$Cl_2(g) + H_2O(l) \rightarrow HCl(aq) + HOCl(aq) \quad （7.33）$$

氯经常被添加到饮用水和游泳池中，因为生成的 HOCl(aq) 是一种消毒剂。

卤素与大多数金属反应直接生成离子性的卤化物。卤素也与氢反应生成气态卤化氢化合物：

$$H_2(g) + X_2 \rightarrow 2HX(g) \quad （7.34）$$

这些化合物都易溶于水并形成氢卤酸。正如我们在 4.3 节中所讨论的，HCl(aq)、HBr(aq) 和 HI(aq) 是强酸，而 HF(aq) 是一种弱酸。

 想一想

你能用表 7.7 中的数据来估计 At 原子的原子半径和第一电离能吗？

表 7.8　稀有气体的一些性质

元素	电子构型	沸点（K）	密度/（g/L）	原子半径[①]/Å	I_1/（kJ/mol）
He	$1s^2$	4.2	0.18	0.28	2372
Ne	$[He]2s^22p^6$	27.1	0.90	0.58	2081
Ar	$[Ne]3s^23p^6$	87.3	1.78	1.06	1521
Kr	$[Ar]4s^23d^{10}4p^6$	120	3.75	1.16	1351
Xe	$[Kr]5s^24d^{10}5p^6$	165	5.90	1.40	1170
Rn	$[Xe]6s^24f^{14}5d^{10}6p^6$	211	9.73	1.50	1037

① 只有最重的稀有气体元素才能形成化合物。因此，较轻的稀有气体元素的原子半径是估计值。

8A 族：稀有气体

　　被称为稀有气体的 8A 族元素都是非金属，在室温下都是气体。它们都是单原子的（也就是说，它们由单个原子而不是分子组成）。表 7.8 列出了稀有气体元素的一些物理性质。氡（Rn，原子序数 86）的高放射性限制了对其化学反应及其某些性质的研究。

　　稀有气体具有全充满的 s 和 p 亚层。8A 族的所有元素都有很高的第一电离能，我们可以看到，当沿着这一族向下移动时，电离能预计会降低。因为稀有气体具有如此稳定的电子构型，所以它们非常不活泼。事实上，直到 20 世纪 60 年代早期，这些元素还被称为*惰性气体*，因为人们认为它们无法形成化合物。1962 年，不列颠哥伦比亚大学的尼尔·巴特利特（1932—2008）推断氙 Xe 的电离能可能低到足以形成化合物。要做到这一点，Xe 必须与一种具有极强的从其他物质（如氟）中移除电子能力的物质发生反应。巴特利特将 Xe 与含氟化合物 PtF_6 结合，合成了第一个稀有气体化合物。Xe 也与 $F_2(g)$ 直接反应形成分子化合物 XeF_2、XeF_4、XeF_6。氪 Kr 的 I_1 高于氙，因此反应活性较差。事实上，只有一个稳定的氪化合物是已知的，KrF_2。2000 年，芬兰科学家报道了第一个含有氩的中性分子，HArF 分子，这种分子只有在低温下才稳定。

综合实例解析

概念综合

　　元素铋（Bi，原子序数 83）是 5A 族中最重的元素。这种元素的一种盐，亚水杨酸铋，是 Pepto-Bismol®（一种治疗胃痛的非处方药物）的活性成分。

　　（a）根据图 7.7、表 7.5 和表 7.6 中给出的值，铋的成键原子半径应该是多少？

　　（b）是什么导致了 5A 族元素从上到下原子半径的不断增加？

　　（c）铋的另一个主要用途是作为低熔点金属合金的成分，例如用于消防喷淋系统和排版的合金。这种元素本身是一种易碎的白色晶体。这些特性如何与同一族的氮、磷等非金属元素相符合？

　　（d）Bi_2O_3 是一种碱性氧化物。写出它与稀硝酸反应的平衡化学方程式。如果 6.77g Bi_2O_3 溶解在稀酸性溶液中生成 0.500L 溶液，那么 Bi^{3+} 溶液的物质的量浓度是多少？

　　（e）^{209}Bi 是所有元素中最重的稳定同位素。这个元素的原子核里有多少质子和中子？

　　（f）25℃时 Bi 的密度为 9.808g/cm³。在每条边都是 5.00cm 的一个立方体中有多少个 Bi 原子？有多少 Bi 原子（以 mol 计）？

解析

（a）在 5A 族中，铋 Bi 在锑 Sb 的正下方。根据原子半径同族从上到下逐渐增加，我们预计 Bi 的半径将大于 Sb 的半径，即 1.39Å。我们还知道，原子半径一般会随着同一周期从左向右移动而减小。表 7.5 和表 7.6 给出了同一周期的元素，即 Ba 和 Po。因此，我们认为 Bi 的半径小于 Ba（2.15Å），大于 Po（1.40Å）。同时，在其他周期，相邻的 5A 族元素和 6A 族元素的半径差相对较小。因此，我们可能期望 Bi 的半径略大于 Po 的半径——更接近 Po 的半径而不是 Ba 的半径。Bi 的原子半径为 1.48Å，符合我们的期望。

（b）在 5A 族元素中，原子半径随原子序数的增加而逐渐增大，这是由于电子壳层的增加引起的，相应也伴随着核电荷的增加。在每一种情况下，核心电子都很大程度上屏蔽了原子核的最外层电子，所以当原子序数增加时，有效核电荷变化不大。然而，最外层电子的主量子数 n 随着轨道半径的增加而逐渐增加。

（c）铋的性质与氮、磷性质的对比说明了一个普遍规律，即在一个给定的族中，当向下移动时，金属性有增加的趋势。铋实际上是一种金属，增加的金属特性是因为外层电子更容易在成键过程中失去，这一趋势与其较低的电离能相一致。

（d）按照第 4.2 节描述的编写分子和净离子方程式的步骤，我们得到了以下方程：

分子方程式：

$$Bi_2O_3(s)+6HNO_3(aq) \longrightarrow 2Bi(NO_3)_3(aq)+3H_2O(l)$$

净离子方程式：

$$Bi_2O_3(s)+6H^+(aq) \longrightarrow 2Bi^{3+}(aq)+3H_2O(l)$$

在净离子方程式中，硝酸是一种强酸，$Bi(NO_3)_3$ 是一种可溶性盐，因此，我们只需要展示固体与氢离子形成 $Bi^{3+}(aq)$ 离子和水的反应。为了计算溶液的浓度，我们进行如下步骤的计算（见 4.5 节）：

$$\frac{6.77\,g\,Bi_2O_3}{0.500\,L\,溶液} \times \frac{1\,mol\,Bi_2O_3}{466.0\,g\,Bi_2O_3} \times \frac{2\,mol\,Bi^{3+}}{1\,mol\,Bi_2O_3}$$

$$= \frac{0.0581\,mol\,Bi^{3+}}{L\,溶液} = 0.0581M$$

（e）回想一下，任何元素的原子序数都是该元素中性原子中质子和电子的数量（见 2.3 节）。铋是 83 号元素；因此原子核中有 83 个质子。因为原子量是 209，所以原子核中有 209 - 83 = 126 个中子。

（f）我们可以用密度和原子量来确定 Bi 的物质的量，然后用阿伏伽德罗常数把结果转化成原子数（见 1.4 节和 3.4 节）。立方体体积是

$$5.00cm \times 5.00cm \times 5.00cm = 125cm^3，然后我们有$$

$$125\,cm^3\,Bi \times \frac{9.808\,g\,Bi}{1\,cm^3} \times \frac{1\,mol\,Bi}{209.0\,g\,Bi} = 5.87\,mol\,Bi$$

$$5.87\,mol\,Bi \times \frac{6.022 \times 10^{23}\,Bi\,原子}{1\,mol\,Bi} = 3.53 \times 10^{24}\,个\,Bi\,原子$$

本章小结和关键术语

元素周期表的发展（见 7.1 节）

元素周期表是门捷列夫和梅耶根据某些元素所表现出的物理和化学性质的相似性而提出的。莫斯利确立了每个元素都有一个唯一的原子序数，这就使元素周期表有了更好的排列顺序。

现在我们知道元素周期表上同一列的元素**价电子轨道**上的电子数是相同的。这种价电子结构上的相似性导致了同一族元素间的相似性。同族元素之间的差异是因为它们的价电子轨道在不同的壳层中。

有效核电荷（见 7.2 节）

原子的许多性质取决于**有效核电荷**，有效核电荷是外层电子在考虑了原子中其他电子的排斥作用后所经历的核电荷的一部分。核心电子能很有效地屏蔽外层电子，使其不受原子核全部电荷的影响，而同一壳层的电子则不能很有效地相互屏蔽。因为同一周期从左至右，实际的核电荷会增加，因此价电子所经历的有效核电荷会随着同一周期从左至右的变化而增加。

原子和离子的大小（见 7.3 节）

原子的大小可以通过它的**成键原子半径**来衡量，而成键原子半径是根据原子在化学物质中的分离距离来计算的。一般来说，原子半径沿元素周期表的一列从上到下增加，沿一行从左到右减小。

阳离子比它们的母原子小；阴离子比它们的母原子大。对于具有相同电荷的离子，沿着元素周期表的一列向下，其大小会增加。**等电子系列**是一系列具有相同电子数的离子。对于这样一个系列，大小随着原子序数的增加而减小，因为电子随着原子核正电荷的增加而被更强地吸引。

电离能（见 7.4 节）

原子的**第一电离能**是从气态原子中移除一个电子而形成阳离子所需要的最低能量。第二电离能是移除第二个电子所需要的能量，依此类推。由于核心电子所经历的有效核电荷很高，当所有价电子都被移除后，电离能呈现出急剧的增加。元素的第一电离能呈现与原子半径相反的周期趋势，较小的原子具有较高的第一电离能。因此，第一电离能随着同族从上到下的变化而减小，随着同一周期从左到右的变化而增加。

我们可以先写出中性原子的电子排布，然后减去或加上适当数量的电子，就可以写出离子的电子排布。阳离子，电子将首先从中性原子的 n 值最大的轨道被移除，如果有两个价电子轨道的 n 值相同（如 $4s$ 和 $4p$），那么电子首先从 l 值更大的轨道被移除（在本例中，$4p$）。相反，对于阴离子，电子进入轨道。

电子亲和能（见 7.5 节）

元素的电子亲和能是在气相原子中加入电子形成阴离子时能量的变化。负的电子亲和能是指当电子被加入时能量被释放。因此，当电子亲和能为负时，阴离子是稳定的。相反，正电子亲和能意味着阴离子相对于分离的原子和电子不稳定。一般来说，当从周期表由左向右移动时，电子亲和能会变得更负。卤素有最负的电子亲和能。稀有气体的电子亲和能是正的，因为增加的电子必须是一个新的、能量更高的亚层。

金属、非金属和类金属（见 7.6 节）

元素可分为金属、非金属和类金属。大多数元素是金属，它们占据了元素周期表的左边和中间。非金属出现在表的右上角。类金属在金属和非金属之间占一个窄带。一种元素表现金属特性的趋势，称为**金属性**，当我们沿着一列从上向下移动时，这种趋势会增加；当我们从一行的左向右移动时，这种趋势会减少。

金属有一种特殊的光泽，是热和电的良导体。当金属与非金属反应时，金属原子被氧化成阳离子，普遍形成离子型化合物。大多数金属氧化物是碱性的，与酸反应生成盐和水。

非金属缺乏金属光泽，通常导热和导电的性能较差。有些在室温下是气体。完全由非金属组成的化合物通常是分子化合物。非金属在与金属反应时通常形成阴离子。非金属氧化物呈酸性；它们与碱反应生成盐和水。类金属的性质介于金属和非金属之间。

1A 族和 2A 族金属元素的变化趋势（见 7.7 节）

元素的周期性可以帮助我们理解主族元素所在族的性质。**碱金属**（1A 族）是低密度、低熔点的软金属。它们的电离能是所有元素中最低的。因此，它们很容易与非金属反应，失去外层的 s 电子而形成 1+ 离子。

碱土金属（2A 族）较碱金属坚硬、致密，熔点高。虽然不如碱金属，但它们对非金属也有很强的反应活性。碱土金属很容易失去外层的两个电子而形成 2+ 离子。碱金属和碱土金属都与氢离子发生反应，形成包含**氢离子** H 的离子化合物。

部分非金属元素的变化趋势（见 7.8 节）

氢是一种非金属，其性质不同于元素周期表上任何一族的任何一种元素，它可与其他非金属如氧和卤素形成分子化合物。

氧和硫是 6A 族中最重要的元素。氧通常以双原子分子 O_2 的形式存在。**臭氧** O_3 是氧的重要同素异形体。氧有从其他元素获得电子的强烈倾向，从而氧化它们。与金属结合时，氧通常以氧离子 O^{2-} 的形式存在，尽管有时会形成过氧离子 O_2^{2-} 和超氧离子 O_2^- 的盐。单质硫最常见的形式是 S_8 分子。与金属结合，它最常被发现作为硫离子 S^{2-}。

卤素（7A 族）以双原子分子的形式存在。在所有元素中，卤素的负电子亲和能最高。因此，它们的化学反应主要是形成 −1 价离子，尤其是在与金属的反应中。

稀有气体（8A 族）以单原子气体的形式存在。它们的反应活性很低，因为它们的 s 和 p 亚层完全填满了电子。只有最重的稀有气体才能形成化合物，而且只有与非常活跃的非金属（如氟）才能形成化合物。

学习成果　学习本章后应该掌握：

- 解释有效核电荷（Z_{eff}）的含义，以及 Z_{eff} 如何依赖核电荷和电子构型（见 7.2 节）
  相关练习：7.13 ~ 7.15, 7.17
- 使用元素周期表预测原子半径、离子半径、电离能和电子亲和能的趋势（见 7.2 ~ 7.5 节）
  相关练习：7.26, 7.42, 7.44, 7.53
- 解释原子在失去电子形成正离子或得到电子形成负离子时半径如何发生变化（见 7.3 节）
  相关练习：7.28, 7.33 ~ 7.35
- 使用元素周期表来确定离子的电子构型（见 7.3 节）
  相关练习：7.29, 7.30, 7.45, 7.46
- 预测电离能随连续电子的移除而变化的趋势，包括当核心电子被移除时，电离能的突然不连续增加。（见 7.4 节）
  相关练习：7.37 ~ 7.39, 7.42
- 解释电子亲和能与电离能之间的关系，以及电子亲和能的周期性变化趋势与电子构型之间的关系（见 7.5 节）

- 相关练习：7.53, 7.54, 7.92, 7.95
- 解释金属和非金属的物理和化学性质的差异，包括金属氧化物的碱性和非金属氧化物的酸性（见 7.6 节）
  相关练习：7.56, 7.59, 7.60, 7.62
- 解释原子性质，如电离能和电子亲和能，如何与碱金属和碱土金属的化学反应活性和物理性质相联系（1A 族和 2A 族）（见 7.7 节）
  相关练习：7.67, 7.68
- 写出 1A 和 2A 族金属与水、氧、氢和卤素反应的平衡化学方程式（见 7.7 和 7.8 节）
  相关练习：7.69, 7.70
- 列出并解释氢的独特性质（见 7.7 节）
  相关练习：7.71, 7.72, 7.99
- 解释 6A、7A 和 8A 族元素的原子性质，如电离能和电子亲和能，与它们的化学反应活性和物理性质之间的关系（见 7.8 节）
  相关练习：7.73, 7.74, 7.76

主要公式

• $Z_{eff} = Z - S$ (7.1)   计算有效核电荷

本章练习

图例解析

7.1 正如文中所讨论的，我们可以将电子对原子核的吸引力与通过磨砂玻璃灯罩感知灯泡光线的行为进行类比，如图所示。

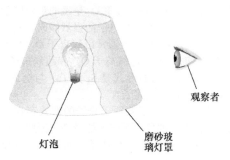

使用计算有效核电荷的简单方法，式 7.1，在下列情况下，灯泡的强度和磨砂罩的厚度如何变化：（a）从硼向碳的移动？（b）从硼转向铝？（见 7.2 节）

7.2 哪个球代表 F，哪个球代表 Br，哪个球代表 Br^-？（见 7.3 节）

▲ **7.3** 考虑 Mg^{2+}、Cl^-、K^+ 和 Se^{2-} 离子。下面的 4 个球代表这 4 个离子，它们按离子大小缩放。（a）在不参考图 7.8 的情况下，将每个离子与其适当的球体匹配；（b）在大小方面，你会在哪个球体之间发现（i）Ca^{2+}（ii）S^{2-} 离子？（见 7.3 节）

7.4 在下列的反应中，哪个球代表金属，哪个球代表非金属？（见 7.3 节）

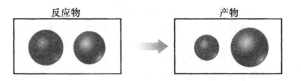

7.5 考虑这里描述的 A_2X_4 分子，其中 A 和 X 代表元素。这个分子的 A—A 键长度是 d_1，4 个 A—X 键长度都是 d_2。（a）如何计算 A 和 X 原子的成键原子半径？（b）对于 X_2 分子的 X—X 键长，你预测会是多少？（a）、（b）均用 d_1 和 d_2 表示（见 7.3 节）

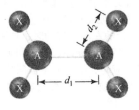

7.6 下图是钠的原子轨道能量性质图。每个亚层的轨道数没有显示出来。

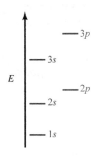

（a）对于 $n = 1$、$n = 2$ 和 $n = 3$ 的所有亚层都出现了吗？若没有，哪个被漏掉了？

（b）$2s$ 和 $2p$ 能级是不同的，下面哪个选项是对这种情况的最好解释？（i）$2s$ 和 $2p$ 能级在氢原子中有不同的能量，所以它们在钠原子中当然会有不同的能量；（ii）$2p$ 轨道的能量高于所有多电子原子中 $2s$ 的能量；（iii）Na 中的 $2s$ 能级有电子，而 $2p$ 没有。

（c）钠原子中哪个能级的电子能量最高？

（d）钠蒸气灯（见图 7.23）的工作原理是用电将最高能量的电子激发到下一个最高能量的能级。当被激发的电子下降到较低的能级时，就会产生光。钠原子在这个过程中涉及哪两个能级？（见 7.7 节）

7.7 下面哪个图表显示了主族元素的下列特性的一般周期趋势（可以忽略元素周期表中横行或竖列的小偏差）？（a）成键原子半径；（b）第一电离能；（c）有效核电荷。（见 7.2 ~ 7.6 节）

i)

增加 →

H	主族元素						He
Li	Be	B	C	N	O	F	Ne
Na	Mg	Al	Si	P	S	Cl	Ar
K	Ca	Ga	Ge	As	Se	Br	Kr
Rb	Sr	In	Sn	Sb	Te	I	Xe
Cs	Ba						

增加 ↓

ii)

增加 →

H	主族元素						He
Li	Be	B	C	N	O	F	Ne
Na	Mg	Al	Si	P	S	Cl	Ar
K	Ca	Ga	Ge	As	Se	Br	Kr
Rb	Sr	In	Sn	Sb	Te	I	Xe
Cs	Ba						

增加 ↓

iii)

← 增加

H	主族元素						He
Li	Be	B	C	N	O	F	Ne
Na	Mg	Al	Si	P	S	Cl	Ar
K	Ca	Ga	Ge	As	Se	Br	Kr
Rb	Sr	In	Sn	Sb	Te	I	Xe
Cs	Ba						

增加 ↓

iv)

← 增加

H	主族元素						He
Li	Be	B	C	N	O	F	Ne
Na	Mg	Al	Si	P	S	Cl	Ar
K	Ca	Ga	Ge	As	Se	Br	Kr
Rb	Sr	In	Sn	Sb	Te	I	Xe
Cs	Ba						

7.8　元素 X 与 $F_2(g)$ 反应生成下图所示的产物

分子。（a）写出这个反应的平衡方程式（不考虑 X 和产物的相状态）；（b）你认为 X 是金属还是非金属？（7.6 节）

元素周期表；有效核电荷（见 7.1 节和 7.2 节）

7.9　（a）计算表达式 2×1，$2 \times (1+3)$，$2 \times (1+3+5)$ 和 $2 \times (1+3+5+7)$

（b）稀有气体的原子序数与（a）中得出的数据有怎样的关系？

（c）第 6 章讨论的什么主题是（a）部分表达式中数字"2"的来源？

7.10　前缀 eka- 来自梵文"一"。门捷列夫使用这个前缀来表示未知元素与跟随该前缀的已知元素相距一个位置。例如，eka- 硅（准硅），我们现在称之为锗，是硅下面的一种元素。门捷列夫还预测了 eka- 锰的存在，直到 1937 年才得到实验证实，因为这种元素具有放射性，在自然界中并不存在。根据图 7.1 所示的元素周期表，门捷列夫称为 eka- 锰的元素是什么？

7.11　（a）地壳中含量最多的 5 种元素是 O、Si、Al、Fe 和 Ca。参照图 7.1，在 1700 年以前已知的元素中是否有这些元素？如果有的话，是哪一个？（b）自古以来所知的 9 种元素中有 7 种是金属。这些金属主要是在表 4.5 的底部还是顶部？

7.12　莫斯利对原子发出的 X 射线进行实验产生了原子序数的想法。（a）如果按照原子质量增加的顺序排列，那么氯之后会出现什么元素？（b）说明这个元素的性质与第 8A 族其他元素的两种不同之处。

7.13　在元素 1-18 中，如果我们用式 7.1 来计算 Z_{eff}，那么哪个或哪些元素的有效核电荷最小？哪个或哪些元素的有效核电荷最大？

7.14　关于原子最外层价电子的有效核电荷，下列哪个表述是不正确的？（i）有效核电荷可被认为是真实核电荷减去原子中其他电子的屏蔽常数。（ii）有效核电荷在周期表的一行中从左向右增加。（iii）价电子比核心电子能更有效地屏蔽核电荷。当我们从元素周期表一行的末尾到下一行的开头，有效核电荷突然减少。（iv）有效核电荷沿周期表一列向下的变化量一般小于沿周期表一行向下的变化量。

7.15　详细计算表明，Na 原子和 K 原子最外层电子的 Z_{eff} 值分别为 2.51+ 和 3.49+。（a）假设核心电子对屏蔽常数的贡献为 1.00，价电子对屏蔽常数的贡献为 0.00，你估计 Na 和 K 中最外层电子 Z_{eff} 的经验值是多少？（b）使用斯莱特规则估计 Z_{eff} 的值是多少？（c）哪种方法能更准确地估计 Z_{eff}？（d）这两种近似方法都能解释当一族向下移动时 Z_{eff} 的逐渐增加吗？（e）根据 Na 和 K 的计算结果，预测 Rb 原子

最外层电子的 Z_{eff}。

7.16 详细计算表明，在 Si 和 Cl 原子中，最外层电子的 Z_{eff} 值分别为 4.29+ 和 6.12+。（a）假设核心电子对屏蔽常数的贡献为 1.00，价电子对屏蔽常数的贡献为 0.00，那么你估计 Si 和 Cl 中最外层电子 Z_{eff} 的经验值是多少？（b）使用斯莱特规则估计 Z_{eff} 的值是多少？（c）哪种方法能更准确地估计 Z_{eff}？（d）哪一种近似方法更准确地解释了在一个周期内从左向右移动时 Z_{eff} 的稳定增长？（e）根据 Si 和 Cl 的计算结果，预测 P 原子价电子的 Z_{eff}。

7.17 Ar $n = 3$ 电子层的电子，Kr $n = 3$ 电子层的电子，哪个有效核电荷大？哪个离原子核近？

7.18 请按 $n = 3$ 电子层中电子的有效核电荷增序排列下列原子：K、Mg、P、Rh、Ti。

原子和离子半径（见 7.3 节）

7.19 为了确定一个原子的成键原子半径，必须通过实验确定下列哪个量？（a）找到电子的概率为零的原子核的距离；（b）两个结合在一起的原子的原子核之间的距离；（c）原子的有效核电荷。

7.20 除氦外，稀有气体在低温冷却后凝结成固体。在低于 83 K 的温度下，氩气形成了致密的固体，其结构如下图所示。（a）固体氩中氩原子的可视半径是多少，假设原子如图所示；（b）这个值是否大于或小于图 7.7 中氩的成键原子半径；（c）基于这种比较，你认为固体氩中的原子是由化学键结合在一起的吗？

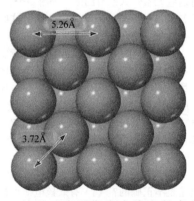

7.21 钨是元素周期表中熔点最高的金属：3422℃。钨金属中 W 原子之间的距离为 2.74Å。（a）在这种环境下，钨原子的原子半径是多少？（b）如果把钨金属放在高压下，预测 W 原子之间的距离会发生什么变化。

7.22 图 7.7 中关于成键原子半径的下列哪个表述是不正确的？（a）在某一周期内，主族元素的半径一般从左向右递减。（b）主族元素在 $n = 3$ 周期内的半径均大于对应元素在 $n = 2$ 周期内的半径。（c）对于大多数主族元素，半径从 $n = 2$ 到 $n = 3$ 的变化周期大于半径从 $n = 3$ 到 $n = 4$ 的变化周期。（d）过渡元素的半径一般在一周期内从左向右移动时增大。（e）1A 族元素的半径较大是由于它们的有效核电荷相对较小。

7.23 根据图 7.7 中数据估算 As-I 键长，并将所获数值与实验获得的三碘化砷，AsI_3 中的 As-I 键长（2.55Å）进行比较。

7.24 通过实验可知，三碘化铋 BiI_3 中的 Bi-I 键长为 2.81Å。根据这个数值和图 7.7 中的数据，预测 Bi 的原子半径。

7.25 仅使用元素周期表，把每一组原子按从大到小的顺序排列：

（a）K、Li、Cs（b）Pb、Sn、Si（c）F、O、N

7.26 仅使用元素周期表，按半径增加的顺序排列每组原子：

（a）Ba、Ca、Na（b）In、Sn、As（c）Al、Be、Si

7.27 判断下列陈述是否正确：（a）阳离子比它们相应的中性原子大；（b）Li^+ 比 Li 小；（c）Cl^- 大于 I^-。

7.28 解释下列原子或离子半径的变化：

（a）$I^- > I > I^+$

（b）$Ca^{2+} > Mg^{2+} > Be^{2+}$

（c）$Fe > Fe^{2+} > Fe^{3+}$

7.29 哪个中性原子与下列每个离子都是等电子体？Ga^{3+}、Zr^{4+}、Mn^{7+}、I^-、Pb^{2+}。

7.30 有些离子没有相应的具有相同电子构型的中性原子。对于下列每个离子，确定具有相同电子数的中性原子，并确定该原子是否具有相同的电子构型。（a）Cl^-（b）Sc^{3+}（c）Fe^{2+}（d）Zn^{2+}（e）Sn^{4+}

7.31 考虑等电子离子 F^- 和 Na^+。（a）哪个离子更小；（b）利用式 7.1，假设核心电子对屏蔽常数 S 的贡献为 1.00，价电子对屏蔽常数 S 的贡献为 0.00，计算两个离子中 2p 电子的 Z_{eff}；（c）利用斯莱特规则重新计算，估计等电子离子的屏蔽常数 S；（d）对于等电子离子，有效核电荷与离子半径有何关系？

7.32 考虑等电子离子 Cl^- 和 K^+。（a）哪个离子更小；（b）利用式 7.1，假设核心电子对屏蔽常数 S 贡献为 1.00，价电子对屏蔽常数 S 贡献为 0.00，计算这两个离子的 Z_{eff}；（c）利用斯莱特规则重新计算，估计等电子离子的屏蔽常数 S；（d）对于等电子离子，有效核电荷与离子半径有何关系？

7.33 考虑 S、Cl、K 和它们最常见的离子。（a）按大小增加的顺序列出原子；（b）按大小增加的顺序列出离子；（c）解释原子和离子大小顺序的所有差异。

7.34 将下列原子和离子按大小顺序排列：（a）Se^{2-}、Te^{2-}、Se（b）Co^{3+}、Fe^{2+}、Fe^{3+}（c）Ca、Ti^{4+}、Sc^{3+}（d）Be^{2+}、Na^+、Ne

7.35 对下列各项分别作出简要解释：（a）O^{2-} 比 O 大（b）S^{2-} 比 O^{2-} 大（c）S^{2-} 比 K^+ 大（d）K^+ 比 Ca^+ 大

7.36 在离子化合物 LiF、NaCl、KBr 和 RbI 中，测定的阳离子与阴离子距离分别为 2.01Å（Li-F）、2.82Å（Na-Cl）、3.30Å（K-Br）和 3.67Å（Rb-I）。（a）利用图 7.8 所示的离子半径值预测阳离子-阴离子距离；（b）计算实验测得的离子-离子距离与图 7.8 预测的离子-离子距离的差值；（c）使用中性原子成键原子半径，你能估计出这 4 种化合物的阳离子 - 阴离子距离是多少吗？这些估计值和使用离子半径的估计值一样准确吗？

电离能；电子亲和能（见 7.4 节和 7.5 节）

7.37 写出描述氯原子第一、二、三电离能过程的方程式。哪个过程需要的能量最少？

7.38 使用方程式表示（a）Pb 的前两个电离能和（b）Zr 的第四电离能。

7.39 哪个元素的第二电离能最高：Li、K 或 Be？

7.40 判断下列陈述是否正确：（a）电离能总是负值；（b）氧的第一电离能大于氟；（c）一个原子的第二电离能总是大于它的第一电离能；（d）第三电离能是指一个中性原子电离三个电子所需的能量。

7.41 （a）原子的大小与其第一电离能之间的一般关系是什么？（b）元素周期表中哪个元素的电离能最大？哪个最小？

7.42 （a）7A 族元素从上到下，第一电离能的变化趋势是什么？解释这一趋势与原子半径的关系；（b）从 K 到 Kr 的第四周期中，第一电离能的变化趋势是什么？这一趋势与原子半径的趋势相比如何？

7.43 根据在元素周期表中的位置，预测下列原子对中哪个原子的第一电离能更小：（a）Cl、Ar（b）Be、Ca（c）K、Co（d）S、Ge（e）Sn、Te

7.44 对于下面每一对元素，指出哪个元素的第一电离能更小：（a）Ti、Ba（b）Ag、Cu（c）Ge、Cl（d）Pb、Sb

7.45 写出下列离子的电子构型，并确定哪些具有稀有气体的电子构型：（a）Co^{2+}（b）Sn^{2+}（c）Zr^{3-}（d）Ag^+（e）S^{2-}

7.46 写出下列离子的电子构型，并确定哪些具有稀有气体的电子构型：（a）Ru^{3+}（b）As^{3-}（c）Y^{3+}（d）Pd^{2+}（e）Pb^{2+}（f）Au^{3+}

7.47 列举 3 个电子构型符合 $nd^8(n = 3,4,5\cdots)$ 的离子。

7.48 列举 3 个电子构型符合 $nd^6(n = 3,4,5\cdots)$ 的离子。

7.49 写出氯的第二电子亲和能方程。预测这个过程的能量值是正还是负？能否直接测量氯的第二电子亲和能？

7.50 如果一个元素的电子亲和能是负数，这是否意味着该元素的阴离子比中性原子更稳定？解释一下。

7.51 中性 K 原子还是 K^+ 具有更负的电子亲和能？

7.52 带 1- 电荷的阴离子的电离能（如 F^-）与中性原子的电子亲和能（如 F）有什么关系？

7.53 思考氖的第一电离能和氟的电子亲和能。（a）写出每个过程的方程式，包括电子构型；（b）这两个量符号相反。哪个是正的，哪个是负的？（c）你认为这两个量的大小相等吗？如果不，推测哪个更大？

7.54 思考下列方程：

$$Ca^+(g) + e^- \longrightarrow Ca(g)$$

下列哪个表述是正确的？（a）这个过程的能量变化是 Ca^+ 离子的电子亲和能。（b）这个过程的能量变化与 Ca 原子第一电离能的相反值。（c）这个过程的能量变化是 Ca 原子电子亲和能的相反值。

金属与非金属的性质（见 7.6 节）

7.55 （a）当元素周期表的同一周期从左至右移动时，金属性是增加、减小还是保持不变？（b）当沿着周期表的同一族向下移动时，金属性是增加、减小还是保持不变？（c）（a）和（b）的周期性变化趋势与第一电离能相同还是不同？

7.56 读下面关于 X 和 Y 两种元素的阐述：一种元素是良导体，另一种元素是半导体。实验表明，X 的第一电离能是 y 的 2 倍，哪种元素的金属性更强？

7.57 在讨论这一章时，一位同学说："通常形成阳离子的元素是金属。"对此观点，你是否赞同？

7.58 在讨论此章时，一位同学说："因为形成阳离子的元素是金属，而形成阴离子的元素是非金属，所以不形成离子的元素是类金属"。对此观点，你是否赞同？

7.59 预测下列氧化物是离子型还是分子型：SnO_2、Al_2O_3、CO_2、Li_2O、Fe_2O_3、H_2O。

7.60 有些金属氧化物如 Sc_2O_3，不与纯水发生反应，但当溶液变成酸性或碱性时，它们会发生反应。当溶液变成酸性或碱性时，你认为 Sc_2O_3 会发生反应吗？写一个平衡的化学方程式来支持你的观点。

7.61 预测氧化锰（Ⅱ），MnO，会更容易与 HCl(aq) 反应还是与 NaOH(aq) 反应？

7.62 按照酸性增加的顺序排列下列氧化物：CO_2、CaO、Al_2O_3、SO_3、SiO_2、P_2O_5。

7.63 氯与氧反应生成 Cl_2O_7。（a）产物的名称是什么（见表 2.6）？（b）根据元素写出 Cl_2O_7(l) 生成的平衡方程式。（c）您认为 Cl_2O_7 与 H^+(aq) 或 OH^-(aq)，哪个反应更强？（d）如果 Cl_2O_7 中的氧的氧化态是 -2，那么 Cl 的氧化态是什么？在这种氧化态下，Cl 的电子构型是怎样的？

7.64 元素 X 与氧反应生成 XO_2，与氯反应生成 XCl_4。XO_2 是一种白色固体，在高温（1000℃以上）下融化。在通常情况下，XCl_4 是一种无色液体，沸点为 58℃。（a）XCl_4 与水反应生成 XO_2 和另一种产物，另一产物可能是什么？（b）你认为 X 元素是金属、非金属还是类金属？（c）利用《CRC 化学物理手册》等资料，设法确定 X 元素的特性。

7.65 写出下列反应的平衡方程式：（a）氧化钡与水的反应；（b）铁氧化物（Ⅱ）与高氯酸的反应；（c）三氧化硫与水的反应；（d）二氧化碳与氢氧化钠水溶液的反应。

7.66 写出下列反应的平衡方程式：（a）氧化钾与水的反应；（b）三氧化二磷与水的反应；（c）氧化铬（Ⅲ）与稀盐酸的反应；（d）二氧化硒与氢氧化钾溶液的反应。

金属与非金属族元素的变化趋势（见 7.7 节和 7.8 节）

7.67 （a）为什么钙的反应活性比铍强？

（b）为什么钙的反应活性一般比铷低？

7.68 银和铷都可形成 +1 价离子，但银的反应活性要弱得多。根据这些元素的基态电子构型及其原子半径，尝试解释上述现象。

7.69 写出下列每一种情况下发生的反应的平衡方程式：（a）金属钾暴露在氯气的气氛中；（b）向水中加入氧化锶；（c）新鲜的金属锂表面暴露在氧气中；（d）金属钠与熔融的硫反应。

7.70 写出下列每一种情况下发生的反应的平衡方程式：（a）水中加入铯；（b）水中加入锶；（c）钠与氧气反应；（d）钙与碘反应。

7.71 （a）如第 7.7 节所述，碱金属与氢反应生成氢化物，与卤素反应生成卤化物。比较氢和卤素在这些反应中的作用，写出氟与钙和氢与钙反应的平衡方程式。（b）每种产物中钙的氧化数和电子排布是什么？

7.72 钾和氢反应生成离子化合物氢化钾。（a）写出这个反应的平衡方程式；（b）利用图 7.10 和图 7.12 中的数据来确定在以下两种反应中的能量变化（kJ/mol）：

$$K(g) + H(g) \rightarrow K^+(g) + H^-(g)$$
$$K(g) + H(g) \rightarrow K^-(g) + H^+(g)$$

（c）根据你在（b）中计算的能量变化，这些反应中哪个能量更有利（或更不利）；（d）你对（c）的

回答是否与氢化钾含有氢离子的描述相符？

7.73 比较溴和氯元素的下列性质：（a）电子构型（b）最常见的离子电荷（c）第一电离能（d）对水的反应性（e）电子亲和能（f）原子半径。解释这两个元素之间的差异。

7.74 由于 At 的稀有和高放射性，人们对它的性质知之甚少。然而，我们有可能对它的性质做出许多预测。（a）你认为这种元素在室温下是气体、液体还是固体？并解释；（b）你认为 At 是金属、非金属还是类金属？并解释；（c）它与钠形成的化合物的化学式是什么？

7.75 直到 20 世纪 60 年代初，8A 族元素还被称为惰性气体。（a）为什么要去掉惰性气体这个术语？（b）是什么发现引起了名称的变化？（c）该族现在的名称是什么？

7.76 （a）为什么氙和氟反应，而氖不反应？（b）使用适当的参考资料，查找几个分子中 Xe-F 键的键长。这些数字与元素的原子半径计算出的键长相比如何？

7.77 写出下列反应的平衡方程式：（a）臭氧分解为氧分子；（b）氙与氟反应（写出 3 个不同的方程式）；（c）硫与氢气反应；（d）氟与水反应。

7.78 写出下列反应的平衡方程式：（a）氯气与水反应；（b）金属钡在氢气的气氛中加热；（c）锂与硫反应；（d）氟与金属镁反应。

附加练习

7.79 通过 Pb（Z = 82）研究稳定的元素。相对于元素的原子序数，元素的原子量是无序的，这种情况有多少例？

7.80 图 7.4 给出了 2s 轨道和 2p 轨道的径向概率分布函数。（a）哪个轨道，2s 或 2p，靠近原子核的电子密度更大？（b）你将如何修改斯莱特的规则，以调整 2s 和 2p 轨道电子穿透效应的不同？

7.81 （a）如果核心电子完全能够屏蔽价电子，而价电子之间没有相互屏蔽，那么在 P 中的 3s 和 3p 价电子上的有效核电荷是多少？（b）使用斯莱特规则重复这些计算。（c）详细计算表明，3s 电子的有效核电荷为 5.6+，3p 电子的有效核电荷为 4.9+。为什么 3s 和 3p 电子的值不同？（d）如果从 P 原子中移去一个电子，它会来自哪个轨道？

7.82 当我们在元素周期表上的一个周期移动，为什么过渡元素的大小变化比主族元素的变化更慢？

7.83 在第 5 主族氢化物系列中，用通式表示 MH_3，测得的截距为 P-H 1.419Å；As-H 1.519Å；Sb-H 1.707Å。（a）将这些值与图 7.7 中使用原子半径估计的值进行比较。（b）就原子 M 的电子排布解释在系列氢化物中 M—H 键的键距稳定增加。

7.84 表 7.8 中氖的成键原子半径为 0.58Å，氙的成键原子半径为 1.40Å。一个同学阐述 Xe 的值比 Ne 的更真实，这是正确的吗？如果是这样，依据是什么？

7.85 砷元素中 As—As 键长是 1.89Å。在 Cl_2 中 Cl—Cl 键键长是 1.99Å。（a）根据这些数据，在三氯化砷（$AsCl_3$）中，三个 Cl 原子分别与 As 原子成键预测 As—Cl 的键长是多少？（b）使用图 7.7 中的原子半径数据，预测 $AsCl_3$ 的键长是多少？

7.86 以下是关于两个假设元素 A 和 B 的观察结果：A 和 B 元素的 A—A 和 B—B 键长分别为 2.36Å 和 1.94Å。A 和 B 反应生成二元化合物 AB_2，（∠ B-A-B = 180°），呈线性结构。根据这些表述，预测 AB_2 分子中两个 B 核的距离。

7.87 元素周期表 7A 族的元素称为卤素；6A 族的元素称为硫族。（a）与卤素相比，硫族最常见的氧化态是什么？（b）对于下列每一种元素的周期性质，说明卤素或硫族的值哪个较大：原子半径、最常见氧化态的离子半径、第一电离能、第二电离能。

7.88 从下表可以看出，从 Y 到 La 的原子半径有明显的增加，而从 Zr 到 Hf 的半径是相同的。对这种现象提出一个解释。

原子半径 /Å			
Sc	1.70	Ti	1.60
Y	1.90	Zr	1.75
La	2.07	Hf	1.75

7.89　（a）Co^{3+} 或 Co^{4+} 哪个离子更小？（b）在为设备充电而放电的锂离子电池中，锂钴氧化物电极上每插入一个锂离子，就必须将一个 Co^{4+} 离子还原为一个 Co^{3+} 离子，以平衡电荷。使用《CRC 化学物理手册》或其他标准参考文献，求出 Li^+、Co^{3+}、Co^{4+} 的离子半径。

并把这些离子按从大到小排序。（c）随着锂离子的插入，氧化钴锂阴极会膨胀或收缩吗？（d）锂远没有钠那么丰富。如果钠离子电池的功能和锂离子电池一样，你认为"氧化钴钠"还能作为电极材料吗？并解释。（e）如果你认为钴不能作为钠版电极的氧化还原伙伴离子，建议一种替代金属离子，并解释你的理由。

7.90　离子化合物氧化锶（SrO）是由金属锶与氧分子反应生成的。固体 SrO 中离子的变化规律与固体 NaCl 中离子的变化规律相似：

（a）从 SrO(s) 的组成元素考虑，写出一个 SrO(s) 形成的平衡方程式。（b）根据图 7.8 中的离子半径，预测图中立方体边长（从一个角的原子中心到相邻角原子中心的距离）。（c）SrO 的密度为 $5.10g/cm^3$。根据对（b）部分的回答，这里显示的立方体中包含了多少个 SrO ？

7.91　解释下图中碳的电离能的变化。

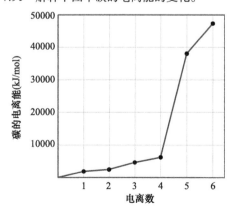

7.92　从 3A 族到 5A 族中，4A 族元素比它们的相邻元素有更负的电子亲和能（见图 7.12）。下列哪个表述最能解释这种现象？（a）4A 族元素的第一电离能比 3A 族和 5A 族元素高得多；（b）在 4A 族元素中添加一个电子，会导致外层电子构型为 np^3 半满；（c）4A 族元素的原子半径异常大；（d）4A 族比

3A 和 5A 族元素更容易汽化。

7.93　在称为电子转移的化学过程中，电子从一个原子或分子转移到另一个原子或分子（我们将在第 20 章详细讨论电子转移）。一个简单的电子转移反应是

$$A(g) + A(g) \longrightarrow A^+(g) + A^-(g)$$

根据 A 原子的电离能和电子亲和能，这个反应的能量变化是多少？对于主族的非金属如氯，这个过程是放热的吗？对于像钠这样的主族金属，这个过程是放热的吗？

7.94　（a）用轨道图来说明氧原子得到两个电子时会发生什么；（b）为什么 O^{3-} 不存在？

7.95　用电子构型来解释下面的观察结果：（a）磷的第一电离能大于硫的第一电离能；（b）氮的电子亲和能比碳和氧的低（负的少）；（c）氧的第二电离能大于氟的第一电离能；（d）锰的第三电离能大于铬和铁的第三电离能。

7.96　指出具有下列基态电子构型的两种阳离子：（a）[Ar]（b）$[Ar]3d^6$（c）$[Kr]5s^24d^{10}$

7.97　下列哪个化学方程式与（a）氧的第一电离能、（b）氧的第二电离能及（c）氧的电子亲和能的定义有关？

（i）$O(g) + e^- \longrightarrow O^-(g)$
（ii）$O(g) \longrightarrow O^+(g) + e^-$
（iii）$O(g) + 2e^- \longrightarrow O^{2-}(g)$
（iv）$O(g) \longrightarrow O^{2+}(g) + 2e^-$
（v）$O^+(g) \longrightarrow O^{2+}(g) + e^-$

7.98　1B 和 2B 族金属元素的电子亲和能（以 kJ/mol 计）如下：

Cu	Zn
−119	> 0
Ag	Cd
−126	> 0
Au	Hg
−223	> 0

（a）为什么 2B 族元素的电子亲和能大于零？（b）为什么当我们沿着这族向下移动时，1B 族的电子亲和能变得更负？[提示：当我们沿着元素周期表往下看的时候，观察一下其他族的电子亲和能的趋势]。

7.99　氢是一种不寻常的元素，因为它在某些方面表现得像碱金属元素，而在另一些方面又像非金属元素。它的性质可以用电子构型、电离能和电子亲和能的值来解释。（a）解释为什么氢的电子亲和能的值比卤素更接近碱土元素；（b）下面的表述正确吗？"在所有形成化合物的元素中，氢的成键原子半径最小"。如果不正确，纠正它。如果正确，用电子构型来解释它；（c）解释为什么氢的电离能比碱金属更接近卤素的电离能。（d）氢阴离子是 H^-，写出与氢阴离子的第一电离能相对应的反应；（e）（d）部分的反应与中性氢原子的电子亲和能相比如何？

7.100　氧分子的第一电离能是以下反应所需的能量：

$$O_2(g) \longrightarrow O_2^+(g) + e^-$$

这个反应所需要的能量是 1175 kJ/mol，非常类似于 Xe 的第一电离能。你认为 O_2 会和 F_2 反应吗？如果反应，给出这个反应的产物。

7.101 正如我们在本书中所做的那样，我们可以定义金属的特性，并把它建立在元素的反应活性和它失去电子的容易程度的基础上。或者，我们可以测量每一种元素的导电性能，以确定这些元素的"金属"性。对于导电性，元素周期表上没有多少趋势：银是导电性最强的金属，锰是导电性最差的金属。查阅银和锰的第一电离能，根据我们在书中对金属的定义，你认为这两种元素中哪一种金属性更强？

7.102 下列哪个是 K(s) 和 $H_2(g)$ 反应的预期产物？（a）KH(s)（b）$K_2H(s)$（c）$KH_2(s)$（d）$K_2H_2(s)$（e）K(s) 和 $H_2(g)$ 不会反应

7.103 铯元素与水的反应比钠元素更剧烈。下列哪一项最能解释反应活性的差异？（a）钠比铯具有更强的金属性；（b）铯的第一电离能小于钠；（c）钠的电子亲和能小于铯；（d）铯的有效核电荷小于钠；（e）铯的原子半径小于钠。

7.104 （a）其中一种碱金属与氧反应生成固体白色物质。当这种物质溶解在水中时，溶液中过氧化氢（H_2O_2）的检测呈阳性。当溶液在燃烧器火焰中测试时，会产生淡紫色火焰。此金属很可能是什么？（b）写出白色物质与水反应的平衡化学方程式。

7.105 锌的 2+ 氧化态是生命必需的金属离子。已发现 Zn^{2+} 与许多参与生物过程的蛋白质结合，但遗憾的是，常用的化学方法很难检测到 Zn^{2+}。因此，对研究含 Zn^{2+} 的蛋白感兴趣的科学家经常用 Cd^{2+} 代替 Zn^{2+}，因为 Cd^{2+} 更容易检测。（a）根据本章讨论的元素和离子的性质及其在元素周期表中的位置，描述用 Cd^{2+} 代替 Zn^{2+} 的优缺点。（b）加速（催化）化学反应的蛋白质叫做酶。许多酶是人体正常代谢反应所必需的。在酶

中使用 Cd^{2+} 取代 Zn^{2+} 的一个问题是，Cd^{2+} 的替代会降低甚至消除酶的活性。你能推荐一种不同的金属离子来代替 Cd^{2+} 而在酶中取代 Zn^{2+} 吗？证明你的答案。

7.106 一位历史学家发现了一本 19 世纪的笔记本，其中记录了一些 1822 年的观察，一种被认为是新元素的物质记录在了其中。这里有一些记录在笔记本上的数据："有延展性、银白色、金属般的外观、比铅柔软、不受水的影响、在空气中稳定。熔点：153 ℃。密度：7.3g/cm³。导电率：铜的 20%。硬度：约为铁的 1%。当 4.20g 的未知物质在过量的氧气中加热时，会生成 5.08g 的白色固体。加热到 800 ℃ 以上，固体物质可以升华"。（a）利用文中信息和《CRC 化学物理手册》的资料，并考虑到现有数值可能发生的变化，确定所报告的元素；（b）写出它与氧反应的平衡化学方程式；（c）从图 7.1 判断，这位 19 世纪的研究者是否可能是第一个发现新元素的人。

7.107 2010 年 4 月，一个研究小组报告说，它已经发现 117 号元素。这一发现在 2012 年被更多的实验证实。写出 117 号元素的基态电子构型，并根据它在元素周期表中的位置估计它的第一电离能、电子亲和能、原子大小和常见氧化态。

7.108 我们将在第 12 章中看到半导体是一种导电性能比非金属好，但不如金属的材料。元素周期表中唯一两种技术上有用的半导体元素是硅和锗。今天计算机芯片中的集成电路是以硅为基础的。复合半导体也用于电子工业。例如：砷化镓（GaAs）、磷化镓（GaP）、硫化镉（CdS）和硒化镉（CdSe）。（a）化合物半导体的组成与其元素在元素周期表上相对于硅和锗的位置有什么关系？（b）半导体行业的工人使用罗马数字表示"Ⅱ - Ⅵ"和"Ⅲ - Ⅴ"族材料。你能辨别哪些化合物半导体是Ⅱ - Ⅵ的，哪些是Ⅲ - Ⅴ族吗？（c）根据化合物在元素周期表中的位置，提出其他化合物半导体的组成。

综合练习

7.109 莫斯利通过研究元素发出的 X 射线确立了原子序数的概念。

某些元素发出的 X 射线的波长如下：

元素	波长 /Å
Ne	14.610
Ca	3.358
Zn	1.435
Zr	0.786
Sn	0.491

（a）计算每个元素发出的 X 射线的频率 ν，单位为 Hz；

（b）绘制 ν 的平方根与元素原子序数的关系图。对于此图，你观察到了什么？

（c）解释（b）部分的图如何使莫斯利能够预测未发现元素的存在；

（d）利用（b）部分的结果预测铁的 X 射线波长；

（e）某一特定元素放射出波长为 0.980Å 的 X 射线。你认为它是什么元素？

7.110 （a）写出 Li 的电子构型，估计价电子的有效核电荷；（b）单电子原子或离子中电子的能量等于 $(-2.18 \times 10^{-18}\text{J}) \left(\dfrac{Z^2}{n^2} \right)$，其中 Z 是核电荷，n 是电子的主量子数估算锂的第一电离能；（c）将你的计算结果与表 7.4 的数值比较，解释两者的差异；（d）有效核电荷为多少才能给出适当的电离能的值？这与（c）部分的解释一致吗？

7.111 测量电离能的一种方法是基于光电效应的 - 紫外光电子能谱（PES）技术。（见 6.2 节）在 PES 中，单色光直接照射到样品上，引起电子发射。测到了发射电子的动能。光子的能量与电子的动能之

差，对应于移除电子所需的能量（即电离能）。

假设用波长为 58.4nm 的紫外光照射汞蒸气进行 PES 实验。

（a）这种光的光子的能量是多少？单位是焦耳；

（b）写出与 Hg 的第一电离能对应的反应的方程；

（c）测量发射电子的动能为 1.72×10^{-18}J。Hg 的第一电离能为多少？以 kJ/mol 计。

（d）利用图 7.10，确定哪种卤素元素的第一电离能最接近汞。

7.112 环境中的汞可以以 0、+1 和 +2 氧化态存在。环境化学研究的一个主要问题是如何最好的测量汞在自然系统中的氧化态。与其在溶液中所处的游离状态相比，由于汞能在不同的表面上被氧化或还原，这使得问题变得更加复杂。XPS、X 射线光电子能谱是一种与 PES 相关的技术（见附加练习 7.111），但不能代替使用紫外光而发射价电子，X 射线被用来发射核心电子。

对于元素的不同氧化态，核心电子的能量是不同的。在一组实验中，研究人员检测了水中矿物质的汞污染。他们测量了 X 射线源提供的能量为 1253.6eV（$1eV = 1.602 \times 10^{-19}$J）时，从汞的 4f 轨道以 105eV 喷射出的电子对应的 XPS 信号。矿物表面的氧在 531eV 时释放出电子能量，对应于氧的 1s 轨道。

总的来说，研究人员的结论是氧化态是 Hg 为 +2，O 为 -2。（a）计算实验中使用的 X 射线的波长；（b）从这些来自本章的汞的第一电离能和氧的第一电离能的数据，比较汞的 4f 电子和氧的 1s 的电子的能量；（c）写出 Hg^{2+} 和 O^{2-} 的基态电子构型；每种情况下，哪些电子是价电子？

7.113 当金属镁在空气中燃烧时（见图 3.6），生成两种产物，

一种是氧化镁 MgO，另一种是 Mg 与分子氮反应的产物，氮化镁。

当氮化镁加入水中时，它会与水发生反应，生成氧化镁和氨气。

（a）根据氮离子所带的电荷（见表 2.5），推测氮化镁的化学式。

（b）写出氮化镁与水反应的平衡方程式。这个反应的驱动力是什么？

（c）在实验中，一块镁带于坩埚中在空气中燃烧，燃烧后 MgO 与氮化镁混合物的质量为 0.470g。在坩埚中加入水，进一步发生反应，坩埚被加热到干燥至最终产品为 0.486g MgO。氮化镁在最初燃烧后所得混合物中的质量分数是多少？

（d）金属与氨在高温下反应也可形成氮化镁。写出这个反应的平衡方程。如果 6.3gMg 带与 2.57g NH_3(g) 反应，反应完成时，哪个组分是限制反应物？在反应中生成了质量是多少的 H_2(g)？

（e）固体氮化镁的标准生成焓为 -461.08kJ/mol，计算金属镁与氨气反应的标准焓变。

7.114 （a）在三溴化铋（$BiBr_3$）中测定的 Bi-Br 键长为 2.63Å。

根据这个值和图 7.8 中的数据，预测 Bi 的原子半径；

（b）三溴化铋溶于酸性溶液。它是由处理固体氧化铋（III）与氢溴酸水溶液而形成的。写出这个反应的平衡化学方程式；

（c）铋（III）氧化物溶于酸性溶液，不溶于碱性溶液如 NaOH(aq)。基于这些性质，铋的特征是金属、类金属还是非金属元素？

（d）氟气处理铋形成 BiF_5；

用 Bi 的电子排布来解释这种化合物的形成；

（e）虽然上述方式有可能形成 BiF_5，但铋不一定能与其他卤素形成五卤化物。解释为什么？铋的行为与氙与氟反应生成化合物而不与其他卤素反应这一事实有什么关系？

7.115 钾的超氧化物 KO_2，经常用于氧气面罩（如消防队员使用的），因为 KO_2 与二氧化碳反应释放分子氧。

实验表明，2mol 的 KO_2(s) 与 1mol 的 CO_2(g) 发生反应

（a）反应产物为 K_2CO_3(s) 和 O_2(g)。写出 KO_2(s) 和 CO_2(g) 反应的平衡方程式。

（b）表示（a）部分反应中每个原子的氧化数。哪些元素被氧化和被还原？

（c）消耗 18.0gCO_2(g) 需要多少质量的 KO_2(s)？反应生成多少质量的 O_2(g)？

设计实验

在本章中，我们已经看到，金属钾与氧的反应产生了一种我们意想不到的产物，即固体超氧化钾（KO_2）。让我们设计一些实验来了解更多关于这个不寻常的产品。

（a）你的一个团队成员提出，成像 KO_2 这样的超氧化物与第一电离能的低值有关。你如何检验 1A 族金属的这个假设呢？你认为碱金属的什么周期特性可能有利于超氧化物的生成？

（b）KO_2(s) 是消防员使用的许多呼吸面罩的活性成分，因为它可以作为 O_2(g) 的来源。原则上，KO_2(s) 可以与人类呼吸的两种主要成分 H_2O(g) 和

CO_2(g) 反应，生成 O_2(g) 和其他产物（所有这些都遵循我们已经看到的预期反应模式）。预测这些反应中的其他产物，并设计实验来确定 KO_2(s) 是否同时与 H_2O(g) 和 CO_2(g) 反应。

（c）建议进行一项实验，以确定（b）项的任何一项反应在消防员的呼吸面罩的使用中是很重要的。

（d）K(s) 和 O_2(g) 的反应生成了 KO_2(s) 和 K_2O(s) 的混合物。利用本实验中提出的观点，设计一个实验来测定由于 K(s) 与过量的 O_2(g) 反应而产生的产品混合物中 KO_2(s) 和 K_2O(s) 的百分比。

第 **8** 章

化学键的基本概念

当两个原子或离子被强烈地结合在一起时，我们说它们之间形成了**化学键**。化学键一般有三种类型：离子键、共价键和金属键。这三种化学键都在图 8.1 所示的物质中存在：我们用不锈钢勺将食盐加入水中。

食盐即氯化钠（NaCl），由钠离子（Na^+）和氯离子（Cl^-）组成。该结构是由**离子键**结合在一起，这是由于带相反电荷离子之间的静电吸引。水主要由 H_2O 分子组成，氢原子和氧原子通过**共价键**相互结合，在共价键中分子是由原子间的电子共用而形成的。勺子主要由金属铁组成，其中铁原子通过**金属键**相互连接，而金属键是由相对自由地从一个原子移动到另一个原子的电子形成的。这些不同的物质 NaCl、H_2O 和金属 Fe 之所以会有这样的行为，是因为他们的组成原子相互连接的方式不同。例如，NaCl 易溶于水，而金属 Fe 则不能。

什么决定了物质的成键类型？这些键的特性如何导致不同的物理和化学性质？回答第一个问题的关键在于所涉及原子的电子结构，如第 6 章和第 7 章所讨论的。在本章和下一章中，我们将研究原子的电子结构与它们所形成的离子键和共价键之间的关系。我们将在第 12 章讨论金属键合。

◀ 巨型水晶 这些石膏晶体由 $CaSO_4 \cdot 2H_2O$ 组成，钙离子与硫酸根离子在原子尺度上的离子键形成了人类尺度上的特征晶体形状

8.1 | 路易斯符号和八隅体规则

参与化学键的电子是价电子，对于大多数原子来说，价电子都在最外层（见 6.8 节）。美国化学家 G.N. 路易斯（1875—1946）提出了一种简单的方法来显示原子中的价电子，并在成键过程中跟踪它们，这种方法使用的符号现在被称为*路易斯电子点符号*或简单的*路易斯符号*。

元素的**路易斯符号**由元素的化学符号加上表示每个价电子的一个点组成。例如，硫的电子排布式是 $[Ne]3s^23p^4$，因此具有 6 个价电子。它的路易斯符号是

$$\cdot \ddot{S} \cdot$$

这些点被放置在符号的四个位置——顶部、底部、左侧和右侧——每个位置最多可以容纳两个电子。所有的四个位置都是等价的，这意味着放置两个电子而不是一个电子的位置选择是任意的。一般来说，我们把这些点尽可能地分散开来。例如，在 S 的路易斯符号中，我们更喜欢上面所给出的点的排列，而不是在三面各有两个电子，而在第四面没有电子的排列。

第二周期和第三周期的主族元素的电子构型和路易斯符号如图 8.2 所示。注意，任何主族元素的价电子数都与该元素的族数相同。例如，氧和硫的路易斯符号，属于 6A 族，都有 6 个点。

> ### 想一想
>
> 这些 Cl 的路易斯符号正确吗？ $:\ddot{C}l\cdot$ $:\dot{C}l:$ $:\ddot{C}l\cdot$

图例解析

如果白色粉末不是糖 $C_{12}H_{22}O_{11}$，我们将如何改变这幅图？

金属键
原子由围绕原子核的"电子域"聚集在一起

离子键
离子由局部静电吸引力而结合到一起

共价键
原子通过共用定域键中的电子而结合在一起

▲ 图 8.1 离子键、共价键和金属键 这三种不同的物质由不同类型的化学键结合在一起

八隅体规则

原子经常获得、失去或共用电子，以获得与周期表中最接近它们的稀有气体相同数量的电子。稀有气体具有非常稳定的电子排列，这可以从它们的高电离能、对附加电子的低亲和力和普遍缺乏化学反应活性得到证明（见 7.8 节）。因为所有的稀有气体（除了 He 外），都有 8 个价电子。这一发现引出了一条被称为**八隅体规则**的指导原则：*原子趋向于获得、失去或共用电子，直到它们被 8 个价电子包围*。

一个八隅体的电子由一个原子中完整的 s 和 p 亚层组成。在路易斯符号中，八隅体表示为围绕元素符号排列的 4 对价电子，如图 8.2 中 Ne 和 Ar 的路易斯符号所示。八隅体规则也有例外，我们将在第 8.7 节中看到，但是它提供了一个有用的框架来介绍许多重要

族	1A	2A	3A	4A	5A	6A	7A	8A
元素	**Li**	**Be**	**B**	**C**	**N**	**O**	**F**	**Ne**
电子构型	$[He]2s^1$	$[He]2s^2$	$[He]2s^22p^1$	$[He]2s^22p^2$	$[He]2s^22p^3$	$[He]2s^22p^4$	$[He]2s^22p^5$	$[He]2s^22p^6$
路易斯符号	Li·	·Be·	·$\dot{B}$·	·$\dot{C}$·	·$\ddot{N}$·	:$\ddot{O}$·	:$\ddot{F}$·	:$\ddot{Ne}$:
	Na	**Mg**	**Al**	**Si**	**P**	**S**	**Cl**	**Ar**
	$[Ne]3s^1$	$[Ne]3s^2$	$[Ne]3s^23p^1$	$[Ne]3s^23p^2$	$[Ne]3s^23p^3$	$[Ne]3s^23p^4$	$[Ne]3s^23p^5$	$[Ne]3s^23p^6$
	Na·	·Mg·	·$\dot{Al}$·	·$\dot{Si}$·	·$\ddot{P}$·	:$\ddot{S}$·	:$\ddot{Cl}$·	:$\ddot{Ar}$:

▲ 图 8.2 路易斯符号

的键合概念。八隅体规则主要适用于具有 s 和 p 价电子的原子，过渡金属的化合物具有 d 价电子，将在第 23 章中讨论。

8.2 | 离子键

离子化合物通常是元素周期表左侧的金属与右侧的非金属相互作用的结果（不包括稀有气体，8A 族）。例如，当金属钠 Na(s) 与氯气 $Cl_2(g)$ 接触时，会发生剧烈的反应（见图 8.3）。这个放热反应的产物是氯化钠 NaCl(s)：

$$Na(s) + \frac{1}{2} Cl_2(g) \longrightarrow NaCl(s) \quad \Delta H_f^\circ = -410.9kJ \quad （8.1）$$

氯化钠是由 Na^+ 和 Cl^- 组成的三维阵列（见图 8.4）。

来自于 Na 和 Cl_2 的 Na^+ 和 Cl^- 的生成表明 Na 原子失去了一个电子，而 Cl 原子得到了一个电子——我们说有一个电子从 Na 原子转移到了 Cl 原子。第 7 章讨论的两个原子的性质为我们提供了电子转移发生难易程度的指标：电离能，它表示一个电子从原子中被移走的容易程度；电子亲和能，它衡量一个原子想要得到一个电子的程度（见 7.4 节和 7.5 节）。当一个原子很容易失去一个电子（低电离能）而另一个原子很容易获得一个电子（高电子亲和能）时，电子转移形成相反的带电离子。因此，NaCl 是一种典型的离子化合物，它由低电离能的金属和高电子亲合能的非金属组成。使用路易斯电子点符号（显示 Cl 原子而不是 Cl_2 分子），我们可以将这个反应表示为：

$$Na\cdot \; + \; \overset{\cdot\cdot}{\underset{\cdot\cdot}{Cl}}\!: \quad \longrightarrow \quad Na^+ \; + \; [:\!\overset{\cdot\cdot}{\underset{\cdot\cdot}{Cl}}\!:]^- \quad （8.2）$$

箭头表示电子从 Na 原子转移到 Cl 原子。每个离子都有一个八隅体电子，Na^+ 八隅体是位于 Na 原子单个 $3s$ 价电子前面的 $2s^2 2p^6$ 电子。我们在 Cl^- 周围加了一个括号强调所有 8 个电子都在上面。

▽ **图例解析**

你认为金属钾和溴之间会有类似的反应吗？

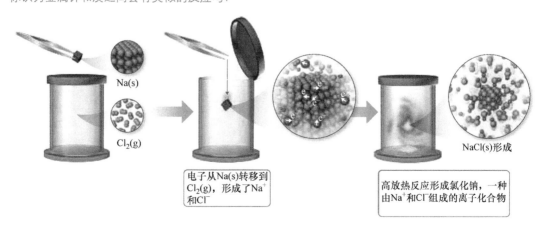

电子从Na(s)转移到 $Cl_2(g)$，形成了 Na^+ 和 Cl^-

NaCl(s)形成

高放热反应形成氯化钠，一种由 Na^+ 和 Cl^- 组成的离子化合物

▲ 图 8.3 金属钠与氯气反应生成离子化合物氯化钠

●=Na^+　　○=Cl^-

每一个 Na^+ 离子被 6 个 Cl^- 离子包围　　每一个 Cl^- 离子被 6 个 Na^+ 离子包围

▲ 图 8.4　氯化钠的晶体结构

　　离子化合物具有多种特性，他们通常是易碎的物质，熔点很高呈晶体状。此外，离子晶体往往可以被切割；也就是说，他们沿着光滑平坦的表面分开。这些特性是由静电引力引起的，静电引力使离子保持在一个刚性的、明确的三维排列中，如图 8.4 所示。

离子键形成的能量

　　钠和氯生成氯化钠的过程是完全放热的，由式 8.1 中 $\Delta H_f^\circ = -410.9kJ$ 所给出的较大生成焓的负值可以看出。附录 C 表明，其他离子物质的生成焓也是相当负的，离子化合物的生成反应为什么是放热的？

　　在式 8.2 中，我们将 NaCl 的形成表示为一个电子从 Na 转移到 Cl。回想 7.4 节内容，原子失去电子总是一个吸热过程。例如，从 Na(g) 中失去一个电子形成 $Na^+(g)$，需要 496kJ/mol。回想 7.5 节内容，当非金属获得一个电子时，从元素的负电子亲和能值可以看出，这个过程通常是放热的。例如，增加一个电子给 Cl(g)，释放 349kJ/mol。通过这些能量的大小，我们可以看到，一个电子从 Na 转移到 Cl 是不会放热的，整个过程是一个吸热过程，需要 496 − 349 = 147kJ/mol。此吸热过程对应钠离子和氯离子的形成都是无限远，换句话说，假设离子互不影响，会出现正的能量变化。这和离子晶体的情况有很大不同。

　　离子化合物稳定的主要原因是具有相反电荷的离子之间的相互吸引。这种引力把离子聚集到一起，释放能量，使许多离子形成一个固体阵列或晶格，如图 8.4 所示。**晶格能**是衡量离子晶体中排列相反的带电子所产生的稳定程度的一个指标。*晶格能是将 1mol 固体离子化合物完全分离成气态离子所需要的能量。*

　　为了研究 NaCl 的这个过程，想象图 8.4 中的结构从内部膨胀，因此离子之间的距离增加，直到离子之间的距离非常远。这个过程需要 788kJ/mol，这是晶格能的值：

$$NaCl(s) \rightarrow Na^+(g) + Cl^-(g) \qquad \Delta H_{晶格} = +788kJ/mol \qquad (8.3)$$

注意这个过程是高度吸热的。相反的过程——$Na^+(g)$ 和 $Cl^-(g)$ 结合形成 NaCl(s)——因此是高放热的 $\Delta H = -788kJ/mol$。

　　表 8.1 列出了一些离子化合物的晶格能。较大的正值表明离子在离子晶体中相互间具有很强的吸引力。

表 8.1　一些离子化合物的晶格能

化合物	晶格能 /（kJ/mol）	化合物	晶格能 /（kJ/mol）
LiF	1030	$MgCl_2$	2526
LiCl	834	$SrCl_2$	2127
LiI	730		
NaF	910	MgO	3795
NaCl	788	CaO	3414
NaBr	732	SrO	3217
NaI	682		
KF	808	ScN	7547
KCl	701		
KBr	671		
CsCl	657		
CsI	600		

不同电荷离子之间的相互吸引所释放的能量超过了电离能吸收的热量，使得离子化合物的形成是一个放热过程。强吸引力还导致大多数离子材料变得又硬又脆且有较高的熔点——例如，NaCl 在 801℃ 时熔化。

 想一想

如果进行 $KCl(s) \longrightarrow K^+(g) + Cl^-(g)$ 反应，是否会释放能量？

离子晶体晶格能的大小取决于离子的电荷、大小和在晶体中的排列。我们在 5.1 节中看到，两个相互作用的带电粒子的静电势能有

$$E_{el} = \frac{kQ_1Q_2}{d} \quad (8.4)$$

在此式中，Q_1 和 Q_2 是表示以库仑为单位的粒子电荷的符号；d 是他们中心之间的距离，单位是 m；k 是常数，$8.99 \times 10^9 J \cdot m/C^2$。由式 8.4 可知，两个带相反电荷的离子之间的引力相互作用随其电荷量的增大而增大，随其中心距离的增大而减小。因此，对于给定的离子排列，*晶格能随离子上电荷的增加而增加，随离子半径的增大而减小*。晶格能大小的变化更多地依赖于离子电荷而不是离子半径，因为与电荷相比，离子半径只在有限的范围内变化。

 实例解析 8.1

晶格能的大小

在不参照表 8.1 的情况下，将离子化合物 NaF、CsI 和 CaO 按晶格能递增的顺序排列。

解析

分析 从三种离子化合物的计算公式中，我们一定可以确定他们的相对晶格能。

思路 我们需要确定化合物中离子的电荷和相对大小。然后定性地使用式 8.4 来确定相对能量，我们知道（a）离子电荷越大，能量越大；（b）离子距离越远，能量越低。

解答 NaF 由 Na^+ 和 F^- 组成，CsI 由 Cs^+ 和 I^- 组成，CaO 由 Ca^{2+} 和 O^{2-} 离子组成，因为乘积 Q_1Q_2 出现在式 8.4 的分子中，当电荷增加时，晶格能显著增加。因此，我们确定有 2+ 和 2- 离子的 CaO 的晶格能，是这三个离子中最大的。

NaF 和 CsI 中的离子电荷相同。他们晶格能量的不同取决于晶格中离子之间距离的不同。因为在元素周期表（见 7.3 节）中，同一主族从上到下，离子的大小会增加，所以我们知道 Cs^+ 大于 Na^+，I^- 大于 F^-。因此，NaF 中 Na^+ 和 F^- 离子的距离小于 CsI

中 Cs^+ 和 I^- 离子的距离。

即 NaF 的晶格能应大于 CsI。因此，按照晶格能增加的顺序，CsI < NaF < CaO。

检验 表 8.1 证实了我们的预测是正确的。

▶ 实践练习 1

不看表 8.1，预测下列这些离子化合物的晶格能顺序，哪一个是正确的。

（a）NaCl > MgO > CsI > ScN

（b）ScN > MgO > NaCl > CsI

（c）NaCl > CsI > ScN > CaO

（d）MgO > NaCl > ScN > CsI

（e）ScN > CsI > NaCl > MgO

▶ 实践练习 2

预测哪一个物质的晶格能最大：MgF_2、CaF_2 或 ZrO_2？

由于晶格能随离子间距离的增大而减小，所以晶格能的变化趋势与离子半径的变化趋势相平行，如图 7.8 所示。因为离子半径随着元素周期表中同一族元素原子序数的增大而增大，我们发现，对于

给定类型的离子化合物，晶格能随着元素周期表中同族元素从上到下而逐渐减小。图 8.5 阐明了碱金属氯化物 MCl（M = Li、Na、K、Rb、Cs）和卤化钠 NaX（X = F、Cl、Br、I）的变化趋势。

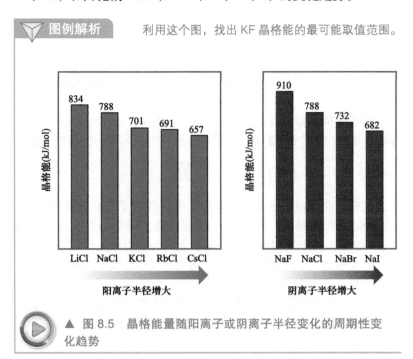

图例解析   利用这个图，找出 KF 晶格能的最可能取值范围。

▲ 图 8.5   晶格能量随阳离子或阴离子半径变化的周期性变化趋势

s 区和 p 区元素离子的电子构型

离子键形成的能量有助于解释为什么许多离子倾向于稀有气体的电子构型。例如，Na 原子很容易失去一个电子形成 Na^+，具有与 Ne 相同的电子构型：

Na $1s^2 2s^2 2p^6 3s^1 = [Ne]3s^1$
Na^+ $1s^2 2s^2 2p^6 = [Ne]$

即使晶格能随着离子电荷的增加而增加，但我们也从未发现含有 Na^{2+} 化合物。失去的第二个电子必须来自 Na 原子的内层，而从内层失去电子需要非常大的能量（见 7.4 节）。晶格能的增加不足以补偿去除内壳层电子所需的能量。因此，Na 和 1A 主族金属只以 1+ 离子的形式存在于离子化合物中。

同样地，如果电子被添加到价层，向非金属中添加电子要么是放热的，要么只是较少的吸热。因此，Cl 原子很容易得到一个电子形成 Cl^-，Cl^- 具有与 Ar 相同的电子构型：

Cl $1s^2 2s^2 2p^6 3s^2 3p^5 = [Ne]3s^2 3p^5$
Cl^- $1s^2 2s^2 2p^6 3s^2 3p^6 = [Ne]3s^2 3p^6 = [Ar]$

为了形成 Cl^{2-}，第二个电子必须被加到 Cl 的下一个更高的能级上，这是一个能量非常不利的增加。因此，我们从未在离子化合物中观察到 Cl^{2-}。因此，我们期望第 1、2、3 主族金属的离子化合物分别含有 1+、2+、3+ 阳离子第 5、6、7 主族非金属的离子化合物分别含有 3−、2−、1− 阴离子。

深入探究 晶格能的计算：波恩 – 哈伯　循环

晶格能无法通过实验直接确定，但可以通过设想离子化合物的形成是在一系列定义明确的步骤中发生的来计算。然后我们可以利用盖斯定律（见 5.6 节）将这些步骤结合起来，得到化合物的晶格能。通过这样做，我们构建了**波恩 - 哈伯循环**，这是一个热化学循环，以德国科学家马克斯·波恩（1982—1970）和弗里茨·哈伯（1868—1934）的名字命名，他们引入波恩 - 哈伯循环来分析影响离子化合物稳定性的因素。

以 NaCl 为例，在定义晶格能的式（8.3）中，NaCl(s) 为反应物，气相离子 $Na^+(g)$ 和 $Cl^-(g)$ 为产物。这个方程是我们应用盖斯定律的目标。

在寻找一套可以相加得到目标方程的其他方程时，我们可以使用 NaCl 的生成热（见 5.7 节）：

$$Na(s) + \frac{1}{2}Cl_2(g) \longrightarrow NaCl(s) \quad H_f^\circ[NaCl(s)] = -411kJ \quad (8.5)$$

当然，我们要把这个方程反过来，这样我们就有以 NaCl(s) 作为反应物，就如我们在晶格能方程中的一样。我们可以用另外两个方程来达到我们的目标，如下图所示：

1. $NaCl(s) \longrightarrow Na(s) + \frac{1}{2}Cl_2(g) \quad \Delta H_1 = -\Delta H_f^\circ[NaCl(s)]$
   $= +411kJ$

2. $Na(s) \longrightarrow Na^+(g) + e^- \quad \Delta H_2 = ??$

3. $e^- + \frac{1}{2}Cl_2(g) \longrightarrow Cl^-(g) \quad \Delta H_3 = ???$

4. $NaCl(s) \longrightarrow Na^+(g) + Cl^-(g) \quad \Delta H_4 = \Delta H_1 + \Delta H_2 + \Delta H_3$
   $= \Delta H_{lattice}$

第二步包括固体钠生成钠离子，这是钠气体的生成热和钠的第一电离能（附录 C 和图 7.10 列出了这些过程的编号）：

$$Na(s) \longrightarrow Na(g) \quad \Delta H = \Delta H_f^\circ[Na(g)] = 108kJ \quad (8.6)$$
$$Na(g) \longrightarrow Na^+(g) + e^- \quad \Delta H = I_1(Na) = 496kJ \quad (8.7)$$

这两个过程的和为我们提供了上述步骤 2 所需的能量，即 604kJ。

同样地，对于第三步，我们需要通过两个步骤

从 Cl_2 中产生 Cl 和 Cl^-。这两个步骤的焓变为 Cl(g) 的生成焓和 Cl 的电子亲和能之和：

$$\frac{1}{2}Cl_2(g) \longrightarrow Cl(g) \quad \Delta H = \Delta H_f^\circ[Cl(g)] = 122kJ \quad (8.8)$$
$$e^- + Cl(g) \longrightarrow Cl^-(g) \quad \Delta H = EA(Cl) = -349kJ \quad (8.9)$$

这两个过程的和为我们提供了上述步骤 3 所需的能量，即 −227kJ。

最后，当我们把所有这些结合在一起，就有：

1. $NaCl(s) \longrightarrow Na(s) + \frac{1}{2}Cl_2(g) \quad \Delta H_1 = -\Delta H_f^\circ[NaCl(s)]$
   $= +411kJ$

2. $Na(s) \longrightarrow Na^+(g) + e^- \quad \Delta H_2 = 604kJ$

3. $e^- + \frac{1}{2}Cl_2(g) \longrightarrow Cl^-(g) \quad \Delta H_3 = -227kJ$

4. $NaCl(s) \longrightarrow Na^+(g) + Cl^-(g) \quad \Delta H_4 = 788kJ = \Delta H_{lattice}$

这个过程被描述为一个"循环"，因为它对应于图 8.6 中的方案，图 8.6 显示了我们刚刚计算的所有数量是如何关联的。所有蓝色向上的箭头能量之和必须等于这个循环中所有红色向下的箭头能量之和。波恩和哈伯认识到，如果我们知道循环中除了晶格能之外的所有量的值，我们就可以把它从这个循环中计算出来。

相关练习：8.28–8.30, 8.83

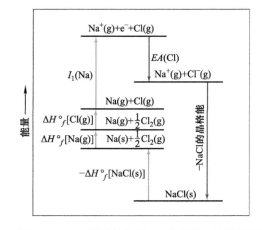

▲ 图 8.6　NaCl 形成的伯恩 - 哈伯循环　这种盖斯定律表示了离子晶体在其元素形成过程中的能量关系

过渡金属离子

由于电离能随着每一个电子的连续被移除而迅速增加，离子化合物的晶格能通常很大，足以补偿原子中至多三个电子的损失。因此，我们在离子化合物中会发现带 1+、2+ 或 3+ 电荷的阳离子。然而，大多数过渡金属在一个稀有气体核心之外还有三个以上的电子。例如，银具有 $[Kr]4d^{10}5s^1$ 电子构型，1B 族金属（铜、银、金）常以 1+ 离子的形式出现（如 CuBr 和 AgCl）。在形成 Ag^+ 的过程中，失去了 5s 电子，留下一个完全被填满的 4d 亚层。在这个例子中，

过渡金属一般不会形成具有稀有气体结构的离子。八隅体规则虽然有用，但在范围上显然是有限的。

实例解析 8.2

离子电荷

预测（a）Sr、（b）S 和（c）Al 通常所形成的离子。

解析

分析 我们必须确定 Sr、S 和 Al 原子最有可能得到或失去多少电子。

思路 在每种情况下，我们都可以利用元素在周期表中的位置来预测元素是形成阳离子还是阴离子。然后我们可以利用它的电子排布来确定最有可能形成的离子。

解答

（a）Sr 是 2A 族中的一种金属，因此形成阳离子。它的电子排布是 $[Kr]5s^2$，所以我们预计它会失去两个价电子从而得到一个 Sr^{2+}。

（b）S 是 6A 族中的一种非金属，因此，往往以阴离子的形式存在。它是缺少两个电子的稀有气体电子构型（即 $[Ne]3s^23p^4$），因此，我们认为 S 会形

成 S^{2-}。

（c）Al 是第 3A 族中的一种金属。因此我们推测它能形成 Al^{3+}。

检验 我们在这里预测的离子电荷在表 2.4 和表 2.5 中得到了证实。

▶ **实践练习 1**

这些元素中哪一种最有可能形成带 2+ 电荷的离子？

（a）Li（b）Ca（c）O（d）P（e）Cl

▶ **实践练习 2**

预测镁与氮反应生成离子的电荷。

回顾 7.4 节内容，当从一个原子形成一个正离子时，电子总是先从 n 值最大的亚壳层失去。因此，*在形成离子时，过渡金属会首先失去价层 s 电子，然后失去一些 d 电子而达到要求的离子电荷*。例如，Fe 的电子构型为 $[Ar]3d^64s^2$，在 Fe 形成 Fe^{2+} 的过程中，失去了两个 4s 电子，导致了 $[Ar]3d^6$ 的构型，移除一个额外的电子就得到 Fe^{3+}，它的电子构型是 $[Ar]3d^5$。

想一想

哪种元素可以形成一个具有 $[Kr]4d^6$ 电子构型的 3+ 离子？

8.3 | 共价键

绝大多数化学物质不具有离子材料的特性。我们日常接触的大多数物质：如水，往往是低熔点的气体、液体或固体；如汽油，往往容易汽化。许多塑料制品的固体形态是柔韧的，比如塑料袋和蜡。

对于表现得不像离子化合物的一大类物质，我们需要一个不同的模型来描述原子间的键合。G.N. 路易斯推断，原子可能通过与其他原子共用电子而成为一种稀有气体电子构型。共用一对电子形成的化学键是*共价键*。

氢分子提供了共价键的最简单例子。当两个氢原子靠近时，两个带正电荷的原子核相互排斥，两个带负电荷的电子相互排斥，原子核和电子相互吸引，如图 8.7a 所示。由于分子是稳定的，引力必须克服排斥力。让我们仔细看看把这个分子连在一起的引力。

利用类似于 6.5 节中原子的量子力学方法，我们可以计算出分子中电子密度的分布。对 H_2 的计算结果表明，原子核与电子之间的引力导致电子密度在原子核之间集中，如图 8.7b 所示。因此，总的静电相互作用是存在吸引力的。因此，H_2 中的原子聚集在一起主要是因为两个正核被他们之间集中的负电荷所吸引。从本质上讲，任何共价键中共享的电子对都充当一种将原子粘在一起的粘合剂。

⚠️ **想一想**

将 H_2 电离成 H_2^+ 会改变键的强度。根据对共价键的描述，你认为 H_2^+ 中的 H—H 键会比 H_2 中的 H—H 键弱还是强？

路易斯结构

共价键的形成可用路易斯符号表示。例如，由两个 H 原子形成的 H_2 分子可以表示为

$$H\cdot\ +\ \cdot H\ \longrightarrow\ H:H$$

在形成共价键的过程中，每个 H 原子获得第二个电子，实现了氦稳定的、双电子的、稀有气体电子构型。

两个 Cl 原子之间共价键的形成产生了一个 Cl_2 分子，可以用类似的方法表示：

$$:\ddot{Cl}\cdot\ +\ \cdot\ddot{Cl}:\ \longrightarrow\ :\ddot{Cl}:\ddot{Cl}:$$

通过共用成键电子对，每个 Cl 原子的价层有 8 个电子（1 个八隅体），从而实现了氩的稀有气体电子构型。

这里显示的 H_2 和 Cl_2 的结构是**路易斯结构**，或者*路易斯点结构*。虽然这些结构用圆圈表示电子共享，但更常见的是将每个共享的电子对或成键电子对表示为直线，而将任何未共享的电子对（也称为**孤对**或**非成键**电子对）表示为点。H_2 和 Cl_2 的路易斯结构如下：

$$H\!-\!H \qquad\qquad :\ddot{Cl}\!-\!\ddot{Cl}:$$

对于非金属，中性原子的价电子数与族数相同。因此，有人可能预测，7A 族元素，如 F，可以形成一个共价键，达到一个八隅体；6A 族元素，如 O，可以形成两个共价键；5A 族元素，如 N，可以形成 3 个共价键；4A 族元素，如 C，形成 4 个共价键。这些预测在许多化合物中都得到了证实，例如，元素周期表第二行含氢的非金属化合物：

$$H\!-\!\ddot{\underset{\cdot\cdot}{F}}: \qquad H\!-\!\underset{H}{\overset{\cdot\cdot}{\underset{|}{O}}}: \qquad H\!-\!\underset{H}{\overset{|}{N}}\!-\!H \qquad H\!-\!\underset{\underset{H}{|}}{\overset{\overset{H}{|}}{C}}\!-\!H$$

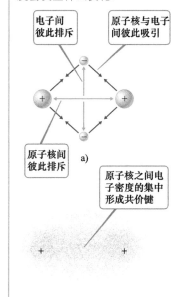

▲ 图 8.7 H_2 中的共价键
a）H_2 分子中电子和原子核之间的相互吸引和排斥。b）H_2 分子中的电子分布

实例解析 8.3

化合物的路易斯结构

根据图 8.2 中氮和氟的路易斯符号，预测氮和氟反应生成稳定的二元化合物（由两种元素组成的化合物）的公式，并绘制出其路易斯结构。

解析

分析　氮和氟的路易斯符号表明氮有 5 个价电子，氟有 7 个价电子。

思路　我们需要找到这两种元素的组合，使每个原子周围都有八隅电子。氮需要三个额外的电子来完成它的八隅体，氟需要一个额外电子。在一个 N 原子和一个 F 原子之间共用一对电子，会使氟原子得到八隅电子，而氮原子没有。因此，我们需要找出一种方法，让 N 原子多得到两个电子。

解答　N 原子必须与三个 F 原子共用电子对才能完成它的八隅体。因此，这两个元素形式的二元化合物必须是 NF_3：

检验　中心的路易斯结构表明，每个原子都被一个八隅体电子所包围。一旦你习惯了把路易斯结构中的每条线看作两个电子，就可以很容易地使用右边的结构来检验八隅体。

▶ **实践练习 1**

这些分子中哪一个的共用电子对和未共用电子对的数目相同？

（a）HCl（b）H_2S（c）PF_3（d）CCl_2F_2（e）Br_2

▶ **实践练习 2**

比较氖 Ne 的路易斯结构和甲烷 CH_4 的路易斯结构。每个结构中有多少价电子？每个结构有多少成键电子对和多少非键电子对？

多重键

共用电子对形成一个共价键，通常简称为**单键**。在许多分子中，原子通过共用一对以上的电子对而达到完整的八隅体。当两个原子共用两个电子对时，路易斯结构中画了两条线，表示**双键**。例如，在二氧化碳中，有 4 个价电子的 C 和有 6 个价电子的 O 之间发生成键：

如图所示，每个 O 原子通过与 C 共用两个电子对而获得一个八隅体。对于 CO_2，C 通过与两个 O 原子共用两个电子对而获得一个八隅体；每个双键包含 4 个电子。

三键对应于三对电子的共享，例如在 N_2 分子中：

因为每个氮原子有 5 个价电子，所以必须共用三对电子才能达到八隅体构型。

N_2 的性质完全符合其路易斯结构。N_2 是一种双原子气体，它的反应活性非常低，这是由非常稳定的 N—N 键造成的。N 原子之间的距离仅为 1.10Å，两个 N 原子间的短距离是原子间三键作用的结果。通过对 N 原子共用一个到两个电子对的许多不同物质结构的研究，我们了解到键合 N 原子之间的平均距离随着共用电子对数量的变化而变化：

$$N{-}N \qquad N{=}N \qquad N{\equiv}N$$
$$1.47\text{Å} \qquad 1.24\text{Å} \qquad 1.10\text{Å}$$

一般来说，两个原子间的键长随着共用电子对数量的增加而减小。我们将在第 8.8 节中更详细地探讨这一点。

 想一想

一氧化碳（CO）的 C—O 键长为 1.13Å，二氧化碳（CO_2）的 C—O 键长为 1.24Å。如果没有画出路易斯结构，你认为 CO 含有的是单键、双键还是三键？

8.4 │ 键极性和电负性

当两个相同的原子成键时，如在 Cl_2 或 H_2 中，电子对必须同等地共享。当元素周期表两侧的两个原子成键时，如 NaCl，电子的共享相对较少，这意味着 NaCl 最好描述为由 Na^+ 和 Cl^- 组成的离子化合物。实际上，Na 原子的 $3s$ 电子完全转移到了 Cl 上。在大多数物质中发现的化学键位于这两个极端之间。

键极性是衡量任何共价键中电子共享程度的一种方法。**非极性共价键**是电子被同等共享的共价键，如在 Cl_2 和 N_2 中。在**极性共价键**中，一个原子对成键电子的吸引力比另一个原子大。如果吸引电子的相对能力差异足够大，就会形成离子键。

电负性

我们用电负性来估计一个给定的键是非极性共价键、极性共价键还是离子键。

电负性被定义为*分子中*原子吸引电子的能力。

原子的电负性越大，它吸引电子的能力就越强。原子在分子中的电负性与体现原子孤立性质的电离能和电子亲和能有关。一个具有极负电子亲和能和高电离能的原子既能吸引其他原子的电子，又能阻止自身电子被吸引。因此，它的电负性很强。

电负性值可以基于多种性质，而不仅仅是电离能和电子亲和能。美国化学家莱纳斯·鲍林（1901—1994）开发了第一个也是最广泛使用的电负性量表，它是基于热化学数据。如图 8.8 所示，在一个周期内，从左到右的电负性通常会增加，即从最金属的元素到最非金属的元素。除了一些例外（特别是过渡金属），电负性随同族中原子数的增加而降低。这是我们所期望的，因为我们知道，电离能随着同族中原子序数的增加而降低，而电子的亲和能变化不大。

你不需要记住电负性值，但你应该知道周期变化趋势，这样你就可以预测两个元素中哪一个电负性更强。

 想一想

元素的电负性和它的*电子亲和能*有什么不同？

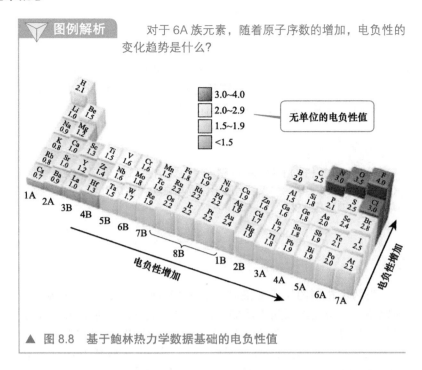

图例解析 对于 6A 族元素，随着原子序数的增加，电负性的变化趋势是什么？

▲ 图 8.8 基于鲍林热力学数据基础的电负性值

电负性与键极性

我们可以用两个原子之间的电负性差异来衡量原子形成的键极性。研究一下这三种含氟化合物：

	F_2	HF	LiF
电负性差	$4.0 - 4.0 = 0$	$4.0 - 2.1 = 1.9$	$4.0 - 1.0 = 3.0$
键的类型	非极性共价键	极性共价键	离子键

F_2 中的电子在 F 原子间平分，因此共价键是*非极性的*。当成键原子的电负性相等时，就会形成非极性共价键。

在 HF 中，F 原子比 H 原子的电负性更强，其结果是电子的共享不均等——键是极性的。一般来说，当原子的电负性不同时，就会形成极性共价键。在 HF 中，电负性较强的 F 原子会从电负性较弱的 H 原子那里吸引电子，从而使 H 原子带部分正电荷，F 原子带部分负电荷。我们可以把这个电荷分布表示为

$$\delta + \quad \delta -$$
$$H - F$$

$\delta +$ 和 $\delta -$ 分别表示部分正电荷和负电荷。在极性键中，这些数小于离子的全部电荷。

在 LiF 中，电负性差非常大，这意味着电子密度分布更靠近 F 原子，因此生成的键准确地描述为离子键。因此，如果认为 LiF 中的键是完全离子性的，我们可以说 $\delta +$ 对于 Li 是 1+ 而 $\delta -$ 对于 F 是 1−。如果两个原子的电负性相差超过 2.0，许多化学家会认为键是离子键。

从电子密度分布的计算结果可以看出，键中电子密度向电负性较强的原子转移。对于上述三个例子，通过计算得到的电子密度分布如图 8.9 所示。

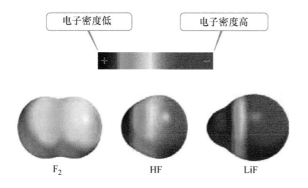

电子密度低　电子密度高

F_2　HF　LiF

◀ 图 8.9　电子密度分布　这张计算机生成的效果图显示了 F_2、HF 和 LiF 分子表面的电子密度分布

你们可以看到 F_2 的分布是对称的，在 HF 中电子密度明显地移向氟原子，而在 LiF 中这种转移更明显。因此，这些例子说明：*两个原子之间的电负性差越大，他们键的极性就越大。*

　实例解析 8.4

键极性

在通常情况下，哪一个键的极性是更强的？（a）B—Cl 或 C—Cl（b）P—F 或 P—Cl。在通常情况下，哪个原子有部分负电荷。

解析

分析　只给出键中所包含的原子，要求我们确定相对的键极性。

思路　因为我们不需要定量的答案，我们可以用元素周期表和电负性的变化趋势来回答这个问题。

解答

（a）Cl 原子对两个键的作用都是相同的。因此，我们只需要比较 B 和 C 的电负性。因为 B 在元素周期表中位于 C 的左边，我们预测 B 的电负性更低。Cl 在表的右边，具有很高的电负性。在电负性差异最大的原子之间的键极性最大。因此，B—Cl 键的极性更强；Cl 原子带部分负电荷，因为它的电负性更高。

（b）在这个例子中，P 对两个键的作用都是相同的，所以我们只需要比较 F 和 Cl 的电负性。因为 F 在元素周期表上比 Cl 高，所以它的电负性应该更强，并且会和 P 形成更多的极性键。F 的电负性高，意味着它会带部分负电荷。

检验

（a）通过图 8.8：Cl 和 B 的电负性差为 3.0-2.0=1.0；Cl 和 C 的电负性差为 3.0-2.5=0.5。因此，正如我们所预测的那样，B—Cl 键的极性更强。

（b）通过图 8.8：Cl 与 P 的电负性差为 3.0-2.1=0.9；F 和 P 的电负性差为 4.0-2.1=1.9。因此，正如我们预测的那样，P-F 键的极性更强。

▶　实践练习 1

下面哪个键的极性最强？（a）H—F（b）H—I（c）Se—F（d）N—P（e）Ga—Cl

▶　实践练习 2

下面哪个键的极性最强？S—Cl、S—Br、Se—Cl 或 Se—Br。

偶极矩

H 和 F 之间电负性的差异导致 HF 分子中存在极性共价键。结果，负电荷集中在电负性较强的 F 原子上，而在分子的正电荷一端留下电负性较弱的 H 原子。像 HF 分子这样，其正、负电荷中心不重合的分子，是**极性分子**。因此，我们将键和整个分子都描述为极性的和非极性的。

我们可以用两种方法来表示 HF 分子的极性：

$$\overset{\delta+}{H}\!-\!\overset{\delta-}{F} 或 \overset{+}{H}\!-\!\overset{\longrightarrow}{F}$$

图例解析

如果带电粒子靠得更近，μ 会增加、减少还是保持不变？

偶极矩 $\mu = Qr$

▲ 图 8.10　偶极子和偶极矩
当大小相等、符号相反的 Q^+ 和 Q^- 电荷相距一段距离 r 时，就产生了偶极子

在右边的符号中，箭头表示电子密度向 F 原子方向移动。箭头的交叉端可以看作是一个加号，表示分子的正端。

极性有助于确定我们在实验室和日常生活中观察到的许多性质。极性分子彼此对齐排列，一个分子的负极和另一个分子的正极相互吸引。极性分子同样被离子吸引，极性分子的负极被正离子吸引，正极被负离子吸引。这些相互作用解释了液体、固体和溶液的许多特性，如将在第 11、12 和 13 章中看到的。分子内的电荷分离在光合作用和太阳能电池的能量转换过程中起着重要作用。

我们如何量化分子的极性？当两个大小相等但符号相反的电荷相距一段距离时，就会产生**偶极子**。偶极子大小的定量测量叫做它的**偶极矩**，用希腊字母 μ_m 表示。如果两个大小相等，方向相反的电荷 Q^+ 和 Q^- 相距一段距离 r，如图 8.10 所示，偶极矩的大小是 Q 和 r 的乘积：

$$\mu = Qr \tag{8.10}$$

这个表达式告诉我们偶极矩随着 Q 和 r 的增加而增加。偶极矩越大，键极性越强。对于非极性分子，如 F_2，偶极矩为零，因为它没有电荷分离。

想一想

一氟化氯（ClF）和一氟化碘（IF）是一种卤素间化合物，它包含不同卤素元素之间的键。哪个分子的偶极矩更大？

偶极矩可以通过实验测量，通常用*德拜*（D）来表示，德拜是一个等于 3.34×10^{-30} 库仑·米（C·m）的单位。对于分子，我们通常用电子电荷 e 的单位（1.60×10^{-19} C）和距离（埃）来测量电荷。这意味着每当我们想以德拜为单位计算偶极矩时，我们需要转换单位。假设两个电荷 1+ 和 1-（以 e 为单位）被分离开来而相距 1.00Å。产生的偶极矩为：

$$\mu = Qr = (1.60 \times 10^{-19}\,\text{C})(1.00\text{Å})\left(\frac{10^{-10}\,\text{m}}{1\text{Å}}\right)\left(\frac{1\text{D}}{3.34 \times 10^{-30}\,\text{C·m}}\right) = 4.79\text{D}$$

偶极矩的测量可以为我们提供有关分子中电荷分布的有价值信息，如实例解析 8.5 所示。

实例解析 8.5

双原子分子的偶极矩

HCl 分子的键长是 1.27Å。（a）以德拜为单位计算偶极矩，是否能得出 H 原子和 Cl 原子上的电荷分别为 1+ 和 1- 的结论。（b）HCl(g) 的实验测量偶极矩为 1.08D。H 和 Cl 原子上有多少电荷（以 e 为单位）产生了这个偶极矩？

解析

分析与思路　（a）部分要求我们计算 HCl 的偶极矩，如果有一个完整的电荷从 H 转移到 Cl，就会得到这个偶极矩。我们可以用式（8.10）来得到这个结果。

在（b）部分，我们得到了分子的实际偶极矩，并将用这个值来计算 H 原子和 Cl 原子的实际部分电荷。

解答

（a）每个原子上的电荷是电子电荷，e = 1.60 × 10^{-19}C。原子间距离为 1.27Å。因此偶极矩为：

$$\mu = Qr = (1.60\times10^{-19}\text{C})(1.27\text{Å})$$
$$\left(\frac{10^{-10}\text{m}}{1\text{Å}}\right)\left(\frac{1\text{D}}{3.34\times10^{-30}\text{C·m}}\right)$$
$$= 6.08\text{D}$$

（b）我们知道 μ 的值，1.08D 和 r 的值，1.27Å。要计算 Q 的值：

$$Q = \frac{\mu}{r} = \frac{(1.08\text{D})\left(\dfrac{3.34\times10^{-30}\text{C·m}}{1\text{D}}\right)}{(1.27\text{Å})\left(\dfrac{10^{-10}\text{m}}{1\text{Å}}\right)} = 2.84\times10^{-20}\text{C}$$

我们可以很容易地把这个电荷转换成 e 的单位：

$$\text{以e为单位的电荷} = (2.84\times10^{-20}\text{C})\left(\frac{1\text{e}}{1.60\times10^{-19}\text{C}}\right)$$
$$= 0.178\text{e}$$

因此，实验偶极矩表明 HCl 分子中的电荷分离为：由于实验偶极矩小于（a）部分计算的偶极矩，原子远小于一个完整的电荷。

（b）因为 H—Cl 键是极性共价键而不是离子键，所以我们可以预料到这一点。

$$\overset{0.178+}{\text{H}} — \overset{0.178-}{\text{Cl}}$$

▶ **实践练习 1**

假设 H—F 键完全是离子性的，HF（键长 0.917Å）的偶极矩是多少？

（a）0.917D（b）1.91D（c）2.75D（d）4.39D（e）7.37D

▶ **实践练习 2**

氟化氯 ClF(g) 的偶极矩为 0.88D，分子的键长为 1.63Å。（a）哪个原子应该带部分负电荷？（b）那个原子上以 e 为单位的电荷是多少？

表 8.2 给出了卤化氢的键长和偶极矩。注意，从 HF 到 HI，电负性差减小，键长增加。第一种效应降低了被分离的电荷量，导致偶极矩从 HF 到 HI 逐渐减小，尽管键长在增加。与实例解析 8.5 中使用的计算方式相同，计算结果表明原子上的电荷从 HF 中的 0.41+ 和 0.41- 减少到 HI 中的 0.057+ 和 0.057-。通过计算电子分布，我们可以从计算机生成的渲染图中直观地看到这些物质中不同程度的电荷转移，如图 8.11 所示。对于这些分子，电负性差的变化对偶极矩的影响比键长变化的影响更大。

⚠ **想一想**

C 和 H 之间的键是化学中最重要的键之一。H—C 键的长度约为 1.1Å。基于这个距离和电负性的差异，你认为单个 H—C 键的偶极矩会比 H—I 键的偶极矩大还是小？

表 8.2 氢卤化物的键长、电负性差和偶极矩

化合物	键长 /Å	电负性差	偶极矩 /D
HF	0.92	1.9	1.82
HCl	1.27	0.9	1.08
HBr	1.41	0.7	0.82
HI	1.61	0.4	0.44

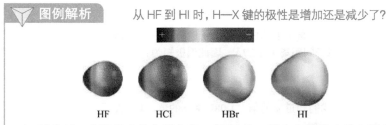

HF　　HCl　　HBr　　HI

▲ 图 8.11　卤化氢中的电荷分布　在 HF 中，强电负性的 F 将大部分电子从 H 中抽离。在 HI 中，I 的电负性比 F 小得多，所以不能像 F 那样强地吸引共用电子，因此，键的极化程度也就小得多

在本节结束之前，让我们回想一下图 8.9 中的 LiF 分子。在标准条件下，LiF 以离子晶体的形式存在，其原子排列类似于图 8.4 所示的氯化钠结构。然而，通过在高温下蒸发离子晶体可以生成 LiF 分子。分子偶极矩为 6.28D，键长为 1.53Å。从这些值我们可以计算出锂和氟的电荷分别为 0.857+ 和 0.857-。这种键是强极性的，这种较大电荷的存在有利于形成一个扩展的离子晶格，其中每个锂离子都被氟离子包围，反之亦然。但即使在这里，实验确定的离子电荷仍然不是 1+ 和 1-。这告诉我们，即使在离子化合物中，仍然有一些共价键的成份。

比较离子键和共价键

为了理解化学键的相互作用，最好将离子键和共价键分开处理。这就是本章以及其他大多数本科生化学课本所采用的方法。然而，在现实中，在离子键和共价键之间存在着交集。这两种键之间缺乏明确的分离，乍一看可能令人不安或困惑。

本章介绍的离子键和共价键的简单模型对理解和预测化合物的结构和性质有很大的帮助。当共价键占主导地位时，我们期望化合物以分子的形式存在$^{\ominus}$，具有与分子物质相关联的所有性质，例如熔点和沸点相对较低，以及溶于水时表现为非电解质的行为。当离子键占主导地位时，我们期望化合物是脆性的、高熔点的晶体，具有扩展的晶格结构，在溶于水时表现出很强的电解质行为。

当然，这些一般的特征也有例外，其中一些我们将在本书后面讨论。尽管如此，能够快速地将一种物质中占主导地位的成键相互作用归类为共价键或离子键，会使我们对这种物质的性质有相当深入地了解。然后这个问题即变成了用最好的方式识别哪种化学键占主导地位。

最简单的方法是假定金属和非金属之间的相互作用是离子的，而两种非金属之间的相互作用是共价的。虽然这个分类方案具有合理的预测性，但是有太多的例外情况，不能盲目地使用。例如，锡是金属，氯是非金属，但 $SnCl_4$ 是一种分子化合物，在室温下以无色液体的形式存在。它在 -33℃ 结冰，在 114℃ 沸腾。$SnCl_4$ 的特性并不是典型离子化合物的特性。有没有一种更容易预测的方法来确定化合物中普遍存在哪种键合？更复杂的方法主要是使用电负性的差异来判断离子键或共价键哪个占主导地位。

$^{\ominus}$ 这句话也有一些例外，如原子固体，包括金刚石、硅和锗，即使键合明显是共价的，它们形成了一个扩展的结构。这些物质将在第 12.7 节中讨论。

该方法基于 1.2 的电负性差，正确地预测了 $SnCl_4$ 中的键合为极性共价键，同时基于 2.1 的电负性差，正确地预测了 NaCl 中的键合主要为离子键。

基于电负性差的键合评价方法是一种行之有效的方法，但也存在着不足之处。图 8.8 给出的电负性值没有考虑到随着金属氧化态的变化而产生的键合变化。例如，图 8.8 给出了锰和氧之间的电负性差值为 3.5−1.5=2.0，这属于通常认为成键是离子的电负性范围（NaCl 的电负性差值为 3.0−0.9=2.1）。因此，锰（Ⅱ）氧化物，MnO，是一种绿色晶体，在 1842℃熔化，具有与 NaCl 相同的晶体结构，这并不奇怪。

然而，锰和氧之间的键合并不总是离子键。锰（Ⅶ）氧化物，Mn_2O_7，是一种绿色液体，在 5.9℃结冰，这表明是共价键而不是离子键起主导作用。锰氧化态的变化是导致键合变化的原因。一般来说，随着金属氧化态的增加，共价键的程度也会增加。当金属的氧化态是高度正电性的（粗略地说，+4 或更大），我们可以预期它与非金属形成的键具有显著的共价性。因此，金属在高氧化态形成分子物质如 Mn_2O_7，或多原子离子如 MnO_4^- 和 CrO_4^{2-}，而不是离子化合物。

想一想

有一块在 41℃熔化、131℃沸腾的黄色晶体，以及一块在 2320℃融化的绿色晶体。已知其中一个晶体是 Cr_2O_3 另一个是 OsO_4，你认为黄色晶体是哪体物质？

8.5 | 绘制路易斯结构

路易斯结构可以帮助我们理解许多化合物中的键合，在讨论分子性质时经常使用。因此，绘制路易斯结构是一项重要的技能，应该加以练习。

如何绘制路易斯结构

1. **把所有原子的价电子加起来，计入总电荷。**使用元素周期表来确定每个原子中价电子的数量。对于阴离子，每带一个负电荷，就从总电荷中增加一个电子；对于阳离子，每带一个正电荷，就从总电荷中减去一个电子。不需要考虑哪个电子来自哪个原子，只有总数才是重要的。

2. **写出原子的符号，指出哪些原子与哪些原子相连，并用单键（一条线，代表两个电子）将他们连接起来。**化学公式通常是按照分子或离子中原子的连接顺序书写的。例如，HCN 告诉你 C 原子与 H 和 N 成键。在许多多原子分子和离子中，通常先写中心原子，如 CO_3^{2-} 和 SF_4。记住，中心原子的电负性通常比它周围的原子弱。在其他情况下，你可能需要更多的信息才能绘制路易斯结构。

3. **完成与中心原子成键的所有原子周围的八隅体。**请记住，H 原子周围只有一对电子。

4. **把剩余的电子放在中心原子上，**即使这样做会在原子周围产生超过八个电子。

5. **如果没有足够的电子给中心原子提供一个八隅体，尝试多个键。**使用一个或多个与中心原子成键的原子上的未共用电子对来形成双键或三键。

下面的示例将帮助你将其付诸实践。

实例解析 8.6
绘制路易斯结构

绘制三氯化磷 PCl_3 的路易斯结构。

解析

分析与思路　题目要求由分子式画出路易斯结构。我们的方案是遵循刚才描述的五个步骤。

解答　首先，计算出价电子数量的总和。P（5A族）有 5 个价电子，并且每一个 Cl（7A 族）有 7 个电子。因此，价电子的总数是：

$$5+(3 \times 7)= 26$$

其次，排列原子来表示哪个原子与哪个原子相连，然后在它们之间画一个单键。原子的排列方式有很多种。不过，知道在二元化合物中，化学式中的第一个原子通常被剩余的原子所包围，这是有帮助的。所以我们继续画一个骨架结构，其中单键将 P 原子和每个 Cl 原子连接起来：

$$
\begin{array}{c}
\text{Cl} \\ \mid \\
\text{Cl} - \text{P} - \text{Cl}
\end{array}
$$

（Cl 原子在 P 原子的左侧、右侧和下方都无关紧要——任何显示三个 Cl 原子都与 P 成键的结构都可以。）

第三，添加路易斯电子点来完成与中心原子结合的原子上的八隅体。

完成后 Cl 原子周围的八隅体总共含有 24 个电子（记住，结构中的每条线代表两个电子）：

$$:\!\ddot{\text{C}}\text{l} - \text{P} - \ddot{\text{C}}\text{l}\!:$$
$$:\!\ddot{\text{C}}\text{l}\!:$$

第四，回想我们的电子总数是 26，把剩下的两个电子放在中心原子 P 上，P 完成了它的八隅体：

$$:\!\ddot{\text{C}}\text{l} - \ddot{\text{P}} - \ddot{\text{C}}\text{l}\!:$$
$$:\!\ddot{\text{C}}\text{l}\!:$$

这个结构使每个原子都成为一个八隅体，所以便到此结束。（在检查八隅体时，记得把单键当作两个电子来计算。）

▶ **实践练习 1**

这些分子中哪个具有中心原子而没有非键电子对的路易斯结构？

（a）CO_2（b）H_2S（c）PF_3（d）SiF_4（e）不止 a、b、c、d 一个

▶ **实践练习 2**

（a）在 CH_2Cl_2 的路易斯结构中应该出现多少个价电子？

（b）绘制这个分子的路易斯结构。

实例解析 8.7
有多重键的路易斯结构

绘制 HCN 的路易斯结构。

解析

H 有 1 个价电子，C（4A 族）有 4 个价电子，N（5A 族）有 5 个价电子。所以价电子的总数是，$1+4+5=10$。原则上，我们可以选择不同的方式来排列原子。因为 H 只能容纳一个电子对，所以它总是只有一个单键。因此，C—H—N 是一种不可能的方式。剩下的两个可能性是 H—C—N 和 H—N—C。首先是实验发现的排列。你可能已经猜到了，因为化学式是这样写的，C 的电负性比 N 小。因此，我们从骨架结构开始

$$\text{H} - \text{C} - \text{N}$$

这两个键占 4 个电子，H 原子只能有 2 个电子，所以我们不会再给它添加电子。如果将剩下的 6 个电子放在 N 的周围，给它一个八隅体结构，我们就不能在 C 上得到一个八隅体：

$$\text{H} - \text{C} - \ddot{\text{N}}\!:$$

因此，我们试着放在 N 上的一个未共享电子对，在

C 和 N 之间建立一个双键。同样，C 上的电子少于 8 个，所以接下来我们试着建立一个三键。这个结构给出了 C 和 N 的八隅体：

$$\text{H} - \text{C} \overset{\frown}{=} \ddot{\text{N}}\!: \quad \longrightarrow \quad \text{H} - \text{C} \equiv \text{N}\!:$$

八隅体规则适用于 C 原子和 N 原子，而 H 原子周围有 2 个电子。这是正确的路易斯结构。

▶ **实践练习 1**

用化学式 C_2H_3N 绘制出分子的路易斯结构，其中 N 只与另一个原子相连。正确的路易斯结构中有多少双键？

（a）0（b）1（c）2（d）3（e）4

▶ **实践练习 2**

绘制（a）NO^+ 和（b）C_2H_4 的路易斯结构。

绘制 BrO_3^- 的路易斯结构

解析

Br（7A 族）有 7 个价电子，O（6A 族）有 6 个价电子。我们必须在总和上再加一个电子来解释离子的 1- 电荷。所以价电子的总数是 $7+3 \times 6+1=26$。对于氧阴离子——SO_4^{2-}、NO_3^-、CO_3^{2-} 等——氧原子围绕着中心非金属原子。将 O 原子排列在 Br 原子周围，画出单键，并分配未共用电子对，有下列结构

$$\left[:\overset{..}{\underset{..}{O}}-\overset{\overset{..}{O}:}{\overset{|}{Br}}-\overset{..}{\underset{..}{O}}: \right]^-$$

注意，一个离子的路易斯结构写在括号里，电荷显示在括号外面右上角。

▶ **实践练习 1**

在过氧离子 O_2^{2-} 的路易斯结构中有多少非成键电子对？

（a）7（b）6（c）5（d）4（e）3

▶ **实践练习 2**

绘制（a）ClO_2^- 和（b）PO_4^{3-} 的路易斯结构。

形式电荷和路易斯结构

当我们绘制路易斯结构时，是在描述电子在分子或多原子离子中的分布。在某些情况下，我们可以为一个分子绘制出两个或更多有效的路易斯结构，它们都遵循八隅体规则。所有这些结构都可以被认为对分子中电子的实际排列有贡献，但并不是所有的结构都有相同的贡献。如何确定几种路易斯结构中哪一种是最重要的？一种方法是对价电子做一些"记录"，以确定每个路易斯结构中每个原子的*形式电荷*。分子中任何一个原子的**形式电荷**，都是分子中每一对成键电子在两个原子间平均分配时，原子所具有的电荷。

如何计算路易斯结构中原子的形式电荷

1. *所有未共用（非成键）电子都分配给它们所在的原子。*

2. 对于任何键——单键、双键或三键——半成键电子分配给键中的每个原子。

3. 每个原子的形式电荷是由中性原子的价电子数减去分配给原子的电子数计算出来的：

$$形式电荷 = 价电子 - \frac{1}{2}（成键电子数）- 非键电子数 \qquad (8.11)$$

让我们通过计算氰离子 CN^- 的形式电荷来练习，CN^- 具有路易斯结构

$$[:C\equiv N:]^-$$

中性的 C 原子有 4 个价电子，氰化物三键中有 6 个电子，C 上有 2 个非键电子。我们计算 C 上的形式电荷为 $4 - \frac{1}{2}(6) - 2 = -1$ 对于 N，价电子数是 5，氰化物三键中有 6 个电子，N 上有 2 个非键电子。N 上的形式电荷是 $5 - \frac{1}{2}(6) - 2 = 0$。我们可以把整个离子和它的形式电荷绘制出来

$$\overset{-1 \quad\quad 0}{[:C\equiv N:]^-}$$

注意形式电荷的和等于离子的总电荷，1–。中性分子上的形式

电荷必须加到零，而离子上的形式电荷必须加到离子所带电荷上。

如果我们能绘制出一个分子的多个路易斯结构，形式电荷的概念可以帮助我们决定哪个是最重要的，我们称之为主导路易斯结构。例如，二氧化碳的一个路易斯结构，有两个双键。然而，也可以通过绘制一个有单键和三键的路易斯结构来满足八隅体规则。计算这些结构中的形式电荷，则有：

	$\ddot{O}=C=\ddot{O}$			$:\ddot{O}-C\equiv O:$		
价电子：	6	4	6	6	4	6
−(分配给原子的电子)：	6	4	6	7	4	5
形式电荷：	0	0	0	−1	0	+1

注意，在这两种情况下，形式电荷加起来等于零，因为二氧化碳是一个中性分子，它必须等于零。那么，哪种结构是主导结构呢？一般来说，当可能存在多个路易斯结构时，我们使用以下准则来选择占主导地位的结构：

如何识别占主导地位的路易斯结构

1. 主要的路易斯结构通常是原子形式电荷的结构最接近于零。
2. 在路易斯结构中，任何负电荷都存在于电负性较强的原子上，这种结构通常比负电荷存在于电负性较弱的原子上的路易斯结构占优势。

因此，二氧化碳的第一个路易斯结构是占主导地位的结构，因为原子不带形式电荷，因此满足第一个准则。另一种路易斯结构（类似的结构，左边有一个三键 O，右边有一个单键 O）与实际结构的关系要小得多。

虽然形式电荷的概念帮助我们按重要程度排列路易斯结构，但重要的是要记住，形式电荷并不代表原子上的真实电荷。这些电荷只是记录惯例。分子和离子中实际的电荷分布不是由形式电荷决定的，而是由许多其他因素决定的，包括原子之间的电负性差异。

> **▲ 想一想**
>
> 假设一个含氟的中性分子的路易斯结构中 F 原子的形式电荷为 +1，你会得出什么结论呢？

▶ 实例解析 8.9

路易斯结构和形式电荷

硫氰酸盐离子，NCS^-，有三种可能的路易斯结构：

$$[:\ddot{N}-C\equiv S:]^- \qquad [\ddot{N}=C=\ddot{S}:]^- \qquad [:N\equiv C-\ddot{S}:]^-$$

（a）确定每种结构中的形式电荷；
（b）根据形式电荷，判断哪种路易斯结构占主导地位？

解析

（a）中性的 N、C 和 S 原子分别有 5 个、4 个和 6 个价电子。我们可以用刚才讨论的规则来确定这三种结构中的形式电荷：

正如它们必须满足的那样，这三种结构中的形式电荷之和为 1−，即离子的总电荷。

（b）占主导地位的路易斯结构通常产生最小量级的形式电荷（准则 1）。此外，正如 8.4 节所讨论的，N 比 C 或 S 的电负性更强，因此，我们期望任何负的形式电荷都存在于 N 原子上（准则 2）。由于这两个原因，NCS⁻ 以中间的路易斯结构为主。

▶ **实践练习 1**

硫酸根离子 SO_4^{2-}，用多种方法来绘制路易斯结构。如果你把硫的形式电荷最小化，在路易斯结构中应该画多少个 S＝O 双键？

（a）0（b）1（c）2（d）3（e）4

▶ **实践练习 2**

氰酸盐离子 NCO⁻，有三种可能的路易斯结构。（a）画出这三种结构，并在每一种结构中指定形式电荷；（b）哪种路易斯结构占主导？

深入探究 | **氧化数、形式电荷和实际电荷**

在第 4 章中，我们介绍了为原子分配氧化数的规则，电负性的概念是这些数字的基础。一个原子的氧化数规定为若它的键完全是离子键，那么它所带的电荷数。也就是说，在确定氧化数时，所有的共享电子都被计算在电负性较强的原子中。例如，考虑图 8.12a 中 HCl 的路易斯结构。为了确定氧化值，原子间共价键上的 2 个电子都被分配给电负性更强的 Cl 原子。这个过程给了 Cl 8 个价电子，比中性原子多 1 个。因此，它的氧化值是 −1。这样计算的话，氢没有价电子，所以它的氧化值是 +1。在给 HCl 中的原子分配形式电荷时（见图 8.12b），我们忽略了电负性。成键的电子平均分配给两个成键的原子。在这种情况下，Cl 有 7 个指定的电子，和中性 Cl 原子一样，而 H 有 1 个指定的电子。因此，这个化合物中 Cl 和 H 的形式电荷都是 0。

氧化数和形式电荷都不能准确地描述原子上的实际电荷，因为氧化数夸大了电负性的作用，而形式电荷则忽略了它。共价键中的电子应该根据成键原子的相对电负性来分配，这似乎是合理的。图 8.8 显示 Cl 的电负性为 3.0，而 H 的电负性值为 2.1。

因此，电负性越强的 Cl 原子可能会有大约 3.0/（3.0＋2.1）＝0.59 的成键对电荷，而 H 原子会有 2.1/（3.0＋2.1）＝0.41 的电荷。因为这个键由两个电子组成，Cl 原子的份额是 0.59 × 2e ＝ 1.18e，比中性 Cl 原子多 0.18e。这导致 Cl 上的部分负电荷为 0.18−，因此 H 上的部分正电荷为 0.18+（再次注意，我们在写氧化数和形式电荷的量之前加上正负号，而在写实际电荷的量之后加上正负号）。

HCl 的偶极矩给出了每个原子上部分电荷的实验测量值。在实例解析 8.5 中，我们看到 HCl 的偶极矩对应于 H 的部分电荷为 0.178+，Cl 的部分电荷为 0.178−，这与我们基于电负性的简单近似非常吻合。虽然近似方法为原子上电荷的大小提供了一个大致的数字，但电负性与电荷分离之间的关系通常更为复杂。正如我们已经看到的，应用量子力学原理的计算机程序已经被开发出来，以获得对原子，甚至是复杂分子上的部分电荷更精确的估计。图 8.12c 显示了 HCl 中计算电荷分布的计算机图形化表示。

相关练习: 8.8, 8.49–8.52, 8.86, 8.87, 8.90, 8.91

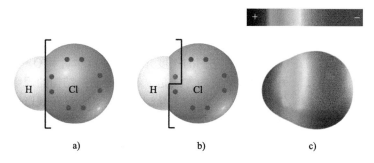

▲ 图 8.12　a）氧化数，b）形式电荷，与 c）HCl 分子的电子密度分布

8.6 | 共振结构

我们有时会遇到这样的分子和离子，它们由实验确定的原子排列不能被单一的主导路易斯结构充分描述。如臭氧 O_3，是一个弯曲的分子，有两个等长的 O — O 键（见图 8.13）。因为每个 O 原子

▼ 图例解析

这个结构的什么特征表明两个外层的 O 原子在某种程度上是相等的？

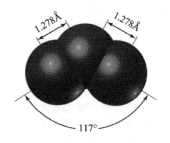

▲ 图 8.13　臭氧的分子结构.

▼ 图例解析

电子密度是否与 O_3 的两种共振结构的等同贡献相一致？并解释。

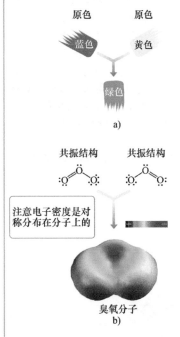

原色　　原色
蓝色　　黄色
绿色
a)

共振结构　　共振结构

注意电子密度是对称分布在分子上的

臭氧分子
b)

▲ 图 8.14　共振　将分子描述为不同共振结构的混合物，类似于将油漆颜色描述为原色的混合物。a）绿色油漆是蓝色和黄色的混合物。我们不能把绿色描述成单一的原色。b）臭氧分子是两种共振结构的混合物。我们不能用单一的路易斯结构来描述臭氧分子

贡献 6 个价电子，所以 O_3 分子有 18 个价电子。这意味着路易斯结构必须有一个 O—O 单键和一个 O＝O 双键才能达到每个原子的八隅体：

然而，这个单一的结构本身不可能占主导地位，因为它要求一个 O—O 单键与另一个 O＝O 双键不同，这与所观察到的结构相反——我们预计 O＝O 双键比 O—O 单键短。然而，在绘制路易斯结构时，我们也可以把 O＝O 双键放在左边：

这些路易斯结构中的任何一个都没有理由占主导地位，因为它们都是分子的有效表征。在这两种完全等价的路易斯结构中原子的位置是相同的，但电子的位置不同，我们称这种路易斯结构为**共振结构**。为了正确地描述臭氧的结构，我们把共振结构都写下来，并用双头箭头表示真实的分子是由这两种结构的平均值来描述的：

为了理解为什么某些分子有不止一个共振结构，我们可以用混合颜料来进行类比（见图 8.14）。蓝色和黄色都是基础颜料的颜色。蓝色和黄色颜料的等量混合产生了绿色颜料。我们不能用单一的原色来描述绿色颜料，但它仍然有自己的特性。绿色颜料不会在它的两种原色之间摇摆；它不是一时蓝色一时黄色。同样地，臭氧这样的分子也不能像在先前描述的两个单独的路易斯结构之间摇摆——这两个等价主要路易斯结构，它们对臭氧分子实际结构有同等贡献。

像 O_3 这样的分子中电子的实际排列必须被认为是两种（或更多）路易斯结构的混合物。通过与绿色油漆的类比，分子有自己的特性，独立于单个共振结构。例如，O_3 分子总是有两个等价的 O—O 键，它们的长度介于 O—O 单键和 O＝O 双键的长度之间。另一种看待它的方式是，绘制路易斯结构的规则不允许我们对臭氧分子有一个单一的主导结构。例如，没有规则来绘制半键，我们可以通过画出两个等价的路易斯结构来绕过这个限制，当它们取平均值时，结果与实验测得的结果非常相似。

▲ 想一想

O_3 中的 O—O 键可能被描述成"一个半键"。这意味着 O_3 中的键比 O_2 分子中的键长还是短？

作为共振结构的另一个例子，考虑硝酸盐离子 NO_3^-，它有三个等价的路易斯结构：

$$\left[\begin{array}{c} :\ddot{O}: \\ \cdot\cdot N \cdot\cdot \\ :\ddot{O}\quad\ddot{O}: \end{array} \right]^{-} \longleftrightarrow \left[\begin{array}{c} :\ddot{O}: \\ \cdot\cdot N \cdot\cdot \\ \ddot{O}\quad:\ddot{O}: \end{array} \right] \longleftrightarrow \left[\begin{array}{c} :\ddot{O}: \\ \cdot\cdot N \cdot\cdot \\ :\ddot{O}\quad\ddot{O}: \end{array} \right]^{-}$$

注意，每个结构中原子的排列是相同的，只是电子的位置不同。在写共振结构时，相同的原子必须在所有结构中相互成键，所以唯一的区别在于电子的排列。所有三种 NO_3^- 路易斯结构都同样占主导地位，合在一起可以充分描述离子，其中三种 N—O 键的长度相同。

▲ **想一想**

预测 NO_3^- 中的 N—O 键比 NO^+ 中的 N—O 键更强还是更弱。

对于某些分子或离子，所有可能的路易斯结构可能并不相同。换句话说，一个或多个共振结构比其他结构更具优势。我们将在继续学习的过程中遇到这样的例子。

苯的共振结构

共振是描述有机分子特别是芳香族有机分子间键合的一个重要概念。其中的芳香族有机分子是指包括碳氢化合物苯 C_6H_6 在内的一类物质，6 个 C 原子成六角形，每个 C 原子键合 1 个 H 原子。我们可以写出苯的两个等价的路易斯结构，每个都满足八隅体规则。这两个结构是共振的：

注意双键在两个结构中的位置不同。每个共振结构都有三个 C—C 单键和三个 C=C 双键。然而，实验数据表明，所有 6 个碳碳键的长度均为 1.40Å，介于 C—C 单键（1.54Å）和 C=C 双键（1.34Å）的典型键长之间。苯中的每个碳碳键都可以看作是单键和双键的混合物（见图 8.15）。

苯通常通过省略氢原子或只显示顶点未标记的碳碳框架来表示。在这个规则中，分子中的反应要么由两个由双头箭头分开的结构表示，要么由一个简写符号表示，在这个简写符号中我们画了一个内圆的六边形：

简写法提醒我们苯是两种共振结构的混合物——它强调 C=C 双键不能被分配到六边形的特定边。化学家们可选择性地使用苯的两种表示形式。

苯的成键结构使分子具有特殊的稳定性。因此，数以百万计的有机化合物含有苯的六元环的特征。

▼ **图例解析**

在这个球棍模型中虚线键的意义是什么？

▲ 图 8.15 苯，一种"芳香"有机化合物 苯分子是一个每个碳原子上有一个氢原子的正六边形的分子。虚线表示两个等效共振结构的混合，生成介于单键和双键之间的碳碳键

其中许多化合物在生物化学、制药和现代材料的生产中都很重要。

想一想

苯的每个路易斯结构都有 3 个 C＝C 双键。另一种含有 3 个 C＝双键的碳氢化合物是*己三烯*，C_6H_8。己三烯的路易斯结构是

$$\underset{H}{\overset{H}{\underset{|}{C}}}=\underset{H}{\overset{H}{\underset{|}{C}}}-\underset{H}{\overset{H}{\underset{|}{C}}}=\underset{}{\overset{H}{\underset{|}{C}}}-\underset{H}{\overset{H}{\underset{|}{C}}}=\underset{H}{\overset{H}{\underset{|}{C}}}$$

实验表明，己三烯中有三个 C—C 键比另外两个键短。这些数据是否表明己三烯具有共振结构？

实例解析 8.10

共振结构

SO_3 或 SO_3^{2-}，推测哪一个的 S—O 键更短？

解析

硫原子有 6 个价电子，O 也如此。因此，SO_3 包含 24 个价电子。在写路易斯结构时，可以绘制出三个等价的共振结构：

SO_3 的 S—O 键应该较短，而 SO_3^{2-} 的 S—O 键应该较长。这一结论是正确的：实验测量的 SO_3 分子中 S—O 键的键长为 1.42Å，SO_3^{2-} 中的键长为 1.51Å。

和 NO_3^- 一样，SO_3 的实际结构是这三种物质所占比例相同的混合体。因此，每个 S—O 键的长度应该是单键和双键之间，也就是说，S—O 键应该比单键短，比双键长。

SO_3^{2-} 有 26 个电子，它导致主要的路易斯结构中所有的 S—O 键都是单键：

迄今为止，路易斯结构的分析使我们得出结论：

▶ **实践练习 1**

这些关于共振的陈述，哪一个是正确的？

（a）当你绘制共振结构时，可以改变原子连接的方式；

（b）硝酸根离子有一个长 N—O 键和两个短 N—O 键；

（c）"共振"是指分子在不同的成键模式之间快速共振；

（d）氰离子只有一个主共振结构；

（e）以上均正确。

▶ **实践练习 2**

绘制甲酸盐离子 HCO_2^- 的两个等效共振结构。

8.7 | 八隅体规则的例外

八隅体规则在介绍成键的基本概念时非常简单和实用，以至于你可能认为它总是被遵守的。然而，在 8.2 节中，我们注意到它在处理过渡金属离子化合物方面的局限性。这条规则在许多共价键存在的情况下也会失效。这些八隅体规则的例外主要有三种类型：

1. 含有奇数个电子的分子和多原子离子

2. 原子价电子低于 8 个的分子和多原子离子

3. 原子价电子超过 8 个的分子和多原子离子

奇数电子

在绝大多数分子和多原子离子中，价电子的总数是偶数，电子会完全配对。然而，在一些分子和多原子离子中，如 ClO_2、NO、NO_2 和 O_2^-，价电子的总数是奇数。这些电子不可能完全配对，每个原子周围也不可能有一个八隅体。例如，NO 包含 5 + 6 = 11 个价电子。这个分子最重要的两个路易斯结构是：

$$\overset{..}{N}\!\!=\!\!\overset{..}{\underset{..}{O}} \quad 和 \quad \overset{.}{N}\!\!=\!\!\overset{..}{\underset{..}{O}}$$

> ⚠️ **想一想**
>
> 根据形式电荷的分析，NO 中哪个路易斯结构占主导地位？

少于 8 个价电子

第二种例外发生在分子或多原子离子中，一个原子周围的价电子数少于 8 时。这种情况也比较少见（除了已经讨论过的氢和氦之外），而在硼和铍的化合物中最常见。举个例子，考虑三氟化硼，BF_3。如果我们遵循绘制路易斯结构的步骤的第一步，得到了 B 原子周围只有 6 个电子的结构。

B 和 F 上的形式电荷都是零，我们可以通过形成一个双键来完成 B 周围的八隅体（回想一下，如果没有足够的电子给中心原子形成一个八隅体，多键可能解决这个问题）。这样做，就能看到有三个等效共振结构（形式电荷用红色表示）：

每一种结构都迫使 F 原子与 B 原子共用额外的电子，这与 F 的高电负性是不一致的。事实上，形式电荷告诉我们这是一个不利的情况。在每个结构中，参与 B＝F 双键的 F 原子的形式电荷为 +1，而电负性较弱的 B 原子的形式电荷为 -1。因此，含有 B＝F 双键的共振结构不如 B 周围价电子少于八隅体的共振结构重要：

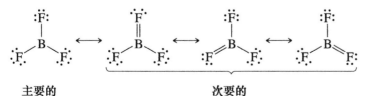

主要的　　　　　　　　　**次要的**

我们通常只用主共振结构来表示 BF_3，其中 B 周围只有 6 个价电子。BF_3 的化学行为与这种表述是一致的。特别地，BF_3 很愿意与具有未共用电子对的分子发生反应，这些电子对可以用来与 B 形成键，例如，在反应中

在稳定化合物 NH_3BF_3 中，硼有 8 个价电子。

多于 8 个价电子

第三类也是最大的例外，由分子或多原子离子组成，其中原子的价层中有 8 个以上的电子。例如，当我们绘制出 PF_5 的路易斯结构时，被迫在中心磷原子的周围放置 10 个电子：

中心原子周围有超过八隅体电子的分子和离子常被称为*超价分子*。其他超价分子的例子有 SF_4、AsF_6^- 和 ICl_4^-。以第二周期原子为中心原子的相应分子，如 NCl_5 和 OF_4，不存在此种情况。

在元素周期表中，只有第三及以下周期的中心原子才会形成超价分子。它们形成的主要原因是中心原子相对较大。例如，一个 P 原子足够大，5 个 F（甚至 5 个 Cl）原子可以在不太拥挤的情况下与它成键。相反，一个 N 原子太小，容纳不了 5 个原子。由于大小是一个因素，所以当中心原子与最小的、电负性最强的原子（F、Cl 和 O）结合时，超价分子最常出现。

价层可以包含 8 个以上电子的概念，也与第三及以下周期原子中未填充的 nd 轨道的存在相一致（见 6.8 节）。相比之下，在第二周期的元素中，只有 $2s$ 和 $2p$ 轨道可以成键。然而，对 PF_5 和 SF_6 等分子成键的理论研究表明，P 和 S 中未填充的 $3d$ 轨道的存在对超价分子的形成影响相对较小。现今大多数化学家认为，从第三到第六周期原子的较大尺寸比未填充的 d 轨道的存在能更好地解释超原子价。

实例解析 8.11
具有超过 8 个电子的离子的路易斯结构

绘制出 ICl_4^- 的路易斯结构

解析

I（7A 族）有 7 个价电子。每个 Cl 原子（7A 族）也有 7 个价电子。一个额外的电子被加入到 1- 电荷的离子中。因此，价电子的总数是 $7+4×7+1=36$。

I 原子是离子的中心原子。在每个 Cl 原子周围放置 8 个电子（包括每个 Cl 和 I 之间用来表示单键）的一对电子，需要 $8 × 4 = 32$ 个电子。

这样，我们就剩下 $36 - 32 = 4$ 个电子放在较大的 I 上：

I 周围有 12 个价电子，比一个八隅体多 4 个价电子。

▶ **实践练习 1**

在这些分子或离子中，哪一个的中心 S 原子上只有一对孤对电子？

（a）SF_4（b）SF_6（c）SOF_4（d）SF_2（e）SO_4^{2-}

▶ **实践练习 2**

（a）下面哪个原子的价电子数永远不会超过八隅体？S、C、P、Br、I。

（b）画出 XeF_2 的路易斯结构。

最后，在路易斯结构中你可能必须在满足八隅体规则和通过使用超过八隅体的电子获得最有利的形式电荷之间做出选择。例如，考虑磷酸根离子，PO_4^{3-}，的路易斯结构：

$$\left[\begin{array}{c} :\overset{-1}{\ddot{O}}: \\ | \\ :\overset{-1}{\ddot{O}} - \overset{+1}{P} - \overset{-1}{\ddot{O}}: \\ | \\ :\underset{-1}{\ddot{O}}: \end{array} \right]^{3-} \qquad \left[\begin{array}{c} :\overset{-1}{\ddot{O}}: \\ | \\ \overset{0}{\ddot{O}} = \overset{0}{P} - \overset{-1}{\ddot{O}}: \\ | \\ :\underset{-1}{\ddot{O}}: \end{array} \right]^{3-}$$

原子上的形式电荷用红色表示。在左侧的结构中，P 原子遵循八隅体规则。然而，在右侧的结构中，P 原子有 5 对电子，导致原子上的形式电荷更小（你应该能看到右边的路易斯结构有三个额外的共振结构）。

化学家们仍在争论这两种结构中哪一种是 PO_4^{3-} 的主导结构。最近基于量子力学的理论计算表明，左侧的结构是主导结构。其他研究人员声称，离子的键长与占据主导地位的右侧结构更为一致。这种分歧提醒我们，一般来说，多个路易斯结构可以对原子或分子中的实际电子分布做出贡献。

8.8 | 共价键的强度和长度

分子的稳定性与共价键的强度有关。在第 5 章中，我们可以测量许多单键的平均键焓（见表 5.4）。表 5.4 在这里重复为表 8.3。如你所料，表 8.3 显示了多重键通常比单键更强。

表 8.3　平均键焓 / (kJ/mol)

单键

C—H	413	N—H	391	O—H	463	F—F	155
C—C	348	N—N	163	O—O	146		
C—N	293	N—O	201	O—F	190	Cl—F	253
C—O	358	N—F	272	O—Cl	203	Cl—Cl	242
C—F	485	N—Cl	200	O—I	234		
C—Cl	328	N—Br	243			Br—F	237
C—Br	276			S—H	339	Br—Cl	218
C—I	240	H—H	436	S—F	327	Br—Br	193
C—S	259	H—F	567	S—Cl	253		
		H—Cl	431	S—Br	218	I—Cl	208
Si—H	323	H—Br	366	S—S	266	I—Br	175
Si—Si	226	H—I	299			I—I	151
Si—C	301						
Si—O	368						
Si—Cl	464						

多重键

C＝C	614	N＝N	418	O＝O	495
C≡C	839	N≡N	941		
C＝N	615	N＝O	607	S＝O	523
C≡N	891			S＝S	418
C＝O	799				
C≡O	1072				

正如我们可以定义一个平均键焓一样，也可以定义一些普通键的平均键长（见表 8.4）。使我们特别感兴趣的是在任何原子对中键焓、键长和原子间键数量之间的关系。例如，我们可以使用表 8.3和表 8.4 中的数据来比较碳碳单键、双键和三键的键长和键焓：

C — C	C = C	C ≡ C
1.54 Å	1.34 Å	1.20 Å
348 kJ/mol	614 kJ/mol	839 kJ/mol

表 8.4 一些单键、双键和三键的平均键长

成键	键长 /Å	成键	键长 /Å
C — C	1.54	N — N	1.47
C = C	1.34	N = N	1.24
C ≡ C	1.20	N ≡ N	1.10
C — N	1.43	N — O	1.36
C = N	1.38	N = O	1.22
C ≡ N	1.16		
		O — O	1.48
C — O	1.43	O = O	1.21
C = O	1.23		
C ≡ O	1.13		

随着碳原子间键数的增加，键长减小，键焓相应增大。也就是说，碳原子被越来越紧密地结合在一起。一般来说，*随着两个原子间键数的增加，键会变得更短更强*。图 8.16 显示了 N — N 单键、N = N 双键和 N ≡ N 三键的这一趋势。

 图例解析　　预测具有共振形式的 N—N 键的键焓，此 N—N键包括等同的单键和双键。

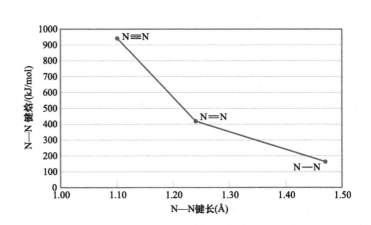

▲ 图 8.16　N—N 键的键强随键长的变化趋势

综合实例解析
概念综合

光气是第一次世界大战期间用于战争的一种毒气物质，之所以如此命名，是因为它最初是由阳光照射在一氧化碳和氯气混合物上制成的。它的名字来自希腊单词 phos（光）和 genes（出生）。光气的元素组成如下：12.14% C、16.17% O 和 71.69% Cl（质量百分数）。它的摩尔质量是 98.9 g/mol。（a）确定这种化合物的分子式；（b）画出满足每个原子八隅体规则的分子的三个路易斯结构（Cl 原子和 O 原子与 C 原子成键）；（c）利用形式电荷，确定哪一个路易斯结构占主导地位；（d）利用平均键焓，估算 CO（g）和 Cl_2（g）生成气态光气的 ΔH。

解析

（a）由光气的元素组成可以确定光气的经验公式（见 3.5 节）。假设化合物的质量为 100 g，计算该样品中 C、O 和 Cl 的物质的量，得到：

每一种元素的物质的量之比，由每一物质的量除以最小的量得到，表明在经验式 $COCl_2$ 中，每 2 个 Cl 有 1 个 C 和 1 个 O。经验式的摩尔质量是 12.01 + 16.00 + 2（35.45）= 98.91 g/mol，与分子的摩尔质量相同。因此，分子式是 $COCl_2$。

$$(12.14 \text{g C})\left(\frac{1\text{molC}}{12.01\text{g C}}\right) = 1.011\text{molC}$$

$$(16.17 \text{g O})\left(\frac{1\text{molO}}{16.00\text{g O}}\right) = 1.011\text{molO}$$

$$(71.69 \text{g Cl})\left(\frac{1\text{molCl}}{35.45\text{g Cl}}\right) = 2.022\text{molCl}$$

（b）碳有 4 个价电子，氧有 6 个价电子，氯有 7 个价电子，路易斯结构有 4 + 6 + 2（7）= 24 个电子。画一个所有单键的路易斯结构并不能给中心碳原子一个八隅体。使用多重键，我们发现三个结构满足八隅体规则：

（c）计算每个原子上的形式电荷，可得出：

第一个结构被认为是占主导地位的结构，因为它在每个原子上的形式电荷最低。实际上，分子通常由这个单一的路易斯结构表示。

（d）根据分子的路易斯结构，写出的化学方程式有：

因此，此反应涉及一个 C≡O 键、一个 Cl—Cl 键的断裂和一个 C=O 键、两个 Cl—Cl 键的形成。使用表 8.3 的键焓，我们有：

注意这个反应是放热的。然而，反应最初需要来自阳光或其他来源的能量，就像 H_2（g）和 O_2（g）燃烧形成 H_2O（g）的情况一样。

$$\Delta H = [D(\text{C≡O}) + D(\text{Cl—Cl})] - [D(\text{C=O}) + 2D(\text{Cl—Cl})]$$
$$= [1072\text{kJ} + 242\text{kJ}] - [799\text{kJ} + 2(328\text{kJ})] = -141\text{kJ}$$

本章小结和关键术语

路易斯符号和八隅体规则（见8.1节）

在本章中，重点讨论了导致**化学键**形成的相互作用。我们把这些键分为三大类：**离子键**，是由存在于具有相反电荷的离子之间的静电引力而形成的；**共价键**，是由两个原子共用原子间电子对而形成的；**金属键**，是由于金属中电子的离域共享而形成的。这些键的形成涉及到原子最外层电子的相互作用，即价电子。原子的价电子可以用电子点符号表示，称为路易斯符号。原子获得、失去或共用价电子的倾向通常遵循**八隅体规则**，即分子或离子中的原子（通常）有8个价电子。

离子键（见8.2节）

离子键是电子从一个原子转移到另一个原子，从而形成三维带电粒子晶格的结果。离子化合物的稳定性是由于离子与周围带相反电荷的离子之间的强静电吸引所致。这些相互作用的大小是由**晶格能**测量的，晶格能是将离子晶格分离成气态离子所需的能量。晶格能随离子电荷的增加和离子间距离的减小而增大。**玻恩 - 哈伯循环**是一种有用的热化学循环，我们利用盖斯定律计算的晶格能是离子化合物形成的几个步骤的能量和。

共价键（见8.3节）

共价键是由于原子间价电子的共享而形成的。我们可以用**路易斯结构**来表示分子中的电子分布，路易斯结构表示有多少价电子参与成键，又有多少保留为**非成键电子对**（或**孤电子对**）。八隅体规则有助于确定两个原子之间会形成多少个键。一对电子的共用产生一个**单键**；两个原子之间共用两对或三对电子，分别产生**双键**或**三键**。双键和三键是原子间多重键的例子。键长随着原子间键数的增加而减小。

键极性和电负性（见8.4节）

在共价键中，电子不一定在两个原子间平分。**键的极性**有助于描述键中电子的不均等共享。在**非极性共价键**中，键中的电子由两个原子平均共享；在**极性共价键**中，一个原子对电子的吸引力大于另一个原子。

电负性是衡量一个原子与其他原子竞争电子能力的一种数值表示方法。F是电负性最强的元素，这意味着它具有从其他原子吸引电子的最大能力。电负性值从Cs的0.7到F的4.0不等。

在元素周期表的同一行中，电负性通常从左到右递增，而沿着同一列从上到下递减。成键原子电负性的差异可以用来确定键的极性。电负性差越大，键的极性越大。

极性分子的正电荷和负电荷中心不重合。因此，极性分子有正的一端和负的一端。电荷的分离产生**偶极**，偶极的大小由**偶极矩**给出，偶极矩用德拜（D）表示。偶极矩随着分离电荷量和分离距离的增加而增加。任何双原子分子X—Y中，X和Y的电负性不同的都是极性分子。

大多数键合作用位于共价键和离子键的两个极端之间。虽然一般来说，金属和非金属之间的键合主要是离子键，但当原子的电负性差异相对较小或金属的氧化态变大时，例外情况并不罕见。

绘制路易斯结构和共振结构（见8.5节和8.6节）

如果我们知道哪些原子彼此相连，就可以用一个简单的程序画出分子和离子的路易斯结构。一旦这样做了，就可以确定路易斯结构中每个原子的**形式电荷**。形式电荷即是如果所有原子都具有相同的电负性，那么这个原子所带的电荷。一般来说，占主导地位的路易斯结构具有较低的形式电荷，任何负的形式电荷都保留在电负性较强的原子上。

有时单一的主要路易斯结构不足以代表特定的分子（或离子）。在这种情况下，我们通过对分子使用两个或多个**共振结构**来进行描述。分子被设想为这些多重共振结构的混合物。共振结构在描述臭氧O_3和有机分子苯C_6H_6的成键过程中起着重要作用。

八隅体规则的例外（见8.7节）

八隅体规则并非在所有情况下都被遵守。异常情况有：（a）一个分子有奇数电子，（b）原子周围若无不利电子分布时，电子是不可能完成"八隅体"时，（c）较大原子周围有较多电负性很高的小原子时，它拥有超过八隅体的电子。在元素周期表第三及以下周期的原子中，可以观察到电子数超过八隅体的路易斯结构。

共价键的强度和长度（见8.8节）

许多常见共价键的平均强度和长度可以测量。多键的平均键焓一般大于单键。两个原子间的平均键长随着原子间键数的增加而减小，这与键数的增加使键更强是一致的。

学习结果　学习本章后，应该掌握：

- 写出原子和离子的路易斯符号（见8.1节）
  相关练习：8.13, 8.14, 8.19, 8.20
- 定义晶格能，并能够根据所涉及离子的电荷和大小，按增加晶格能的顺序排列化合物（见8.2节）
  相关练习：8.21~8.24
- 使用原子电子构型和八隅体规则来绘制分子的路易斯结构（见8.3节）
  相关练习：8.35, 8.36, 8.47, 8.48
- 利用电负性差异来识别非极性共价键、极性共价键和离子键（见8.4节）
  相关练习：8.37~8.40
- 根据实验测量的偶极矩和键长计算双原子分子中的电荷分离（见8.4节）

- *相关练习：8.43, 8.44*
- 从路易斯结构中计算形式电荷，并使用这些形式电荷来识别分子或离子的主导路易斯结构（见8.5节）
  相关练习：8.49~8.52
- 识别共振结构来描述成键的分子，并绘制主共振结构（见8.6节）
  相关练习：8.53~8.56
- 识别八隅体规则的例外，即使不遵守八隅体规则，也要画出准确的路易斯结构（见8.7节）
  相关练习：8.63, 8.64
- 预测键型（单键、双键、三键）、键强（或焓）和键长之间的关系（见8.8节）
  相关练习：8.71~8.74

主要公式 / 方程

- $E_{el} = \dfrac{kQ_1Q_2}{d}$　　　　　（8.4）

  两个相互作用电荷的势能

- $\mu = Qr$　　　　　　　（8.10）

  两个大小相等但符号相反的电荷的偶极矩，相距 r

- 形式电荷 = 价电子 $- \dfrac{1}{2}$（成键电子数）$-$

  非键电子数　　　　　　（8.11）

  形式电荷的定义

本章练习

图例解析

8.1　对于每一个路易斯符号，指出元素 X 在元素周期表中所属的族：（见8.1节）

（a）$\cdot\ddot{X}\colon$　　　（b）$\cdot X\cdot$　　　（c）$\colon\ddot{X}\colon$

8.2　图示为四种离子——A、B、X 和 Y——显示了它们的相对离子半径。红色所示的离子带正电荷：A 带 2+ 电荷和 B 带 1+ 电荷。蓝色所示的离子带负电荷：X 带 1- 和 Y 带 2- 电荷。（a）这些离子的哪些组合可产生阳离子和阴离子比率为 1:1 的化合物？（b）在（a）部分的组合中，哪一种离子化合物的晶格能最大？（见8.2节）

8.3　这里显示了 NaCl(s) 二维"平面"的一部分（见图8.2），其中给各离子编了号。（a）哪些颜色的球一定代表钠离子？（b）哪些颜色的球一定代表氯离子？（c）考虑 5 号离子，它受到多少吸引力？（d）考虑 5 号离子，它受到多少排斥力？（e）第（c）部分的吸引力之和是否大于或小于第（d）部分的排斥力之和？（f）如果这种离子模式在二维中无限延伸，晶格能是正的还是负的？（见8.2节）

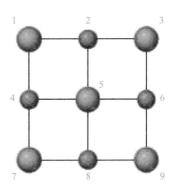

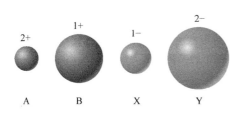

8.4　下面的轨道图显示了一个元素的 2+ 离子的价电子。（a）该元素是什么？（b）这种原子的电子排布是怎样的？（见 8.2 节）

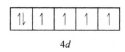

8.5　下方显示的路易斯结构中，A、D、E、Q、X 和 Z 表示元素周期表前两行的元素。确定所有 6 种元素，使所有原子的形式电荷为零。（见 8.3 节）

$$\begin{array}{c} :E: \quad X \\ \| \quad | \\ :A\!-\!D\!-\!Q\!-\!Z \end{array}$$

8.6　这里显示了亚硝酸分子 HNO_2 和亚硝酸离子，NO_2^-，的不完全路易斯结构。（a）根据需要添加电子对来完成每个路易斯结构；（b）这两种物质中 N 的形式电荷是相同的还是不同的？（c）预期 HNO_2 或 NO_2^- 会出现共振结构吗？（d）你认为 HNO_2 中的氮氧键 N＝O 会比 NO_2^- 中的 N—O 键更长、更短、还是一样长？（见 8.5 节及 8.6 节）

$$H\!-\!O\!-\!N\!=\!O \qquad O\!-\!N\!=\!O$$

8.7　下面是碳氢化合物分子的部分路易斯结构。在完整的路易斯结构中，每个碳原子都满足八隅体规则，分子中不存在未共用的电子对。碳碳键分别被标记为 1、2 和 3。（a）分子中有多少个氢原子？（b）按键长增加的顺序排列碳碳键。（c）哪个碳碳键最强？（见 8.3 节和 8.8 节）

$$C\!\equiv\!C\overset{2}{-}C\overset{3}{=}C$$

8.8　考虑下方显示的多原子氧阴离子的路易斯结构，其中 X 是来自第三周期（Na~Ar）的元素。通过改变总电荷 n 从 1~~3−，我们得到了三个不同的多原子离子。对于每个离子（a）确定中心原子 X；（b）确定中心原子 X 的形式电荷；（c）画一个路易斯结构，使中心原子上的形式电荷为零。（见 8.5~8.7 节）

$$\left[\begin{array}{c} :\!O\!: \\ | \\ :\!O\!-\!X\!-\!O\!: \\ | \\ :\!O\!: \end{array}\right]^{n-}$$

路易斯符号（见 8.1 节）

8.9　（a）判断对错：一个元素的价电子数与其原子序数相同；（b）一个 N 原子有多少价电子？（c）原子的电子排布为 $1s^2 2s^2 2p^6 3s^2 3p^2$，原子有几个价电子？

8.10　（a）判断对错：当 H 原子有八隅体构型时，它是最稳定的；（b）一个 S 原子要获得多少电子才能达到价层的八隅体？（c）如果一个原子具有 $1s^2 2s^2 2p^3$ 的电子排布，它必须获得多少电子才能达到一个八隅体？

8.11　研究硅元素，Si。（a）写出它的电子排布式；（b）一个硅原子有多少价电子？（c）哪个亚层含有价电子？

8.12　（a）写出钛 Ti 的电子排布。这个原子有多少价电子？（b）铪 Hf 也处于 4B 族，写出 Hf 的电子排布；（c）Ti 和 Hf 的行为就好像他们拥有相同数量的价电子。在 Hf 的电子构型中，哪个亚层表现为价电子轨道？哪些轨道是核心轨道？

8.13　写出下列各元素原子的路易斯符号：（a）Al（b）Br（c）Ar（d）Sr

8.14　下列每个原子或离子的路易斯符号是什么？

（a）K（b）As（c）Sn^{2+}（d）N^{3-}

离子键（见 8.2 节）

8.15　（a）利用路易斯符号，画出 Mg 和 O 原子反应得到离子化合物 MgO 的过程；（b）有多少电子被转移？（c）哪个原子在反应中失去电子？

8.16　（a）用路易斯符号来表示 Ca 和 F 原子之间的反应。（b）产物最有可能的化学式是什么？（c）有多少电子被转移？（d）哪个原子在反应中失去电子？

8.17　预测下列元素对之间形成离子化合物的化学式：（a）Al 和 F（b）K 和 S（c）Y 和 O（d）Mg 和 N

8.18　哪一种离子化合物是由下列元素对结合而成的？（a）Ba 和 F（b）Cs 和 Cl（c）Li 和 N（d）Al 和 O

8.19　写出下列每种离子的电子构型，并确定哪些离子具有稀有气体的构型：（a）Sr^{2+}（b）Ti^{2+}（c）Se^{2-}（d）Ni^{2+}（e）Br^-（f）Mn^{3+}

8.20　写出下列离子的电子构型，并确定哪些具有稀有气体的构型：

（a）Cd^{2+}（b）P^{3-}（c）Zr^{4+}（d）Ru^{3+}（e）As^{3-}（f）Ag^+

8.21　（a）晶格能通常是吸热的还是放热的？（b）写出 NaCl 晶格能过程的化学方程。（c）像 NaCl 这样有单电荷离子的盐与像 CaO 这样有双电荷离子的盐，哪个的晶格能更大？

8.22 NaCl 和 KF 具有相同的晶体结构。两者之间唯一的区别是阳离子和阴离子之间的距离。(a) NaCl 和 KF 的晶格能见表 8.1。根据晶格能，你认为 Na—Cl 和 K—F 的距离哪个会更长？(b) 利用图 7.8 所示的离子半径估计 Na—Cl 和 K—F 的距离。

8.23 NaF 和 CaO 是等电子物质（价电子数相同）。(a) 每种化合物中阳离子的电荷是多少？(b) 每种化合物中阴离子的电荷是多少？(c) 不查晶格能，哪一种化合物的晶格能更大？(d) 利用表 8.1 中的晶格能，预测 ScN 的晶格能。

8.24 (a) 以下两种情况，离子晶体的晶格能是增加还是减少？(i) 随着离子电荷的增加 (ii) 随着离子尺寸的增大 (b) 将表 8.1 中未列出的物质按晶格能从最低到最高排列：MgS、KI、GaN、LiBr。

8.25 研究离子化合物 KF、NaCl、NaBr 和 LiCl。(a) 使用离子半径（见图 7.8）估计每种化合物的阳离子 - 阴离子距离；(b) 根据对 (a) 部分的回答，将这四种化合物按晶格能递减的顺序排列；(c) 用表 8.1 中晶格能的实验值检验 (b) 部分的预测，离子半径的预测正确吗？

8.26 下列哪一种晶格能趋势是由离子半径的不同引起的？(a) NaCl > RbBr > CsBr，(b) BaO > KF，(c) SrO > SrCl$_2$。

8.27 从 Ca 中移除两个电子形成 Ca^{2+} 需要能量，且向 O 中添加两个电子形成 O^{2-} 也需要能量。但相对于自由元素，CaO 是稳定的。下列哪个陈述是最好的解释？(a) CaO 的晶格能大到足以克服这些过程；(b) CaO 是共价化合物，这些过程无关紧要；(c) CaO 的摩尔质量高于 Ca 或 O；(d) CaO 的生成焓很小；(e) CaO 对大气条件稳定。

8.28 列出由元素开始制备 BaI$_2$ 的波恩 - 哈伯循环的各个步骤。你认为哪个步骤是放热的？

8.29 利用附录 C、图 7.10 和图 7.12 中的数据计算 RbCl 的晶格能。

8.30 (a) 根据表 8.1 给出的 MgCl$_2$ 和 SrCl$_2$ 的晶格能，你认为 CaCl$_2$ 的晶格能的取值范围是多少？(b) 利用附录 C 中的数据、图 7.11、图 7.13 以及 Ca 的第二电离能值 1145kJ/mol，计算出 CaCl$_2$ 的晶格能。

共价键、电负性和键极性（见 8.3 节和 8.4 节）

8.31 (a) 说明每种物质中的成键是否可能是共价的：(i) 铁 (ii) 氯化钠 (iii) 水 (iv) 氧气 (v) 氩；(b) 一种物质 XY，由两种不同的元素组成，在 -33℃沸腾。XY 可能是共价化合物还是离子化合物？

8.32 这些元素中，哪些不可能形成离子键？S、H、K、Ar、Si。

8.33 利用路易斯符号和路易斯结构，画出由 Si 和 Cl 原子形成 SiCl$_4$ 的过程，画出价电子。(a) Si 最初有几个价电子？(b) Cl 最初有几个价电子？(c) SiCl$_4$ 分子中 Si 周围有几个价电子？(d) SiCl$_4$ 分子中每个 Cl 周围有几个价电子？(e) SiCl$_4$ 分子中有多少成键电子对？

8.34 利用路易斯符号和路易斯结构，画出由 P 原子和 F 原子组成 PF$_3$ 的过程，画出价电子。(a) P 最初有几个价电子？(b) F 最初有几个价电子？(c) PF$_3$ 分子中 P 周围有几个价电子？(d) PF$_3$ 分子中每个 F 周围有几个价电子？(e) PF$_3$ 分子中有多少成键电子对？

8.35 (a) 为 O$_2$ 构造一个路易斯结构，其中每个原子达到一个八隅电子；(b) 结构中有多少成键电子？(c) 你认为 O$_2$ 中的 O—O 键会比含有 O—O 单键的化合物中的 O—O 键短还是长？解释一下。

8.36 (a) 为过氧化氢（H$_2$O$_2$）构造一个路易斯结构，其中每个原子都有一个八隅体电子；(b) 两个氧原子之间有多少成键电子？(c) 你认为 H$_2$O$_2$ 中的 O—O 键会比 O$_2$ 中的 O—O 键长还是短？解释之。

8.37 下面关于电负性的陈述哪项是错误的？(a) 电负性是指分子中原子吸引电子的能力；(b) 电负性等于电子亲和能；(c) 电负性数值没有单位；(d) 氟是电负性最大的元素；(e) 铯是电负性最小的元素。

8.38 (a) 元素周期表中从左到右的电负性变化趋势是什么？(b) 电负性值在元素周期表的一列上是如何变化的？(c) 判断对错：最易电离的元素电负性大。

8.39 仅以元素周期表为参考，在下列每一组中选出电负性最大的原子：(a) Na、Mg、K、Ca；(b) P、S、As、Se；(c) Be、B、C、Si；(d) Zn、Ge、Ga、As。

8.40 仅以元素周期表为参考，选择 (a) 6A 族中电负性最大的元素；(b) Al、Si 和 P 组中电负性最小的元素；(c) Ga、P、Cl 和 Na 组中电负性最大的元素；(d) K、C、Zn、F 组中最有可能与 Ba 形成离子化合物的元素。

8.41 下列哪个键是极性的？在每个极性键中哪个原子的电负性更大？(a) B—F (b) Cl—Cl (c) Se—O (d) H—I

8.42 按极性递增顺序排列下列各组中的键：(a) C—F、O—F、Be—F；(b) O—Cl、S—Br、C—P；(c) C—S、B—F、N—O。

8.43 (a) 根据表 8.2 中的数据，以电子电荷 e 为单位，计算 HBr 分子中 H 原子和 Br 原子上的有效核电荷。(b) 如果把 HBr 置于高压下，以至于它的键长显著地降低，那么在假设原子上有效核电荷不变的前提下，它的偶极矩会增加、降低还是保持不变？

8.44 溴化碘分子 IBr 的键长为 2.49Å，偶极矩为 1.21D。（a）分子中哪个原子应该带负电荷？（b）计算 IBr 中 I 原子和 Br 原子的有效核电荷，单位以电子电荷 e 计。

8.45 在下列二元化合物中，判断哪一种是分子化合物，哪一种是离子化合物。使用适当的命名原则（对于离子或分子化合物）为每种化合物命名：（a）SiF_4 和 LaF_3（b）$FeCl_2$ 和 $ReCl_6$（c）$PbCl_4$ 和 RbCl

8.46 在下列二元化合物中，判断哪一种是分子化合物，哪一种是离子化合物。使用适当的命名原则（对于离子或分子化合物）为每种化合物命名：（a）$TiCl_4$ 和 CaF_2（b）ClF_3 和 VF_3（c）$SbCl_5$ 和 AlF_3

路易斯结构；共振结构（见 8.5 节和 8.6 节）

8.47 画出下列物质的路易斯结构：（a）SiH_4（b）CO（c）SF_2（d）H_2SO_4（H 与 O 成键）（e）ClO_2^-（f）NH_2OH

8.48 画出下列物质的路易斯结构：（a）H_2CO（两个 H 原子均与 C 原子成键）（b）H_2O_2（c）C_2F_6（包含一个 C—C 键）（d）AsO_3^{3-}（e）H_2SO_3（H 与 O 成键）（f）NH_2Cl

8.49 关于形式电荷，下列哪个陈述是正确的？（a）形式电荷等于氧化值；（b）为了画出最好的路易斯结构，你应该使形式电荷最小化；（c）形式电荷考虑到分子中原子的不同电负性；（d）形式电荷对离子化合物最有用；（e）形式电荷用于计算双原子分子的偶极矩。

8.50 （a）画出三氟化磷分子，PF_3，的主导路易斯结构；（b）确定 P 原子和 F 原子的氧化数；（c）确定 P 原子和 F 原子的形式电荷。

8.51 为下列每个原子写出符合八隅体规则的路易斯结构，并为每个原子分配氧化数和形式电荷：（a）OCS（b）$SOCl_2$（S 是中心原子）（c）BrO_3^-（d）$HClO_2$（H 原子与 O 原子成键）

8.52 对于下列硫和氧的分子或离子，写出一个符合八隅体规则的路易斯结构，计算所有原子的氧化数和形式电荷：（a）SO_2（b）SO_3（c）SO_3^{2-}（d）对于下列硫和氧的分子或离子，请写出一个路易斯结构，按 S—O 键长的增加顺序排列这些分子或离子。

8.53 （a）画出亚硝酸盐离子 NO_2^- 的最佳路易斯结构；（b）它与氧的哪个同素异形体是等电子体？（c）相对于 N—O 单键和双键，你对 NO_2^- 中的键长有什么预测？

8.54 考虑甲酸盐离子 HCO_2^-，它是甲酸失去一个 H^+ 离子时形成的阴离子。H 和两个 O 原子与中心的 C 原子成键。（a）画出这个离子的最佳路易斯结构；（b）是否需要共振结构来描述此结构；（c）你能预测甲酸盐离子中的 C—O 键长相对于 CO_2 中的 C—O 键长是长还是短吗？

8.55 预测 CO、CO_2 和 CO_3^{2-} 中键长由短至长的顺序。

8.56 根据路易斯结构，预测 NO^+、NO_2^- 和 NO_3^- 中的 N—O 键键长从短到长的顺序。

8.57 判断对错：（a）对应于典型的单 C—C 键长度，苯中的 C—C 键都是相同的长度；（b）乙炔（HCCH）中的 C—C 键比苯中 C—C 键的平均长度长。

8.58 樟脑丸由萘，$C_{10}H_8$，组成，这是一个由沿边缘熔融的两个六元环组成的分子，如图所示为不完整的路易斯结构：

（a）画出萘的所有共振结构，有多少个？（b）分子中 C—C 键的长度与 C—C 单键、C═C 双键或 C—C 单键与 C═C 双键之间的中间键长度相似吗？（c）萘中并非所有的 C—C 键长度都相等。根据共振结构，你认为分子中有多少 C—C 键会比其他键短？

八隅体规则的例外（见 8.7 节）

8.59 （a）以下哪一种化合物是八隅体规则的例外：二氧化碳、水、氨、三氟化磷、还是五氟化砷？（b）以下哪一种化合物或离子是八隅体规则的例外：硼烷（BH_4）、硼嗪（$B_3N_3H_6$，类似于苯环上 B 和 N 交替的苯）或三氯化硼（BCl_3）？

8.60 在空格中填入电子和键的适当数字（考虑到单键被视为 1，双键被视为 2，三键被视为 3）。

（a）氟有_____个阶电子并且在化合物中形成_____个键。

（b）氧有_____个阶电子并且在化合物中形成_____个键。

（c）氮有_____个阶电子并且在化合物中形成_____个键。

（d）碳有_____个阶电子并且在化合物中形成_____个键。

8.61 画出这些氯氧分子或离子的主要路易斯结构：ClO、ClO^-、ClO_2^-、ClO_3^-、ClO_4^-。哪些不符合八隅体规则？

8.62 对于元素周期表第三行及以后的 3A-7A 族元素，通常不遵守八隅体规则。你的一个朋友说这是因为这些较重的元素更容易形成双键或三键。你的另一个朋友说，这是因为较重的元素更大，一次可以与 4 个以上的原子成键。哪个朋友的说法更正确？

8.63 画出下面每个离子或分子的路易斯结构。找出那些不遵守八隅体规则的离子或分子；找出并说明每个化合物中哪个原子不遵循八隅体规则；并说明这些原子周围有多少电子：（a）PH_3（b）AlH_3（c）N_3^-

（d）CH_2Cl_2（e）SnF_6^{2-}

8.64　画出下面每个离子或分子的路易斯结构。找出那些不遵守八隅体规则的离子或分子，并说明每个化合物中哪个原子不遵循八隅体规则，还有这些原子周围有多少电子：（a）NO（b）BF_3，（c）ICl_2^-（d）$OPBr_3$（P 是中心原子）（e）XeF_4

8.65　在气相中，$BeCl_2$ 以独立分子的形式存在。（a）只用单键画出这个分子的路易斯结构。这个路易斯结构满足八隅体规则吗？（b）还有哪些共振结构可能满足八隅体规则？（c）根据形式电荷，对 $BeCl_2$ 分子，预计哪种路易斯结构占主导地位？

8.66　（a）用四种可能的路易斯结构来描述三氧化氙分子 XeO_3，每种结构都有 0、1、2 或 3 个 Xe—O 双键。（b）对于分子中的每个原子，这些共振结构中的任何一个都满足八隅体规则吗？（c）四个路易斯结构中是否有一个具有多重共振结构？如果有，有多少？（d）在（a）部分的路易斯结构中，哪一个能使分子产生最有利的形式电荷？

8.67　对于硫酸,H_2SO_4（每个 H 都连着一个 O），你可以画出很多路易斯结构，（a）你会画出什么样的路易斯结构来满足八隅体规则？（b）为了使形式电荷最小化，你会画出什么样的路易斯结构？

8.68　一些化学家认为，满足八隅体规则应该是选择分子或离子的主导路易斯结构的首要标准。其他化学家认为，获得最佳形式电荷应该是最高标准。考虑磷酸二氢根离子 $H_2PO_4^-$，其中 H 原子与 O 原子成键。（a）如果以满足八隅体规则为最高准则，预测的主导路易斯结构是什么？（b）如果以达到最佳形式电荷为最高标准，预测的主导路易斯结构是什么？

共价键的键强和键长（见 8.8 节）

8.69　利用表 8.3，估计下列每种气相反应的焓变 ΔH（注意，没有显示孤对电子）：

（a）

（b）

（c）

8.70　使用表 8.3，估计下列每种气相反应的焓变 ΔH

（a）

（b）

（c）

8.71　下列表述是否正确。（a）键越长，键焓越大；（b）C—C 键比 C—H 键更强；（c）典型的单键键长在 5～10Å 范围内；（d）如果破坏化学键，将释放能量；（e）能量存储在化学键中。

8.72　下列表述是否正确。（a）C≡C 键比 C—C 键短；（b）O_2 分子中有 6 个成键电子；（c）一氧化碳中的 C—O 键比二氧化碳中的 C—O 键长；（d）臭氧分子中 O—O 键比氧气分子中的 O—O 键短；（e）原子的电负性越强，与其他原子形成的化学键就越多。

8.73　我们可以定义离子键的平均键焓和键长，就像我们定义共价键一样。预测哪个离子键更强，Na—Cl 还是 Ca—O？

8.74　我们可以定义离子键的平均键焓和键长，就像我们定义共价键一样。预测哪个离子键的键焓更小，Li—F 还是 Cs—F？

8.75　卡宾是一种化合物，两个碳原子形成碳碳键，碳上还有一对孤对电子。很多卡宾都很活泼。（a）画出最简单卡宾，H_2C 的路易斯结构。（b）预测 2 个 H_2C 分子通过合成反应，形成碳碳键的长度。

8.76　画出 NO^+ 的路易斯结构。与 NO 中的氮 - 氧键相比，NO^+ 中的氮氧键是更长、更短，还是一样长？解释之。

附加练习

8.77 一种新化合物的碳碳键长度为 1.15Å。这个键是 C—C 单键、双键、还是三键？

8.78 一种新化合物的氮氮键长为 1.26Å。这个键是 N—N 单键、双键、还是三键？

8.79 考虑下面 2A 族化合物的晶格能：BeH_2，3205 kJ/mol；MgH_2，2791 kJ/mol；CaH_2，2410 kJ/mol；SrH_2，2250 kJ/mol；BaH_2，2121 kJ/mol。（a）这些化合物中 H 的氧化数是多少？（b）假设所有这些化合物在晶体中都有相同的离子三维排列，那么哪个化合物的阳离子 - 阴离子距离最短呢？（c）考虑 BeH_2。把 1mol 晶体分解成它的离子需要 3205kJ 的能量吗？或者把 1mol 晶体分解成它的离子会释放 3205kJ 的能量吗？（d）ZnH_2 的晶格能是 2870kJ/mol。考虑 2A 族化合物晶格焓的变化趋势，预测哪一族的两个元素的离子半径与 Zn^{2+} 离子最接近。

8.80 根据表 8.1 中的数据，预估（在 30 kJ/mol 范围内）下列化合物的晶格能（a）LiBr（b）CsBr（c）$CaCl_2$

8.81 一种离子化合物的化学式为 MX，它的晶格能为 6×10^3 kJ/mol。金属离子 M 上的电荷数是 1+、2+ 还是 3+？请解释原因。

8.82 离子化合物 CaO 的结晶结构与氯化钠相同（见图 8.3）。（a）在此结构中，每个 Ca^{2+} 周围有多少个 O^{2-}？（提示：记住图 8.3 所示的离子模式，在所有三个方向反复地重复）（b）如果将 CaO 晶体转换为广泛分离的 Ca—O 离子对集合，将消耗能量还是释放能量呢？（c）从图 7.8 中给出的离子半径，计算刚刚接触的单个 Ca—O 离子对的势能（电荷的大小在内封底面上给出）；（d）计算 1mol 这种离子对的能量。这和 CaO 的晶格能相比如何？（e）你认为（d）部分能量差异的主要原因是什么？CaO 中键的共价性比离子性更强，或者晶格中的静电相互作用比单个离子对中的更复杂吗？

8.83 构造一个玻恩 - 哈伯循环来形成假设的化合物 $NaCl_2$，其中钠离子带 2+ 电荷（钠的第二电离能见表 7.2）。（a）要使 $NaCl_2$ 的生成是放热的，需要多大晶格能？（b）如果我们估计 $NaCl_2$ 的晶格能大致等于 $MgCl_2$ 的晶格能（2326 kJ/mol，见表 8.1），那么所获得的 $NaCl_2$ 的标准生成焓 ΔH_f° 是多少呢？

8.84 你的一个同学确信自己对电负性了如指掌。（a）他说，在 X 和 Y 原子具有不同的电负性的情况下，双原子分子 X—Y 一定是极性的。他是对的吗？（b）你的同学说两个原子成键的距离越远，偶极矩就越大。他是对的吗？

8.85 思虑下面这个非金属元素的集合：O、P、Te、I 和 B。（a）哪两种元素会形成极性最强的单键？（b）哪两种元素形成的单键键长最长？（c）哪两种元素可以形成化学式为 XY_2 的化合物？（d）哪两种元素可以形成化学经验式为 X_2Y_3 的化合物

8.86 在导致臭氧层破坏的大气变化过程中，一氧化氯（ClO, g）是一种重要的物质。ClO 分子的实验偶极矩为 1.24D，Cl—O 键长为 1.60Å。（a）确定 Cl 和 O 原子上电荷的大小，单位是电子电荷 e；（b）根据元素的电负性，你认为 ClO 分子中哪个原子会带部分负电荷？（c）以形式电荷为指导，提出分子的主导路易斯结构；（d）已知存在 ClO^-，ClO^- 的最佳路易斯结构的 Cl 上的形式电荷是多少？

8.87 （a）利用 Br 和 Cl 的电负性，估算 Br—Cl 分子中原子的部分电荷；（b）利用图 7.8 中给出的部分电荷和原子半径估计分子的偶极矩；（c）BrCl 的测量偶极矩为 0.57D。如果假设 BrCl 中的键长是原子半径的和，那么使用实验偶极矩得出的 BrCl 中原子的部分电荷是多少？

8.88 实现"氢经济"的一个主要挑战是找到一种安全、轻便、紧凑的方法来储存作为燃料的氢。轻金属氢化物具有良好的储氢性能，可在小体积内储存高质量的氢。例如，$NaAlH_4$ 在分解为 NaH（s）、Al（s）和 H_2（g）时，可以释放出其质量比为 5.6% 的 H_2。$NaAlH_4$ 具有共价键和离子键，共价键将多原子阴离子结合在一起。（a）写出 $NaAlH_4$ 分解的平衡方程式；（b）$NaAlH_4$ 中哪种元素的电负性最大？哪种元素的电负性最小？（c）基于电负性差异，预测多原子阴离子的结构，画出这个离子的路易斯结构；（d）多原子离子中氢离子的形式电荷是多少？

8.89 虽然 I_3^- 是已知的离子，F_3^- 不是。（a）画出 I_3^- 的路易斯结构式（它是线性的，不是角型的）；（b）你的一个同学说 F_3^- 不存在，因为 F 的电负性太强，不能和另一个原子成键。举个例子证明你的同学是错的；（c）另一位同学说 F_3^- 不存在，因为它违反了八隅体规则。这个同学可能是对的吗？（d）还有一位同学说，F_3^- 不存在，因为 F 太小，不能与一个以上的原子成键。这个同学可能是对的吗？

8.90 计算下列分子或离子中指定原子的形式电荷：（a）O_3 中的中心 O；（b）PF_6^- 中的 P（c）NO_2 中的 N（d）ICl_3 中的 I（e）$HClO_4$ 中的 Cl（H 与 O 成键）

8.91 次氯酸盐离子，ClO^-，是漂白剂的活性成分。高氯酸盐离子，ClO_4^-，是火箭推进剂的主要成分。画出两个离子的路易斯结构。

（a）次氯酸盐离子中 Cl 的形式电荷是多少？

（b）假设 Cl—O 键都是单键，那么高氯酸盐离子中 Cl 的形式电荷是多少？

（c）次氯酸盐离子中 Cl 的氧化数是多少？

（d）假设 Cl—O 键都是单键，那么高氯酸盐离子中 Cl 的氧化数是多少？

（e）在氧化还原反应中，哪个离子更容易被还原？

8.92　N_2O 可以画出以下三种路易斯结构：

$$:N\equiv N-\ddot{O}: \longleftrightarrow :\ddot{N}-N\equiv O: \longleftrightarrow \cdot\ddot{N}=N=\ddot{O}:$$

（a）利用形式电荷判断，这三种共振形式中哪一种可能是最重要的？(b) N_2O 中的 N—N 键长为 1.12Å，略长于典型的 N≡N 键；N—O 键长为 1.19Å，略短于典型的 N=O 键（见表 8.4）。根据这些数据，哪一种共振结构最能代表 N_2O？

8.93　（a）三嗪（C_3HN_3）结构与苯相似，只是在三嗪中每个 C-H 基团都被一个氮原子所取代。画出三嗪分子的路易斯结构式。

（b）估算三嗪环中 C—N 键的键长。

8.94　邻二氯苯（$C_6H_4Cl_2$）是苯中相邻的两个 H 原子被 Cl 原子取代后得到的。其分子结构式见下方。

（a）使用化学键和电子对完成这个分子的路易斯结构；

（b）这个分子是否存在其他共振结构？如果有，请画出；

（c）（a）与（b）中的共振结构是否与苯的共振结构相同。

综合练习

8.95　假设有一分子 B—A=B。下列表述是否正确？（a）这个分子不可能存在；（b）考虑到共振结构原因，这个分子的所有 A—B 键长应该相同。

8.96　天然气转化为其他碳氢化合物的一个重要反应是甲烷到乙烷的转化。

$$2CH_4(g) \longrightarrow C_2H_6(g) + H_2(g)$$

实际上，这个反应是在氧气存在的情况下进行的，氧气将产生的氢转化为水。

$$2CH_4(g) + \frac{1}{2}O_2(g) \longrightarrow C_2H_6(g) + H_2O(g)$$

利用表 8.3 估算这两个反应的 ΔH。为什么在氧气存在时甲烷到乙烷的转化更有利？

8.97　如果两种化合物的化学式相同，但原子排列不同，它们就是同分异构体。用表 8.3 估计下列气相异构化反应的 ΔH 值，并指出哪一种异构体的焓值较低。

（a）

乙醇　　　　　　　二甲醚

（b）

环氧乙烷　　　　　乙醛

（c）

环戊烯　　　　　　戊二烯

（d）

异氰酸甲酯　　　　乙腈

（上述化合物分子结构都为原图）

8.98　Ti^{2+} 离子与 Ca 原子是等电子的。（a）写出 Ti^{2+} 和 Ca 的电子构型；（b）计算 Ca 和 Ti^{2+} 的未配对电子数；（c）Ti 带什么电荷才与 Ca^{2+} 是等电子的？

8.99　（a）画出过氧化氢 H_2O_2 的路易斯结构式。（b）过氧化氢中最弱的键是什么？（c）过氧化氢作为一种水溶液在商业上被装在棕色瓶子中出售，以保护它不受光线的损害。计算使过氧化氢中最弱键断裂所需能量对应的波长。

8.100　氧的电子亲和能是 −141kJ/mol，与以下反应相对应

$$O(g) + e^- \longrightarrow O^-(g)$$

$K_2O(s)$ 的晶格能是 2238 kJ/mol。利用这些数据以及附录 C 和图 7.10 中的数据计算氧的"第二电子亲和能"，对应于反应

$$O^-(g) + e^- \longrightarrow O^{2-}(g)$$

8.101 你和一位合作伙伴被要求完成一个名为"钌的氧化物"的实验,该实验计划分两个实验步骤进行。第一个实验将由你的合作伙伴完成,进行成分分析。在第二个实验中,你要测定这种化合物的熔点。在实验室,你发现两个没有标签的小瓶,一个里装着淡黄色物质,另一个里面装的是黑色粉末。你在伙伴的笔记本上找到以下的记录—化合物 1: 76.0% Ru 和 24.0% O(质量百分数)。化合物 2: 61.2% Ru, 38.8% O(质量百分数)。(a)化合物 1 的经验式是什么?(b)化合物 2 的经验式是什么?在确定了这两种化合物的熔点后,你会发现这黄色化合物在 25℃ 熔化,而黑色化合物直到温度 1200℃ 也不会熔化。(c)黄色化合物是什么?(d)黑色化合物是什么?(e)哪个化合物是分子化合物?(f)哪个化合物是离子化合物?

8.102 电负性的一个量度是任何原子的电负性正比于该原子的电离能和它的电子亲和能的差值:电负性 $=k(I-EA)$, k 是比例常数。(a)这个定义如何解释 F 的电负性大于 Cl, 尽管 Cl 的电子亲和能更大?(b)为什么电离能和电子亲和能都与电负性的概念有关?(c)根据第 7 章的数据,确定 k 的值,根据这个定义, F 的电负性为 4.0。(d)使用这个概念,用(c)部分的结果来确定氯和氧的电负性。(e)电负性的另一种量度将电负性定义为原子第一电离能和电子亲和能的平均值。利用这个标度尺,计算卤素的电负性,并将它们量度而使氟的电负性为 4.0。使用这个量度, Br 的电负性是多少?

8.103 化合物水合氯醛在侦探小说中称为蒙汗药,其化学组成包括 14.52% C、1.83% H、64.30% Cl 和 13.35% O(质量百分数),摩尔质量为 165.4g/mol。(a)这个物质的经验式是什么?(b)这个物质的分子式是什么?(c)画出分子的路易斯结构,假设氯原子与一个碳原子成键,且化合物中有一个 C—C 键和两个 C—O 键。

8.104 叠氮化钡由 62.04% Ba 和 37.96% N 组成。每个叠氮离子的净电荷是 1-。(a)确定叠氮离子的化学式;(b)写出叠氮离子的三个共振结构;(c)哪个共振结构最重要?(d)估算叠氮离子中的化学键键长。

8.105 乙炔(C_2H_2)和氮气(N_2)都含有一个三键,但它们的化学性质有很大的不同。(a)写出这两种物质的路易斯结构;(b)参考附录 C,查找乙炔和氮气的生成焓。哪种化合物更稳定?(c)写出 N_2 完全氧化成 $N_2O_5(g)$, 乙炔完全氧化生成 $CO_2(g)$ 和 $H_2O(g)$ 的平衡化学方程式;(d)计算 N_2 和 C_2H_2 的摩尔氧化焓($N_2O_5(g)$ 的生成焓为 11.30 kJ /mol);(e) N_2 和 C_2H_2 都有三个键,键焓很高(见表 8.3)。计算两种化合物的摩尔氢化焓:乙炔和 H_2 生成甲烷, CH_4; 氮和 H_2 生成氨, NH_3。

8.106 在特殊条件下,硫与无水液氨反应生成硫与氮的二元化合物。该化合物由 69.6% S 和 30.4% N 组成。对其分子质量的测量结果为 184.3 g/mol。这种化合物被击中或迅速加热时偶尔会爆炸。分子中的硫原子和氮原子连接成一个环。环上所有的键都一样长。(a)计算该物质的经验式和分子式;(b)根据给出的信息写出分子的路易斯结构(提示:你应该找到相对较少的占主导地位的路易斯结构);(c)预测环中原子间的距离(注: S_8 环的 S-S 距离为 2.05Å);(d)该化合物的生成焓估计为 480 kJ/mol, S(g)的 H_f° 是 222.8kJ/mol, 估计化合物的平均键焓。

8.107 P 元素的一种常见形式是四面体型的 P_4 分子。4 个磷原子都是等价的。

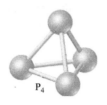

在室温下 P 是固体。(a) P_4 分子是否存在孤对电子?(b)这个分子中有多少个 P—P 键;(c)画出满足八隅体规则的线性 P_4 分子的路易斯结构。这个分子是否存在共振结构?(d)基于形式电荷判断,线性 P_4 分子还是四面体 P_4 分子更稳定?

8.108 甲酸的化学式为 HCOOH。它是一种无色液体,密度为 1.220g/mL。(a)甲酸分子中的碳原子同时与 1 个 H 原子和 2 个 O 原子成键。画出甲酸分子的路易斯结构,若存在,画出其共振结构;(b)甲酸可以在水溶液中与 NaOH 反应,生成甲酸根离子 $HCOO^-$, 写出并配平这个反应方程式;(c)画出甲酸根离子的路易斯结构,若存在,画出其共振结构;(d)如果与 0.785mL 甲酸完全反应,需要多少 mL 0.100M NaOH 溶液?

8.109 氨与三氟化硼反应生成稳定的化合物,正如我们在第 8.7 节中所看到的。(a)绘制三氟化硼-氨反应产物的路易斯结构;(b)B—N 键的极性明显大于 C—C 键。画出分子中 B—N 键上的电荷分布(使用 8.4 节中提到的正负符号)。

(c)三氯化硼与氨的反应与三氟化硼相似。预测三氯反应产物中的 B—N 键比三氟化产物中的 B—N 键极性更大还是更小,并证明你的推理是正确的。

8.110 氯化铵, NH_4Cl, 是一种溶于水的盐。(a)画出铵离子和氯离子的路易斯结构;(b)固体氯化铵中有 N—Cl 键吗?(c)如果你把 14g 氯化铵溶解在 500.0mL 水中,溶液的物质的量浓度是多少?(d)你需要向(c)部分的溶液中加入多少克硝酸银才能以氯化银的形式沉淀出所有的氯离子?

设计实验

我们已经知道苯 C_6H_6 的共振，使化合物具有特殊的稳定性。

（a）利用附录 C 中的数据，将 1.0 mol C_6H_6(g) 的燃烧热与 3.0 mol 乙炔 C_2H_2(g) 的燃烧热进行比较。哪个燃烧值更大？你的计算是否与苯的特殊稳定性相一致？(b) 用适当的分子，甲苯（$C_6H_5CH_3$），重复（a）部分的内容。甲苯是苯的衍生物，在苯的一个 H 的位置上有一个—CH_3 基团。(c) 另一个可以用来比较分子的反应是*氢化反应*，一个 C ＝ C 和 H_2 反应生成一个 C—C 单键和两个 C—H 单键。苯加氢制环己烷（C_6H_{12}，一个六元环，有 6 个 C—C 单键和 12 个 C—H 键）的实验热为 208kJ/mol。环己烯（C_6H_{10}，一个六元环，有一个 C ＝ C 双键、5 个 C—C 单键和 10 个 C—H 键）加氢制环己烷的实验热为 120kJ/mol。展示这些数据如何为你提供一个*苯的共振稳定能*的估计。

（d）与其他碳氢化合物相比，苯的键长或键角是否足以说明苯有共振现象并且特别稳定吗？解释说明。(e) 以环辛四烯 C_8H_8 为例，它具有如下所示的八角形结构。

环辛四烯

你能用什么实验或计算来确定环辛四烯是否会发生共振？

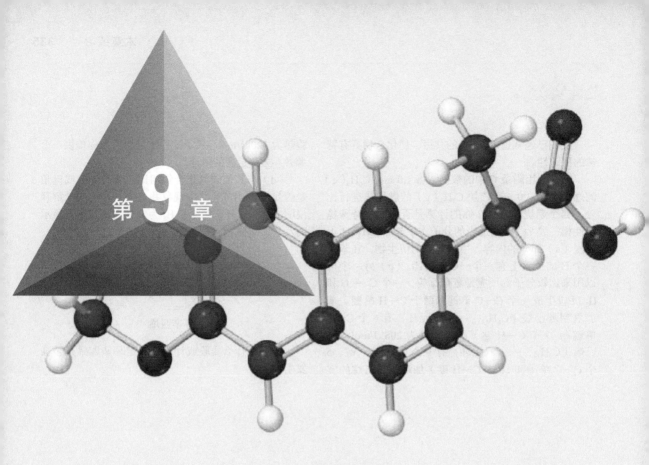

第 **9** 章

(*S*)-naproxen

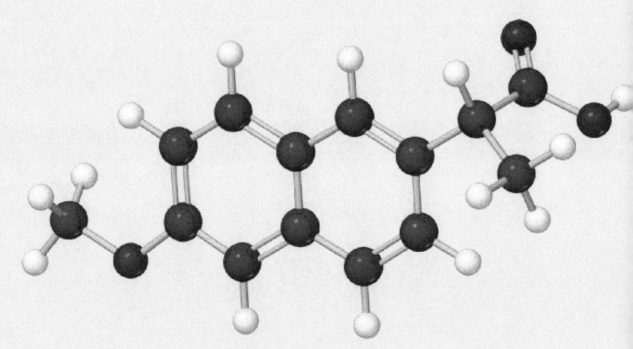

(*R*)-naproxen

分子构型与成键理论

路易斯结构式可以帮助我们理解分子的组成与共价键。但是，路易斯结构式并未表现出分子最重要的一面——它们的整体形状。分子的形状和大小——有时被称为分子构型，它是由组成原子的原子核之间的角度和距离决定的。

组成物质的分子形状和大小以及其键的强度和极性，在很大程度上决定了物质的性质。分子构型所起的重要作用在生化反应中有明显体现。药物分子就是很好的例子，通过空间原子排列的微小变化而发挥的巨大作用。在本章的首页图片中，我们看见了两个不同的分子，它们的商业名称是 S - 萘普生和 R- 萘普生。它们有相同的化学式，甚至有相同种类和数量的化学键，但是，如果你仔细地观察，比较两者，会发现它们的一个 H 原子和—CH_3 官能团的位置是相反的。S 型化合物可用于治疗关节炎而 R 型化合物对人类并没有什么有益之处，相反还具有肾毒性。这些化合物属于一类特殊的同分异构体，叫作对映异构体：在第 24 章中，我们将系统地去学习它们。在制药行业中，人们付诸了很多努力去制备、分离和提纯一种化合物的同分异构体。

◀ 构型物质 这两种化合物乍一看是相同的，但是一个碳原子的微小变化，使得一个化合物是止疼药物而另一个却是肾毒性药物。

在本章中，我们的首要目标是理解二维路易斯结构和三维分子结构的关系。我们会看到在分子中电子的数量与它最终采用的分子构型之间的关系。具备这些知识，我们能更仔细地研究共价键的本质。在路易斯结构式中，用来描述成键的线提供了分子在成键时所使用轨道的重要信息。通过研究这些轨道，我们能更好地理解分子成键情况。掌握了本章知识，将有助于理解后期所要学习的物质的物理化学性质。

9.1 | 分子构型

在第 8 章中，我们使用路易斯结构式说明了共价化合物的分子式（见 8.5 节）。然而，路易斯结构式并不能解释分子构型，它只能简单地显示成键数量和类型。例如，CCl_4 的路易斯结构式只告诉我们 4 个 Cl 原子与 1 个中心 C 原子成键。

$$:\overset{\cdot\cdot}{\underset{\cdot\cdot}{Cl}}:$$
$$|$$
$$:\overset{\cdot\cdot}{\underset{\cdot\cdot}{Cl}}—C—\overset{\cdot\cdot}{\underset{\cdot\cdot}{Cl}}:$$
$$|$$
$$:\overset{\cdot\cdot}{\underset{\cdot\cdot}{Cl}}:$$

路易斯结构式中所有原子均在同一个平面上，如图 9.1 所示。然而，实际的三维排布是：Cl 原子在一个正四面体（有四个等同角和面的几何体）角的位置。分子的键角决定了分子的几何构型，而键角由其他原子和中心原子的连线所形成的角组成。分子的键角，同键长一起（见 8.8 节）决定了分子的尺寸和形状。在图 9.1 中，应该可以看见在 CCl_4 中有 6 个 Cl—C—Cl 键角，所有的键角都相同。109.5° 键角是四面体结构的特点。此外，所有的 4 个 C—Cl 键的长度相同（1.78Å）。因此，CCl_4 的尺寸和形状完全可以通过阐述 C—Cl 键长为 1.78Å 的正四面体来描述。为了在纸上绘制一个三维的分子结构，化学家使用图 9.1 中显示的惯例：常规的线表示键位于纸的平面，加重的楔形线表示键从纸面上伸展出来朝向你，而折线用来表示键向内侧远离你，透向纸的背面。

我们以与 CCl_4 类似的分子或离子为代表开始分子构型的讨论，

在这个空间填充模型中，决定球相对大小的因素是什么？

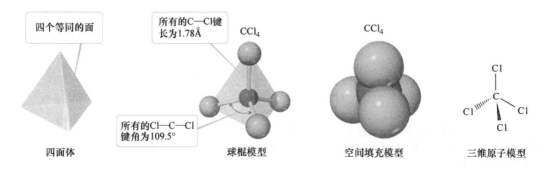

四个等同的面 | 所有的C—Cl键长为1.78Å | CCl_4 | CCl_4

所有的Cl—C—Cl键角为109.5°

四面体　　　　　　球棍模型　　　　　　空间填充模型　　　　　　三维原子模型

▲ 图 9.1　CCl_4 的四面体构型

这些结构中哪些不是平面型的？

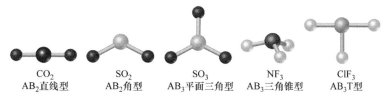

CO_2	SO_2	SO_3	NF_3	ClF_3
AB_2 直线型	AB_2 角型	AB_3 平面三角型	AB_3 三角锥型	AB_3 T 型

▲ 图 9.2　AB_2 和 AB_3 分子的构型

它们由一个单中心原子与两个或多个相同类型的原子成键。这些分子有通用的分子式 AB_n，在此分子中，中心原子 A 与 n 个 B 原子成键。例如，CO_2 和 H_2O 都是 AB_2 型分子，而 SO_3 和 NH_3 是 AB_3 型分子等。

对于 AB_n 型分子，可能的分子构型数量依赖于 n 值。如 AB_2 和 AB_3 型分子，普遍存在的分子构型如图 9.2 所示。AB_2 型分子，或者是*线性的*（键角 = 180°）或者是*弯曲的*（键角 ≠ 180°）。对于 AB_3 分子，最常见的两种构型是把 B 原子放在等边三角形的角上。如果 A 原子与 B 原子同平面，这种构型称作*平面三角型*；如果 A 原子位于 B 原子平面的上方，这种构型被称作三角锥型（一个相同底角的金字塔型）。一些 AB_3 分子，例如 ClF_3，是 T 型，如图 9.2 所示，是一个相对不常见的构型。这些原子都位于同一平面且有两个大约 90° 的 B—A—B 角和第三个接近 180° 的角。

很明显，大多数 AB_n 分子的构型仅仅来源于图 9.3 所示的五种基本的几何构型。所有这些构型是 n 个 B 原子高度对称的排列在中心 A 原子周围。我们已经明白了最初的三个构型：线型、平面三角型和四面体型。对于 AB_5 分子的三角双锥构型，可以认为 AB_5 分子是平面三角型的 AB_3 分子平面上方和下方各增加了 1 个原子。对于八面体构型的 AB_6 分子，所有的 6 个 B 原子与 A 原子距离相同且所有相邻的 B 原子间有 90° 的 B—A—B 夹角。它的对称构型（及其命名）来源于八*面体*，有 8 个面且所有的面均是相同的三角形。

预测 SF_6 分子是下列哪种分子构型？

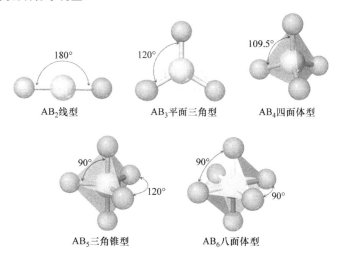

▲ 图 9.3　AB_n 分子中，考虑到 B 原子间有最大距离的分子构型

在从四面体构型到角型的转变过程中，选择去掉哪两个原子对结果会产生影响吗？

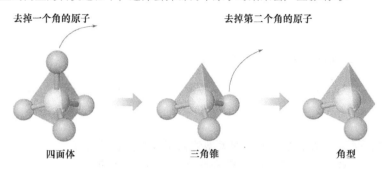

▲ 图 9.4 四面体分子构型的衍生

八面体

你可能已经发现：我们讨论的一些分子构型并不在图 9.3 所示的五种构型中，例如，在图 9.2 中所示的 SO_2 分子的角型和 NF_3 分子的三角锥构型，并不在图 9.3 所示的五种分子构型中。然而，很快你会明白，从最初的五种基本构型之一开始，我们能衍生出其他的分子构型，如角型和三角锥型等。例如，从四面体构型开始，我们能相继地从顶点移去原子，如图 9.4 所示。当从四面体的顶点处，移去一个原子时，剩下的 AB_3 分子的几何构型是三角锥型。当再移去一个原子后，剩下的 AB_2 分子是角型。

为何大部分 AB_n 分子的几何构型会与图 9.3 所示的几何构型相关呢？我们如何能预见这些分子的几何构型呢？当 A 代表周期表中的一个 s 区或 p 区元素时，通过使用**价层电子对互斥理论（VSEPR）模型**，我们能回答这些问题。尽管这个名字是相当复杂的，但是，它的模型却是很简单的。在预测分子构型上面，这个模型非常实用，如在 9.2 节所见。

对于 AB_4 分子，除了四面体构型外，另一个普遍存在的分子构型是平面正方型。所有的五个原子位于同一平面上，B 原子在平面正方型的顶角处而 A 原子在平面正方型的中心。在图 9.3 中，哪一个构型在消除一个或多个原子后，能产生平面正方型的分子构型？

9.2 | 价层电子对互斥理论（VSEPR）模型

想象把两个相同气球的尾部系在一起，如图 9.5 所示，这两个气球会很自然地彼此远离而指向相反的方向，也就是说，它们会尽可能地相互排斥，背道而驰。如果增加第三个气球，这个气球会使自己指向一个等边三角形的顶点方向，如果再增加第四个气球，它们将会采取四面体构型。由此，我们能够知道，对于一定数量的气球，它们将以最佳的几何构型形式存在。

从某些方面来看，分子中电子表现得就像这些气球一样。我们已经知道，当一对电子占据两原子之间的空间时，两个原子之间便形成一个共价单键（见 8.3 节）。因此，可以将*成键电子对*定义为电子最有可能出现的区域，我们把这样的区域定义为**电子对**。同样地，*非键电子对*（或称为*孤电子对*）定义为主要位于一个原子上的电子对，这也在第 8.3 节中讨论过。

例如，NH_3 的路易斯结构式在中心 N 原子周围有 4 个电子对（3 个成键电子对，通常以短线来表示和 1 个非键电子对，以圆点表示）：

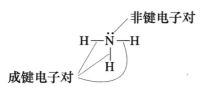

在分子中，每个多重键也构建了 1 个单电子对。因此，下面 O_3 的共振结构中，在中心氧原子周围，有 3 个电子对（1 个单键，1 个双键和 1 个非键电子对）：

$$:\ddot{O}—\ddot{O}=\ddot{O}$$

一般说来，*每一个非键电子对，单键或多重键，都会在分子中的中心原子周围产生一个单电子对*。

两个气球直线型排列

> ### 想一想
>
> 假定一个特殊的 AB_3 分子具有共振结构
>
> $$\begin{array}{c} :\ddot{B}: \\ \| \\ :\ddot{B}—A—\ddot{B}: \end{array}$$
>
> 这个结构遵循八隅体规则吗？在中心 A 原子周围存在多少个电子对呢？

价层电子对互斥理论（VSEPR）模型是以电子对带负电荷，因此会相互排斥为理论基础的。就像图 9.5 中的气球一样，电子对会尽量避开而相互远离。一定数量的电子对的最好排列方式是以彼此之间排斥力最小的方式存在。

三个气球平面三角型排列

事实上，电子对和气球之间是十分类似的，以至于二者有相同的首选几何构型。如图 9.5 中气球所示，2 个电子对是直线型排列的，3 个电子对是平面三角型排列，四个是四面体排列。这些电子对，连同 5 个和 6 个电子对一起，被概括在表 9.1 中。如果把图 9.3 中的几何构型与表 9.1 中的进行比较，就将明白，它们是相同的。

不同 AB_n 分子或离子的几何模型，依赖于中心原子周围的电子对的数量。

四个气球正四面体排列

在 AB_n 分子或离子的中心原子周围的电子域的排列，称作它的电子对几何构型。相反，分子的几何构型仅仅是分子或离子中原子的排列——任何分子中的非键电子对都不是分子几何构型所描述的部分。

▲ 图 9.5 电子对的气球类比

应用 VSEPR 模型确定分子构型

在确定分子几何构型时，我们首先使用 VSEPR 模型去推测电子对的几何构型。从已知的非键电子对数量，我们能推测分子的几何构型。当分子中所有的电子对均来自于成键电子对时，分子的几何构型就等同于电子对的几何构型。然而需要记住的是，当出现一个或多个非键电子对时，即使非键电子对对于分子对的几何构型有所贡献，但是在这里仅需考虑成键电子对分子的几何构型的决定作用。

表 9.1 电子对几何构型与电子对数量的关系

电子对数量[*]	电子对排列	电子对几何构型	推测的键角
2	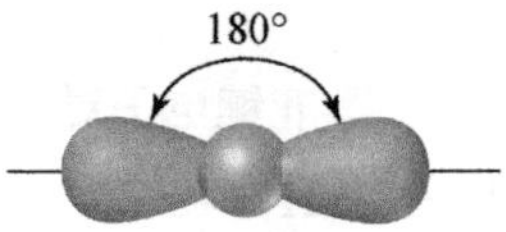 180°	直线型	180°
3	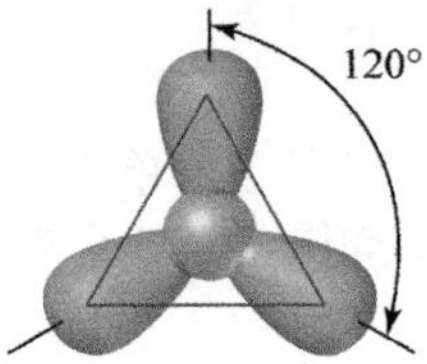 120°	平面三角型	120°
4	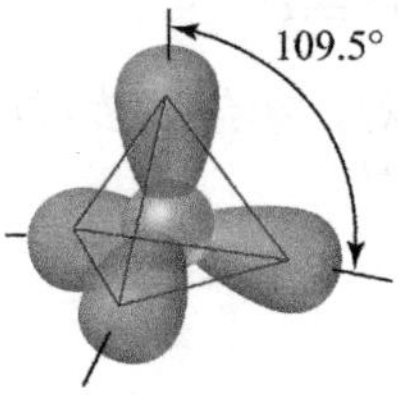 109.5°	正四面体型	109.5°
5	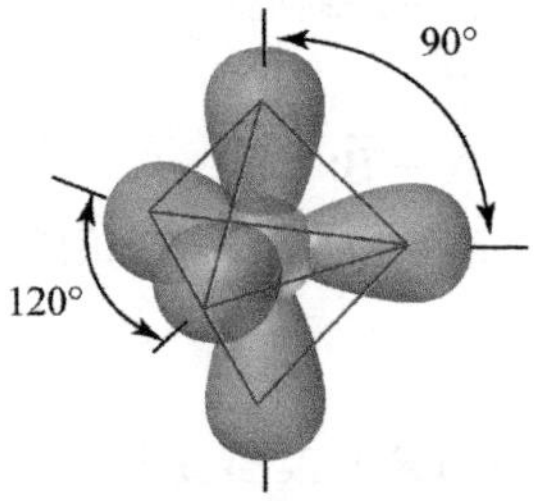 90° 120°	三角双锥型	120° 90°
6	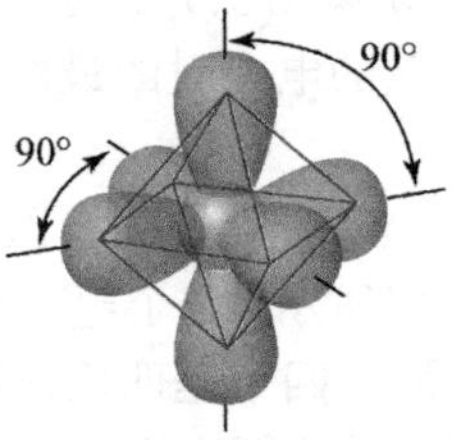 90° 90°	正八面体型	90°

注：电子对的数量有时被称作原子的配位数。

使用 VSEPR 模型，如何去预测分子和离子的几何构型

    1. 绘制出分子或离子的路易斯结构式（见 8.5 节），并计算中心原子周围的电子对数量。每一个非键电子对，每一个单键、双键和三重键均数作一个电子对。

    2. 通过把电子对排列在中心原子周围，确定电子对的几何构型，使它们在中心原子周围的排斥力最小，如表 9.1 所示。

    3. 排列成键原子以确定分子几何构型。

    表 9.2 列出了当一个 AB_n 分子在 A 原子周围有 4 个或更少的电子对时，它可能存在的分子几何构型。这些几何构型是非常重要的，因为它们包括了遵循八隅体规则的分子或离子中出现的所有分子构型。

表 9.2　在中心原子周围有 2、3 和 4 个电子对的分子和电子对几何构型

电子对数量	电子对几何构型	成键电子对	非键电子对	分子几何构型	举例
2	直线型	2	0	直线型	$\ddot{O}=C=\ddot{O}$
3	平面三角型	3	0	平面三角型	$\ddot{F}-B(\ddot{F})(\ddot{F})$
		2	1	角型	$[\ddot{O}-\overset{\cdot\cdot}{N}-\ddot{O}]^-$
4	正四面体型	4	0	正四面体型	CH_4
		3	1	三角锥型	NH_3
		2	2	角型	$\ddot{O}(H)(H)$

图 9.6　显示了在 **VSEPR** 模型中，如何使用三步来预测 NH_3 分子的几何构型。在路易斯结构式中，3 个成键电子对和 1 个非键电子对告诉我们，存在 4 个电子对。因此，从表 9.1 中可知，NH_3 电子对的几何构型是正四面体型，

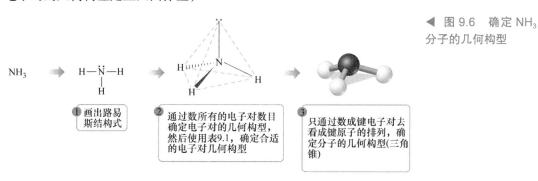

◀ 图 9.6　确定 NH_3 分子的几何构型

NH_3 ➡ $H-\overset{\cdot\cdot}{N}-H$（下方 H） ➡ （四面体结构示意）➡（球棍模型）

① 画出路易斯结构式

② 通过数所有的电子对数目确定电子对的几何构型，然后使用表9.1，确定合适的电子对几何构型

③ 只通过数成键电子对去看成键原子的排列，确定分子的几何构型(三角锥)

我们从路易斯结构式可知，1 个电子对是非键电子对时，它占据四面体四个顶角之一。在确定分子构型过程中，我们仅考虑 3 个 N—H 成键电子对，它导致了三角锥的几何构型。此情况如图 9.4 部分中间的绘图所示，其中，从四面体分子中移除了一个原子，而产生了一个三角锥型的分子。注意到，4 个电子对的四面体排布，使我们成功预测三角锥的分子几何模型。

由于三角锥的分子几何模型是以四面体的分子几何模型为基础，理想的键角是 $109.5°$。很快我们就会明白，当周围原子和电子对数不等时，键角会偏离理想值。

再举一个例子，让我们确定 CO_2 分子的几何构型。它的路易斯结构式表明在中心原子周围有两个电子对（每一个都是双键）：

$$\ddot{O}=C=\ddot{O}$$

两个电子对使其具有线型的电子对几何构型（见表 9.1），因为两个电子对都不是非键电子对，所以分子的几何构型是直线型，且 O—C—O 键角为 $180°$。

实例解析 9.1

VSEPR 模型的应用

使用 VSEPR 模型推测 (a) O_3 和 (b) $SnCl_3^-$ 分子的几何构型。

解析

分析 题中已经给出了分子和多原子离子的分子式，从中可知二者均符合 AB_n 一般通式，且二者的中心原子均来自周期表中的 p 区元素。（注意，O_3 的 A 原子和 B 原子都是氧原子）

思路 为了推测分子的几何构型，我们首先绘制出它们的路易斯结构式并且数出中心原子周围的电子对数，从而获得电子对的几何构型。然后，我们通过成键电子对的排布，即可获得分子的几何构型。

解答

（a）对于 O_3，我们可以绘制出两个共振结构式：

$$:\ddot{O}—\ddot{O}=\ddot{O} \longleftrightarrow \ddot{O}=\ddot{O}—\ddot{O}:$$

由于发生共振，中心 O 原子和外部 O 原子之间的键长是相等的。在两种共振结构中，中心 O 原子与外部两个 O 原子成键且有一个非键电子对。因此，在中心氧原子周围有 3 个电子对（切记：一个双键算作一个单电子对）。三个电子对的排布是平面三角型（见表 9.1）。其中的两个电子对用于成键，另一个是非键电子对。因此，分子的几何构型是角型且有一个 $120°$ 的理想键角（见表 9.2）。

注解 如这个例子所阐述的一样：当一个分子具有共振结构时，任何一个共振结构，均可用于预测分子的几何构型。

（b）$SnCl_3^-$ 的路易斯结构式：

$$\left[:\ddot{C}l—Sn—\ddot{C}l: \ \middle|\ :\ddot{C}l: \right]^-$$

中心 Sn 原子与 3 个 Cl 原子成键且有一个非键电子对，存在 4 个电子对。因此，其电子对的几何构型应为正四面体型（见表 9.1），但其顶角被非键电子对所占据。一个拥有 3 个成键电子对和 1 个非键电子对的正四面体型电子对几何构型，导致了其分子三角锥型几何构型的产生（见表 9.2）。

▶ **实践练习 1**

思考下面的 AB_3 分子和离子：PCl_3、SO_3、$AlCl_3$、SO_3^{2-} 和 CH_3^+ 中，多少分子或离子具有平面三角型的分子几何构型？(a) 1 (b) 2 (c) 3 (d) 4 (e) 5

▶ **实践练习 2**

用电子对推测 (a) $SeCl_2$ 和 (b) CO_3^{2-} 的几何构型。

非键电子和多重键对于键角的影响

我们用改良的 VSEPR 模型解释表 9.2 中概括的分子对于理想几何构型的轻微偏离。例如，考虑甲烷分子 CH_4，氨分子 NH_3 和水分子 H_2O，三个分子均有正四面体的电子对几何构型，但是，它们的键角却有略微不同：

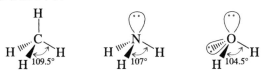

我们注意到：随着非键电子对数量的增加，分子的键角逐渐减小。一个成键电子对，被成键的两个原子的原子核所吸引，而一个非键电子对却主要被一个原子核所吸引。由于一个非键电子对仅受到较少的原子核吸引，它电子对的空间范围就要比成键电子对的空间范围更大、更广（见图 9.7）。因此，非键电子对比成键电子对占有更多的空间，本质上说，它们就如图 9.5 所示中电子对的类比物气球，产生更大和更圆的气球。结果，*非键电子对对于相邻的电子对，产生了更大的排斥力而倾向于压缩键角*。

由于多重键比单键含有更高的电荷密度，所以多重键也代表着扩大的电子对。考虑光气 Cl_2CO 的路易斯结构：

由于在中心原子周围有三个电子对，我们推测应该有一个键角为 120° 的平面三角型的几何构型。然而，双键所起的作用会如非键电子对一样，降低了 Cl — C — Cl 的键角至 111.4°：

一般说来，*与单键电子对相比，多重键的电子对会对相邻的电子对产生更大的排斥力*。

> ⚠️ **想一想**
>
> 硝酸根离子的一种共振结构如下：
>
> $$\left[\begin{array}{c} :O: \\ \| \\ :O: \quad N \quad O: \end{array} \right]$$
>
> 此离子的键角是 120°，这与上述所进行的多重键对键角影响的讨论相一致吗？

具有扩展价电子层的分子

第三周期或周期数更大的原子周围可能不止有 4 个电子对（见 8.7 节）。中心原子周围有 5 或 6 个电子对的分子，具有以三角双锥（5 个电子对）或八面体（6 个电子对）电子对几何构型为基础的分子几何构型（见表 9.3）。

对于 5 个电子对，最稳定的电子对几何构型是三角双锥型（具有相同底面的两个三角锥），它与我们所见的其他电子对排布不同，

成键电子对

原子核

非键电子对

原子核

▲ 图 9.7　成键和非键电子对所占的相对体积

表 9.3 中心原子周围有 5 或 6 个电子对时，电子对和分子的几何构型

电子对数量	电子对几何构型	成键电子对	非键电子对	分子几何构型	实例
5	 三角双锥型	5	0	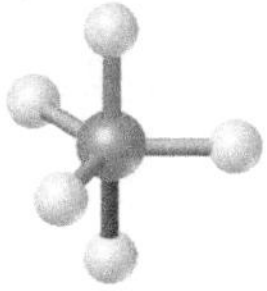 三角双锥型	PCl_5
		4	1	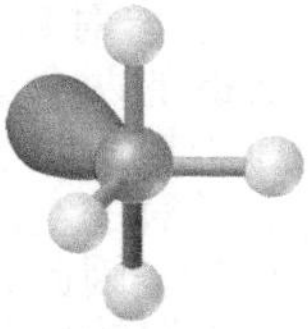 变形四面体型	SF_4
		3	2	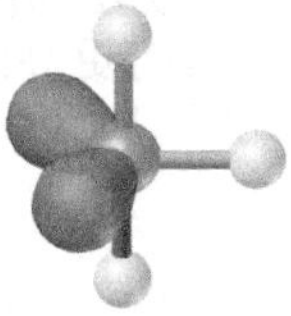 T型	ClF_3
		2	3	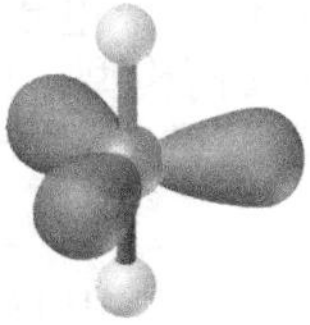 直线型	XeF_2
6	 八面体型	6	0	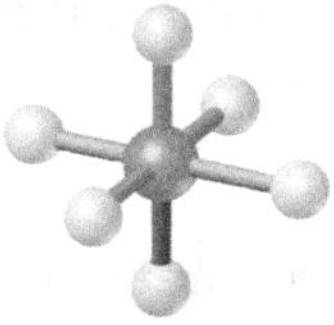 八面体型	SF_6
		5	1	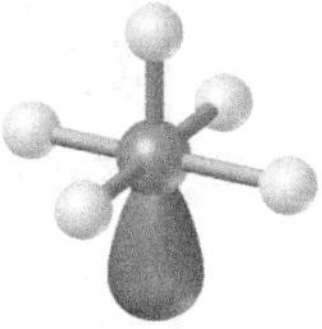 四方锥型	BrF_5
		4	2	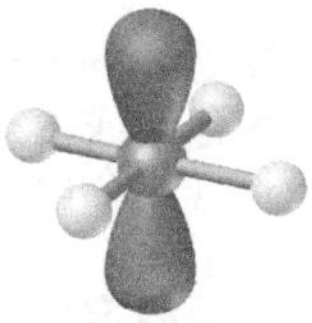 平面正方型	XeF_4

三角双锥的电子对可以指向两种几何位置明显不同的方向。2个电子对指向轴向的位置，3个电子对指向赤道平面的位置（见图 9.8），每一个轴向电子对与任何一个平面的电子对之间的夹角为 90°。平面电子对两两之间的夹角均为 120° 且与任何一个轴向电子对之间的夹角为 90°。

假定一个分子有 5 个电子对，且有一个或多个非键电子对，那么非键电子对是占据轴向位置还是平面位置呢？要回答这个问题，我们必须确定它们占据哪一个位置会使电子对之间的斥力最小。当两个电子对之间的夹角是 90° 时，它们之间的斥力会比 120° 时大得多。一个平面电子对仅同 2 个其他的电子对（轴向电子对）成 90°，而一个轴向电子对同 3 个其他的电子对（平面电子对）成 90°。因此，平面电子对会受到比轴向电子对更小的排斥力。因为非键电子对的排斥力要大于成键电子对，所以在三角双锥构型中，非键电子对总是占据平面位置。

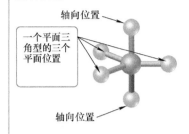

图例解析

轴向原子、中心原子与任何一个平面原子所形成的键角是什么呢？

▲ 图 9.8　在三角双锥几何构型中，外部原子有两种类型的位置

想一想

中心原子周围 4 个电子对的平面正方型构型看起来似乎是比正四面体更可取。基于电子对之间夹角的考虑，你能合理地分析出为什么四面体构型更可取吗？

对于 6 个电子对的几何构型，八面体是最稳定的。八面体是一个具有 6 个顶角和 8 个等边三角形面的多面体，周围有 6 个电子对的原子可看成位于八面体的中心，且电子对指向六个顶角，如表 9.3 所示。所有的键角是 90°，且所有的 6 个顶角是相同的。因此，如果一个原子有 5 个成键电子对和 1 个非键电子对，我们可以把非键电子对放在八面体 6 个顶角的任何一个位置，结果总可以得到*四方锥*的分子几何构型。然而，当有 2 个非键电子对时，把它们放在八面体相反一面的位置，它们之间的排斥力是最小的，从而将产生*平面正方型*的分子几何构型，如表 9.3 所示。

实例解析 9.2

扩展价电子层分子的分子几何构型

使用 VSEPR 模型推测分子几何构型 (a) SF_4 (b) IF_5

解析

分析　这些是以 P 区原子为中心的 AB_n 分子。

思路　首先，我们画出路易斯结构图，然后使用 VSEPR 模型来确定电子对几何构型和分子几何构型。

解答

（a）SF_4 的路易斯结构式为：

S 原子周围有 5 个电子对，4 个来自于 S—F 成键，1 个来自于非键电子对。每一个电子对指向三角双锥的顶角。非键电子对将指向平面位置，4 个成键电子对指向剩余的 4 个位置，结果导致了变形四面体分子几何构型的产生：

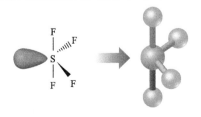

注解　实际上观察到的结构如右图所示
　　我们可推断出非键电子对如所预见的一样占据了平面的位置，轴向和平面的 S-F 键轻微的远离了非键电子对，表明非键电子对会产生较大的斥力，成键电子对被非键电子对推向了外侧（见图 9.7）。

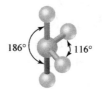

（b）IF₅ 的路易斯结构式：

　　原子周围有 6 个电子对，其中 1 个是非键电子对。因此，电子对的几何构型是八面体型，一个位置被非键电子对占据，分子几何构型为四方锥型（见表 9.3）：

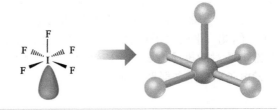

注解　由于非键电子对比成键电子对大，我们推测锥体底部的四个 F 原子会轻微的向上翘向顶部的 F 原子。实际上，我们发现底部原子和顶部 F 原子间的夹角是 82°，要小于八面体理想的 90°。

▶ 实践练习 1
　　某个 AB₄ 分子，具有平面正方型分子几何构型。下面关于这个分子的哪个或哪些陈述是正确的？
　　（i）此分子在中心 A 原子周围有 4 个电子对；
　　（ii）相邻的 B—A—B 间键角是 90°；
　　（iii）中心原子 A 上有 2 个非键电子对。
　　（a）仅一个陈述是正确的；

　　（b）陈述（i）和（ii）是正确的；
　　（c）陈述（i）和（iii）是正确的；
　　（d）陈述（ii）和（iii）是正确的；
　　（e）所有的三个陈述都是正确的。

▶ 实践练习 2
　　推测下列电子对和分子的几何构型（a）BrF_3、（b）SF_5^+。

较大分子的几何构型

　　我们已经考虑到分子和离子仅包含一个单中心原子，但是 VSEPR 模型能被扩展到更复杂的分子，对于醋酸分子：

$$H-\overset{\overset{\textstyle H}{|}}{\underset{\underset{\textstyle H}{|}}{C}}-\overset{\overset{\textstyle :O:}{\|}}{C}-\overset{..}{\underset{..}{O}}-H$$

　　我们能使用 VSEPR 模型推测对于每一个碳原子的几何构型：

电子对数量	4	3	4
电子对几何构型	正四面体型	平面三角型	正四面体型
推测的键角	109.5°	120°	109.5°

图例解析

推测醋酸的实际结构中，哪一个键角最小？

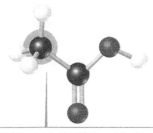 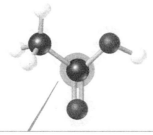 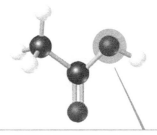

电子对几何构型是正四面体型
分子几何构型是正四面体型

电子对几何构型是平面三角型
分子几何构型是平面三角型

电子对几何构型是正四面体型
分子几何构型是角型

▲ 图 9.9 醋酸 CH_3COOH，3 个中心原子周围电子对和分子的几何构型

左侧的 C 有 4 个电子对（所有的成键）。因此，在此原子周围电子对和分子的几何构型均是正四面体。中心的 C 有 3 个电子对（把双键看成一个电子对），使得电子对和分子几何构型均为平面三角型。右侧的 O 有 4 个电子对（2 个成键，2 个非键），因此，它的电子对几何构型是正四面体而分子几何构型是角型。由于多重键和非键电子对的空间要求，推测中心的 C 和 O 原子的键角将略微偏离理想的 120° 和 109.5°。

醋酸分子的分析如图 9.9 所示。

 实例解析 9.3

预测键角

眼干滴眼液通常包含聚*乙烯醇*的水溶性的多聚物，它以不稳定的有机分子*乙烯醇*为基础物：

$$H-\overset{..}{\underset{..}{O}}-C=C-H$$

推测乙烯醇中 H—O—C 和 O—C—C 键角的近似值。

解析

分析 已知分子的路易斯结构式而要求确定两个键角。

思路 为了预测键角，我们确定键角中原子周围电子对的数量。理想的角度与中心原子周围电子对的几何构型相对应。键角某种程度上会被非键电子对或多重键压缩。

解答 在 H—O—C 中，O 原子有 4 个电子对（2 个成键，2 个非键）。因此，O 原子周围电子对的几何构型是正四面体，这导致键角是 109.5°。某种程度上非键电子对压缩了 H—O—C 键角，因此，我们预测这个角度会略微小于 109.5°。

为了预测键角，我们考察了键角中的中间原子。在此分子中，有 3 个原子与 C 原子成键且无非键电子对存在，因此，它周围有 3 个电子对。可预测的电子对的空间构型为平面三角型，因而产生 120° 的理想键角。由于 C═C 双键电子对的尺寸较大，此键角应略大于 120°。

▶ 实践练习 1

被用作火箭推进剂的化合物二甲肼（CH_6N_2）的原子按如下方式连接（注意没有显示未成键电子对），你所预测的 C—N—N 和 H—N—H 键角的理想值各是多少呢？

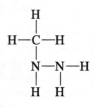

（a）109.5° 和 109.5°（b）109.5° 和 120°（c）120° 和 109.5°（d）120° 和 120°（e）以上均不是

▶ 实践练习 2

预测丙炔中 H—C—H 和 C—C—C 的键角：

$$H-\overset{\overset{\displaystyle H}{|}}{\underset{\underset{\displaystyle H}{|}}{C}}-C\equiv C-H$$

9.3 | 分子构型与分子极性

　　现在我们对于一个分子的构型以及形成原因有了一定的了解，我们将重新回到最初在 8.4 节首次讨论的一些内容，即键的极性和偶极矩。我们现在已经知道，键的极性是衡量化学键中的电子在两个成键原子之间共享的程度。但随着两个原子之间的电负性差异的增加，键的极性也会增加（见 8.4 节）。这样就可以使用偶极矩来衡量双原子分子中电荷的分离程度。

　　对于由多于两个原子构成的多原子分子，*偶极矩不仅取决于每个键的极性，还取决于分子的几何形状*。对于分子中的每一个化学键，我们要考虑取决于成键两原子的**键矩**。例如，对于线型的 CO_2 分子，如图 9.10a 所示，每一个 C＝O 键都是有极性的，但是因为 C＝O 键是等同的，所以化学键偶极的大小是相等的。分子电子密度图清晰地表明，单个键是极性的，那么整个分子的偶极矩是怎样的呢？

　　键的偶极性和偶极矩是矢量性质，也就是说，它不仅包含数量的多少，还具有方向性。多原子分子的偶极矩是它的键矩的矢量和。当计算矢量和时，键矩的方向和数量必须被考虑。在 CO_2 分子中，尽管两个键的键矩在数量上是相等的，但是在方向上是相反的。把它们加在一起，就像是把两个数值相同但符号相反的两个数相加在一起一样，例如 100+（-100）。键矩像数字一样，彼此消掉了。因此，即使单个键是有极性的，CO_2 的偶极矩也是 0。分子的几何构型使得整个分子的偶极矩是零，所以 CO_2 分子是非极性分子。

　　现在，让我们思考 H_2O 分子，一个有两个极性键的角型分子（见图 9.10b）。这两个键是等同的，且键矩值相等。然而，分子是

▽ **图例解析**

左侧图上方的两个红色矢量和是什么？

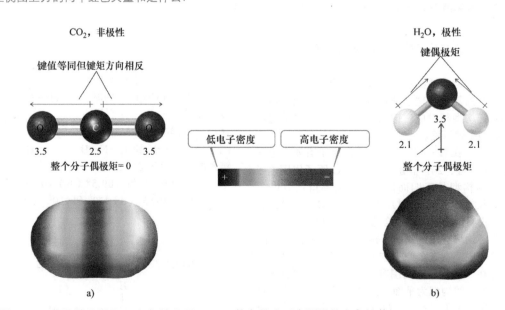

▲ 图 9.10　非极性分子 CO_2 与极性分子 H_2O　数字是这两个原子的电负性值

角型的，键矩并不是彼此直接相反的，不能相互抵消。因此，H_2O 分子的整个分子偶极矩并非为零（测量的偶极矩，$\mu=1.85D$），为极性分子。O 原子带部分负电荷，每一个 H 原子带部分正电荷，如图 9.10b 所示。

▲ 想一想

分子 O ＝ C ＝ S 是线型分子，且其路易斯结构式与 CO_2 相类似，预测此分子是非极性的吗？

图 9.11 显示了一些均具有极性键的极性分子和非极性分子的实例。这些分子的中心原子与相同的其他原子对称性地结合，如分子 BF_3 和 CCl_4 都是非极性的。对于所有的 B 原子都是相同的 AB_n 分子来说，如果具有线型（AB_2），平面三角型（AB_3），四面体型和平面正方型（AB_4），三角双锥型（AB_5）和八面体型（AB_6）等对称性形状，即使单独的化学键可能是极性的，整个分子也是非极性的。

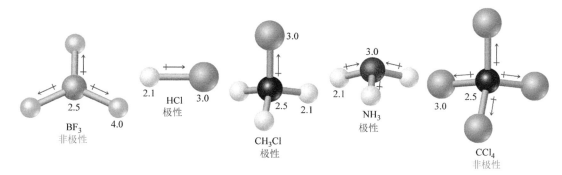

▲ 图 9.11 **包含极性键的极性和非极性分子** 数值是电负性值

▷ 实例解析 9.4
分子的极性

预测这些分子是极性分子还是非极性分子：(a) BrCl (b) SO_2 (c) SF_6

解析

分析 已知 3 个分子的分子式，要求预测分子是否为极性分子

思路 一个分子若仅包含 2 个原子，且 2 个原子的电负性不同，此分子一定是有极性的。包含 3 个或更多原子的分子的极性取决于分子的几何构型和单个键的极性。因此，对于包含 3 个或更多原子的每一个分子，我们必须绘制出其路易斯结构式以确定其分子构型。之后，利用电负性值，以确定键矩的方向。最后，我们会看到，键矩是否会相互抵消产生非极性分子，还是会彼此加强以产生极性分子。

解答

（a）Cl 的电负性比 Br 大，所有有极性键的双原子分子均是极性分子，因此，BrCl 是极性分子，Cl 带部分负电荷。

$$\overset{\longrightarrow}{Br—Cl}$$

测量的 BrCl 分子的偶极矩 μ 是 0.57 D.

（b）因为 O 的电负性大于 S 的电负性，因此 SO_2 有极性键，其 3 种共振结构可写成如下形式：

$$:\ddot{O}—\ddot{S}=\ddot{O}: \longleftrightarrow :\ddot{O}=\ddot{S}—\ddot{O}: \longleftrightarrow :\ddot{O}=\ddot{S}=\ddot{O}:$$

对于每种形式，VSEPR 模型均预测出它是角型分子。由于分子是角型的，键矩就不能互相抵消，因此，分子是有极性的。实验测定，SO_2 分子的偶极矩 μ 是 1.63D。

（c）F 的电负性比 S 大，因此，键的偶极矩指向 F。为了显示清晰，仅仅给出了一个 S—F 偶极矩，六个 S—F 键是在中心 S 原子周围以八面体方式排列：

$$
\begin{array}{c}
\quad F \quad\ F \\
\quad\ \ \diagdown\ \diagup \\
F \!-\! S \overset{\longrightarrow}{-} F \\
\quad\ \ \diagup\ \diagdown \\
\quad F \quad\ F
\end{array}
$$

由于八面体的分子几何构型是对称的，键矩相互抵消，分子是非极性分子，意味着分子偶极矩 $\mu=0$。

▶ **实践练习 1**

思考对于 AB_3 分子，A 和 B 的电负性不同。已知整个分子的偶极矩为零，此分子可能采用下面的哪一种分子几何构型？

（a）三角锥型　　　　　（b）平面三角型
（c）T 型　　　　　　　（d）正四面体型
（e）不止上面一种构型

▶ **实践练习 2**

确定下列分子是极性分子，还是非极性分子：
(a) SF_4, (b) $SiCl_4$。

9.4 │ 共价键与轨道重叠

VSEPR 模型提供了一种预测分子构型的简单方式，但是并未解释原子之间的成键问题。在共价键理论发展过程中，化学家已经从另一方面使用量子理论解决了这个问题。我们如何使用原子轨道去解释成键和分子几何构型呢？路易斯理论与原子轨道理论的结合，产生了**价键理论**的化学键模型，其中，成键电子会集中出现在原子间区域，非键电子对位于空间一定方向的区域。通过扩展这种方法，包括原子轨道能彼此杂化的方式，我们可获得一种与 VSEPR 模型相对应的解释。

在路易斯理论中，当原子由于原子核间密度集中而共享电子时，形成了共价键。在价键理论中，当一个原子的成键原子轨道与另一个成键的原子轨道共享一定空间或*重叠*时，我们会看到两原子核间的电子密度逐渐增加了。原子轨道的重叠，允许两个自旋相反的电子共用原子核间的空间，形成共价键。

图 9.12 显示了价键理论如何解释靠近的两个原子形成分子的 3 个示例。在 H_2 分子的形成过程中，每一个 H 原子的 $1s$ 轨道上有一个单电子，随着轨道的重叠，两核间的电子密度更集中，两原子被核间电子吸引到一起，形成了共价键。

轨道重叠从而形成共价键的思想，同样也被很好地应用在了其他分子上。例如，在 HCl 分子中，Cl 原子的电子构型为 $[Ne]3s^23p^5$，除了 $3p$ 的一个轨道外，Cl 的所有价层轨道均被填满了。这个 $3p$ 电子同 H 的 $1s$ 电子配对，形成了 HCl 的共价键（见图 9.12）。由于 Cl 的另两个 $3p$ 轨道中的每一个轨道均被一对电子填满，他们都不能参与和 H 原子成键。同样，我们可以用一个 Cl 原子有单电子的 $3p$ 轨道与另一个 Cl 原子的单电子 $3p$ 轨道重叠来解释 Cl_2 中的共价键。

在任何共价键中，两个原子核间总是存在最优化的距离。图 9.13 显示了在两个 H 原子所构成的体系中，当两个 H 原子相互靠近形成 H_2 分子时，其潜在的能量是如何变化的。当这些原子在无限远处分离时，它们不能"感觉"到彼此，因此能量接近于零。随着两原子间距离的缩短，它们 $1s$ 轨道间的重叠增加了。由于在原子核间电子密度的增加，系统的势能降低了。也就是说，键的强度增加了，就如在双原子系统的势能降低图中所示那样。然而，图 9.13 也显示了，当两个 H 原子核间距离小于 0.74Å 时，系统的能量会迅速增加。在较短的核间距时，系统势能增加的主要原因是两核之间的静电斥力增加。在系统势能最低时分子间的距离（在此例中，为 0.74Å）对应于分子的键长。

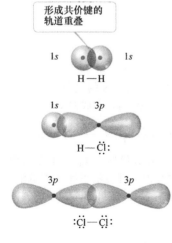

形成共价键的轨道重叠

$1s$　　　　　$1s$

H — H

$1s$　　　　　$3p$

H—$\ddot{\underset{..}{Cl}}$:

$3p$　　　　　$3p$

:$\ddot{\underset{..}{Cl}}$—$\ddot{\underset{..}{Cl}}$:

▲ 图 9.12　由于轨道重叠在 H_2、HCl 和 Cl_2 分子中形成的共价键

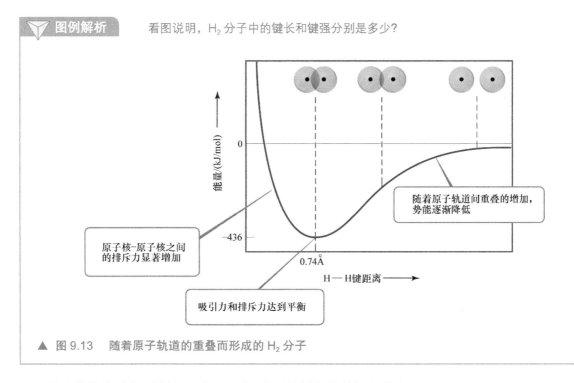

随着原子轨道间重叠的增加，势能逐渐降低

原子核-原子核之间的排斥力显著增加

-436

0.74Å

吸引力和排斥力达到平衡

H — H键距离 ⟶

▲ 图 9.13   随着原子轨道的重叠而形成的 H_2 分子

  最小势能处对应于键长。因此，所观察到的键长是异性电荷之间的吸引力（电子与核）与同性电荷之间的排斥力（电子——电子和核—核）相平衡时的距离。

9.5 | 杂化轨道

  尽管 VSEPR 模型与原子轨道填充和原子轨道形状没有明显的联系，但却能很好地预测分子构型。例如，我们想了解如何用中心 C 原子的 2s 和 2p 轨道来解释甲烷中碳氢键的四面体排列，而这些轨道并不指向四面体的顶端。我们如何将原子轨道重叠形成共价键的概念与 VSEPR 模型中的分子几何结构相协调？

  首先，我们想到原子轨道是来源于原子结构量子力学模型的数学函数（见 6.5 节）。为了解释分子的几何构型，我们经常假定原子上（通常是中心原子）原子轨道杂化形成新的称作**杂化轨道**的轨道。任何一个杂化轨道的形状均不同于最初原子轨道的形状。杂化原子轨道的过程是数学上称作杂化的过程。在一个原子中原子轨道的总数是保持一定的，因此，一个原子中杂化轨道的数量等于被杂化的原子轨道的数量。

  当我们研究普通类型的杂化时，会注意到杂化类型和 VSEPR 模型所预测的分子几何构型（线型、角型、平面三角型和正四面体型）之间的关系。

sp 杂化轨道

  为了阐明杂化过程，考虑具有路易斯结构的 BeF_2 分子

$$:\!\ddot{F}\!—\!Be\!—\!\ddot{F}\!:$$

VSEPR 模型预测 BeF_2 是有两个相同 Be—F 键的线型分子，与实验结果一致。我们如何使用价键理论来描述此成键呢？$F(1s^2 2s^2 2p^5)$ 的电子构型表明其在 $2p$ 轨道上存在一个未成对电子。这个未成对电子能与 Be 原子上的未成对电子配对而形成一个极性共价键。然而，在 Be 原子上的哪一个轨道会与 F 原子上的这些原子轨道重叠而形成 Be—F 键呢？

基态 Be 原子的原子轨道分布图：

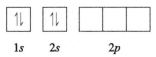

由于没有未成对电子，基态 Be 原子不能与 F 原子成键。然而，我们想象激发 $2s$ 的一个电子进入一个 $2p$ 轨道，Be 原子就能形成两个共价键：

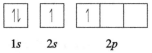

此时，Be 原子有两个未成对电子，能与 F 原子形成两个极性共价键。然而，由于 Be 的一个 $2s$ 轨道被用来形成一个共价键，一个 $2p$ 轨道被用来形成另一个共价键，因此这两个共价键将是不同的。尽管一个电子的激发，允许形成两个 Be—F 键，但我们仍然不能解释 BeF_2 的结构。

通过杂化 $2s$ 轨道和 $2p$ 轨道而形成两个新的轨道，我们能解决这个难题。如图 9.14 所示，像 p 轨道一样，每一个新轨道有两端，但与 p 轨道不同，新轨道的一端比另一端大得多。这两个新的轨道在形状上是相同的，但是它们的大端指向相反的方向。这两个新轨道在图 9.14 中以紫色表示，称作杂化轨道。因为我们杂化了一个 s 轨道和一个 p 轨道，所以把每一个杂化轨道叫作 sp 杂化轨道。根据价键理论，电子域的线型排列意味着 sp 杂化。

对于 BeF_2 的 Be 原子，我们写出了形成的两个 sp 杂化轨道的分布图：

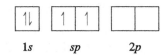

在 sp 杂化轨道中的电子能与两个 F 原子成键（见图 9.15）。由于两个 sp 杂化轨道是相同的但方向相反，因此 BeF_2 分子有两个相同的键且为线型。杂化时，我们使用其中一个 $2p$ 轨道，Be 原子余下的两个 $2p$ 原子轨道保持未杂化的状态且是空的。也要注意的是，每一个 F 原子有两个其他的价层 p 原子轨道，每个轨道都包含一个非键电子对。图9.15中省略了这些原子轨道，以确保图例更简单明了。

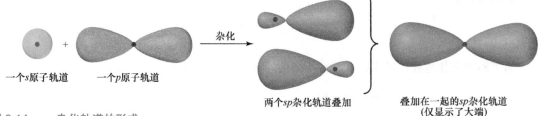

一个 s 原子轨道   一个 p 原子轨道   杂化   两个 sp 杂化轨道叠加   叠加在一起的 sp 杂化轨道（仅显示了大端）

▲ 图 9.14 sp 杂化轨道的形成

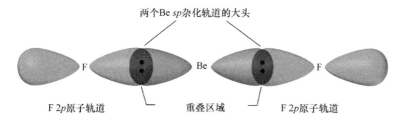

两个Be sp杂化轨道的大头

F 2p原子轨道   重叠区域   F 2p原子轨道

▲ 图 9.15　BeF_2 分子中的两个相同的 Be—F 键

想一想

在 Be 原子上，相对于两个 Be—F 键，两个未杂化的 p 轨道的方向是如何的？

sp^2 和 sp^3 杂化轨道

无论何时我们杂化一定数量的原子轨道，均会得到相同数量的原子轨道。每一个杂化轨道都与其他的杂化轨道相同但所指方向不同。因此，杂化一个 $2s$ 和一个 $2p$ 原子轨道产生两个相同而指向相反的 sp 杂化轨道（见图 9.14）。其他的原子轨道组合可以被杂化得到不同的几何构型，例如 sp^2 和 sp^3 杂化。

例如，在 BF_3 中，杂化 $2s$ 和 2 个 $2p$ 原子轨道产生 3 个相同的 sp^2 杂化轨道（见图 9.16）。3 个 sp^2 杂化轨道位于同一平面，彼此远离形成 120° 夹角，用它们与 3 个 F 原子形成 3 个相同的键，导致 BF_3 分子形成平面三角型的分子几何构型。注意，一个未填充的 $2p$ 原子轨道是未杂化的，一端在平面上，一端在平面下。这个未杂化的轨道是非常重要的，尤其是对于我们在第 9.6 节讨论的双键部分。

一个 s 轨道可以和同一电子亚层的 3 个 p 轨道杂化。例如，CH_4 中的 C 原子与 4 个 H 原子形成 4 个相同的键。

图例解析

3 个 sp^2 杂化轨道大头之间形成的夹角是多少？

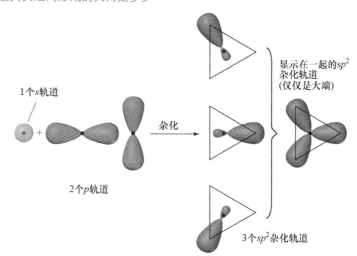

1个s轨道

2个p轨道

杂化

3个sp^2杂化轨道

显示在一起的sp^2
杂化轨道
（仅仅是大端）

▲ 图 9.16　sp^2 杂化轨道的形成

你认为对于图中第二排最右端的 sp^3 杂化，哪一个 p 轨道在杂化时贡献最大？

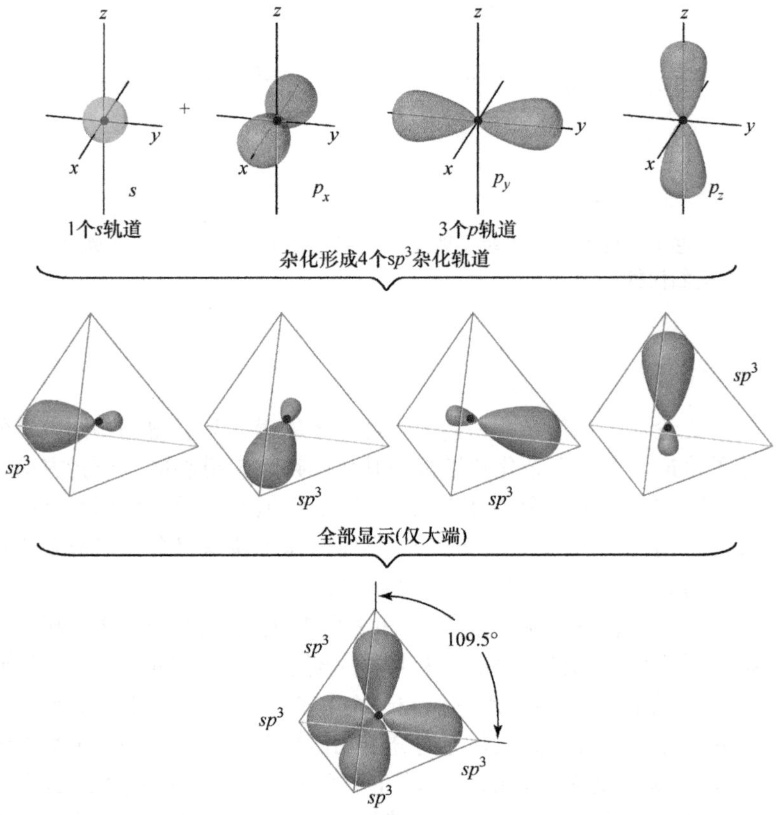

1个s轨道 + 3个p轨道

杂化形成4个sp³杂化轨道

全部显示(仅大端)

109.5°

▲ 图 9.17 sp^3 杂化轨道的形成

我们把此过程想象成杂化 C 原子的 $2s$ 和 3 个 $2p$ 原子轨道去形成 4 个相同的 sp^3 杂化轨道。每一个 sp^3 杂化轨道都有一个指向四面体顶端的大端（见图 9.17）。利用这些杂化轨道与另一个原子的原子轨道（例如 H 原子）重叠，能形成双电子键。使用价键理论，我们能描述在 CH_4 中的成键为：在 C 原子上 4 个相同的 sp^3 杂化轨道同 H 原子的 $1s$ 轨道重叠而形成 4 个相同的键。

想一想

在一个 sp^2 杂化原子中，如果我们看见有一个未杂化的 $2p$ 轨道，那么在一个 sp^3 杂化原子中，有多少个未杂化的 p 轨道呢？

杂化的思想也可以用来描述包含非键电子对的分子的成键。例如，在 H_2O 中，中心原子 O 周围的电子对几何构型近似为四面体（见图 9.18）。因此 4 个电子对占据 sp^3 杂化轨道。2 个 sp 杂化轨道包含非键电子对，另 2 个与 H 原子成键。

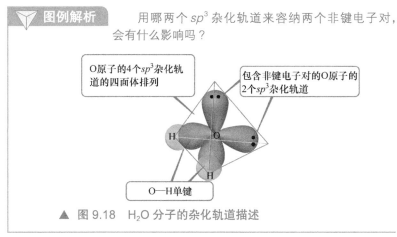

O原子的4个sp^3杂化轨道的四面体排列

包含非键电子对的O原子的2个sp^3杂化轨道

O—H单键

▲ 图 9.18 H_2O 分子的杂化轨道描述

超价分子

到目前为止，我们只讨论了碳、氮和氧等第二周期元素。但是在讨论第三周期及以后的元素时，我们需要特别注意，因为在它们的许多化合物中是超价的，即这些元素作为中心原子周围有超过 8 个电子（见 8.7 节）。我们在 9.2 节中已经知道 VSEPR 模型在预测超价分子（如 PCl_5、SF_6 或 BrF_5）的分子构型方面效果很好。但是我们能不能将杂化轨道的使用扩展到描述这些超价分子的成键情况呢？简而言之，答案是否定的，杂化轨道不适用于超价分子。让我们一起来探究原因。

由第二周期元素发展的价键理论，可以很好的解释价层不超过 8 电子的第三周期元素的成键。因此，举例来说，可以使用中心原子的 s 和 p 轨道的杂化来讨论 PF_3 或 H_2Se 等分子的成键。

对于超过 8 电子的化合物，我们可以通过增加包括价层 d 轨道在内的杂化轨道的数量来解决。例如，对于 SF_6 分子，我们可以设想除了 S 原子的 1 个 $3s$ 和 3 个 $3p$ 轨道外，再杂化硫原子的 2 个 $3d$ 轨道，可以产生总数为 6 个的杂化轨道。然而，实质上 S 的 $3d$ 轨道比 $3s$ 和 $3p$ 轨道有更高的能量，因此，形成 6 个杂化轨道所需的能量要大于同 6 个 F 原子成键放出的能量。理论计算表明：S 原子的 $3d$ 轨道并未在很大程度上参与 S 原子和 6 个 F 原子之间的成键，因此在 SF_6 分子中用 6 个杂化轨道来描述成键将是不成立的。需要更详细的成键模型去讨论 SF_6 分子和其他超价分子的成键，这样的处理超出了普通化学课本的要求范围。幸运的是，VSEPR 模型通过静电斥力解释了这种分子的几何性质，能很好的预测这类分子的几何构型。

上述讨论告诉我们，一个模型可能非常适用于某方面，但在另一方面就不很适用，例如杂化轨道理论。事实证明，杂化轨道理论对于第二周期元素是非常适用的，是现代有机化学中关于成键和分子构型讨论中的重要组成部分。然而，当涉及 SF_6 这样的分子时，遇到了这个模型理论局限性。

杂化轨道总结

总之，杂化轨道提供了一个使用价键理论解释中心原子有八隅体或较少电子数结构的分子的传统模型，且在杂化轨道中，分子几何构型遵循 VSEPR 模型所预测的电子对几何构型。虽然杂化轨道的概念具有在预测分子构型方面价值有限，但是当我们知道电子对的几何结构时，我们也可以采用杂化理论描述中心原子在成键时使用的原子轨道情况。

> **如何描述原子成键所使用的杂化轨道**
>
> 1. 绘制出分子或离子的路易斯结构式。
> 2. 使用 VSEPR 模型确定中心原子周围的电子对几何构型。
> 3. 根据杂化轨道的几何排列，指定需要容纳电子对的杂化轨道（见表 9.4）。

　　图 9.19 阐明了这些步骤，展示了在 NH_3 分子中 N 原子的杂化是如何确定的。

表 9.4　杂化轨道类型的几何排布特点

原子轨道类型	杂化轨道类型	几何构型	示例
s, p	2 个 sp	180° 直线型	BeF_2，$HgCl_2$
s, p, p	3 个 sp^2	120° 平面三角型	BF_3，SO_3
s, p, p, p	4 个 sp^3	109.5° 正四面体型	CH_4，NH_3，H_2O，NH_4^+

▼ 图例解析

如果我们现在看的是 PH_3 分子，而不是 NH_3 分子，我们将如何修改这个图形？

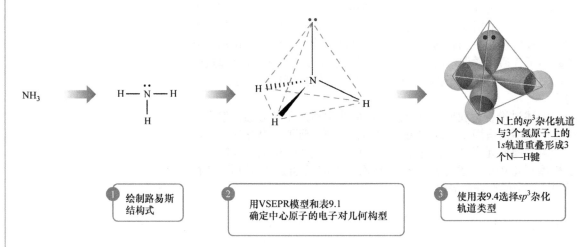

N 上的 sp^3 杂化轨道与 3 个氢原子上的 $1s$ 轨道重叠形成 3 个 N—H 键

❶ 绘制路易斯结构式

❷ 用 VSEPR 模型和表 9.1 确定中心原子的电子对几何构型

❸ 使用表 9.4 选择 sp^3 杂化轨道类型

▲ 图 9.19　NH_3 分子中的杂化轨道成键描述　注意与图 9.6 的比较。这里我们强调用于成键和容纳非键电子对的杂化轨道

实例解析 9.5

描述中心原子的杂化

描述 NH_2^- 中心原子周围的杂化轨道。

解析

分析 已知一个多聚原子阴离子的化学式，要求描述中心原子周围的杂化轨道类型。

思路 为了确定中心原子的杂化轨道，我们必须知道中心原子周围的电子对几何构型。因此，我们画出路易斯结构式以确定在中心原子周围的电子对数量。杂化遵循 VSEPR 模型所预测的中心原子周围的电子对的数量和几何构型。

解答 路易斯结构式为：

$$\left[H \!:\! \ddot{N} \!:\! H\right]^-$$

由于在 N 原子周围有 4 个电子对，电子对的几何构型是正四面体。已知正四面体电子对几何构型对应的杂化为 sp^3 杂化（见表 9.4）。两个 sp^3 杂化轨道包含 2 个非键电子对，其余的 2 个被用于与 H 原子成键。

▶ **实践练习 1**

对于下面的分子或离子，接下来的描述哪一个是正确的？"能使用中心原子的 sp^2 杂化轨道来解释成键，一个杂化轨道容纳一对未成键电子。"

（a）CO_2

（b）H_2S

（c）O_3

（d）CO_3^{2-}

（e）不止以上一个

▶ **实践练习 2**

预测 SO_3^{2-} 的电子对几何构型和中心原子杂化类型。

9.6 | 多重键

迄今为止，在我们所考虑的共价键中，电子密度集中在原子核的连线上（键轴）。这条线穿过重叠区域的中间而连接两个原子核，形成了一种叫作 **σ 键** 的共价键。σ 键形成的例子包括：

- 两个 s 轨道的重叠：每一个来自于 H_2 分子中的 H 原子（见图 9.12）。
- HCl 分子中一个 H 原子的 s 轨道和一个 Cl 原子的 p 轨道重叠（见图 9.12）。
- 两个 p 轨道的重叠：每一个来自于 Cl_2 分子中的 Cl 原子（见图 9.12）。
- BeF_2 分子中一个 F 原子的 p 轨道和一个 Be 原子的 sp 杂化轨道的重叠（见图 9.15）。

为了描述多重键，我们必须考虑第二种键，两个 p 轨道之间重叠形成的这种键在方向上垂直于键轴（见图 9.20）。p 轨道的侧面重叠产生了叫作 **π 键** 的共价键，π 键是重叠区域位于键轴上方或下方的键。与 σ 键不同的是，π 键中电子密度并未集中在键轴上。尽管从图 9.20 中并不能明显看出 π 键中的 p 轨道侧向重叠较弱，但结果却是 π 键普遍要弱于 σ 键。

▲ 图 9.20 比较 σ 键和 π 键 注意 π 键重叠的两个区域在键轴的上方或下方，构成了 π 单键

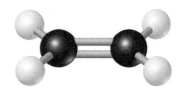

▲ 图 9.21 乙烯的平面三角型分子几何构型 双键由一个 C—C σ 键和一个 C—C π 键组成

几乎在所有情况下，单键是 σ 键。一个双键由一个 σ 键和一个 π 键组成，一个三键由一个 σ 键和两个 π 键组成：

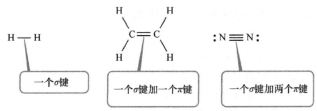

考虑乙烯分子（C_2H_4），它有一个 C＝C 双键。如图 9.21 的球棍模型所示，每一个 C 的三个键角都大约是 120°，表明每一个 C 使用 sp^2 杂化轨道与另一个 C 原子和两个 H 原子（见图 9.16）形成 σ 键。由于 C 有 4 个价电子，在 sp^2 杂化后，每一个 C 原子保留了一个电子在一个未杂化的 p 轨道中。注意到这个未杂化的 2p 轨道在方向上垂直于三个 sp^2 杂化轨道所组成的平面。

让我们先来看看乙烯分子成键的步骤。每一个 C 原子上的 sp^2 杂化轨道包含一个电子。图 9.22 显示了乙烯分子的成键过程。首先我们设想通过每一个 C 原子上的 1 个 sp^2 杂化轨道的重叠形成 C—C

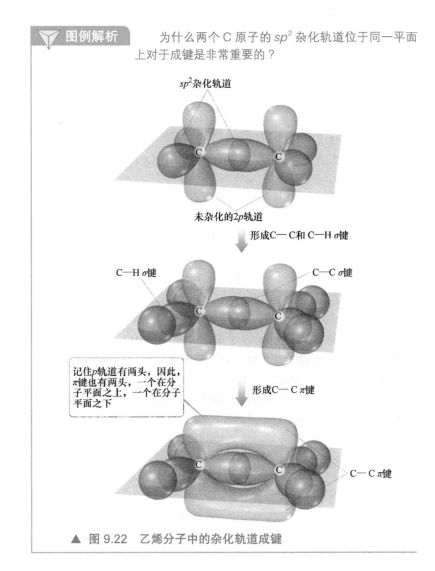

▲ 图 9.22 乙烯分子中的杂化轨道成键

σ键。这是一共有 2 个电子被用于形成 C—C σ键。接下来，C 原子上剩余的 sp^2 杂化轨道同每一个 H 原子的 1s 轨道重叠形成了 C—H σ键。我们又使用了 8 个电子形成了 4 个 C—H 键。因此，乙烯分子12 个价电子中的 10 个被使用而形成了 5 个 σ键。

剩余的 2 个价电子保留在了 2 个 C 原子未杂化的 2 个 2p 轨道中，每一个 C 原子有 1 个电子。这 2 个轨道可以互相重叠，如图 9.22 所示。由此产生的电子密度集中在了 C—C 键轴上方和下方，从而形成了 1 个 π键（见图 9.20）。因此，乙烯分子中的 C ═ C 双键由一个σ键和一个 π键组成。

尽管我们不能通过实验手段直接观察到 π键（我们能观察到的只是原子的位置），但乙烯的结构为它的存在提供了强有力的支持。首先，乙烯分子中 C—C 键长（1.34Å）比普通化合物 C—C 单键的键长（1.54Å）短得多，这与较强的 C ═ C 双键的出现相一致。其次，在C_2H_4 分子中，所有 6 个原子位于同一平面。仅当 2 个 CH_2 位于同一平面上时，形成 π键的每 1 个 C 原子上的 p 轨道才能获得很好的重叠。因为 π键要求分子的某些部分是共平面的，这样使分子具有刚性。

使用杂化轨道也能解释三键，例如，乙炔分子 C_2H_2 是一个含有三键的线性分子 H — C ≡ C — H。该分子线性的几何构型表明每 1 个 C 原子使用 sp 杂化轨道与另一个 C 原子和 H 原子形成 σ键。因此，每 1 个 C 原子有 2 个未杂化的 2p 轨道，彼此成直角并垂直于 sp 杂化轨道（见图 9.23）。因此，在 1 个 sp 杂化 C 原子上，保留了 2 个 p 轨道。这些 p 轨道重叠形成一对 π键。所以，乙炔分子中的三键由 1 个 σ键和 2 个 π键组成。

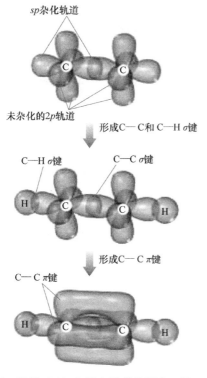

▽ **图例解析** 根据乙烯和乙炔分子的成键模型，哪一个分子的 C—C 键强度较大？

sp杂化轨道

未杂化的2p轨道

形成C—C和C—H σ键

C—H σ键　　C—C σ键

形成C—C π键

C—C π键

▲ 图 9.23 乙炔 C_2H_2 分子中形成的两个 π键

> **想一想**
>
> 对于分子式为 N_2H_2 和路易斯结构式如下的二氮烯分子
>
> $$H—\ddot{N}=\ddot{N}—H$$
>
> 预测二氮烯是线性分子吗（所有 4 个原子在同一直线上）？如果不是，预测这个分子是平面的吗（所有 4 个原子在同一平面）？

　　尽管利用 d 轨道也可能形成 π 键，但我们这里所考虑的仅是通过 p 轨道重叠所形成的 π 键。只有在成键原子中有未杂化的 p 轨道时，这些 π 键才能形成。因此，只有原子是 sp 或 sp^2 杂化时，才能形成 π 键。进一步说，在由第二周期原子，尤其是 C、N、O 原子组成的分子中，双键和三键（和因此而存在的 π 键）是更普遍存在的。较大的原子，比如 S、P 和 Si 原子，很少会形成 π 键。

实例解析 9.6

描述分子中的 σ 键和 π 键

甲醛的路易斯结构式

$$\begin{array}{c} H \\ | \\ C=\ddot{O}: \\ | \\ H \end{array}$$

从杂化和未杂化轨道重叠的角度，描述甲醛分子中的键是如何形成的。

解析

　　分析　要求我们用杂化轨道来描述甲醛的成键。

　　思路　单键是 σ 键，双键由一个 σ 键和一个 π 键组成。在此分子中，这些键的形成方式能由 VSEPR 模型所预测的分子的几何构型中推出。

　　解答　C 原子周围有 3 个电子对，这表明分子具有键角约为 120° 的平面三角型的几何构型。此几何构型表明了 C 原子的 sp^2 杂化（见表 9.4）。使用 C 原子的这些杂化轨道，形成了 2 个 C—H 和 1 个 C—O σ 键。在 C 原子上，保留了 1 个未杂化的 $2p$ 轨道，垂直于 3 个 sp^2 杂化轨道平面。在 O 原子周围，也有 3 个电子对，因此，我们假定它也采取 sp^2 杂化方式。其中的一个杂化轨道参与形成 C—O σ 键，而另两个容纳了 2 个 O 原子的非键电子对。因此，与 C 原子一样，O 原子有一个垂直于分子平面的 p 轨道，两个 p 轨道重叠形成了一个 C—O π 键（见图 9.24）。

▶ **实践练习 1**

　　我们刚描述了甲醛分子的成键，下面关于这个分子的哪个或哪些描述是正确的？

　　（ⅰ）分子中的 2 个电子用来形成 π 键；

　　（ⅱ）分子中的 6 个电子用来形成 σ 键；

　　（ⅲ）甲醛分子中的 C—O 键的键长应该比 H_3COH 分子中的 C—O 键的键长短。

　　（a）上面选项中仅一项正确；

　　（b）选项（ⅰ）和（ⅱ）正确；

　　（c）选项（ⅰ）和（ⅲ）正确；

　　（d）选项（ⅱ）和（ⅲ）正确；

　　（e）所有三个选项均正确。

▶ **实践练习 2**

　　（a）预测乙腈分子中每个 C 原子周围的键角；

$$\begin{array}{c} H \\ | \\ H—C—C\equiv N: \\ | \\ H \end{array}$$

　　（b）描述每个 C 原子的杂化；

　　（c）确定分子中 σ 键和 π 键的数量。

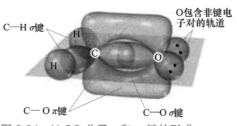

C—H σ 键　　　　　　　　　O 包含非键电子对的轨道

C—O π 键　　　　　　　C—O σ 键

▲ 图 9.24　H_2CO 分子 σ 和 π 键的形成

共振结构，离域作用和 π 键

对于目前这部分内容所讨论的分子的成键电子是定域的。这说明 σ 电子和 π 电子全部与形成这个键的两个原子相关。然而，在许多分子中，我们不能确切地把成键描述成完全是定域的。这种情况尤其出现在有两个或多个涉及 π 键的共振结构中。

苯是一种不能用定域 π 键来描述的分子，它有 2 种共振结构（见 8.6 节）

苯分子共有 30 个价电子。为了使用杂化轨道来描述苯的成键情况，我们首先选择一个与分子几何构型相一致的杂化方式。由于每个 C 原子周围有 3 个成 120° 角的原子，所以适合的杂化方式是 sp^2 杂化。利用 sp^2 杂化轨道，形成了 6 个定域的 C—C σ 键和 6 个定域的 C—H σ 键，如图 9.25a 所示。因此一个苯分子使用了 24 个价电子形成了分子中的 σ 键。

由于每个 C 原子是 sp^2 杂化，因此每个 C 原子上还有一个 p 轨道，它们的方向均垂直于分子平面。除了苯环上有 6 个 p 轨道外，其他的情况与乙烯分子类似（见图 9.25b）。其余的 6 个价电子占据 6 个 p 轨道，每个轨道填充 1 个电子。

▽ 图例解析 苯分子中存在哪两种 σ 键?

a) σ 键 b) p 轨道

▲ 图 9.25 苯分子，C_6H_6，中 σ 和 π 键 a）σ 键骨架；b）6 个碳原子上未杂化的 $2p$ 轨道重叠形成的 π 键

我们可以想象这些 p 轨道形成 3 个定域的 π 键。如图 9.26 所示，形成这些定域键可以有 2 种相同的方式，每一种对应一个共振结构。然而，能够同时表达这两种共振结构的表示方式是 6 个 p 电子平均分配在 6 个 C 原子上，如图 9.26 右图所示。读者需注意的是，这种模糊的表示方式是与经常用来表示苯分子的六角形内一个圆相一致的。

◀ 图 9.26 苯分子中的离域 π 键

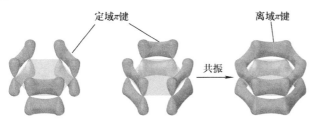

定域 π 键   离域 π 键

共振

这个模型使我们预测所有的 C — C 键长将是相等的，此键长应在一个 C — C 单键（1.54Å）和一个 C═C 双键（1.34Å）之间。此预测与观察到的 C — C 键长（1.40Å）相一致。

由于我们不能把苯分子中的 π 键描述成相邻两原子之间的单个键，所以我们说，在6个碳原子中，苯分子具有离域的6-电子 π 键。在 π 键中电子的离域使苯分子具有特殊的稳定性，π 键中电子的离域也使得许多有机物分子具有颜色。关于离域 π 键，最重要的一点是它们对分子的几何构型起到了约束作用。为了使 p 轨道有较好的重叠，离域 π 键中所涉及的所有原子应位于同一平面。这一限制使得仅包含 σ 键的分子产生了一定刚性（见"化学与生活"）。

如果你学习了有机化学课程，你将会看到许多离域电子如何影响有机分子性质的例子。

实例解析 9.7

离域键

描述硝酸根离子 NO_3^- 的成键情况，这个离子有离域 π 键吗？

解析

分析 已知一个多原子阴离子的化学式，要求我们描述它如何成键且确定此离子是否具有离域 π 键。

思路 首先应画出它的路易斯结构式。涉及不同双键位置的多个共振结构将表明双键的 π 部分是否是离域的。

解答 在 8.6 节，我们看到 NO_3^- 有三个共振结构：

$$\left[\ddot{O}=N\overset{\textstyle :\ddot{O}:}{\underset{:\ddot{O}:}{}}\right] \longleftrightarrow \left[\cdots\right] \longleftrightarrow \left[\cdots\right]$$

在每一个结构中，硝酸根电子对的几何构型均是平面三角型，表明 N 原子采取了 sp^2 杂化方式。考虑到这其中的离域 π 键，我们可以将其认为是具有孤对电子的原子与 sp^2 杂化的中心原子键合后形成的。因此，我们所以设想，在阴离子中的每个 O 原子在离子平面中有 3 个 sp^2 杂化轨道。4 个原子中每一个均有一个未杂化的 p 轨道垂直于离子平面。

NO_3^- 离子有 24 个价电子。首先，我们使用 4 个原子中的 sp^2 杂化轨道形成 3 个 N—O σ 键。这就使用了 N 原子上的所有的 sp^2 杂化轨道和每个 O 原子上的一个 sp^2 杂化轨道，每个 O 原子上剩余的两个 sp^2 杂化轨道来容纳一对未成键电子。因此，对于任何一个共振结构，在离子平面中，我们有下面的排布式：

注意到我们共使用了 18 个电子——3 个 N—O σ 键中有 6 个，12 个在 O 原子上作为非键电子。剩余的 6 个电子将保留在了离子的 π 键中。

4 个原子，每个原子都提供 1 个 p 轨道建立了 π 键。我们可以看到，在所显示的 3 个共振结构的任何一个中，均有一个定域 N—O π 键，通过 N 和 O 原子上各自的一个 p 轨道而形成。余下的两个 O 原子在他们的 p 轨道中存有非键电子对。因此，对于每一个共振结构，我们都有如图 9.27 所示的情况。由于每一个共振结构对于观察到的 NO_3^- 离子的结构贡献相同，所以我们提出了 π 键作为离域键而遍布 3 个 N—O 键，如图所示。在 NO_3^- 离子的 4 个原子中存在离域的 6 电子 π 键。

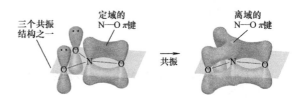

▲ 图 9.27　在 NO_3^- 离子中，6 电子 π 键的定域和离域结构

▶ **实践练习 1**

在臭氧分子 O_3 的 π 键中有多少个电子？
（a）2　（b）4　（c）6　（d）14　（e）18

▶ **实践练习 2**

这些分子或离子：SO_2、SO_3、SO_3^{2-}、H_2CO、NH_4^+，哪些有离域键？

关于 σ 和 π 键的一般规律：

根据我们已经看到的例子，对于用杂化轨道描述分子结构，我们能得出一些有用的结论：

- 每一对成键的原子共用一对或多对电子。我们在路易斯结构中所画的每一个成键直线代表两个共用的电子。在每一个 σ 键中，一对电子定域分布在原子间。由观察到的分子几何构型，可以确定一个原子与其相邻原子间形成 σ 键的合适的杂化轨道类型。表 9.4 给定了杂化轨道类型和原子几何构型之间的关系。

- 由于 σ 键中电子被定域在 2 个成键原子之间，因此他们不会对任何其他两原子的成键起到重要的作用。

- 当原子共用不止一个电子对时，其中一对被用来形成 σ 键，其他对形成 π 键。π 键中的电荷密度中心位于 2 个原子核间键轴的上下两侧。

- 分子能形成超过 2 个成键原子的 π 键，此时的 π 键中的电子是离域的。我们可以用本节讨论的步骤来确定一个分子 π 键中的电子数。

化学与生活 | 可视化学

当光被眼睛的晶状体聚焦在视网膜即眼球内部的一层细胞上时，产生了视觉。视网膜包含叫作视杆和视锥的感光细胞（见图 9.28）。视杆细胞对于微弱的光比较敏感，在夜间观看时被使用。视锥细胞对于色彩敏感。视杆和视锥的顶部包含叫做视紫质的分子，它由视蛋白的蛋白质与视黄醛的紫红色色素成键组成。分子视黄醛部分双键周围的结构变化将引发一系列产生视觉的化学反应。

我们知道两原子间的双键会比相同两原子间的单键强（见表 8.3）。现在我们站在欣赏的角度看看双键的另一个方面：它们使分子具有了刚性。

考虑乙烯分子中的 C $=$ C 双键，想象相对于一个—CH$_2$ 官能团，旋转乙烯分子的另一个—CH$_2$ 官能团，如图 9.29 所示。这样的旋转会破坏 p 轨道的重叠，π 键断裂需要相当大的能量。因此，双键的出现限制了分子中键的旋转。

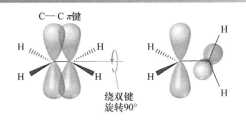

▲ 图 9.29 旋转乙烯分子中的 C $=$ C 双键，π 键断裂

比较而言，在单 σ 键中分子几乎能绕着键轴自由旋转，因为这样并不会影响它的轨道重叠。旋转允许单键分子旋转和折叠，仿佛它们的原子被铰链粘附在了一起。

我们的视觉依赖于视黄醛中双键的刚性。在它正常的形式中，视黄醛由于双键的存在而保持着刚性。进入眼睛的光线被视紫质吸收。即此光线的能量被用来破坏双键的 π 键部分（以红色在图 9.30 中表示）。双键断裂使得此键可以绕轴旋转，从而改变了视黄醛分子的几何构型。之后，视黄醛便会与视蛋白分离，从而引发视觉感的神经脉冲的反应。它只需要 5 个紧密排列的分子以这种方式反应，便可以产生出视觉感。因此，只需要 5 个光子来刺激眼睛。

视黄醛要很慢的转变成为它最初的形式并结合到视蛋白上。此过程的缓慢也帮忙解释了为什么强光会造成短暂的失明。光线使得所有的视黄醛与视蛋白均产生了分离，所以没有分子再去吸收光线。

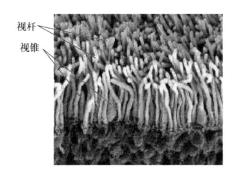

▲ 图 9.28 眼睛的内部 人类视网膜中视杆和视锥的增色扫描电镜图

相关练习：9.112，9.116

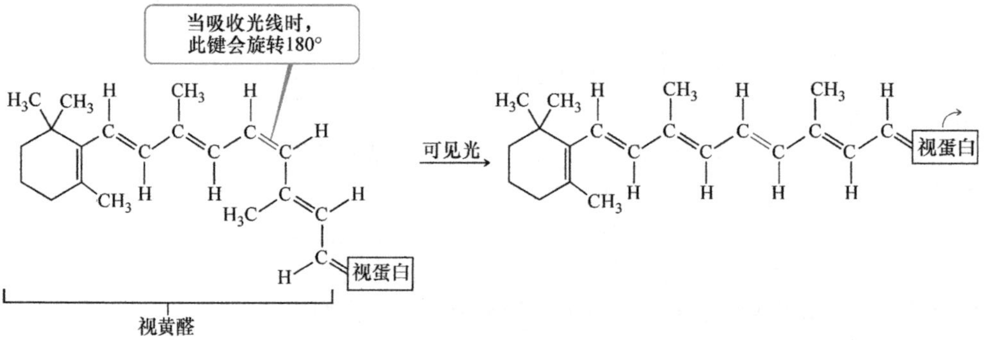

▲ 图 9.30 视紫质分子，视觉的化学基础 当视紫质吸收可见光时，以红色显示的双键的 π 键部分断裂，从而可以旋转。在 π 键重新形成前，分子几何构型会因此而发生变化。该六角形结构是 C — C 键与 C — H 键的最简单的表示方法

想一想

当两个原子通过一个三键连接时，组成这个三键的 σ 键的轨道杂化方式是什么？

9.7 | 分子轨道

虽然价键理论有助于解释路易斯结构、原子轨道和分子几何构型之间的关系，但它并不能解释成键的所有方面。例如，它不能描述分子的激发态，而此状态是我们解释分子如何吸收光、产生颜色所必需了解的。

分子轨道理论是一个更复杂的理论，可以更好地解释成键的某些方面。在第 6 章我们知道原子中的电子可以用波函数来描述，我们称之为原子轨道。与之相似，分子轨道理论使用特定的波函数描述分子中的电子，每个波函数称为**分子轨道（MO）**。

分子轨道有许多与原子轨道相同的特征。例如，一个分子轨道最多能容纳两个电子（自旋相反），有确定的能量，并且可以和原子轨道一样，通过使用轮廓线直观地表示电子密度分布。然而，与原子轨道不同的是，分子轨道属于整个分子，并不属于单个原子。

氢分子的分子轨道

我们从氢分子 H_2 开始研究分子轨道理论。使用两个 $1s$ 原子轨道（每一个 H 原子提供一个 $1s$ 轨道）去构建 H_2 分子的分子轨道。当两个原子轨道重叠，就会形成两个分子轨道。因此，形成 H_2 分子的 2 个 H 原子的 $1s$ 轨道重叠会产生两个分子轨道。第一个分子轨道，如图 9.31 底部右侧所示，由两个 $1s$ 轨道波函数相加而成。我们将这种称为成键组合。结果获得的分子轨道的能量如果低于构成它的两个原子轨道，我们把它叫做**成键分子轨道**。

第二个分子轨道通过反键组合而形成。这种方式是指两个原子轨道的导致重叠区域中央的电子密度相互抵消的方式结合起来的。后面章节的"深入探究"将充分讨论了这个过程，这个分子轨道（叫作**反键分子轨道**）能量要高于原子轨道能量。图 9.31 顶部右侧部分显示了 H_2 分子的反键分子轨道。

如图 9.31 所示，在成键分子轨道中，电子密度集中在两原子核之间的区域。这个香肠形状的分子轨道是两个原子轨道的加和，是原子轨道波函数在两个原子核之间区域组合的结果。

图例解析 在反键轨道波函数的节面处发现电子的可能性是多少?

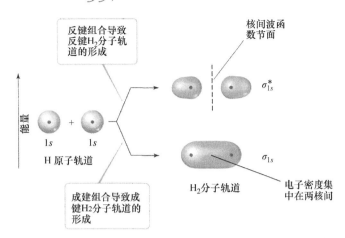

▲ 图 9.31 H_2 的两个分子轨道 一个成键分子轨道和一个反键分子轨道

由于这个分子轨道中的电子被两核吸引，此分子轨道中的电子（有更低的能量）要比在孤立 H 原子 1s 轨道中的电子更稳定。此外，由于成键分子轨道两核间电子密度高，这使得原子以共价键结合到一起。

相比之下，反键分子轨道在两核间的电子密度非常小。原子轨道波函数并不是在原子核之间的区域组合，而是在这个区域内相互抵消，电子云密度最大区域与两个原子核方向相反的一侧。因此，反键分子轨道在此成键区域电子互相排斥。反键轨道在原子核间必定有一个电子密度为零的节面，这个节面被叫做分子轨道的**波节面**（见图 9.31，此图和以后的图中以破折号表示波节面）。在反键分子轨道中的电子被排斥在成键区域之外，因此比在 H 原子 1s 原子轨道中更不稳定（能量更高）。

从图 9.31 可以发现：在 H_2 分子成键和反键分子轨道中，电子密度均的原子核之间的轴为中心。这种类型的分子轨道被称作 σ **分子轨道**（类似于 σ 键）。H_2 分子的 σ 成键分子轨道被记作 σ_{1s}；下角标表示分子轨道是由两个 1s 原子轨道形成的。H 原子的反键 σ 分子轨道被记作 σ_{1s}^*，星号表示这个分子轨道是反键。

通过**能级图**（也被叫作**分子轨道图**）表示两个 1s 原子轨道和由它们形成的分子轨道的相对能量。这样的图表示出了左侧和右侧是相互作用的原子轨道，中间是分子轨道，如图 9.32 所示。像原子轨道一样，每一个分子轨道能容纳自旋相反的两个电子（泡利不相容原理）（见 6.7 节）。

如图 9.32 所示 H_2 分子的分子轨道图，每一个 H 原子有一个电子，因此在 H_2 中有两个电子。这两个电子占据较低能量的成键（σ_{1s}）分子轨道，且自旋相反。占据成键分子轨道的电子叫作成键电子，因为 σ_{1s} 分子轨道的能量低于 H 的 1s 原子轨道的能量，因此 H_2 分子比两个分开的 H 原子更稳定。

与原子的电子构型类似，分子的电子构型可以用上角标来表示电子占据情况。那么 H_2 的电子构型是 σ_{1s}^2。

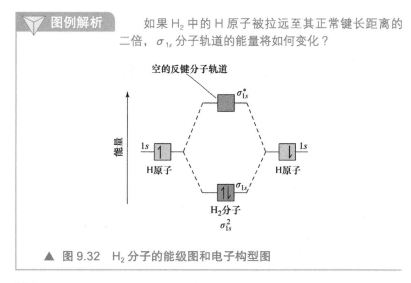

▼ 图例解析　　如果 H_2 中的 H 原子被拉远至其正常键长距离的二倍，σ_{1s} 分子轨道的能量将如何变化？

空的反键分子轨道

▲ 图 9.32　H_2 分子的能级图和电子构型图

键级

在分子轨道理论中，共价键的稳定性是与**键级**相关的。键级为成键电子数与反键电子数差的一半：

$$键级 = \frac{1}{2}（成键电子数 - 反键电子数）\qquad （9.1）$$

取差值的一半，是因为我们习惯于把每个键看成一对电子。*键级是 1 代表一个单键，键级是 2 代表一个双键，且键级是 3 代表一个三键。*由于分子轨道理论也适用于所实现的含奇数电子的分子，键级是 1/2、3/2 或 5/2 也是可能的。

现在，让我们来考虑一下图 9.32 和图 9.33 的 H_2 分子和 He_2 分子的键级。H_2 分子有两个成键电子，反键电子为零，因此，它的键级是 1。

图 9.33 显示了假定 4 个电子填充 He_2 分子轨道的能级图。由于仅仅 2 个电子能填充到 σ_{1s} 分子轨道，因此，另 2 个电子必须填充到 σ_{1s}^* 分子轨道上。所以，He_2 的电子构型是 $\sigma_{1s}^2\sigma_{1s}^{*2}$。从 He 原子轨道到形成 He 成键分子轨道，体系实现了能量的降低，但是从 He 原子轨道到形成 He 反键分子轨道体系的能量是增加的，降低的能量与增加的能量二者是相互抵消的。

被占据的反键分子轨道

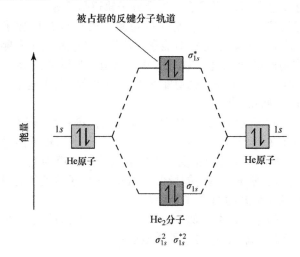

▶ 图 9.33　He_2 分子的能级图和电子构型

由于 He_2 分子有两个成键电子和两个反键电子，它的键级是 0。键级 0 意味着没有键存在，分子轨道理论正确地预见了 H 能形成双原子分子而 He 不能。

 想一想

假设 H_2 中的一个电子从 σ_{1s} 分子轨道激发至 σ^*_{1s} 分子轨道。[⊖]你认为两个 H 原子继续保持成键状态还是这个分子将发生分解？

实例解析 9.8
键级

He_2^+ 离子的键级是多少？相对于分离的 He 原子和 He^+ 离子，请预测一下 He_2^+ 离子会稳定存在吗？

解析

分析 我们将确定 He_2^+ 离子的键级，并利用键级去预测这个离子是否会稳定存在。

思路 为了确定键级，我们必须确定分子中电子的数量和这些电子如何分布在可行的分子轨道中。He 的价电子是在 1s 轨道中，且 1s 轨道组合形成了像 H_2 或 He_2（见图 9.33）一样的分子轨道图。如果键级大于 0，我们预测会成键，即离子是稳定存在的。

解答 图 9.34 显示了 He_2^+ 离子的能级图。此离子有 3 个电子。2 个填充在成键轨道而第 3 个在反键轨道，因此，键级是：

$$键级 = \frac{1}{2}(2-1) = \frac{1}{2}$$

由于键级大于 0，相对于分离的 He 原子和 He^+ 离子，我们预测 He_2^+ 离子将稳定存在。在实验室实验中，已经证实了气相形式的 He_2^+ 离子的存在。

▶ **实践练习 1**
下面分子或离子：H_2、H_2^+、H_2^- 和 He_2^{2+} 中，有多少个键级是 $\dfrac{1}{2}$？
（a）0 （b）1 （c）2 （d）3 （e）4

▶ **实践练习 2**
H_2^- 的电子构型和键级是多少？

9.8 | 第二周期双原子分子成键

除了 H_2 分子外，最初，在考虑双原子分子的分子轨道时，将讨论严格限制在第二周期元素的同核双原子分子上（由两个相同的原子组成的分子）。

第二周期原子有 2s 和 2p 价层轨道，我们需要考虑它们如何作用形成分子轨道。对于分子轨道的形成以及在这些轨道上电子如何排布，下面概括了一些主要规则：

1. 形成的分子轨道的数量与组合的原子轨道数量相等。

2. 原子轨道会最有效地与能量相近的其他原子轨道组合。

3. 两个原子轨道组合的效果与其重叠程度成正比。也就是说，重叠程度越大，成键分子轨道的能量越低，反键分子轨道的能量越高。

4. 每一个分子轨道最多能容纳两个自旋相反的电子（泡利不相容原理）（见 6.7 节）。

5. 当电子填充在能量相同的分子轨道时，配对前先自旋相同的分占不同的轨道。（洪特规则）。（见 6.8 节）

图例解析

He_2^+ 离子的电子构型是什么？

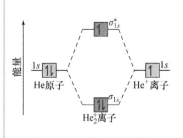

▲ 图 9.34 He_2^+ 离子能级图

[⊖] 反键分子轨道能量略高于成键分子轨道的能量而不利于成键。因此，只要在成键轨道和反键轨道有相同数量的电子，分子的能量会略高于孤立原子的能量，就不会成键。

Li₂ 和 Be₂ 的分子轨道

锂的电子构型为 $1s^2 2s^1$，当金属锂被加热至其沸点（1342℃）时，在蒸汽相发现了 Li_2 分子。Li_2 分子的路易斯结构式表明了 Li-Li 单键的存在。现在我们将使用分子轨道去描述 Li_2 分子的成键。

图 9.35 显示了 Li 的 $1s$ 和 $2s$ 原子轨道的能量有很大不同。从这一点，我们能假定一个 Li 原子上的 $1s$ 轨道仅仅能与另一个原子的 $1s$ 轨道相互作用（见规则 2）。同理，$2s$ 轨道仅仅能与另一个原子的 $2s$ 轨道作用。注意组合 4 个原子轨道产生 4 个分子轨道（见规则 1）。

与 H_2 分子的组合一样，Li 的 $1s$ 原子轨道组合形成了 σ_{1s} 成键和 σ_{1s}^* 反键分子轨道。$2s$ 轨道与另一个 $2s$ 轨道的作用实际上也以相同的方式进行，产生了成键 σ_{2s} 和 σ_{2s}^* 反键分子轨道。一般来说，成键和反键分子轨道的区别依赖于组合它的原子轨道的重叠程度。由于 Li 的 $2s$ 轨道比 $1s$ 轨道离核较远，$2s$ 轨道的重叠效果是更好的。结果，σ_{2s} 和 σ_{2s}^* 轨道之间的能量差别要比 σ_{1s} 和 σ_{1s}^* 轨道之间的差别大。Li 的 $1s$ 轨道的能量要比 $2s$ 轨道能量低得多，因此，σ_{1s}^* 反键分子轨道的能量要比 σ_{2s} 成键分子轨道的能量低得多。

每一个 Li 原子有 3 个电子，所以 Li_2 的分子轨道中必定排布 6 个电子。如图 9.35 所示，这些电子占据 σ_{1s}、σ_{1s}^* 和 σ_{2s} 的分子轨道，且每个分子轨道容纳 2 个电子。有 4 个电子在成键轨道，2 个电子在反键轨道，因此，键级 $= \dfrac{1}{2}(4-2) = 1$。分子形成一个单键，与其路易斯结构式一致。

由于 Li 的 σ_{1s} 和 σ_{1s}^* 分子轨道完全被填充，所以 $1s$ 轨道对于成键几乎没有贡献。Li_2 分子中的单键实质上是由于 Li 原子价层的 $2s$ 轨道之间的相互作用。这个例子表明*内层电子通常需对分子成键作用不大*。这个规则相当于在绘制路易斯结构式时，仅需使用价电子。因此，当我们讨论第二周期双原子分子时，不需要进一步考虑 $1s$ 轨道。

Be_2 的分子轨道描述也遵循 Li_2 的能级图。每一个 Be 原子有 4 个电子 $1s^2 2s^2$，因此必须在分子轨道中排布 8 个电子。我们将完全填充 σ_{1s}、σ_{1s}^*、σ_{2s} 和 σ_{2s}^* 分子轨道。由于具有相同数量的成键和反键电子键级是 0，因此 Be_2 不存在。

△ **想一想**

预测 Be_2^+ 是稳定的离子吗？

▽ **图例解析**　　图中哪些分子轨道具有节面？

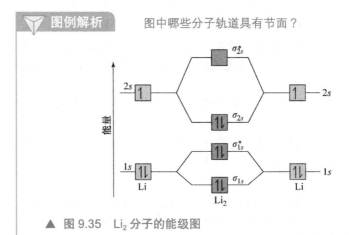

▲ 图 9.35　Li_2 分子的能级图

2p 原子轨道组成的分子轨道

在讨论第二周期其余的双原子分子前，我们必须先了解由 2p 原子轨道组成的分子轨道。图 9.36 显示了 p 轨道间的相互作用。在此我们任意选择 z 轴作为键轴。$2p_z$ 轨道彼此头碰头重叠。就像 s 轨道一样，我们能以两种方式组合 $2p_z$ 轨道。一种组合方式是把电子集中在两原子核间，因此而组成了成键分子轨道。另一种组合方式使电子被排斥到成键区域以外而组成反键轨道。在两种分子轨道中，电子均位于键轴的连线上，因此他们组成 σ 分子轨道：σ_{2p} 和 σ_{2p}^*。

另外的 2p 轨道侧面重叠，因此，把电子集中在了键轴之上或键轴之下。这种类型的分子轨道与 π 键类似，叫作 **π 分子轨道**。通过组合 $2p_x$ 原子轨道，我们得到了一个 π 成键分子轨道，组合 $2p_y$ 原子轨道而得到了另一个。这两个 π_{2p} 分子轨道有相同的能量，也就是说，它们是简并的。同理，我们也会得到两个简并的 π_{2p}^* 反键分子轨道，就像组成它们的 2p 原子轨道一样，这两个分子轨道也相互垂直。

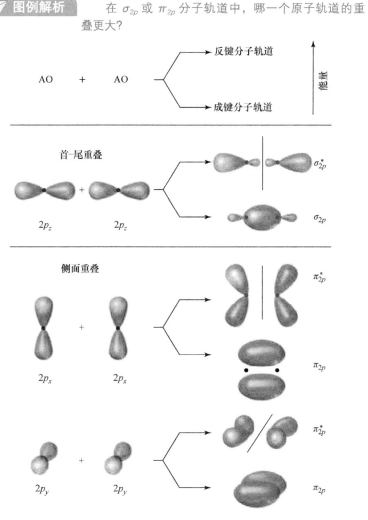

图例解析 在 σ_{2p} 或 π_{2p} 分子轨道中，哪一个原子轨道的重叠更大？

▲ 图 9.36 由 2p 轨道形成的分子轨道的轮廓图

这些 π_{2p}^* 轨道有四个 "瓣"，指向远离两个核，如图 9.36 所示。

两个原子上的 $2p_z$ 轨道直接指向彼此。因此，两个 $2p_z$ 轨道的重叠要大于两个 $2p_x$ 或 $2p_y$ 轨道的重叠。因此，我们预测 σ_{2p} 分子轨道的能量（更稳定）要低于 π_{2p} 分子轨道。同样，σ_{2p}^* 分子轨道的能量要高于 π_{2p}^* 分子轨道（稳定性低）。

深入探究 原子轨道和分子轨道的相

我们在第 6 章原子轨道和本章分子轨道的讨论中，强调了量子理论在化学中的一些最重要应用。用量子理论处理原子和分子中的电子时，我们主要对确定电子的两个特性感兴趣——它们的能量和空间分布。回想解薛定谔方程时，得到了电子能量 E 和波函数 ψ，而波函数 ψ 并无明确的物理意义（见 6.5 节）。因此，目前我们已经提出的原子轨道和分子轨道的轮廓表达是基于 ψ^2（概率密度），它给出了在空间某一点发现电子的可能性。

由于概率密度是函数的平方，它们的值在所有的空间点一定是非负的（零或正的）。然而，函数本身可能有负值。这种情况就像图 9.37 所画的正弦函数一样。在上面部分的图中，对于在 0 和 $-\pi$ 之间的 x 取值，正弦函数值是负的；对于在 0 和 $+\pi$ 之间的 x 取值，正弦函数值是正的。我们说正弦函数的相位在 0 和 $-\pi$ 之间是负的，在 0 和 $+\pi$ 之间是正的。如果我们平方这个正弦函数（见下面的图），就得到了关于原点相对称的两个峰。因为平方了一个负数而产生了一个正数，所以这两个峰都是正的。也就是说，*在平方后我们就丢失了这个函数的相位信息。*

像这个正弦函数一样，原子轨道这样更复杂的波函数也有相位。例如，以图 9.38 中 $1s$ 轨道为代表，注意这里我们所画的这个函数与在 6.6 节所示的函数略有不同。原点是原子核所在的位置，$1s$ 轨道的波函数从原点向外扩展到了空间部分。此图显示了沿着 z 轴所截取的一片波函数 ψ 的值。下面的图是 $1s$ 轨道的外形轮廓代表。注意到 $1s$ 波函数的值总是正值（见图 9.38，以红色表示了正值）。因此，它仅仅有一个相位。还要注意，波函数只有在距离核很远处才是零值。因此，它并没有节点，如图 6.22 所示。

在图 9.38 中的 $2p_z$ 轨道图中，当波函数通过 $z = 0$ 时，其值的符号改变了。注意波函数相同的两部分，除了正值（红色）、负值（蓝色）不同外，形状是相同的。与正弦函数相似，当波函数通过原点时，它的相位也发生改变。数学上，只要 $z = 0$，波函数 $2p_z$ 就等于零。这与 xOy 平面上的任何一点相对应，因此，我们说 xOy 平面是 $2p_z$ 轨道节面。p 轨道的波函数与正弦函数相似，它也有两个相等的部分，但是具有相反的相位。图 9.38 给出了化学家常使用的 p_z 轨道波函数的典型表示方法。[注]

[注] 该三维函数（和它的平方）的数学进展超出了本书的范围。我们沿用大多数教科书与化学家的通用做法，使用与图 6.23 形状相同的 "瓣" 来表示。

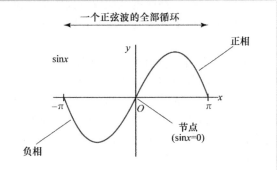
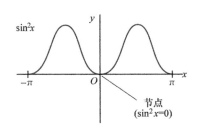

▲ 图 9.37 正弦函数和相同函数平方的图形

红色和蓝色的瓣表示出了轨道不同的相位（注：颜色不代表电荷，正如它们在图 9.10 和图 9.11 中那样）。与正弦函数一样，原点是节点。

图 9.38 中的第 3 个图显示：当 $2p_z$ 轨道波函数平方时，我们得到了关于原点对称的两个峰。由于平方负数也会得到正数，这两个峰均是正的。与正弦函数的情况相似，对函数平方运算就丢失了函数的相位信息。当我们 p_z 轨道的波函数平方运算时，得到了此轨道的概率密度，它在图 9.38 以轮廓表示。这也是我们在前面介绍 p 轨道时看到的情况（见 6.6 节）。对于这个平方波函数，两瓣均有相同的相位，因此有相同的符号。我们在本书的大部分内容中使用这种表示方法，因为它有一个简单的物理解释，即空间中任何一点的波函数平方代表该点的电子密度。

对于 d 轨道，波函数的瓣也有不同的相位。例如，d_{xy} 轨道的波函数有 4 瓣，每一瓣的相位都与它相邻瓣的相位相反（见图 9.39）。同样，其他 d 轨道波函数也有这些瓣，其中，每一瓣的相与邻瓣的相位相反。

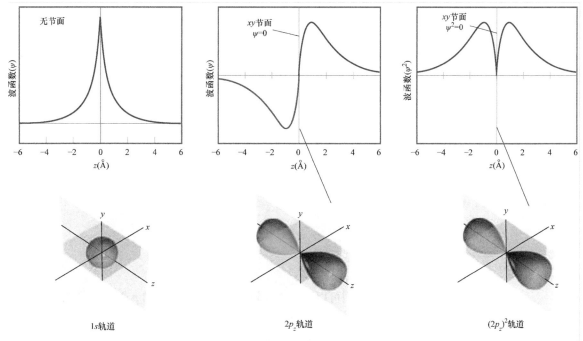

▲ 图 9.38 波函数中 s 和 p 原子轨道的相位 红色阴影的波函数相位表示波函数的正值，蓝色阴影表示负值

　　我们为什么要考虑波函数的相位而使问题变得复杂呢？虽然相对于直观了解孤立原子中的原子轨道的形状确实是不必要的。但当我们在分子轨道理论中考虑轨道重叠时，它就变得非常重要了。让我们使用正弦函数为例，如果你把两个相位同相位的正弦函数相加，那么它们相长叠加，导致振幅增加，但如果把有相反符号的相位相加，那么它们相消叠加，彼此互相抵消。

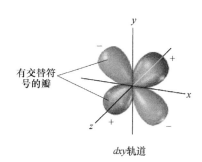

▲ 图 9.39 d 轨道的相位

　　波函数相长与相消作用的思想是理解成键和反键分子轨道来源的关键。例如，H_2 分子 σ_{1s} 分子轨道波函数是由一个原子的 1s 轨道波函数与另一原子的 1s 轨道波函数相加而产生的。在此情况下，原子波函数相长叠加，增加了两个原子间的电子密度（见图 9.40）。

　　H_2 分子 σ_{1s}^{*} 轨道波函数是一个原子 1s 轨道的波函数与另一个原子 1s 轨道的波函数相减而获得的。结果是原子轨道波函数相消叠加，在两个原子间产生了零电子密度区——节面。注意观察此图和图 9.32 的相似性，在图 9.40 中，我们使用红色和蓝色阴影标记 H 原子轨道的正相和负相。然而，化学家也可用不同颜色画轮廓图或用一个加阴影和另一个不加阴影来表示这两个相位。

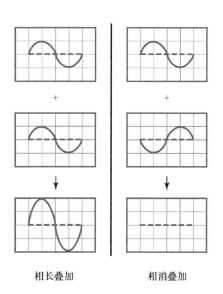

相长叠加　　　　相消叠加

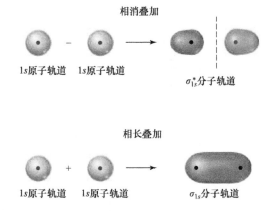

当我们把 σ_{1s}^{*} 分子轨道波函数平方运算时，得到了之前在图 9.32 中看到的电子密度图。再次半点自量，当我们看电子密度时，就已经失去了相位信息。

化学家使用原子和分子轨道波函数去理解化学键、光谱学和化学反应活性的许多方面。如果你学习了有机化学课，可能会看到与本部分内容一样，使用轨道表示相位。

***相关练习** : 9.107, 9.119, 9.121*

相消叠加

1s原子轨道　　1s原子轨道　　　　σ_{1s}^{*}分子轨道

相长叠加

1s原子轨道　　1s原子轨道　　　　σ_{1s}分子轨道

▲ 图 9.40　源自原子轨道波函数与分子轨道

从 B_2 到 Ne_2 的电子构型

我们可以结合对 s 轨道（见图 9.32）和 p 轨道（见图 9.36）的分析，对具有 $2s$ 和 $2p$ 价层原子轨道的从 B 到 Ne 元素的同核双原子分子，构建一个能级图（见图 9.41）。此图的以下特点需要注意：

- $2s$ 原子轨道的能量大大低于 $2p$ 原子轨道（见 6.7 节）。因此，由 $2s$ 轨道形成的两个分子轨道的能量低于 $2p$ 原子轨道形成的能量最低的分子轨道。

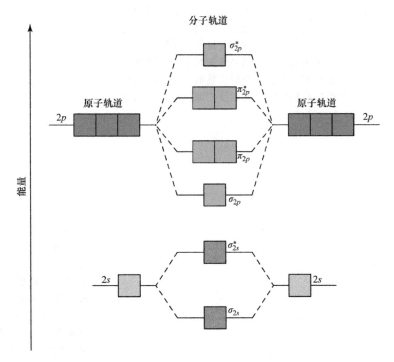

▲ 图 9.41　第二周期同核双原子分子的能级图　此图假定一个原子的 $2s$ 轨道与另一原子的 $2p$ 轨道之间无相互作用，且实验表明它仅适用于 O_2、F_2 和 Ne_2

图例解析

与左侧分子相比，右侧分子中哪一个分子轨道的相对能量已经发生了改变？

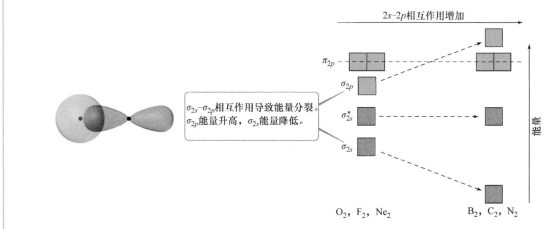

▲ 图 9.42　$2s$ 和 $2p$ 原子轨道间相互作用的影响

- $2p_z$ 轨道的重叠程度要大于两个 $2p_x$ 或 $2p_y$。因此，成键 σ_{2p} 分子轨道的能量要低于 π_{2p} 分子轨道，且反键 σ_{2p}^* 分子轨道的能量要高于 π_{2p}^* 分子轨道。

- 两个 π_{2p} 和 π_{2p}^* 分子轨道毫无疑问是简并的；也就是说，每种类型有两个简并分子轨道。

　　在我们把电子加到图 9.41 上之前，必须再考虑一个影响。在假定一个原子的 $2s$ 轨道与另一原子的 $2p$ 轨道无相互作用的前提下构建了此图。实际上，这样的相互作用不仅可以并且确实发生了。图 9.42 显示了一个原子的 $2s$ 轨道与另一原子的 $2p$ 轨道之间的重叠。这些相互作用导致了 σ_{2s} 和 σ_{2p} 分子轨道能量的不同变化：σ_{2s} 能量降低了而 σ_{2p} 能量升高了（见图 9.42）。这些 $2s$–$2p$ 相互作用足够大，以至于分子轨道的能级顺序可能发生改变。对于 B_2，C_2 和 N_2 分子，σ_{2p} 分子轨道能量比 π_{2p} 分子轨道高。对于 O_2，F_2 和 Ne_2 分子，σ_{2p} 分子轨道能量比 π_{2p} 分子轨道低。

　　根据分子轨道的能级顺序，便能简单地确定 B_2 到 Ne_2 的双原子分子电子构型。例如，B 原子有 3 个价电子（我们忽略了内层的 $1s$ 电子）。因此，对于 B_2 分子，我们必须在分子轨道中排布 6 个电子。4 个填充在 σ_{2s} 和 σ_{2s}^* 分子轨道，导致没有净成键。第 5 个电子填充在一个 π_{2p} 分子轨道，第六个填充在另一个 π_{2p} 分子轨道且两电子自旋相同。因此，B_2 的键级是 1。

　　在第二周期中，我们每向右移动一个元素，就必须在图 9.41 中多填充 2 个电子。例如，移到 C_2 时，就此 B_2 多了 2 个电子填充，且这些电子被填充在 π_{2p} 分子轨道上，把它们全部填充。图 9.43 给出了从 B_2 到 Ne_2 的电子构型和键级。

电子构型和分子性质

　　在某些情况下，物质在磁场中的性质可能反映出它的电子排布特点。有一个或多个未成对电子的分子被磁场吸引。物质的未成对电子越多，吸引力越强。这种类型的磁场行为称为**顺磁性**。

▼ **图例解析**

哪些稳定存在的分子在反键轨道中有能量最高的电子？

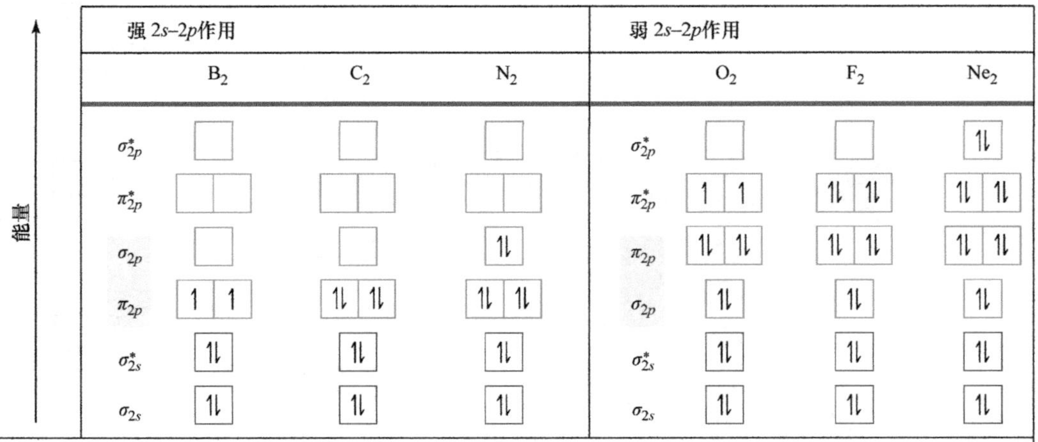

	强 2s–2p作用			弱 2s–2p作用		
	B_2	C_2	N_2	O_2	F_2	Ne_2
σ_{2p}^*	☐	☐	☐	σ_{2p}^* ☐	☐	⇅
π_{2p}^*	☐☐	☐☐	☐☐	π_{2p}^* ↑ ↑	⇅ ⇅	⇅ ⇅
σ_{2p}			⇅	π_{2p} ⇅ ⇅	⇅ ⇅	⇅ ⇅
π_{2p}	↑ ↑	⇅ ⇅	⇅ ⇅	σ_{2p} ⇅	⇅	⇅
σ_{2s}^*	⇅	⇅	⇅	σ_{2s}^* ⇅	⇅	⇅
σ_{2s}	⇅	⇅	⇅	σ_{2s} ⇅	⇅	⇅
键级	1	2	3	2	1	0
键焓 (kJ/mol)	290	620	941	495	155	—
键长 (Å)	1.59	1.31	1.10	1.21	1.43	—
磁性	顺磁性	抗磁性	抗磁性	顺磁性	抗磁性	

（左侧纵轴标注：能量）

▲ 图 9.43　第二周期双原子分子的分子轨道电子构型和一些实验数据

没有未成对电子的物质几乎不会被磁场排斥，这样的性质叫作**抗磁性**。一个古老的测量磁性的方法很好的阐释了顺磁性与抗磁性之间的区别（见图 9.44）。它涉及在有磁场和无磁场的情况下称量物质的质量。顺磁性物质在磁场中质量较大，而抗磁性物质质量较小。对于第二周期双原子分子，观察到的磁性与图 9.43 中所示的电子构型一致。

分子的电子构型也与键长和键焓相关（见 5.8 节和 8.8 节）。键级增大，键长缩短，键焓增加。例如，对于 N_2，键级是 3，键长较短，键焓较大。N_2 分子不易与其他物质反应形成氮化物。

◢ **想一想**

图 9.43 表明 C_2 是抗磁性的。是否能推断出 σ_{2p} 分子轨道能量比 π_{2p} 分子轨道能量低呢？

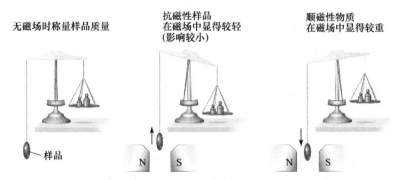

无磁场时称量样品质量　　抗磁性样品在磁场中显得较轻（影响较小）　　顺磁性物质在磁场中显得较重

样品　　N　S　　N　S

▲ 图 9.44　确定样品的磁性

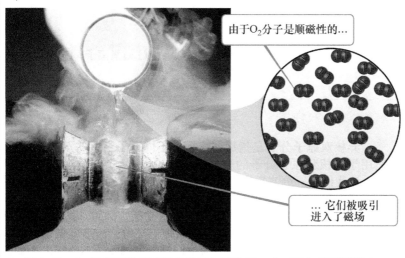

图例解析 预测液氮是否能从磁体的孔洞间被倒出？

由于O_2分子是顺磁性的……

……它们被吸引进入了磁场

▲ 图 9.45 O_2 的顺磁性当液态氧被倒入磁体时，它"粘"到了孔洞上

N_2 分子的高级键有助于解释这个分子的高稳定性。然而，我们也应该注意到键级相同的分子并不具有相同的键长和键焓。键级只是影响这些性质的一个因素，其他的影响因素还包括核电荷和轨道重叠程度。

O_2 的成键是一个研究分子轨道理论的有趣的实例。此分子的路易斯结构式显示了一个双键和全部的电子对：

$$\ddot{O}{=}\ddot{O}$$

短的 O—O 键长（1.21Å）和相对高的键焓（495kJ/mol）与双键的存在相符合。然而，图 9.43 告诉我们，此分子包含两个未成对电子，应该是顺磁性的，但在路易斯结构式中却无法辨别这个细节。图 9.45 中演示了 O_2 的顺磁性，从而证实了分子轨道理论的预测。分子轨道描述也如路易斯结构式一样，正确地预测了分子的键级为 2。

从 O_2 到 F_2，增加了两个电子，全部填充在了 π_{2p}^* 分子轨道上。因此，预测 F_2 分子是抗磁性的且存在与路易斯结构式一致的 F—F 单键。最后，再有的 2 个额外的电子，使得 Ne_2 分子填充了所有的成键和反键分子轨道。因此，它的键级等于 0，因此分子并不存在。

实例解析 9.9

第二周期双原子离子的分子轨道

对于 O_2^+，预测（a）未成对电子数（b）键级（c）键焓和键长

解析

分析 我们的任务是预测阳离子 O_2^+ 的一些性质

思路 我们将使用 O_2^+ 的分子轨道类型确定可能的性质。首先，我们必须确定 O_2^+ 中的电子数，然后画出它的分子轨道能级图。未成对的电子是那些没有自旋相反的电子与之成对出现的电子。键级是成键电子数与反键电子数之差的一半。计算键级后，我们能使用图 9.43 去估算键焓和键长。

解答

（a）O_2^+ 有 11 个价电子，比 O_2 少一个。从 O_2 到 O_2^+，失去了 π_{2p}^* 上的一个未成对的电子（见图 9.43）。

因此，O_2^+ 有一个未成对电子。

（b）此分子有 8 个成键电子（与 O_2 相同）和 3 个反键电子（比 O_2 少一个）。因此，它的键级是

$$\frac{1}{2}(8-3)=2\frac{1}{2}$$

（c）O_2^+ 的键级在 O_2（键级 2）和 N_2（键级 3）之间。因此，键焓与键长应该大约在 O_2 和 N_2 之间，近似 700kJ/mol 和 1.15Å（实验测量值是 625kJ/mol 和 1.123Å）。

异核双原子分子

　　异核双原子分子是指那些由两个不同原子组成的双原子分子。适用于同核双原子分子的分子轨道理论同样适合于异核双原子分子。让我们用一个非常有趣的异核双原子分子——氧化氮 NO 来结束本节内容。

　　NO 分子控制了人体许多重要的生理功能。例如，我们的身体利用它去放松肌肉，杀死外部细胞和增强记忆力。1998 年的诺贝尔生理学奖授予了三位科学家，因为他们的研究揭示了 NO 作为心血管系统信号分子的重要性。NO 会起到神经传递的功能并且与许多其他的生物传递方式密切相关。在 1987 年前，由于 NO 有奇数个电子并且反应活性高，人们未曾想到 NO 在人类代谢中起到了如此重要的作用。此分子有 11 个价电子和 2 个可能的路易斯结构式。有较低电荷形式的路易斯结构式，把奇数个电子放在了 N 原子上：

$$\overset{0}{\ddot{N}} = \overset{0}{\ddot{O}} \longleftrightarrow \overset{-1}{\ddot{N}} = \overset{+1}{\ddot{O}}$$

这两个结构都表明分子具有双键，但是当与图 9.43 中的分子进行比较时，实验得出的 NO 的键长（1.15Å）表明它的键级要比 2 大。我们该如何使用分子轨道模型来研究这个分子呢？

　　如果异核双原子分子中两个原子间的电负性没有太大不同，则他们的分子轨道应该与同核双原子分子相似，主要的改变就是：电负性较大原子的原子轨道能量要比电负性较小原子的原子轨道的能量低。因为 O 的电负性比 N 大，所以在图 9.46 中，你会看到 O 原子的 2s 和 2p 原子轨道要略低于 N 的这些轨道。NO 的分子轨道能级图与同核双原子分子相似——因为两个原子上的 2s 和 2p 轨道相互作用得到了相同类型的分子轨道。

　　异核双原子分子的分子轨道还有一个重要的不同。虽然异核双原子分子的分子轨道仍然是两个原子轨道的组合，但是一般说来，*与分子轨道能量相近的原子轨道，对分子轨道的形成具有较大贡献*。例如，在 NO 中，与 N 的 2s 原子轨道相比，σ_{2s} 成键分子轨道的能量更接近 O 的 2s 原子轨道。因此，在两原子的 2s 轨道组合形成 σ_{2s} 分子轨道时，O 比 N 的贡献更大，即此分子轨道不再是像同核双原子那样，为两个原子轨道的等同组合。类似地，因为 N 的 2s 原子轨道的能量更接近反键分子轨道的能量，N 原子对于 σ_{2s}^* 反键分子轨道的形成有更大的贡献。

　　我们通过在图 9.46 中的分子轨道中填入 11 个价电子，来完成 NO 的分子轨道图。使用 8 个成键和 3 个反键电子，计算出其键级：$\frac{1}{2}(8-3) = 2\frac{1}{2}$，与由路易斯结构所获得的结果相比，它与实验结果更相符。N 对于 π_{2p}^* 分子轨道贡献更大，未成时电子位于其中（我们可以把这个电子填充在左边或右边的 π_{2p}^* 分子轨道中）。因此，NO 的路易斯结构式中，把未成对电子放在 N 原子上（基于形式电荷的首选结构）是分子中真实电子分布更准确的描述方式。

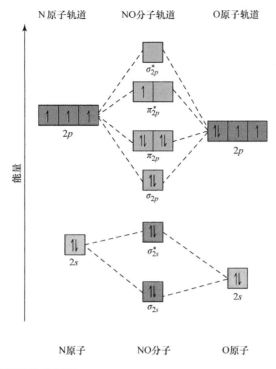

▼ 图例解析

NO 有多少个价电子?

N原子轨道　　　NO分子轨道　　　O原子轨道

N原子　　　　　NO分子　　　　　O原子

▲ 图 9.46　NO 中原子和分子轨道能级图

化学应用　轨道和能量

人们普遍认为，21 世纪最重大的科技问题就是"能源"，可持续能源对于满足全球未来几代人的需求是至关重要的。最重要的清洁能源之一是太阳，它能为世界提供数百万年的能量。我们的挑战是找到一种随时能为我们提供能量的能源。*光伏太阳能电池*将太阳光转化成可用的电力，开发更高效的太阳能电池是解决地球未来能源需求的一种方法。

太阳能转化如何实现呢？实际上，我们需要使用来自太阳的光子，尤其是可见光部分，去激发分子和物质中的电子到不同能量水平。你周围明亮的颜色——衣服的颜色，书中图片的颜色和你所吃东西的颜色——是由于化学物质对可见光选择性的吸收。用分子轨道理论的背景来考虑这个过程是很有帮助的。通过光把一个电子从一个布满分子的轨道激发到一个能量更高的空轨道上。由于分子轨道的能量是一定的，因此仅仅合适波长的光才能激发电子。

在讨论分子的光吸收时，我们可以参考图 9.47 所示的两个分子轨道。最高的占有分子轨道（HOMO）是有电子的填充且能量最高的轨道。最低未占分子轨道（LUMO）是能量最低但无电子填充的轨道。例如，在 N_2 分子中，HOMO 是 σ_{2p} 分子轨道，LUMO 是 π_{2p}^* 分子轨道（见图 9.43 ）。

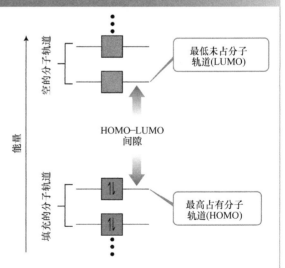

▲ 图 9.47　最高占有和最低未占分子轨道的定义
轨道间的能量差是 HOMO-LUMO 间隙

HOMO 和 LUMO 之间的能量差——叫作 HOMO–LUMO 间隙——与激发分子中电子所需的最小能量相关。

无色或白色物质通常有较大的 HOMO–LUMO 间隙以至于吸收可见光的能量不足以激发电子到更高的能级。对于 N_2 分子，激发电子从 HOMO 跃迁到 LUMO 所需的最小能量，对应于光的波长也要小于 200nm 在波谱的远紫外区区域（见图 6.4）。因此，N_2 不能吸收可见光，是无色的。

在充满和空电子态之间能量间隙的大小对于太阳能的转化是非常重要的。理想状态是我们让物质尽可能多地吸收太阳光子，然后把这些光子的能量转换成有用的能量形式。TiO_2 是一种能直接把光转换成电的有用材料。然而，白色的 TiO_2 只能吸收少量太阳辐射的能量。科学家正努力工作，在 TiO_2 中杂化入深颜色的分子去制造太阳能电池，它们的 HOMO– LUMO 间隙对应于可见和近红外光以至于能吸收更多太阳波谱的能量。如果这些分子的 HOMO 能量比 TiO_2 的 HOMO 能量高，当这个装置被光照和连接到外电路上时，受激发的电子将从这些分子流入 TiO_2 分子而产生电。有效的太阳能转换在未来一定是科技发展最有趣和重要的领域之一。你们中的许多人将有可能在世界能源领域做出很大贡献。

相关练习：9.104, 9.109, 9.120, 设计一个实验

综合实例解析
概念综合

硫是由 S_8 分子组成的黄色固体。S_8 分子有折叠的八元环结构（见图 7.27）。把硫加热至高温将产生气态的 S_2 分子：

$$S_8(s) \longrightarrow 4S_2(g)$$

（a）第二周期哪个元素的电子构型与硫的电子构型最相似？（b）使用VSEPR模型预测 S_8 分子中S—S—S 键的键角和 S 在 S_8 中的杂化类型；(c) 使用分子轨道理论预测 S_2 分子中S—S键级。你猜测它是顺磁性还是抗磁性的呢？（d）使用平均键焓（见表 8.3）去估算这个反应的焓变，此反应是放热还是吸热呢？

解析

（a）S 的电子构型为 $[Ne]3s^2 3p^4$，是周期表中第 16 号元素。它的电子排布与 O（电子构型，$[He]2s^2 2p^4$）最相似，且其在周期表中的位置刚好在 O 元素之下。

（b）S_8 的路易斯结构式为

在每一对 S 原子之间有一单键，且在每一个 S 原子上有两个未成键电子。因此，在每一个 S 原子周围有 4 个电子对，其可预见的电子对的几何构型为正四面体，对应的杂化类型为 sp^3 杂化。由于存在非键电子对，我们预测 S — S — S 的键角某种程度上会比四面体的键角（$109.5°$）小一些。实测 S_8 中，S — S — S 的键角是 $108°$，与所预见的完全一致。如果 S_8 是平面环，那么 S — S — S 的键角将是 $135°$。相反地，S_8 环折叠成了 sp^3 杂化所采纳的更小的键角。

（c）尽管 S_2 的分子轨道由 S 的 $3s$ 和 $3p$ 原子轨道组合而成，但是 S_2 的分子轨道与 O_2 的相似。进一步说，S_2 与 O_2 有相同的价电子数。因此，与 O_2 相类似，我们预测 S_2 的键级是 2（一个双键）且在 S_2 的 π^*_{3p} 反键分子轨道中有两个未成对的电子而显顺磁性。

（d）我们一直在考虑 1 个 S_8 分子拆分成 4 个 S_2 分子的反应。从（b）部分和（c）部分可知，S_8 有 S — S 单键而 S_2 有 S — S 双键。因此，在反应期间，我们破坏了 8 个 S — S 单键而形成了 4 个 S — S 双键。使用方程 5.33 和表 8.3 中的平均键焓，我们可以评估反应的焓变。

$$\Delta H_{rxn} = 8D(S-S) - 4D(S=S)$$
$$= 8(266kJ) - 4(418kJ) = +456kJ$$

记 $D(X\text{-}Y)$ 代表 X — Y 的键焓。因为 $\Delta H_{rxn} > 0$，反应是吸热的（见 5.3 节）。ΔH_{rxn} 为正值，表明高温使上述反应得以发生。

本章小结和关键术语

分子构型（见 9.1 节）

分子的三维形状与尺寸由它们的键角和键长决定。由 n 个 B 原子与中心原子 A 配位组成的分子，记作 AB_n，不同的几何构型取决于 n 值和所涉及的原子。在绝大多数情况下，这些几何构型与五种基本构型有关（线型、三角锥型、四面体型、三角双锥型和八面体型）。

VSEPR 模型（见 9.2 节）

价层电子对互斥理论（VSEPR）模型是以电子对（中心原子周围电子可能出现的区域）间的排斥作用为基础的合理化的分子几何构型。成键电子对即成键中涉及的电子对和非键电子对，也叫作孤电子对，二者都会在原子周围产生电子对。根据 VSEPR 模型，电子对要采纳使彼此间静电排斥力最小的伸展方向，也就是说，他们要保持尽量远离。

非键电子对比成键电子对的排斥力略大，这将导致非键电子对占据某个更可取的位置及键角偏离理想值。多键电子对比单键电子对产生更大的排斥力。电子对在中心原子周围的排布称作电子对的几何构型，原子在中心原子周围的排布称作分子的几何构型。

分子构型与分子极性（见 9.3 节）

多原子分子的偶极矩取决于与单键有关的偶极矩即键矩的矢量和。一定分子的构型，如线型的 AB_2 和平面三角型的 AB_3，会导致键矩的相互抵消而产生全部偶极矩为零的非极性的分子。在其他的分子形状中，如角型的 AB_2 和三角锥型的 AB_3 中，键矩并不能抵消而分子将产生极性（也就是说，它有一个非零的偶极矩）。

共价键与轨道重叠（见 9.4 节）

价键理论是电子配对成键的路易斯理论的扩展。在价键理论中，当相邻的原子轨道重叠时，共价键便形成了。由于他们对两个原子核的吸引，重叠区域的电子有更大的稳定性。两个原子轨道重叠程度越大，形成的键越强。

杂化轨道（见 9.5 节）

为了把价键理论应用于多原子分子，我们需要假设杂化 s 和 p 轨道而形成杂化原子轨道。杂化的过程导致了"有一个大端"杂化原子轨道的形成，此杂化原子轨道的"大端"指向与另一原子轨道成键的重叠区域。杂化轨道也能容纳非键电子对。杂化方式可能与 3 个普遍的电子对几何构型相关，即线型 = sp、平面三角型 = sp^2 和正四面体型 = sp^3。高价分子的成键——超过八隅体电子的成键——是不适合用杂化轨道来讨论的。

多重键（见 9.6 节）

电子密度位于两个原子连线（键轴）上的共价键叫作 σ 键。由 p 轨道侧面重叠也能成键，这样的键叫作 π 键。双键，如 C_2H_4 中的键，由一个 σ 键和一个 π 键组成；每个 C 原子有一个未杂化的 p 轨道，它们重叠形成 π 键。一个三键，如 C_2H_2 分子中的键，由一个 σ 键和两个 π 键组成。π 键的形成要求分子采取特殊的取向；例如，在 C_2H_4 分子中的两个—CH_2 官能团必须位于同一平面。因此，π 键的形成使分子具有了刚性。在有多键和不止一个共振结构的分子中，例如 C_6H_6 分子中，π 键是离域的，也就是说，此 π 键分布在许多原子中。

分子轨道（见 9.7 节）

分子轨道理论是另一个用来描述分子成键的理论。在此模型中，电子存在于叫做分子轨道（MO）的允许能量状态。分子轨道涵盖分子的所有原子。像原子轨道一样，分子轨道有一定的能量并且能容纳自旋相反的两个电子。我们通过组合不同原子中心的原子轨道能构建分子轨道。在最简单的情况下，两个原子轨道组合形成两个分子轨道，相对于原子轨道而言，一个能量低些，一个能量高些。低能量的分子轨道在两个原子核之间有集中的电荷密度，叫作成键分子轨道。高能量的分子轨道把电子排除在了两核之间，叫作反键分子轨道。反键分子轨道把电子排除在核间区域并且在两核之间有一个节面（电子密度为零的区域）。占有成键分子轨道有利于成键而占有反键分子轨道不利于成键。由 s 轨道组合而成的成键和反键叫作 σ 分子轨道，他们位于键轴上。

能级图（或分子轨道图）显示了原子轨道的组合与分子轨道的相对能量。当放置适当数量的电子在分子轨道中时，我们能计算键的键级，它等于成键分子轨道电子数与反键分子轨道电子数差的一半。键级等于 1 代表形成单键，依此类推。键级可能是小数。

第二周期双原子分子成键（见 9.8 节）

内层轨道的电子对于两个原子的成键并无贡献，因此，分子轨道的表述通常仅需要最外电子层的电子。为了描述第二周期同核双原子分子的分子轨道，我们需要考虑由 p 轨道组合而成的分子轨道。直接指向彼此的 p 轨道能形成 σ 成键和 σ^* 反键分子轨道。垂直于键轴的 p 轨道组合形成 π 分子轨道。在双原子分子中，π 分子轨道作为一对简并（能量相同）成键分子轨道和一对简并反键分子轨道而出现。由于 p 轨道沿着键轴方向有较大的重叠程度，所以，σ_{2p} 成键分子轨道的能量要低于 π_{2p} 成键分子轨道。然而，在 B_2，C_2 和 N_2 分子中，由于不同原子 $2s$ 和 $2p$ 原子轨道之间的相互作用，此顺序是相反的。

第二周期双原子分子描述中的键级与这些分子的路易斯结构是相一致的。此外，这模型正确预见了 O_2 应有的顺磁性，而由于未成对电子的影响，有顺磁性的分子会被吸引进入磁场。所有电子均配对的分子展现出了抗磁性，磁场对抗磁性的分子有较小的排斥作用。异核双原子分子的分子轨道与同核双原子分子的分子轨道是密切相关的。

学习成果　　学习本章后，应该掌握：

- 使用 VSEPR 模型画出和命名分子的三维形状（见 9.2 节）
  相关练习：9.25, 9.26
- 根据分子的几何构型和单键的偶极矩，确定分子是极性还是非极性的（见 9.3 节）
  相关的练习：9.41, 9.42
- 解释了轨道重叠在共价键形成过程中的作用（见 9.4 节）
  相关的练习：9.47, 9.48
- 根据分子结构确定分子中原子的杂化方式（见 9.5 节）

- 概括轨道如何重叠形成 σ 键和 π 键（见 9.6 节）
  相关练习：9.55, 9.56
- 解释分子中离域 π 键的存在，例如苯分子中（见 9.6 节）
  相关练习：9.63, 9.64
- 在离域 π 键系统中数电子的数量（见 9.6 节）
  相关练习：9.65, 9.66
- 解释成键和反键分子轨道的概念且画出 σ 和 π 分子轨道的示意例（见 9.7 节）
  相关练习：9.69, 9.70

- 使用分子轨道理论绘制分子能级图并把电子填入其中，以获得双原子分子的键级和电子构型（见9.7节和9.8节）
  相关练习：9.71, 9.72

- 将键级、键强度（键焓）、键长和磁性与分子轨道描述联系起来（见9.8节）
  相关练习：9.79, 9.80

主要公式

- 键级 $= \dfrac{1}{2}$（成键电子数 − 反键电子数） （9.1）

本章练习

图例解析

9.1 某一个 AB_4 分子具有"畸变四面体"构型。

在图9.3所示的基本分子几何构型中，你是否可以移除一个或多个原子，以形成畸变的四面体构型。（见9.1节）

9.2 （a）如果这三个气球大小相同，红色和绿色能形成的角度是多少？（b）如果向蓝色气球中充入额外的空气使其变大，红色气球和绿色气球之间的角度会增加、减少还是保持不变？（c）参考 VSEPR 模型，以下哪个方面可以由（b）部分说明：（i）四个电子对的几何构型是四面体型。（ii）非成键电子对大于成键电子对。（iii）对应于平面三角型电子对几何构型的杂化为 sp^2。（见9.2节）

9.3 对于下列分子（a）~（f），表示有多少个不同的电子对几何图形与所示的分子几何图形一致。（见9.2节）

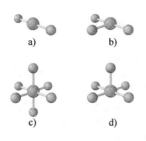

a)　　　　b)

c)　　　　d)

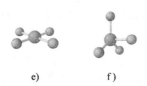

e)　　　　f)

9.4 下方显示的分子是二氟甲烷（CH_2F_2），它是一种叫作 R-32 的制冷剂。（a）根据结构，这个分子中 C 原子周围有多少个电子对？（b）分子会有非零偶极矩吗？（c）如果分子是极性的，下列哪项描述了分子中总偶极矩矢量的方向：（i）从 C 原子到 F 原子（ii）从 C 原子到 F 原子之间的点（iii）从 C 原子到 H 原子的中间点（iv）从 C 原子到 H 原子（见9.2节和9.3节）

9.5 下图显示了两个 Cl 原子的势能与它们之间距离的函数关系。（a）如果两个原子相距很远，那么它们相互作用的势能是多少？（b）我们知道 Cl_2 分子存在。从图中可以看出，Cl_2 中 Cl—Cl 键的键长和键能大约是多少？（c）如果 Cl_2 分子在越来越高的压力下被压缩，Cl—Cl 键会变得更强还是更弱？

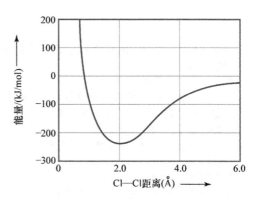

9.6　下面的轨道图展示了 Si 原子形成杂化轨道的最后一步。（a）以下哪项最能描述图中步骤之前发生的情况：（i）两个 3p 电子未配对；（ii）一个电子从 2p 轨道被激发到 3s 轨道；（iii）一个电子从 3s 轨道被激发到 3p 轨道。（b）这种杂化会产生哪种杂化轨道？（见 9.5 节）

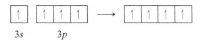

3s　　3p

9.7　在碳氢化合物中

（a）分子中每个 C 原子的杂化方式是什么？（b）分子中有多少个 σ 键？（c）有多少个 π 键？（d）找出分子中所有 120° 的键角。（见 9.6 节）

9.8　下图显示了碳氢化合物中两个杂化轨道重叠形成的键。（a）以下哪种类型的键正在形成：（i）C—C σ 键（ii）C—C π 键（iii）C—H σ 键（b）下面哪一个可能与碳氢化合物的成键相同：（i）CH_4（ii）C_2H_6（iii）C_2H_4（iv）C_2H_2（见 9.6 节）

9.9　下图所示的分子叫作呋喃。它是用典型有机分子的简写方式表示的，H 原子没有显示，4 个顶点代表一个 C 原子。

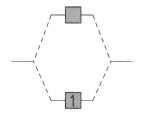

（a）呋喃的分子式是什么？（b）分子中有多少个价电子？（c）每个 C 原子的杂化方式是什么？（d）分子的 π 体系中有多少个电子？（e）呋喃分子的 C—C—C 键的键角比苯分子相应键的键角要小得多。可能的原因是下列哪个：（i）呋喃分子中 C 原子的杂化与苯的不同；（ii）呋喃并没有一个与上面的结构相应的共振结构；（iii）1 个五元环上的原子被迫采用的键角要小于六元环。（见 9.5 节）

9.10　下面是由 1s 原子轨道构成的分子轨道能级图的一部分。

（a）我们对图中两个分子轨道如何表示？（b）下面哪个分子或离子的能级图是这样的：

H_2、He_2、H_2^+、He_2^+ 或 H_2^-？

（c）这些分子或离子的键级是多少？（d）如果一个电子被加到体系中，它将会被加到哪个分子轨道中？（见 9.7 节）

9.11　基于下面分子轨道的轮廓图，确定（a）用来构建分子轨道的原子轨道（s 或 p）；（b）分子轨道的（σ 或 π）的类型；（c）分子轨道是成键还是反键分子轨道，以及（d）节面的位置。（见 9.7 节和 9.8 节）

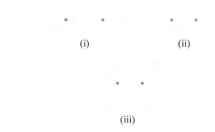

(i)　　　　　　(ii)

(iii)

9.12　下图显示了中性分子 CX 的最高能量占有分子轨道，其中 X 元素和 C 元素在元素周期表的同一行。（a）根据电子数，你能确定 X 为何元素吗？（b）分子是抗磁性的还是顺磁性的？（c）考虑分子的 π_{2p} 分子轨道，你预测此分子的 C 原子轨道贡献更大，还是 X 原子轨道贡献更大，还是两个原子的原子轨道的贡献一样大？（见 9.8 节）

分子构型；VSEPR 模型（见 9.1 节和 9.2 节）

9.13　（a）AB_2 分子是线性的。根据这个信息，A 原子周围有多少个非键电子对？（b）XeF_2 分子中 Xe 周围有多少个非成键电子？（c）XeF_2 是线性的吗？

9.14　（a）甲烷（CH_4）与高氯酸根（ClO_4^-）都是四面体结构。它们的键角是多少？（b）NH_3 分子为三角锥型，BF_3 为平面三角型。哪个分子的结构是平面的？

9.15　就分子构型而言，三角锥型与四面体型有何不同？

9.16　描述下面每个分子结构的键角：（a）平面三角型（b）四面体型（c）八面体型（d）直线型

9.17　（a）AB_6 分子在 A 原子上没有孤对电子。它的分子构型是什么？（b）AB_4 分子在 A 原子上还有两个孤对电子（除了 4 个 B 原子外）。A 原子周围的电子对几何构型是什么？（c）对于（b）部分中的 AB_4 分子，预测其分子的几何构型。

9.18 预测 NH_3 中的非键电子对比 PH_3 中的相应的电子对大还是小？

9.19 在这些分子或离子中，哪些非键电子对的存在会对分子构型产生影响？（a）SiH_4（b）PF_3（c）HBr（d）HCN（e）SO_2

9.20 下面哪些分子，你能准确地预测出中心原子的键角，而哪些分子，你会有点不确定？解释每一种情况。（a）H_2S（b）BCl_3（c）CH_3I（d）CBr_4（e）$TeBr_4$

▼ 9.21 下面每个分子中有多少个非键电子对？（a）$(CH_3)_2S$（b）HCN（c）C_2H_2（d）CH_3F

9.22 描述中心原子具有不同电子对数时的特征几何构型（a）3（b）4（c）5（d）6

9.23 给出中心原子具有以下电子对的分子几何构型（a）4个成键电子对而无非键电子对；（b）3个成键电子对和2个非键电子对；（c）5个成键电子对和1个非键电子对；（d）4个成键电子对和2个非键电子对。

9.24 在中心原子上有以下电子对的分子几何构型是什么？（a）3个成键电子对而无非键电子对；（b）3个成键电子对和1个非键电子对；（c）2个成键电子对和2个非键电子对。

9.25 给出下列分子或离子的电子对和分子几何构型：（a）HCN（b）SO_3^{2-}（c）SF_4（d）PF_6^-（e）NH_3Cl^+（f）N_3^-

9.26 画出下列每一个分子或离子的路易斯结构式并预测他们的电子对和分子的几何构型：（a）AsF_3（b）CH_3^+（c）BrF_3（d）ClO_3^-（e）XeF_2（f）BrO_2^-

9.27 下图显示了 AF_3 分子三种可能形状的球棍图。（a）对于每个构型，给出分子几何构型所基于的电子对几何构型；（b）对于每个构型，A 原子上有多少个非键电子对？（c）下列哪一种元素会形成形状为 ii）的 AF_3 分子：Li、B、N、Al、P、Cl？（d）A 为哪一个元素时，能形成 iii）中所示的 AF_3 结构。

(i)   (ii)   (iii)

9.28 下图包含了三种可能形状的 AF_4 分子的球棍图。（a）对于每个形状，给出分子几何结构所基于的电子对几何形状；（b）对于每个形状，原子 A 上有多少个非键电子对？（c）下列哪一种元素会形成形状为 iii）的 AF_4 分子：Be、C、S、Se、Si、Xe？（d）A 为哪一个元素时能形成 i）所示的 AF_4 结构。

(i)   (ii)   (iii)

9.29 给出下列分子中所示键角的近似值：

(a) H—Ö—Cl—Ö: （1，2）
    :Ö:

(b) H—C—Ö—H （3，4）
    H

(c) H—C≡C—H （5）

(d) H—C—Ö—C—H （6，7，8）

9.30 给出下列分子中所示键角的近似值：

(a) H—Ö—N=Ö （1，2）

(b) H—C—C=Ö （3，4）

(c) H—N—Ö—H+ （5，6）

(d) H—C—C≡N: （7，8）

9.31 氨 NH_3 和非常强的碱反应生成酰胺离子 NH_2^-。氨也可以与酸反应生成铵离子 NH_4^+（a）哪种分子或离子（酰胺离子、氨或铵离子）具有最大的 H—N—H 键角？（b）哪些型体具有最小的 H—N—H 键角？

9.32 下列哪个 AF_n 分子或离子有不止一个 F—A—F 键角：SiF_4、PF_5、SF_4AsF_3？

9.33 （a）解释为什么 BrF_4^- 是平面正方形构型，而 BF_4^- 是四面体构型；（b）你怎样预测一系列的 H_2O、H_2S、H_2Se 分子中 H—X—H 键角的变化？（提示：一个电子对的大小，部分地依赖于中心原子电负性的大小）。

9.34 说出下列每个分子或离子命名的适当的构型，根据需要可以指出其孤对电子：（a）ClO_2^-（b）SO_4^{2-}（c）NF_3（d）CCl_2Br_2（e）SF_4^{2+}

多原子分子的极性和构型（见 9.3 节）

9.35 键偶极矩和分子偶极矩的区别是什么？

9.36 有一个化学式为 AX_3 的分子。假设 A—X 键是极性的，当 X—A—X 的键角从 100° 上升至 120° 时，你如何预测 AX_3 分子的偶极矩变化？

9.37 （a）SCl_2 有偶极矩吗？如果有，其偶极矩指向哪个方向？（b）$BeCl_2$分子有偶极矩吗？如果有，其偶极矩指向哪个方向？

9.38 （a）PH_3分子是极性的。这是否提供了这个分子不是平面构型的实验证据？说明原因；（b）臭氧（O_3）有一个小偶极矩已经被证实。假设分子中所有原子都是相同的，这个偶极矩是如何产生的？

9.39 （a）BF_3分子是极性的还是非极性的？（b）如果使BF_3反应生成离子BF_3^{2-}，这个离子是平面的吗？（c）BF_2Cl分子有偶极矩吗？

9.40 （a）思考练习题9.27中的AF_3分子中，哪一个分子的偶极矩不为零？（b）思考练习题9.28中的AF_4分子中，哪一个分子的偶极矩为零？

9.41 预测下列的每一个分子是极性还是非极性：（a）IF（b）CS_2（c）SO_3（d）PCl_3（e）SF_6（f）IF_5

9.42 预测下列的每一个分子是极性还是非极性：（a）CCl_4（b）NH_3（c）SF_4（d）XeF_4（e）CH_3Br（f）GaH_3

9.43 二氯乙烯（$C_2H_2Cl_2$）有三种形式（同分异构体），其中每一种形式都是一个不同的物质。（a）画出这三个同分异构体的路易斯结构式，此三个异构体均有一个$C=C$双键的结构；（b）三个异构体的哪一个的偶极矩为零？（c）一氯乙烯（C_2H_3Cl）分子可能有多少个同分异构体？它们会有偶极矩吗？

9.44 二氯苯（$C_6H_4Cl_2$），存在三种形式（同分异构体）称作对位，间位和邻位：

邻位　　　间位　　　对位

其中哪种形式的偶极矩不为零？

轨道重叠；杂化轨道（见9.4节和9.5节）

9.45 对于下述阐述，指出它是正确的还是错误的。（a）为了形成共价键，键中每个原子的轨道必须重叠；（b）一个原子上的p轨道不能和另一个原子上的s轨道成键；（c）分子中原子上的孤对电子影响分子的形状；（d）$1s$轨道有一个节面；（e）$2p$轨道有一个节点平面。

9.46 画出两个原子轨道重叠的示意图：（a）每个原子上的$2s$轨道；（b）每个原子上的$2p_z$轨道（假设两个原子都在z轴上）；（c）一个原子上的$2s$轨道和另一个原子上的$2p_z$轨道。

9.47 对于下述阐述，指出它是对的还是错的。（a）键的轨道重叠越大，键越弱；（b）轨道重叠越大，键越短；（c）要建立杂化轨道，可以用一个原子上的s轨道和另一个原子上的p轨道；（d）非键电子对不能占有杂化轨道。

9.48 在一系列分子IF、ICl、IBr和I_2中，你如何预测成键原子轨道重叠程度的变化？说明原因。

9.49 考虑BF_3分子（a）单独B原子的电子构型是什么？（b）单独F原子的电子构型是什么？（c）在BF_3分子中，为了形成B—F键，应在B原子上构建什么样的杂化轨道？（d）在BF_3分子中B原子上，哪个价电子轨道保持不发生杂化？

9.50 考虑SCl_2分子（a）单独S原子的电子构型是什么？（b）单独Cl原子的电子构型是什么？（c）SCl_2分子中，为了形成S—Cl键，应在S原子上构建什么样的杂化轨道？（d）如果任何一个均可以，在SCl_2分子中S原子上，应保留什么价轨道不发生杂化？

9.51 指出下列分子中中心原子的杂化类型（a）BCl_3（b）$AlCl_4^-$（c）CS_2（d）GeH_4

9.52 分子（a）$SiCl_4$（b）HCN（c）SO_3（d）$TeCl_2$中，中心原子的杂化类型是什么？

9.53 这里显示的是三对杂化轨道，每一对有其特征的角度。若任意一个均可以的话，对于每一对，确定能导致其特定角度的杂化类型。

9.54 （a）预测BH_4^-、CH_4、NH_4^+等分子或离子的几何构型和中心原子的杂化方式？（b）预测这些分子或离子中键偶极的大小和方向？（c）写出由第三周期元素形成的类似的分子或离子化学式；你推测它们中心原子的杂化相同吗？

多重键（见9.6节）

9.55 （a）画图说明两个不同原子上的两个p轨道如何结合成一个s键；（b）画出由p轨道构成的π键；（c）一般来说，σ键和π键哪个更强？说明原因；（d）两个s轨道可以结合形成π键吗？说明原因。

9.56 （a）如果一个原子的价电子轨道是sp杂化的，那么在价电子层中还有多少未杂化的p轨道？原子可以形成多少个π键？（b）想象你可以把两个原子结合在一起，旋转它们，不改变键长。是绕单个σ键旋转更容易，还是绕双（$\sigma+\pi$）键旋转更容易，还是它们是一样的？

9.57 （a）画出乙烷（C_2H_6）、乙烯（C_2H_4）和乙炔（C_2H_2）的路易斯结构式；（b）在每个分子中碳原子的杂化方式是什么？（c）推测哪些分子是平面的？（d）每个分子中有多少个σ键和π键？

9.58 N_2中的N原子参与形成多键，而在肼（N_2H_4）中N原子则不参与。（a）画出这两个分子的路易斯结构；（b）每个分子中N原子的杂化方式是什么？（c）哪个分子有较强的N—N键？

9.59 丙烯（C_3H_6）是一种气体，用来形成重要的聚合物聚丙烯。它的路易斯结构为

H H H
| | |
H — C = C — C — H
|
H

（a）丙烯分子中价电子总数是多少？（b）丙烯分子中有多少价电子用于形成 σ 键？（c）丙烯分子中有多少价电子用于形成 π 键？（d）丙烯分子中仍有多少价电子作为非键电子对存在？（e）丙烯分子中每个 C 原子的杂化方式是什么？

9.60 乙酸乙酯（$C_4H_8O_2$）是一种具有香味的物质，同时可作为溶剂和增香剂。它的路易斯结构是

H :O: H H
| ‖ | |
H — C — C — O — C — C — H
| ·· | |
H H H

（a）分子中每个 C 原子的杂化方式是什么？（b）乙酸乙酯的价电子总数是多少？（c）分子中有多少价电子用于形成 σ 键？（d）分子中有多少价电子用于形成 π 键？（e）分子中有多少价电子作为非键电子对存在？

9.61 甘氨酸是最简单的氨基酸，其路易斯结构如下所示：

H :O:
| ‖
H — N — C — C — O — H
| | ··
H H

（a）这两个 C 原子的键角大约是多少，每一个 C 原子轨道的杂化方式是什么？（b）两个 O 原子和 N 原子轨道的杂化方式是什么？N 原子的全部键角是多少？（c）整个分子中 σ 键的总数是多少，π 键的总数是多少？

9.62 乙酰水杨酸俗称阿司匹林，具有如下所示的路易斯结构：

（a）标注的 1、2 和 3 的键角大约是多少？（b）每个键角的中心原子使用什么杂化轨道形成化学键？（c）分子中有多少个 σ 键？

9.63 （a）定域 π 键和离域 π 键之间的区别是什么？（b）你如何确定一个分子或离子是否具有离域 π 键？（c）NO_2^- 分子中的 π 键是定域的还是离域的？

9.64 （a）写出 SO_3 的路易斯结构，并确定中心 S 原子的杂化方式；（b）对于此分子有其他可能的路易斯结构式吗？（c）你推测 SO_3 分子是否具有离域 π 键？

9.65 在甲酸根离子 HCO_2^- 中，C 原子是中心原子，其他 3 个原子与其相连。（a）画出甲酸根离子的路易斯结构式；（b）C 原子的杂化方式是什么？（c）对于此离子有多个等同的共振结构？（d）这个离子的 π 体系中有多少个电子？

9.66 考虑下面的路易斯结构式：

:O: :O:
‖ ‖
C C
H — ⟍ / ⟍ — H
C = C
| |
H H

（a）路易斯结构式描绘了一个中性分子还是离子？（b）每一个 C 原子所表现的杂化方式是什么？（c）对于此物质有多个等同的共振结构？（d）此型体 π 体系中有多少个电子？

9.67 预测下面每一个分子的几何构型：

（a）H — C ≡ C — C ≡ C — C ≡ N

（b）
H — O — C — C — O — H
‖ ‖
O O

（c）H — N = N — H

9.68 预测下列每个物质中红色原子的杂化方式？
（a）$CH_3CO_2^-$ （b）PH_4^+ （c）AlF_3 （d）$H_2C = CH — CH_2^+$

分子轨道和第二周期双原子分子（见 9.7 节和 9.8 节）

9.69 （a）杂化轨道和分子轨道之间的区别是什么？（b）分子的每一个分子轨道能容纳多少个电子？（c）反键分子轨道中能有电子填充吗？

9.70 （a）如果你把两个不同原子上的两个原子轨道结合形成一个新的轨道，这是杂化轨道还是分子轨道？（b）如果你把一个原子上的两个原子轨道结合形成一个新的轨道，这是杂化轨道还是分子轨道？（c）泡利不相容原理（见 6.7 节）适用于分子轨道吗？说明原因

9.71 考虑 H_2^+ 离子。（a）画出离子的分子轨道并画出它的能级图；（b）氢离子中有多少个电子？（c）写出分子轨道的电子排布式；（d）H_2^+ 的键级是多少？（e）假设离子受到光的激发，一个电子从低能量的分子轨道跃迁到高能量的分子轨道。你认为激发态的 H_2^+ 离子是稳定的还是不稳定的？（f）下面哪个关于（e）部分的阐述是正确的：(i) 光激发一个电子从成键轨道跃迁到反键轨道；(ii) 光激发一个电子从反键轨道跃迁到成键轨道；(iii) 激发态的成键电子数比反键电子数多。

9.72　（a）画出 H_2^- 的分子轨道，并画出它的能级图；（b）写出此离子分子轨道的电子排布式；（c）计算 H_2^- 的键级；（d）假设离子受到光的激发，以至于一个电子会从低能量分子轨道跃迁到高能量分子轨道。推测激发态的 H_2^- 是否稳定。（e）下面哪个关于（d）部分的阐述是正确的：（i）光激发一个电子从成键轨道跃迁到反键轨道；（ii）光激发一个电子从反键轨道跃迁到成键轨道；（iii）激发态的成键电子数比反键电子更多。

9.73　画一幅图，表示一个原子上的三个 $2p$ 轨道和另一个原子上的三个 $2p$ 轨道。（a）想象原子靠近成键，两组 $2p$ 轨道可以形成多少个 σ 键？（b）两组 $2p$ 轨道可以形成多少个 π 键？（c）两组 $2p$ 轨道可以组成多少个反键轨道，属于哪种类型？

9.74　判断下列表述是否正确。（a）s 轨道只能形成 σ 或 σ^* 分子轨道；（b）在原子核的 π^* 轨道上找到 1 个电子的概率总是 100%；（c）如果分子轨道都来自于相同的原子轨道，反键轨道能量总是高于成键轨道；（d）电子不能占据反键轨道。

9.75　（a）键级、键长和键能之间的关系是什么？（b）根据分子轨道理论，Be_2 或 Be_2^+ 会存在吗？说明原因。

9.76　解释下列说法：（a）过氧离子 O_2^{2-} 的键长比超氧离子 O_2^- 的键长更长；（b）B_2 的磁性与 π_{2p} 分子轨道的能量低于 σ_{2p} 分子轨道是一致的；（c）O_2^{2+} 离子的 O—O 键比 O_2 本身更强。

9.77　（a）术语*抗磁性*的含义是什么？（b）抗磁性物质对磁场有反应吗？（c）你认为下列哪些离子具有抗磁性：N_2^{2-}、O_2^{2-}、Be_2^{2+}、C_2？

9.78　（a）术语*顺磁性*的含义是什么？（b）如何通过实验确定一种物质是否具有顺磁性？（c）你认为下列哪个离子具有顺磁性：O_2^+、N_2^{2-}、Li_2^+、O_2^{2-}？对于顺磁性的离子，确定未成对电子的数量。

9.79　以图 9.35 和图 9.43 为指导，画出（a）B_2^+、（b）Li_2^+、（c）N_2^+、（d）Ne_2^{2+} 的分子轨道电子排布式。在每一种情况下，指出在离子中增加一个电子后，这些离子的键级是增加还是减小。

9.80　假设图 9.43 所示的同核双原子分子能级图可以应用于异核双原子分子和离子，预测（a）CO^+、（b）NO^-、（c）OF^+、（d）NeF^+ 的键级和磁性。

9.81　确定 CN^+、CN 和 CN^- 的电子构型（a）哪个有最强的 C—N 键？（b）若均可的话，哪个有未成对电子？

9.82　（a）NO 分子很容易失去一个电子形成 NO^+。以下哪项是对这种情况发生原因的最佳解释。（i）O 比 N 有更高的电负性；（ii）在 NO 中，最高能量的电子位于 π_{2p}^* 分子轨道中；（iii）NO 中的 π_{2p}^* 分子轨道是全部充满的。（b）预测在 NO，NO^+ 和 NO^- 中 N—O 键的键级大小并描述每一个的磁性。（c）哪些由同种原子组成的中性双原子分子是 NO^+ 和 NO^- 离子的等电子体（携带电子数相同的物质）？

9.83　考虑 P_2 分子的分子轨道。假设周期表第三行的分子轨道与第二行的分子轨道类似。（a）P 的哪个原子轨道用来构建 P_2 的分子轨道？（b）下图是 P_2 的一个分子轨道示意图。这个分子轨道的标注是什么？（c）对于 P_2 分子，图中分子轨道占据了多少个电子？（d）P_2 是抗磁性的还是顺磁性的？

9.84　IBr 分子是一种*互卤化物*。假设 IBr 的分子轨道类似于同核双原子分子 F_2。（a）I 和 Br 的哪个原子轨道用来构建 IBr 的分子轨道？（b）IBr 分子的键级是多少？（c）下面给出了 IBr 的一个分子轨道轮廓图。为什么原子轨道对分子轨道的贡献大小不同？（d）下文所描述的分子轨道缩略图的标注是什么？（e）对于 IBr 分子，下面所画的分子轨道占据了多少个电子？

附加练习

9.85　（a）VSEPR 模型的物理基础是什么？（b）在应用 VSEPR 模型时，我们将双键或三键视为一个电子对。这为什么是合理的？

9.86　AB_3 分子具有三角双锥电子对构型。（a）原子 A 上有多少个非键电子对？（b）根据所提供的资料，下列哪项是此分子的分子几何构型：（i）平面三角型（ii）三角锥型（iii）T 型（iv）四面体型

9.87　考虑下列的 XF_4 型离子：PF_4^-、BrF_4^-、ClF_4^+、和 AlF_4^-；（a）哪一个离子在中心原子周围有不止一个的八隅体电子？（b）哪个离子的电子对和分子几何构型是相同的？（c）哪些离子具有八面体电子对几何构型？（d）哪一个离子会呈现出"跷跷板"的分子几何构型？

9.88　考虑分子 PF_4Cl。（a）画出分子的路易斯结构，并预测其电子对的几何构型；（b）你预测哪个会占用更多的空间，P—F 键或 P—Cl 键？请解释；

（c）预测 PF_4Cl 的分子几何构型，第（b）部分的答案对这里第（c）部分的答案有何影响？（d）你认为分子会偏离理想的电子对几何构型吗？如果是这样，它将如何扭曲？

9.89 四面体的顶点对应于立方体的 4 个交替的角。利用解析几何学，证明由连接 2 个顶点到立方体中心构成的角是 109.5°，是四面体分子的特征角。

9.90 填写下图中的表格。如果分子列是空的，找到一个满足该行其余部分条件的例子。

分子	电子对几何构型	中心原子杂化	有无偶极矩
CO_2			
		sp^3	有
		sp^3	无
	平面三角		无
SF_4			
	八面体		无
		sp^2	有
	平面三角型		无
	三角双锥型		
XeF_2			

9.91 根据路易斯结构，确定下列分子或离子中 σ 键和 π 键的数目：（a）CO_2（b）氰气 $(CN)_2$（c）甲醛 (H_2CO)（d）甲酸（HCOOH）。甲酸分子中 1 个 H 原子和 2 个 O 原子均与 C 原子相连。

9.92 酸奶不好的酸味是由于含有乳酸（$CH_3CH(OH)COOH$）分子。（a）画出乳酸分子的路易斯结构，假设 C 在其稳定的化合物中总是形成 4 个化学键；（b）这个分子中有多少个 σ 和 π 键？（c）这个分子中哪个 CO 键最短？（d）最短 CO 键的 C 原子所采取的原子轨道杂化方式是什么？(e) 分子中每个 C 原子周围的化学键的键角大约是多少？

9.93 AB_5 分子的几何构型如图所示。（a）这个几何构型的名称是什么？（b）你认为 A 原子上有非键电子对吗？（c）假设 B 原子是卤素原子。在元素周期表中，原子 A 属于哪一族元素？（i）5A 族（ii）6A 族（iii）7A 族（iv）8A 族（v）需要更多的信息

9.94 分子式为 $Pt(NH_3)_2Cl_2$ 的化合物有两种组成：

$$Cl-Pt-Cl \quad\quad Cl-Pt-NH_3$$

右侧的化合物叫作顺铂，左侧的化合物叫作反铂。（a）哪种化合物具有非零偶极矩？（b）这些化合

物中有一种是抗癌药物，另一种是无活性的。该抗癌药物的作用机理是其 Cl 离子与 DNA 中紧密结合的 N 原子发生取代反应，形成约 90° 的 N—Pt—N 角。你认为哪种化合物是抗癌药物？

9.95 在水分子（H_2O）中，O—H 键的键长是 0.96Å，H—O—H 的键角是 104.5°。水分子的偶极矩是 1.85D。（a）O—H 键的键矩指向什么方向？水分子的偶极矩指向什么方向？（b）计算 O—H 键键矩的大小（注：你需要考虑使用矢量求和方式来做这些）（c）比较你从（b）部分得到的答案和卤化氢的偶极矩（见表 8.3）。你的答案符合 O 的相对电负性吗？

9.96 （a）预测 XeF_2、XeF_4、XeF_6 分子中心 Xe 原子周围的电子对几何构型；（b）IF_7 具有五角双锥结构：5 个氟原子形成一个平面五边形围绕中心碘原子，另 2 个氟原子位于这个平面的中轴上。预测 IF_6^- 的分子几何构型。

9.97 下面关于杂化轨道的阐述哪个或哪些是正确的？（i）一个原子经过 sp 杂化后，此原子上还有一个未杂化的 p 轨道；（ii）在 sp^2 杂化后，杂化轨道的大头一端指向等边三角形的顶端；（iii）sp^3 杂化轨道大头一端之间的夹角是 109.5°。

9.98 丙二烯的路易斯结构式是：

$$\begin{array}{ccc} H & & H \\ \backslash & & / \\ C=C=C & & \\ / & & \backslash \\ H & & H \end{array}$$

画出这个分子的结构示意图，如图 9.25 所示。另外，请回答以下三个问题：（a）分子是平面的吗？（b）它有非零偶极矩吗？（c）丙二烯中的成键会被描述为离域的吗？请解释。

9.99 考虑分子 C_4H_5N，它的连接如下所示。（a）分子的路易斯结构完成后，分子中有多少 σ 键和多少 π 键？（b）分子中有多少个原子表现出（i）sp 杂化（ii）sp^2 杂化（iii）sp^3 杂化

$$\begin{array}{c} H & & & H \\ | & & & | \\ H-C-C-C-N-C-H \\ | & & & \\ H & & & \end{array}$$

9.100 叠氮钠是一种对冲击敏感的化合物，在受到物理冲击时会释放氮气。这种化合物用于汽车安全气囊。叠氮离子是 N_3^-。（a）画出形式电荷最小的叠氮离子的路易斯结构（它不是三角形的）。它是线性的还是弯曲的？（b）说明叠氮离子中心 N 原子的杂化；（c）中心 N 原子在叠氮离子中形成多少 σ 键和多少 π 键？

9.101 在臭氧（O_3）中，分子两端的两个 O 原子是等同的。（a）臭氧中原子的杂化方案的最佳选择是什么？（b）对于臭氧的一种共振形式，哪些轨道用于成键，哪些轨道用于容纳非成键电子对？（c）哪些轨道可以用于 π 电子离域？（d）臭氧的 π 体系中有多少离域电子？

9.102　丁二烯（C_4H_6），是一个平面分子，具有如图所示的 C—C 键长：

$$H_2C \xlongequal[1.34Å]{} CH \xrightarrow[1.48Å]{} CH \xlongequal[1.34Å]{} CH_2$$

（a）预测每个 C 原子周围的键角并绘制分子草图；（b）从左至右，丁二烯中每个 C 原子的杂化是什么？（c）丁二烯中，中间的碳碳键长度（1.48Å）略短于平均碳碳单键长度（1.54Å）。这是否意味着丁二烯中间的碳碳键比普通碳碳单键更弱或更强？根据你对第（c）部分的回答，讨论丁二烯中键的哪些其他方面可能支持中间有较短 C—C 键的结论。

9.103　硼吖嗪（$B_3N_3H_6$）的结构是由 B 原子和 N 原子交替组成的六元环。每个 B 原子和 N 原子都有一个 H 原子与之成键。分子是平面的。（a）写出硼吖嗪的路易斯结构，其中每个原子的形式电荷为零；（b）为硼吖嗪写一个路易斯结构，其中每一个原子都满足八隅体规则；（c）第（b）部分路易斯结构中原子的形式电荷是多少？考虑到 B 和 N 的电负性，形式电荷看起来是有利的还是不利的？（d）第（a）及（b）部分的路易斯结构是否有多个共振结构？（e）在（a）和（b）部分的路易斯结构中，B 和 N 原子的杂化是怎样的？你认为这两个路易斯结构的分子都是平面的吗？（f）硼吖嗪分子的 6 个 B—N 键的键长都是 1.44Å。典型的 B—N 单键和双键的键长分别是 1.51Å 和 1.31Å。B—N 的键长值更支持哪一个路易斯结构？（g）硼吖嗪的 π 体系中有多少电子？

9.104　分子的最高占有分子轨道简称 HOMO。分子中最低未占分子轨道称作 LUMO。从实验上看，我们可以通过分子的电子吸收光谱（紫外 - 可见光）来测量 HOMO 和 LUMO 之间的能量差。电子吸收光谱中的峰值可以标记为 $\pi_{2p}-\pi_{2p}*$、$\sigma_{2p}-\sigma_{2p}*$ 等，对应于电子从一个轨道转移到另一个轨道。电子 HOMO-LUMO 间的跃迁对应的是分子从基态到第一激发态的变化。（a）写出 N_2 的基态和第一激发态的分子轨道价电子构型；（b）N_2 在第一激发态是顺磁的还是抗磁性的？（c）N_2 分子的电子吸收光谱在 170nm 处有最低的能量峰。这个对应于什么轨道跃迁？（d）计算（a）部分中 HOMO-LUMO 间跃迁的能量（kJ/mol）；（e）第一激发态的 N—N 键比基态的更强还是更弱？

9.105　H_2^- 离子的一个分子轨道简图如下：

（a）分子轨道是一个 σ 还是 π 分子轨道？是成键分子轨道还是反键分子轨道？（b）在 H_2^- 中，有多少个电子占据了上面所示的分子轨道？（c）H_2^- 离子的键级是多少？（d）相比于 H_2 中的 H—H 键，H_2^- 中的 H—H 键预计将是下面哪个？（i）短而强（ii）长而

弱（iii）短而弱（iv）长而弱（v）长度和强度相同

9.106　按键级由小到大的顺序排列下列分子或离子：H_2^+、B_2、N_2^+、F_2^+、Ne_2。

9.107　下面的示意图展示了原子轨道波函数（带有相位）用于构造同核双原子分子的一些分子轨道。对于每个示意图，确定所绘制的原子轨道波函数杂化所产生的分子轨道类型。对分子轨道使用与"深入探究"栏中相位相同的标签。

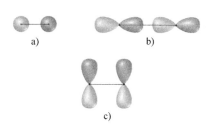

9.108　颜色鲜艳的分子在填充和空电子状态之间有较小的能量差（HOMO-LUMO 间隙，见练习 9.104）。有时你可以从视觉上分辨 HOMO-LUMO 间隙大小，假设你有两种晶体粉末样品，一种是白色的，一种是绿色的，哪个有更大的 HOMO-LUMO 间隙？

9.109　偶氮染料是一种有机染料，可用于多种用途，如织物着色。许多偶氮染料都是有机偶氮苯（$C_{12}H_{10}N_2$）的衍生物。与之密切相关的物质是肼苯（$C_{12}H_{12}N_2$）。这两种物质的路易斯结构是：

偶氮苯　　　　　　　　　氢化偶氮苯

（回忆一下苯的简写）（a）每种物质中 N 原子的杂化是什么？（b）在每种物质的 N 和 C 原子上有多少个未杂化的原子轨道？（c）预测每种物质的 N—N—C 键角。（d）据说偶氮苯的 π 电子比肼苯的离域性更大。根据你对（a）和（b）的回答来讨论这个问题。（e）所有偶氮苯的原子都在一个平面上，而氢化偶氮苯的原子不在一个平面上。这一观察是否符合（d）部分的阐述？（f）偶氮苯呈现强烈的红橙色，而氢化偶氮苯几乎是无色的。在太阳能转换装置中使用哪种分子更好？（有关太阳能电池的更多信息，请参阅"化学应用"）。

9.110　（a）只利用 H 原子和 F 原子的价电子轨道，按照图 9.46 的模型，预测 HF 分子有多少个分子轨道？（b）有多少来自（a）部分的分子轨道会被电子占据？（c）事实证明，H 和 F 的价原子轨道之间的能量差异是完全不同的，我们可以忽略氢的 1s 轨道和氟的 2s 轨道之间的相互作用。氢原子的 1s 轨道只和氟的一个 2p 轨道杂化。画出 F 上的 3 个 2p 轨道和

H 上的 $1s$ 轨道相互作用的正确方向。假设原子在 z 轴上，哪个 $2p$ 轨道可以和 $1s$ 轨道成键？（d）在最普遍接受的 HF 结构图中，F 原子上的所有其他原子轨道都以相同的能量移动到 HF 的分子轨道能级图中。这些叫作"非成键轨道"。利用这些信息绘制 HF 的能级图，并计算键级。（非成键电子不影响键级）（e）观察 HF 的路易斯结构。非成键电子在哪里？

9.111 CO 与 N_2 是等电子体。（a）画一个满足八隅体规则的 CO 路易斯结构；（b）假定图 9.46 中的图表可以用于描述 CO 的分子轨道；预测 CO 的键级是多少？这个答案符合（a）部分画的路易斯结构吗？（c）实验发现 CO 中能量最高的电子保留在 σ 型分子轨道中。这个观察结果与图 9.46 一致吗？如果不是，对于此图需要什么修改吗？此修改与图 9.43 有什么关系？（d）你预测组成 CO π_{2p} 分子轨道的 C 和 N 原子轨道有相同的贡献吗？如果不是，哪个原子会有更大的贡献？

9.112 图 9.36 中的能级图显示一对 p 轨道的横向重叠产生两个分子轨道，一个成键轨道，一个反键轨道。在乙烯中有一对电子在两个 C 原子之间的成键 π 轨道中。吸收适当波长光子会导致 π_{2p} 轨道的一个成键电子被激发到 π_{2p}^{*} 反键分子轨道。（a）假定这个电子的跃迁对应于 HOMO-LUMO 之间的能量迁移，乙烯中的 HOMO 是什么？（b）假定这个电子的跃迁对应于 HOMO-LUMO 之间的能量迁移，乙烯中的 LUMO 是什么？（c）乙烯中，激发态的 C—C 键与基态比是更强还是更弱？为什么？（d）乙烯中，基态的 C—C 键与激发态的比较，哪个更容易扭曲？

综合练习

9.113 一个由 2.1% H、29.8% N 和 68.1% O 组成的化合物的摩尔质量约为 50 g/mol。（a）该化合物的分子式是什么？（b）如果 H 原子与 O 原子成键，它的路易斯结构是什么？（c）这个分子的几何构型是什么？（d）N 原子的杂化方式是什么？（e）这个分子中有多少 σ 键和 π 键？

9.114 根据下面未配平的反应回答问题。四氟化硫（SF_4）与 O_2 缓慢反应而形成四氟单氧硫（OSF_4）化合物：

$$SF_4(g) + O_2(g) \longrightarrow OSF_4(g)$$

OSF_4 中的 O 原子和 4 个 F 原子与中心的 S 原子成键。（a）配平方程式；（b）写出 OSF_4 的路易斯结构式，其中所有原子的形式电荷为零；（c）用平均键焓（见表8.3）来确定反应的焓变。它是吸热还是放热反应？（d）确定 OSF_4 的电子对几何构型，并在此电子对几何构型的基础上为该分子写出两种可能的分子几何构型；（e）对于你在（d）部分画出的分子，说明多少个 F 原子位于水平面位置，多少个 F 原子位于轴向位置。

9.115 三卤化磷（PX_3）显示以下 X-P-X 键角变化：PF_3 96.3°；PCl_3 100.3°；PBr_3 101.0°；PI_3 102.0°。这种趋势通常归因于卤素电负性的变化。（a）假设所有电子对大小相等，VSEPR 模型预测的 X—P—X 键角值是多少？（b）随着卤素电负性的增加，X—P—X 键角变化的趋势是什么？（c）使用 VSEPR 模型，解释观察到的 X—P—X 键角随着 X 电负性变化的趋势；（d）根据你对第（c）部分的回答，预测 $PBrCl_4$ 的结构。

9.116 分子 2-丁烯（C_4H_8）分子可以通过顺-反异构实现结构改变：

顺式-2-丁烯   反式-2-丁烯

正如在"化学与生活"关于视觉化学的栏目中所讨论的，这种转换可以由光诱导，是人类视觉的关键。（a）2-丁烯的两个中心碳原子的杂化键是什么？（b）通过旋转中心的 C—C 键，可以发生异构化。参考图 9.29，解释为什么两个中心 C 原子之间的 π 键在顺式到反式 2-丁烯的旋转过程中被破坏。（c）根据平均键焓（见表8.3），每个分子需要多少能量才能使 C—C π 键断裂？（d）提供足够的光子能量来断裂 C—C π 键和造成异构化所需光的最长波长是多少？（e）你对（d）部分回答的波长是在电磁波谱的可见光区部分吗？解释这一结果对人类视力的重要性。

9.117 （a）比较碳-碳单键、双键和三键的键焓（见表8.3），推断 π 键对键焓的平均贡献。这个量所占单键的比例有多少？（b）进行氮—氮键的类似比较。你能观察到什么？（c）写出 N_2H_4、N_2H_2、N_2 的路易斯结构，分别确定氮的杂化情况；（d）解释你对（a）和（b）部分的观察有很大差异的原因。

9.118 使用平均键焓（见表8.3）数据估算苯（C_6H_6）原子化过程的焓变（ΔH）：

$$C_6H_6(g) \longrightarrow 6C(g) + 6H(g)$$

将此数据与使用附录 C 和盖斯定律所得 ΔH_f° 数据相比较，解释两个值差别较大的原因。

9.119 许多过渡金属元素的化合物保持着金属原子之间的直接成键。我们假设将 z 轴定义为金属-金属键轴。（a）哪个 $3d$ 轨道（见图6.23）最有可能在金属原子之间形成 σ 键？（b）概述 σ_{3d} 成键和 σ_{3d}^{*} 反键分子轨道；（c）关于轨道相位的"深入探究"栏，请解释为什么在 σ_{3d}^{*} 中产生了一个节点；（d）假设只有（a）部分的 $3d$ 轨道是重要的，画出 Sc_2 分子的能级图；（e）Sc_2 的键级是多少？

9.120 这里显示的有机分子是苯的衍生物，其中六元环在六边形的边缘"融合"

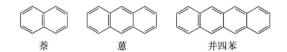

萘　　　　　蒽　　　　　并四苯

（a）确定苯和这三种化合物的经验式；（b）假设你有一种化合物的样品，可以简单地用燃烧分析来确定这三个中的哪一个？（c）萘是卫生球中的活性成份，它是一种白色固体；写出萘燃烧生成气体 CO_2（g）和 H_2O（g）的配平反应式；（d）利用萘的路易斯结构和表 8.3 中的平均键焓以 kJ/mol 为单位估算萘的燃烧热；（e）苯、萘和蒽是无色的，但是并四苯是橘色的。对于这些分子中的相对 HOMO-LUMO 能量间隙，这说明了什么？参见"化学应用"栏中的关于轨道和能量部分。

9.121　反键分子轨道能被用来与分子中的其他原子成键。例如，金属原子能使用适当的 d 轨道与 CO 分子中的 π_{2p}^* 轨道重叠。这被叫作 d-π 反馈键。

（a）画一个坐标轴，其中 y 轴垂直于纸平面，x 轴是水平的。在原点写 M 表示一个金属原子；（b）现在，在 M 右侧的 x 轴上，画 CO 分子的路易斯结构式，C 原子离 M 最近。CO 键轴应该在 x 轴上。（c）在纸平面上画出带有相位信息的 CO 的 π_{2p}^* 轨道（参见关于相位的"深入探究"），两端应该指向 M；（d）画出 M 的 d_{xy} 轨道，带相位。你能看到他们如何与 CO 的 π_{2p}^* 轨道重叠吗？（e）在 M 和 C 原子轨道之间形成了什么键，σ 键还是 π 键？（f）预测金属 -CO 复合物中 CO 键的强度与单独 CO 相比会发生什么变化。

9.122　1984 年，异氰酸甲酯（CH_3NCO）变得臭名昭著。当时印度博帕尔的一个储罐意外泄漏了这种化合物，导致约 3800 人死亡，另有数千人受到严重和持久伤害。（a）画出异氰酸甲酯的路易斯结构图；（b）画出这个结构的球棍模型，包括化合物中所有键角的估算；（c）预测分子中所有的键长。（d）预测分子有偶极矩吗？说明原因。

设计实验

在这一章中，我们看到了一些新的概念，包括分子的离域 π 体系和成键分子轨道的描述。有机染料领域提供了这些概念之间的联系。有机染料是具有颜色的离域 π 体系的分子。这种颜色是由于电子从最高占有分子轨道（HOMO）被激发到最低的未占分子轨道（LUMO）。假设 HOMO 和 LUMO 之间的能量差距取决于离域 π 体系的大小。想象用下列物质的样本来检验这个假设：

或，

丁二烯

己三烯

β-胡萝卜素

β - 胡萝卜素是胡萝卜中主要的亮橙色物质。它也是人体产生视网膜的重要营养物质（见 9.6 节的"化学与生活"）。（a）你能设计怎样的实验以确定每个分子中从 HOMO 到 LUMO 激发电子跃迁所需的能量？（b）如何绘制数据图，以确定 π 体系的长度和激发能之间是否存在关系？（c）你还想用哪些分子来进一步检验这里提出的想法？（d）你如何设计一个实验，用于确定是离域 π 键而不是分子大小、π 键等其他分子特性，是分子能够引起光谱中可见光部分激发的重要原因。（提示：你应该会需要这里没有列出的一些其他分子。）

数学运算

A.1 | 科学计数法

化学中使用的数字要么非常大，要么非常小。为了方便，这些数字可以用下列形式表示，

$$N \times 10^n$$

其中，N 是介于 1 和 10 之间的数字，n 是指数。下列是*科学计数法*，又称*指数计数法*的一些示例。

1200000 是 1.2×10^6（读作"一点二乘以十的六次方"）

0.000604 是 6.04×10^{-4}（读作"六点零四乘以十的负四次方"）

正指数，如第一个示例中所示，告诉我们一个数字需要乘以多少个 10，才能得到该数字长表达式：

$$1.2 \times 10^6 = 1.2 \times 10 \times 10 \times 10 \times 10 \times 10 \times 10 \,(6 \text{个} 10)$$
$$= 1200000$$

也可以方便地将*正指数*看作小数点必须向左移动才能得到大于 1 小于 10 的数字的位数。例如，3450，将小数点向左移动三位，最后得到 3.45×10^3。

类似地，负指数是需要将一个数除以多少个 10，才能得到长表达式。

$$6.04 \times 10^{-4} = \frac{6.04}{10 \times 10 \times 10 \times 10} = 0.000604$$

可以方便地将*负指数*看作小数点必须向右移动才能得到大于 1 但小于 10 的数字的位数。例如，0.0048，将小数点向右移动三位，得到 4.8×10^{-3}。

在科学计数法中，小数点每右移一位，指数*减少* 1：

$$4.8 \times 10^{-3} = 48 \times 10^{-4}$$

同样，小数点每左移一位，指数*增加* 1：

$$4.8 \times 10^{-3} = 0.48 \times 10^{-2}$$

许多科学计算器都有一个标记为 EXP 或 EE 的键，用于以指数记数法输入数字。要在这种计算器上输入数字 5.8×10^3，按键顺序是

$$\boxed{5}\ \boxed{\cdot}\ \boxed{8}\ \boxed{\text{EXP}}\ （\text{或}\ \boxed{\text{EE}}\ ）\boxed{3}$$

在一些计算器上，显示屏将显示 5.8，然后是一个空格，后面是指数 03。在另一些计算器上，显示 10 的 3 次幂。

输入负指数，使用标记为"+/−"的键。例如，要输入数字 8.6×10^{-5}，按键顺序为

$$\boxed{8}\ \boxed{\cdot}\ \boxed{6}\ \boxed{\text{EXP}}\ \boxed{+/-}\ \boxed{5}$$

以科学计数法输入数字时，如果使用 *EXP* 或 *EE* 按键，则不要输入 *10*。

在处理指数时，重要的是要记住 $10^0 = 1$。以下规则对于指数计算的运用很有用。

1. 加减法

用科学计数法表示的数字进行加减时，10 的幂必须相同。

$$(5.22 \times 10^4) + (3.21 \times 10^2) = (522 \times 10^2) + (3.21 \times 10^2)$$
$$= 525 \times 10^2 \text{（3 位有效数字）}$$
$$= 5.25 \times 10^4$$

$$(6.25 \times 10^2) - (5.77 \times 10^{-3}) = (6.25 \times 10^{-2}) - (0.577 \times 10^{-2})$$
$$= 5.67 \times 10^{-2} \text{（3 位有效数字）}$$

当使用计算器进行加法或减法运算时，不必担心有相同指数的数字，因为计算器会自动处理这个问题。

2. 乘法和除法

当以科学计数法表示的数字相乘时，指数相加；当以指数符号表示的数字相除时，分子的指数减去分母的指数。

$$(5.4 \times 10^2)(2.1 \times 10^3) = (5.4 \times 2.1) \times 10^{2+3}$$
$$= 11 \times 10^5$$
$$= 1.1 \times 10^6$$

$$(1.2 \times 10^5)(3.22 \times 10^{-3}) = (1.2 \times 3.22) \times 10^{5+(-3)} = 3.9 \times 10^2$$

$$\frac{3.2 \times 10^5}{6.5 \times 10^2} = \frac{3.2}{6.5} \times 10^{5-2} = 0.49 \times 10^3 = 4.9 \times 10^2$$

$$\frac{5.7 \times 10^7}{8.5 \times 10^{-2}} = \frac{5.7}{8.5} \times 10^{7-(-2)} = 0.67 \times 10^9 = 6.7 \times 10^8$$

3. 乘方和开根号

当以科学计数法表示的数字增大到幂数倍时，指数乘幂数。当以科学计数法表示的数字开根号时，指数除以开根号的数字。

$$(1.2 \times 10^5)^3 = 1.2^3 \times 10^{5 \times 3}$$
$$= 1.7 \times 10^{15}$$

$$\sqrt[3]{2.5 \times 10^6} = \sqrt[3]{2.5} \times 10^{6/3}$$
$$= 1.3 \times 10^2$$

科学计算器通常有标记为 x^2 和 $\sqrt{x}$ 的键，分别表示数字的平方和平方根。为了获得更高的幂或根，许多计算器会使用 y^x 和 $\sqrt[x]{y}$（或 INV y^x）键。例如，要在计算器上计算 $\sqrt[3]{7.5} \times 10^{-4}$，需要按 $\sqrt[x]{y}$ 键（或按 INV 键，然后按 $\sqrt[x]{y}$ 键），输入根 3，输入 7.5×10^{-4}，最后按 = 键。结果是 9.1×10^{-2}。

实例解析 1

使用科学计数法

在可能的情况下使用计算器进行以下操作：
（a）用科学计数法写出数字 0.0054。（b）$(5.0 \times 10^{-2}) + (4.7 \times 10^{-3})$（c）$(5.98 \times 10^{12})(2.77 \times 10^{-5})$
（d）$\sqrt[4]{1.75 \times 10^{-12}}$

解析

（a）将小数点右移三位，使 0.0054 转换为 5.4，所以指数为 −3：

$$5.4 \times 10^{-3}$$

科学计算器通常能用一到两次按键将数字转换成指数符号；"科学计数法"的"SCI"经常将数字转换成指数计数。请参阅使用说明书，了解如何在计算器上完成此操作。

（b）这些数字相加，必须将它们转换为相同的指数。

$$(5.0 \times 10^{-2}) + (0.47 \times 10^{-2}) = (5.0+0.47) \times 10^{-2}$$
$$= 5.5 \times 10^{-2}$$

（c）进行如下操作：

$$(5.98 \times 2.77) \times 10^{12-5} = 16.6 \times 10^{7} = 1.66 \times 10^{8}$$

（d）要在计算器上执行此操作，应输入数字，按 $\sqrt[x]{y}$ 键（或 INV 和 y^x 键），输入 4，然后按 = 键。

结果是 1.15×10^{-3}。

▶ **实践练习**

进行如下操作：

（a）用科学计数法写出 67000，其结果用两位有效数字表示。

（b）$(3.378 \times 10^{-3}) - (4.97 \times 10^{-5})$

（c）$(1.84 \times 10^{15})(7.45 \times 10^{-2})$

（d）$(6.67 \times 10^{-8})^3$

A.2 | 对数

常用对数

如果 $N = a^x$（$a > 0$，$a \neq 1$），即 a 的 x 次方等于 N，那么数 x 叫作以 a 为底 N 的对数。特别地，我们称以 10 为底的对数为常用对数。例如，1000 的常用对数（写作 log1000）是 3，因为 10 的三次幂等于 1000。

$$10^3 = 1000，因此，\log 1000 = 3$$

更多的例子是

$$\log 10^5 = 5$$
$$\log 1 = 0 \ 因为 \ 10^0 = 1$$
$$\log^{-2} = -2$$

在这些例子中，常用的对数可以通过检验得到。但是不能通过检验得到如 31.25 这种数字的对数。31.25 的对数是满足以下关系的数字 x：

$$10^x = 31.25$$

大多数电子计算器都有一个标记为 LOG 的键，可用于读取对数。例如，在计算器上，通过输入 31.25 并按 LOG 键来获得"log31.25"的值。我们得到以下结果：

$$\log 31.25 = 1.4949$$

请注意，31.25 大于 10（10^1）小于 100（10^2）。log31.25 的值相应地在 log 10 和 log 100 之间，也就是说，在 1 和 2 之间。

有效数字和常用对数

对于测量数据的常用对数，小数点后的位数等于原始数字中的有效数字位数。例如，如果 23.5 是测量的数（3 位有效数字），则 log23.5=1.371（小数点后 3 位有效数字）

反对数

确定与某个对数对应的数字的过程是获得反*对数*的过程。它与对数相反。例如，我们前面得知 log23.5=1.371。这意味着 1.371 的反对数等于 23.5。

$$\log 23.5 = 1.371$$

$$antilog1.371 = 23.5$$

计算数据的反对数的过程与计算 10 的这个数次幂的过程相同。

$$antilog1.371 = 10^{1.371} = 23.5$$

许多计算器都有一个标记为 10^x 的键，可以直接得到反对数。在另一些计算器上通过按标记为 INV（表示反向）的键，然后按 LOG 键得到反对数。

自然对数

基于数字 e 的对数或以 e 为底的对数（缩写为 ln）称为自然对数。数字的自然对数是必须提高到等于该数字的 e（其值为 2.71828⋯）的幂数。例如，10 的自然对数等于 2.303。

$$e^{2.303} = 10，因此 \ln 10 = 2.303$$

计算器可能有一个标记为 LN 的键，能够得到自然对数。例如，要计算 46.8 的自然对数，输入 46.8 并按 LN 键。

$$\ln 46.8 = 3.846$$

一个数的自然反对数是 e 的次幂得到相应的数。如果计算器可以计算自然对数，它也可以计算自然反对数。在某些计算器上，有一个标记为 e^x 的键，可以直接计算自然反对数；在另一些计算器上，需要先按 INV 键，然后按 LN 键。例如，1.679 的自然反对数由下式给出：

$$1.679\ 的自然反对数 = e^{1.679} = 5.36$$

常用对数与自然对数的关系如下：

$$\ln a = 2.303\log a$$

注意，以 e 为底的自然对数是以 10 为底的自然对数的 2.303 倍。

使用对数进行数学运算

因为对数是指数，所以涉及对数的数学运算遵循指数的使用规则。例如 z^a 和 z^b（其中 z 是任意数）的乘积由下式给出

$$z^a \cdot z^b = z^{(a+b)}$$

同样地，乘积的对数（常用对数或自然对数）等于单个数的对数之和

$$\log ab = \log a + \log b \qquad \ln ab = \ln a + \ln b$$

对于对数的商

$$\log(a/b) = \log a - \log b \qquad \ln(a/b) = \ln a - \ln b$$

利用指数的性质，我们还可以推导出如下关系

$$\log a^n = n \log a \qquad \ln a^n = n \ln a$$
$$\log a^{1/n} = (1/n)\log a \qquad \ln a^{1/n} = (1/n)\ln a$$

pH 问题

在普通化学中，对数常见的一个应用是处理 pH 问题。pH 定义为 $-\log[H^+]$，其中 $[H^+]$ 是溶液的氢离子浓度（见 16.4 节）。下面的实例解析阐明了这种应用。

> 实例解析 2
> **使用对数**

（a）氢离子浓度为 0.015M 溶液的 pH 值是多少？

（b）如果溶液的 pH 值为 3.80，其氢离子浓度是多少？

解析

（1）已知 [H$^+$] 的值。我们使用计算器的 LOG 键来计算 log[H$^+$] 的值。通过改变得到的值的符号来计算 pH 值。（取对数后一定要改变符号。）

$$[H^+] = 0.015$$
$$\log[H^+] = -1.82（2 位有效数字）$$
$$pH = -(-1.82) = 1.82$$

（2）为了得到给定的 pH 值下的氢离子浓度，我们必须取 −pH 的反对数。

$$pH = -\log[H^+] = 3.80$$

$$\log[H^+] = -3.80$$
$$[H^+] = antilog(-3.80) = 10^{-3.80} = 1.6 \times 10^{-4}M$$

> 实践练习

执行以下操作：

（a）$\log(2.5 \times 10^{-5})$

（b）$\ln 32.7$

（c）antilog-3.47

（d）$e^{-1.89}$

A.3 | 一元二次方程

形式为 $ax^2 + bx + c = 0$ 的代数方程称为*一元二次方程*。这种方程的两个解由一元二次方程求根公式给出：

$$x = \frac{-b \pm \sqrt{b^2 - 4ac}}{2a}$$

现在的许多计算器可以用一次或两次按键来计算一元二次方程的解。大多数情况下，x 对应于溶液中一种化学物质的浓度。答案中有一个是正数，这正是你需要的数值，一个"负浓度"是没有物理意义的。

> 实例解析 3
> **使用一元二次方程求根公式**

计算满足公式 $2x^2 + 4x = 1$ 的 x 值。

解析

为了解出给定的 x 方程，我们首先把它的形式转化为

$$ax^2 + bx + c = 0$$

然后使用一元二次方程求根公式。如果

$$2x^2 + 4x = 1$$

那么

$$2x^2 + 4x - 1 = 0$$

使用一元二次方程求根公式，其中 $a = 2$，$b = 4$，$c = -1$，我们有

$$x = \frac{-4 \pm \sqrt{4^2 - 4(2)(-1)}}{2 \times 2}$$

$$= \frac{-4 \pm \sqrt{16 + 8}}{4} = \frac{-4 \pm \sqrt{24}}{4} = \frac{-4 \pm 4.899}{4}$$

两个解为

$$x = \frac{0.899}{4} = 0.225 \text{ 和 } x = \frac{-8.899}{4} = -2.225$$

x 代表浓度，负值没有意义，所以 $x = 0.225$。

A.4 | 图表

通常表示两个变量之间相互关系最清晰的方法是用图表表示。通常，可以改变的变量，称为*自变量*，沿着水平轴（x 轴）显示。

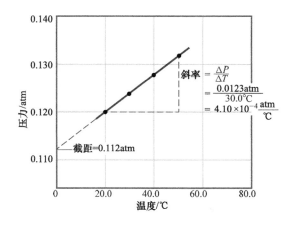

表 A.1　压力与温度的相互关系	
温度 /℃	压力 /atm
20.0	0.120
30.0	0.124
40.0	0.128
50.0	0.132

▲ 图 A.1　压力与温度的关系图

随着自变量变化的变量，称为*因变量*，沿垂直轴（y 轴）显示。例如，考虑一个实验，我们改变封闭气体的温度并测量其压力。自变量是温度，因变量是压力。通过本实验可以得到表 A.1 所示的数据。这些数据见图 A.1。温度和压力之间的关系是线性的。任何直线图形的方程都有以下形式

$$y = mx + b$$

其中，m 是直线的斜率；b 是与 y 轴的截距。在图 A.1 的情况下，我们可以说温度和压力之间的关系为

$$P = mT + b$$

其中，P 是以 atm 表示的压力，T 是以 ℃ 表示的温度。如图 A.1 所示，斜率为 4.10×10^{-4}atm/℃，截距——直线穿过 y 轴的一点——为 0.112atm。因此，这条线的方程是

$$P = \left(4.10 \times 10^{-4} \frac{atm}{℃}\right) T + 0.112atm$$

A.5 | 标准偏差

标准偏差 s，是描述实验测定数据精密度的一种常用方法。我们将标准偏差定义为

$$s = \sqrt{\frac{\sum_{i=1}^{N}(x_i - \bar{x})^2}{N-1}}$$

式中，N 是测量的次数，$\bar{x}$ 是测量值的平均数（也称为平均值），x_i 代表单个测量值。具有内置统计功能的电子计算器可以通过输入单个测量值直接计算 s 值。

s 越小表示精密度越高，这意味着数据在平均值周围的聚集度越高。标准偏差具有统计意义。如果进行大量测量，假设测量值只与随机误差有关，那么 68% 的测量值应该在一个标准偏差范围内。

实例解析 4
计算平均值和标准偏差

将糖中的碳含量测量四次，分别为：42.01%、42.28%、41.79% 和 42.25%。计算这些测量值的（a）平均值（b）标准偏差。

解析

（a）通过将测量值相加并除以测量次数得出平均值：

$$\bar{x} = \frac{42.01 + 42.28 + 41.79 + 42.25}{4} = \frac{168.33}{4} = 42.08(\%)$$

（b）使用前面的公式得出标准偏差：

$$s = \sqrt{\frac{\sum_{i=1}^{N}(x_i - \bar{x})^2}{N-1}}$$

让我们把数据制成表格，这样 $\sum_{i=1}^{N}(x_i - \bar{x})^2$ 的计算可以看得更清楚。

C/%	测量值和平均值之间的偏差 $(x_i - x)$/%	平方差，$(x_i - x)^2$
42.01	$42.01 - 42.08 = -0.07$	$(-0.07)^2 = 0.005$
42.28	$42.28 - 42.08 = 0.20$	$(0.20)^2 = 0.040$
41.79	$41.79 - 42.08 = -0.29$	$(-0.29)^2 = 0.084$
42.25	$42.25 - 42.08 = 0.17$	$(0.17)^2 = 0.029$

最后一列的和为

$$\sum_{i=1}^{N}(x_i - \bar{x})^2 = 0.005 + 0.040 + 0.084 + 0.029 = 0.16(\%)$$

因此，标准偏差为

$$s = \sqrt{\frac{\sum_{i=1}^{N}(x_i - \bar{x})^2}{N-1}} = \sqrt{\frac{0.16}{4-1}} = \sqrt{\frac{0.16}{3}} = \sqrt{0.053} = 0.23(\%)$$

根据这些测量结果，测量碳的百分比可以恰当地表示为 42.08% ± 0.23%。

B

水的性质

密度：　　　　　　0℃ 0.99987g/mL

4℃ 1.00000g/mL

25℃ 0.99707g/mL

100℃ 0.95838g/mL

熔化热（焓）：　　0℃ 6.008kJ/mol

汽化热（焓）：　　0℃ 44.94kJ/mol

25℃ 44.02kJ/mol

100℃ 40.67kJ/mol

离子积常数，K_w：0℃ 1.14×10^{-15}

25℃ 1.01×10^{-14}

50℃ 5.47×10^{-14}

比热容：　　　　　−3℃的冰 2.092 J/(g·K) = 2.092 J/(g·℃)

25℃的水是 4.184 J/(g·K) = 4.184 J/(g·℃)

100℃的水蒸气是 1.841 J/(g·K) = 1.841 J/(g·℃)

不同温度下的蒸气压 /torr

T/℃	P	T/℃	P	T/℃	P	T/℃	P
0	4.58	21	18.65	35	42.2	92	567.0
5	6.54	22	19.83	40	55.3	94	610.9
10	9.21	23	21.07	45	71.9	96	657.6
12	10.52	24	22.38	50	92.5	98	707.3
14	11.99	25	23.76	55	118.0	100	760.0
16	13.63	26	25.21	60	149.4	102	815.9
17	14.53	27	26.74	65	187.5	104	875.1
18	15.48	28	28.35	70	233.7	106	937.9
19	16.48	29	30.04	80	355.1	108	1004.4
20	17.54	30	31.82	90	525.8	110	1074.6

C

298.15K（25℃）下常见物质的热力学常数

物质	ΔH_f° /(kJ/mol)	ΔG_f° /(kJ/mol)	S° /(J/ mol · K)	物质	ΔH_f° /(kJ/mol)	ΔG_f° /(kJ/mol)	S° /(J/ mol · K)
铝				$C_2H_2(g)$	226.77	209.2	200.8
$Al(s)$	0	0	28.32	$C_2H_4(g)$	52.30	68.11	219.4
$AlCl_3(s)$	−705.6	−630.0	109.3	$C_2H_6(g)$	−84.68	−32.89	229.5
$Al_2O_3(s)$	−1669.8	−1576.5	51.00	$C_3H_8(g)$	−103.85	−23.47	269.9
钡				$C_4H_{10}(g)$	−124.73	−15.71	310.0
$Ba(s)$	0	0	63.2	$C_4H_{10}(l)$	−147.6	−15.0	231.0
$BaCO_3(s)$	−1216.3	−1137.6	112.1	$C_6H_6(g)$	82.9	129.7	269.2
$BaO(s)$	−553.5	−525.1	70.42	$C_6H_6(l)$	49.0	124.5	172.8
铍				$CH_3OH(g)$	−201.2	−161.9	237.6
$Be(s)$	0	0	9.44	$CH_3OH(l)$	−238.6	−166.23	126.8
$BeO(s)$	−608.4	−579.1	13.77	$C_2H_5OH(g)$	−235.1	−168.5	282.7
$Be(OH)_2(s)$	−905.8	−817.9	50.21	$C_2H_5OH(l)$	−277.7	−174.76	160.7
溴				$C_6H_{12}O_6(s)$	−1273.02	−910.4	212.1
$Br(g)$	111.8	82.38	174.9	$CO(g)$	−110.5	−137.2	197.9
$Br^-(aq)$	−120.9	−102.8	80.71	$CO_2(g)$	−393.5	−394.4	213.6
$Br_2(g)$	30.71	3.14	245.3	$CH_3COOH(l)$	−487.0	−392.4	159.8
$Br_2(l)$	0	0	152.3	铯			
$HBr(g)$	−36.23	−53.22	198.49	$Cs(g)$	76.50	49.53	175.6
钙				$Cs(l)$	2.09	0.03	92.07
$Ca(g)$	179.3	145.5	154.8	$Cs(s)$	0	0	85.15
$Ca(s)$	0	0	41.4	$CsCl(s)$	−442.8	−414.4	101.2
$CaCO_3$ （s，方解石）	−1207.1	−1128.76	92.88	氯			
$CaCl_2(s)$	−795.8	−748.1	104.6	$Cl(g)$	121.7	105.7	165.2
$CaF_2(s)$	−1219.6	−1167.3	68.87	$Cl^-(aq)$	−167.2	−131.2	56.5
$CaO(s)$	−635.5	−604.17	39.75	$Cl_2(g)$	0	0	222.96
$Ca(OH)_2(s)$	−986.2	−898.5	83.4	$HCl(aq)$	−167.2	−131.2	56.5
$CaSO_4(s)$	−1434.0	−1321.8	106.7	$HCl(g)$	−92.30	−95.27	186.69
碳				铬			
$C(g)$	718.4	672.9	158.0	$Cr(g)$	397.5	352.6	174.2
$C(s，金刚石)$	1.88	2.84	2.43	$Cr(s)$	0	0	23.6
$C(s，石墨)$	0	0	5.69	$Cr_2O_3(s)$	−1139.7	−1058.1	81.2
$CCl_4(g)$	−106.7	−64.0	309.4	钴			
$CCl_4(l)$	−139.3	−68.6	214.4	$Co(g)$	439	393	179
$CF_4(g)$	−679.9	−635.1	262.3	$Co(s)$	0	0	28.4
$CH_4(g)$	−74.8	−50.8	186.3				

（续）

物质	ΔH_f° /(kJ/mol)	ΔG_f° /(kJ/mol)	S° /(J/ mol · K)	物质	ΔH_f° /(kJ/mol)	ΔG_f° /(kJ/mol)	S° /(J/ mol · K)
铜				$Li^+(aq)$	−278.5	−273.4	12.2
$Cu(g)$	338.4	298.6	166.3	$Li^+(g)$	685.7	648.5	133.0
$Cu(s)$	0	0	33.30	$LiCl(s)$	−408.3	−384.0	59.30
$CuCl_2(s)$	−205.9	−161.7	108.1	**镁**			
$CuO(s)$	−156.1	−128.3	42.59	$Mg(g)$	147.1	112.5	148.6
$Cu_2O(s)$	−170.7	−147.9	92.36	$Mg(s)$	0	0	32.51
氟				$MgCl_2(s)$	−641.6	−592.1	89.6
$F(g)$	80.0	61.9	158.7	$MgO(s)$	−601.8	−569.6	26.8
$F^-(aq)$	−332.6	−278.8	−13.8	$Mg(OH)_2(s)$	−924.7	−833.7	63.24
$F_2(g)$	0	0	202.7	**锰**			
$HF(g)$	−268.61	−270.70	173.51	$Mn(g)$	280.7	238.5	173.6
氢				$Mn(s)$	0	0	32.0
$H(g)$	217.94	203.26	114.60	$MnO(s)$	−385.2	−362.9	59.7
$H^+(aq)$	0	0	0	$MnO_2(s)$	−519.6	−464.8	53.14
$H^+(g)$	1536.2	1517.0	108.9	$MnO_4^-(aq)$	−541.4	−447.2	191.2
$H_2(g)$	0	0	130.58	**汞**			
碘				$Hg(g)$	60.83	31.76	174.89
$I(g)$	106.60	70.16	180.66	$Hg(l)$	0	0	77.40
$I^-(g)$	−55.19	−51.57	111.3	$HgCl_2(s)$	−230.1	−184.0	144.5
$I_2(g)$	62.25	19.37	260.57	$Hg_2Cl_2(s)$	−264.9	−210.5	192.5
$I_2(s)$	0	0	116.73	**镍**			
$HI(g)$	25.94	1.30	206.3	$Ni(g)$	429.7	384.5	182.1
铁				$Ni(s)$	0	0	29.9
$Fe(g)$	415.5	369.8	180.5	$NiCl_2(s)$	−305.3	−259.0	97.65
$Fe(s)$	0	0	27.15	$NiO(s)$	−239.7	−211.7	37.99
$Fe^{2+}(aq)$	−87.86	−84.93	113.4	**氮**			
$Fe^{3+}(aq)$	−47.69	−10.54	293.3	$N(g)$	472.7	455.5	153.3
$FeCl_2(s)$	−341.8	−302.3	117.9	$N_2(g)$	0	0	191.50
$FeCl_3(s)$	−400	−334	142.3	$NH_3(aq)$	−80.29	−26.50	111.3
$FeO(s)$	−271.9	−255.2	60.75	$NH_3(g)$	−46.19	−16.66	192.5
$Fe_2O_3(s)$	−822.16	−740.98	89.96	$NH_4^+(aq)$	−132.5	−79.31	113.4
$Fe_3O_4(s)$	−1117.1	−1014.2	146.4	$N_2H_4(g)$	95.40	159.4	238.5
$FeS_2(s)$	−171.5	−160.1	52.92	$NH_4CN(s)$	0.4	—	—
铅				$NH_4Cl(s)$	−314.4	−203.0	94.6
$Pb(s)$	0	0	68.85	$NH_4NO_3(s)$	365.6	−184.0	151
$PbBr_2(s)$	−277.4	−260.7	161	$NO(g)$	90.37	86.71	210.62
$PbCO_3(s)$	−699.1	−625.5	131.0	$NO_2(g)$	33.84	51.84	240.45
$Pb(NO_3)_2(aq)$	−421.3	−246.9	303.3	$N_2O(g)$	81.6	103.59	220.0
$Pb(NO_3)_2(aq)$	−451.9	—	—	$N_2O_4(g)$	9.66	98.28	304.3
$PbO(s)$	−217.3	−187.9	68.70	$NOCl(g)$	52.6	66.3	264
锂				$HNO_3(aq)$	−206.6	−110.5	146
$Li(g)$	159.3	126.6	138.8	$HNO_3(g)$	−134.3	−73.94	266.4
$Li(s)$	0	0	29.09				

（续）

物质	ΔH_f° /(kJ/mol)	ΔG_f° /(kJ/mol)	S° /(J/ mol · K)	物质	ΔH_f° /(kJ/mol)	ΔG_f° /(kJ/mol)	S° /(J/ mol · K)
氧				**钪**			
O(g)	247.5	230.1	161.0	Sc(g)	377.8	336.1	174.7
O_2(g)	0	0	205.0	Sc(s)	0	0	34.6
O_3(g)	142.3	163.4	237.6	**硒**			
OH^-(aq)	−230.0	−157.3	−10.7	H_2Se(g)	29.7	15.9	219.0
H_2O(g)	−241.82	−228.57	188.83	**硅**			
H_2O(l)	−285.83	−237.13	69.91	Si(g)	368.2	323.9	167.8
H_2O_2(g)	−136.10	−105.48	232.9	Si(s)	0	0	18.7
H_2O_2(l)	−187.8	−120.4	109.6	SiC(s)	−73.22	−70.85	16.61
磷				$SiCl_4$(l)	−640.1	−572.8	239.3
P(g)	316.4	280.0	163.2	SiO_2(s，石英)	−910.9	−856.5	41.84
P_2(g)	144.3	103.7	218.1	**银**			
P_4(g)	58.9	24.4	280	Ag(s)	0	0	42.55
P_4(s，红)	−17.46	−12.03	22.85	Ag^+(aq)	105.90	77.11	73.93
P_4(s，白)	0	0	41.08	AgCl(s)	−127.0	−109.70	96.11
PCl_3(g)	−288.07	−269.6	311.7	Ag_2O(s)	−31.05	−11.20	121.3
PCl_3(l)	−319.6	−272.4	217	$AgNO_3$(s)	−124.4	−33.41	140.9
PF_5(g)	−1594.4	−1520.7	300.8	**钠**			
PH_3(g)	5.4	13.4	210.2	Na(g)	107.7	77.3	153.7
P_4O_6(s)	−1640.1	—	—	Na(s)	0	0	51.45
P_4O_{10}(s)	−2940.1	−2675.2	228.9	Na^+(aq)	−240.1	−261.9	59.0
$POCl_3$(g)	−542.2	−502.5	325	Na^+(g)	609.3	574.3	148.0
$POCl_3$(l)	−597.0	−520.9	222	NaBr(aq)	−360.6	−364.7	141.00
H_3PO_4(aq)	−1288.3	−1142.6	158.2	NaBr(s)	−361.4	−349.3	86.82
钾				Na_2CO_3(s)	−1130.9	−1047.7	136.0
K(g)	89.99	61.17	160.2	NaCl(aq)	−407.1	−393.0	115.5
K(s)	0	0	64.67	NaCl(g)	−181.4	−201.3	229.8
K^+(aq)	−252.4	−283.3	102.5	NaCl(s)	−410.9	−384.0	72.33
K^+(g)	514.2	481.2	154.5	$NaHCO_3$(s)	−947.7	−851.8	102.1
KCl(s)	−435.9	−408.3	82.7	$NaNO_3$(aq)	−446.2	−372.4	207
$KClO_3$(s)	−391.2	−289.9	143.0	$NaNO_3$(s)	−467.9	−367.0	116.5
$KClO_3$(aq)	−349.5	−284.9	265.7	NaOH(aq)	−469.6	−419.2	49.8
K_2CO_3(s)	−1150.18	−1064.58	155.44	NaOH(s)	−425.6	−379.5	64.46
KNO_3(s)	−492.70	−393.13	132.9	Na_2SO_4(s)	−1387.1	−1270.2	149.6
K_2O(s)	−363.2	−322.1	94.14	**锶**			
KO_2(s)	−284.5	−240.6	122.5	SrO(s)	−592.0	−561.9	54.9
K_2O_2(s)	−495.8	−429.8	113.0	Sr(g)	164.4	110.0	164.6
KOH(s)	−424.7	−378.9	78.91	**硫**			
KOH(aq)	−482.4	−440.5	91.6	S(s，菱形)	0	0	31.88
铷				S_8(g)	102.3	49.7	430.9
Rb(g)	85.8	55.8	170.0	SO_2(g)	−296.9	−300.4	248.5
Rb(s)	0	0	76.78	SO_3(g)	−395.2	−370.4	256.2
RbCl(s)	−430.5	−412.0	92	SO_4^{2-}(aq)	−909.3	−744.5	20.1
$RbClO_3$(s)	−392.4	−292.0	152				

（续）

物质	ΔH_f° /(kJ/mol)	ΔG_f° /(kJ/mol)	S° /(J/ mol · K)	物质	ΔH_f° /(kJ/mol)	ΔG_f° /(kJ/mol)	S° /(J/ mol · K)
SOCl$_2$ (l)	−245.6	—	—	钒			
H$_2$S (g)	−20.17	−33.01	205.6	V(g)	514.2	453.1	182.2
H$_2$SO$_4$(aq)	−909.3	−744.5	20.1	V(s)	0	0	28.9
H$_2$SO$_4$ (l)	−814.0	−689.9	156.1	锌			
钛				Zn(g)	130.7	95.2	160.9
Ti(g)	468	422	180.3	Zn(s)	0	0	41.63
Ti(s)	0	0	30.76	ZnCl$_2$(s)	−415.1	−369.4	111.5
TiCl$_4$(g)	−763.2	−726.8	354.9	ZnO (s)	−348.0	−318.2	43.9
TiCl$_4$ (l)	−804.2	−728.1	221.9				
TiO$_2$(s)	−944.7	−889.4	50.29				

D

水的平衡常数

表 D.1　25℃时酸的解离常数

物质	成分	K_{a1}	K_{a2}	K_{a3}
乙酸	CH_3COOH（或 $HC_2H_3O_2$）	1.8×10^{-5}		
砷酸	H_3AsO_4	5.6×10^{-3}	1.0×10^{-7}	3.0×10^{-12}
亚砷酸	H_3AsO_3	5.1×10^{-10}		
抗坏血酸	$H_2C_6H_6O_6$	8.0×10^{-5}	1.6×10^{-12}	
苯甲酸	C_6H_5COOH（或 $HC_7H_5O_2$）	6.3×10^{-5}		
硼酸	H_3BO_3	5.8×10^{-10}		
丁酸	C_3H_7COOH（或 $HC_4H_7O_2$）	1.5×10^{-5}		
碳酸	H_2CO_3	4.3×10^{-7}	5.6×10^{-11}	
氯乙酸	$CH_2ClCOOH$（或 $HC_2H_2O_2Cl$）	1.4×10^{-3}		
氯甲酸	$HClO_2$	1.1×10^{-2}		
柠檬酸	$HOOCC(OH)(CH_2COOH)_2$（或 $H_3C_6H_5O_7$）	7.4×10^{-4}	1.7×10^{-5}	4.0×10^{-7}
氰酸	$HCNO$	3.5×10^{-4}		
甲酸	$HCOOH$（或 $HCHO_2$）	1.8×10^{-4}		
偶氮氢酸	HN_3	1.9×10^{-5}		
氢氰酸	HCN	4.9×10^{-10}		
氢氟酸	HF	6.8×10^{-4}		
铬酸氢离子	$HCrO_4^-$	3.0×10^{-7}		
过氧化氢	H_2O_2	2.4×10^{-12}		
硒酸氢离子	$HSeO_4^-$	2.2×10^{-2}		
硫化氢	H_2S	9.5×10^{-8}	1×10^{-19}	
次溴酸	$HBrO$	2.5×10^{-9}		
次氯酸	$HClO$	3.0×10^{-8}		
次碘酸	HIO	2.3×10^{-11}		
碘酸	HIO_3	1.7×10^{-1}		
乳酸	$CH_3CH(OH)COOH$（或 $HC_3H_5O_3$）	1.4×10^{-4}		
丙二酸	$CH_2(COOH)_2$（或 $H_2C_3H_2O_4$）	1.5×10^{-3}	2.0×10^{-6}	
亚硝酸	HNO_2	4.5×10^{-4}		
草酸	$(COOH)_2$（或 $H_2C_2O_4$）	5.9×10^{-2}	6.4×10^{-5}	
高碘酸	H_5IO_6	2.8×10^{-2}	5.3×10^{-9}	
苯酚	C_6H_5OH（或 HC_6H_5O）	1.3×10^{-10}		
磷酸	H_3PO_4	7.5×10^{-3}	6.2×10^{-8}	4.2×10^{-13}
丙酸	C_2H_5COOH（或 $HC_3H_5O_2$）	1.3×10^{-5}		
焦磷酸	$H_4P_2O_7$	3.0×10^{-2}	4.4×10^{-3}	2.1×10^{-7}
亚硒酸	H_2SeO_3	2.3×10^{-3}	5.3×10^{-9}	
硫酸	H_2SO_4	强酸	1.2×10^{-2}	
亚硫酸	H_2SO_3	1.7×10^{-2}	6.4×10^{-8}	
酒石酸	$HOOC(CHOH)_2COOH$（或 $H_2C_4H_4O_6$）	1.0×10^{-3}		

表 D.2　25℃下碱的解离常数

物质	成分	K_b
氨	NH_3	1.8×10^{-5}
苯胺	$C_6H_5NH_2$	4.3×10^{-10}
二甲胺	$(CH_3)_2NH$	5.4×10^{-4}
乙胺	$C_2H_5NH_2$	6.4×10^{-4}
肼	H_2NNH_2	1.3×10^{-6}
羟胺	$HONH_2$	1.1×10^{-8}
甲胺	CH_3NH_2	4.4×10^{-4}
吡啶	C_5H_5N	1.7×10^{-9}
三甲胺	$(CH_3)_3N$	6.4×10^{-5}

表 D.3　化合物在 25℃下的溶度积常数

物质	成分	K_{sp}	物质	成分	K_{sp}
碳酸钡	$BaCO_3$	5.0×10^{-9}	氟化铅（Ⅱ）	PbF_2	3.6×10^{-8}
铬酸钡	$BaCrO_4$	2.1×10^{-10}	硫酸铅（Ⅱ）	$PbSO_4$	6.3×10^{-7}
氟化钡	BaF_2	1.7×10^{-6}	硫化铅（Ⅱ）①	PbS	3×10^{-28}
草酸钡	BaC_2O_4	1.6×10^{-6}	氢氧化镁	$Mg(OH)_2$	1.8×10^{-11}
硫酸钡	$BaSO_4$	1.1×10^{-10}	碳酸镁	$MgCO_3$	3.5×10^{-8}
碳酸镉	$CdCO_3$	1.8×10^{-14}	草酸锰	MgC_2O_4	8.6×10^{-5}
氢氧化镉	$Cd(OH)_2$	2.5×10^{-14}	碳酸锰（Ⅱ）	$MnCO_3$	5.0×10^{-10}
硫化镉①	CdS	8×10^{-28}	氢氧化锰（Ⅱ）	$Mn(OH)_2$	1.6×10^{-13}
碳酸钙（方解石）	$CaCO_3$	4.5×10^{-9}	硫化锰（Ⅱ）①	MnS	2×10^{-53}
铬酸钙	$CaCrO_4$	4.5×10^{-9}	氯化亚汞（Ⅰ）	Hg_2Cl_2	1.2×10^{-18}
氟化钙	CaF_2	3.9×10^{-11}	碘化亚汞（Ⅰ）	Hg_2I_2	$1.1 \times 10^{-1.1}$
氢氧化钙	$Ca(OH)_2$	6.5×10^{-6}	硫化汞（Ⅱ）①	HgS	2×10^{-53}
磷酸钙	$Ca_3(PO_4)_2$	2.0×10^{-29}	碳酸镍（Ⅱ）	$NiCO_3$	1.3×10^{-7}
硫酸钙	$CaSO_4$	2.4×10^{-5}	氢氧化镍（Ⅱ）	$Ni(OH)_2$	6.0×10^{-16}
氢氧化铬（Ⅲ）	$Cr(OH)_3$	6.7×10^{-31}	硫化镍（Ⅱ）①	NiS	3×10^{-20}
碳酸钴（Ⅱ）	$CoCO_3$	1.0×10^{-10}	溴酸银	$AgBrO_3$	5.5×10^{-13}
氢氧化钴（Ⅱ）	$Co(OH)_2$	1.3×10^{-15}	溴化银	$AgBr$	5.0×10^{-13}
硫化钴（Ⅱ）①	CoS	5×10^{-22}	碳酸银	Ag_2CO_3	8.1×10^{-12}
溴化铜（Ⅰ）	$CuBr$	5.3×10^{-9}	氯化银	$AgCl$	1.8×10^{-10}
碳酸铜（Ⅱ）	$CuCO_3$	2.3×10^{-10}	草酸银	Ag_2CrO_4	1.2×10^{-12}
氢氧化铜（Ⅱ）	$Cu(OH)_2$	4.8×10^{-20}	碘化银	AgI	8.3×10^{-17}
硫化铜（Ⅱ）①	CuS	6×10^{-37}	硫酸银	Ag_2SO_4	1.5×10^{-5}
碳酸亚铁（Ⅱ）	$FeCO_3$	2.1×10^{-11}	硫化银①	Ag_2S	6×10^{-51}
氢氧化亚铁（Ⅱ）	$Fe(OH)_2$	7.9×10^{-16}	碳酸锶	$SrCO_3$	9.3×10^{-10}
氟化镧	LaF_3	2×10^{-19}	硫化锡（Ⅱ）①	SnS	1×10^{-26}
碘酸镧	$La(IO_3)_3$	7.4×10^{-14}	碳酸锌	$ZnCO_3$	1.0×10^{-10}
碳酸铅（Ⅱ）	$PbCO_3$	7.4×10^{-14}	氢氧化锌	$Zn(OH)_2$	3.0×10^{-16}
氯化铅（Ⅱ）	$PbCl_2$	1.7×10^{-5}	草酸锌	ZnC_2O_4	2.7×10^{-8}
铬酸铅（Ⅱ）	$PbCrO_4$	2.8×10^{-13}	硫化锌①	ZnS	2×10^{-25}

①表示溶液中有 $MS(s) + H_2O(l) \rightleftharpoons M^{2+}(aq) + HS^-(aq) + OH^-(aq)$

E

25℃下标准还原电位

半反应	$E°/V$	半反应	$E°/V$
$Ag^+(aq) + e^- \longrightarrow Ag(s)$	+0.80	$2H_2O(l) + 2e^- \longrightarrow H_2(g) + 2OH^-(aq)$	−0.83
$AgBr(s) + e^- \longrightarrow Ag(s) + Br^-(aq)$	+0.10	$HO_2^-(aq) + H_2O(l) + 2e^- \longrightarrow 3OH^-(aq)$	+0.88
$AgCl(s) + e^- \longrightarrow Ag(s) + Cl^-(aq)$	+0.22	$H_2O_2(aq) + 2H^+(aq) + 2e^- \longrightarrow 2H_2O(l)$	+1.78
$Ag(CN)_2^-(aq) + e^- \longrightarrow Ag(s) + 2CN^-(aq)$	−0.31	$Hg_2^{2+}(aq) + 2e^- \longrightarrow 2Hg(l)$	+0.79
$Ag_2CrO_4(s) + 2e^- \longrightarrow 2Ag(s) + CrO_4^{2-}(aq)$	+0.45	$2Hg^{2+}(aq) + 2e^- \longrightarrow Hg_2^{2+}(aq)$	+0.92
$AgI(s) + e^- \longrightarrow Ag(s) + I^-(aq)$	−0.15	$Hg^{2+}(aq) + 2e^- \longrightarrow Hg(l)$	+0.85
$Ag(S_2O_3)^{3-}(aq) + e^- \longrightarrow Ag(s) + 2S_2O_3^{2-}(aq)$	+0.01	$I_2(s) + 2e^- \longrightarrow 2I^-(aq)$	+0.54
$Al^{3+}(aq) + 3e^- \longrightarrow Al(s)$	−1.66	$2IO_3^-(aq) + 12H^+(aq) + 10e^- \longrightarrow I_2(s) + 6H_2O(l)$	+1.20
$H_3AsO_4(aq) + 2H^+(aq) + 2e^- \longrightarrow H_3AsO_3(aq) + H_2O(l)$	+0.56	$K^+(aq) + e^- \longrightarrow K(s)$	−2.92
$Ba^{2+}(aq) + 2e^- \longrightarrow Ba(s)$	−2.90	$Li^+(aq) + e^- \longrightarrow Li(s)$	−3.05
$BiO^+(aq) + 2H^+(aq) + 3e^- \longrightarrow Bi(s) + H_2O(l)$	+0.32	$Mg^{2+}(aq) + 2e^- \longrightarrow Mg(s)$	−2.37
$Br_2(l) + 2e^- \longrightarrow 2Br^-(aq)$	+1.07	$Mn^{2+}(aq) + 2e^- \longrightarrow Mn(s)$	−1.18
$2BrO_3^-(aq) + 12H^+(aq) + 10e^- \longrightarrow Br_2(l) + 6H_2O(l)$	+1.52	$MnO_2(s) + 4H^+(aq) + 2e^- \longrightarrow Mn^{2+}(aq) + 2H_2O(l)$	+1.23
$2CO_2(g) + 2H^+(aq) + 2e^- \longrightarrow H_2C_2O_4(aq)$	−0.49	$MnO_4^-(aq) + 8H^+(aq) + 5e^- \longrightarrow Mn^{2+}(aq) + 4H_2O(l)$	+1.51
$Ca^{2+}(aq) + 2e^- \longrightarrow Ca(s)$	−2.87	$MnO_4^-(aq) + 2H_2O(l) + 3e^- \longrightarrow MnO_2(s) + 4OH^-(aq)$	+0.59
$Cd^{2+}(aq) + 2e^- \longrightarrow Cd(s)$	−0.40	$HNO_2(aq) + H^+(aq) + e^- \longrightarrow NO(g) + H_2O(l)$	+1.00
$Ce^{4+}(aq) + e^- \longrightarrow Ce^{3+}(aq)$	+1.61	$N_2(g) + 4H_2O(l) + 4e^- \longrightarrow 4OH^-(aq) + N_2H_4(aq)$	−1.16
$Cl_2(g) + 2e^- \longrightarrow 2Cl^-(aq)$	+1.36	$N_2(g) + 5H^+(aq) + 4e^- \longrightarrow N_2H_5^+(aq)$	−0.23
$2HClO(aq) + 2H^+(aq) + 2e^- \longrightarrow Cl_2(g) + 2H_2O(l)$	+1.63	$NO_3^-(aq) + 4H^+(aq) + 3e^- \longrightarrow NO(g) + 2H_2O(l)$	+0.96
$ClO^-(aq) + H_2O(l) + 2e^- \longrightarrow Cl^-(aq) + 2OH^-(aq)$	+0.89	$Na^+(aq) + e^- \longrightarrow Na(s)$	−2.71
$2ClO_3^-(aq) + 12H^+(aq) + 10e^- \longrightarrow Cl_2(g) + 6H_2O(l)$	+1.47	$Ni^{2+}(aq) + 2e^- \longrightarrow Ni(s)$	−0.28
$Co^{2+}(aq) + 2e^- \longrightarrow Co(s)$	−0.28	$O_2(g) + 4H^+(aq) + 4e^- \longrightarrow 2H_2O(l)$	+1.23
$Co^{3+}(aq) + e^- \longrightarrow Co^{2+}(aq)$	+1.84	$O_2(g) + 2H_2O(l) + 4e^- \longrightarrow 4OH^-(aq)$	+0.40
$Cr^{3+}(aq) + 3e^- \longrightarrow Cr(s)$	−0.74	$O_2(g) + 2H^+(aq) + 2e^- \longrightarrow H_2O_2(aq)$	+0.68
$Cr^{3+}(aq) + e^- \longrightarrow Cr^{2+}(aq)$	−0.41	$O_3(g) + 2H^+(aq) + 2e^- \longrightarrow O_2(g) + H_2O(l)$	+2.07
$Cr_2O_7^{2-}(aq) + 14H^+(aq) + 6e^- \longrightarrow 2Cr^{3+}(aq) + 7H_2O(l)$	+1.33	$Pb^{2+}(aq) + 2e^- \longrightarrow Pb(s)$	−0.13
$CrO_4^{2-}(aq) + 4H_2O(l) + 3e^- \longrightarrow Cr(OH)_3(s) + 5OH^-(aq)$	−0.13	$PbO_2(s) + HSO_4^-(aq) + 3H^+(aq) + 2e^- \longrightarrow PbSO_4(s) + 2H_2O(l)$	+1.69
$Cu^{2+}(aq) + 2e^- \longrightarrow Cu(s)$	+0.34	$PbSO_4(s) + H^+(aq) + 2e^- \longrightarrow Pb(s) + HSO_4^-(aq)$	−0.36
$Cu^{2+}(aq) + e^- \longrightarrow Cu^+(aq)$	+0.15	$PtCl_4^{2-}(aq) + 2e^- \longrightarrow Pt(s) + 4Cl^-(aq)$	+0.73
$Cu^+(aq) + e^- \longrightarrow Cu(s)$	+0.52	$S(s) + 2H^+(aq) + 2e^- \longrightarrow H_2S(g)$	+0.14

（续）

半反应	$E°$/V	半反应	$E°$/V
$CuI(s) + e^- \longrightarrow Cu(s) + I^-(aq)$	−0.19	$H_2SO_3(aq) + 4H^+(aq) + 4e^- \longrightarrow S(s) + 3H_2O(l)$	+0.45
$F_2(g) + 2e^- \longrightarrow 2F^-(aq)$	+2.87	$HSO_4^-(aq) + 3H^+(aq) + 2e^- \longrightarrow H_2SO_3(aq) + H_2O(l)$	+0.17
$Fe^{2+}(aq) + 2e^- \longrightarrow Fe(s)$	−0.44	$Sn^{2+}(aq) + 2e^- \longrightarrow Sn(s)$	−0.14
$Fe^{3+}(aq) + e^- \longrightarrow Fe^{2+}(aq)$	+0.77	$Sn^{4+}(aq) + 2e^- \longrightarrow Sn^{2+}(aq)$	+0.15
$Fe(CN)_6^{3-}(aq) + e^- \longrightarrow Fe(CN)_6^{4-}(aq)$	+0.36	$VO_2^+(aq) + 2H^+(aq) + e^- \longrightarrow VO^{2+}(aq) + H_2O(l)$	+1.00
$2H^+(aq) + 2e^- \longrightarrow H_2(g)$	0.00	$Zn^{2+}(aq) + 2e^- \longrightarrow Zn(s)$	−0.76

部分练习答案

第1章

1.1（a）一种纯单质：i（b）两种单质的混合：v, vi（c）一种纯相化合物：iv（d）一种单质和一种化合物的混合物：ii, iii 1.3（a）均相化合物（b）正确，黄铜是溶液。1.5 过滤 1.7（a）铝球最轻，然后是镍，然后是银。（b）铂立方体最小，然后是金，然后是铅。1.9（a）7.5cm；两位有效数字（b）72mi/hr（内标，两位有效数字）或115km/hr（外标，三位有效数字）。1.11 464个果冻豆。平均一个豆的质量有2个小数位和3位有效数字。然后，根据乘法和除法的规则，豆的数量有3位有效数字。1.13（a）异相混合物（b）均相混合物（如果有不溶物，则为异相混合物）（c）纯净物（d）纯净物。1.15（a）S（b）Au（c）K（d）Cl（e）Cu（f）铀（g）镍（h）钠（i）铝（j）硅。1.17 C是一种化合物；它同时含有碳和氧。A是一种化合物；它至少含有碳和氧。B由已知条件不能确定；它可能也是一种化合物，因为很少单质以白色固体存在。1.19 物理性能：银白；光泽；熔点=649℃，沸点=1105℃，20℃的密度=1.738g/cm³；可压成薄片；可拉成线；良好导体。化学性质：在空气中燃烧；与Cl_2反应。1.21（a）化学（b）物理（c）物理（d）化学（e）化学 1.23 蒸馏。1.25（a）1.9×10^5焦耳（b）4.6×10^4卡（c）"损失"动能主要转化为热。1.27（a）动能（b）势能降低。1.29（a）$E_k=11J$；$v=6.6m/s$ 1.31（a）1×10^{-1}（b）1×10^{-2}（c）1×10^{-15}（d）1×10^{-6}（e）1×10^6（f）1×10^3（g）1×10^{-9}（h）1×10^{-3}（i）1×10^{-12} 1.33（a）22℃（b）422.1℉（c）506K（d）107℉（e）1600K（f）−459.67℉。1.35（a）1.62g/mL。四氯乙烯（1.62g/mL）比水（1.00g/mL）稠；四氯乙烯在水中会下沉而不是漂浮。（b）11.7 g 1.37（a）计算的密度=0.86g/mL。物质可能是甲苯，密度=0.866g/ml（b）40.4ml 乙二醇（c）可以，图1.21中的量筒可以提供适当的准确度。（d）1.11×10^3g 镍。1.39 36Pg 1.41 1054J/Btu 1.43 精确的数值有：（b），（d）和（f）。1.45（a）3（b）2（c）5（d）3（e）5（f）1。1.47（a）1.025×10^2（b）6.570×10^2（c）8.543×10^{-3}（d）2.579×10^{-4}（e）-3.572×10^{-2} 1.49（a）17.00（b）812.0（c）8.23×10^3（d）8.69×10^{-2}。1.51 5位有效数字。

1.53（a）$\dfrac{1 \times 10^{-3}m}{1mm} \times \dfrac{1nm}{1 \times 10^{-9}m}$（b）$\dfrac{1 \times 10^{-3}g}{1mg} \times \dfrac{1kg}{1000g}$

（c）$\dfrac{1000m}{1km} \times \dfrac{1cm}{1 \times 10^{-2}m} \times \dfrac{1in.}{2.54in.} \times \dfrac{1ft}{12in.}$（d）$\dfrac{(2.54)^3 cm^3}{1^3 in.^3}$

1.55（a）54.7 km/hr（b）1.3×10^3 gal（c）46.0 m（d）0.984 in/hr. 1.57（a）4.32×10^5 s（b）88.5 m（c）\$0.499/L（d）46.6km/hr（e）1.420 L/s（f）707.9cm³ 1.59（a）1.2×10^2L（b）5×10^2mg（c）19.9mi/gal（2×10^1mi/gal 1位有效数字）（d）1.81 kg 1.61 64kg 空气 1.63 \$6 × 10⁴ 1.67 8.47 g O 1.69（a）I组，22.51；II组，22.61。根据平均值，I组更准确。（b）I组和II组的平均偏差都为0.02。两组显示的精密度相同。1.71（a）体积（b）面积（c）体积（d）密度（e）时间（f）长度（g）温度 1.74（c），（d），（e），（g）和（h）是纯净物或者接近纯净物。1.75（a）1.13×10^5g（b）6.41×10^5g

（c）\$2.83 × 10⁴（d）5.74 × 10⁸ 1.79 密度最大的液体，Hg，将下沉；密度最小的环己烷，将漂浮；水在中间。1.82 固体密度=1.63 g/mL 1.85（a）泥煤苔密度=0.13 g/cm³，表层土土密度=2.5g/cm³。说泥煤苔比表层土"轻"是不正确的。为了比较质量，必须指定体积（b）需要16袋泥煤苔（需要15袋以上）（1位有效数字的结果没有意义）1.89 管子的内径是1.71cm。1.91 红色和蓝色斑点明显的分离过程更为成功。为了量化分离的特性，计算每个点的参考值：每个点的移动距离/溶剂的移动距离。如果两个点的值相差很大，则分离成功。1.94（a）体积=0.050mL（b）表面积=12.4m²（c）去除99.99%的汞。（d）接触汞后，海绵状物质的重量为17.7mg。

第2章

2.1（a）（-）（b）增加（c）减少 2.4 粒子是一种离子。$^{13}_{62}S^{2-}$。2.6 化学式：IF_5；名称：五氟化碘；该化合物为分子化合物。2.8 只有$Ca(NO_3)_2$硝酸钙与图表一致。2.10（a）在电场存在的情况下，带负电的油滴和带正电的板之间存在静电吸引，带负电的油滴和带负电的板之间存在静电排斥。这些静电力与重力相反，并改变水滴的下落速度。（b）每一滴都有不同数量的电子。如果静电合力大于重力，液滴会向上移动。2.11（a）O质量/C质量=2.66（b）O质量/C质量=1.33（c）CO 2.13（a）0.5711g O/1 g N；1.142g O/1g N；2.284g O/1g N；2.855g O/1g N（b）（a）中的数字服从倍比定律。倍比上升的原因为原子是不可分割的实体组合，正如道尔顿的原子理论所述。2.15 首先发现了阴极射线形式的电子。中子是最后发现的。2.17 大角度散射的α粒子比例为2.7×10^{-9}。也就是说，大约3.65亿个α粒子中有1个是大角度散射的。2.19（a）0.135 nm；1.35×10^2或135 pm（b）3.70×10^6 Au原子（c）1.03×10^{-23} cm³ 2.21（a）质子、中子、电子（b）质子=1+，中子=0，电子=1−（c）中子质量最大（中子和质子的质量非常相近。）（d）电子的质量最小。2.23（a）5质子、5中子、5电子（b）$^{11}_{6}C$（c）$^{11}_{5}B$（d）（c）中的原子是^{10}B的同位素。2.25（a）原子序数是原子核中的质子数。质量数是原子中的核粒子总数，即质子加中子。（b）质量数。2.27（a）^{40}Ar：18 p, 22 n, 18 e（b）^{65}Zn：30 p, 35 n, 30 e（c）^{70}Ga：31 p, 39 n, 31 e（d）^{80}Br：35 p, 45 n, 35 e（e）^{184}W：74 p, 110 n, 74 e（f）^{243}Am：95 p, 148 n, 95e 2.29

符号	^{79}Br	^{55}Mn	^{112}Cd	^{222}Rn	^{207}Pb
质子数	35	25	48	86	82
中子数	44	30	64	136	125
电子数	35	25	48	86	82
质量数	79	55	112	222	207

2.31（a）$^{196}_{78}Pt$（b）$^{84}_{36}Kr$（c）$^{75}_{33}As$（d）$^{24}_{12}Mg$ 2.33（a）$^{12}_{6}C$（b）原子量为平均原子质量，即各原子质量之和一种元素的天然同位素以其部分丰度。每个B原子的质量都是自然产生的同位素之一，而"原子量"是一个平均值。2.35 63.55 amu 2.37（a）在汤姆生的阴极射线管中，带电粒子是电

子。在质谱仪中，带电粒子是带正电的离子（阳离子）。（b）x 轴标记为原子质量（或粒子质量），y 轴标记为信号强度。（c）对 Cl^{2+} 离子的影响更大。2.39（a）平均原子质量 = 24.31 amu（b）

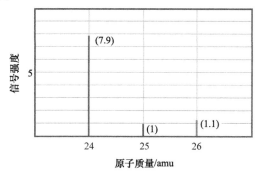

2.41（a）Cr，24（金属）（b）He，2（非金属）（c）P，15（非金属）（d）Zn，30（金属）（e）Mg，12（金属）（f）Br，35（非金属）（g）As，33（类金属）。2.43（a）K，碱金属（金属）（b）I，卤素（非金属）（c）Mg，碱土金属（金属）（d）Ar，稀有气体（非金属）（e）S，硫（非金属）。2.45（a）C_4H_{10} 是两种化合物的分子式。（b）C_2H_5 是两种化合物的经验式。（c）结构式。2.47 从左至右：分子式，N_2H_4，经验式，NH_2；分子式，N_2H_2，经验式，NH；分子式和经验式，NH_3。2.49（a）$AlBr_3$（b）C_4H_5（c）C_2H_4O（d）P_2O_5（e）C_3H_2Cl（f）BNH_2
2.51（a）6（b）10（c）12
2.53

（a）C_2H_6O，

（b）C_2H_6O，

（c）CH_4O，

（d）PF_3，

2.55

符号	$^{59}Co^{3+}$	$^{80}Se^{2-}$	$^{192}Os^{2+}$	$^{200}Hg^{2+}$
质子数	27	34	76	80
中子数	32	46	116	120
电子数	24	36	74	78
净电荷	3+	2−	2+	2+

2.57（a）Mg^{2+}（b）Al^{3+}（c）K^+（d）S^{2-}（e）F^- 2.59（a）GaF_3，镓（III）氟（b）LiH，氢化锂（c）AlI_3，碘化铝（d）K_2S，钾盐。2.61（a）$CaBr_2$（b）K_2CO_3（c）$Al(CH_3COO)_3$

（d）$(NH_4)_2SO_4$（e）$Mg_3(PO_4)_2$
2.63

离子	K^+	NH_4^+	Mg^{2+}	Fe^{3+}
Cl^-	KCl	NH_4Cl	$MgCl_2$	$FeCl_3$
OH^-	KOH	NH_4OH	$Mg(OH)_2$	$Fe(OH)_3$
CO_3^{2-}	K_2CO_3	$(NH_4)_2CO_3$	$MgCO_3$	$Fe_2(CO_3)_3$
PO_4^{3-}	K_3PO_4	$(NH_4)_3PO_4$	$Mg_3(PO_4)_2$	$FePO_4$

2.65 分子化合物：（a）B_2H_6（b）CH_3OH（f）NOCl（g）NF_3。离子化合物：（c）$LiNO_3$（d）Sc_2O_3（e）CsBr（h）Ag_2SO_4
2.67（a）ClO_2^-（b）Cl^-（c）ClO_3^-（d）ClO_4^-（e）ClO^-。
2.69（a）钙，2^+；氧化物，2^-（b）钠，1^+；硫酸盐，2^-（c）钾，1^+；高氯酸盐，1^-（d）铁，2^+，硝酸盐，1^-（e）铬，3^+；氢氧化物，1^-。2.71（a）氧化锂（b）铁（III）氯化物（三氯化铁）（c）次氯酸钠（d）硫酸钙（e）铜（II）氢氧化铜（f）铁（II）硝酸盐（硝酸亚铁）（g）醋酸钙（h）铬（III）碳酸盐（碳酸铬）（i）铬酸钾（j）硫酸铵。2.73（a）$Al(OH)_3$（b）K_2SO_4（c）Cu_2O（d）$Zn(NO_3)_2$（e）$HgBr_2$（f）$Fe_2(CO_3)_3$（g）$NaBrO$。2.75（a）溴酸（b）氢溴酸（c）磷酸（d）HClO（e）HIO_3（f）H_2SO_3 2.77（a）六氟化硫（b）五氟化碘（c）三氧化二氮（d）N_2O_4（e）HCN（f）P_4S_6 2.79（a）$ZnCO_3$，ZnO，CO_2（b）HF，SiO_2，SiF_4，H_2O（c）SO_2，H_2O，H_2SO_3（d）PH_3（e）$HClO_4$，Cd，$Cd(ClO_4)_2$（f）VBr_3 2.81（a）碳氢化合物是仅由氢和碳元素组成的化合物。

（b）

分子式和经验式，C_5H_{12}
2.83（a）官能团是从一个分子到另一个分子恒定的一组特定原子。（b）—OH

（c）

2.85（a,b）

1-氯丙烷　　　2-氯丙烷

2.88（a）2 个质子，1 个中子，2 个电子（b）氚，^3H，质量更大。（c）1×10^{-27}g 的精度可区分 $^3H^+$ 和 $^3He^+$ 的峰。2.90（a）A 排列，4.1×10^{14} 原子 /cm^2，（b）B 排列，4.7×10^{14} 原子 /cm^2，（c）从 B 排列到 A 排列的原子比率为 1.2 比 1。在三维空间中，B 排列使 Rb 金属的密度更大。2.94（a）$^{16}_8O$，$^{17}_8O$，$^{18}_8O$（b）所有同位素都是同一元素的原子，氧，原子序数相同，核内有 8 个质子，8 个电子。我们预测它们的电子排列是相同的，化学性质是非常相似的。每种都有不同数量的中子，不同的质量数，和不同的原子质量。2.96（a）$^{69}_{31}Ga$，31 质子，38 中子；$^{71}_{31}Ga$，31 质子，40 中子

（b）$^{69}_{31}$Ga，60.3%，$^{71}_{31}$Ga，39.7%。**2.99**（a）5 位有效数字（b）电子占据 ^{1}H 质量的百分比为 0.05444%。

2.106（a）氧化镍（Ⅱ），2+（b）二氧化锰（Ⅳ），4+（c）氧化铬（Ⅲ），3+（d）氧化钼（Ⅵ），6+ **2.109**（a）过溴酸根离子（b）亚硒酸根离子（c）AsO_4^{3-}（d）$HTeO_4^-$ **2.112**（a）硝酸钾（b）碳酸钠（c）氧化钙（d）盐酸（e）硫酸镁（f）氢氧化镁

第 3 章

3.1 方程式（a）与图最匹配。**3.3**（a）NO_2（b）不能，因为我们无法知道经验式和分子式是否相同。NO_2 代表分子中原子的最简比，但不是唯一可能的分子式。**3.5**（a）$C_2H_5NO_2$（b）75.0g/mol（c）1.332mol 甘氨酸（d）甘氨酸中氮的质量百分比为 18.7%。**3.7**（a）$N_2 + 3H_2 \longrightarrow 2NH_3$。（b）限制性反应物是 H_2。（c）可以合成 6 个 NH_3 分子。（d）剩余一个 N_2 分子。**3.9**（a）错误（b）正确（c）错误。

3.11（a）$2CO(g)+ O_2(g) \longrightarrow 2CO_2(g)$

（b）$N_2O_5(g)+H_2O(l) \longrightarrow 2\,HNO_3(aq)$

（c）$CH_4(g)+4Cl_2(g) \longrightarrow CCl_4(l) + 4\,HCl(g)$

（d）$Zn(OH)_2(s)+2HNO_3(aq) \longrightarrow Zn(NO_3)_2(aq)+2H_2O(l)$

3.13（a）$Al_4C_3(s)+12H_2O(l) \longrightarrow 4Al(OH)_3(s)+3CH_4(g)$

（b）$2C_5H_{10}O_2(l)+13O_2(g) \longrightarrow 10CO_2(g)+10\,H_2O(g)$

（c）$2Fe(OH)_3(s)+3H_2SO_4(aq) \longrightarrow Fe_2(SO_4)_3(aq)+6\,H_2O(l)$

（d）$Mg_3N_2(s)+4H_2SO_4(aq) \longrightarrow 3MgSO_4(aq)+(NH_4)_2SO_4(aq)$

3.15（a）$CaC_2(s)+2\,H_2O(l) \longrightarrow Ca(OH)_2(aq)+C_2H_2(g)$

（b）$2KClO_3(s) \xrightarrow{\Delta} 2\,KCl(s)+3O_2(g)$

（c）$Zn(s)+H_2SO_4(aq) \longrightarrow ZnSO_4(aq)+H_2(g)$

（d）$PCl_3(l)+3H_2O(l) \longrightarrow H_3PO_3(aq)+3HCl(aq)$

（e）$3H_2S(g)+2Fe(OH)_3(s) \longrightarrow Fe_2S_3(s)+6H_2O(l)$

3.17（a）NaBr（b）固体（c）2

3.19（a）$Mg(s)+Cl_2(g) \longrightarrow MgCl_2(s)$

（b）$BaCO_3(s) \xrightarrow{\Delta} BaO(s)+CO_2(g)$

（c）$C_8H_8(l)+10O_2(g) \longrightarrow 8CO_2(g)+4H_2O(l)$

（d）$C_2H_6O(g)+3O_2(g) \longrightarrow 2\,CO_2（g）+3H_2O(l)$

3.21（a）$2C_3H_6(g)+9O_2(g) \longrightarrow 6\,CO_2(g)+6H_2O(g)$ 燃烧

（b）$NH_4NO_3(s) \longrightarrow N_2O(g)+2H_2O(g)$ 分解

（c）$C_5H_6O(l)+6O_2(g) \longrightarrow 5CO_2(g)+3H_2O(g)$ 燃烧

（d）$N_2(g)+3H_2(g) \longrightarrow 2NH_3(g)$ 化合

（e）$K_2O(s)+H_2O(l) \longrightarrow 2KOH(aq)$ 化合 **3.23**（a）63.0amu（b）158.0amu（c）310.3amu（d）60.1amu（e）235.7amu（f）392.3amu（g）137.5amu。**3.25**（a）16.8%（b）16.1%（c）21.1%（d）28.8%（e）27.2%（f）26.5% **3.27**（a）79.2%（b）63.2%（c）64.6% **3.29**（a）错误（b）正确（c）错误（d）正确。**3.31** 23g Na 含有 1 mol 原子；0.5 mol H_2O 含有 1.5 mol 原子；6.0×10^{23} N_2 分子含有 2 mol 原子。**3.33** 4.37×10^{25}kg（假设 160lb 有 3 位有效数字）。1mol 人的体重是地球的 7.31 倍。**3.35**（a）35.9g $C_{12}H_{22}O_{11}$（b）0.75766mol $Zn(NO_3)_2$（c）$6.0 \times 10^{17}CH_3CH_2OH$ 分子（d）2.47×10^{23}N 原子 **3.37**（a）0.373g($NH_4)_3PO_4$（b）5.737×10^{-3}mol Cl^-（c）0.248g $C_8H_{10}N_4O_2$（d）387g 胆固醇/mol。**3.39**（a）摩尔质量 = 162.3g（b）3.08×10^{-5}mol 蒜素（c）1.86×10^{19} 蒜素分子（d）3.71×10^{19}S 原子 **3.41**（a）2.500×10^{21}H 原子（b）$2.083 \times 10^{20}C_6H_{12}O_6$ 分子（c）3.460×10^{-4} mol

$C_6H_{12}O_6$（d）0.06227g $C_6H_{12}O_6$ **3.43** 3.2×10^{-8} mol C_2H_3Cl/L；1.9×10^{16} 分子 /L **3.45**（a）C_2H_6O（b）Fe_2O_3（c）CH_2O **3.47**（a）$CSCl_2$（b）C_3OF_6（c）Na_3AlF_6 **3.49** 31 g/mol **3.51**（a）C_6H_{12}（b）NH_2Cl。**3.53**（a）经验式，CH；分子式，C_8H_8（b）经验式，$C_4H_5N_2O$；分子式，$C_8H_{10}N_4O_2$（c）经验式和分子式，$NaC_5H_8O_4N$ **3.55**（a）C_7H_8（b）；经验式和分子式为 $C_{10}H_{20}O$。**3.57** 经验式，C_4H_8O；分子式，$C_8H_{16}O_2$。**3.59** x=10；$Na_2CO_3 \cdot 10\,H_2O$。

3.61（a）2.40mol HF（b）5.25g NaF（c）0.610g Na_2SiO_3

3.63（a）$Al(OH)_3(s)+3HCl(aq) \longrightarrow AlCl_3(aq)+3H_2O(l)$

（b）0.701g HCl（c）0.855 g $AlCl_3$；0.347g H_2O

（d）反应物质量 = 0.500g + 0.701g = 1.201g；产品质量 = 0.855g + 0.347g = 1.202g。在数据的精度范围内，质量是守恒的。

3.65（a）$Al_2S_3(s)+6H_2O(l) \longrightarrow 2Al(OH)_3(s)+3H_2S(g)$

（b）14.7g $Al(OH)_3$ **3.67**（a）2.25mol N_2（b）15.5gNaN_3（c）548g NaN_3 **3.69**（a）5.50×10^{-3}mol Al（b）1.47g $AlBr_3$

3.71 1.25×10^5kJ。**3.73**（a）限制反应物确定化学反应产生的最大产物物质的量；任何其他反应物都是过量反应物。（b）限制反应物控制产物的量，因为它在反应过程中完全耗尽；当其中一种反应物不可用时，不能再生产产物。（c）结合比是分子和物质的量的比率。由于不同的分子有不同的质量，比较反应物的初始质量并不能比较分子或分子的数量。

3.75（a）$2\,C_2H_5OH + 6O_2 \longrightarrow 4\,CO_2 + 6H_2O$

[这个方程对应于方框里的反应物混合物，但它没有最简单的系数比。将所有系数除以 2，得到 $C_2H_5OH +3O_2 \longrightarrow 2CO_2+3H_2O$]（b）$C_2H_5OH$（c）如果反应完成，将有 4 个 CO_2 分子、6 个 H_2O 分子、0 个 C_2H_5OH 分子和 1 个 O_2 分子。**3.77** NaOH 为限制反应物，可生成 0.925mol Na_2CO_3，剩余 0.075mol CO_2。**3.79**（a）$NaHCO_3$ 为限制反应物。（b）0.524gCO_2（c）0.238g 柠檬酸、**3.81**0.00g$AgNO_3$（限制反应物）、1.94g Na_2CO_3、4.06g Ag_2CO_3、2.50g $NaNO_3$ **3.83**（a）C_6H_5Br 理论产率为 60.3g。（b）70.1% 产率 **3.85** 28g 的 S_8 实际产量。**3.87**（a）$C_2H_4O_2(l) + 2\,O_2(g) \longrightarrow 2CO_2(g)+2H_2O(l)$（b）$Ca(OH)_2(s) \longrightarrow CaO(s) + H_2O(g)$（c）$Ni(s) + Cl_2(g) \longrightarrow NiCl_2(s)$ **3.91**（a）4.8×10^{-20}g CdSe（b）150Cd 原子（c）8.4×10^{-19}g CdSe（d）2.6×10^3Cd 原子 **3.95**$C_8H_8O_3$ **3.99**（a）1.19×10^{-5} mol NaI（b）8.1×10^{-3}g NaI **3.103** 最初有 7.5mol H_2 和 4.5 mol N_2**3.108** 6.46×10^{24}O 原子 **3.112**（a）$S(s) + O_2(g) \longrightarrow SO_2(g)$；$SO_2(g)+ CaO(s) \longrightarrow CaSO_3(s)$（b）$7.9 \times 10^7$g CaO（c）$1.7 \times 10^8$g $CaSO_3$

第 4 章

4.1 图 c）表示 Li_2SO_4。**4.5** $BaCl_2$ **4.7** 在三种可用溶液中的铂不会在任何一种溶液里氧化或溶解。铅在硝酸溶液而不是硝酸镍溶液氧化溶解。锌在硝酸和硝酸镍溶液中氧化并溶解。**4.9** "水分解" 反应是（c），一种氧化还原反应。**4.13**（a）错误。电解质溶液导电是因为离子在溶液中运动，因为离子在溶液中是可移动的，增加的不带电分子的存在不会抑制电导率 **4.15** 说法（b）是最正确的。**4.17**（a）$FeCl_2(aq) \longrightarrow Fe^{2+}(aq)+2Cl^-(aq)$

（b）$HNO_3(aq) \longrightarrow H^+(aq) + NO_3^-(aq)$

（c）$(NH_4)_2SO_4(aq) \longrightarrow 2\,NH_4^+(aq) + SO_4^{2-}(aq)$

（d）$Ca(OH)_2(aq) \longrightarrow Ca^{2+}(aq) + 2OH^-(aq)$

4.19 HCOOH 分子，H^+ 离子，$HCOO^-$ 离子；

$HCOOH(aq) \longrightarrow H^+(aq) + HCOO^-(aq)$ 4.21（a）可溶（b）不可溶（c）可溶（d）可溶（e）可溶。4.23（a）$Na_2CO_3(aq) + 2\ AgNO_3(aq) \longrightarrow Ag_2CO_3(s) + 2\ NaNO_3(aq)$（b）无沉淀（c）$FeSO_4(aq) + Pb(NO_3)_2(aq) \longrightarrow PbSO_4(s) + Fe(NO_3)_2(aq)$ 4.25（a）K^+, SO_4^{2-}（b）Li^+, NO_3^-（c）NH_4^+, Cl^- 4.27 只有 Pb^{2+} 存在。4.29（a）正确（b）错误（c）错误（d）正确（e）错误。4.31 0.20 M HI(aq) 是酸性最强的。4.33（a）错误。硫酸是一种二元酸，它有两个可电离的氢原子。（b）错误。盐酸是强酸。（c）错误。CH_3OH 是一种分子非电解质。4.35（a）酸，离子和分子的混合物（弱电解质）（b）以上都不是，全分子（非电解质）（c）盐，全离子（强电解质）（d）碱，全离子（强电解质）4.37（a）H_2SO_3 弱电解质（b）CH_3CH_2OH，非电解质（c）NH_3，弱电解质（d）$KClO_3$，强电解质（e）$Cu(NO_3)_2$，强电解质。

4.39（a）$2HBr(aq) + Ca(OH)_2(aq) \longrightarrow CaBr(aq) + 2H_2O(l)$；

$H^+(aq) + OH^-(aq) \longrightarrow H_2O(l)$；

（b）$Cu(OH)_2(s) + 2HClO_4(aq) \longrightarrow Cu(ClO_4)_2(aq) + 2H_2O(l)$；$Cu(OH)_2(s) + 2H^+(aq) \longrightarrow 2H_2O(l) + Cu^{2+}(aq)$

（c）$Al(OH)_3(s) + 3\ HNO_3(aq) \longrightarrow Al(NO_3)_3(aq) + 3\ H_2O(l)$；$Al(OH)_3(s) + 3\ H^+(aq) \longrightarrow 3\ H_2O(l) + Al^{3+}(aq)$

4.41（a）$CdS(s) + H_2SO_4(aq) \longrightarrow CdSO_4(aq) + H_2S(g)$；

$CdS(s) + 2H^+(aq) \longrightarrow H_2S(g) + Cd^{2+}(aq)$

（b）$MgCO_3(s) + 2HClO_4(aq) \longrightarrow Mg(ClO_4)_2(aq) + H_2O(l) + CO_2(g)$；$MgCO_3(s) + 2H^+(aq) \longrightarrow H_2O(l) + CO_2(g) + Mg^{2+}(aq)$

4.43（a）$MgCO_3(s) + 2HCl(aq) \longrightarrow MgCl_2(aq) + H_2O(l) + CO_2(g)$；

$MgCO_3(s) + 2H^+(aq) \longrightarrow Mg^{2+}(aq) + H_2O(l) + CO_2(g)$；

$MgO(s) + 2HCl(aq) \longrightarrow MgCl_2(aq) + H_2O(l)$；

$MgO(s) + 2H^+(aq) \longrightarrow Mg^{2+}(aq) + H_2O(l)$；

$Mg(OH)_2(s) + 2H^+(aq) \longrightarrow Mg^{2+}(aq) + 2H_2O(l)$。（b）我们可以区分碳酸镁，$MgCO_3(s)$，因为它与酸反应生成 $CO_2(g)$，有气泡产生。另外两种化合物是无法区分的，因为这两种反应的产物完全相同。4.45（a）错误（b）正确 4.47A 区金属最易氧化。D 区的非金属最不易氧化。4.49（a）$+4$（b）$+4$（c）$+7$（d）$+1$（e）$+3$（f）-1。4.51（a）$N_2 \longrightarrow 2\ NH_3$，N 被还原；$3H_2 \longrightarrow 2NH_3$，H 被氧化（b）$Fe^{2+} \longrightarrow Fe$，Fe 被还原；$Al \longrightarrow Al^{3+}$，Al 被氧化（c）$Cl_2 \longrightarrow 2Cl^-$，Cl 被还原；$2I^- \longrightarrow I_2$，I 被氧化（d）$S^{2-} \longrightarrow SO_4^{2-}$，S 被氧化；$H_2O_2 \longrightarrow H_2O$，O 被还原

4.53（a）$Mn(s) + H_2SO_4(aq) \longrightarrow MnSO_4(aq) + H_2(g)$；

$Mn(s) + 2H^+(aq) \longrightarrow Mn^{2+}(aq) + H_2(g)$

（b）$2Cr(s) + 6HBr(aq) \longrightarrow 2CrBr_3(aq) + 3H_2(g)$；

$2\ Cr(s) + 6H^+(aq) \longrightarrow 2\ Cr^{3+}(aq) + 3H_2(g)$

（c）$Sn(s) + 2HCl(aq) \longrightarrow SnCl_2(aq) + H_2(g)$；$Sn(s) + 2H^+(aq) \longrightarrow Sn^{2+}(aq) + H_2(g)$

（d）$2Al(s) + 6HCOOH(aq) \longrightarrow 2Al(HCOO)_3(aq) + 3H_2(g)$；$2Al(s) + 6HCOOH(aq) \longrightarrow 2Al^{3+}(aq) + 6HCOO^-(aq) + 3H_2(g)$

4.55（a）$Fe(s) + Cu(NO_3)_2(aq) \longrightarrow Fe(NO_3)_2(aq) + Cu(s)$（b）NR（c）$Sn(s) + 2HBr(aq) \longrightarrow SnBr_2(aq) + H_2(g)$（d）NR（e）$2Al(s) + 3CoSO_4(g) \longrightarrow Al_2(SO_4)_3(aq) + 3Co(s)$

4.57（a）i. $Zn(s) + Cd^{2+}(aq) \longrightarrow Cd(s) + Zn^{2+}(aq)$；

ii. $Cd(s) + Ni^{2+}(aq) \longrightarrow Ni(s) + Cd^{2+}(aq)$（b）元素铬、铁和钴更明确地定义了镉在活性系列中的位置。（c）在 $CdCl_2(aq)$ 中放置一个铁条。如果沉积了 $Cd(s)$，Cd 的活性低于 Fe；如果没有反应，Cd 的活性高于 Fe。如果 Cd 的活性低于 Fe，则用 Co 进行同样的试验；如果 Cd 的活性高于 Fe，则用 Cr 进行同样的试验。4.59（a）强度：无论存在多少溶液，溶质质量与溶液总量的比率都是相同的。（b）0.50mol HCl 定义纯物质 HCl 的量（~18g）。0.50M HCl 是比值：表示 1.0 升溶液中有 0.50mol HCl 溶质。4.61（a）1.17 M $ZnCl_2$（b）0.158mol H^+（c）58.3mL 6.00M NaOH。4.63 16g $Na^+(aq)$ 4.65 0.08 的 BAC $= 0.02\ M\ CH_3CH_2OH$（乙醇）4.67（a）316g 乙醇（b）401mL 乙醇 4.69（a）0.15M K_2CrO_4 有最高的 K^+ 浓度。（b）30.0 mL 0.15M K_2CrO_4 有更多 K^+ 离子。4.71（a）0.25 M Na^+, 0.25M NO_3^-（b）$1.3 \times 10^{-2}M$ Mg^{2+}, $1.3 \times 10^{-2}M$ SO_4^{2-}（c）0.0150 M $C_6H_{12}O_6$（d）0.111M Na^+, 0.111M Cl^-, 0.0292M NH_4^+, 0.0146M CO_3^{2-} 4.73（a）16.9mL 14.8M NH_3（b）0.296 M NH_3。4.75（a）药物分子与癌细胞的比率为 4.5×10^6 4.77 1.398M CH_3COOH 4.79（a）20.0mL 0.15M HCl（b）0.224g KCl（c）相对于 HCl 溶液，KCl 试剂实际上是免费的。KCl 分析更具成本效益。4.81（a）38.0mL 的 0.115M $HClO_4$（b）769mL 的 0.128M HCl（c）0.408 M $AgNO_3$（d）0.275g KOH 4.83 27g $NaHCO_3$。

4.85（a）金属氢氧化物的摩尔质量为 103g/mol。（b）Rb^+

4.87（a）$NiSO_4(aq) + 2KOH(aq) \longrightarrow Ni(OH)_2(s) + K_2SO_4(aq)$（b）$Ni(OH)_2$（c）KOH 是限制性反应物。（d）0.927g $Ni(OH)_2$（e）0.0667 M $Ni^{2+}(aq)$, 0.0667 M $K^+(aq)$, 0.100 M $SO_4^{2-}(aq)$。4.89 91.39% $Mg(OH)_2$

4.91（a）$U(s) + 2ClF_3(g) \longrightarrow UF_6(g) + Cl_2(g)$。（b）这不是复分解反应。（c）是氧化还原反应。

4.95（a）$Al(OH)_3(s) + 3H^+(aq) \longrightarrow Al^{3+}(aq) + 3\ H_2O(l)$

（b）$Mg(OH)_2(s) + 2H^+(aq) \longrightarrow Mg^{2+}(aq) + 2H_2O(l)$

（c）$MgCO_3(s) + 2H^+(aq) \longrightarrow Mg^{2+}(aq) + H_2O(l) + CO_2(g)$

（d）$NaAl(CO_3)(OH)_2(s) + 4H^+(aq) \longrightarrow Na^+(aq) + Al^{3+}(aq) + 3H_2O(l) + CO_2(g)$

（e）$CaCO_3(s) + 2H^+(aq) \longrightarrow Ca^{2+}(aq) + H_2O(l) + CO_2(g)$[也可以写出碳酸氢盐的形成方程式，如 $MgCO_3(s) + H^+(aq) \longrightarrow Mg^{2+} + HCO_3^-(aq)$]。

4.99 12.1 g $AgNO_3$。4.103（a）2.055 M $Sr(OH)_2$

（b）$2HNO_3(aq) + Sr(OH)_2(aq) \longrightarrow Sr(NO_3)_2(aq) + 2H_2O(l)$

（c）2.62 M HNO_3 4.109（a）$Mg(OH)_2(s) + 2HNO_3(aq) \longrightarrow Mg(NO_3)_2(aq) + 2H_2O(l)$。（b）$HNO_3$ 为限制性反应物。（c）存在 0.130 mol $Mg(OH)_2$、0 mol HNO_3 和 0.00250mol $Mg(NO_3)_2$。4.113（a）$+5$（b）砷酸银（c）5.22%As

第 5 章

5.1（a）$E_{el} = 1.8 \times 10^2$ J（b）如果球体被释放，它们将彼此远离。（c）$v = 19$m/s 5.4（a）iii）（b）无（c）全部。5.7（a）w 的符号为 (+)。（b）q 的符号是 (-)。（c）w 的符号是正的，q 的符号是负的，因此我们不能完全确定 ΔE 的符号。很可能损失的热量远小于对系统所做的功，因此 ΔE 的符号可能是正的。5.10（a）$N_2(g) + O_2(g) \longrightarrow 2NO(g)$。因为 $\Delta V = 0$，$w = 0$。（b）$\Delta H = \Delta H_f = 90.37$kJ。形成反应的定义是元素结合形成一物质的量的单一产物。这种反应的焓变化是生成焓。5.13

（a）$\Delta E_{el} = -4.3 \times 10^{-18}$J（b）$\Delta E_{el} = 4.1 \times 10^{-18}$J（c）系统的静电势能随着相对带电粒子之间的间隔增加而增加（变得不那么负）。5.15（a）$F_{el} = -2.3 \times 10^{-8}$N（b）$F_g = 1.0 \times 10^{-47}$N（c）静电引力为 2.3×10^{39} 倍。5.17 $w = 2.6 \times 10^{-18}$J。5.19（a）重力；之所以做功是因为重力相反，铅笔被举起。（b）弹簧力；由于螺旋弹簧的力与弹簧压缩一段距离时的力相反，因此需要进行做功。5.21（a）物质不能离开或进入封闭系统。（b）物质和能量都不能离开或进入一个孤立的系统。（c）宇宙中不属于系统的所有部分称为环境。5.23（a）根据热力学第一定律，能量是守恒的。（b）系统的内能（E）是系统各组成部分的所有动能和势能之和。（c）当对系统进行做功和热量传递到系统时，封闭系统的内能增加。5.25（a）$\Delta E = -0.077$kJ，吸热（b）$\Delta E = -22.1$kJ，放热。5.27（a）由于在（2）种情况下，系统不工作，气体将吸收大部分能量作为热量；在（2）种情况下，气体将具有更高的温度。（b）在情况（1）中，能量将用于在环境（$-w$）中做功，但在情况（2）$w=0$ 和 q 为（+）时，一些能量将被吸收为热量（$+q$）。（c）情况（2）中，ΔE 更大，因为系统的内能增加了100J，而不是一部分能量对环境作了功。5.29（a）状态函数是一种仅依赖于系统的物理状态（压力、温度等）的属性，而不依赖于用于获取当前状态的路径。（b）内能是状态函数；热不是状态函数。（c）体积是一个状态函数。系统的体积仅取决于条件（压力、温度、物质量），而不是用于确定体积的路径或方法。5.31 $w=-51$J。5.33（a）ΔH 通常比 ΔE 更容易测量，因为在恒定压力下，$\Delta H = q_p$。与之相关的热流恒压下的过程可以很容易地作为温度变化来测量，而测量 ΔE 需要测量 q 和 w 的方法。（b）H 是一个静态量，仅取决于系统的特定条件。q 是一种能量变化，在一般情况下，它取决于变化是如何发生的。我们可以把焓的变化 ΔH，等同于热 q_p，仅在恒压和纯P-V功的特定条件下。（c）该过程是吸热的。5.35（a）我们必须知道温度 T 或 P 和 ΔV 的值，才能从 ΔH 计算出 ΔE。（b）ΔE 大于 ΔH。（c）由于 Δn 的值为负，所以量（$-P\Delta V$）是正的。我们在 ΔH 上加上一个正数来计算 ΔE，所以 ΔE 必须更大。5.37 $\Delta E = 1.47$kJ；$\Delta H = 0.824$kJ

5.39（a）$C_2H_5OH(l) + 3O_2(g) \longrightarrow 3H_2O(g) + 2CO_2(g)$, $\Delta H = -1235$kJ

（b）
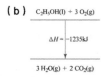

5.41（a）$\Delta H = -142.3$kJ/mol $O_3(g)$（b）$2O_3(g)$ 具有较高的焓。5.43（a）放热（b）传递 -87.9kJ 热（c）生成 15.7gMgO（d）602kJ 吸热 5.45（a）-29.5kJ（b）-4.11kJ（c）60.6J。5.47（a）$\Delta H = 726.5$kJ（b）$\Delta H = -1453$kJ。（c）放热正向反应更可能有利于热力学（d）汽化是吸热的。如果产物是 $H_2O(g)$，则反应将更为吸热，并且具有更多的负 ΔH。5.49（a）J/mol・℃或 J/mol・K（b）J/g・℃或 J/g・K（c）要根据比热计算热容量，必须知道特定铜管段的质量。5.51（a）4.184J/g・K（b）75.40J/mol・℃（c）774J/℃（d）904kJ 5.53（a）2.66×10^3J（b）将一物质的量辛烷 $C_8H_{18}(l)$ 的温度升高一定量比将一摩尔水 $H_2O(l)$ 的温度升高相同量需要

更多的热量。5.55 $\Delta H = -44.4$kJ/mol NaOH。5.57 $\Delta H_{rxn} = -25.5$kJ/g $C_6H_4O_2$ 或 -2.75×10^3kJ/mol $C_6H_4O_2$。5.59（a）量热计总热容 = 14.4J/℃（b）7.56℃。5.61 是的，因为内能是状态函数。5.63 $\Delta H = -1300.0$kJ。5.65 $\Delta H = -2.49 \times 10^3$kJ 5.67（a）焓变化的标准条件为 $P=1$atm 和一些常见温度，通常为 298K。（b）生成焓是由其组分元素形成化合物时发生的焓变化。（c）标准生成焓 ΔH_f° 是一物质的量物质在其标准状态下由元素生成的焓变化。

5.69（a）$\frac{1}{2} N_2(g) + O_2(g) \longrightarrow NO_2(g)$, $\Delta H_f^\circ = 33.84$kJ

（b）$S(s) + \frac{3}{2} O_2(g) \longrightarrow SO_3(g)$, $\Delta H_f^\circ = -395.2$kJ

（c）$Na(s) + \frac{1}{2} Br_2(l) \longrightarrow NaBr(s)$, $\Delta H_f^\circ = -361.4$kJ

（d）$Pb(s) + N_2(g) + 3O_2(g) \longrightarrow Pb(NO_3)_2(s)$, $\Delta H_f^\circ = -451.9$ kJ
5.71 $\Delta H_{rxn}^\circ = -847.6$ kJ。5.73（a）$\Delta H_{rxn}^\circ = -196.6$kJ

（b）$\Delta H_{rxn}^\circ = 37.1$kJ

（c）$\Delta H_{rxn}^\circ = -976.94$kJ

（d）$\Delta H_{rxn}^\circ = -68.3$kJ 5.75 $\Delta H_f^\circ = -248$kJ

5.77（a）$C_8H_{18}(l) + \frac{25}{2} O_2(g) \longrightarrow 8CO_2(g) + 9H_2O(g)$

（b）$\Delta H_f^\circ = -259.5$kJ

5.79（a）$C_2H_5OH(l) + 3O_2(g) \longrightarrow 2CO_2(g) + 3H_2O(g)$

（b）$\Delta H_{rxn}^\circ = -1234.8$kJ（c）$2.11 \times 10^4$kJ/L 产生热量

（d）0.071284 g CO_2/kJ 放出热量。5.81（a）$+\Delta H$（b）$-\Delta H$（c）$+\Delta H$（d）$+\Delta H$。5.83（a）$\Delta H = -103$kJ（b）$\Delta H = -1295$kJ 5.85（a）反应中 $\Delta H = 192.9$kJ。$D(Br-Br) = 193$kJ。（b）第（a）部分中计算的值与表 5.4 中的值之间的差值为零，为三个显著值。用键焓计算的反应的。5.87（a）ΔH 为 -485kJ（b）来自（a）部分的估计值小于或大于真实反应焓。（c）使用生成焓计算的反应的 ΔH 为 572kJ。5.89（a）燃料值是物质（燃料）燃烧时产生的能量。（b）5g 脂肪（c）吸入时，这些代谢产物作为废物通过消化道排出 H_2O（主要在尿液和粪便中）和 $CO_2(g)$ 作为气体排出。5.91（a）108 或 1×10^2Cal/份（b）钠不增加身体内的食物含量。5.93 59.7 Cal。5.95（a）$\Delta H_{comb} = -1850$kJ/mol C_3H_4，-1926kJ/mol C_3H_6，-2044kJ/mol C_3H_8（b）$\Delta H_{comb} = -4.616 \times 10^4$kJ/kg C_3H_4，-4.578×10^4kJ/kg C_3H_6，-4.635×10^4kJ/kg C_3H_8。（c）这三种物质每单位质量产生的热量几乎相同，但丙烷略高于其他两种物质。

5.97 1.0×10^{12}kg $C_6H_{12}O_6$/yr。5.99 自发的安全气囊反应可能是放热的，具有 $-\Delta H$，因此 $-q$。当气囊膨胀时，做功由系统完成，因此 w 的符号也是负的。

5.103 $\Delta H = 38.95$kJ；$\Delta E = 36.48$kJ。5.105 1.8×10^4 砖

5.108（a）$\Delta H_{rxn}^\circ = -353.0$kJ（b）需要 1.2g Mg。

5.112（a）$\Delta H^\circ = -631.3$kJ（b）3mol 乙炔气体具有更大的焓（c）燃料值为 50kJ/g $C_2H_2(g)$，42kJ/g $C_6H_6(l)$。

5.115 如果所有的做功都用来增加人的势能，爬楼梯使用 59 卡，并且不会抵消额外的 245 卡薯条。（爬楼梯需要 59 卡以上，因为有些能量用于移动四肢，有些能量会随着热量而损失。）5.120（a）1.479×10^{-18}J/分子（b）1×10^{-15}J/光子，X 射线的能量大约是 $CH_4(g)$ 的 1 个分子燃烧产生的能量的 1000 倍。5.122（a）中和酸 ΔH° 是：HNO_3，-55.8kJ；HCl，-56.1kJ；NH_4^+，-4.1kJ。（b）$H^+(aq) + OH^-(aq) \longrightarrow$

$H_2O(l)$ 是前两个反应的净离子方程 $NH_4^+(aq) + OH^-(aq) \longrightarrow$ $NH_3(aq) + H_2O(l)$。（ c ）前两个反应的 ΔH^o 值几乎相同，–55.8kJ 和 –56.1kJ。因为众离子在一个反应和这两个反应具有相同的净离子方程，它们具有相同的 ΔH^o 并不奇怪。（ d ）强酸比弱酸更有可能贡献出 H^+，这两种强酸的中和反应在能量上是有利的，而第三种反应几乎没有。NH_4^+ 很可能是弱酸。5.124（ a ）ΔH= –65.7K（ b ）ΔH^o 对于完整的分子方程，将与净离子方程的 ΔH^o 相同。由于总的焓变化是产物的焓减去反应物的焓，所以旁观离子的贡献被抵消（ c ）$AgNO_3(aq)$ 的 ΔH_f^o= –100.4kJ/ mol。

第6章

6.2（ a ）0.1m 或 10cm（ b ）没有。可见光的波长远小于 0.1m。（ c ）能量和波长成反比。长 0.1m 辐射的光子比可见光子的能量要小。（ d ）λ=0.1m 的辐射位于微波区的低能部分。这个设备可能是微波炉。6.5（ a ）增加（ b ）减少。6.9（ a ）l=1（ b ）$3p_y$（ c ）(iii)。6.13（ a ）米（ b ）1/ 秒（ c ）米 / 秒。6.15（ a ）正确（ b ）错误。紫外光的波长比可见光短。（ c ）错误。X 射线扫描照相机速度微波。（ d ）错误。电磁辐射和声波以不同的速度传播。6.17 波长 X 射线 < 紫外 < 绿光 < 红光 < 红外 < 无线电波。6.19（ a ）$3.0 \times 10^{13} s^{-1}$（ b ）$5.45 \times 10^{-7}$m=545nm。（ c ）在（ b ）中的辐射是可见的；在（ a ）中的辐射是不可见的。（ d ）1.50×10^4m。6.21 $4.6 \times 10^{14} s^{-1}$；红色。6.23 (iii)。6.25（ a ）$1.95 \times 10^{-19}$J（ b ）$4.81 \times 10^{-19}$J（ c ）328nm。6.27（ a ）$\lambda = 3.3 \mu m$，$E = 6.0 \times 10^{-20} J$；$\lambda = 0.154$ nm，$E = 1.29 \times 10^{-15} J$（ b ）3.3$\mu$m 光子位于红外区，0.154nm 光子位于 x 射线区；x 射线光子具有更大的能量。6.29（ a ）6.11×10^{-19}J/ 光子（ b ）368kJ/mol（ c ）1.64×10^{15} 光子（ d ）368kJ/mol。6.31（ a ）1×10^{-6} 米辐射在光谱的红外部分。（ b ）8.1×10^{16} 光子 /s。6.33（ a ）$E_{最小} = 7.22 \times 10^{-19}$J（ b ）$\lambda$=275nm（ c ）$E_{120} = 1.66 \times 10^{-18}$J。120nm 光子的多余能量被转换成发射电子的动能。$E_k = 9.3 \times 10^{-19}$J/ 电子。6.35 氢原子中的电子从 n=1 跃迁到 n=3 时，原子"膨胀"。6.37（ a ）释放（ b ）吸收（ c ）释放。6.39（ a ）$E_2 = -5.45 \times 10^{-19}$J；$E_6 = -0.606 \times 10^{-19}$ J；$\Delta E = 4.84 \times 10^{-19}$ J；λ = 410 nm（ b ）可见，紫色。6.41（ a ）(ii)（ b ）n_i = 3，n_f = 2；λ=6.56×10^{-7} m 这是 656nm 处的红线。n_i = 4，n_f=2；λ = 4.86×10^{-7}m；这是 486nm 处的蓝绿线。n_i = 5，n_f=2；λ= 4.34×10^{-7}m，这是 434nm 处的蓝紫色线。

6.43（ a ）紫外区（ b ）n_i=7，n_f=1。6.45 吸收频率的增加顺序为：n = 4 到 n = 9 ；n = 3 到 n = 6 ；n = 2 到 n = 3 ；n = 1 到 n = 2 6.47（ a ）λ= 5.6×10^{-37}m（ b ）λ = 2.65×10^{-34}m（ c ）λ = 2.3×10^{-13} m（ d ）λ=1.51×10^{-11}m。6.49 3.16×10^3m/s。6.51（ a ）$\Delta x \geq 4 \times 10^{-27}$m（ b ）$\Delta x \geq 3 \times 10^{-10}$m。6.53（ a ）错误（ b ）错误。6.55（ a ）n=4，l=3, 2, 1, 0（ b ）l = 2，m_l = –2，–1，0, 1, 2（ c ）m_l = 2，$l \geq 2$ 或 l = 2，3 或 4。6.57（ a ）$3p$: n=3，l=1（ b ）$2s$: n=2，l=0（ c ）$4f$: n=4，l = 3（ d ）$5d$: n = 5，l=2。6.59（ a ）2, 1, 0, –1，–2（ b ）1/2，–1/2。6.61（ a ）不可能，1p（ b ）可能（ c ）可能（ d ）不可能，2d。6.63

（ a ）s　（ b ）p_z　（ c ）d_{xy}

6.65（ a ）氢原子 $1s$ 和 $2s$ 轨道具有相同的整体球形，但 $2s$ 轨道具有更大的径向延伸和比 $1s$ 轨道多一个节点。（ b ）单个 $2P$ 轨道是定向的，因为它的电子密度集中在原子的三个笛卡尔轴上。$d_{x^2-y^2}$ 轨道沿 x 轴和 y 轴都具有电致密度，而 p_x 轨道仅沿 x 轴具有密度。（ c ）$3s$ 轨道上电子与原子核的平均距离大于 $2s$ 轨道上电子的平均距离。（ d ）$1s$ < $2p$ < $3d$ < $4f$ < $6s$。6.67（ a ）对于氢离子 He^+，$2s$ 和 $2p$ 轨道具有相同的能量。（ b ）是的。在氢原子中，$2s$ 轨道的能量低于 $2p$ 轨道。6.69（ a ）否。两种构型均遵循泡利不相容原理。（ b ）否。两种构型均遵循洪特定律。（ c ）否，在没有磁场的情况下，我们不能说明哪个结构的能量较低。6.71（ a ）6（ b ）10（ c ）2（ d ）14。6.73（ a ）"价电子"是那些涉及化学键的电子。它们是在核心之后列出的部分或全部是外壳电子。（ b ）"核心电子"是具有最近的稀有气体元素的电子结构的内壳电子。（ c ）每个方框代表一个轨道。（ d ）轨道图中的每个半箭头代表一个电子。半箭头的方向表示电子自旋。6.75（ a ）Cs，$[Xe]6s^1$（ b ）Ni，$[Ar]4s^23d^8$（ c ）Se，$[Ar]4s^23d^{10}4p^4$（ d ）Cd，$[Kr]5s^24d^{10}$（ e ）U，$[Rn]5f^36d^17s^2$（ f ）Pb，$[Xe]6s^24f^{14}5d^{10}6p^2$

6.77（ a ）Be，0 个未配对电子（ b ）O，2 个未配对电子（ c ）Cr，6 个未配对电子（ d ）Te，2 个未配对电子。6.79（ a ）第 5 个电子将在 $3S$ 之前填充 $2P$ 亚层。（ b ）要么核心为 [He]，要么外部电子配置应为 $3S^23P^3$。（ c ）$3P$ 子外壳将在 $3d$ 之前完成。6.81（ a ）$\lambda_A = 3.6 \times 10^{-8}$ m，$\lambda_B = 8.0 \times 10^{-8}$m（ b ）$\nu_A = 8.4 \times 10^{15}$ s^{-1}，$\nu_B = 3.7 \times 10^{15}$ s^{-1}（ c ）A，紫外；B，紫外。6.84 35.0 min。6.86 1.6×10^{18} 光子。6.91（ a ）布兰克特系列位于红外波段。（ b ）n_i = 4，λ= 1.87×10^{-6} m ；n_i = 5，λ= 1.28×10^{-6} m ；n_i = 6，λ= 1.09×10^{-6} m。6.95 λ= 10.6pm。6.99（ a ）P_z 轨道的节面是 xy 平面（ b ）d_{xy} 轨道的两个节面是 x=0，y=0 的节面，这些是 yz 和 xz 平面（ c ）$d_{x^2-y^2}$ 的两个节面是将 X 轴和 Y 轴对分并包含 z 轴的节面。6.102（ a ）Br：$[Ar]4s^23d^{10}4p^5$，1 个不成对电子（ b ）Ga：$[Ar]4s^23d^{10}4p^1$，1 个不成对电子（ c ）Hf：$[Xe]6s^24f^{14}5d^2$，2 个不成对电子（ d ）Sb：$[Kr]5s^24d^{10}5p^3$，3 个不成对电子（ e ）Bi：$[Xe]6s^24f^{14}5d^{10}6p^3$，3 个不成对电子（ f ）Sg：$[Rn]7s^25f^{14}6d^4$，4 个不成对电子。6.105（ a ）$1.7 \times 10^{28}$ 光子（ b ）34 s。6.109（ a ）玻尔理论基于卢瑟福的原子核模型：中心有一个稠密的正电荷，周围有一个扩散的负电荷。玻尔理论继而详细说明了扩散负电荷的性质。原子核模型之前的主流理论是汤姆生的葡萄干蛋糕模型：离散电子在扩散的正电荷云周围散射。玻尔的理论不可能以汤姆生模型为基础。（ b ）德布罗意的假设是电子同时具有粒子和波的性质。汤姆生认为电子具有质量是粒子性质，而阴极射线的性质是波性质。德布罗意的假设实际上合理化了这两个看似矛盾的关于电子性质的观察。

第7章

7.2 最大的棕色球体为 Br^-，中间蓝色球体为 Br，最小的红色球体为 F。7.5（ a ）r_A 是 $d_1/2$ ；r_x = d_2–($d_1/2$)。（ b ）X—X 的键长 $2r_x$ 或 $2d_x$ –d_1。7.8（ a ）X + 2F_2 $\longrightarrow$ XF_4（ b ）图中的 X 与 E 具有相同的键合半径，因此很可能是非金属。如果 X 是金属，则化合物是离子，X 上的电荷为 4+。X^{4+} 的键（离子）半径比氟小得多。7.9（ a ）结果为 2、8、18、32。（ b ）稀有气体的原子序数为 2、10、18、36、54 和 86。这些原子序数之间的差别是 8、8、18、18 和 32。这些差异对应于

（a）中的结果。它们表示在移至周期表的下一行时会填充新的支壳层。（c）泡利不相容原理是"2"。7.11（a）所列元素中，只有铁是1700年以前发现的。（b）古代已知的七种金属，Fe、Cu、Ag、Sn、Au、Hg和Pb，大多接近活性系列的底部。7.13元素1-18中H、Li和Na最小；Ne和Ar最大。7.15（a）对于Na和K,Z_{eff}=1。（b）对于Na和K，Z_{eff}=2.2。（c）Slaters规则给出了详细计算值: Na, 2.51；K, 3.49。（d）两个近似值给出的Na和K的Z_{eff}值相同；两者都不能解释Z_{eff}随群向下移动而逐渐增加。（e）根据详细计算的步骤，我们预测Z_{eff}约为4.5。7.17 Kr中的n=3电子具有更大的有效核电荷，因此更可能接近原子核。7.19必须测量数量（b）以确定原子的成键原子半径。7.21（a）1.37 Å（b）W原子之间的距离将减小。7.23原子半径之和，As-I=2.58Å，这非常接近实验值。7.25（a）Cs > K > Li（b）Pb > Sn > Si（c）N > O > F。7.27（a）错误（b）正确（c）错误。7.29 Ga^{3+}：无；Zr^{4+}：Kr；Mn^{7+}：Ar；I^-：Xe；Pb^{2+}：Hg 7.31（a）Na^+（b）F^-,Z_{eff}= 7；Na^+,Z_{eff}= 9（c）S = 4.15；F^-,Z_{eff}= 4.85；Na^+,Z_{eff}= 6.85。（d）对于等电子离子，随着核电荷（z）的增大，有效核电荷（Z_{eff}）增大，离子半径减小。7.33（a）Cl<S<K（b）K^+<Cl^-<S^{2-}（c）中性K原子的半径最大是因为其最外电子的n值大于S和Cl中价电子的n值。K^+离子最小是因为在等电子系列中，z最大的离子具有最小的离子半径。7.35（a）O^{2-}比O大，因为伴随着电子排斥的增加会使电子云膨胀。（b）S^{2-}比O^{2-}大，因为对于带有类似电荷的粒子，尺寸会增大，从而缩小一个家族。（c）S^{2-}大于K^+是因为这两个离子是等电子的，K^+具有较大的Z和Z_{eff}。（d）K^+大于Ca^{2+}是因为这两个离子是等电子的，而Ca^{2+}具有较大的Z和Z_{eff}。7.37 Al(g) $\longrightarrow$ Al^+(g)+ $1e^-$；Al^+(g) $\longrightarrow$ Al^{2+}(g)+ $1e^-$；Al^{2+}(g) $\longrightarrow$ Al^{3+}(g)+ $1e^-$。第一电离能的过程需要最少的能量。7.39在这三种元素中，锂的二次电离能最高。Li^+和K^+都具有稀有气体的稳定电子构型，但Li^+的非屏蔽1s电子离原子核更近，需要更多的能量来去除。7.41（a）原子越小，其第一电离能就越大。（b）在非放射性元素中，He具有最大的第一电离能，而Cs具有最小的第一电离能。7.43（a）Cl（b）Ca（c）K（d）Ge（e）Sn。7.45（a）Co^{2+}, [Ar] $3d^7$（b）Sn^{2+},[Kr] $5s^2 4d^{10}$（c）Zr^{4+},[Kr]，稀有气体构型（d）Ag^+, [Kr]$4d^{10}$（e）S^{2-}, [Ne]$3s^2 3p^6$，构型。7.47 Ni^{2+}, [Ar]$3d^8$；Pd^{2+}, [Kr]$4d^8$；Pt^{2+}, [Xe]$4f^{14}5d^8$。7.49氯的第二电子亲和性：Cl^-+ $1e^-$ $\longrightarrow$ Cl^{2-}(g)。我们预测氯的第二电子亲和能为正。直接测量这个量是不可能的，因为正值表示Cl^{2-}离子是不稳定的，不会形成。7.51 K^+的电子亲和力较负。在中性K原子中加入一个电子所产生的电子-电子斥力使K的电子亲和力比K的电子亲和力（小于负）。7.53（a）Ne的电离能（I_1）Ne(g) $\longrightarrow$ Ne^+(g)+ $1e^-$；[He]$2s^2 2p^6$ $\longrightarrow$ [He]$2s^2 2p^5$；F的电子亲和能（E_1）：F(g)+ e^- $\longrightarrow$ F^-(g)；[He]$2s^2 2p^5$ $\longrightarrow$ [He]$2s^2 2p^6$。（b）Ne的I_1为正；F的E_1为负。（c）一个过程显然与另一个相反，有一个重要区别。Ne有一个更大的Z和Z_{eff}，所以我们期望Ne的I_1在数量上稍大一些，在符号上与F的E_1相反。7.55（a）减少（b）增加（c）一个元素的第一电离能越小，该元素的金属特性越大。（a）和（b）的趋势与电离能的趋势相反。7.57同意。当形成离子

时，所有金属都形成阳离子。形成阳离子的唯一非金属元素是类金属锑，它可能具有重要的金属特性。7.59离子：SnO_2, Al_2O_3, Li_2O, Fe_2O_3；分子：CO_2, H_2O。离子化合物是由一种金属和一种非金属结合形成的；分子化合物是由两种或两种以上的非金属形成的。7.61 MnO更容易与HCl反应。7.63（a）二氯七氧化物（b）2 Cl_2(g)+ 7 O_2(g) $\longrightarrow$ 2 Cl_2O_7(l)（c）Cl_2O_7是一种酸性氧化物，因此它对碱的反应性更强 OH^-。（d）Cl_2O_7中Cl的氧化状态为+7；相应的Cl的电子构型为[He]$2s^2 2p^6$或[Ne]。7.65（a）BaO(s)+ H_2O(l) $\longrightarrow$ $Ba(OH)_2$(aq)（b）FeO(s) + 2 $HClO_4$(aq) $\longrightarrow$ $Fe(ClO_4)_2$(aq)+ H_2O(l)（c）SO_3(g)+H_2O(l) $\longrightarrow$ H_2SO_4(aq)（d）CO_2(g)+ 2 NaOH(aq) $\longrightarrow$ Na_2CO_3(aq)+ H_2O(l)。7.67（a）Ca的反应性更强，因为它的电离能比Mg低。（b）K比Ca具有更低的电离能，因此反应性更强。7.69（a）2K(s) + Cl_2(g) $\longrightarrow$ 2KCl(s)（b）SrO(s) + H_2O(l) $\longrightarrow$ $Sr(OH)_2$(aq)（c）4 Li(s) + O_2(g) $\longrightarrow$ $2Li_2O$(s)（d）2Na(s) + S(l) $\longrightarrow$ Na_2S(s)。7.71（a）碱金属与氢和卤素的反应为氧化还原反应。氢和卤素生成电子都被还原。（碱金属失去电子是氧）Ca(s) + F_2(g) → CaF_2(s)；Ca(s) + H_2(g) $\longrightarrow$ CaH_2(s)。（b）两种产物中Ca的氧化数均为+2。电子结构是Ar [Ne]$3s^2 3p^6$。7.73（a）Br, [Ar]$4s^2 4p^5$；Cl, [Ne]$3s^2 3p^5$。（b）Br和Cl为同一组，均采用1-离子电荷。（c）Br的电离能小于Cl，因为Br中的4p价电子比Cl中的3p价电子离原子核远，并且比Cl中的3p价电子握得更紧。（d）两者与水反应缓慢，形成HX + HOX。（e）Br的电子亲和力比Cl的较小，因为加到4p轨道上的电子比加到Cl（f）的3p轨道上的电子离核远，并且不那么紧密，Br的原子半径比Cl的大，因为Br中的4p价电子离核远，不那么紧密。7.75（a）因为不能够描述所有的8A组元素，所以不再使用惰性一词。（b）在20世纪60年代，科学家发现Xe会与具有强烈电子迁移倾向的物质发生反应，如F_2。因此，Xe不能被归类为"稀有"气体（c）这个基团现在被称为稀有气体。7.77（a）$2O_3$(g) $\longrightarrow$ $3O_2$(g)（b）Xe(g)+ F_2(g) $\longrightarrow$ XeF_2(g)；Xe(g)+ 2 F_2(g) $\longrightarrow$ XeF_4(s)；Xe(g)+ 3 F_2(g) $\longrightarrow$ XeF_6(s)（c）S(s) + H_2(g) $\longrightarrow$ H_2S(g)（d）2 F_2(g)+$2H_2O$(l) $\longrightarrow$ 4 HF(aq) + O_2(g)。

7.79在Z=82之前，有三种情况下原子重量相对于原子序数是相反的:Ar和K;Co和Ni;Te和I。7.81（a）5+（b）4.8+（c）由于3s电子的穿透，3p电子的屏蔽更大，因此3p电子的Z_{eff}小于3s电子的Z_{eff}。（d）失去的第一个电子是3p电子，因为它比3s电子具有更小的Z_{eff}，对原子核的吸引力更小。7.85（a）As-Cl距离为2.24Å（b）As-Cl键长为2.21Å 7.87（a）氧族元素，-2;卤素，-1。（b）具有较大值的族是：原子半径，氧族元素;最常见氧化态的离子半径，氧族元素;第一电离能，卤素;第二电离能，卤素。7.91 C：$1s^2 2s^2 2p^2$。I_1到I_4表示原子外壳中2p和2s电子的损失。I_1-I_4的值按预期增加。I_5和I_6代表1s核电子的损失。这些1s电子离原子核更近，并且充满了核电荷，因此I_5和I_6的值明显大于I_1-I_4。7.96（a）Cl^-, K^+（b）Mn^{2+}, Fe^{3+}（c）Sn^{2+}, Sb^{3+}。7.99（a）对于氢和碱金属，增加的电子将充满一个ns子壳层，因此屏蔽和排斥效应将是相似的。对于卤素，电子被添加到np子壳层中，所以能量的变化很可能是完全不同

的。(b)正确。H的$1s^1$的电子结构单一，$1s$电子不受其他电子的排斥，而会感觉到完整的未屏蔽核电荷。形成化合物的所有其他元素的外电子被球形的内电子核屏蔽，因此不那么吸引到原子核从而产生较大的成键原子半径。(c)氢和卤素都有很大的电离能。卤素的np电子所经历的相对较大的有效核电荷与碱金属的H电子所经历的非屏蔽核电荷相似，被移除的ns电子被核心电子有效屏蔽，因此电离能较低。(d)氢物的电离能，$H(g) \longrightarrow H(g)+1e^-$(e)氢的电子亲和力，$H(g)+1e^- \longrightarrow H^-(g)$。氢化物的电离能大小相等，但与氢的电子亲和力符号相反。7.102最有可能的产物是(i)。7.107电子构型，$[Rn]7s^25f^{14}6d^{10}7p^5$；一次电离能805 kJ/mol；电子亲和力 −235 kJ/mol；原子尺寸1.65 Å；共氧化态 −1。7.110(a)Li，$[He]2s^1$；$Z_{eff} \approx 1+$(b)$I_1 \approx 5.45 \times 10^{-19}$ J/atom ≈ 328 kJ/mol(c)328 kJ/mol的估算值小于表7.4中520 kJ/mol的估算值。我们对Z_{eff}的估算是一个下限，[He]核电子不能完全屏蔽$2s$电子与核电荷。(d)根据实验电离能，$Z_{eff}=1.26$。该值大于(a)部分的估计值，但与"Slater"值1.3一致，且与(c)部分的解释一致。7.113(a)Mg_3N_2(b)$Mg_3N_2(s) + 3H_2O(l) \longrightarrow 3MgO(s) + 2NH_3(g)$；驱动力是$NH_3(g)$。(c)17%$Mg_3N_2(d)3Mg(s) + 2NH_3(g) \longrightarrow Mg_3N_2(s) + 3H_2(g)$。$NH_3$为极限反应物，生成0.46g H_2。(e)$\Delta H^\circ_{rxn} = -368.70$kJ

第8章

8.1(a)4A或14族(b)2A或2族(c)5A或15族。8.4(a)$[Kr]5s^24d^6$。8.7(a)4(b)按键长3<1<2(c)的顺序，键3是碳酸氢根分子中最强的C—C键。对于同一对键合原子，共享电子对的数量越多，键就越短越强。8.11(a)Si，$1s^22s^22p^63s^23p^2$(b)4(c)$3s$和$3p$电子是价电子。

8.13 a) ·Al: b) :Br: c) :Ar: d) ·Sr

8.16 Mg + :O: ⟶ Mg²⁺ + [:O:]²⁻ (b)2(c)Mg失去电子。8.17(a)AlF_3(b)K_2S(c)Y_2O_3(d)Mg_3N_2
8.19(a)Sr^{2+}，$[Ar]4s^23d^{10}4p^6=[Kr]$，稀有气体构型(b)Ti^{2+}，$[Ar]3d^2$(c)Se^{2-}，$[Ar]4s^23d^{10}4p^6=[Kr]$，稀有气体构型(d)Ni^{2+}，$[Ar]3d^8$(e)Br^-，$[Ar]4s^23d^{10}4p^6=[Kr]$，稀有气体构型(f)Mn^{3+}，$[Ar]3d^4$。8.21(a)吸热(b)$NaCl(s) \longrightarrow Na^+(g)+Cl^-(g)$(c)与具有双电荷离子的盐（如CaO）相比，具有单电荷离子的盐（如NaCl）具有更小的晶格能。8.23(a)Na^+，1+；Ca^{2+}，2+(b)F^-，1−；O^{2-}，2−(c)CaO有较大的晶格能。(d)我们希望SCN的晶格能略小于8.10×10^3kJ。8.25(a)K—F，2.71 Å；Na—Cl，2.83 Å；Na—Br，2.98 Å；Li—Cl，2.57 Å(b)LiCl>KF>NaCl>NaBr(c)来自表8.2:LiCl，1030 kJ；KF，808 kJ；NaCl，788 kJ；NaBr，732 kJ。离子半径的预测是正确的。8.27说法(a)是最好的解释。8.29 RbCl(s)的晶格能为+692kJ/mol。8.31(a)在(iii)和(iv)中的键可能是共价的。(b)共价，因为它是室温及室温以下的气体。8.33

:Cl· + ·Cl· + :Cl· + :Cl· + ·Si· ⟶ :Cl—Si—Cl:（带Cl在上下）

(a)4(b)7(c)8(d)8(e)4 8.35(a) :O=O: (b)四个成键电子（两个成键电子对）(c)O=O双键比O—O

单键短。两个原子之间共享电子对的数量越多，原子之间的距离越短。8.37说法(b)是错误的。8.39(a)Mg(b)S(c)C(d)As。8.41(a)，(c)和(d)中的键是极性的。每个极性键中的电负性元素越多是(a)F(c)O(d)I。8.43(a)H和Br的计算电荷为0.12e(b)减少。8.45(a)SiF_4，分子，四氟化硅；LaF_3，离子，氟化镧（III）(b)$FeCl_2$离子，氯化铁（II）；$ReCl_6$，分子（金属处于高氧化状态），六氯化铼。(c)$PbCl_4$，分子（与离子型ReCl相反），四氯化铅；$RbCl_4$，离子型，氯化铷 8.47

(a) H—Si—H（带H在上下）
(b) :C≡O:
(c) :F—S—F:
(d) [含O,S,O,H的硫酸结构]
(e) [:O—Cl—O:]
(f) H—N—O—H（带O在下）

8.49说法(b)是最正确的。请记住，当需要在原子周围放置超过八位电子以最小化形式电荷时，可能没有最佳的路易斯结构 8.51在路易斯结构显示形式电荷；氧化数列在每个结构下面。

(a) :O=C=S:
O, −2; C, +4; S, −2

(b) [:O—Cl—S—Cl—O:]^{−1}
S, +4; Cl, −1; O, −2

(c) [O—Br—O 含O结构]^{1−}
Br, +5; O, −2

(d) H—O—Cl—O:
Cl, +3; H, +1; O, −2

8.53(a) [:O=N—O:]^- ⟷ [:O—N=O:]^-
(b)O_3与NO_2^-是等电子的，两者都有18个价电子(c)因为每个N—O键都具有部分双键特性，所以NO_2^-中的N—O键长度应小于N—O单键，但大于N=O双键。8.55两个原子共用的电子对越多，键越短。因此，C—O键长度的变化顺序为$CO<CO_2<CO_3^{2-}$。8.57(a)错误(b)错误 8.59(a)AsF_5，这是八电子规则的一个例外。(b)BCl_3是八电子规则的一个例外。8.61假设主导结构是最小化形式电荷的结构。遵循本指南，只有ClO^-遵守八电子规则。ClO，ClO_2^-，ClO_3^-，和ClO_4^-不遵守八电子规则。

ClO, ·Cl=O:　　　　　ClO^-, [:Cl—O:]^-

ClO_2^-, [:O=Cl—O:]^-　　　ClO_3^-, [:O=Cl—O: 含O结构]^-

ClO_4^-, [:O=Cl=O: 含O结构]^-

8.63 (a) H—P̈—H (b) H—Al—H
　　　　　　|　　　　　　　|
　　　　　　H　　　　　　　H

(b) 不遵守八电子规则。中心 Al 只有 6 个电子

(c) [:N̈=N—N̈:]⁻ ⟷ [:N̈—N≡N:]⁻

　　　　　　　　[:N̈=N=N̈:]⁻

(d) :C̈l:　　(e) [F̈ 结构 SnF₆]²⁻
　　|
:C̈l—C—H
　　|
　　H

(e) 不遵守八电子规则。中心 Sn 有 12 个电子。

8.65 (a) :C̈l—Be—C̈l:
　　　　　 0　　0　　0
该结构违反了八电子规则。

(b) :C̈l=Be=C̈l: ⟷ :C̈l—Be≡Cl ⟷ Cl≡Be—C̈l:
　　　1　　　2　　　　　0　　　　2　　　　　2　　　　　0

(c) 在违反八电子规则的结构上，形式上的电荷最小化；这种形式可能占主导地位。

8.67 32e⁻，16e⁻ pr

(a) :Ö: S 结构　　(b) :O: S 结构

8.69 (a) ΔH = −304kJ (b) ΔH = −82kJ (c) ΔH = −467kJ
8.71 (a) ΔH = −321kJ (b) ΔH = −103kJ (c) ΔH = −203kJ
8.73 Ca—O 键比 Na—Cl 键更强，因为离子电荷更大。8.75 (a) CH₂，6e⁻，3e⁻ pr H—C̈—H2CH₂ ⟶ C₂H₄。(b) 该反应产物 C₂H₄ 含有一个 C—C 双键，典型的键长是 1.34 Å。
8.77 C≡C 三键
8.85 (a) B—O。最大极性键将由电负性差异最大的两个元素 (b) Te—I 形成。这些元素具有最大的共价半径。(c) TeI₂。这三个原子都满足八电子规则。(d) P₂O₃。每个 p 原子需要共享 3e⁻，每个 O 原子需要共享 2e⁻ 才能得到一个八电子。B₂O₃。虽然这不是一个纯离子化合物，但可以从得到和失去电子来理解，以获得稀有气体结构。如果每个 B 原子损失 3e⁻，每个 O 原子获得 2e⁻，则电荷平衡和八电子规则将得到满足。8.90 (a) +1 (b) −1 (c) +1（假设奇电子在 n 上）(d) 0 (e) +3。8.95 (a) 错误。B-A=B 结构没有提到分子中的非键电子。(b) 正确。8.98 (a) Ti²⁺，[Ar]3d²；Ca，[Ar]4s²。(b) Ca 没有未配对电子，Ti²⁺ 有两个。(c) 为了与 Ca²⁺ 等电子，Ti 将具有 4+ 电荷。8.104 (a) 叠氮离子为 N₃⁻。(b) 带有形式电荷的共振结构显示为：

[:N̈=N=N̈:]⁻ ⟷ [:N≡N—N̈:]⁻
　−1　+1　−1　　　　0　+1　−2

[:N̈—N≡N:]⁻
　−2　+1　0

(c) 具有两个双键的结构使形式电荷最小化，可能是主要原因。(d) N—N 距离应相等，且具有 N—N 双键的近似长度 1.24Å。8.109 (a) NH₃BF₃，32e⁻，16e⁻ pr

(b) H :F̈:
　　|　|
H—N—B—F̈:
　　|　|
δ+ H :F̈:
B—N
δ−

(c) 氯的电负性和吸电子性比氟小。NH₃BCl₃ 中的 B—N 键比 NH₃BF₃ 中的 B—N 键的极性小。

第 9 章

9.1 从图 9.3 中三角双锥的赤道面上移除一个原子会产生跷跷板形状。9.3 (a) 两个电子域几何，线型和三角双锥 (b) 一个电子域几何，三角双锥 (c) 一个电子域几何，八面体 (d) 一个电子域几何，八面体 (e) 一个电子域几何，八面体 (f) 一个电子域几何，三角双锥（这个三角形金字塔是一种不寻常的分子几何结构，表 9.3 中没有列出）。如果三角双锥上的赤道取代基非常庞大，导致非键电子对占据轴向位置。）9.5 (a) 为零。沿着 x 轴从左向右移动，Cl 原子之间的距离增加。在很大的分离度下，相互作用势能接近于零。(b) Cl—Cl 键距离约为 2.0Å。Cl—Cl 键能约为 240kJ/mol (c) 较弱。在极压下，Cl—Cl 键变短。原子对的势能增加，键变弱。9.11 (a) i，两个 s 原子轨道 ii，两个 p 原子轨道端到端重叠 iii，两个 p 原子轨道端到端重叠 (b) i，σ 分子轨道 ii，σ 分子轨道 iii，π 分子轨道 (c) i，反键 ii，键 iii，反键 (d) i，节面在原子中心之间，垂直于原子间轴，与每个原子等距。有两个节面，都垂直于原子间轴。一个在左原子的左边，另一个在右原子的右边。有两个节面，一个在原子中心之间，垂直于原子间轴，与每个原子等距。第二个包含原子间轴，垂直于第一个轴。9.13 (a)，在线型 AB₂ 分子中，可以有 0 个或 3 个非键电子对。(b) 三 (c) 是 9.15 具有四面体分子几何结构的分子在四面体的每个顶点都有一个原子。三角金字塔分子的四面体的一个顶点被非键电子对而不是原子占据。9.17 (a) 八面体 (b) 八面体 (c) 正方形平面。9.19 (a) 不影响分子形状 (b) 1 对非键对影响分子形状 (b) P 上的 1 个非键对影响分子形状 (c) 无影响 (d) 无影响 (e) 1 个非键对影响分子形状。9.21 (a) 2 (b) 1 (c) 无 (d) 3。9.23 (a) 四面体，四面体 (b) 三角双锥，T 形 (c) 八面体，方棱锥 (d) 八面体，正方形平面。9.25 (a) 线性，线性 (b) 四面体，三角金字塔 (c) 三角双锥，跷跷板 (d) 八面体，八面体 (e) 四面体，四面体 (f) 线性，线性。9.27 (a) i，三角型 ii，四面体 iii，三角双锥 (b) i，0 ii，1 iii，2 (c) N 和 P (d) Cl（或 Br、I）。这种 T 形分子计量学是由具有两个非键结构域的三角双锥电子结构域产生的。假设每个 F 原子有 3 个非键域，并且只与 A 形成单键，则 A 必须有 7 个价电子，并且处于或低于产生这些电子域和分子几何结构的周期的第三行。9.29 (a) 1，小于 109.5°；2，小于 109.5° (b) 3，不等于 109.5°；4，小于 109.5° (c) 5，180° (d) 6，稍大于 120°；7，小于 109.5°；8，不等于 109.5°。9.31 (a) NH₄⁺ 在 N 上有零个非键电子对，键角最大。(b) NH₂⁻ 在 N 上有两个非键电子对和最小键角。9.33 (a) 虽然这两种离子都有 4 个键电

子域，但 Br 周围的 6 个总域需要八面体域几何和正平面分子几何，而 Tb 左右的 4 个总域则需要四面体域和正平面分子几何。厄瓜多尔几何。（b）角度随 $H_2O>H_2S>H_2Se$ 而变化。中心区电负性减小，非键电子域越大，排斥力对相邻键域的影响越大。中心原子的选择负越小，与理想四面体角的偏差就越大。9.35 A 键偶极子是两个电负性不等的键原子之间的不对称电荷分布。A 分子偶极矩是分子中所有键偶极子的三维和。9.37（a）是的。沿 Cl—S—Cl 角平分线（b）错误，$BeCl_2$ 没有偶极矩。9.39（a）非极性。极性 B—F 键排列在对称的三角平面几何中。（b）没有。附加的非键电子对要求电子的域几何是四面体的，形状是三角金字塔。（c）是的。在 BF_2Cl 中键偶极子不取消。9.41（a）IF（d）PCl_3 和（f）IF_5 是极性的。9.43（a）Lewis 结构

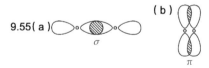

分子几何

分子几何

极性　　　　非极性　　　　极性

（b）中间异构体的净偶极矩为零。（c）C_2H_3Cl 只有一个异构体，有偶极矩。9.45（a）正确（b）错误（c）正确（d）错误（e）正确。9.47（a）错误（b）正确（c）错误（d）错误 9.49（a）B，$[He]2s^22p^1$（b）F，$[He]2s^22p^5$（c）sp^2（d）单个 $2p$ 轨道是非杂化的。它垂直于 sp^2 杂化轨道的三角面。9.51（a）sp^2（b）sp^3（c）sp（d）sp^3

9.53 左，本章中未讨论的杂化轨道相互成 90° 角；p 原子轨道相互垂直；中心，109.5°，sp^3；右，120°，sp^2

9.55（a）　　　　　　　　　　（b）

（c）σ 键通常比 π 键强，因为有更广泛的轨道重叠。（d）两个 s 轨道没有重叠导致沿核间轴的电子密度不高，而没有 π 键。9.57（a）

（b）sp^3，sp^2，sp（c）非平面、平面、平面（d）7 σ,0 π；5σ,1π；3σ,2 π 9.59（a）18 价电子（b）16 价电子形成 σ 键。（c）2 个价电子形成 π 键。（d）没有价电子是无键的。（e）左侧和中心 C 原子为 sp^2 杂化；右侧 C 原子为 sp^3 杂化。9.61（a）~109.5° 关于最左边的 c，sp^3；~120° 关于右手边的 c，sp^2（b）双键 o 可以看作 sp^2 另一种为 sp^3；氮为 sp^3，键角小于 109.5"。（c）9

个 σ 键，1 个 π 键 9.63（a）在局部 π 键中，电子密度集中在形成键的两个原子之间。在离域 π 键中，电子密度分布在贡献 p 轨道的所有原子上。（b）多个共振形式的存在是分子具有离域 π 键的良好迹象。（c）非定域 π 键

9.65

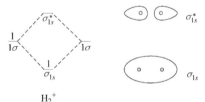

（a）　（b）sp^2（c）是的，还有一个共振结构

（d）离子的 π 键中有四个电子

9.67（a）线性（b）两个中心 c 原子均具有三角形平面电荷，其周围有 ~120° 键角。C 和 O 原子位于一个平面上，H 原子可以自由地在这个平面内外旋转（c）分子与 ~120° 呈平面，键角约 2 个 N 原子。9.69（a）杂化轨道是单个原子的原子轨道的混合物，并保持在该原子上。分子轨道是两个或多个原子的原子轨道的组合，至少在两个原子上离域。（b）每个分子轨道最多可容纳两个电子。（c）反键分子轨道中可能含有电子

9.71（a）

（b）H_2^+ 有一个电子（c）σ_{1s}^1（d）BO = 1/2（e）不稳定的。如果 H_2^+ 中的单电子被激发到 σ_{1s} 轨道，其能量高于 H 1s 原子轨道的能量，H_2^+ 将分解为氢原子和氢离子。（f）说法（i）是正确的。

9.73

（a）1 σ（b）2 π（c）1 σ^* 和 2π^*。9.75（a）当比较相同的两个键合原子时，随着键序的增加，键能增加。随着键序的增加，键长减小。当比较不同的键合核时，没有简单的关系。（b）Be_2 是不可能存在的；它的键序为零，在能量上不比孤立的 Be 原子更有利。Be_2^+ 的键级为 0.5，比孤立 Be 原子的能量稍低。它可能在特殊的实验条件下存在。9.77（a），（b）没有未配对电子的物质被磁场排斥。这种性质叫作抗磁性。（c）O_2^{2-}，Be_2^{2+}。9.79（a）B_2^+，$\sigma_{2s}^2\sigma*_{1s}^2\pi_{2p}^1$，增加（b）$Li_2^+$，$\sigma_{1s}^2\sigma*_{1s}^1$，增加（c）$N_2^+$，$\sigma_{2s}^2\sigma*_{2s}^2\pi_{2p}^4\sigma_{2p}^1$，增加（d）$Ne_2^{2+}$，$\sigma_{2s}^2\sigma*_{2s}^2\sigma_{2p}^2\pi_{2p}^4\pi*_{2p}^1$，减少。9.81 CN，$\sigma_{2s}^2\sigma*_{2s}^2\sigma_{2p}^2\pi_{2p}^3$，键级 = 2.5；$CN^+$，$\sigma_{2s}^2\sigma*_{2s}^2\sigma_{2p}^2\pi_{2p}^2$，键级 = 2.0；$CN^-$，$\sigma_{2s}^2\sigma*_{2s}^2\sigma_{2p}^2\pi_{2p}^4$，键级 = 3.0.（a）$CN^-$（b）CN，$CN^+$。9.83（a）3s, $3p_x$, $3p_y$, $3p_z$（b）π_{3p}（c）2（d）P_2 没有未配对的电子并且它是抗磁的。9.87（a）PF_4^-，BrF_4^- 和 ClF_4^-（b）AlF_4^-（c）BrF_4^-（d）PF_4^- 和 ClF_4^-

9.90

分子	电子对几何构型	中心原子杂化	有无偶极矩
CO_2	线型	sp	否
NH_3	四面体	sp^3	是
CH_4	四面体	sp^3	否
BH_3	平面三角型	sp^2	否
SF_4	三角双锥	不适用	是
SF_6	八面体	不适用	否
H_2CO	平面三角型	sp^2	是
PF_5	三角双锥型	不适用	否
XeF_2	三角双锥型	不适用	否

9.91 （a）$2\sigma, 2\pi$ （b）$3\sigma, 4\pi$ （c）$3\sigma, 1\pi$ （d）$4\sigma, 1\pi$

9.98

（a）分子是非平面的；（b）丙二烯没有偶极矩（c）丙二烯中的键不会被描述为离域。两个C═C的电子云相互垂直，因此 π 电子没有重叠和离域。9.101（a）所有 O 原子都有 sp^2 杂化。（b）两个 σ 键是由 sp 杂化轨道重叠形成的，π 键是由 p 原子轨道重叠形成的，一对非键对位于 p 原子轨道，另五对非键对位于 sp^2 杂化轨道（c）非杂化 p 原子轨道（d）4，两个来自 π 键，两个来自 p 原子轨道。9.104（a）基态，$\sigma_{2s}^2\sigma*_{2s}^2\pi_{2p}^4\sigma_{2p}^2$；激发态，$\sigma_{2s}^2\sigma*_{2s}^2\pi_{2p}^4\sigma_{2p}^1\pi*_{2p}^1$（b）顺磁（c）$\sigma_{2p}$ 到 $\pi*_{2p}$（d）7.0×10^2kJ/mol（e）第一激发态的 N-N 键的键序比基态的小，键弱。硅类似物将具有与 C 化合物相同的杂化。位于 C 下一排的 Si 具有比 C 更大的键原子半径和原子轨道。在 Si_2H_4 和 Si_2H_2 中形成强的、稳定的 p 键所需的 Si 原子的接近是不可能的，并且这些 Si 类似物不容易形成。9.108 白色固体具有更大的 HOMO-LUMO 间隙，因为它吸收的能量光比绿色固体吸收的能量光高。9.114（a）$2SF_4(g) + O_2(g) \longrightarrow 2OSF_4(g)$（b）

（c）$\Delta H = -551$ kJ，放热（d）电子对几何为三角双锥。O 原子可以是赤道的，也可以是轴的。

赤道原子和 1 个轴流原子。在右边的结构中，有 2 个赤道和 2 个轴向氟原子。9.118 ΔH 来自键焓为 5364kJ；ΔH 来自 $\Delta H_f°$ 值为 5535kJ。这 $\Delta H_f°$ 两个结果的差别是 171k/mol C_6H_6，这是由于苯中的共振稳定，因为 π 电子是非定域的。该分子的总能量比用局域 C 和 C═C 键的键焓预测的要低。因此，分解 1mol C_6H_6(g) 所实际需要的能量，用 hess 定律计算，大于局域键焓之和。

9.122（a）

（右边的结构并没有最小化形式电荷，对真实结构的贡献很小。）

（b）

两种共振结构预测相同的键角。（c）两个 Lewis 结构预测不同的键长。这些键长估计假设结构最小化形式电荷对真实结构的贡献更大。C—O, 1.28 Å；C═N, 1.33Å；C—N, 1.43Å；C—H, 1.07Å（d）分子将有偶极矩。C═N 和 C═O 键偶极子相互对映，但不相等。而且，有一些非键合的电子对彼此并不直接相对，也不会相互抵消。

部分想一想答案

第1章

第3页（a）100种（b）原子 **第8页** 水由两种原子组成：氢和氧。氢只由氢原子组成，氧只由氧原子组成。因此，氢和氧是元素，水是化合物。**第10页** 密度是一个密集属性。因为它是按体积单位来测量的，所以与材料的多少无关。**第11页**（a）化学变化：二氧化碳和水是不同于糖的化合物。（b）物理变化：气相中的水变成固相中的水（霜）。（c）物理变化：固态的黄金变成液体，然后再溶解。**第13页** 速度加倍会使动能增加四倍，而质量加倍只会使动能加倍。**第14页** 电池放电时化学势能降低。**第15页** 坎德拉。**第17页** 10^3 **第19页** $2.5 \times 10^2 m^3$ 是因为它的长度单位是三次方。**第22页**（b）一美分的质量 **第23页** 质量应报告为五位有效数字，小数点左边两位数字，右边三位数字。**第25页** 水的质量可以报告为5.5g，共有两个有效数字。小数点右侧的有效数字数量受已知空烧杯质量的有效数字位数限制。**第28页** 转换（i）和（ii）涉及有效数字，因此不会改变计算中有效数字的数量，但转换（iii）有可能确定计算中有效数字的数量。

第2章

第43页 (a) 倍比定律。(b) 第二种化合物的每个碳原子必须含有两个氧原子（即是第一种化合物的两倍）。所有金属都能产生阴极射线。**第47页** 随着金箔厚度的增加，阿尔法粒子在穿过金箔时与原子核碰撞的可能性也会增加，从而增加了阿尔法粒子在大角度上的散射数量。**第48页** 原子有15个电子，因为原子有相同数量的电子和质子。(b) 质子位于原子核内。**第51页** 电子的质量是 5.5×10^{-4} amu，所以需要把氧原子的质量表示到小数点后四位一共有六位有效数字，用以检测失去一个电子质量上的变化。**第51页** 硼的原子量，10.811amu更接近 ^{11}B，这意味着 ^{11}B 是更丰富的同位素。**第55页** (a) Cl，(b) 第三周期和7A族，(c)17，(d) 非金属 **第57页** B_2H_6 和 $C_4H_2O_2$ 只能是分子式；它们的经验式是 BH_3 和 C_2HO。SO_2 和 CH 可以是经验式或者分子式。经验式也不都只是反映分子元素组成的最简整数比，总会找到一种分子是由这样的元素组成。**第58页** (a) C_2H_6 (b) CH_3 (c) 不是，你不能从结构式中确定键角或键的相对距离。**第67页** (a) $Ca(HCO_3)_2$，(b) $KHSO_4$，LiH_2PO_4 **第68页** 碘酸，通过类比氯酸盐离子和氯酸之间的关系。**第69页** 不是，它包含三种不同的元素。**第70页**

第3章

第82页 每个 $Mg(OH)_2$ 有 1Mg、2O 和 2H；因此，$3Mg(OH)_2$ 表示有 3Mg、6O 和 6H。

第87页 产物是一个离子化合物，涉及 Na^+ 和 S^{2-}，其化学式为 Na_2S。

第92页 (a) 1mol 葡萄糖。通过检查它们的化学式，我们发现葡萄糖比水含有更多的 H 和 O 原子，此外还含有 C 原子。因此，葡萄糖分子的质量比水分子大。(b) 它们都含有相同数量的分子，因为 1mol 物质含有 6.02×10^{23} 个分子。**第97页** 不能，化学分析不能区分分子式不同但经验式相同的化合物。**第101页** 根据平衡方程，由于 $2mol\ H_2 \cong 1mol\ O_2$ 则为 3.14mol。**第102页** 为了遵守质量守恒定律，所消耗的产物的质量必须等于生成的反应物的质量，所以生成的 H_2O 的质量为 1.00g + 3.59g − 3.03g = 1.56g H_2O。

第4章

第121页（a）$K^+(aq)$ 和 $CN^-(aq)$（b）$Na^+(aq)$ 和 $ClO_4^-(aq)$ **第123页** NaOH，因为它是唯一的溶质，是一种强电解质 **第127页** $Na^+(aq)$ 和 $NO_3^-(aq)$。**第129页** 每个 COOH 基团在水中部分电离形成 $H^+(aq)$。**第130页** 只有可溶性金属氢氧化物被归类为强碱，而 $Al(OH)_3$ 是不溶性的。**第134页** $SO_2(g)$ **第137页**（a）−3，（b）+5 **第140页**（a）是的，镍在活性系列中低于锌，所以 $Ni^{2+}(aq)$ 将氧化 ZnS 形成 Nis 和 $Zn^{2+}(aq)$。（b）不会发生反应，因为 $Zn^{2+}(aq)$ 离子不能进一步氧化。**第145页** 浓度减半至 0.25M。

第5章

第165页 开放系统。人类与周围环境交换物质和能量。**第168页** 吸热 **第170页** 你的体重。

第171页 不。如果 ΔV 为零，则表达式 $w = -\Delta VP$ 也为零。**第172页** ΔH 为正值；烧瓶（周围环境的一部分）变冷意味着系统正在吸收热量，这代表着 q_p 为正值。（见图5.8）由于该过程发生在恒压下，$q_p = \Delta H$。**第174页** 因为只涉及一半的物质，ΔH 的值为 $\frac{1}{2}$ (−483.6kJ) = −241.8kJ。**第177页** Hg(l)。重新排列式 5.22 给出 $\Delta T = \dfrac{q}{C_s \times m}$，当一系列物质的 q 和 m 为常数时，则 $\Delta T = \dfrac{常数}{C_s}$。因此，表 5.2 中最小的 C_s 具有最大的 ΔT, Hg(l)。**第182页**（a）ΔH 的符号改变。（b）ΔH 的大小加倍。**第186页** 不。由于 $O_3(g)$ 在 25℃时不是最稳定的氧形式，因此 1atm $[O_2(g)]$，ΔH_f° 对于 $O_3(g)$ 不一定为零。在附录 C 中，我们看到它是

142.3kJ/mol。**第 189 页**要将 Cl_2 分子转化为两个独立的 Cl 原子，必须破坏 Cl—Cl 键，这需要吸收能量。因此，Cl_2 分子将具有更低的能量和更稳定的性质。两者之间的能量差异是 Cl—Cl 键解离能，为 242kJ/mol。**第 193 页**反应 1mol 葡萄糖释放 2803kJ 的能量。葡萄糖的摩尔质量为 180.6g，因此 1g 反应时释放的能量为 2803kJ/18.6g=15.56kJ/g。该值接近预期的碳水化合物平均值（17kJ/g）。**第 194 页**脂肪，因为它是三种燃料价值最高的

第 6 章

第 212 页不是。可见光和 X 射线都是电磁辐射的形式。因此，它们都以光速 c 行进。它们穿透皮肤的不同能力是由于它们的能量不同，我们将在下一节讨论。**第 215 页**钢琴上的音符以"跳跃"的形式出现；例如，在钢琴上不能弹奏 B 和 C 之间的音符。在这个类比中，小提琴在原理上是连续的，可以演奏任何音符（例如介于 B 和 C 之间的音符）**第 216 页 (a)** 会发射出电子。如果红光的光子有足够的能量来发射电子，那么绿光的光子也能发射电子，因为绿光的频率比红光高，因此能量也比红光高。**第 216 页**波状行为。**第 219 页**玻尔模型中的能量只有特定的允许值，很像图 6.6 中台阶上的位置。随着电子势能的降低（变得更负），它对原子核的吸引力增加，其轨道半径减小。**第 220 页** ΔE 为负值。负号产生一个正数，对应于发射光子的能量。**第 221 页**是正确的。发射光子的能量随 n 初始值的增大而增大，随 n 最终值的减小而减小。在极限 $n_f=1$ 时，n_i 趋于无穷大，这就产生了光子能量，$E_{光子}=hcR_H$。**第 223 页**是的，所有运动的物体都会产生物质波，但是与宏观物体（如棒球）相关的波长太小，无法用任何方式观察它们。**第 225 页**不那么重要。**第 226 页**在第一个说法中，我们知道电子在哪里。在第二个说法中，我们知道电子在某一点上的概率，但我们不知道它到底在哪里。第二种说法符合玻尔模型中的不确定性原则。**第 227 页**电子在轨道上运动，每个轨道与原子核都有特定的固定距离。在原子的现代图景中，电子是在轨道上发现的，不能说是在特定的距离上绕着原子核运行。**第 232 页**这两个轨道有相同的主量子数 n=3 和相同的轨道角动量量子数 l=1，但是磁量子数的值不同。**第 234 页**在这种情况下，我们不能明确地确定两个轨道的相对能量，因为 4s 轨道的 n 值较高，而 3d 轨道的 l 值较高，多电子原子中电子的能量取决于两个量子数。**第 239 页** 6s 轨道，从第 55 号元素 Cs 开始，电子先填充到 6s 轨道上。**第 243 页**我们无法得出任何结论，这三种元素的 (n−1)d 和 ns 亚层的价电子构型各不相同：对于 Ni，$3d^8 4s^2$；对于 Pd，$4d^{10}$；对于 Pt，$5d^9 6s^1$。

第 7 章

第 257 页 Co 和 Ni 以及 Te 和 I 是另一对元素，它们的原子量与它们的原子序数相比是无序的。**第 260 页**由于钠原子的 3s 电子对所有 2s 和 2p 电子的屏蔽作用更大，因此 Ne 原子中的 2p 电子将经历比 Na 原子中的 3s 电子更大的 Z_{eff}。**第 262 页**这些趋势相互矛盾：Z_{eff} 增加意味着价电子被拉得更紧，使原子变小，而轨道尺寸"增加"意味着原子尺寸也会增加。轨道尺寸效应更大：当沿着周期表的一列往下看时，原子尺寸通常会增加。**第 266 页**从 Na^+ 中除去另一个电子比较困难，方程式 7.3 中的过程需要更多的能量，因此需要更短的波长的光（见 6.1 节和见 6.2 节）。**第 266 页**碳原子的 I_2 相当于从 C^+ 电离一个电子，C^+ 的电子数与中性 B 原子的电子数相同。C^+ 的 Z_{eff} 大于 B，所以碳原子的 I_2 大于硼原子的 I_1。**第 269 页**相同，$[Ar]3d^3$。**第 271 页**大大小相同，但有相反的迹象。**第 273 页**不是砷与 Cl 结合时氧化状态为正，与 Mg 结合时氧化状态为负。**第 275 页**因为熔点很低，我们期望的是分子化合物而不是离子化合物。因此，与 Sc 相比，A 更可能是 P，因为 PCl_3 是两种非金属的化合物，因此更可能是分子。**第 278 页**它的第一电离能很低。**第 281 页**在胃部的酸性环境中，金属碳酸盐可以反应生成碳酸，分解成水和二氧化碳气体。因此，碳酸钙在酸性溶液中比在中性水中更易溶解。**第 283 页（b）**溴是液体，氯是气体。根据表中的趋势，我们可以预计半径约为 1.5Å，第一电离能约为 900kJ/mol。实际上，它的键半径为 1.5Å，实验电离能为 920kJ/mol。

第 8 章

第 298 页不是，Cl 有 7 个价电子。第一个和第二个路易斯符号都是正确的——它们都显示了 7 个价电子，而这 4 边中哪一个只有一个电子并不重要。第三个符号只显示了 5 个电子，这是不正确的。**第 301 页**这个反应对应 KCl 的晶格能，这是一个很大的正数。因此，反应将消耗能量，而不是释放能量。**第 304 页**铑，Rh **第 305 页**弱。在 H_2 和 H_2^+ 中，两个 H 原子主要是由原子核之间的静电吸引和电子之间的电子聚集在一起。H_2^+ 原子核之间只有一个电子，而 H_2 有两个，这导致 H_2 中的氢键更强。**第 307 页**三键。二氧化碳有两个碳双键。由于一氧化碳中的碳键较短，它很可能是一个三键**第 307 页**电子亲和力测量孤立原子获得电子形成 1- 离子并具有能量单位时释放的能量。电负性没有单位，是分子中的原子吸引电子到分子内的能力。**第 310 页** IF；由于 I 和 F 之间的电负性差大于 Cl 和 F 之间的电负性差，Q 的大小应该大于 IF。另外，由于 I 的原子半径比 Cl 大，IF 的键长比 ClF 的长。对于 IF，Q 和 r 都更大，因此，对于 IF，$\mu=Qr$ 更大。**第 311 页** C—H 的较小偶极矩。对于 C—H 和 H-I 键，Q 的大小应该相似，因为每个键的电负性差为 0.4。C-H 键的长度为 1.1Å，H-I 键的长度为 1.6Å。因此，$\mu=Qr$ 对于 H-I 将更大，因为它有一个键长（r 大）。**第 313 页** OsO_4。数据表明，黄色物质是一种低熔点和沸点的分子物质。OsO_4 中的 Os 具有 +8 的氧化数，Cr_2O_3 中的 Cr 具有 +3 的氧

化数。在 8.4 节中，我们了解到，与处于高氧化状态的金属形成的化合物应显示出高度共价，而 OsO_4 符合这种情况。**第 316 页**与现有结构相比，可能存在更优的路易斯结构。因为形式电荷的总和必须是 0，而 F 原子上的形式电荷是 +1，所以必须有另一个原子的形式电荷是 -1。因为 F 是最电负性的元素，所有不期望它带正电。**第 318 页**臭氧氧—氧键的长度应比氧气中的氧—氧键长。**第 319 页**较弱。**第 320 页**不，它不会有多个共振结构。我们不能像在苯中那样"移动"双键，因为氢原子的位置决定了双键的具体位置。我们不能为这个分子写出任何其他合理的路易斯结构。**第 321 页**每个原子的形式电荷如下所示：

$$\ddot{\ddot{N}} = \ddot{\ddot{O}} \qquad \ddot{\ddot{N}} = \ddot{\ddot{O}}$$
$$\text{F.C.} \quad 0 \qquad 0 \qquad\qquad -1 \qquad +1$$

　　第一个结构表示每个原子的形式电荷为零，因此它是主导的路易斯结构。第二个是氧原子的正形式电荷，它是一个高度电负性的原子，这不是一个稳定状态。

第 9 章

　　第 340 页从八面体排列中移除两个相反的原子将导致正方形成平面形状。**第 341 页**不，分子不满足八隅体规则，因为原子 A 周围有十个电子，每个原子 B 都满足八隅体规则。A 周围有四个电子区：两个单键，一个双键，和一个非键电子区。**第 345 页**是的。因为

有三个等效的主共振结构，每一个结构都把双键放在 N 和不同的 O 之间，所以平均结构对所有三个 N-O 键具有相同的键序。因此，每个电子域是相同的，并且角度被预测为 120°。**第 347 页**在电子域的正方形平面排列中，每个域与另外两个域成 90°（与第三个域成 180°）。在四面体排列中，每个域与其他三个域的夹角为 109.5°。域总是尽量减少 90° 相互作用的次数，所以四面体排列是有利的。**第 351 页**虽然键偶极的方向相反，但它们的大小不会相同，因为 C—S 键 C—O 键的极性不同。因此，两个矢量的和不等于零，CoS 分子是极性的。**第 355 页**它们的方向都垂直于 F—Be—F 轴。**第 356 页**无。所有的 $2p$ 轨道都用于构造 sp^3 杂化轨道。**第 362 页**每个 N 原子有三个电子区，我们期望在每个 N 原子处都有 sp^2 杂化。因此，H—N—N 角应约为 120 度，分子不应呈线性。为了形成 π 键，四个原子必须在同一平面上。**第 366 页** sp 杂化。**第 369 页**激发的分子会散开。它的电子构型为 $\sigma_{1s}^1 \sigma_{1s}^{*}$，因此键级为 0。**第 370 页**是的，将有 $\frac{1}{2}$ 的键级。**第 376 页**没有。如果 σ_{2p} 的能量比 π_{2p} MOs 低，我们会期望最后两个电子以相同的自旋进入 π_{2p} 分子轨道，这将导致 C_2 呈顺磁性。

部分图例解析答案

第1章

图1.1 阿司匹林。它含有9个碳原子。**图1.4** 蒸汽（气体）**图1.5** 化合物分子由多种原子组成，元素分子仅由一种原子组成。**图1.6** 它会变得更大，因为氢原子比任何其他元素的原子都轻。**图1.7**（c）每个水分子包含一个氧原子和两个氢原子。**图1.14** 分离是由于物质吸附到柱上发生的物理过程。**图1.19** 正确。**图1.20** 1000 **图1.24** 飞镖将分散广泛（精度差），但他们的平均位置将在中心（良好的精度）。

第2章

图2.3 阴极射线仍然会产生，但没有荧光屏，就看不到阴极射线。**图2.4** 电子束会向下偏转，因为对负片的排斥和对正片的吸引。**图2.5** 不，与油滴相比，电子的质量可以忽略不计。**图2.7** β射线相当于电子。（a）它们较轻。**图2.9** 光束由带+2电荷的α粒子组成。它们被带正电的金原子核排斥。**图2.10** 10^{-2}pm **图2.13** 基于周期性趋势，我们预测像F这样位于稀有气体之前的元素，是具有反应活性的非金属。H和Cl等元素也适用此规律。**图2.16** 所示的所有金属都是固体，其外观具有不同程度的光泽。相比之下，溴是一种液体，这里显示的非金属没有光泽。**图2.18** 球棍模型。**图2.19** 元素分为以下几类：Ag^+为1B，Zn^{2+}为2B，Sc^{3+}为3B。只有Sc^{3+}的电子数与稀有气体Ar（元素18）的电子数相同。**图2.20** 不，它不是，像NaCl这样的离子固体不包含离散分子。**图2.23** 从过溴酸根离子中除去一个O原子，得到溴酸根离子BrO_3^-。

第3章

图3.4 反应物侧有2个CH_4和4个O_2分子，其中包含2个C原子、8个H原子和8个O原子。每种类型的原子数量在产物侧保持不变。**图3.8** 火焰出热量，因此反应必须释放热量。**图3.9** 阿伏伽德罗常数。**图3.12** g/mol 和 mol^{-1} **图3.17** 如果H_2的量加倍，则O_2成为限制反应物。在这种情况下，将产生(7 mol O_2) × (2mol H_2O/1mol O_2)=14mol H_2O。

第4章

图4.3 NaCl(aq) **图4.4** K^+和NO_3^- **图4.9** $Mg(NO_3)_2$和H_2O **图4.12** 2。每个O原子变成一个O^{2-}离子。**图4.13** 基于反应化学计量为1mol。**图4.14** 因为Cu（II）离子在水溶液中产生蓝色。**图4.18** 如果使用$Ba(OH)_2$(aq)滴定，到达终点所需的体积将是用NaOH(aq)滴定所需体积的一半，因为每个钡离子有两个氢根离子。

第5章

图5.2 两个相对带电粒子的静电势能为负值（见式5.2）。随着粒子之间的距离越来越近，静电势能变得更负，也就是说，它减小了。**图5.3** 带相反电荷的离子之间的吸引会导致离子靠近，从而降低系统的势能。失去的势能被转换成移动离子所需的动能。**图5.4** 分子数量将发生变化，因为需要三个反应物分子($2H_2$和$1O_2$)来生成两个产物分子(H_2O)。然而，在这样一个封闭系统中，总质量不会改变。**图5.5** 如果$E_{终}=E_{始}$，则$\Delta E=0$ **图5.6**。

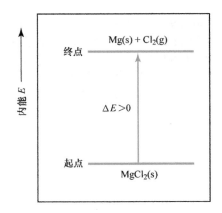

图5.7 $\Delta E = 50J + (-85J) = -35J$ **图5.10** 电池在周围环境中工作，因此$w < 0$。**图5.11** 系统确实在周围环境下工作，使活塞向上移动，因此$w < 0$。**图5.17** 系统中吸入热量以提高水温。**图5.18** 两个塑料杯提供了更多的隔热层，因此更少的热量会逸出系统。**图5.19** 在量热计中，系统被定义为反应物和产物，因此量热计中的水是周围环境的一部分。**图5.21** $2H_2O(g)$冷凝为$2H_2O(l)$ **图5.22** 是的，ΔH_3将保持不变，因为它是过程$CO(g)+ \frac{1}{2} O_2(g) \longrightarrow CO_2(g)$的焓变化。

图5.24 放热，因为产物的焓低于反应物的焓。**图5.25** 每克脂肪

第6章

图6.3 波长$=1.0$m，频率$= 3.0 \times 10^8$个周期/s。**图6.4** 延长3到5个数量级（取决于微波频谱的哪个部分）。**图6.5** 发黄的钉子比发红的钉子更热。**图6.7** 随着入射光频率的增加，光子能量将增加，射出电子的动能将增加。**图6.12** $n=2$到$n=1$跃迁比$n=3$到$n=2$

跃迁涉及更大的能量变化。（比较图中连接状态的箭头的长度）如果 $n=3$ 到 $n=2$ 跃迁产生可见光，则 $n=2$ 到 $n=1$ 跃迁必须产生更大能量的辐射。在这两种选择中，只有紫外线辐射比可见光具有更高的频率和更大的能量。**图 6.13** $n=4$ 到 $n=3$ 的跃迁涉及较小的能量差，因此将发射较长波长的光。**图 6.17** 电子密度最高的区域是点密度最高的区域，靠近原子核。**图 6.18** 对于氢这样的单电子原子，轨道的能量与玻尔模型中轨道的能量相同。**图 6.19** 将有四个极大值和三个节点。**图 6.23** p_x 轨道。**图 6.24** 每个 d 轨道有两个节面。对于 d_{xy} 轨道，节点平面是 xz 平面和 yz 平面。**图 6.25** 未显示 $4d$ 和 $4f$ 亚层。**图 6.31** Os

第 7 章

图 7.1 这三种金属不易与其他元素，特别是氧发生反应，因此它们通常以元素形式存在于自然界中，如金属（如金块）**图 7.4** 由于 $2s$ 曲线中靠近原子核的峰值，在 0.5Å 及范围内发现 $2s$ 的概率较高原子核的。在多电子原子中，$2s$ 轨道的电子比 $2p$ 轨道的电子能量低。**图 7.7** 底部和左侧。**图 7.8** 它们变得更大，就像原子一样。**图 7.10** 900kJ/mol **图 7.11** 在氧的情况下，有更多电子 - 电子的排斥，因为两个电子必须占据相同的轨道。**图 7.12** 为 4A 族元素添加的电子导致半填充 np^3 结构。对于 5A 族元素，增加的电子导致 np^4 构型，因此电子必须被添加到已经有一个电子的轨道上，从而经历更多的电子 - 电子排斥。**图 7.13** 正好相反：随着电离能的增加，金属特性降低，反之亦然。**图 7.15** 阴离子位于线的上方和右侧；阳离子位于线的下方和左侧。**图 7.16** 不，Na^+ 和 NO_3^- 离子只是旁观离子。溶解 NiO 需要酸的 H^+ 离子。**图 7.17** 没有。如照片所示，硫磺在用锤子敲击时会碎裂，这是固体非金属的典型特征。**图 7.21** 由于 Rb 在周期表中低于 K，并且具有较低的第一电离能，我们预计 Rb 比 K 更易与水反应。**图 7.23** 淡紫色（见图 7.22）**图 7.25** 气泡应归因于 $H_2(g)$。这可以通过仔细地测试气泡和火焰来证实——应该以氢气燃烧的方式进行。**图 7.26** 是的，因为水不分解过氧化氢的途径。**图 7.27** 正八边形。**图 7.28** I_2 是一个固体，Cl_2 是一个气体。分子在一个固体中的密封包装多于在一个气体中的密封包装，正如在第 11 章中详细讨论的那样。

第 8 章

图 8.1 我们可以画出糖分子的化学结构（它们没有电荷，每个分子中的原子之间有共价键），并指出糖分子之间的弱分子间作用力（特别是氢键）。**图**

8.3 是。**图 8.4** 阳离子的半径小于中性原子，阴离子的半径大于中性原子。由于 Na 和 Cl 在周期表的同一行，我们预计 Na^+ 的半径小于 Cl^-，因此我们可以推断，较大的绿色球体代表氯离子，较小的紫色球体代表钠离子。**图 8.5** KF 中的离子间距应大于 NaF 中的离子间距，小于 KCl 中的离子间距。因此，我们预计 KF 的晶格能在 701 到 910kJ/mol 之间。**图 8.7** 原子核之间的排斥力将减小，原子核和电子之间的吸引力将减小，电子之间的排斥力将不受影响。**图 8.8** 电负性随原子序数的增加而降低。**图 8.10** μ 将减小。**图 8.11** 这些键的极性不足以使卤素原子上的过量电子密度产生红色阴影。**图 8.13** 外 O 原子与内 O 原子的键长相同。**图 8.14** 是的。分子左右两侧的电子密度是相同的，这表明共振使这两个 O—O 键彼此相等。**图 8.15** 虚线键表示两个共振结构平均时产生的离域电子。**图 8.16** 应该是单键和双键的中间值，我们可以从图中估算出大约 280kJ/mol。

第 9 章

图 9.1 所涉及原子的半径（见 7.3 节）。**图 9.2** NF_3 **图 9.3** 八面体。**图 9.4** 不。无论我们移除哪两个原子，我们将得到相同弯曲形状的几何结构。**图 9.8** 90°。**图 9.9** 由于非键电子畴的较大斥力，C—O—H 键与右 O 键相连。角度应小于 109.5° 的理想值。**图 9.10** 零。因为它们的大小相等，但符号相反，向量在相加时会被抵消。**图 9.13** 0.74Å 为键长，436kJ/mol 为键强度。**图 9.16** 120° **图 9.17** P_z 轨道。**图 9.18** 不。所有四个杂化轨道都是等价的它们之间的夹角都是相同的，所以我们可以用这两个轨道中的任何一个来保持非成键对。**图 9.19** 由于 P 的 $3p$ 轨道比 N 的 $2p$ 轨道大，我们期望在最右边的图中杂化轨道上有更大的波瓣。除此之外，这些分子完全类似。**图 9.22** 它们必须位于同一平面上，以便 π 轨道的重叠能够有效地形成 π 键。**图 9.23** 乙炔应具有更高的碳碳键能，因为与乙烯中的双键相比，它具有三键。**图 9.25** 有六个 C—C 和六个 C—H 键。**图 9.31** 0。根据定义，节点是波函数值为零的地方。**图 9.32** σ_{1s} 的能量将上升（但仍将低于氢原子轨道的能量）。**图 9.34** σ_{1s}^2，σ_{1s}^{*}。**图 9.35** σ_{1s}^* 和 σ_{2s}^*。**图 9.36** σ_{2p} 分子轨道中的端到端重叠大于 π_{2p} 中的侧向重叠。**图 9.42** σ_{2p} 和 π_{2p} 分子轨道具有交换顺序。**图 9.43** O_2 和 F_2 **图 9.45** N_2 是抗磁的，因此不会被磁场吸引。液态氮只需通过磁极就不会"粘住"。**图 9.46** 11。$n=2$ 能级的所有电子都是价层电子。

部分实例解析答案

第 1 章

实例解析 1.1

实践练习 2：它是由几种元素组成的常见化合物。

实例解析 1.2

实践练习 2：（a）10^{12}pm,（b）6.0km,（c）4.22×10^{-3}g, (d) 0.00422g。

实例解析 1.3

实践练习 2：（a）261.7K,（b）11.3°F

实例解析 1.4

实践练习 2：（a）8.96g/cm³,（b）19.0mL,（c）340g。

实例解析 1.5

实践练习 2：2.29×10^6 J

实例解析 1.6

实践练习 2：错误。一英里中的英尺数是一个确定的量，因此是精确的。尽管看似精度很高，但是用只脚表示的距离并不精确。

实例解析 1.7

实践练习 2：（a）4,（b）2,（c）3

实例解析 1.8

实践练习 2：9.52m/s（三位有效数字）

实例解析 1.9

实践练习 2：错误。即使气体质量为四位有效数字，容器的体积已为三位有效数字，计算得到的密度也不可能为四位有效数字。

实例解析 1.10

实践练习 2：804.7km

实例解析 1.11

实践练习 2：12 km/L

实例解析 1.12

实践练习 2：1.2×10^4 ft

实例解析 1.13

练习 2：832g

第 2 章

实例解析 2.1

实践练习 2：（a）154pm,（b）1.3×10^6 个 C 原子

实例解析 2.2

实践练习 2：（a）56 个质子、56 个电子和 82 个中子，（b）15 个质子、15 个电子和 16 个中子。

实例解析 2.3

实践练习 2：$^{208}_{88}$Pb

实例解析 2.4

实践练习 2：28.09amu

实例解析 2.5

实践练习 2：Na，原子序数 11，是金属；Br，原子序数 35，是非金属

实例解析 2.6

实践练习 2：B_5H_7

实例解析 2.7

实践练习 2：34 个质子、45 个中子和 36 个电子

实例解析 2.8

实践练习 2：（a）3+,（b）1⁻

实例解析 2.9

实践练习 2：（a）Rb 来自族（1），并且容易失去一个电子以获得相邻的稀有气体元素的电子构型，即 Kr。（b）氮和卤素都是非金属元素，它们与其他元素原子形成分子化合物。（c）Kr 是一种稀有气体，在特殊条件下具有化学活性。（d）Na 和 K 都来自同一族，并且在周期表中彼此相邻。他们的行为应该非常相似。（e）钙是一种活性金属，容易失去两个电子以获得 Ar 的稀有气体结构。

实例解析 2.10

实践练习 2：（a）Na_3PO_4,（b）$ZnSO_4$,（c）$Fe_2(CO_3)_3$

实例解析 2.11

实践练习 2：BrO^- 和 BrO_2^-

实例解析 2.12

实践练习 2：（a）溴化铵,（b）三氧化铬,（c）硝酸钴

实例解析 2.13

实践练习 2：（a）HBr,（b）H_2CO_3

实例解析 2.14

实践练习 2：（a）$SiBr_4$,（b）S_2Cl_2,（c）P_2O_6.

实例解析 2.15

实践练习 2：不，它们不是同分异构体，因为它们有不同的分子式。丁烷的分子式是 C_4H_{10}，而环丁烷的分子式是 C_4H_8。

第 3 章

实例解析 3.1

实践练习 2：（a）$C_2H_4 + 3O_2 \longrightarrow 2CO_2 + 2H_2O$。（b）9 个 O_2 分子

实例解析 3.2

实践练习 2：（a）4,3,2 ;（b）2,6,2,3 ;（c）1,2,1,1,1

实例解析 3.3

实践练习 2：（a）HgS(s) $\longrightarrow$ Hg(l) + S(s), 或 1/8S_8(s) (b) 4 Al(s) + 3 O_2(g) $\longrightarrow$ 2 Al_2O_3(s)

实例解析 3.4

实践练习 2：$C_2H_5OH(l) + 3O_2(g) \longrightarrow 2CO_2(g) + 3H_2O(g)$

实例解析 3.5

实践练习 2：（a）78.0amu,（b）32.0amu,（c）211.0amu

实例解析 3.6

实践练习 2：16.1%

实例解析 3.7

实践练习 2：1mol H_2O（6×10^{23} 个 O 原子）<3×10^{23}mol O_3 分子（9×10^{23} 个 O 原子）<1mol CO_2（12×10^{23} 个 O 原子）

实例解析 3.8

实践练习 2：（a）9.0×10^{23}，（b）2.71×10^{24}

实例解析 3.9

实践练习 2：164.1g/mol

实例解析 3.10

实践练习 2：55.5mol H_2O。

实例解析 3.11

实践练习 2：（a）6.0g，（b）8.29g

实例解析 3.12

实践练习2：（a）4.01×10^{22}个 HNO_3分子，（b）1.20×10^{23}O 原子

实例解析 3.13

实践练习 2：C_4H_4O

实例解析 3.14

实践练习 2：（a）CH_3O，（b）$C_2H_6O_2$

实例解析 3.15

实践练习 2：（a）C_3H_6O，（b）$C_6H_{12}O_2$

实例解析 3.16

实践练习 2：1.77g

实例解析 3.17

实践练习 2：26.5g

实例解析 3.18

实践练习 2：（a）Al（b）1.50mol（c）0.75mol Cl_2

实例解析 3.19

实践练习 2：（a）$AgNO_3$（b）1.59g（c）1.39g（d）1.52g Zn

实例解析 3.20

实践练习 2：（a）105g Fe，（b）83.7%

第 4 章

实例解析 4.1

实践练习 2：（a）6，（b）12，（c）2, (d) 9

实例解析 4.2

实践练习 2：（a）不溶，（b）可溶，（c）可溶

实例解析 4.3

实践练习 2：（a）$Fe(OH)_3$，（b）$Fe_2(SO_4)_3(aq) + 6LiOH(aq) \longrightarrow 2Fe(OH)_3(s) + 3Li_2SO_4(aq)$

实例解析 4.4

实践练习 2：$3Ag^+(aq) + PO_4^{3-}(aq) \longrightarrow Ag_3PO_4(s)$

实例解析 4.5

实践练习 2：该图将显示 10 个 Na^+、2 个 OH^-、8 个 Y^- 和 8 个水分子。

实例解析 4.6

实践练习 2：$C_6H_6O_6$（非电解质）< CH_3COOH（弱电解质，主要以少离子形式存在）<CH_3COONa（强电解质，提供 2 个单位离子，Na^+ 和 CH_3COO^-）<$Ca(NO_3)_2$（强电解质，提供三个单位离子，Ca^{2+} 和 $2 NO_3^-$）

实例解析 4.7

实践练习 2：（a）$H_3PO_3(aq) + 2KOH(aq) \longrightarrow 2H_2O(l) + K_2HPO_3(aq)$,（b）$H_3PO_3(aq) + 2OH^-(aq) \longrightarrow 2H_2O(l) + HPO_3^{2-}$。（$H_3PO_3$ 是弱酸，因此是弱电解质，而强碱 KOH 和离子化合物 K_3PO_3 是强电解质。尽管其分子式，H_3PO_3 是一种二元酸，最好写成 $H_2(HPO_3)$。

实例解析 4.8

实践练习 2：（a）+5,（b）−1,（c）+6, (d) +4, (e) −1

实例解析 4.9

实践练习2：（a）$Mg(s) + CoSO_4(aq) \longrightarrow MgSO_4(aq) + Co(s)$;$Mg(s)+ Co^{2+}(aq) \longrightarrow Mg^{2+}(aq) + Co(s)$,（b）Mg 被 Co^{2+} 还原

实例解析 4.10

实践练习 2：Zn 和 Fe

实例解析 4.11

实践练习 2：0.278*M*

实例解析 4.12

实践练习 2：0.030*M*

实例解析 4.13

实践练习 2：（a）1.1g，（b）76mL

实例解析 4.14

实践练习 2：（a）0.0200L = 20.0mL，（b）5.0mL,（c）0.40*M*

实例解析 4.15

实践练习 2：（a）0.240g，假设每个硫酸分子只需要中和一个质子，（b）0.400L

实例解析 4.16

实践练习 2：0.210*M*

实例解析 4.17

实践练习2：（a）1.057×10^{-3}mol MnO_4^-,（b）5.286×10^{-3} mol Fe^{2+},（c）0.2952 g, (d) 33.21%

第 5 章

实例解析 5.1

实践练习 2：+55 J

实例解析 5.2

实践练习 2：0.69 L·atm = 70J

实例解析 5.3

实践练习 2：为了凝固，金必须冷却到低于熔化温度。它通过将热量传递给周围的空气来冷却，样品周围的空气会吸收热量，因为热量是从熔融的黄金传递给它的，这意味着这个过程是放热的（你可能会注意到液体的凝固与我们在练习中分析的熔化相反）。正如我们将看到的，改变过程的方向会改变传热的迹象。

实例解析 5.4

实践练习 2：−14.4kJ

实例解析 5.5

实践练习 2：（a）4.9×10^5J，（b）11K 降低 = 11°C

降低

实例解析 5.6

实践练习 2：$-68000J/mol = -68kJ/mol$

实例解析 5.7

实践练习 2：（a）$-15.2kJ/g$,（b）$-1370kJ/mol$

实例解析 5.8

实践练习 2：1.9kJ

实例解析 5.9

实践练习 2：$-304.1kJ$

实例解析 5.10

实践练习2：$C(石墨) + 2 Cl_2(g) \longrightarrow CCl_4(l)$; $\Delta H_f^o = -106.7kJ/mol$。

实例解析 5.11

实践练习 2：$-1367kJ$

实例解析 5.12

实践练习 2：$-156.1kJ/mol$

实例解析 5.13

实践练习 2：$-1255kJ$

实例解析 5.14

实践练习 2：（a）15kJ/g,（b）100min

第 6 章

实例解析 6.1

实践练习 2：图 6.4 中的扩展可见光部分可知红光的波长比蓝光长。

实例解析 6.2

实践练习 2：（a）$1.43 \times 10^{14}s^{-1}$,（b）2.899m

实例解析 6.3

实践练习2:（a）$3.11 \times 10^{-19}J$,（b）0.16J,（c）4.2×10^{16} 光子

实例解析 6.4

实践练习2:（a）$\Delta E < 0$，光子发射，（b）$\Delta E > 0$，光子吸收

实例解析 6.5

实践练习 2：$7.83 \times 10^2 m/s$

实例解析 6.6

实践练习 2：（a）$5p$;（b）3;（c）1, 0, -1

实例解析 6.7

实践练习 2：（a）$1s^2 2s^2 2p^6 3s^2 3p^2$,（b）2

示例练习 6.8

实践练习 2：组 4A

实例解析 6.9

实践练习2:（a）$[Ar]4s^2 3d^7$ 或 $[Ar]3d^7 4s^2$,（b）$[Kr]5s^2 4d^{10} 5p^1$ 或 $[Kr]4d^{10} 5s^2 5p^1$

第 7 章

实例解析 7.1

实践练习 2：P-Br

实例解析 7.2

实践练习 2：$C < Be < Ca < K$

实例解析 7.3

实践练习 2：S^{2-}

实例解析 7.4

实践练习 2：Cs^+

实例解析 7.5

实践练习 2：Ca

实例解析 7.6

实践练习 2：最低铝，最高 C

实例解析 7.7

实践练习 2：（a）$[Ar]3d^{10}$,（b）$[Ar]3d^8$,（c）$[Ar]4s^2 3d^{10} 4p^6$

实例解析 7.8

实践练习2：$CuO(s) + H_2SO_4(aq) \longrightarrow CuSO_4(aq) + H_2O(l)$

实例解析 7.9

实践练习 2：$P_4O_6(s) + 6 H_2O(l) \longrightarrow 4 H_3PO_3(aq)$

实例解析 7.10

实践练习 2：$2K(s) + S(s) \longrightarrow K_2S(s)$

第 8 章

实例解析 8.1

实践练习 2：ZrO_2

实例解析 8.2

实践练习 2：Mg^{2+} 和 N^{3-}

实例解析 8.3

实践练习 2：它们都有 8 个价电子；甲烷有 4 个成键电子对，氖有 4 个未成键电子对

实例解析 8.4

实践练习 2：Se—Cl

实例解析 8.5

实践练习 2：（a）F,（b）0.11−

实例解析 8.6

实践练习 2：（a）20,（b）

实例解析 8.7

实践练习 2：

（a）$[:N \equiv O:]^+$　（b）

实例解析 8.8

实践练习 2：

（a）$[:\ddot{O} - \ddot{C}l - \ddot{O}:]^-$ （b）

实例解析 8.9

实践练习 2：（a）

（b）结构（iii）是占主导地位的 Lewis 结构，它给予氧（离子中的电性元素）负电荷。

实例解析 8.10

实践练习 2：$\left[\text{H}-\text{C}=\overset{..}{\overset{..}{\text{O}}} \right]^{-} \longleftrightarrow \left[\text{H}-\text{C}-\overset{..}{\overset{..}{\text{O}}}: \right]^{-}$
$\qquad\qquad\quad\;\; \overset{|}{:\overset{..}{\text{O}}:} \qquad\qquad\quad\; \overset{\parallel}{:\overset{..}{\text{O}}:}$

实例解析 8.11

实践练习 2：(a) C (b) $:\overset{..}{\underset{..}{\text{F}}}-\overset{..}{\underset{..}{\text{Xe}}}-\overset{..}{\underset{..}{\text{F}}}:$

第 9 章

实例解析 9.1

实践练习 2：(a) 四面体，弯曲；(b) 平面三角，平面三角

实例解析 9.2

实践练习 2：(a) 三角双锥，T 型；(b) 三角双锥，三角双锥

实例解析 9.3

实践练习 2：109.5°，180°

实例解析 9.4

实践练习 2：(a) 极性，因为极性键排列在一个简单的几何图形中；(b) 非极性，因为极性键排列在四面体几何图形中

实例解析 9.5

实践练习 2：四面体，sp^3

实例解析 9.6

实践练习 2：(a) 左 C 周围约 109°，右 C 周围约 180°；(b) sp^3，sp；(c) 5 个 σ 键和 2 个 π 键。

实例解析 9.7

实践练习 2：SO_2 和 SO_3，如存在两个或多个涉及 π 键的共振结构所示每个分子

实例解析 9.8

实践练习 2：$\sigma_{1s}^{\,2}\sigma_{1s}^{*1}$；$\dfrac{1}{2}$

实例解析 9.9

实践练习 2：(a) 抗磁性，1；(b) 抗磁性，3